KB065798

제민요술 역주 V

齊民要術譯註 V (제10권, 부록)

중원의 유입작물

저 자_ **가사협**(賈思勰)
후위後魏 530-540년 저술

역주자_ **최덕경**(崔德卿) dkhistory@hanmail.net
문학박사이며, 현재 부산대학교 사학과 교수이다. 주된 연구방향은 중국농업사, 생태환경사 및 농민생활사이다. 중국사회과학원 역사연구소 객원교수를 역임했으며, 북경대학 사학과 초빙교수로서 중국 고대사와 중국생태 환경사를 강의한 바 있다.
저서로는 『중국고대농업사연구』(1994), 『중국고대 산림보호와 생태환경사 연구』(2009), 『동아시아 농업사상의 똥 생태학』(2016)과 『麗·元대의 農政과 農桑輯要』(3인 공저, 2017)가 있다. 역서로는 『중국고대사회성격논의』(2인 공역, 1991), 『중국사(진한사)』(2인 공역, 2004)가 있고, 중국고전에 대한 역주서로는 『농상집요 역주』(2012), 『보농서 역주』(2013), 『진부농서 역주』(2016)와 『사시찬요 역주』(2017) 등이 있다. 그 외에 한국과 중국에서 발간한 공동저서가 적지 않으며, 중국농업사 생태환경사 및 생활문화사 관련 논문이 100여 편이 있다.

제민요술 역주 V 齊民要術譯註 V(제10권, 부록)

▌중원의 유입작물 ▌

1판 1쇄 인쇄 2018년 12월 5일
1판 1쇄 발행 2018년 12월 15일

저 자 | 賈思勰
역주자 | 최덕경
발행인 | 이방원
발행처 | 세창출판사
신고번호 | 제300-1990-63호
주소 | 서울 서대문구 경기대로 88 (냉천빌딩 4층)
전화 | (02) 723-8660 팩스 | (02) 720-4579
http://www.sechangpub.co.kr
e-mail: edit@sechangpub.co.kr

ISBN 978-89-8411-787-7 94520
978-89-8411-782-2 (세트)

이 번역도서는 2016년 정부(교육부)의 재원으로 한국연구재단의 지원을 받아 수행된 연구임(NRF-2016S1A5A7021010).

이 도서의 국립중앙도서관 출판시도서목록(CIP)은 서지정보유통지원시스템 홈페이지(http://seoji.nl.go.kr)와 국가자료공동목록시스템(http://www.nl.go.kr/kolisnet)에서 이용하실 수 있습니다.
(CIP제어번호: CIP2018039682)

제민요술 역주 V

齊民要術譯註 V (제10권, 부록)

▌중원의 유입작물▐

A Translated Annotation of
the Agricultural Manual "Jeminyousul"

賈思勰 저
최덕경 역주

세창출판사

역주자 서문

『제민요술』은 현존하는 중국에서 가장 오래된 백과전서적인 농서로서 530-40년대에 후위後魏의 가사협賈思勰이 찬술하였다. 본서는 완전한 형태를 갖춘 중국 최고의 농서이다. 이 책에 6세기 황하 중·하류지역 농작물의 재배와 목축의 경험, 각종 식품의 가공과 저장 및 야생식물의 이용방식 등을 체계적으로 정리하고, 계절과 기후에 따른 농작물과 토양의 관계를 상세히 소개했다는 점에서 의의가 크다. 본서의 제목이 『제민요술』인 것은 바로 모든 백성[齊民]들이 반드시 읽고 숙지해야 할 내용[要術]이라는 의미이다. 때문에 이 책은 오랜 시간 동안 백성들의 필독서로서 후세에 『농상집요』, 『농정전서』 등의 농서에 모델이 되었을 뿐 아니라 인근 한국을 비롯한 동아시아 전역의 농서편찬과 농업발전에 깊은 영향을 미쳤다.

가사협賈思勰은 북위 효문제 때 산동 익도益都(지금 수광壽光 일대) 부근에서 출생했으며, 일찍이 청주靑州 고양高陽태수를 역임했고, 이임 후에는 농사를 짓고 양을 길렀다고 한다. 가사협이 활동했던 시대는 북위 효문제의 한화정책이 본격화되고 균전제의 실시로 인해 황무지가 분급分給되면서 오곡과 과과瓜果, 채소 및 식수조림이 행해졌던 시기로서, 『제민요술』의 등장은 농업생산의 제고에 유리한 조건을 제공했다. 특히 가사협은 산동, 하북, 하남 등지에서 관직을 역임하면서 직·간접적으로 체득한 농목의 경험과 생활경험을 책 속에 그대로 반영하였다. 서문에서 보듯 "국가에 보탬이 되고 백성에게 이익이 되었던," 경수창耿壽昌과 상홍양桑弘羊 같은 경제정책을 추구했으며, 이를 위해 관찰과 경험, 즉 실용적인 지식에 주목했던 것이다.

『제민요술』은 10권 92편으로 구성되어 있다. 초반부에서는 경작방식과 종자 거두기를 제시하고 있는데, 다양한 곡물, 과과瓜果, 채소류, 잠상과 축목 등이 61편에 달하며, 후반부에는 이들을 재료로 한 다양한 가공식품을 소개하고 있다.

가공식품은 비록 25편에 불과하지만, 그 속에는 생활에 필요한 누룩, 술, 장초醬醋, 두시豆豉, 생선, 포[脯腊], 유락乳酪의 제조법과 함께 각종 요리 3백여 종을 구체적으로 소개하고 있다. 흥미로운 것은 권10에 외부에서 중원[中國]으로 유입된 오곡, 채소, 열매[果蓏] 및 야생식물 등이 150여 종 기술되어 있으며, 그 분량은 전체의 1/4을 차지할 정도이며, 외래 작물의 식생植生과 그 인문학적인 정보가 충실하다는 점이다.

본서의 내용 중에는 작물의 파종법, 시비, 관개와 중경세작기술 등의 농경법은 물론이고 다양한 원예기술과 수목의 선종법, 가금家禽의 사육방법, 수의獸醫 처방, 미생물을 이용한 농·부산물의 발효방식, 저장법 등을 세밀하게 소개하고 있다. 그 외에도 본서의 목차에서 볼 수 있듯이 양잠 및 양어, 각종 발효식품과 술(음료), 옷감 염색, 서적편집, 나무번식기술과 지역별 수목의 종류 등이 구체적으로 기술되어 있다. 이들은 6세기를 전후하여 중원을 중심으로 사방의 다양한 소수민족의 식습관과 조리기술이 상호 융합되어 새로운 중국 음식문화가 창출되고 있다는 사실을 보여 준다. 이러한 기술은 지방지, 남방의 이물지異物志, 본초서와 『식경食經』 등 50여 권의 책을 통해 소개되고 있다는 점이 특이하며, 이는 본격적인 남북 간의 경제 및 문화의 교류를 실증하는 것이다. 실제 『제민요술』 속에 남방의 지명이나 음식습관들이 많이 등장하고 있는 것을 보면 6세기 무렵 중원 식생활

이 인접지역문화와 적극적으로 교류되고 다원의 문화가 융합되었음을 확인할 수 있다. 이처럼 한전旱田 농업기술의 전범典範이 된 『제민요술』은 당송시대를 거치면서 수전水田농업의 발전에도 기여하며, 재배와 생산의 경험은 점차 시장과 유통으로 바통을 이전하게 된다.

그런 점에서 『제민요술』은 바로 당송唐宋이라는 중국적 질서와 가치가 완성되는 과정의 산물로서 "중국 음식문화의 형성", "동아시아 농업경제"란 토대를 제공한 저술로 볼 수 있을 것이다. 따라서 이 한 권의 책으로 전근대 중국 백성들의 삶에 무엇이 필요했으며, 무엇을 어떻게 생산하고, 어떤 식으로 가공하여 먹고 살았는지, 어디를 지향했는지를 잘 들여다볼 수 있다. 이런 점에서 본서는 농가류農家類로 분류되어 있지만, 단순한 농업기술 서적만은 아니다. 『제민요술』 속에 담겨 있는 내용을 보면, 농업 이외에 중국 고대 및 중세시대의 일상 생활문화를 동시에 알 수 있다. 뿐만 아니라 이 책을 통해 당시 중원지역과 남·북방민족과 서역 및 동남아시아에 이르는 다양한 문화 및 기술교류를 확인할 수 있다는 점에서 매우 가치 있는 고전이라고 할 수 있다.

특히 『제민요술』에서 다양한 곡물과 식재료의 재배방식 및 요리법을 기록으로 남겼다는 것은 당시에 이미 음식飮食을 문화文化로 인식했다는 의미이며, 이를 기록으로 남겨 그 맛을 후대에까지 전수하겠다는 의지가 담겨 있음을 말해 준다. 이것은 곧 문화를 공유하겠다는 통일지향적인 표현으로 볼 수 있다. 실제 수당시기에 이르기까지 동서와 남북 간의 오랜 정치적 갈등이 있었으나, 여러 방면의 교류를 통해 문화가 융합되면서도 『제민요술』의 농경방식과 음식문화를 계승하여 기본적인 농경문화체계가 형성되게 된 것이다.

『제민요술』에서 당시 과학적 성취를 다양하게 보여 주고 있다.

우선 화북 한전旱田 농업의 최대 난제인 토양 습기보존을 위해 쟁기, 누거耬車와 호미 등의 농구를 갈이[耕], 써레[耙], 마평[䊦], 김매기[鋤], 진압[壓] 등의 기술과 교묘하게 결합한 보상保墒법을 개발하여 가뭄을 이기고 해충을 막아 작물이 건강하게 성장하도록 했으며, 빗물과 눈을 저장하여 생산력을 높이는 방법도 소개하고 있다. 그 외에도 종자의 선종과 육종법을 위해 특수처리법을 개발했으며, 윤작, 간작 및 혼작법 등의 파종법도 소개하고 있다. 그런가 하면 효과적인 농업경영을 위해 제초 및 병충해 예방과 치료법은 물론이고, 동물의 안전한 월동과 살찌우는 동물사육법도 제시하고 있다. 또 관찰을 통해 정립한 식물과 토양환경의 관계, 생물에 대한 감별과 유전변이, 미생물을 이용한 알코올 효소법과 발효법, 그리고 단백질 분해효소를 이용하여 장을 담그고, 유산균이나 전분효소를 이용한 엿당 제조법 등은 지금도 과학적으로 입증되는 내용이다. 이러한 『제민요술』의 과학적인 실사구시의 태도는 황하유역 한전旱田 농업기술의 발전에 중대한 공헌을 했으며, 후세 농학의 본보기가 되었고, 그 생산력을 통해 재난을 대비하고 풍부한 문화를 창조할 수 있었던 것이다. 이상에서 보듯 『제민요술』에는 백과전서라는 이름에 걸맞게 고대중국의 다양한 분야의 산업과 생활문화가 융합되어 있다.

이런 『제민요술』은 사회적 요구가 확대되면서 편찬 횟수가 늘어났으며, 그 결과 판본 역시 적지 않다. 가장 오래된 판본은 북송 천성天聖 연간(1023-1031)의 숭문원각본崇文院刻本으로 현재 겨우 5권과 8권이 남아 있고, 그 외 북송본으로 일본의 금택문고초본金澤文庫抄本이 있다. 남송본으로는 장교본將校本, 명초본明抄本과 황교본黃校本이 있으며, 명각본은 호상본湖湘本, 비책휘함본秘冊彙函本과 진체비서본津逮祕書本이, 청각본으로는 학진토원본學津討原本, 점서촌사본漸西村舍本이 전해지고 있다. 최근에는 스성한의 『제민요술금석齊民要術今釋』(1957-58)이 출판되고, 묘치위의 『제민요술교석齊民要術校釋』(1998)과 일본 니시야마 다케이치[西山武一] 등의 『교정역주 제민요술校訂譯註 齊民要術』(1969)이 출판되었는데, 각 판본 간의 차이는 적지 않다. 본 역주에서 적극적으로 참고한 책은 여러 판본을 참고하여 교감한 후자의 3책冊으로, 이들을 통해 전대前代의 다양한 판본을 간접적으로 참고할 수 있었으며, 각 판본의 차이는 해당 본문의 끝에 【교기】를 만들어 제시하였다.

그리고 본서의 번역은 가능한 직역을 원칙으로 하였다. 간혹 뜻이 잘 통하지 못할 경우에 한해 각주를 덧붙이거나 의역하였다. 필요시 최근 한중일의 관련 주요 연구 성과도 반영하고자 노력했으며, 특히 중국고전 문학자들의 연구 성과인 "제민요술 어휘연구" 등도 역주 작업에 적극 참고하였음을 밝혀 둔다.

각 편의 끝에 배치한 그림[圖版]은 독자들의 이해를 돕기 위해 삽입하였다. 이전의 판본에서는 사진을 거의 제시하지 않았는데, 당시에는 농작물과 생산도구에 대한 이해도가 높아 사진자료가 필요 없었을 것이다. 하지만 오늘날은 농업의 비중과 인구가 급감하면서 농업에 대한 젊은 층의 이해도가 매우 낮다. 아울러 농업이 기계화되어 전통적인 생산수단의 작동법은 쉽게 접하기도 어려운 상황이 되어, 책의 이해도를 높이기 위해 불가피하게 사진을 삽입하였다.

본서와 같은 고전을 번역하면서 느낀 점은 과거의 언어를 현재어로 담아내기가 쉽지 않다는 점이다. 예를 든다면 『제민요술』에는 '쑥'을 지칭하는 한자어가 봉蓬, 애艾, 호蒿, 아莪, 나蘿, 추萩 등이 등장하며, 오늘날에는 그 종류가 몇 배로 다양해졌지만 과거 갈래에 대한 연구가 부족하여 정확한 우리말로 표현하기가 곤란하다. 이를 위해서는 기본적으로 한·중 간의 유입된 식물의 명칭 표기에 대한 연구가 있어야만 가능할 것이다. 비록 각종 사전에는 오늘날의 관점에서 연구한 많은 식물명과 그 학명이 존재할지라도 역사 속의 식물과 연결시키기에는 적지 않은 문제점이 발견된다. 이러한 현상은 여타의 곡물, 과수, 수목과 가축에도 적용되는 현상이다. 본서가 출판되면 이를 근거로 과거의 물질자료와 생활방식에 인문학적 요소를 결합하여 융합학문의 연구가 본격화되기를 기대한다. 그리고 본서를 통해 전통시대 농업과 농촌이 어떻게 자연과 화합하며 삶을 영위했는가를 살펴, 오늘날 생명과 환경문제의 새로운 길을 모색하는 데 일조하기를 기대한다.

본서의 범위가 방대하고, 내용도 풍부하여 번역하는 데에 적지 않은 시간을 소요했으며, 교정하고 점검하는 데에도 번역 못지않은 시간을 보냈다. 특히 본서는 필자의 연구에 가장 많은 영향을 준 책이며, 필자가 현직에 있으면서 마지막으로 출판하는 책이 되어 여정을 같이한다는 측면에서 더욱 감회가 새롭다. 그 과정에서 감사해야 할 분들이 적지 않다. 우선 필자가 농촌과 농민의 생활을 자연스럽게 이해할 수 있도록 만들어 주신 부모님께 감사드린다. 그리고 중국농업사의 길을 인도해 주신 민성기 선생님은 연구자의 엄정함과 지식의 균형감각을 잡아 주셨다. 아울러 오랜 시간 함께했던 부산대학과 사학과 교수님들의 도움 또한 잊을 수 없다. 한길을 갈 수 있도록 직간접으로 많은 격려와 가르침을 받았다. 더불어 학과 사무실을 거쳐 간 조교와 조무들도 궂은일에 손발이 되어 주었다. 이분들의 도움이 있었기에 편안하게 연구실을 지킬 수 있었다.

본 번역작업을 시작할 때 함께 토론하고, 준비해 주었던 "농업사 연구회" 회원들에게 감사드린다. 열심히 사전을 찾고 토론하는 과정 속에서 본서의 초안이 완성될 수 있었다. 그리고 본서가 나올 때까지 동양사 전공자인 박희진 선생님과 안현철 선생님의 도움을 잊을 수 없다. 수차에 걸친 원고교정과 컴퓨터작업에 이르기까지 도움 받지 않은 곳이 없다. 본서가 이만큼이나마 가능했던 것은 이들의 도움이 컸다. 아울러 김지영 선생님의 정성스런 교정도 잊을 수가 없다. 오랜 기간의 작업에 이분들의 도움이 없었다면 분명 지쳐 마무리가 늦어졌을 것이다.

가족들의 도움도 잊을 수 없다. 매일 밤늦게 들어오는 필자에게 "평생 수능준비 하느냐?"라고 핀잔을 주면서도 집안일을 잘 이끌어 준 아내 이은영은 나의 최고의 조력자이며, 83세의 연세에도 레슨을 하며, 최근 화가자격까지 획득하신 초당 배구자 님, 모습 자체가 저에겐 가르침입니다. 그리고 예쁜 딸 혜원이와 뉴요커가 되어 버린 멋진 진안, 해민이도 자신의 역할을 잘해 줘 집안의 걱정을 덜어 주었다. 너희들 덕분에 아빠는 지금까지 한길을 걸을 수 있었단다.

끝으로 한국연구재단의 명저번역사업의 지원에 감사드리며, 세창출판사 사장님과 김명희 실장님의 세심한 배려에 감사드린다. 항상 편안하게 원고 마무리할 수 있도록 도와주시고, 원하는 것을 미리 알아서 처리하여 출판이 한결 쉬웠다. 모두 복 많이 받으세요.

2018년 6월 23일

우리말 교육에 평생을 바치신 김수업 선생님을 그리며

부산대학교 미리내 언덕 617호실에서 필자 씀

목차

중원의 유입작물

제10권 중원에서 생산되지 않는 오곡 · 과라 · 채소[五穀果蓏菜茹非中國物産者]

총 목차

제민요술역주 I

주곡작물 재배

제1권

제2권

제민요술역주 II

과일 · 채소와 수목 재배

제3권

제4권

제5권

제민요술역주 III

가축사육, 유제품 및 술 제조

제6권

제7권

제민요술역주 IV

발효식품과 분식 및 음식조리법

제8권

제9권

제민요술역주 V

중원의 유입작물

제10권

일러두기

❶ 본서의 번역 원문은 가장 최근에 출판되어 문제점을 최소화한 묘치위[繆啓愉][『제민요술교석(齊民要術校釋), 中國農業出版社, 1998: 이후 '묘치위 교석본' 혹은 '묘치위'로 간칭함] 교석본에 의거했다. 그리고 역주작업에는 스셩한[石聲漢][『제민요술금석(齊民要術今釋)上・下, 中華書局, 2009: 이후 '스셩한 금석본' 혹은 '스셩한'으로 간칭함], 묘치위[繆啓愉]와 일본의 니시야마 다케이치[西山武一], 구로시로 유키오[熊代幸雄][『교정역주 제민요술(校訂譯註 齊民要術)』上・下, アジア經濟出版社, 1969: 이후 니시야마 역주본으로 간칭함]의 책과 그 외의 연구 논저를 모두 적절하게 참고했음을 밝혀 둔다.

❷ 각주와 【교기(校記)】로 구분하여 주석하였다. 【교기】는 스셩한의 금석본의 성과를 기본으로 하여 주로 판본 간의 글자차이를 기술하여 각 장의 끝에 위치하였다. 때문에 일일이 '스셩한 금석본'에 의거한다는 근거를 달지 않았으며, 추가 부분에 대해서만 증거를 밝혔음을 밝혀 둔다.

❸ 각주에 표기된 '역주'는 『제민요술』을 최초로 교석한 스셩한의 공로를 인정하여 먼저 제시하고, 이후 주석가들이 추가한 내용을 보충하였다. 즉, 스셩한과 주석이 비슷한 경우에는 스셩한의 것만 취하고, 그 외에 독자적인 견해만 추가하여 보충하였음을 밝힌다. 그 외 더 보충 설명해야 할 부분이나 내용이 통하지 않는 부분은 필자가 보충하였지만, 편의상 **[역자주]**란 명칭을 표기하지 않았다.

❹ 본문과 각주의 한자는 가능한 음을 한글로 표기했다. 이때 한글과 음이 동일한 한자는 ( )속에, 그렇지 않을 경우나 원문이 필요할 경우 번역문 뒤에 [ ]에 넣어 처리했다. 다만 서술형의 긴 문장은 한글로 음을 표기하지 않았다. 그리고 각주 속의 저자와 서명은 가능한 한 한글 음을 함께 병기했지만, 논문명은 번역하지 않고 원문을 그대로 부기했다.

❺ 그림과 사진은 최소한의 이해를 돕기 위해 본문과 【교기】 사이에 배치하였다. 참고한 그림 중 일부는 Baidu와 같은 인터넷상에서 참고하여 재차 가공을 거쳐 게재했음을 밝혀 둔다.

❻ 목차상의 원제목을 각주나 【교기】에서 표기할 때는 예컨대 '養羊第五十七'의 경우 '第~' 이하의 숫자를 생략했으며, 권10의 중원에서 생산되지 않는 오곡 · 과라 · 채소[五穀果蓏菜茹非中國物產者]를 표기할 때도 「비중국물산(非中國物產)」으로 약칭하였음을 밝혀 둔다.

❼ 원문에 등장하는 반절음 표기와 같은 음성학 등은 축소하거나 삭제하였음을 밝힌다. 그리고 일본어와 중국어의 표기는 교육부 편수용어에 따라 표기하였음을 밝혀 둔다.

《제민요술 역주에서 참고한 각종 판본》

시대		간칭	판본 · 초본 · 교본
송본	북송본	원각본(院刻本)	숭문원각본(崇文院刻本; 1023-1031년)
		금택초본(金澤抄本)	일본 금택문고구초본(金澤文庫舊抄本; 1274년)
	남송본	황교본(黃校本)	황교원본(黃校原本; 1820년에 구매)
		명초본(明抄本)	남송본 명대초본(南宋本 明代抄本)
		황교유록본(黃校劉錄本)	유수증전록본(劉壽曾轉錄本)
		황교육록본(黃校陸錄本)	육심원전록간본(陸心源轉錄刊本)
		장교본(張校本)	장보영전록본(張步瀛轉錄本)
명청각본	명각본	호상본(湖湘本)	마직경호상각본(馬直卿湖湘刻本; 1524년)
		진체본(津逮本)	모진(毛晉)의 『진체비서각본(津逮秘書刻本)』(1630년)
		비책휘함본(秘冊彙函本)	호진형(胡震亨)의 『비책휘함각본(秘冊彙函刻本』(1603년 이전)
	청각본	학진본(學津本)	장해붕(張海鵬)의 『학진토원각본(學津討原刻本)』(1804년)/상무인서관영인본(商務印書館影印本)(1806년)
		점서본(漸西本)	원창(袁昶)의 『점서촌사총간각본(漸西村舍叢刊刻本)』(1896년)
		용계정사본(龍溪精舍本)	『용계정사간본(龍溪精舍刊本)』(1917년)

시대	간칭	판본 · 초본 · 교본
청대 각종 교감교본(校勘校本)	오점교본(吾點校本)	오점교(吾點校)의 고본(稿本)(1896년 이전)
	황록삼교기(黃麓森校記)	황록삼의 『방북송본제민요술고본(仿北宋本齊民要術稿本)』(1911년)
근년 정리본(整理本)	스셩한의 금석본	스셩한[石聲漢]의 『제민요술금석(齊民要術今釋)』(1957-1958년)
	묘치위의 교석본	묘치위[繆啓愉]의 『제민요술교석(齊民要術校釋)』(1998년)
	니시야마 역주본	니시야마 다케이치[西山武一] · 구로시로 유키오[熊代幸雄], 『校訂譯注齊民要術』(1957-1969년)

제민요술
제10권

중원에서 생산되지 않는 오곡 · 과라 · 채소

[五穀果蓏菜茹非中國物産者]

중원에서 생산되지 않는 오곡 · 과라 · 채소 五穀果蓏菜茹非中國物産者[1] 1

(1) 오곡(五穀)
(2) 벼[稻]
(3) 화(禾)
(4) 맥(麥)
(5) 두(豆)
(6) 동장(東牆)
(7) 과라(果蓏)
(8) 대추[棗]
(9) 복숭아[桃]
(10) 자두[李]
(11) 배[梨]
(12) 사과[柰]
(13) 오렌지[橙]
(14) 귤(橘)
(15) 홍귤[甘]
(16) 유자[柚]
(17) 가(椵)
(18) 밤[栗]
(19) 비파(枇杷)
(20) 돌감[椑]
(21) 사탕수수[甘蔗]
(22) 마름[蔆]
(23) 재염나무[棪]
(24) 유자[劉]
(25) 산앵두[鬱]
(26) 가시연[芡]
(27) 참마[藷]
(28) 까마귀머루[薁]
(29) 소귀[楊梅]
(30) 사당(沙棠)
(31) 풀명자[柤]
(32) 야자[椰]
(33) 빈랑(檳榔)
(34) 염강(廉薑)
(35) 구연(枸櫞)
(36) 귀목(鬼目)
(37) 감람(橄欖)
(38) 용안(龍眼)
(39) 오디[椹]
(40) 여지(荔支)
(41) 익지(益智)
(42) 통(桶)
(43) 야생빈랑[蒳子]
(44) 두구(豆蔻)
(45) 명사나무[榠]
(46) 여감(餘甘)
(47) 베틀후추[蒟子]
(48) 파초(芭蕉)
(49) 부류(扶留)
(50) 채소[菜茹]
(51) 대나무[竹]
(52) 죽순[筍]
(53) 씀바귀[荼]
(54) 쑥[蒿]
(55) 창포(菖蒲)
(56) 미(薇)
(57) 부평초[萍]

1 각주와 교기에서는 이 제목을 편의상 「비중국물산(非中國物産)」으로 약칭한다.

(58) 석태(石菭)
(59) 고수[胡荽]
(60) 승로(承露)
(61) 부자(梟茈)
(62) 호제비꽃[堇]
(63) 운향[芸]
(64) 재쑥[莪蒿]
(65) 메꽃[葍]
(66) 평(苹)
(67) 토과(土瓜)
(68) 능소화[苕]
(69) 냉이[薺]
(70) 마름[藻]
(71) 줄[蔣]
(72) 양제(羊蹄)
(73) 너도바람꽃[菟葵]
(74) 여우콩[鹿豆]
(75) 등나무[藤]
(76) 명아주[藜]
(77) 귤(藞)
(78) 염(蘪)
(79) 거소(蘧蔬)
(80) 엉겅퀴[芺]
(81) 쇠풀[莸]
(82) 손무(蕵蕪)
(83) 은인(隱荵)
(84) 수기(守氣)
(85) 지유(地榆)
(86) 인현(人莧)
(87) 나무딸기[莓]
(88) 원추리[鹿葱]
(89) 물쑥[蔞蒿]
(90) 표(藨)
(91) 고비[綦]
(92) 복분(覆葐)
(93) 교요(翹搖)
(94) 오구(烏蓲)
(95) 차(櫒)
(96) 당아욱[荊葵]
(97) 절의(竊衣)
(98) 동풍(東風)
(99) 이(菫)
(100) 연(蔩)
(101) 매(莓)
(102) 환(荁)
(103) 사(蘄)
(104) 목(木)
(105) 뽕나무[桑]
(106) 당체(棠棣)
(107) 역(棫)
(108) 상수리나무[櫟]
(109) 계수나무[桂]
(110) 목면(木棉)
(111) 양목(欀木)
(112) 선수(仙樹)
(113) 사목(莎木)
(114) 보리수[槃多]
(115) 상(緗)
(116) 사라(娑羅)
(117) 용(榕)
(118) 두방(杜芳)
(119) 마주(摩廚)
(120) 도구(都句)
(121) 목두(木豆)
(122) 목근(木堇)
(123) 목밀(木蜜)
(124) 헛개나무[枳柜]
(125) 구(朹)
(126) 부체(夫移)
(127) 저(𣝗)
(128) 목위(木威)
(129) 원목(榞木)
(130) 소(韶)
(131) 고욤[君遷]
(132) 고도(古度)
(133) 계미(繫彌)
(134) 도함(都咸)
(135) 도각(都桷)
(136) 부편(夫編)
(137) 을수(乙樹)
(138) 주수(州樹)
(139) 전수(前樹)
(140) 석남(石南)
(141) 국수(國樹)
(142) 저(楮)
(143) 산(榳)
(144) 재염(梓棪)
(145) 가모(蔄母)
(146) 오자(五子)
(147) 백연(白緣)
(148) 오구(烏臼)
(149) 도곤(都昆)

잠시 그 명칭들을 열거하여 기이하고 특수한 식물들을 기록한다. 또한 산과 물에서 자라나 먹을 수 있는 초목 중에 사람이 직접 재배하지 않는 것도 모두 여기에 덧붙여 기록한다.

聊以存其名目, 記其怪異耳. 爰及山澤草木任食, 非人力所種者, 悉附於此.

교 기

1 본편의 표제는 남송본 명대초본(南宋本 明代抄本; 이후 명초본으로 간칭), 일본 금택문고구초본(金澤文庫舊抄本; 이후 금택초본으로 약칭)과 대다수 명청 각본에서 모두 이와 같다. 그러나 원창(袁昶)의 『점서촌사총간각본(漸西村舍叢刊刻本)』(이후 점서본으로 간칭)의 마지막에 '제구십이(第九十二)' 네 글자가 있다. 권1에서 권9까지 매 권의 권 머리에 모두 목록이 있으며, 목록은 매 권 중 각 편의 편목(篇目)과 차례[次第]이다. 권10이 바로 '범(凡)92편'의 마지막이자, '제구십이(第九十二)'가 되어야 마땅하다. 묘치위[繆啓愉] 교석본에 의하면, 소위, '중국(中國)'은 중국의 북방 지역을 가리키는 것으로, 즉, 후위(後魏)의 강역이다. 주로 한수(漢水), 회하(淮河) 이북을 가리키며 강회(江淮) 이남은 포함하지 않는데, 가사협 역시 '막북(漠北)'은 포함시키지 않았다. 이른바, "사람이 직접 재배하지 않는 것[非人力所種]"은 분명 야생이다. 그러나 본권에서 기록한 것은 반드시 이러한 원칙에 부합하지는 않는다. 예를 들어, 본권에는 「(22) 마름[蔆]」, 「(26) 가시연[芡]」 두 항목 및 「(50) 채소[菜茹]」의 '하(荷)' 항목과 권6 「물고기 기르기[養魚]」 속의 '세발 마름[芰]', '가시연[芡]', '연뿌리[藕]' 등은 모두 북방 고유의 것이며, 남방의 야생종으로 해석할 수도 없다. 또한, 「(14) 귤(橘)」, 「(15) 홍귤[甘]」, 「(38) 용안(龍眼)」, 「(40) 여지(荔支)」, 「(21) 사탕수수[甘蔗]」 등은 모두 영남(嶺南) 혹은 교지(交趾) 등지에서 재배하는 식물로, 이 또한 야생은 아니다. 다만, 본편에서 수록한 대량의 열대, 아열대 식물 자

료는 중국 최초의 남방식물지[南方植物志; 옛날 서진(西晉) 혜함(嵇含)이 쓴 『남방초목상(南方草木狀)』은 위서(僞書)이다.]를 구성하며, 중국의 식물학사의 연구에서 특별히 중요한 의의를 지녔으나 인용한 책의 대부분은 유실되어서 더욱 중시할 가치가 있다고 한다.

1 오곡五穀一

『산해경山海經』[2]에 이르기를, "광도廣都의 들에는 온갖 곡식이 자생하며, 겨울과 여름에 파종한다[播琴]."[3]라고 하였다.

山海經曰, 2 廣都之野, 百穀自生, 冬夏播琴.

2 『산해경(山海經)』: 고대 지리에 관한 저작이다. 한 시대, 한 사람의 손에서 나온 것이 아니며, 대부분 선진의 문헌이지만 일부는 전한 초기의 작품도 있다. 내용은 주로 민간 전설 중의 지리 지식으로 산천, 길과 마을[道里], 민족, 물산, 약물, 제사, 무의(巫醫) 등을 포함하고 있으며, 또한 먼 옛날의 신화와 전설도 적지 않다. 동진의 곽박이 주를 달았다.

3 '파금(播琴)': 파종하여 덮는다는 의미이다. 곽박의 원주에서 이 '금'자를 '종(種)'자로 풀이하였다. 실물의 이름인 '금'자는 두 권의 고대 지리책에서 각기 달리 차용되었다. 하나는 『수경주(水經注)』로, '비수(沘水)' 주에 " … 대총(大冢)이 있는데, 민간에서 '공금(公琴)'이라고 전해지는 것이 고도총(皐陶冢)이다. 초나라 사람들은 '총'을 '금'이라고 했다."로 되어 있다. 다른 하나는 여기에서 말하는 『산해경』이다. '총(冢)'은 흙더미이며, '종(種)'은 흙더미로 만들어 덮은 것이다. 스셩한[石聲漢], 『제민요술금석(齊民要術今釋)』下, 中華書局, 2009(이후 '스셩한 금석본'으로 간칭함)을 보면, 이것은 당시의 입말에서 '금(琴, kiam)'으로 음을 표기한 어떤 단어가 '흙더미[土推]'와 '흙더미로 만들어 덮다'의 의미를 포함하고 있었

곽박郭璞의 주注에 이르기를, "파금播琴은 파종한다는 말이며, 방언이다.", "이곳은 맛있는 조,[4] 맛있는 찰기장, 맛있는 콩이 있다."라고 하였다. 곽박의 주에 이르기를, "(이것은) 맛이 좋음을 말하며 윤기가 흐르는 것이 기름과 같다."라고 하였다.

郭璞注曰, 播琴, 猶言播種, 方俗言也. 爰有膏稷膏黍膏菽. 郭璞注曰, 言好味, 滑如膏.

『박물지博物志』에 이르기를, "부해주扶海洲에는 풀이 있는데, 그 이름은 '사蒒'[5]라고 한다. 그 열매는 보리알 같으며, 7월부터 여물기 시작하면 사람들이 거두는데 겨울이 되면 마친다. 이른바, '자연곡自然穀'이라고 하며, 혹은 '우여량禹餘糧'[6]이

博物志曰,3 扶海洲上有草, 名曰蒒. 其實如大麥, 從七月熟, 人斂穫, 至冬乃訖. 名曰自

음을 설명한다. 악기로서의 '금' 자체가 위를 향해 원형으로 돌출된 흙더미와 유사한 모양의 나무판에 여러 줄의 현을 끼운 것이므로, 이 두 가지 의미가 내포되어 있는 듯하다.

4 '직(稷)'은 화본과 작물로서, 서(黍)와 직(稷)은 기장속이며, 재배 속(粟)의 학명은 *Setaria italica*이다. 서와 직은 속(屬)이 다른 두 개의 작물이다. 요쉬링[游修齡], 『중화농경문화만담(中華農耕文化漫淡)』, 浙江農業大學校, 2014, 26쪽 참조.

5 '사(蒒)': 사초과의 사초(*Carex macrocephala*)의 여러해살이 초본식물로, 바닷가 모래땅에서 자란다.

6 '우여량(禹餘糧)': 당대(唐代) 진장기(陳藏器)의 『본초습유(本草拾遺)』에서는 '사초실(蒒草實)'에 대해 "동해주(東海州)의 섬에서 자라고 보리와 유사하며, 가을에 익어서 이를 일명 '우여량(禹餘糧)'이라고 하는데, 이는 돌의 '여량(餘糧)'은 아니다."라고 한다. 묘치위[繆啓愉], 『제민요술교석(齊民要術校釋)』, 中國農業出版社, 1998(이후 '묘치위 교석본'으로 간칭함)에 의하면, 우여량(禹餘糧)은 이름은 같지만 물건이 다른 것이 세 종류가 있는데, 사초(蒒草)가 그 한 종류이며, 나머지 두 종류 중 한 종은 백합과(百合科)의 소엽맥문동[麥冬; *Ophiopogon japonicus*]으로, 『명의별록』에 보인다. 또 다른 한 종은 갈철광(褐鐵礦)의 광석이며, 『본초강목』에서 이시진이 말하기를, "돌 안의 미세한 가루는 밀가루와 같기 때문에 '여량(餘

라고 한다."라고 하였다.

또 이르기를,[7] "토지에 3년간 촉서蜀黍를 파종하면 7년간 뱀[虵]이 많다."[8]라고 하였다.

然穀, 或曰禹餘糧.

又曰, 地三年種蜀黍, 其後七年多虵.

● 그림 1
촉서(蜀黍)와 그 곡물: 『구황본초(救荒本草)』 참조.

● 그림 2
기장[黍]과 그 곡물: 『구황본초』 참조.

● 그림 3
조[粟]와 그 곡물: 『구황본초』 참조.

糧)'이라고 불렀다."라고 하였다.

7 '우왈(又曰)' 이 절 역시 『박물지』이기 때문에 '또한[又]'이라고 했다. 『박물지』 권4의 '물리(物理)'에 "『장자』에서 말하기를, 땅에 3년 촉서(蜀黍)를 심으면 그 후 7년 동안 뱀이 많다고 했다."라는 구절이 있는데, 만약 '장자왈(莊子曰)' 세 글자가 후대 사람들이 넣은 것이 아니라면 장화(張華)가 거짓말을 한 것이다. 스셩한의 금석본에 의하면, '촉서'라는 명칭은 『박물지』 이전의 책에서는 보이지 않는다. 『광아』에 언급된 "조량(藋粱)은 목직(木稷)이다."에 대해 왕인지는 고량(高粱), 즉 '촉서(蜀黍)'라고 주를 붙여 증명했다. 묘치위 교석본에 의하면, 『태평어람』 권842의 '서(黍)'와 권934의 '사(蛇)'의 두 가지는 『박물지』에서 인용하였으나 이 역시 '장자왈(莊子曰)' 세 글자가 없는 것은 문제가 있다고 한다.

8 '촉서(蜀黍)'는 즉 고량(高粱)의 일종이다. '사(虵)'는 '사(蛇)'의 이체자이며, 스셩한의 금석본에서는 '사(虵)'로 쓰고 있다.

교 기

2 '산해경왈(山海經曰)': 명대 오관(吳琯)이 펴낸 고금일사본(古今逸史本)과 성화(成化) 간본(刊本) 『산해경』[모두 함분루(涵芬樓) 영인본이 있다.]의 권18 「해내경(海內經)」에는 "서남 흑수 사이에 도광지야(都廣之野)가 있으며 후직(后稷)이 묻혀 있다. 여기에 고숙(膏菽), 고도(膏稻), 고서(膏黍), 고직(膏稷)이 있다. 백곡이 자생하고, 겨울과 여름에 파종한다."라고 되어 있다. 지금 『사부총간본(四部叢刊本)』에는 '광도(廣都)'를 '도광(都廣)'이라고 적고 있다. 『태평어람(太平御覽)』 권837 「백곡부일(百穀部一)」에서 인용한 『산해경(山海經)』에는 "광도(廣都)의 넓은 평야에 백곡이 자생하고 겨울과 여름에 파종한다.[廣都之野, 百穀自生, 冬夏播琴.]"라고 한다. 다만 권840 「백곡부사(百穀部四)」 '직(稷)'항, 권841 「백곡부육(百穀部六)」 '두(豆)', 권842 「백곡부칠(百穀部七)」 '서(黍)'에는 모두 '광도(廣都)'로 되어 있다. 스셩한에 의하면 『태평어람』은 기타 서적을 그대로 베끼면서 원문과 대조하지 않은 경우가 종종 있다. 여기는 『제민요술』에 근거하여 재기록한 것이 분명하므로 『산해경』 원문에 부합하지 않는다고 한다. 성화본(成化本) 곽박의 주에 "맛은 좋으나 모두 기름처럼 미끄럽다고 한다."라고 되어 있다.

3 '박물지왈(博物志曰)': 오관이 펴낸 고금일사본 『박물지』 권3 '이초목(異草木)' 제2조에는 "바다에 풀이 있는데 이름이 사(篩)이며 그 과실을 먹으면 보리[大麥]와 같다. 7월에 익는 것은 이름이 '자연곡(自然穀)' 또는 '우여량(禹餘量)'이라 한다."라고 쓰여 있다. 『태평어람』 권837 「백곡부일(百穀部一)」과 권994 「백훼부일(百卉部一)」의 '초(草)'항의 인용은 모두 고금일사본과 유사하나 '사(篩)'를 '사(蒒)'로 쓴다. 또한 "7월에 익는다.[七月稔熟.]" 다음에는 "백성들이 거두어 수확한다.[民斂穫.]"라는 구절이 있는데, 모두 『제민요술』과 같다. 스셩한은 '사(篩)'는 잘못 쓴 것이 분명하며, '민(民)'자는 원래 글자일 가능성이 있고, '인(人)'자는 아마도 당 태종 이세민의 이름을 쓰는 것을 피하기 위해서 고쳐 쓴 흔적일 수 있다고 한다.

2 벼稻二

『이물지異物志』[9]에 이르기를, "벼는 한 해에 여름과 겨울 두 번 파종하며, 교지交趾[10]에서 생산된다."라고 한다.

유익기俞益期[11]의 편지[牋]에 의하면, "교지의

異物志曰, 4 稻, 一歲夏冬再種, 出交趾.

俞益期牋 5 曰,

9 『이물지(異物志)』: 『수서(隋書)』 권33 「경적지이(經籍志二)」의 저서 목록에는 "『이물지』 한 권이 있는데, 후한(後漢)의 의랑(議郎) 양부(楊孚)가 저술했다."라고 하며, 또한 "『교주이물지(交州異物志)』 한 권은 양부가 찬술했다."라고 한다. 이 이후부터 번갈아 삼국(三國) 오(吳)나라 만진(萬震)의 『남주이물지(南州異物志)』, 오(吳)나라 말기 심영(沈瑩)의 『임해이물지(臨海異物志)』, 서진(西晉) 초기 설영(薛瑩)의 『형양이남이물지(荊揚已南異物志)』, 삼국(三國) 촉(蜀)나라 초주(譙周: 201- 270년)의 『이물지』 및 시대가 분명하지 않은 진기창(陳祈暢)의 『이물지』, 조숙아(曹叔雅)의 『이물지』 등의 다양한 종류가 등장한다. 묘치위 교석본에 의하면, 본 조항의 『이물지』는 『초학기』에서 인용한 양부의 『이물지』인데, 『제민요술』에서는 겨우 '이물지(異物志)' 세 글자만 표기한 경우가 매우 많다고 한다. 어째서 이름을 제시하지 않았는가에 대한 이유는 아마도 당시 북방에서 전해져 오는 이러한 종류에는 이름이 빠져 있는 『이물지』가 적지 않아서 이름을 제시할 수가 없지 않았을까 추측한다. 청대 사람이 쓴 『이물지』 집일본은 이름을 제시하지 않은 『이물지』를 모두 양부의 이름 아래 모아서 적었는데, 이는 타당하지 않다고 한다.

10 '교지(交趾)'는 지금의 광동, 광서 대부분과 베트남 북부, 중부 지역이다. 그 정치 중심은 교지군이며, 군 치소는 지금의 하노이 북서쪽에 있었다.

11 '유익기(俞益期)': 『수경주(水經注)』 권36 '온수(溫水)'['동북입우울(東北入于鬱)'의 주문] 중에 예장(豫章)의 유익기가 있다. "성정이 강직하고 굽거나 속되지 않으며 몸을 둘 데가 없어 멀리 남쪽으로 갔다. 한강백(韓康伯)에게 서(書)를 보내어 … "라고 되어 있는데, 이것은 『제민요술』에서 인용한 '유익기전(俞益期牋)'의 내력인 듯하다.

벼는 한 해에 두 번 수확한다."라고 한다.	交趾稻再熟[6]也.

그림 4
점성도(占城稻: 베트남 벼)와 그 곡물

교 기

[4] '이물지왈(異物志曰)': 『태평어람』 권839 「백곡부삼(百穀部三)」의 인용에 "교지(交趾)의 벼는 여름과 겨울에 또 익기에 농민들은 한 해에 두 번 파종한다.[交趾稻, 夏冬又熟, 農者一歲再種.]"라고 되어 있다. 묘치위 교석본에 의하면, 『초학기(初學記)』 권27에서 양부(楊孚)의 『이물지(異物志)』를 인용했는데, '도하(稻夏)'가 부족하고, 나머지는 『태평어람』과 동일하다.

[5] '유익기전(俞益期牋)': 금택초본에 '전(牋)'이 '전(餞)'으로 잘못되어 있다.

[6] '도재숙(稻再熟)': 『태평어람』 권839 「백곡부삼(百穀部三)」의 인용에 이 조가 "교지의 벼는 두 번 익지만, 풀이 우거져 경작하기 힘들어 곡식의 수확이 적다.[交趾稻再熟, 而草深耕重, 收穀薄.]"라고 되어 있다. 『수경주(水經注)』 권36 '온수(溫水)'조에는 유익기의 편지[俞益期牋]에 언급된 벼에 대하여 이르길 "구진(九眞)의 태수 임연(任延)이 처음 쟁기질[耕犂]을 가르치고 교(交)의 땅을 교화시켰으며 풍토가 상림(象林)에 성행했다. 경작을 알게 된 후 6백여 년 동안 불 질러서 김매고, 갈아서

파종하는 방법[火耨耕作法]의 이치는 화북 지역[華]과 같다. 이름을 '백전(白田)'이라 하며, 백곡을 심고 7월에 경작하여 10월에 거두었다. '적전(赤田)'은 적곡(赤穀)을 심는데, 12월에 경작하여 4월에 거두었다. 그리하여 이른바 '양숙지도(兩熟之稻)'라고 한 것이다. 풀이 싹트면 곡물은 달마다 파종을 바꾸는데(매월 모두 파종할 곡물을 바꾼다.) 늦벼와 올벼의 조숙으로 인해 달마다 이삭을 밴다. 갈이와 김매기가 힘들어 수확의 이익이 적은 것은 재빨리 익기 때문이다. 쌀이 밖으로 유출되지 않는다면 항상 국가가 넉넉해질 것이다."라고 하였다. 유익기(兪益期)는 동진(東晉) 사람으로 한강백(韓康伯)과 동시대인이며 권5 「뽕나무·산뽕나무재배[種桑柘]」의 교석에 보인다. 임연(任延)에서 유익기(兪益期)에 이르기까지 단지 300여 년인데, '육백여 년(六百餘年)'이라는 말은 '삼백여 년(三百餘年)'이 전해지면서 잘못 기록된 것이다.

3 화禾三

『광지廣志』에 이르기를,[12] "양화粱禾는 덩굴식물이며, 열매는 아욱 씨와 같다. 쌀가루는 밀가루처럼 희며 죽[饘粥][13]을 쑬 수 있다. 소에게 먹

廣志曰, 粱禾, [7] 蔓生, 實如葵子. 米粉白如麫, 可爲

12 '양화(粱禾)'부터 '대화(大禾)' 조항까지는 모두 『광지(廣志)』의 문장이다.

13 '전죽(饘粥)': 『설문해자』에 이르기를, "전(饘)은 된 죽이다."라고 한다. 『예기(禮記)』 「단궁(檀弓)」편에는 "전죽지식(饘粥之食)"이라는 말이 있는데, 이에 대해서 공영달이 주소하기를 "된 것을 일러 '전(饘)'이라고 하고, 묽은 것을 '죽(粥)'이라고 한다."라고 하였다.

이면 살이 찐다. 6월에 파종하고 9월에 익는다." 라고 한다.

"감화感禾[14]는 가지와 잎이 무성하게[扶疎][15] 자라고, 그 열매는 보리와 같다."라고 한다.

"양화揚禾는 명아주[藋]와 비슷하며,[16] 알맹이

饘粥. 牛食以8肥. 六月種, 九月熟.

感禾, 扶疎生, 實似大麥.

揚禾, 似藋, 粒

14 '감화(感禾)': 『본초강목』 권23 「곡지이(穀之二)」에서 도홍경의 『명의별록』을 인용하여 율무[薏苡]를 일명 '감미(䕢米)', 일명 '감주(䕢珠)'라고 했으며, 도홍경의 주에는 "감으로 읽는다.[音感]"으로 되어 있다. 『옥편』 초(艸)부의 '감(䕢)'자의 주음은 '공담(公禫)'과 '공동(公楝)'의 두 가지 읽는 법(gǎm 또는 gùŋ)이 있다. 스성한의 금석본에 따르면, 여기에서 말하는 '감화'는 아마 율무 자체가 아니라 율무속의 '염주[川穀; *Coix lachryma-jobi*]일 수도 있음을 암시하는 듯하다. 율무는 이미 알고 있는 사물이므로[후한 시기의 마원이 일찍이 교지(현재의 베트남)에서 율무를 한 수레 가져왔다고 한다.] 별도의 '이명'을 붙였을 리가 없었을 듯하다. 왜냐하면 유사할 뿐 꼭 같지 않기 때문에 '열매가 '감(感)'과 같은 화(禾)'라고 부른 것이다. 그러나 묘치위 교석본을 보면, 남조(南朝) 송(宋)나라 뇌효(雷斅)의 『포적론(炮炙論)』[『증류본초(證類本草)』 권6 '의이인(薏苡人)'에서 인용]에서 설명하기를, "무릇, 감미(糂米)를 사용하지 말라. 낟알이 크면 맛이 없다. 그 감미는 당시 사람들이 부르기를 갱감(粳糂)이라고 한 것이 이것이다. 만약 율무쌀의 낟알이 작고 속이 푸르면 맛이 달고, 물었을 때 이에 달라붙는다."라고 하였다. '감(糂)'은 사전에는 수록되어 있지 않으며, 그 씨를 쌀로 만들기 때문에 '감(感)'에 '미(米)'를 더해서 '감(糂)'으로 쓴다. '미(米)'부수를 떼서 원래대로 환원하면 '감(感)'이 된다. '감미(糂米)'가 곧 '감화(感禾)'이며, 그 쌀은 찰기가 없기 때문에 민간에서는 '멥쌀'이라고 부른다.

15 '부소(扶疎)': 『설문해자』 '목(木)'부에서는 '부(枎)' 아래에 "부소는 사방으로 퍼진 것이다.[枎疏, 四布也.]"라고 하였다.

16 "揚禾, 似藋": '양(揚)'은 금택초본에는 '수(手)'변 부수를 쓰며, 다른 판본과 『태평어람』에서 인용한 것은 모두 '나무목변[木]'을 써서 '양(楊)'으로 쓰고 있다. '조'는 여(藜)이다. 단자엽식물은 여와 같을 수 없다. 다만 여적(藜荻)과 닮은 것은 매우 보편적이다. '사조(似藋)'는 『태평어람』에서 인용하여 "실사조(實似藋)"라고 쓰고 있다. 스성한의 금석본에서는 '양(揚)'을 '양(楊)'자로 표기하였다.

가 잘다. 따는 즉시 밥을 짓는다. 멈추면 곧 싹[17]이 튼다. 이것은 중원의 파화巴禾로서, 즉 목직木稷[18]이다."라고 하였다.

"대화大禾는 키가 한 길[丈]이며, 열매는 소두小豆와 같다. 속특국粟特國[19]에서 생산된다."라고 한다.

『산해경』에 이르기를,[20] "곤륜산의 언덕[墟][21] 위에 목화木禾[22]가 있는데, 길이는 다섯 길[23]이며,

細.9 左折右炊. 停則牙生. 此中國巴禾, 木稷也.10

大禾,11 高丈餘, 子如小豆. 出粟特12國.

山海經曰, 崑崙墟, 上有木禾,

17 '아(牙)': '아(芽)'이다.(권2 주석과 권8 교석 참조.)

18 '목직(木稷)': '파화(巴禾)'는 큰 벼이며, 전설에 그 씨가 맺힌 후 바로 발아하고 새로운 나무로 자라서 계속 열매를 맺을 수 있다고 한다. 『광아』「석초」에 "조량(藋粱)은 목직(木稷)이다."라고 되어 있는데, 이는 곧 고량(高粱)이다. 또한 촉서(蜀黍)라고도 불린다. 묘치위 교석본에 따르면, 이 문장이 고량에 관한 가장 이른 기록이다. 청대(淸代) 정요전(程瑤田: 1725-1814년)의 『구곡고(九穀考)』, 왕염손의 『광아소증(廣雅疏證)』에서는 높고 큰 것을 '촉(蜀)'이라고 해석하였는데, 고량의 그루가 큰 것과 부합되며, 촉(蜀) 땅을 가리키는 것은 아니다. 그러나 '파(巴)', '촉(蜀)'은 모두 사천(四川)에 있으며, '파화(巴禾)'는 공교롭게도 거의 '촉서(蜀黍)'와 암암리에 부합하기 때문에 『제민요술』에서는 '목직'을 '파화'의 별칭으로 삼고 있다. 그러나 앞에 언급된 '좌절우취(左折右炊)'는 캐자마자 취사하는 것으로, 그렇게 하지 않고 놓아두면 바로 싹이 틀 수 있어, 고량과는 전혀 부합하지 않는다. 아마도 『광지(廣志)』가 전해지면서 실제적인 것을 상실하고, 신기하고 기이한 것에만 관계된 것은 아닌지 의문을 제기하고 있다.

19 '속특국(粟特國)': 중앙아시아의 고대 국가 이름으로 그 땅은 현재의 아무다리아 강, 시르다리야 강 사이[신강위구르 자치구 서북부]에 있었으며, 수도는 사마르칸트였다. 한대 이래부터 중국과 밀접한 경제적, 문화적 관계를 맺고 있었다.

20 『산해경』 권11 「해내서경(海內西經)」에 보인다. 곽박은 "곡류이다."라고 주석하고, 그다음에 여전히 "흑수의 물가에서 자라며 먹을 수 있다."라고 한다.

21 '허(墟)': 『산해경』 「해외남경(海外南經)」 '곤륜허(崑崙墟)'의 곽박 주에 "허(墟)는 산 아래 터이다."라고 되어 있다.

두께는 다섯 위圍[24]이다."라고 하였다. 곽박이 주에서 이르기를, "목화는 곡물의 종류이다."라고 한다.

長五尋, 大五圍. 郭璞曰, 木禾, 穀類也.

『여씨춘추呂氏春秋』에 이르기를,[25] "밥 중에 맛있는 것은 현산玄山의 화禾, 부주不周의 조[粟], 양산陽山의 메기장[穄]이다."라고 하였다.

呂氏春秋曰, 飯之美者, 玄山之禾, 不周之粟, 陽山之穄.

『위서魏書』에 이르기를,[26] "오환烏丸[27]의 땅은

魏書曰, 烏丸

---

22 '목화(木禾)': 여기의 '목화'는 위 문장의 '양화(楊禾)'의 부류인 듯하다. 크고, 과실을 식용으로 쓸 수 있는 화본과 식물이며, 아마 야생의 수수새속[絨毛草屬: *Holcus*]일 가능성이 있다.

23 '심(尋)'은 옛 길이 단위로, 통상적으로 8자[尺]가 1심(尋)이지만 7자로 보는 견해도 있다.

24 '위(圍)'는 원주의 두께를 재는 도량형 단위로, 두 가지 기준이 있다. 하나는 '두 손으로 안는 것'이며, 다른 하나는 두 손의 엄지손가락과 집게손가락을 이어 만든 범위이다. 본권에서 말하는 '위'는 일반적으로 두 번째 기준을 말한다.

25 『여씨춘추』「본미(本味)」에 보이며, 문장이 동일하다. 끝부분에 여전히 '남해의 검은 기장[秬]'이라는 구절이 있다. 「본미」편에서는 가탁하여 이윤(伊尹)이 상(商)나라 탕왕을 대하며 변방의 먼 각지의 각종 맛있는 음식을 설명하였다. 예컨대, '새', '짐승', '벌레', '물고기', '채소', '화(禾)', '과실' 등을 말하였는데, 그중에 몇몇 과일과 채소는 『제민요술』에서 나누어서 본권의 관련된 각 항목 중에 인용하였다.

26 『위서(魏書)』는 『수서(隋書)』 권33 「경적지이(經籍志二)」에 기록되어 있으며, 진(晉)의 사공(司空)이었던 왕침(王沈)의 찬술이라는 사실 외에 나머지는 알 수 없다. 책은 이미 실전되었다. 이것은 북위(北魏)가 수집하여 찬술한 위수(魏收)의 『위서』를 가리키는 것은 아니다. 이 구절은 『삼국지(三國志)』「위지(魏志)·오환전(烏丸傳)」의 배송지(裴松之)의 주에서 인용한 것이다.

27 '오환(烏丸)': 금본 『삼국지』에 대부분 '오환(烏桓)'으로 되어 있으며, 여기의 '환'은 남송 초년에 새겨 쓸 때 흠종(欽宗) 환(桓)의 이름을 피하기 위하여 '환(丸)'으

푸른 기장[靑穄]을 기르는 데 적합하다."라고 한다.	地宜靑穄.

교 기

7 '양화(粱禾)': 『태평어람(太平御覽)』 권839 「백곡부오(百穀部五)」 '화(禾)'항의 인용에 '거화(渠和)'로 되어 있다. 옥함산방집일서(玉函山房輯佚書)의 『광지(廣志)』에는 '거화(渠禾)'로 되어 있다.

8 '이(以)': 『태평어람』 권839 「백곡부오」 '화(禾)'항의 인용에 '지(之)'로 되어 있다.

9 '입세(粒細)': 『태평어람』 권839 「백곡부오」 '화(禾)' 항의 인용에는 '세' 자 아래에 '야(也)'자가 있다.

10 '야(也)': 호진형(胡震亨)의 『비책휘함각본(秘冊彙函刻本』(이후 '비책휘함본' 혹은 '비책휘함계통의 판본'으로 약칭) 각본에는 '민(民)'으로 잘못되어 있다.

11 '대화(大禾)': '대'자는 명청 각본에 모두 '화(火)'로 되어 있다. 명초본과 금택초본에 따라 '대(大)'로 해야 한다.

12 '속특(粟特)': 『태평어람』의 인용에 '속특특(粟特特)'으로 되어 있는데, 불필요한 '연문(衍文)'이 분명하다.

로 고친 것이다. 오환은 원래 동호(東胡)족의 지파이며, 흉노의 묵특선우[冒頓單于]에게 쫓겨 오늘날 몽골지방의 '오환산' 아래까지 피신했으나, 조조가 훗날 그들을 쫓아 버렸다. 송본 『삼국지』 「위지」에는 「오환전(烏丸傳)」이 있다.

4 맥麥四

『박물지』에 이르기를, "사람이 보리를 먹으면 힘이 세어져서 걸음이 가볍고 경쾌해진다."[28] 라고 한다.

博物志曰, [13] 人啖麥橡, 令人多力健行.

『서역제국지西域諸國志』에 이르기를, "천축[29]의 11월 6일은 동지로 이때 보리에 이삭이 밴다. 12월 16일은 납일[臘]로서 납맥臘麥이 익는다."라고 하였다.

西域諸國志曰, 天竺十一月六日爲冬至, 則麥秀. [14] 十二月十六日爲臘, 臘麥熟. [15]

『설문說文』에 이르기를, "모麰는 주周족의 조상신이 전래한 내모來麰이다."[30]라고 한다.

說文曰, 麰, 周所受來麰也.

---

28 '건(健)'은 각본에 동일하며, 명초본에서는 '건(徤)'으로 쓰고 있다. 송대 이후의 각본에서는 대부분 '두인변[彳]'을 써서 이 글자를 쓰고 있다.

29 '천축(天竺)': 중국에서 인도를 부르는 옛 명칭이다.

30 『초학기(初學記)』 권27 및 『태평어람(太平御覽)』 권838에서 『설문해자(說文解字)』를 인용한 것은 『제민요술』과 동일하다. 그러나 금본 『설문해자』의 이 구절은 '내(來)'의 다음에 있으며, "'내(來)'는 주나라가 조상신으로부터 '서맥(瑞麥)'과 '내모(來麰)'를 받았다."라고 한다. '모'자 다음에는 "내모(來麰)는 맥(麥)이다."라고 하였는데, 양자를 구분하면, '내(來)'는 밀이고, '모(麰)'는 보리를 가리킨다. 예컨대, 『광아(廣雅)』 「석초(釋草)」에서는 "대맥(大麥)은 모(麰)이다. 소맥(小麥)은 내(來)이다."라고 하였다.

그림 5
보리[大麥]:
『구황본초』 참조.

그림 6
밀[小麥]: 『구황본초』 참조.

교 기

13 '박물지왈(博物志曰)': 오본(吳本) 『박물지』 권4 「식기(食忌)」에는 "啖麥稼, 令人力健行."으로 되어 있다. 『태평어람』 권838 「백곡부이(百穀部二)」 '맥(麥)'항의 인용에 "啖麥令人多力."으로 되어 있다. 묘치위 교석본에 의하면, 『태평어람』 권838 '맥(麥)'조에서 『박물지』를 인용한 것에서도 역시 '담맥(啖麥)'이라 하고 있다. 금본 『박물지』 권2 '啖麥橡'을 '啖麥稼'로 쓰고 있는데, '상(橡)'은 '가(稼)'의 형태상의 오류인 듯하다고 하였다.

14 '맥수(麥秀)': 비책휘함계통의 각본에 대부분 '맥화(麥禾)'로 되어 있다. 점서본과 명초본, 금택초본에는 모두 '맥수(麥秀)'로 되어 있다. 『태평어람』 권838에도 역시 '맥수'라고 되어 있다.

15 '납맥숙(臘麥熟)': 명초본과 금택초본, 많은 명청 각본에는 모두 '臘麥熟'으로 되어 있다. '납'자에서 문장을 끊으면 풀이가 가능하다. 점서본에는 『태평어람』에 따라 '則麥熟'으로 고쳤는데, 일반적 용법에 더욱 부합한다.

5 두豆五

『박물지』에 이르기를,[31] "사람이 콩을 3년간 먹으면 몸이 무거워져서 행동하기 어렵다. 늘 소두를 먹으면 사람의 피부가 마르고 거칠어진다."[32]라고 하였다.

博物志曰, 人食豆三年,16 則身重, 行動難.17 恒食小豆, 令人肌燥18麤理.

그림 7
팥[赤小豆]과 소두

그림 8
누에콩[蠶豆]: 『구황본초』 참조.

그림 9
콩[大豆]

31 금본의 『박물지』 권2에는 '두(豆)'와 '소두(小豆)'의 두 조항이 나뉘어 있으며, 그 중 '소두(小豆)' 조에서는 '기조추리(肌燥麤理)'를 '비기추조(肥肌麤燥)'로 쓰고 있는데, 묘치위는 '비기(肥肌)'가 잘못되었다고 보았다.

32 『신농본초경(神農本草經)』 '적소두(赤小豆)'조의 도홍경의 주에 따르면, "소두(小豆)는 성질이 진액(津液)을 내보내기에 오래 먹으면 사람을 마르게 한다."라고 한다. 북송대(北宋代) 구종석(寇宗奭)의 『본초연의(本草衍義)』에 이르기를, "팥[赤小豆]을 먹으면 소변이 잘 통하게 되는데, 오래 먹게 되면 허해지고 사람이 검고 여위며 마르게 된다."라고 하였다.

교 기

16 '삼년(三年)': 『제민요술』의 각본과 오본(吳本) 『박물지』에 모두 '삼년'으로 되어 있다. 『태평어람(太平御覽)』 권841 「백곡부오(百穀部五)」 '두(豆)' 항의 인용에는 '삼두(三斗)'로 되어 있다. 당시의 도량형에 따라 계산하면 삼두는 대략 지금의 6 l 보다 좀 넘는데, 이렇게 많은 양을 한 번에 먹을 수는 없으므로, '두(斗)'는 잘못이다.

17 '행동난(行動難)': 『제민요술』 각본에 모두 '행동난'으로 되어 있지만, 『태평어람』에서 인용한 것은 오본(吳本) 『박물지』와 같이 '행지난(行止難)'으로 되어 있다. 묘치위 교석본에 따르면, 『명의별록(名醫別錄)』에 이르기를 "날콩[生大豆]은 … 오래 먹으면 사람의 몸이 무거워진다."라고 한다. 당대(唐代) 맹선(孟詵)의 『식료본초(食療本草)』에서는 "콩[大豆]은 … 처음 먹었을 때 몸이 무거워지는 것 같으나 1년 후에는 곧 몸이 가벼워졌음을 깨닫는다."라고 했다. 이것은 콩을 날로 먹는 것을 가리키며, 또한 '복식법(服食法)'을 가리킨다. 즉 『박물지』에서 말하는 것은 마땅히 이러한 종류의 먹는 방법이지, 반드시 기이하고 특이한 콩을 기록한 것은 아니라고 한다.

18 '인기조(人肌燥)': 명초본과 금택초본, 『태평어람』의 인용이 같다. 오본(吳本) 『박물지』에 '인비기추조(人肥肌麄燥)'로 되어 있다.

6 동장東牆[33] 六

『광지』에 이르기를,[34] "동장東牆은 빛깔이 검 | 廣志曰,[19] 東

33 '동장(東牆)': 명아주과[藜科]의 사봉(沙蓬; *Agriophyllum squarrosum*)이며, 한해

푸르고 알갱이는 아욱씨[葵子]와 비슷하며 그루는 쑥[蓬草]과 비슷하다.[35] 11월에 익는다. 유주[幽], 양주[涼], 병주[并],[36] 오환烏丸 지역에서 생산된다."	牆,[20] 色青黑, 粒如葵子, 似蓬草. 十一月熟. 出幽

살이 초본(草本) 식물이다. 중국의 서북, 화북에서 동북에 이르기까지 많이 분포하고 있으며, 대부분 유동하거나 반유동하는 사구(砂丘) 또는 모래땅에서 자란다. 종자는 먹을 수 있고, 아울러 기름으로 짜서 식용으로 공급할 수 있다. 묘치위 교석본에 따르면, 이는 '등상(登相)', '등속(登粟)', '사미(沙米)', '사봉미(沙蓬米)'로도 부른다. 『요사(遼史)』에 근거하면, 서하(西夏)에서 '등상(登廂)'이 난다. 『일통지(一統志)』에 이르기를, 달단(韃靼)에서 동장(東廧)이 나는데, 쑥과 비슷하며 알갱이는 검은 기장과 같고, 11월에 익기 시작한다. … 지금의 감(甘), 양(涼), 은하(銀夏)의 들과 모래밭에서 이 풀이 자라는데, 알갱이는 가늘어 양귀비와 같고, 밥을 지을 수 있다. 민간에서는 '등속(登粟)'이라고 하는데, 일명 '사미(沙米)'라고 부른다."라고 한다. 청대(清代) 복림[福臨: 순치제(順治帝)의 이름]의 『어제격물편(御製格物編)』에는 "사봉미(沙蓬米)는 대개 모두 모래땅에서 자라는데, 오르도스[鄂爾多斯]에서 더욱 많이 자란다. 가지와 잎은 쑥과 같이 총생하며, 낟알은 깨[胡麻]와 비슷하지만 작다. … 죽으로 만드는데, 윤기와 기름기가 있어서 먹을만 하며, 혹은 알곡으로 떡이나 차를 만들 수 있다."라고 하였다.

34 『태평어람』 권842 '동장(東薔)'에서 『광지(廣志)』를 인용한 것은 기본적으로 『제민요술』과 동일하다. 『본초습유』에서 『광지』를 인용한 것은 "동장의 씨앗은 해바라기와 비슷하며, 푸른색이다. 병주(并州)와 양주(涼州) 사이에서 생산된다. 하서(河西) 사람이 말하기를, '나의 동장을 빌려주어 너의 전량을 갚았네.'"라고 하였다. 묘치위 교석본에 의하면, '하서 사람의 말[河西人語]'은 『제민요술』에서 '하서어(河西語)'라고 설명하고 있지만 책 이름은 아니며, 아울러 『광지』의 문장과 같다고 한다.

35 『본초습유(本草拾遺)』, 『사기(史記)』 권117 「사마상여열전(司馬相如列傳)」의 '자허부(子虛賦)'에 대한 배인(裴駰)의 『사기집해(史記集解)』와 사마정(司馬貞)의 『사기색은(史記索隱)』, 왕침(王沈)의 『위서(魏書)』 등의 자료에 근거하면, 동장의 그루는 쑥과 비슷하며 씨는 해바라기와 같고 색은 검푸르다. 묘치위 교석본을 보면, 『제민요술』에서는 이 전체 구절을 마땅히 "東牆, 似蓬草, 粒如葵子, 色青黑."으로 써야 하는데, 원문을 인용하면서 이를 도치하였다고 한다.

36 '유량병(幽涼并)': '유주(幽州)'는 위진시대에는 대략 지금의 화북 북부와 요녕의

라고 하였다.	涼并烏丸地.
하서어河西語에 이르기를,[37] "나의 동장을 빌려주어 너의 전량田粱을 갚았네."라고 한다.	河西語曰, 貸我東牆, 償我田[21]粱.
『위서』에[38] 이르기를, "오환의 땅은 동장을 재배하기에 적합하고, (동장으로) 백주白酒를 담글 수 있다."라고 하였다.	魏書曰, 烏丸地宜東牆, 能作白酒.

그림 10
동장(東牆; 沙蓬):
『구황본초』 참조.

그림 11
아욱과 아욱씨[葵子]

서북 땅에 있었다. '양주(涼州)'는 위진 시기에 대략 지금의 감숙, 황하의 서쪽, '병주(并州)'는 위진시기에 대략 지금의 산서성 지역에 있었다.

37 '하서(河西)'는 위진 시기에는 현재 감숙과 청해의 황하 서쪽을 가리키며, 지금의 하서 회랑과 황수(湟水) 유역이다. 스성한은 '하서어(河西語)'를 '서하어(西河語)'라고 하여 책이름으로 보고 있다. 그러나 묘치위 교석본에 의하면, '하서어(河西語)' 조항은 『제민요술』에서 행을 바꾸어서 마치 '하서어'를 한 권의 책인 것처럼 하였으나, 각 가의 서목에는 이 책이 없다. 『하서기(河西記)』라는 책이 있기는 하지만[『수서(隋書)』「경적지(經籍志)」 등의 서목에 보인다.], 이는 『광지』의 문장이 쭉 이어져 내려온 것이므로, '하서언(河西諺)'이라고 말하는 것과 같으며, 또한 '하서인어(河西人語)'이지, 결코 책 이름은 아니라고 한다.

38 '『위서(魏書)』': 『삼국지(三國志)』「위지(魏志) · 오환전(烏丸傳)」의 배송지(裴松之)의 주에서 『위서』를 인용하여 "오환은 동호(東湖)이다. 땅이 청제(靑穄), 동장(東牆)에 적합하다. 동장은 쑥[蓬草]과 유사하며, 과실은 아욱씨[葵子]와 같다. 10월이 되어 익으면 백주를 담글 수 있다."라고 하였다. 『제민요술』의 이 조는 「(3) 화(禾)」와 마찬가지로 왕침(王沈)의 『위서(魏書)』에서 인용한 것이다.

교 기

19 '광지왈(廣志曰)': "유주[幽], 양주[涼], 병주[幷], 오환(烏丸) 지역에서 생산된다.[出幽, 涼, 幷, 烏丸地.]" 구절이 『태평어람』 권842 「백곡부육(百穀部六)」의 인용에는 "유주[幽], 양주[涼], 병주[幷]에 모두 있다.[幽涼幷, 皆有之.]"라고 되어 있다.

20 '동장(東牆)': 명초본과 금택초본에 모두 '장'자로 되어 있다. 비책휘함 계통의 각본에서 명대의 속자 '장(墻)'자를 썼고, 『태평어람』 권842 「백곡부육」 '동장(東薔)'항에서 인용한 여러 책에서는 일률적으로 '장(薔)'자를 썼다. 아마 후대 『요사(遼史)』의 '등상(登相)', 『천록여식(天祿餘識)』의 '등상(登廂)'과 마찬가지로 모두 소리를 표기하는 글자에 불과한 듯하다.

21 '전(田)': 점서본에는 '백(白)'으로 되어 있다. 『옥함산방집일서(玉函山房輯佚書)』도 이와 같다. 『태평어람』 권842의 인용에 여전히 '전(田)'으로 되어 있다.

7 과라果蓏七

『산해경』에 이르기를,[39] "평구 지역에는 … | 山海經曰,[22] 平

39 『산해경』 권2 「서산경(西山經)·서차삼경(西次三經)」과 권8 「해외북경(海外北經)」에 나뉘어 보인다. '소재(所在)'는 금본(今本)에는 '소생(所生)'이라고 되어 있다. 『산해경』 권14 「대황동경(大荒東經)」에 "온갖 과일이 절로 자란다.[百穀所在.]"라는 구절이 있는데, 곽박이 주석하여 이르기를, "자생하는 것을 말한다."라고 하였다. 묘치위 교석본에 의하면, 『제민요술』의 '소재(所在)'는 이것이 의거

온갖 과일이 절로 자란다."라고 하였다. "부주산[40][不周之山]에는 … 좋은 과일이 있는데, 그 열매는 대추와 같고 잎은 복숭아 잎과 같으며 꽃은 노랗고 나무는 붉다. 그것을 먹으면 배가 고프지 않다."라고 하였다.

丘, … 百果所在.[23] 不周之山, … 爰有嘉果, 子如棗, 葉如桃, 黃花赤樹. 食之不飢.

『여씨춘추』에 이르기를,[41] "상산常山의 북쪽과 투연投淵의 위쪽에는 온갖 과일이 자라며, 여러 제왕이 먹었다."라고 한다. "여러 제왕은 먼저 하늘나라로 간 제왕들이다."라고 하였다.

呂氏春秋曰, 常山之北, 投淵之上, 有百果焉, 羣帝所食. 羣帝, 衆帝先升遐[24]者.

『임해이물지臨海異物志』[42]에 이르기를,[43] "양

臨海異物志

한 판본과는 달라 '소생(所生)'의 잘못이라고 인정하기는 힘들다. 오직 '적수(赤樹)'는 금본(今本)에서 '적부(赤柎)'라고 쓰여 있는데, '부'는 꽃받침을 가리키므로, 『제민요술』이 아마도 틀린 듯하다고 한다.

40 '부주산[不周之山]'은 고대 전설의 산 이름이다. 『산해경』「대황서경(大荒西經)」에 "서북해의 바깥, 대황의 귀퉁이[隅]에 산이 하나 있는데 합쳐지지 않는다. 이름이 '부주'이다."라고 되어 있다. 곽박의 주에 『회남자』를 인용하여 "과거에 공공(共工)이 전욱(顓頊)과 황제자리를 놓고 다투던 중, 화가 나서 부주산을 건드렸다. 하늘의 밧줄이 끊어지고 땅의 기둥이 무너지는 바람에 지금 이 산에 토양이 부족하여 그 주위를 돌지 못했다."라고 했다. 왕일(王逸)이 『이소(離騷)』에 주를 단 것과, 고유가 『회남자』「원도훈(原道訓)」에 주를 단 것에는 모두 부주산이 곤륜산의 서북쪽에 있다고 설명하고 있다.

41 『여씨춘추』「본미(本味)」.

42 『임해이물지』는 『수서』, 『구당서』, 『신당서』의 서목의 지(志)에는 '심영찬(沈瑩撰)'이라고 되어 있다. 정식 명칭은 마땅히 『임해수토이물지(臨海水土異物志)』이다. '임해(臨海)'는 바닷가, 연해를 말하며, 임해군(臨海郡)을 가리키는 것은 아니다. 심영(沈瑩)은 오나라 말 사람으로 손호(孫皓) 천기(天紀) 4년[280년, 즉 진(晉) 무제(武帝) 태강(太康) 원년]에 오나라와 진나라가 서로 싸울 적에 전사하였

도楊桃[44]는 그 열매가 감람橄欖과 비슷하며[45] 그 맛은 달다. 5월과 10월에 두 번 익는다.

농언에 이르기를, '양도는 보채지 않아도 일년에 세 번 영근다.'라고 하였으며, 그 색은 청황색이고 씨는 대추씨와 같다."라고 한다.

『임해이물지臨海異物志』에 이르기를, "매도자梅桃子[46]는 진안晉安 후관현候官縣[47]에서 생산된다.

曰, 25 楊桃, 似橄欖, 其味甜. 五月十月熟. 諺曰, 楊桃無蹙, 一歲三熟. 其色青黃, 核如棗核.

臨海異物志曰, 梅桃26子, 生晉安

다.[묘치위[繆啟愉], 치우저치[邱澤奇], 『한위육조영남식물'지록'집석(漢魏六朝嶺南植物'志錄'輯釋)』, 農業出版社, 1990, 190-191쪽 참조.]

43 양도(楊桃)에서부터 왕단자(王壇子)에 이르기까지 모두 12종류의 과일이 있는데, 모두 『임해이물지』로부터 인용하였다. 『태평어람』에서는 이 12가지 과일을 각 종류마다 하나의 목으로 분류하고 배열하였는데, 모두 '임해이물지왈(臨海異物志曰)'이라고 앞에 덧붙였으며, 모두 권974 중에 인용하여 기록하였다. 순서와 차례는 모두 『제민요술』과 동일하며, 문장의 구절은 모두 기본적으로 서로 같다.

44 '양도(楊桃)': 즉 괭이밥[酢漿草]과의 스타 프루트[五斂子; *Averrhoa carambola*]이고, 또한 양도(陽桃), 양도(羊桃)라고 부른다. 과실은 타원형으로, 양 끝은 좁고 주름져 있으며, 하단의 끝부분은 짧고 뾰족하고, 다섯 개의 모가 있으며 간혹 세 개에서 여섯 개의 모가 있기도 하다. 익지 않았을 때의 과일 껍질은 청록색이며, 익었을 때는 황록색이다. 한 해에 꽃이 수차례 피는데, 여름부터 가을까지 서로 이어져서 끊이지 않는다.

45 '사(似)': 옛날 사람들이 식물을 묘사할 때, '무엇 같다[似]'고 설명하였는데, 종종 단지 일부분만 닮은 것을 가리킨다. 묘치위 교석본에 따르면, 여기서 "감람 같다.[似橄欖.]"라고 한 것은 단지 그 양 끝이 좁고 주름진 형상을 가리키는 것으로 그것의 모서리와 크기에 연관된 것은 아니다. 본권에서 '사(似)'의 묘사는 매우 많은데, 반드시 주의해야 한다고 지적하였다.

46 '매도자(梅桃子)'는 어떠한 종류의 식물인지 상세하지 않다. 짱총끈[張崇根] 『임해수토이물지집석(臨海水土異物志輯釋)』, 農業出版社, 1988에서는 산앵두[山櫻桃; *Prunus tomentosa*, 장미과]로 여기고 있지만, 산앵두나무의 열매의 크기는 앵두와 같기 때문에, "열매 크기는 세 치"인 것과는 차이가 크다.

작은 그루에서 수십 섬[石]을 생산한다. 열매의 크기는 세 치 정도이며, 꿀에 담가 재워 둘 수 있다."라고 하였다.

候官[27]縣. 一小樹得數十石. 實大三寸, 可蜜藏之.

『임해이물지』에 이르기를, "양요楊搖[48]는 과일에 일곱 개의 모가 나 있으며, 열매가 나무껍질에 붙어 자란다. 그 모양은 기이할지라도 맛은 특별하지 않다. 네댓 치 정도 자라면 색깔이 청황색이 되며, 맛이 달다."라고 하였다.

臨海異物志曰, 楊搖, 有七脊, 子生樹皮中. 其體雖異, 味則無奇. 長四五寸, 色青黃, 味甘.[28]

『임해이물지』에 이르기를, "동숙冬熟[49]은 과일의 크기가 손가락만 하며, 색은 새빨갛고, 맛

臨海異物志曰, 冬熟, 如指大, 正

---

47 후관(候官)은 원래 '시령을 맞다[迎候]'의 '후(候)'로서 전한시대 때 일찍이 그 지역에 '후관(候官: 빈객과 척후군경을 맞이하는 관)을 설치하여 이름을 얻은 것이다. 진대에 후관현(候官縣)이 진안군(晉安郡)의 군 치소가 되었다. 오늘날 복주시(福州市)이다. 이후 고쳐서 공후(公侯)의 '후(侯)'로 고쳤다

48 '양요(楊搖)': 금택초본에서는 '양요(楊搖)'라고 적고, 다른 본은 『태평어람』과 동일하게 '목변[木]'으로 써서 '양요(楊榣)'라고 쓰고 있다. 스성한의 금석본에서는 '양요(楊搖)'라고 표기하였으며, 묘사된 과실의 형태를 근거로 하여 '스타프루트[五斂子]'일 가능성이 있다고 보았으나, 묘치위 교석본에서는 "열매가 나무껍질에 붙어서 자란다."라는 구절을 설명하기 어렵기 때문에 '스타푸르트'가 아니라고 지적하였다.

49 '동숙(冬熟)': 아마도 과일이름인 것 같지는 않으며, 초사 중에 본 조항에서 과일 이름이 빠진 듯하다. 묘치위는 또한 뒷부분에 언급된 '관도자(關桃子)', '토옹자(土翁子)', '구조자(枸槽子)' 역시 결국 어떤 종류의 과일과 연관되어 있는지 모두 분명하지 않다고 한다. '구조자(枸槽子)'를 가지과[茄科]의 구기자[枸杞; *Lycium chinense*]로 보는 견해도 있으나, "엄지손가락만 하다.[如指頭大.]"와 부합하지 않아서 옳지 않은 듯하다.

이 달아 매실보다 좋다."라고 하였다.

"후달자猴闥子[50]는 엄지손가락만 하고 맛은 약간 쓰지만 먹을 수 있다."라고 하였다.

"관도자關桃子는 맛이 시다."라고 하였다.

"토옹자土翁子는 (크기가) 옻 열매만 하고 익으면 새콤달콤하며, 그 색은 검푸르다."라고 하였다.

"구조자枸槽子는 엄지손가락만 하다. 색은 새빨갛고 맛이 달다."라고 하였다.

"계귤자雞橘子[51]는 손가락만 하고[52] 맛이 달

赤, 其味甘,[29] 勝梅.

猴闥子, 如指頭大, 其味小苦, 可食.

關桃子, 其味酸.

土[30]翁子, 如漆子大, 熟時甜酸, 其色青黑.

枸[31]槽子, 如指頭大. 正赤, 其味甘.

雞橘子, 大如

---

50 '후달자(猴闥子)': 여기서부터 '왕단자(王壇子)'까지 8개 조항은 『태평어람(太平御覽)』 권974 「과부십일(果部十一)」에 모두 『임해이물지(臨海異物志)』에서 인용한 것이라고 출처를 밝혔다. 묘치위 교석본에 의하면, 청대 조학민(趙學敏)이 편찬한 『본초강목습유』 권8의 기록에는 '후달자(猴闥子)'가 있는데, 『환유필기(宦遊筆記)』를 인용하여 말하기를 "바다와 접하는 깊은 산의 띠풀에서 나서, 지역민들은 '선모과(仙茅果)'라고 부른다. 가을에 자라서 겨울에 열매 맺으며, 나무꾼들이 캐서 먹고, 아울러 갈아서 가루로 만들 수 있다"라고 하였다. 선모(仙茅; *Curculigo orchioides*)는 여러해살이 초본식물로 뿌리와 뿌리줄기의 육질은 굵다. 거친 초원에 야생하거나 간혹 산언덕 띠풀 떨기 속에 섞여 자라며, 중국 서남, 양광 등의 지역에 분포한다. 액즙과 과육이 많은 장과(漿果)로서 길이가 길고, 둥근 형태이며 크기는 대략 엄지손가락만 하다. 하지만 '선모(仙茅)'가 '후달자'인지의 여부는 아직 확실하지 않다는 지적도 있다.

51 '계귤자(雞橘子)': 스성한의 금석본에 따르면, 갈매나무[鼠李]과의 헛개나무[枳椇; *Hovenia dulcis*]이다. 『설문해자』에는 '지구(積椒)'로 썼으며, 기타 서적에서는 '지구(枝枸)', '지구(枳椇)', '지구(枳句)', '계구(稽椇)' 등의 표기법이 보이는데 모

다.[53] 영녕의 변경 지역에서 생산된다."라고 하였다.

"후총자猴總子[54]는 새끼손가락만 하고,[55] 모양은 감[柿]과 비슷한데 그 맛도 감에 못지않다."라고 하였다.

指, 味甘. 永寧32界中有之.

猴總子, 如小指頭大, 與柿相似, 其味不減於柿.

두 음을 기록하는 글자에 불과하다. '계귤'은 아마 이와 같이 음을 표기하는 단어일 것이다. 소식(蘇軾)의 문집에 당시 촉중(蜀中)의 속명 '계거자(鷄距子)'가 기록되어 있다. 반면 묘치위는 교석본에서, '계귤자(雞橘子)'를 운향과(云香科)의 금귤속[金柑屬; *Fortunella*]의 일종으로 보았다. 당대(唐代) 단공로(段公路)의 『북호록(北戶錄)』 권3 '산귤자(山橘子)'조에서 『임해이물지(臨海異物志)』를 인용하여 "엄지손가락만 하다.[如指頭大.]"라고 쓰고 있다.(『태평어람』에서도 동일하게 인용하고 있다.) 이 때문에 단공로는 '계귤자(雞橘子)'를 곧 '산귤자(山橘子)'라고 의심하고 있다. 비록 반드시 같은 것은 아닐지라도, 적어도 같은 유거나 비슷한 유인 듯하다. 『본초강목(本草綱目)』 권31 '헛개나무[枳椇]'조에는 전인(滇人)이 지구(枳椇)를 '계귤자(雞橘子)'라고 칭했는데, 이것은 지구(枳椇)의 별명인 '계거자(雞距子)'의 방언이 잘못 전해진 것으로 '귤(橘)'과 전혀 상관이 없다.

52 '대여지(大如指)': 『북호록』 권3과 『태평어람』에서는 모두 '여지두대(如指頭大)'라고 다르게 인용하고 있다.

53 '미감(味甘)': 각본에는 '미감(味甘)'으로 적고 있으며, 『태평어람』도 동일한 것을 인용하고 있다. 금택초본에서는 '부감(不甘)'이라고 하였는데, 분명히 잘못이다.

54 '후총자(猴總子)': 스셩한은 흑단[烏木; *Diospyros ebenum* Koenig] 또는 기타 같은 속의 식물로 보았다. 이 속의 식물은 오령(五嶺) 남북에 광범위하게 분포되어 있다. 반면 묘치위 교석본에서는 『본초강목습유』 권8의 "또 임해(臨海) 지역에서 후총자(猴總子)가 생산되는데, 일명 '토시(土柿)'라고 한다. 매년 9-10월 사이에 나며, 모양은 붉은 감과 같다."라는 구절을 근거로 하여 감나무속[柿屬; *Diospyros*]의 '작은 감'으로 보았으나, 종류가 많으며 단지 간략하게 쓴 것만으로는 어떤 종인지 확인하기 어렵다고 하였다. 또한 유시(油柿; *Diospros kaki* var. *sylvestris*)로 보는 견해도 있지만, 원문과 대조해 봤을 때 맞지 않고, 또 먹을 수 없어서 차이가 크다고 한다.

55 '여소지두대(如小指頭大)': 『태평어람』에서 인용한 것에는 '소(小)'자가 없다.

"다남자多南子[56]는 손가락만 하고 자색을 띠며, 맛이 달다.

매실과 비슷하며 진안晉安에서 생산된다."라고 하였다.

"왕단자王壇子[57]는 대추 크기만 하고 맛이 달다. 후관候官에서 생산되며 월왕이 태일신[太一]의 신단에서 제사 지낼 때 제단 가에 이 과일이 있

多南子, 如指大, 其色紫, 味甘. 與梅子相似, 出晉安.[33]

王壇子, 如棗大, 其味甘. 出候官, 越王祭太一[34]壇邊

---

56 '다남자(多南子)': 두보(杜寶)의 『대업습유록(大業拾遺錄)』에는 수대(隋代)에 '도념자(都念子)'라는 속명을 가진 야생과일이 실려 있다. 유순(劉珣)의 『영표록이(嶺表錄異)』에서는 '도념자(倒捻子)'로 고쳐 기록하면서 "먹을 때 반드시 그 꽃받침을 거꾸로 쥐어야 하기 때문에 '도념자'라고 하는데, '도념자(都念子)'로 잘못 썼다."라고 설명했다. 스셩한의 금석본에서는 이를 근거로 하여 '다남자'가 '도금양(桃金孃; *Rhodomyrtus tomentosa*)'일 것으로 추측했다. 반면 묘치위 교석본에 의하면, '다남자(多南子)'는 자황속[藤黃]의 망고스틴[倒捻子; *Garcinia mangostana*]이다. 청대(淸代) 곽백창(郭柏蒼)의 『민산록이(閩産錄異)』 권2에 '동년(冬年)'이라고 기재하여 이르기를, "장주(漳州), 천주(泉州), 용암(龍巖)에서 생산된다. 그것으로 해를 넘길 수 있기 때문에 이름을 '동년(冬年)'이라고 하였다. 『제민요술』에 따르면, '다남자(多南子)는 진안(晉安)에서 생산된다.'라고 하였는데 이 과일이다. 흥화(興化)에서는 '단점자(丹黏子)'라고 부르고, 또한 '도점자(倒黏子)'라고 부른다."라고 한다.

57 '왕단자(王壇子)'는 운향과의 왐피[黃皮; *Clausena lansium*]이다. 남송 장세남(張世南)의 『유환기문(游宦紀聞)』 권5에서는 "과일 중에 또한 황담자(黃淡子)가 있는데, … 크기는 작은 귤과 같고, 색은 갈색으로 맛은 조금 새콤달콤하다. … 『장락지(長樂志)』에서는 '왕단자(王壇子)'라고 한다. 구기(舊記)에서 또한 이르기를 '대대로 전하기를 월왕[王覇]의 제단 곁에 자란다.'라고 하였다."라고 한다. 남송 범성대(范成大)의 『계해우형지(桂海虞衡志)』 및 주거비(周去非)의 『영외대답(嶺外代答)』 권8에서 역시 설명하기를 "황피자(黃皮子)는 작은 대추와 같다."라고 하였다. 청대 오진방(吳震方)의 『영남잡기』 권하(下)에서는 "황피(黃皮)의 열매는 크기가 용안(龍眼)과 같고, 또한 '황탄(黃彈)'이라고 불린다."라고 하였다.

었다.[58] 그 이름은 알 수 없지만, 자라는 곳을 알기 때문에 마침내 '왕단王壇'이라 불렀다. 열매는 용안龍眼보다 작고 모양은 모과[木瓜]와 비슷하다."라고 하였다.

有此果. 無知其名, 因見生處, 遂名王壇. 其形小於龍眼, 有似木瓜. 35

『박물지』에 이르기를,[59] "장건이 서역에 사신으로 갔다가 돌아오면서 안석류安石榴·호두[胡桃]·포도蒲桃를 가져왔다."라고 하였다.

博物志曰, 張騫使西域還, 得安石榴胡桃蒲桃. 36

유흔기劉欣期의 『교주기交州記』[60]에 이르기

劉欣期交州記

58 이 전체 구절은 『태평어람』에서 인용한 것에는 "晉安候官越王祭壇邊有此果."로 다르게 쓰고 있다. 후관(候官)은 본래 야현(冶縣)이었는데, 한나라 때는 민월왕(閩越王)의 도성이었다.[본 조항 앞부분 '후관현(候官縣)'에 대한 주석 참조.] '월왕(越王)'은 민월왕을 가리킨다. 고대 월인(越人)의 한 갈래인 민월인(閩越人)은 진한(秦漢) 시대에 오늘날 복건성 북부, 절강성 남부의 일부 지역에 분포하였다. 그 수령은 무제(無諸)이며, 한초(漢初)에 민월왕에 봉해졌다. 도성은 야현(冶縣), 즉 후한(後漢) 후대(後代)의 후관(候官)으로, 오늘날 복주시(福州市)이다.

59 청대(淸代) 황비열(黃丕烈)이 간행한 섭씨(葉氏) 송본(宋本) 『박물지(博物志)』에는 "張騫使西域還, 乃得胡桃種."이라고 쓰여 있다. 그러나 『초학기(初學記)』 권28의 '석류(石榴)', 현응(玄應)의 『일체경음의(一切經音義)』 권6의 '포도[蒲桃]'와 『태평어람(太平御覽)』이 인용한 『박물지』에는 모두 '안석류(安石榴), 호두[胡桃], 포도[蒲桃: 즉, 포도(葡萄)]'의 세 종이 있다. 『한서(漢書)』 권96 「서역전상(西域傳上)」의 기록에 의하면, 장건이 서역을 통해 가져온 식물은 포도와 거여목[苜蓿], 단지 두 종뿐이다.

60 『교주기』는 사서(史書)의 각종 지(志) 및 사가(私家)의 서목(書目)에 모두 기록이 보이지 않으며, 책은 이미 실전되었다. '유흔기'는 혹은 유흠기(劉歆期)로 쓰며, 동진(東晉) 말의 사람이라는 것 외에는 고증할 수가 없다. 『교주기』는 청대 증쇠(曾釗)의 집본(輯本) 등에 있다.[『한위육조영남식물'지록'집석(漢魏六朝嶺南植物'志錄'輯釋)』 198쪽 참조.] '교주(交州)'는 오(吳)에서부터 남조(南朝)에 이르기까지 그 치소는 용편(龍編: 오늘날 베트남 하노이 동북)에 있었으며, 관할지는 지금의 광동, 광서의 일부분 및 베트남의 북부, 중부이다.

를, "다감자多感子는 누런색이며 둘레는 한 치 크기이다."라고 하였다.

"자자蔗子[61]는 외[瓜] 크기만 하고 또 유자[柚][62]와 비슷하다."라고 하였다.

"미자彌子[63]는 둥글고 가늘다. 그 첫맛은 쓰나 뒷맛은 달고, 먹다 보면 달콤한 과일이다."라고 하였다.

『두란향전杜蘭香傳』[64]에 이르기를, "신녀 (두

曰, 多感子, 37 黃色, 圍一寸.

蔗子, 如瓜大, 亦似柚.

彌子, 圓而細. 其味初苦後 38 甘, 食皆甘果也.

杜蘭香傳曰,

---

61 '자자(蔗子)': 스셩한의 금석본을 보면, '자(蔗)'자는 음을 표기한 글자인 듯하며, 또한 '사(樝)'라고 한다. 명사(榠樝)는 '모과[木瓜]'류의 과실이라서 "외와 같다.[如瓜.]"라고 한다. '사'는 아주 큰 것도 있고 맛도 상당히 새콤한 편이라 "유자와 같다.[似柚.]"라고도 한다. 한편 '자(蔗)'는 '표(藨)'를 잘못 쓴 것으로 볼 수도 있다. 유자(柚子) 중에서 둥근 공 모양에 맛이 새콤한 품종이 있는데, 사천 귀주 호남(남부)에서 모두 'pāu자(子)'라고 한다. 이는 신맛이 나는 둥근 유자의 이름을 기록한 것일 가능성이 높다고 한다.

62 '유(柚)'는 유자(柚子)로서 껍질이 두껍고 과육은 귤과 비슷하며, 약간 시큼하고 달콤한 맛이 난다. 직경은 약 20㎝ 전후이며, '중국 자몽'이라고 혼칭하기도 한다. 운향과의 포멜로(*Citrus grandis*)이며, '문단(文旦)', '포(拋)'라고도 부른다.

63 '미자(彌子)': 『본초강목』 권33 '부록제과(附錄諸果)' 중에 "미자가 달려 있다.[繫彌子.]"라는 문장이 있는데, 단지 『광지』의 한 조항에서 "형태는 둥글고 가늘며, 색은 붉고, 대추처럼 연하다. 첫맛은 쓰고, 뒷맛은 달며, 먹을 수 있다."라고 설명하고 있다. 얼핏 보면 미자와 아주 비슷하고, 그 열매는 "붉고 대추와 같이 연하다."라는 것은 『광지』의 문장이지만, 『교주기』 속에 끼어들어서 근거가 부족하다.

64 『예문유취(藝文類聚)』 권82 '채소(菜蔬)', 『태평어람』 권964 '과(果)'는 모두 신녀 두란향이 내려와서 장석과 혼인하는 이 조항을 모두 인용하고 있으나, 문구가 다르다. 『예문유취』 권81, 『태평어람』 권984, 권989에서 모두 조비(曹毗)의 『두란향전』을 인용하고 있지만 이 책은 실전되었으며, 각 사서(史書)의 「지(志)」의 목록에도 보이지 않는다. 『진서(晉書)』 권23 「조비열전(曹毗列傳)」에서 단지 "이때 계양의 장석과 신녀 두란향이 혼인했다.[時桂陽張碩神女杜蘭香所降.]"라고 적

란향이) 장석張碩[65]에게 시집을 갔다[降].[66] 항상 조밥을 먹었고 또한 제철이 아닌 과일도 있었다.[67] 과일의 맛 또한 달지 않았지만 한 번 먹으면 7-8일간 배가 고프지 않았다."라고 하였다.	神女降張碩. 常食粟飯, 并有非時果. 味亦不甘, 但39一食, 可七八日不飢.

그림 12
황피(黃皮; 王壇子)와 그 열매

고 있으나, 『두란향전』에 대해서는 언급하지 않았다.

65 '장석(張碩)'은 각본에 동일하며, 『진서』 권23 「조비열전(曹毗列傳)」 및 각 서에서 동일하게 인용하였다. 금택초본에서는 '장원(張願)'으로 쓰고 있으나, 이는 잘못이다.

66 '강(降)': 예전에 왕가의 딸과 평민의 결혼을 '강'이라고 했다. 뜻은 이때 그녀의 존엄이 잠시 감소[떨어지다]한다는 것이다. 신녀와 '범인(凡人)'의 연애 역시 잠시 존엄을 떨어뜨리는 일이므로 '강'이라고 했다.

67 '병(并)'은 명초본에서는 '정(井)'으로 잘못 쓰고 있지만, 다른 본은 잘못되지 않았다.

교 기

22 '산해경왈(山海經曰)': 두 권의 명본(明本) 『산해경』 「서산경(西山經)」에 "부주(不周)의 산 … 여기에 가과(嘉果)가 있는데 그 열매는 복숭아와 같고 잎은 대추와 같으며, 노란 꽃과 붉은 꽃받침이 있다. 먹으면 노(勞)하지 않는다."라고 되어 있다. 『태평어람』 권964 「과부일(果部一)」 '과(果)' 항의 인용에 "부주의 산에 가과가 있다. 그 열매는 도리와 같고 잎과 꽃은 붉으며 먹으면 배고프지 않다."라고 되어 있는데, 요약에 불과하다.

23 "平丘, … 百果所在": 두 권의 명본 『산해경』 「해외북경(海外北經)」에 모두 "평구는 삼상 동쪽에 있으며, … 백과가 난다.[平丘, 在三桑東, … 百果所生.]"라고 되어 있다. 『제민요술』의 인용에 착오와 누락이 있음이 분명하다.

24 '승하(升遐)': '하'자는 명초본과 명청 각본에 모두 '과(過)'로 잘못되어 있다. 금택초본에 따라 고친다.[금본 『여씨춘추(呂氏春秋)』의 고유(高誘) 주에 역시 '하(遐)'로 되어 있다.] '승하'는 '임금이 죽다'의 대용어이다.

25 '임해이물지왈(臨海異物志曰)': "감람과 같다.[似橄欖.]"는 『태평어람』 권974 「과부십일(果部十一)」의 인용에 "남방의 감람과 같다."라고 되어 있다. 또한 '오월십월(五月十月)' 앞에 '상(常)'자가 있다.

26 '매도(梅桃)': 『태평어람』 권974에서 인용한 것에는 '양도(楊桃)'로 되어 있다. 출처는 『임해이물지』이며, 『태평어람』에 착오가 있음이 분명하다.

27 '후관(候官)': 스셩한의 금석본에서는 '후(侯)'로 쓰고 있다. 스셩한에 따르면, 명초본에 '후관(候官)'으로 잘못되어 있는데, 『태평어람』과 같다. 명청 각본에 따라 '후관(侯官)'으로 고쳤다. 묘치위 교석본에 의하면, '후관(候官)'은 양송본과 마직경호상각본(馬直卿湖湘刻本; 이후 호상본으로 약칭)에도 이 문장과 같으며, 『태평어람』에서도 동일하게 인용하고 있다. 다른 본에는 '후관(侯官)'이라고 적고 있다.

28 '미감(味甘)': 『태평어람』 권974에서도 동일하게 인용하였으나, 마지막에 '야(也)'자가 들어가 있다.

29 '기미감(其味甘)': 명초본과 명청 각본에 '기'자가 빠져 있다. 금택초본과 『태평어람』 권974의 인용에 따라 보충한다.

30 '토(土)': 금택초본과 명청 각본에 '사(士)'로 되어 있다. 명초본과 『태평어람』 권974의 인용에 따라 '토(土)'로 한다.

31 '구(枸)': 금택초본에 '구(拘)'로 되어 있으나, 『태평어람』 권974의 인용에는 '구(狗)'로 되어 있다.

32 '영녕(永寧)': 『태평어람』 권974에서 인용한 '영녕' 뒤에 '남(南)'자가 있다. 영녕은 한대에 세운 현(縣)의 이름이며, 오늘날 절강성 온주시(溫州市) 영가(永嘉)이다.

33 '출진안(出晉安)': 『태평어람』 권974에는 "진안(晉安)과 후관(侯官)의 경계 지역에 있다.[晉安侯官界中有.]"라고 되어 있다.

34 "出候官, 越王祭太一": 스셩한의 금석본에서는 '후(候)'를 '후(侯)'로 쓰고 있다. 스셩한에 따르면, 『태평어람』 권974의 인용에 '晉安候官'으로 되어 있으며, '태일(太一)' 두 글자가 없다.

35 '유사목과(有似木瓜)': 『태평어람』 권974에는 "7월에 익으며 달고 맛있다."라는 구절이 있다.

36 오본(吳本) 『박물지』에 "장건이 서역에서 돌아오면서 호두 종자를 얻었다."라고 되어 있으며, '안석류'와 '포도'는 없다. 다만 현응의 『일체경음의(一切經音義)』 권6과 『묘법연화경(妙法蓮華經)』 제3권 '음의(音義)' '포도(蒲桃)'조의 주에서 인용한 『박물지』의 내용이 『제민요술』과 같다.

37 '다감자(多感子)': 금택초본에 '다함자(多咸子)'로 되어 있다.

38 '후(後)': 금택초본에 '종(從)'으로 잘못되어 있다.

39 "味亦不甘, 但": 『태평어람』 권964 「과부일(果部一)」에는 '미(味)'자가 없으며, '석식지(碩食之)'로 쓰고 있고 '단(但)'자는 '연(然)'자로 적고 있다.

8 대추棗八

『사기史記』「봉선서封禪書」에 이르기를, "이소군李少君이 바닷가를 돌아다니다가 안기생安期生이 대추를 먹는 것을 보았는데,[68] 그 크기가 외[瓜]만 하였다."라고 한다.

『동방삭전東方朔傳』에 이르기를,[69] "한漢 무제武帝 때 상림원[上林][70]에서 대추를 진상하였다. 황

史記封禪書曰,[40] 李少君嘗游海上, 見安期生食棗, 大如瓜.

東方朔傳曰,[41] 武帝時, 上林獻

68 '해상(海上)': 전국시대 이래, 사람들은 동쪽 바다에 신선이 살고 있는 세 개의 섬이 있다고 믿었다. 소위 '봉래(蓬萊)', '방장(方丈)', '영주(瀛洲)' 이 세 개의 '삼신산(三神山)'이다. 전설에 따르면 진시황이 사람을 보내 찾은 적이 있다고 한다. 한 무제(漢武帝) 유철(劉徹) 역시 장생불사를 꿈꾸며 이소군(李少君)이라는 사기꾼의 말을 믿고 사람을 보내어 신산(神山)의 '불사약'을 찾게 했다. 안기생은 이소군이 말한 신선이다.

69 '동방삭전왈(東方朔傳曰)': 여기의 『동방삭전』은 『한서(漢書)』 중의 「동방삭전」이 아니다. 『동방삭전(東方朔傳)』은 『수서(隋書)』와 『구당서(舊唐書)』, 『신당서(新唐書)』 서목지(書目志)에는 모두 기록되어 있는데, 모두 여덟 권이며, 작자의 성명은 없다. 책은 이미 산실되었다. 동방삭(東方朔: 기원전 154-기원전 93년)은 한 무제(漢武帝) 시기에 태중대부(太中大夫)를 역임했으며, 성품이 익살맞고, 사와 부에 능하였다. 『한서(漢書)』 권30 「예문지(藝文志)」의 잡가(雜家)에는 동방삭의 글 22편이 있는데, 지금은 산실되었다. 묘치위 교석본에 의하면, 『신이경(神異經)』, 『해내십주기(海內十洲記)』 등의 책은 그가 쓴 것으로 이름을 가탁한 것이다. 본 조항은 고대의 '사복(射覆)'이라는 놀이로, 그릇으로 물건을 덮고 사람들에게 그것을 맞추게 하는 것이다. 동방삭은 글자 수수께끼를 풀었는데, 지팡이와 난간은 두 개의 나무[木]이고, 두 나무는 합해져서 '임(林)'이 되며, '내래(來來)'자의 형태는 '자자(朿朿)'와 닮았는데, '자(朿)'를 포개면 '조(棗)'가 된다. '질질(叱叱)'은 '칠칠(七七)'과 음이 같다.

제가 나무지팡이로 미앙전未央殿[71]의 난간[檻][72]을 두드리면서 동방삭을 불러 말하기를, '쯧쯧[叱叱]! 선생 이리 오시게, 이리 오시게[來來]. 선생은 이 상자 속에 어떤 물건이 있는지 아시는가?'라고 하시니, 동방삭이 '상림원에서 진상한 대추 마흔 아홉 개이옵니다.'라고 아뢰었다. 황제가 '어떻게 그것을 알았는가?'라고 하시니, 동방삭이 이르기를, '(방금) 저를 부르신 분은 황상이시옵고, 나무지팡이로 난간을 두드리셨사온데, 나무[木]가 두 개이기에, 이는 임林이 되옵니다. 저를 부르실 때 '이리 오게, 이리 오게[來來]'라고 하셨는데, (그것은) 대추의 글자[棗]에 해당하옵니다. 쯧쯧[叱叱]하고 혀를 차셨는데 (그 소리가 칠칠七七에 해당하니) 49가 되옵니다.'라고 하였다. 황제가 크게 웃었다. (그 답례로) 황제는 비단 10필을 하

棗. 上以杖擊未央殿檻, 呼朔曰, 叱叱, 先生來來. 先生知此篋[42]裏何物, 朔曰, 上林獻棗四十九枚. 上曰, 何以知之, 朔曰, 呼朔者, 上也, 以杖擊檻, 兩木, 林也. 朔來來者, 棗也. 叱叱者, 四十九也. 上大笑. 帝賜帛十匹.

---

70 '상림(上林)'은 곧 상림원(上林苑)으로 이는 한 무제(漢武帝) 시기의 궁원의 이름이며, 진(秦)나라 때의 궁원을 넓혀 건축한 것이다. 옛터는 지금 서안시(西安市)의 서쪽 및 주지(周至), 호현(戶縣)의 경계에 있다. 상림원 안에는 짐승을 놓아길러서 황제가 활로 수렵을 하였고, 아울러 각 지방에서 진상한 이름난 과일과 기이한 나무를 옮겨 심었으며, 또 이궁(離宮), 망루[觀], 여관[館] 수십 곳을 건설하였다. 옮겨 심은 이름난 과일의 종류는 『서경잡기(西京雜記)』에 기록되어 있으며, 『제민요술』에서도 많은 것을 인용하여 기록하고 있다.

71 '미앙전(未央殿)'은 곧 '미앙궁(未央宮)'으로, 한(漢)나라 초기 소하(蕭何: ?-기원전 193년)가 주관하여 건축하였으며, 『삼보황도(三輔黃圖)』에 그 둘레가 28리라고 기록하고 있다. 일찍이 여러 신하가 군주를 알현했던 곳이다.

72 '함(檻)': 직립하여 나란히 배열된 많은 나무 기둥 즉, '난간(欄干)'이다.

사하였다."라고 한다.

『신이경神異經』에 이르기를,[73] "북방의 아주 황량한 곳에 대추나무 숲이 있다. 높이는 다섯 길(쉰 자[尺])이고, 가지는 1리나 펼쳐져 있다. 대추 열매의 길이는 6-7치이며 둘레도 그 길이만큼이나 된다. 익으면 붉은 것이 주사와 같다. 그것을 말리더라도 쪼그라들지 않는다. 맛이 달고 윤기가 흘러 보통의 대추보다도 좋다. 그것을 먹으면 몸이 아주 편안해지고 기력이 보강된다."라고 하였다.

神異經曰, 北方荒內, 有棗林焉. 其高五丈, 敷張枝條一里[43]餘. 子長六七寸, 圍過其長. 熟, 赤如朱. 乾之不縮. 氣味甘潤, 殊於常棗. 食之可以安軀, 益氣力.

『신선전神仙傳』[74]에 이르기를, "오나라 사람인 심희沈羲는 신선의 영접을 받아 하늘에 올라갔다. 이르기를, '천상에서 노군老君을 뵈었는데 희羲에게 대추를 2개 하사하였고, 그 크기는 계란만 하였다.'"라고 한다.

神仙傳曰, 吳郡沈羲,[44] 爲仙人所迎上天. 云, 天上見老君, 賜羲棗二枚, 大如雞子.

---

73 『예문유취(藝文類聚)』 권87, 『태평어람(太平御覽)』 권965 및 『증류본초(證類本草)』 권23의 '대조(大棗)'조에는 모두 『신이경(神異經)』의 이 조항을 인용하였는데, 글자는 서로 다르다. 『신이경』은 지괴소설집(志怪小說集)으로, 『수서(隋書)』, 『구당서(舊唐書)』, 『신당서(新唐書)』의 서목지(書目志)에는 동방삭이 찬술하고 서진(西晉) 장화(張華)가 주(注)를 달았다고 적고 있는데, 실제로는 가탁하고 있는 것이며, 원본은 산실되어 전하지 않는다. 묘치위 교석본에 의하면, 금본은 당송(唐宋)의 각종 책에서 인용한 흩어진 문장을 모아 다시 집록하여 만든 것이라고 한다.

74 『신선전(神仙傳)』: 신화집이다. 갈홍(葛洪)의 저작으로 잘못 알려져 있다. 하지만 묘치위 교석본에서는, 『신선전(神仙傳)』을 동진(東晉) 갈홍(葛洪)의 찬술로 보고 있다.

부현傅玄의 『부賦』[75]에 이르기를, "대추는 외와 같으며, 바닷가에서 생산된다. 날것은 기를 보강하는데, 그것을 먹으면 신비한 효험을 낸다."라고 하였다.	傅玄賦曰, 有棗若瓜. 出自海濱. 全生益氣, 服之如神.

교 기

40 '사기봉선서왈(史記封禪書曰)': 『사기』의 원문에는 "신이 항상 바다 위에서 노닐다가 안기생(安期生)을 보았습니다. 안기생이 거대한 대추를 먹고 있었는데, 크기가 외[瓜]와 같았습니다."라고 되어 있다. 묘치위 교석본에 의하면, 사마정(司馬貞)의 『사기색은(史記索隱)』에서는, "포개(包愷)가 말하기를, '거(巨)'는 간혹 '신(臣)'으로 쓰기도 한다."라고 하였다. 『남방초목상(南方草木狀)』의 '해조수(海棗樹)'조에서는 이를 인용하여 '신(臣)'이라고 쓰고 있다고 한다.

41 '동방삭전왈(東方朔傳曰)': "황제가 나무지팡이로 미앙전의 난간을 두드렸다.[上以杖擊未央殿檻.]"는 『태평어람(太平御覽)』 권965 「과부이(果部二)」 '조(棗)'항에서 "황제가 가지고 있던 지팡이로 미앙전 앞쪽의 난간을 두드렸다.[上以所持杖擊未央前殿檻.]"라고 인용하였으며, 『예문유취(藝文類聚)』 권87의 인용에도 역시 '전(前)'자가 있다. '양목(兩木)' 두 글자는 중복된 것인데, 중복되면 의미가 더욱 두드러진다. 마지막 구절의 "황제는 비단 열 필을 하사했다.[帝賜帛十匹.]"의 '제(帝)'자는 『예문유취』와 『태평어람』에 모두 없으며, 들어가서도 안 된다.

42 '협(篋)': 『예문유취』의 인용과 명초본 및 금택초본에는 모두 '협(篋)'으로 되어 있으나, 비책휘함 계통의 각본에 '함(篋)'으로, 『태평어람』의

75 '부현부(傅玄賦)': 『초학기』 권28 「과목부(果木部)」 '조제오(棗第五)'에서 부현(傅玄)의 조부(棗賦)를 인용했는데, 마지막 네 구절은 『제민요술』의 인용이다.

인용에는 '광(筐)'으로 되어 있다.

43 "五丈 … 一里": '오장'은 『태평어람』에는 '오척(五尺)'으로 잘못되어 있다. '일리(一里)'의 '일'자는 명초본과 금택초본에는 공백이며, 비책휘함 계통의 각본은 묵정(墨釘)으로 되어 있다. 점서본에서 보충한 '일(一)'자는 『예문유취』의 인용문과 같으며, 『태평어람』에는 이 구절이 없다. 장해붕(張海鵬)의 『학진토원각본(學津討原刻本)』(1804년)과 상무인서관영인본(商務印書館影印本)[이 두 책을 총칭하여 학진본(學津本)이라 약칭함]본에는 '수리(數里)'로 되어 있다.

44 '심희(沈羲)': 명초본과 『태평어람』에는 '희(羲)'로 되어 있으나 비책휘함 계통의 각본과 금택초본에 '심의(沈義)'로 적고 있다.

9 복숭아桃九

『한구의漢舊儀』[76]에 이르기를, "동쪽 바다 가 | 漢舊儀曰, 東海

76 『한구의』는 후한[東漢] 초의 위굉(衛宏)이 찬술했으며, 기록한 것은 모두 전한[西漢]의 전례(典禮)이다. 그 밖에 후한 말 응소(應召)의 『한관의(漢官儀)』가 있는데, 후인들은 『한구의』를 인용하면서 항상 『한관의(漢官儀)』와 함께 둘을 하나로 혼동하였다. 이 때문에 『한구의』를 혼칭하여 『한관구의(漢官舊儀)』라고 하였다. 위굉은 후한 광무제(光武帝) 시대에 의랑(議郎)을 역임했었고, 『모시(毛詩)』, 『고문상서(古文尚書)』의 학문에 정통하였다고 한다. 『한구의』의 저자에 대해 스셩한은 호립초(胡立初)의 고증에 따라 후한의 위홍(韋弘)이라고 하였다. 묘치위 교석본에 의하면, 『태평어람』 권967 '도(桃)'조항은 이 조항을 인용하여 "『한구의(漢舊儀)』에서 이르기를 『산해경』에서는"이라고 표기하여 운운하는데, 즉 『한구의』가 『산해경』을 인용한 것으로, 인용한 것이 비교적 간략하다. 원전은 이미 실전되었으며, 금본의 『한구의』는 『영락대전(永樂大典)』에 기록된 것을

운데 도삭산度朔山의 정상에는 복숭아나무가 있는데, (그 가지가) 구불구불한 것이 삼천리에 달하였다. 그 낮은 가지 사이의 동북쪽에 귀문鬼門이라는 것이 있는데,[77] 온갖 귀신이 그곳을 드나들었다.

문 위에는 두 신인神人이 있는데, 하나는 '도荼'이며, 다른 하나는 '울루鬱櫐'였다.[78] 이들이 온갖 귀신을 주관하였다. 사람을 해친 귀신은 갈대 새끼로 묶어서[79] 호랑이의 먹이가 되게 했다.

황제黃帝는 이를 모방하고 상징화하였고, 그

之內度朔山上, 有桃, 屈蟠三千里. 其卑[45]枝間, 曰東北鬼門, 萬鬼所出入也. 上有二神人, 一曰荼, 二曰鬱櫐. 主領萬鬼. 鬼之惡害人者, 執以葦索, 以食虎. 黃帝法而象之, 因立桃梗於門戶, 上畫

따랐고, 또한 완질(完帙)은 아니어서 이 조항에 대한 기록은 없다고 한다.

77 "其卑枝間, 曰東北鬼門": 『논형』 「정귀(訂鬼)」에서 『산해경』을 인용하여, "其枝間東北曰鬼門"이라고 하였고, 『독단(獨斷)』에서도 "其枝間東北有鬼門"이라고 하였다. 묘치위 교석본에서는 이를 근거로 하여 '왈(曰)'자를 뒤로 옮겨서 "其卑枝間, 東北曰鬼門"으로 써야 한다고 보았다.

78 '도(荼)', '울루(鬱櫐)': 각각의 고적에서는 『산해경』을 인용하여 대부분 "신도(神荼), 울루(鬱櫐)"라고 쓰고 있다. 묘치위 교석본을 참고하면, 쌍여닫이문의 위쪽에 신명(神名)을 그렸다고 한다.

79 '집이위삭(執以葦索)': '집'자는 '집(縶)'자로 쓰며, '묶다[綑綁]'의 의미이다. 오관(吳琯)의 고금일사본(古今逸史本) 『풍속통(風俗通)』 권3의 '사전(祀典)'에 따르면 이 조의 시작은 "삼가 황제서(黃帝書)에 따르면 상고에 도(荼)와 울루(鬱櫐)라는 형제 두 사람이 있었는데 귀신을 잡을 수 있었다. 도삭산(度朔山) 위에 장도나무가 있어 백귀를 검열하는데, 도리에 맞지 않게 사람들에게 해를 입히면 도와 울루가 갈대 새끼[葦索]로 잡아 묶어서 호랑이에게 먹이로 주었다."이다. 스셩한의 금석본에 따르면, "갈대 새끼로 잡아서, 호랑이에게 먹였다.[執以葦索, 以食虎.]"는 원래의 구절이 아니라고 한다.

로 인해 문에 복숭아 가지[桃梗]를 세워서 위에 '도荼'와 '울루鬱櫐'를 그려 놓고 새끼를 쥐어 줘서 흉악한 귀신을 묶게 했으며, 호랑이를 문에 그려서 귀신을 잡아먹도록 했다."라고 한다. 『사기』에서는 '도삭산(度索山)'이라 주석하고 있다.[80]

荼鬱櫐, 持葦索以禦凶鬼, 畫虎於門, 當食鬼也. 櫐音壘. 史記注作度索山.

『풍속통風俗通』에 이르기를, "지금의 현관縣官은 섣달 그믐날에 복숭아 인형을 조각하고 갈대 새끼를 드리우게 하며, 문에 호랑이를 그려서 앞의 고사를 모방하게 했다."라고 하였다.

風俗通曰, 46 今縣官以臘除夕, 飾桃人, 垂葦索, 畫虎於門, 效前事也.

『신농경神農經』에 이르기를,[81] "옥도玉桃가 있는데, 이것을 먹으면 영원히 살고 죽지 않는다.

神農經曰, 玉桃, 服之長生不

---

80 "櫐音壘. 史記注作度索山": 스성한의 금석본에서는 '누음루(櫐音壘)'를 큰 글자로 쓰고 있으나, 응당 옆의 "史記注作度索山"과 마찬가지로 작은 글자의 협주가 되어야 한다고 보았다. 『제민요술』의 다른 곳에 보이는 체례에 따르면 이 주는 본 조항 앞부분에 언급된 "二曰鬱櫐" 구절 다음에 있어야 한다. 또한 '史記注'는 도삭산의 '산(山)'자 다음에 있어야 한다고 보았다. 묘치위는 이 소주를 후대 사람이 단 것으로 추측하였다.

81 '신농경왈(神農經曰)': 『태평어람』 '경사도목강목'[經史圖目綱目; 즉 인용한 서명의 총목(總目)]에서 『신농경』은 '도장(道藏)' 안에 들어가 있다. 장화(張華)의 『박물지』 권4 '약론(藥論)'에서 『신농경』을 인용했으며, 권6 '문적고(文籍考)'에서는 또 "태고의 책 중에 오늘날 현존하는 것은 『신농경』이 … 있다."라고 했다. 스성한의 금석본에 따르면, 이 두 조가 만약 장화의 글이 맞다면 진대에 『신농경』이 있었음을 알 수 있다. 다만 『박물지』의 인용은 아마 『신농본초경(神農本草經)』을 가리키는 것일 수도 있다. 묘치위 교석본에 의하면, 『초학기(初學記)』 권28 '도(桃)' 조항에서 『신농본초경(神農本草經)』의 한 조항을 인용하여, "옥도(玉桃)가 있는데, 이것을 먹으면 영원히 살고 굶주리지 않는다."라고 쓰고 있는데, 오직 『제민요술』에서 인용한 것은 다른 본초서(本草書)와는 같지 않고, 도교 경전 혹은 『신선복식경(神仙服食經)』류의 책과 흡사하다고 한다.

만약 일찍 그것을 먹지 않고, 죽을 날이 되어서 그것을 먹는다면 그 시체는 천지가 다할 때까지 썩지 않는다."라고 하였다.

死. 若不得早服之, 臨死日服之, 其尸畢天地不朽.

『신이경神異經』에 이르기를,[82] "동북지역에 큰 나무가 있다. 높이는 쉰 길[丈]이고, 잎의 길이는 여덟 자[尺]나 되며, '도桃'라고 불렀다. 그 열매의 직경은 석 자[尺] 두 치[寸]가 되며, 씨는 작고 맛은 부드러우나 그것을 먹으면 사람이 수명이 짧아진다."라고 한다.

神異經曰, 東北有樹. 高五十丈, 葉長八尺, 名曰桃. 其子徑三尺二寸, 小核, 味和,[47] 食之令人短壽.

『한무내전漢武內傳』[83]에 이르기를, "서왕모西王母[84]가 7월 초이레에 (한궁漢宮에) 내려와 시녀에

漢武內傳曰, 西王母以七月七日

82 『태평어람』 권967에서 『신이경(神異經)』을 인용한 것에는 대부분 이문(異文)이 많이 있는데, 금택초본과 명초본에는 '단수(短壽)'로 되어 있으나, 다른 본에는 '익수(益壽)'라고 되어 있고, 『태평어람』에서 인용하고 있는 것에는 '다수(多壽)'라고 쓰고 있다.

83 『한무내전(漢武內傳)』은 당송(唐宋) 서목에는 모두 찬자의 성명을 언급하지 않았지만, 명대(明代)에는 여전히 반고(班固)가 찬술한 것으로 표기하고 있는데, 이는 분명 가탁한 것이다. 일설에서는 동진(東晉) 갈홍(葛洪)의 손에서 나왔다고 한다. 주로 서왕모(西王母)가 한궁(漢宮)에 강림하여 한 무제(武帝)가 그녀에게서 불로장생의 도술 등을 배운 괴기한 고사를 기록하였다. 묘치위 교석본에 의하면, 금본 『한무제내전(漢武帝內傳)』과 『태평광기(太平廣記)』에서 기록한 『한무내전』은 모두 완질(完帙)이 아니지만 이 조항이 모두 있고, 글자는 조금 다르나 내용은 서로 동일하다. 『초학기(初學記)』 권28, 『태평어람(太平御覽)』 권967에서도 인용하였는데, 역시 다소 차이가 있다. 이 기록은 『한무고사(漢武故事)』에도 보인다.

84 '서왕모(西王母)'는 고대 신화 속의 여신으로, 후에 도교에서 신봉하였다. 그 형상은 최초에는 짐승 형태로 괴이한 형상이었으며, 여러 번 가상으로 조각을 거쳐, 최후에는 삼십 세 안팎의 절세 미녀의 용모로 변하였다. 이와 관련된 신화,

게 다시 복숭아를 가져오게 하였다. 잠시 후에 옥쟁반에 선도仙桃 일곱 개를 담아 오니 그 크기는 오리알만 했으며, 형태는 둥글고 푸른색을 띠었다. 이를 서왕모에게 올렸는데, 서왕모는 그 중 네 개를 황제에게 주고 세 개를 자신이 먹었다."라고 하였다.

降, 令侍女更索桃. 須臾以玉盤盛仙桃七顆, 大如鴨子, 形圓色青. 以呈王母, 王母以四顆與帝, 三枚自食.

『한무고사漢武故事』에 이르기를,[85] "동군東郡[86]에서 난쟁이를 헌사했다. 황제가 동방삭東方朔을 불렀다. 동방삭이 이르자 난쟁이는 동방삭을 가리키며 황제에게 아뢰기를, '서왕모가 복숭아를 심었는데 3천 년에 한 번 열매가 열렸습니

漢武故事曰, 東郡獻短人. 帝呼東方朔. 朔至, 短人因指朔謂上曰, 西王母種桃,

고사와 전설은 매우 많다.

85 『한무고사(漢武故事)』의 예전 제목은 후한 반고(班固)가 지은 것인데, 혹자는 남제(南齊) 시기의 왕검(王儉)이 지은 것으로 추정한다. 한 무제 시기의 자질구레하고 시시한 일을 기록한 것이다. 원서는 이미 훼손되었지만, 노신의 『고소설구침(古小說鉤沉)』의 집본(輯本)이 비교적 잘 갖추어져 있다. 묘치위 교석본에 의하면, 『예문유취(藝文類聚)』 권86과 『초학기』 권28, 『태평어람』 권967에서 모두 『한무고사』의 이 조항을 인용하고 있는데, 문구는 기본적으로 모두 동일하다. 『박물지(博物志)』 권3에서도 이 이야기를 싣고 있는데, "칠월 초이레의 칠각(七刻)에 서왕모가 자운거(紫雲車)를 타고 궁전의 서남쪽에 이르렀다. … 서왕모가 복숭아 일곱 개를 가져오도록 했는데, 크기가 탄환만 하였다. 다섯 개를 무제에게 주고, 자신이 두 개를 먹었다. … 이때 동방삭이 남몰래 궁전의 남쪽 벽의 주작 들창을 통해서 서왕모를 엿보았다. 서왕모가 그것을 돌아보고 무제에게 일러 말하기를, '창문을 엿보는 꼬마가 일찍이 세 번이나 나의 복숭아를 훔쳐갔다.' 라고 하였다."라고 한다.

86 '동군(東郡)'은 군의 이름으로 진대(秦代)에 설치되었으며, 한대(漢代)에는 그것을 따랐다. 군 치소는 오늘날 하남성 복양(濮陽)의 서남쪽이다.

다. 이 아이는 불량하여 이미 3차례나 그것을 훔친 적이 있습니다.'"라고 한다.

三千年一著子. 此兒不良, 以[48]三過偷之矣.

『광주기廣州記』에 이르기를, "여산廬山에는 산복숭아[山桃]가 있는데, 크기는 빈랑檳榔만 하며 색이 검고 맛은 새콤달콤하다. 사람이 때때로 산에 올라서 이것을 따는데, 단지 산에서만 배부르게 먹을 수 있고, 가지고 내려갈 수가 없었다. (가져가면) 길을 잃어 되돌아갈 수 없게 된다."라고 하였다.

廣州記曰, [49]廬山有山桃, 大如檳榔形, 色黑而味甘酢. 人時登採拾, 只得於上飽噉, 不得持下. 迷不得返.

『현중기玄中記』[87]에 이르기를, "나무열매가 큰 것으로는 적석산積石山[88]의 복숭아가 있는데, 크기는 열 섬[斛]들이 대바구니만 하다."라고 하였다.

玄中記曰, 木子大者, 積石山[50]之桃實焉, 大如十斛籠.

『견이전甄異傳』[89]에 이르기를, "초군譙郡[90]의

甄異傳曰, 譙

87 『현중기(玄中記)』: 이 역시 허튼 내용으로 구성된 신화책으로, 곽박(郭璞)의 저작이라고 사칭되었다. 묘치위 교석본에 따르면, 『초학기(初學記)』 권28에서 곽박의 『현중기(玄中記)』를 인용하고 있는데, 대부분 빠진 문장이 많다. 『태평어람(太平御覽)』 권967에도 이 조항을 인용하고 있다고 한다.(권6 「닭 기르기[養雞]」의 주석 참고.)

88 '적석산(積石山)': 청해(淸海) 동남부에 있으며, 곤륜산맥의 중간 지맥(支脈)으로, 황하가 그 동남쪽을 휘감아 흐른다.

89 『견이전(甄異傳)』: 『수서』 권33 「경적지이(經籍志二)」에는 "진대(晉代) 서융(西戎) 지역의 주부(主簿)였던 대조(戴祚)가 찬술했다."라고 기록되어 있다. 책은 이미 소실되어 전하지 않는다. 대조는 『진서(晉書)』에는 열전이 없고, 생애가 자세하지 않다. 수나라의 지(志)에는 "『서정기(西征記)』 2권은 대연지(戴延之)의 찬

하후규夏侯規가 죽은 후에 사람의 형상을 띠고 집으로 돌아갔다. 그의 집 정원 앞 복숭아나무 곁을 지나면서 이르기를, '이 복숭아나무는 내가 심었는데, 열매가 아주 맛이 좋소.'라고 하자, 그의 부인이 이르기를, '사람들이 말하기를, 망자는 복숭아를 두려워한다고 하는데, 당신은 두렵지 않으십니까?'라고 하자 그가 대답하여 말하기를, '복숭아나무의 두 자 여덟 치인 동남쪽 가지가 해를 향하고 있는 것은 싫기는 하지만 그것이 반드시 두려운 것은 아니오.'라고 하였다."라고 한다.

『신선전神仙傳』에 이르기를, "번부인樊夫人이 남편 유강劉綱과 함께 모두 도술을 배웠는데 각자 스스로 뛰어나다고 말했다. 정원 가운데에는 큰 복숭아나무 두 그루가 있었는데, 부부가 각각 하나의 나무마다 주문을 걸었다.[91] 부인이 주문을 걸자 두 가지[92]가 서로 치고받고 싸웠다. 한참

郡夏侯規[51]亡後, 見形還家. 經庭前桃樹邊過, 曰, 此桃我所種, 子乃美好, 其婦曰, 人言亡者畏桃, 君不畏邪, 答曰, 桃東南枝長二尺八寸向日者, 憎之, 或亦不畏也.

神仙傳曰, 樊夫人與夫劉綱, 俱學道術, 各自言勝. 中庭有兩大桃樹, 夫妻各呪其一. 夫人呪

술이다."라고 적혀 있고, 『신당서』 권58 「예문지이(藝文志二)」에는 또 "대조(戴祚) 『서정기(西征記)』 2권"이라고 쓰여 있기 때문에 옛 사람들은 '대조(戴祚)'가 곧 '대연지(戴延之)'이며 연지(延之)는 그의 자라고 인식했지만, 이유는 확실하지 않다.

90 '초군(譙郡)'은 군(郡)의 이름으로 후한[東漢] 때에 설치되었고, 옛 치소는 지금의 안휘성 호현(亳縣)에 있다.

91 '주(呪)': '축(祝)'과 동일하다.

92 '양지(兩枝)': 『예문유취(藝文類聚)』 권86, 『태평어람(太平御覽)』 권967에서 『신선전(神仙傳)』을 인용한 것에는 '양지(兩枝)'를 '편(便)'이라고 적었다. 묘치위 교석본에 의하면, 이것은 두 복숭아나무가 서로 싸워서 결과적으로 유강이 패한 것

뒤에 유강이 주문을 건 복숭아가 울타리를 넘어 뛰쳐나갔다."라고 하였다.

者, 兩枝相鬪擊. 良久, 綱所呪者, 桃走出籬.

교 기

45 '비(卑)': 명청 각본에 '이(里)'로 잘못되어 있다. 『태평어람(太平御覽)』에는 이 구절이 없다.

46 '풍속통왈(風俗通曰)': 오관(吳琯)의 고금일사본(古今逸史本)의 응소(應召) 『풍속통(風俗通)』 권2에 '도경(桃梗)'은 "현관은 항상 섣달 그믐날에 도인(桃人: 복숭아나무로 만든 사람모양)을 조각하여 갈대 새끼를 늘어뜨리고 문에 호랑이를 그렸는데, 모두 과거의 일을 따라한 것이다."라고 되어 있다. 묘치위 교석본에 의하면, 『풍속통의(風俗通義)』의 권8에 '도경(桃梗)'이 보이는데, 『제민요술』은 이 문장의 뒷부분을 인용하였다.

47 '소핵미화(小核味和)': 명초본과 금택초본은 이와 같다. 비책휘함 계통의 각본에는 "화핵갱식지(和核羹食之)"라고 되어 있다. 『태평어람』 권967 「과부사(果部四)」의 인용에는 '소협핵(小狹核)'으로 되어 있다.

48 '이(以)': 명초본과 금택초본에는 '이(以)'로, 비책휘함 계통의 각본에는 '이(已)'로 되어 있다. 『예문유취』와 『태평어람』도 동일하게 인용하였다. '이(以)'는 때로 '이(已)'자로 사용될 경우가 있으므로 고칠 필요가 없다.

이지, '양지(兩枝)'가 서로 싸우는 것은 아니다. 더욱이 그 처의 복숭아나무 '양지(兩枝)'가 스스로 싸우는 것은 아니므로, 글자는 마땅히 '편(便)'이라고 적어야 한다. '편(便)'은 '편(僾)'이라고도 적는데, 후에 깎이고 문드러져서 '사람인변[亻]'이 사라지고, 또한 잘못 나뉘어 '양지(兩支)'가 되었으며, 다시 어떤 사람이 '목변[木]'을 추가하였기 때문에 '양지(兩枝)'로 바뀌었다고 한다.

49 '광주기왈(廣州記曰)': 『태평어람』의 인용에 출처가 배연(裴淵)의 『광주기(廣州記)』임을 밝혔다. '형(形)'자 다음에 '亦似之'의 세 글자가 있다. '담(噉)'자는 '담(啖)'으로 되어 있고, '지하(持下)' 다음에 '하첩(下輒)' 두 글자가 있다. 묘치위 교석본에 의하면, 이 조항은 『태평어람』 권967에서 배연(裴淵)의 『광주기(廣州記)』를 인용하고 있으며, '미(迷)' 앞에 '하첩(下輒)' 두 글자가 있다고 하는데, 비교적 타당하다. 『광주기』에는 배연의 찬술과 고미(顧微)의 찬술 두 종류가 있고, 또 이름이 빠진 것이 한 종류가 있는데, 모두 이미 실전되었다. 배연은 남조(南朝) 송대(宋代) 인물인 듯하며 그 외에는 알 수가 없다.

50 '적석산(積石山)': 『초학기(初學記)』와 『태평어람』의 인용에는 앞에 '유(有)'자가 있다. 이 '유'자가 있어야 구절이 더욱 완전해진다.

51 '하후규(夏侯規)': 『예문유취(藝文類聚)』와 『태평어람』에서는 모두 '하후문규(夏侯文規)'로 인용하였다.

10 자두李+

『열이전列異傳』에 이르기를,[93] "원본초袁本初 | 列異傳曰, 袁

93 '열이전왈(列異傳曰)': 『열이전』은 『수서(隋書)』 권33 「경적지이(經籍志二)」의 목록에는 "위문제찬(魏文帝撰)"[즉, 조비(曹丕)]이라고 적혀 있다. 그러나 『구당서(舊唐書)』 권46 「경적지상(經籍志上)」, 『신당서(新唐書)』 권59 「예문지삼(藝文志三)」에는 모두 서진(西晉)의 장화가 찬술하였다고 기록하고 있다. 책 속에 기록된 것은 조비가 죽은 이후의 일이며, 아마도 조비를 가탁하여 쓴 것 같다. 원래 책은 이미 소실되어 전하지 않는다. 『예문유취(藝文類聚)』 권68, 『초학기(初學記)』 권28, 『태평어람』 권968에서 '이(李)'는 모두 이 조항을 인용하였는

[94] 때에 하동에서 신인이 나타났는데 '도삭군度索君'[95]이라 불렀다. 사람들이 그에게 사당을 세워주었다.

연주兗州[96] 소씨蘇氏의 어머니가 병이 나자 (그 사당에서) 기도했다.

어떤 사람이 흰 홑옷[單衣]을 입고, 물고기머리와 같은 높은 관을 쓰고 도삭군에게 일러 말하기를, '옛날에 여산 아래에서 우리가 함께 흰 자두를 먹은 지가 오래지 않은 것 같은데, 이미 3천 년이 지났소. 세월[日月]이 이처럼 빨리 지나가니 사람을 허망하게 하는구려!'라고 하였다. 그 사람이 가 버린 이후에 도삭군이 이르기를, '이분이 바로 남해군南海君이시오.'라고 했다."라고 한다.

本初時, 有神出河東, 號度索君. 人共立廟. 兗州蘇氏母病, 禱.[52] 見一人著白單衣, 高冠, 冠似魚頭, 謂度索君曰, 昔臨廬山下, 共食白李未久, 已三千年. 日月易得, 使人悵然. 去後, 度索君曰, 此南海君也.

데, 『초학기』에서는 '위문제(魏文帝), 『열이전(列異傳)』'이라고 제목을 붙였다. 묘치위 교석본에 의하면, 『예문유취』는 비교적 간략하고, 『초학기(初學記)』와 『태평어람』은 기본적으로 『제민요술』과 동일하나, '도(禱)'를 '왕도(往禱)'라 쓰고 있는데, '왕(往)'자는 마땅히 있어야 한다고 한다.

94 '원본초(袁本初)': 원소(袁紹)의 자가 본초이다.

95 '도삭군(度索君)': 도교의 신선으로, 즉 도삭산의 군장(君長)이다.

96 '연주(兗州)': 후한대 연주(兗州)의 치소는 지금의 산동성(山東省) 금향(金鄕) 서북(西北)인데, 유송(劉宋) 대에 지금의 산동성 연주로 옮겨서 다스렸다.

교 기

52 '도(禱)': 『태평어람』 권968 「과부오(果部五)」의 인용에는, 앞에 '왕(往)'자가 더 있다. '왕'자가 들어감으로써 구절의 의미가 더욱 완전해진다.

11 배梨 --

『한무내전漢武內傳』에 이르기를,[97] "가장 좋은 선약으로는 현광리玄光梨가 있다."라고 한다.

漢53武內傳曰, 太上之藥, 有玄光梨.

『신이경神異經』에 이르기를,[98] "동방에 큰 나무가 있는데 높이가 백 길[丈]이고, 잎의 길이가 한 길이며, 그 폭은 6-7치이다. 이를 일러 '배[梨]'라고 한다. 그 열매의 직경은 석 자[尺]이고, 이를

神異經曰, 東方有樹, 高百丈, 葉長一丈, 廣六七尺. 名曰梨. 其

97 금본 『한무제내전(漢武帝內傳)』[『총서집성(叢書集成)』 전희조(錢熙祚) 교정본]에 "가장 좋은 선약[太上之藥]"이 많이 기록되어 있지만 '현광리(玄光梨)'는 없는데, 아마 빠진 것으로 보인다. 『태평어람』 권969 '이(梨)'조에서 『한무내전』을 인용한 것은 『제민요술』과 동일하나, 『예문유취』 권86, 『초학기』 권28 '이(梨)'조에서 인용한 것은 문장에 다른 부분이 있다.

98 『예문유취』 권86, 『태평어람』 권969에서 인용한 것은 모두 금본 『신이경(神異經)』[당송(唐宋) 유서(類書) 집록본(輯錄本)에 의거]과 동일하나, 『제민요술』에서 인용한 것과는 문장이 다른 부분이 있다.

가르면 속의 과육이 마치 흰 비단[素]과 같다. 그것을 먹으면 지선地仙이 되어서, 곡식을 먹지 않아도 살아가며[辟穀],[99] 물이나 불에 들어가더라도 해를 입지 않을 수 있다."라고 한다.

『신선전神仙傳』에 이르기를,[100] "개상介象은 오왕吳王이 그를 불렀는데, (당시) 무창武昌에 있었다.[101] 그가 속히[102] 돌아가고자 하였으나, (왕은) 허락하지 않았다. 개상이 병이 들었다고 하자, 오제吳帝는 좋은 배[梨] 한 상자[匳][103]를 개상에게 하사했다. 얼마 있다가 개상이 죽었다. 오제는 그를 염하고 묻어 주었다. 그는 정오에 죽었는데 해질 무렵에는 건업建業[104]으로 돌아왔다.

子徑三尺, 割之, 瓤白如素.[54] 食之爲地仙, 辟穀, 可入水火也.

神仙傳曰, 介象, 吳王所徵,[55] 在武昌. 速求去, 不許. 象言病, 帝以美梨一匳賜象. 須臾, 象死. 帝殯而埋之. 以日中時死, 其日

---

99 '벽곡(辟穀)': 밥을 먹지 않고도 배가 고프지 않을 수 있는 것이다.

100 『예문유취』 권86, 『태평어람』 권969에서 『신선전(神仙傳)』을 인용하고 있는데, 『제민요술』보다 간략하게 서술되어 있다.

101 오왕(吳王)은 삼국시대 오의 군주 손권(孫權: 182-252년)을 가리킨다. 손권은 221년에 무창(武昌)에 도읍을 세우고 다음 해에 황제를 칭했다. 무창은 지금의 호북성 악성(鄂城)에 있다.

102 '속(速)': 스성한은 동음의 '삭(數)'('여러 차례[屢屢]'로 해석한다.)자를 잘못 쓴 것으로 보았다.

103 '염(匳)': 본래 '염(籢)'으로 썼는데, 일반적으로는 '염(奩)' 혹은 '염(匲)'으로 쓴다. 뚜껑이 있는 상자이며, 뚜껑과 바닥이 이어져 있다.

104 '건업(建業)'은 옛 현의 이름으로, 212년 손권이 말릉현(秣陵縣)을 고쳐 설치했다. 229년 손권이 무창에서 이곳으로 천도하여 오(吳)의 도성이 되었는데, 오늘날 남경시(南京市)이다. 묘치위 교석본에 의하면, 개상(介象)은 손권이 아직 무창에 있을 때 부름을 받았다. 모년 모일 정오에 죽었으나, 같은 날 해질 무렵에 건업에 도착하였다. 손권이 보고를 받고 곧바로 관을 열었지만, 개상은 여전히

(개상은) 오제가 내린 배[梨]를 궁원을 지키는 관리에게 주고 그것을 심도록 부탁하였다. 후에 관리가 그 상황을 오제에게 알려, (즉시) 개상의 관을 열어 보니 관 속에는 단지 한 장의 부적[奏符][105]만 있었다."라고 한다.	晡時, 到建業. 以所賜梨付守苑吏種之. 後吏以狀聞, 即發象棺, 棺中有一奏符.

교 기

53 '한(漢)': 명초본에 '복(濮)'으로 잘못되어 있다.

54 "割之, 甗白如素": 『태평어람』 권969 「과부육(果部六)」에서 인용한 것은 "剖之自如素"로 되어 있다. '부(剖)'자가 '할(割)'자보다 낫고, '자(自)'자는 '백(白)'자를 잘못 쓴 것이다. 『예문유취』에서 인용한 것은 "割之白如素"라고 쓰여 있다.

55 "介象, 吳王所徵": 『예문유취(藝文類聚)』의 인용에는 '위(爲)'자를 써서 "介象爲吳王所徵"이라고 하였는데, 이 '위(爲)'자는 반드시 있어야 한다.

무창에 있었다. 그 당시에 건업은 아직 현이었고 천도하여 도성이 되지 않았는데, 개상은 오히려 건업으로 갔으며, 또한 배를 궁원을 관리하는 관리에게 주고 그것을 심도록 부탁하며 건네주는 것도 할 수 없다고 한다.

105 '주부(奏符)'는 일종의 부록(符籙), 즉 부참(符讖)이다. 길흉화복이나 흥망 등 뒷날에 나타날 일을 미리 알아서 해석하기 어렵게 적은 글로, 일종의 부적에 해당한다.

12 사과柰一二

『한무내전』에 이르기를,[106] "선약仙藥 중에 버금가는 것으로 원구의 자색 사과가 있는데, 영창永昌[107]에서 난다."라고 하였다.

漢武內傳曰, 仙藥之次者, 有圓丘紫柰, 出永昌.

13 오렌지橙[108]一三

『이원異苑』[109]에 이르기를, "남강南康[110]에는

異苑曰,[56] 南

106 금본 『한무제내전』에는 '선약(仙藥)'에 관한 기록이 있다. 묘치위 교석본에 의하면, 그중에서 최고의 약은 '벽해낭채(碧海琅菜)', '현도의 기화[玄都之綺華]'[생각건대, '총(葱)'의 잘못이며, 「(50) 채소[菜茹]」에 보인다.] '부상의 단심[扶桑之丹椹]'이며, 버금가는 선약은 '원구의 자색 능금[圓丘之紫柰]', '팔해의 붉은 염교[八陔赤薤; 생각건대, 『제민요술』에서는 '구(韭)'로 쓰고 있다.]의 다섯 종류인데, 『제민요술』에서는 본 항목과 「(39) 오디」, 「(50) 채소」로 나누어 인용하고 있다.

107 '영창(永昌)'은 한대(漢代) 군(郡)의 이름으로, 치소는 현재의 운남성 보산(保山) 동북쪽에 있다. '출영창(出永昌)'의 구절은 금본 『한무제내전(漢武帝內傳)』에는 빠져 있으며, 『예문유취』 권86, 『초학기』 권28의 '사과[柰]' 조항에서 인용한 것에도 역시 빠져 있다.

108 '등(橙)'은 '첨등(甜橙)'이라고 한다. 연 평균 기온이 15℃ 이상인 지역에 많이 분포하고 있다. 전한 때 이미 '황감(黃柑), 등(橙), 주(楱)' 등의 기록이 보인다.

109 『이원(異苑)』: 남조 송나라 유경숙(劉敬叔)의 저작으로 사칭되는 잡기로, 대부분 신선과 요괴에 관한 이야기이다. '유경숙'은 지금의 강소성(江蘇省) 서주(徐州)사

혜석산蒵石山이 있는데, 그 산속에는 홍귤[甘],[111] 귤橘, 오렌지[橙], 유자[柚]가 있다. (산 위에서는) 그 열매를 마음껏 충분히 먹을 수 있으나, 가지고 돌아가서 가족들에게 먹이면 번번이 병이 나며, 간혹 넘어지거나 길을 잃게 되기도 한다."라고 한다.

康有蒵石山, 有甘橘橙柚. 就食其實, 任意取足, 持歸家人噉, [57] 輒病, 或顚仆[58] 失徑.

곽박郭璞이 이르기를,[112] "촉蜀 땅에는 '급객

郭璞曰, 蜀中

람으로 일찍이 급사중(給事中)을 역임했으며, 태시(泰始: 465-471년) 연간에 죽었다. 묘치위 교석본에 의하면, 선진(先秦)에서 유송(劉宋)대에 이르는 괴이한 일이 기록되어 있는데, 특히 진대(晉代)가 많다. 금본 『이원(異苑)』은 명대(明代) 호진형(胡震亨)의 교간본(校刊本)이 있는데, 『사고전서총목제요(四庫全書總目提要)』에 따르면 호진형이 "여러 책을 채록하여 보충하여 만든 것"이라고 설명하고 있다. 본 조항의 지명은 『태평어람』에서 인용한 것과 동일한데, 『태평어람』에 의거하여 채록한 듯하다.

110 '남강(南康)': 스셩한의 금석본에서는, 진대에 세워진 군(郡)으로, 오늘날 강서성 감주(贛州) 부근이라고 보았으나, 묘치위 교석본에 따르면, 군명과 현명으로 모두 진대 설치되었다. 군의 치소는 서진시기 오늘날 강서성 우도(于都) 동북이었으며, 동진시기에는 오늘날 감주(贛州)시에 있었다. 현은 곧 오늘날의 강서성 남강(南康)현이라고 한다.

111 '감(甘)': 이 '감'자는 일반적인 '단맛'이 아니라 과실의 이름이다. 훗날 '감(柑)'자로 썼다. 이 식물은 감귤속(柑橘屬; *Citrus*)에 속하며 아마도 감귤(柑橘; *Citrus reticulata* Blanco)이거나 혹은 그와 유사한 것이다.

112 '곽박왈(郭璞曰)' 이하의 내용은 곽박(郭璞)이 사마상여(司馬相如)의 「상림부(上林賦)」에서 "여귤(盧橘)은 여름에 익는다."라는 문장을 주석한 것이다. 그 주는 『사기』 권117 「사마상여열전 · 상림부」에 대한 배인(裴駰)의 『사기집해(史記集解)』에서 곽박의 주를 인용한 것에 보인다. 묘치위 교석본에 따르면, 문구는 거의 『제민요술』과 동일한데, 단지 "或如手指"를 "或如拳"이라고 적고 있다. 『문선』 이선주석본[李善注本: 가경(嘉慶) 연간 호극가(胡克家)가 송대(宋代) 순희(淳熙) 연간본을 중간한 것] 권8 「상림부」에서는 제목을 "곽박주(郭璞注)"라고 하였으

등給客橙'이라는 것이 있는데, 귤과 비슷하지만 귤은 아니며, 유자[柚]와 같지만 향기가 짙다. 여름에서 가을까지 꽃이 피고 계속 열매를 맺는데, 어떤 것은 탄환만 하고 어떤 것은 손가락만 하다. 일 년 내내 먹는다. '여귤廬橘'[113]이라고도 한다."라고 한다.

有給客橙, 似橘而非, 若柚而芳香. 夏秋華實相繼, 或如彈丸, 或如手指. 通歲食之. 亦名廬橘.

● 그림 13
금귤[金棗]과 열매

교 기

56 '이원왈(異苑曰)':『태평어람』권966「과부삼(果部三)」'감(柑)' 항의 인용에 "남강(南康), 귀[皈: 남북조시대에 새로 만들어진 '귀(歸)'자이다.],

---

나, 도리어 이 조항에는 곽박의 주가 없다.『태평어람(太平御覽)』권966 '귤(橘)' 조항에서 상림부를 인용한 것에는 이 곽박의 주가 있으며, 간단하게 처리한 것이 매우 많다고 하였다.

113 '여귤(廬橘)'은 또한 '노귤(櫨橘)', '감로(甘櫨)'라고 쓰며, 이것은 운향과 금귤속[金柑屬; *Fortunella*]의 식물이다. 금감속에는 금귤[金棗; *F. margarita*]이 있으며, '장금감(長金柑)'이라고 통칭한다. 과실은 긴 타원형 혹은 긴 거꿀달걀형[倒卵形]이다.

미산(美山) 석성(石城) 내에 홍귤·귤·오렌지·유자[甘橘橙柚]가 있어 그 과실을 먹고 마음대로 취할 수 있다. 그것을 가지고 돌아가다가 큰 살모사[大虺]를 만나거나 혹은 넘어져 길을 잃고, 가족들이 그것을 먹게 되면 역시 병에 걸린다."라고 되어 있다. '귤' 항의 인용에서는 "남강, 귀, 미산 석성에 귤이 있다. 먹으려고 하면 마음대로 충분히 취할 수 있다. 그것을 가지고 돌아가다가 갑자기 길에서 큰 살모사를 만났다."라고 한다. 권971의 '등'(橙) 항의 인용은 "남강, 귀, 미산 석역에 등이 있다. 그 과실을 먹고 마음대로 충분히 취할 수 있다. 가지고 돌아가 가족들이 먹게 되면 갑자기 병에 걸리거나 넘어져 길을 잃는다."라고 하였다.

57 '담(噉)': 금택초본에 '감(敢)'으로 잘못되어 있다.

58 '전부(顚仆)': 금택초본에 '고십(顧什)'으로 잘못되어 있다.

14 귤橘一四

『주관周官』「고공기考工記」에 이르기를,[114] "귤나무가 회수[淮] 이북으로 넘어가면 탱자나무[枳]로 변한다.[115] … 이것은 지리 환경[地氣]이 다

周官考工記[59]曰, 橘踰淮而北爲枳. … 此地氣

114 『주례(周禮)』「고공기(考工記)」.

115 '踰淮而北爲枳': 지(枳)는 탱자나무(*Poncirus trifoliata*)이며 구귤(枸橘) 또는 철리자(鐵籬刺)로도 부른다. 많은 책에서 모두 이 구절을 "탱자나무가 되었다.[化爲枳.]"로 잘못 적고 있지만, 사실은 '북(北)'자이다. '유회이북(踰淮而北)'은 회수를 넘어 북쪽으로 옮겨 심었다는 것이다. 묘치위 교석본에 따르면, 탱자[枳]와 귤(橘)은 같은 과이지만 다른 속이며, 귤이 회북(淮北)으로 옮겨지더라도 탱자로

름으로 인해서 생긴 결과이다."라고 한다.

『여씨춘추呂氏春秋』에 이르기를,[116] "과일 중에 맛이 좋은 것은 … 강포江浦의 귤이 있다."라고 한다.

『오록吳錄』[117] 「지리지地理志」에 이르기를,[118] "주광록朱光祿이 건안군建安郡[119]의 태수로 부임했을 때 정원에 귤나무가 있었다. 겨울에 나무에 달린 귤을 감싸 주면 이듬해 봄과 여름이 되어

然也.

呂氏春秋曰, 果之美者, … 江浦之橘.

吳錄地理志曰, 朱光祿爲建安郡, 中庭有橘. 冬月於樹上覆裹之,

변하는 것은 불가능하기 때문에 종의 유전성에 위배된다. 그렇기 때문에 이 같은 현상이 나타난 까닭에 대해 현재 식물학자들은 아마 탱자나무를 대목으로 삼아 귤을 접붙인 묘목이 회북(淮北)으로 옮겨지면 비교적 추운 기후 환경을 견딜 수 없어서 죽게 되지만, 탱자나무는 추위를 견디는 힘이 비교적 강하여 적응할 수 있기 때문에 여전히 살아서 그루터기에서 새로운 가지가 나와서 자라면 탱자나무가 된다고 추측하였다고 한다.

116 『여씨춘추(呂氏春秋)』「본미(本味)」.

117 『오록(吳錄)』: 서진(西晉)의 장발(張勃)이 찬술한 것으로, 『수서』, 『구당서』「경적지」에 모두 '30권'이라고 일컫고 있으며, 「지리지(地理志)」는 그중의 한 편이다. 원래 책은 이미 소실되었다. 장발은 삼국 오나라의 홍려[鴻臚: 조례[朝], 하례[賀], 경조사[慶弔]를 담당하는 찬례관(贊禮官)] 장엄(張儼)의 아들이라는 것 외에는 상세하지 않다.

118 『사기(史記)』 권117 「사마상여열전(司馬相如列傳)」에 대해 사마정(司馬貞)의 『사기색은(史記索隱)』은 『오록』을 인용하여, "건안(建安)에는 귤이 있다. 겨울철에 그 나뭇가지 위의 귤을 덮어서 감싸 주면 이듬해 여름에 빛깔이 검푸르게 변하고 맛이 매우 달게 된다."라고 하였다. 『예문유취(藝文類聚)』 권86, 『초학기(初學記)』 권28, 『태평어람(太平御覽)』 권966은 모두 이 조항을 인용하였는데, 문장이 서로 다르다.

119 '건안군(建安郡)': 오나라의 손책(孫策)이 세운 군으로 지금의 복건성 건구(建甌)이다.

귤이 검푸른 색으로 변하였으며 맛은 (가을과 겨울보다) 더욱 좋았다.

『상림부上林賦』에 이르기를, '노귤은 여름에 익는다.'라고 하였는데, 대개 이 같은 정황과 유사하다."라고 하였다.

배연裴淵의 『광주기廣州記』에 이르기를,[120] "나부산羅浮山에도 귤이 있는데,[121] 여름에 익는다. 과일은 마치 자두[李] 크기만 하며, 껍질을 벗겨 먹으면 신맛이 나고 껍질째 먹으면 아주 달다. 또, '호귤壺橘'[122]이라는 것이 있는데, 모양과

至明年春夏, 色變青黑, 味尤絕美. 上林賦曰,[60] 盧橘夏熟, 蓋近於是也.

裴淵廣州記曰, 羅浮山有橘, 夏熟. 實大如李, 剝皮噉則酢, 合食極甘. 又有壺橘,

120 『태평어람』 권966에서는 배연의 『광주기(廣州記)』를 인용하였는데, "實大如李"까지만 인용하였고, 이하는 전부 생략되어 있다.

121 '나부산(羅浮山)'은 광동 증성(增城), 박라(博羅), 하원(河源) 등의 현(縣) 사이에 있으며 수백 리에 이어져 있다. '귤(橘)'은 옹정(雍正) 시기 『광동통지(廣東通志)』 권52 「물산(物産)」에서 배인(裴駰)의 『광주기(廣州記)』의 이 조항을 인용하여 '노귤(盧橘)'이라고 썼는데, 묘치위 교석본에 의하면, "껍질을 벗겨서 먹으면 신맛이 나고, 껍질째 먹으면 아주 달다.[剝皮噉則酢, 合食極甘.]"라는 것에 근거하면 마땅히 금귤속(*Fortunella*)의 식물이라고 한다.

122 '호귤(壺橘)'은 아래 문장에서 『광주기(廣州記)』를 인용한 것으로, 바로 '노귤(盧橘)'이다. 오기준(吳其濬)의 『식물명실도고(植物名實圖考)』 권31 '금귤(金橘)'조에서는 "겨울에는 빛깔이 누렇고, 봄이 지나면 다시 푸르게 되는데 혹자는 이것이 노귤(盧橘)인 것으로 보았다."라고 하였다. 『본초강목』 권30 '금귤(金橘)'조에서는 "이 귤이 갓 나올 때는 검푸른 색[青盧色]이며, 누렇게 익은 것은 금빛과 같기 때문에 금귤(金橘), 노귤(盧橘)의 명칭이 있다. '노(盧)'는 흑색이다. 혹자는 말하기를 '노(盧)'는 술그릇[酒器]의 이름인데, 그 형태가 닮은 까닭이다."라고 하였다. 묘치위 교석본을 보면, '노(盧)'는 밥그릇[飯筥]으로, '호(壺)'와 함께 모두 타원형, 긴 거꿀계란형과 유사한 것을 가리킨다. 호귤, 노귤은 모두 운향과 금감속의 일종이다. 그중 금귤(金棗; *Fortunella margarita*)은 오늘날에 이르기까지 여

빛깔은 모두 홍귤[甘][123]과 같다. 그러나 껍질은 두껍고 향기가 진하며,[124] 맛 또한 나쁘지 않다."[125]라고 한다.

形色都是甘. 但皮厚氣臭, 味亦不劣.

『이물지異物志』에 이르기를,[126] "귤나무[127]는

異物志曰, 61

전히 '나부(羅浮)'라는 별칭이 남아 있는데, 바로 나부산(羅浮山)에서 나오기에 전해지는 명칭이라고 하였다.

123 '감(甘)'은 '감(柑)'과 통한다. 점서본에는 '시(是)'가 없으며, '감(甘)'은 '첨(甜)'으로 표기되어 있다.

124 '기취(氣臭)'는 향이 맵고 냄새가 강렬한 것을 가리킨다. 『본초강목』 권30 '유(柚)' 조항에서는 "그 맛이 달고 냄새가 강하다."라고 하였다. 또한, "유자는 감속(柑屬)이다. 그 껍질은 거칠고 두꺼우며 냄새가 나는데, 맛이 달면서 맵다."라고 하였다. 고대의 소위 '취(臭)'는 파와 마늘 같은 훈채의 냄새 이외에도 또한 일종의 강렬하고 자극적이고 매운 냄새를 가리키며, 묘치위는 부패한 악취가 아니라고 한다.

125 '불열(不劣)': "껍질이 두껍고 냄새가 나쁘다.[皮厚氣臭.]"의 구절 뒤에 '역불열(亦不劣)'이 이어져 있는데, 스셩한의 금석본에서는, 일반적인 습관에 그다지 맞지 않으므로 '불'자는 '하(下)'자를 잘못 베낀 듯하다고 한다.

126 북송대(北宋代) 오숙(吳淑)의 『사류부(事類賦)』 권27에서 인용된 것에는 귤의 기록은 없으나 단지 귤 관리를 도왔다는 몇 구절이 있는 점을 제외하고는 『태평어람』과 완전히 동일하다. 또한, 『초학기』의 제목은 "조숙(曹叔)의 『이물지』"라고 되어 있는데, '조숙(曹叔)'은 명백히 '조숙아(曹叔雅)'의 오류이다. 묘치위 교석본에 따르면, 같은 내용인 권20 '공헌(貢獻)'조에서 또한 제목을 "양부(楊孚)의 『이물지(異物志)』"라고 쓰고 있는데, 저자가 누구인지는 알 수 없다. 단지 양부의 『이물지』를 인용하여 "과육은 또한 맛이 있다."라고 쓰고 있는데, 이것은 과일 조각이지 과일 껍질이 아니므로 '이(裏)'자가 마땅히 있어야 하지만, 『제민요술』과 각 서에서 인용된 것 모두 '이(裏)'가 빠져 있다. 또한 '미(美)'를 쓰는 것이 '선(善)'보다 좋다고 한다.

127 이 귤과 『남중팔군지(南中八郡志)』의 귤은 모두 일반적인 귤이다. 홍귤[柑]과 귤은 현대 식물분류학에서 항상 감귤이라고 통칭하는데, 감귤속(*Citrus*)에서 관피감귤류(寬皮柑橘類)를 대표한다. 일반적으로 말해서, 홍귤의 껍질은 해면층이

꽃이 희고 열매는 붉으며, 과일 껍질은 향이 짙고 또한 오묘한 맛이 난다.

강남에만 있으며, 다른 지역에는 자라지 않는다."[128]라고 한다.

『남중팔군지南中八郡志』에 이르기를,[129] "교지

橘樹, 白花而赤實, 皮馨香, 又有善味. 江南有之, 不生他所.

南中八郡志曰,

조금 두텁고 껍질을 벗기는 것이 조금 어렵지만 오렌지[橙], 유자[柚]보다는 벗기기 쉽다.

128 '불생타소(不生他所)': 『이물지』의 이 단락의 출처는 아마 혜함(嵇含)의 『남방초목상(南方草木狀)』인 듯하다. 『남방초목상』에는 "귤은 흰 꽃에 열매는 붉다. 껍질은 향기롭고 맛이 좋다. 한 무제 때부터 교지에 '귤관장(橘官長)' 1인을 두어 녹봉 이백 섬에 해마다 어귤(御橘)을 공물로 바치는 업무를 맡도록 했다. 오(吳)의 황무(黃武: 손권의 연호) 때 교지의 태수 사섭(士燮)이 귤을 바쳤다. 17개의 과실이 한 꼭지[蔕]에 달린 것을 상서롭고 기이한 것으로 여겼고, 군신이 모두 축하했다."라고 되어 있다.

129 『남중팔군지(南中八郡志)』: '남중팔군(南中八郡)'은 촉한(蜀漢) 때 건위(犍爲)·장가(牂牁)·월수(越嶲)·영창(永昌)·주제(朱提)·건녕(建寧)·운남(雲南)·홍고(興古)의 여덟 군을 가리킨다. 위(魏)가 촉(蜀)을 멸망시킨 후에 교지, 구진(九眞) 등의 군이 더해졌다. 『남중팔군지』에 쓰인 바에는 또한 교지, 구진 등의 군이 추가되었고, 건안군(建安郡)은 진 혜제(晉惠帝) 태안(太安) 2년(303)에 이미 폐지되었기 때문에, 303년 이전에 쓰였을 것으로 추측된다. 사서[史]의 지(志)와 사가(私家)의 책 목록에서도 이 저술을 볼 수 없는데, 『태평어람』에서 인용한 총목 중에는 있다. 요진종(姚振宗)과 장종원(章宗源)이 저술한 두 종류의 『수서경적지고증(隋書經籍志考證)』에서는 모두 유연림(劉淵林)이 주석한 좌사(左思)의 『촉도부(蜀都賦)』에서 인용한 바 있는 위완(魏完)의 『남중지(南中志)』가 바로 『남중팔군지』라고 인식하였는데, 위완이 즉 그 저자[두 개의 고증은 『이십오사보편(二十五史補編)』, 中華書局, 1963에 수록되어 있다.]이다. 『후한서』 권18「오한전(吳漢傳)」에 대한 이현의 주에서는 『남중지』의 "漁涪津廣數百步"의 조항을 인용하였는데, 『태평환우기(太平寰宇記)』 권74에 『남중팔군지』가 쓰여 있다. 이 요진종과 장종원 두 사람이 말한 바는 믿을 수 있다. 위완(魏完)은 서진(西晉) 초 사람일 것이다. 일본의 동남아시아 학자 스기모토 나오지로[杉本直治

交趾에서 특별히 생산되는 아주 좋은 귤이 있다. 크고 달지만, 너무 많이 먹어서는 안 되는데, (많이 먹으면) 배탈이 나게 된다."라고 하였다.

『광주기』에 이르기를,[130] "노귤은 껍질이 두껍고 향기, 빛깔, 크기는 모두 홍귤[甘]과 비슷하지만, 신맛이 많다. 9월에서 정월까지 누런색을 띠다가 이듬해 2월이 되면 점차 푸르게 바뀌며, 여름이 되면 곧 익게 된다. 맛 또한 겨울과 다르지 않다. (겨울철에) 지역민들은 '호귤壺橘'이라고 불렀다. 서로 유사한 것으로는 모두 7-8종이 있는데 오회(吳會: 오군吳郡과 회계군會稽郡)의 귤만 못하다."라고 한다.

交趾特出好橘. 大且甘, 而不可多噉, 令人下痢.

廣州記曰, 盧橘, 皮厚, 氣色大如甘, 酢多. 九月正月□[62]色, 至二月, 漸變爲青, 至夏熟. 味亦不異冬時. 土人呼爲壺橘. 其類有七八種, 不如吳會橘.

● 그림 14
귤(橘)과 열매 내부

● 그림 15
탱자[枳]와 열매 내부

郞]는 저자를 응당 위굉(魏宏)이라고 보았다. 묘치위 교석본에 의하면, 『남중팔군지』의 이 조항은 다른 책에서는 인용된 바가 없다고 한다.

130 『광주기(廣州記)』에는 이 조항이 빠져 있고, 유사한 서적에 인용되어 있지는 않지만, 『사기(史記)』 권117 「사마상여열전(司馬相如列傳)」에 대해 사마정(司馬貞)의 『사기색은(史記索隱)』에는 비교적 간략하게 인용되어 있는데, "노귤은 껍질이 두껍고 크기는 홍귤[甘]과 같으며 신맛이 많다. 9월에 열매가 맺히며 붉은색을 띠는데, 이듬해 2월이 되면 다시 검푸른 색이 되며 여름에 익는다."라고 하였다.

59 '고공기왈(考工記曰)': 금택초본에 '고공기(考功記)'로 잘못되어 있다.

60 '상림부왈(上林賦曰)': 본 조항은 『태평어람』 권966 '귤(橘)' 조항의 아래에도 있다. 다만 『상림부』부터 별개의 조로 만들었으며, '蓋近是也' 구절의 앞에 "노(盧)는 흑(黑)이다."라는 주해가 있다. 문장의 뜻으로 보건대 이 『상림부』의 구절은 '색이 푸르고 검게 변하기' 때문에 설명하기 위해 인용하였음이 분명하다. 그러므로 '蓋近是也'의 추측이 생겨난 것이다. 스셩한에 의하면, 비록 『오록(吳錄)』이 이미 유실되어 원서를 검토해 볼 수는 없지만, 여전히 『제민요술』에서 『오록』의 원문을 인용하였음을 추정할 수 있다고 한다. 『초학기』 권28 「귤제구(橘第九)」에서는 장발(張勃)의 『오록』을 인용하여 마지막에 역시 이 『상림부』 구절을 인용하였는데 이 또한 "蓋近是乎"로 문장이 끝난다.

61 '이물지왈(異物志曰)': 『예문유취(藝文類聚)』 권86, 『초학기(初學記)』 권28에 인용된 마지막에도 관리를 두어서 귤을 공납하는 일을 맡았다는 기록이 있다. 『태평어람』에서 인용한 이 조는 '피(皮)' 다음에 '기(旣)'자가 있고, '강남(江南)' 다음에 '즉(則)'자가 있으며, 다음에 또한 "교지에 귤이 있어, 장관 한 사람을 두고 녹봉[秩] 삼백 섬에 해마다 어귤(御橘)을 공물로 바치는 업무를 맡도록 했다."라는 구절이 있다.

62 '정월(正月)' 다음에는 공백인데, 명초본은 한 칸이고 금택초본은 두 칸이다. 문장의 뜻에 따라 추정해 보면 한 칸이 빈 것은 '황(黃)' 혹은 '적(赤)'자이며, 두 칸은 '황적(黃赤)'이다. 묘치위 교석본에 의거하면 사마정(司馬貞)의 『사기색은(史記索隱)』에서 "九月結實正赤"이라고 인용하여 적고 있는데, 『제민요술』에는 빠지고 잘못된 것이 있다고 한다.

15 홍귤甘一五

『광지廣志』에 이르기를,[131] "홍귤[甘]은 스물한 개의 씨가 있다. (사천) 성도成都에는 평체감平蔕甘이 있는데 크기는 됫박[升]만 하고, 색깔은 청황색[蒼黃]이다. 건위군[犍爲] 남안현南安縣[132]에서 아주 좋은 황감黃甘이 난다."라고 한다.

『형주기荊州記』[133]에 이르기를, "지강枝江[134]에는 이름난 홍귤이 있다. 의도군宜都郡[135]의 옛 강

廣志曰, 甘有二十一核.[63] 有成都平蔕甘, 大如升, 色蒼黃. 犍爲南安縣, 出好黃甘.

荊州記曰, 枝江有名[64]甘. 宜

---

131 『예문유취』 권86, 『초학기』 권28, 『태평어람』 권966의 '감(甘)' 조항은 모두 『광지』의 이 조항을 인용하였으며, 서로 다른 문장이 있거나 혹은 빠진 글자도 있다.

132 '건위남안(犍爲南安)': 한대(漢代)에 건위군을 설치했는데 오늘날 사천성 서부이며, 남안은 오늘날 협강현(夾江縣) 서북으로, 치소는 사천성 낙산(樂山)에 있었다.

133 『형주기(荊州記)』: 『제민요술』에서는 『형주기』를 여러 번 인용하면서 어떤 『형주기』인지 밝혔지만, 이 조항에는 저자의 이름이 없다. 가령 「(51) 대나무[竹]」조에서는 '성홍지(盛弘之)의 형주기'라고 밝혔으며, 그 밖에 권4 「자두 재배[種李]」, 「배 접붙이기[插梨]」와 본권 「(19) 비파(枇杷)」 세 조는 『형주본토기(荊州本土記)』에서 인용했다. 본권 「(96) 당아욱[莃葵]」의 출처는 『형주지기(荊州地記)』이다. 다만 『태평어람』에서 밝힌 출처와 『제민요술』의 인용에는 차이가 있다. 예를 들면 「(51) 대나무」에서 『태평어람』은 『형주기』라고만 밝혔을 뿐 성홍지의 이름은 없고, 『형주본토기(荊州本土記)』에서 인용한 「(19) 비파」는 『형주기』라고만 표기했다.

134 '지강(枝江)': 한대(漢代)에 지강현을 세웠는데 오늘날 호북성 지강현 동쪽이다.

135 '의도군(宜都郡)': 삼국 시대에 촉이 세운 군으로, 오늘날 호북성 의도현 서북이다.

북 지역에는 홍귤밭이 있었는데, '의도감宜都甘'이 라고 한다."라고 한다.

都郡舊江北有甘園, 名宜都甘.

『상주기湘州記』[136]에 이르기를, "상주[137]는 본래 큰 성이었고, 성 안에 도간陶侃[138]의 사당이 있었으며, 그 땅은 (전한 초기) 가의賈誼[139]의 고택이었다. 가의가 당시에 심은 홍귤나무가 아직도 남아 있다."라고 하였다.

湘州記曰, 州故大城內有陶侃廟, 地是賈誼故宅. 誼時種甘, 猶有存者.

『풍토기風土記』에 이르기를,[140] "홍귤[甘]나무

風土記曰, 甘,

---

136 『상주기(湘州記)』: 『수서(隋書)』, 『신당서(新唐書)』의 서목의 지(志)의 서록에는 유중옹(庾仲雍), 곽중언(郭仲彦)과 이름이 빠진 『상주기』 세 종류가 있는데, 『태평어람』의 인서총목(引書總目)에는 또한 견열(甄烈)의 『상주기』 한 종이 있어서, 본조의 출처는 어떤 종인지 알 수 없다. 오직 상주(湘州)의 옛 성을 생각해 볼 때, 이 『상주기』는 마땅히 서기 412년 이후의 책이다. 책은 이미 유실되었다. 『태평어람』 권966에서 『상주기(湘州記)』를 인용한 것은 『제민요술』과 동일하다.

137 '상주(湘州)': 이 주(州)의 치소는 지금의 장사(長沙)이다. 상주(湘州)는 동진(東晉) 함화(咸和) 3년(328)에 형주(荊州)로 편입되었으며, 의희(義熙) 8년(412)에 이르러 회복하여 설치되었는데, 이미 80년이 지난 후에 이른바 '주고대성(州故大城)'이라는 것은 마땅히 주성을 설립하기 전의 옛 성을 가리킨다.

138 '도간(陶侃; 陶侃: 259-334년)': '도간(陶侃)'은 동진(東晉)의 대신이고, 지금의 강서성 구강(九江) 사람이다. 여러 차례 내란을 평정한 후에 형강이주자사(荊江二州刺史), 도독팔주제군사(都督八州諸軍事)를 역임하였고, 장사군공(長沙郡公)에 봉해졌다.

139 '가의(賈誼: 기원전 200-기원전 168년)'는 전한(前漢)의 정치가이자 문학가이며, 지금의 하남성 낙양 사람이다. 한 문제 시기에 일찍이 태중대부(太中大夫)를 역임하였다. 후에 대신들과 갈등이 깊어져 장사왕 태부로 좌천되었다. 장사에 3년간 있을 때 이른바 '고택(故宅)'이라는 것은 즉 장사에 머물던 때의 저택이다.

140 『초학기(初學記)』 권28은 주처(周處)의 『풍토기(風土記)』를 인용하여 적고 있는데, 문장이 동일하다. 『예문유취(藝文類聚)』 권86에서 인용한 것에는 '호감(壺甘)'을 '호감(胡甘)'이라고 적고 있다. 『남방초목상(南方草木狀)』 권하(下)에는 『풍토

는 귤의 종류지만 맛이 달고 특별하다. 누런 것도 있고 붉은 것도 있는데 '호감壺甘'[141]이라고 부른다."라고 한다.

橘之屬,[65] 滋味甜美特異者也. 有黃者, 有頳者,[66] 謂之壺甘.

● 그림 16
초감(蕉柑: 만다린)과 그 열매

교 기

[63] "甘有二十一核": 스성한의 금석본에서는 '핵(核)'자를 '종(種)'으로 쓰고 있다. 스성한에 따르면 '종'자는 금택초본에 공백으로 되어 있으며, 명초본에는 '현(核)'으로 되어 있고, 『태평어람(太平御覽)』 권966 「과부

기」와 서로 동일한 기록이 있는데, '정자(頳者)' 또한 거듭 쓰이고 있다.

141 '호감(壺甘)': 최표(崔豹)의 『고금주(古今注)』 권하(下)에는 "홍귤[甘]의 열매 모양은 석류와 같으며, 그를 일러, '호감(壺甘)'이라고 한다."라고 하였다. 묘치위 교석본에 따르면, 옛날 몇몇 외와 과일에 대해서 그 형상이 대략 '술병[壺]'과 닮았다고 하여 매번 '호(壺)'의 이름을 붙였는데 예컨대, '호로병[葫蘆]'은 '호(壺)'로 간단히 칭해졌으며, 또 '호로(壺盧)'라고 불렀다. 위는 뾰족하고 아래는 커다란 대추를 '호조(壺棗)'라고 불렀으며, 노귤(盧橘) 역시 '호귤(壺橘)' 등으로 불렀다고 한다.

삼(果部三)」 '감(甘)' 항에 '핵(核)'으로 되어 있는데, 명청 각본의 '종'이 제일 합리적이다. 묘치위 교석본에 의하면, '핵(核)'은 금택초본에 두 칸의 공백이 있고, 명초본에 '현(核)'이라고 쓰여 있으며, 호상본에는 '입(粒)'이라 쓰고 있는데, 모두 '핵(核)'의 형태상의 오류이고, 모진(毛晉)의 『진체비서각본(津逮秘書刻本)』(이후 진체본으로 약칭) 및 청각본에서는 '종(種)'이라고 쓰고 있는데 이 또한 잘못이라고 한다. '감일(甘一)'은 '입일(廿一)'로 잘못 쓰기 쉬우며, 다시 잘못 쓰여 '이십일(二十一)'로 변한다. 그래서 『제민요술』의 "감에는 스물한 개의 씨가 있다.[甘有二十一核.]"라는 구절에는 마땅히 『예문유취』에서 "감에는 한 개의 씨가 있다.[有甘一核.]"라는 것을 인용한 것과 같이 앞 두 글자의 순서가 바뀐 것이라고 하였다.

64 '지강유명(枝江有名)': 『태평어람(太平御覽)』에서는 "지강에 이름난 홍귤이 있다.[枝江有名甘.]"라고 인용하였다. 그러나 『초학기』 권28에서 인용한 것에는 "지강유명감(枝江有名甘)"이라는 구절이 없다. 점서본에서 『태평어람』에 따라 '감(甘)'자를 첨가한 것은 합리적이다.

65 '속(屬)': 금택초본은 공백으로 되어 있다.

66 '정자(楨者)': 『태평어람』의 인용에는 이 두 글자가 중복되어 있는데, 뒷부분의 '정자'는 "이를 호감이라 한다.[謂之壺甘.]"의 지정주어(指定主語)이며, 중복되어야 그 의미가 더욱 분명해진다. 묘치위 교석본에 따르면, '정(楨)'은 붉은색인데, 금택초본과 진체본 등에는 이 글자와 같고,(『태평어람』에서 인용한 것과 동일하다.) 명초본에서는 '정(赬)'자로 쓰고 있으며[『예문유취(藝文類聚)』, 『초학기(初學記)』에서 인용한 것과 동일하다.] 민간에서 쓰는 것으로 호상본에서는 '자(赭)'로 쓰고 있는데, 잘못된 것으로 보았다.

16 유자柚[142]—六

『설문說文』에 이르기를, "유자[柚]가 곧 조條이며, 오렌지[橙]와 비슷한데 열매 맛은 시다."라고 한다.

說文曰, 柚, 條也, 似橙, 實[67]酢.

『여씨춘추』에 이르기를,[143] "과일 중에 맛있는 것은 … 운몽雲夢[144]의 유자이다."라고 한다.

呂氏春秋曰, 果之美者, … 雲夢之柚.

『열자列子』에 이르기를,[145] "오吳와 초楚 지방

列子曰, 吳楚

142 '유(柚)'는 운향과 감귤속의 '유자[柚; *Citrus grandis*]'이고, 또한 '문단(文旦)'이라고 부르며, 민간에서는 '포(抛)'라고도 한다. 상록교목이다. 열매는 크고, 과일 껍질의 해면층은 흰색 혹은 붉은색인데, 과육도 같은 색깔이다. 품종은 많으며, '문단유(文但柚)', '사전유(沙田柚)' 등이 특히 품질이 뛰어나다.

143 『여씨춘추』「본미(本米)」.

144 '운몽(雲夢)'은 옛 늪의 이름으로, 견해는 일치하지 않으나 대체로 동정호(洞庭湖)와 그 이북 지방을 가리킨다.

145 『열자』「탕문(湯問)」의 구절이다. 『예문유취』 권87, 『태평어람』 권973에서 '유(柚)'조에서 『열자』를 인용한 것에는 모두 '생(生)'이 없고, 금본의 『열자』에는 '청(青)'이 없다. 이 구절은 "碧樹而冬生"이라고 쓰여 있으며, '생(生)'은 마땅히 '청(青)'의 잘못일 것이다. 『열자』는 전해지는 바로는 전국시대의 열어구(列御寇)가 찬술했다고 하며, 『한서(漢書)』 권30 「예문지(藝文志)」의 저록에는 여덟 편으로 되어 있지만, 이미 없어져서 전하지 않는다. 금본의 『열자』도 역시 여덟 편인데, 진(晉)나라 사람이 위작했을 것으로 보인다. 동진(東晉)의 장담(張湛)이 주를 적었는데, 어떤 사람은 장담이 편집하여 만든 위서라고 평가한다. '열어구(列御寇)'는 전하는 말에 의하면, 전국시대의 도가(道家)로서 정(鄭)나라 사람이다. 『장자(莊子)』에서는 그에 관한 전설이 많이 있는데, 후세의 도가들에 의하여 추존된 것이다.

에는 큰 나무가 있는데 그 이름은 '유櫾'라 하고, 수관[樹; 樹冠]은 짙은 녹색을 띠며 겨울에도 푸르다. 맺히는 열매는 붉은색을 띠며 맛이 시다. 그 껍질과 즙을 먹으면 기가 거꾸로 흘러 답답한 병을 치료할 수 있다.[146] 제주齊州의 사람들은 그것을 아주 귀하게 여긴다.[147] 회하[淮] 건너 북쪽으로 옮겨 심으면 바로 탱자로 변한다."라고 한다.

배연裵淵의 『(광주)기』에 이르기를, "광주에는 또 다른 유자나무가 있는데, '뇌유雷柚'[148]라고 부르

之國,[68] 有大木焉, 其名爲櫾, 碧樹而冬青. 生實丹而味酸. 食皮汁, 已憤厥之疾. 齊州珍之. 渡淮而北, 化爲枳焉.

裵淵記曰,[69] 廣州別有柚, 號曰雷

146 '분궐(憤厥)'은 마음이 분하고 답답하여, 기가 역류되어 혼미해지는 현상이다. '이(已)'는 '없어진다'는 의미로 병이 낫는다는 뜻이다.

147 '제주(齊州)'는 주(州)의 명칭으로 쓰고 있으며, 북위[後魏] 황흥(皇興) 3년(469)에 처음 설치되어[주의 치소는 오늘날 제남시(齊南市)] 이후 유송(劉宋) 말년까지 있었지만, 동진(東晉) 사람 장담의 시대와는 맞지 않기 때문에 주의 명칭으로 해석할 수는 없다. 『이아(爾雅)』「석지(釋地)」에는 '제주(齊州)'가 있는데, 형병의 소에서는 "제(齊)는 중(中)이다. 중주(中州)는 중원[中國]이라는 말과 같다."라고 하였다. 『열자(列子)』「황제(黃帝)」에서는 "제나라와 몇천만 리 떨어져 있는지 알 수 없다."라고 하였다. 장담의 주석에서는 "사(斯)는 떨어진다[離]는 말이며, 제(齊)는 가운데[中]라는 의미이다."라고 하였다. 장담은 '제(齊)'를 '중(中)'이라고 여겼다. 묘치위 교석본에 의하면, '제주(齊州)'는 곧 '중주(中州)'로 중토(中土), 중원(中原)의 의미이며, 중원에는 유자(柚子)가 나지 않기 때문에 특별히 진귀하다고 말하는 것이라고 한다.

148 '뇌유(雷柚)': 『본초강목(本草綱目)』 권30 '유(柚)'에 대해 『광아(廣雅)』에서는 그것을 '뇌유(鐳柚)'라고 일렀다. '뇌(鐳)'는 호리병이다.(금본 『광아』에는 이 단어가 없다.) 청대(淸代) 진수기(陳壽祺)의 『품방록(品芳錄)』에 이르기를, "『광아』에서는 그것을 '뇌(鐳)'라 이른다."라고 한다. 청대(淸代) 오임신(吳任臣)의 『자휘보(字彙補)』에서는 "뇌유(鐳柚)는 큰 귤이다. 『임해지』에 보인다."라고 한다. 이른바 '뇌유(鐳柚)'는 호귤(壺橘)과 같으며, 모종의 유자가 긴거꿀계란형[長倒卵

며, 열매는 한 되들이 크기만 하다."라고 한다.

『풍토기』에 이르기를,[149] "유자는 아주 큰 귤로서, 색깔은 노랗고 맛이 시다."라고 한다.

柚, 實如升大.

風土記曰, 柚, 大橘也, 色黃而味酢.

● 그림 17
유자[柚: 포멜로]와 그 열매

교 기

67 '실(實)': 금본 여러 『설문해자』에 모두 '이(而)'로 표기하였다. 『이아(爾雅)』의 곽주(郭注)에 비로소 "오렌지와 유사하며 열매는 시다.[似橙, 實酢.]"라고 되어 있다.

68 '오초지국(吳楚之國)': 『태평어람(太平御覽)』 권973 「과부십(果部十)」 '유(柚)'항의 인용에 '오초지국(吳楚之國)'이 '오월지간(吳越之間)'으로 되어 있다. 송본 『열자』(와 훗날 여러 서적에서 인용한 열자)와 『제민요술』은 마찬가지로 '오초지국'으로 되어 있다.

形]으로 한 호리병 모양과 같아서 이름을 얻은 것이다.

149 『태평어람』 권973에서 『풍토기(風土記)』를 인용한 것은 『제민요술』과 같지만, 단지 끝 구절이 "赤黃而酢也"라고 쓰여 있다.

[69] '배연기왈(裴淵記曰)': 『태평어람』의 인용에는 '광주(廣州)' 두 글자가 없는데, 사실 두 군데 모두 있어야 한다.

17 가椵[150]—七

『이아』에 이르기를,[151] "큰 유자[櫠]가 곧 가椵이다." 곽박이 주석하여 이르기를, "유자와 같은 류의 과일나무이다. 과일 크기는 사발만 하고, 껍질의 두께가 두세 치[寸]이며 과육은 탱자[枳]와 비슷한데, 먹으면 맛이 그다지 좋지 않다."라고 한다.

爾雅曰, 櫠, 椵也. 郭璞注曰, 柚屬也. 子大如盂, 皮厚二三寸, 中似枳, 供[70]食之, 少味.

150 '가(椵)': 청대 학의행(郝懿行)의 『이아의소(爾雅義疏)』에서 『계해우형지(桂海虞衡志)』를 인용하여 '취유(臭柚)'로 여겼으며, "광남의 취유(臭柚)는 크기가 외와 같고, 먹을 수 있다. 그 껍질은 심히 두꺼워서, 먹을 묻혀서 비석을 두드리면 털뭉치를 대신해 찍을 수 있으며, 또한 종이도 손상되지 않는다."라고 하였다.

151 『이아(爾雅)』「석목(釋木)」에 보이며, '야(也)'가 없다. 본권에서 인용한 『이아』의 각 조항에는 대부분 '야(也)'가 있는데, 금본 『이아』와는 같지 않다. 묘치위 교석본에 따르면, 이는 아마도 『안씨가훈(顏氏家訓)』「서증(書證)」에서 말한 바와 같이 '속학(俗學)'에서 나와 덧붙였을 것이라고 한다.

● 그림 18
'취유(臭柚)' 나무와 그 열매

교 기

70 '공(供)': 이 글자는 금본『이아(爾雅)』와『태평어람(太平御覽)』권964에는 모두 없으며 있어서도 안 된다. 묘치위 교석본에 의하면, 곽박의 주는『제민요술』과 동일한데, 단지 '공(供)'이 없으며,『태평어람』권973 '가(椵)' 조항에서 곽박의 주를 인용한 것에서도 없으니,『제민요술』에서 사족을 단 것이다. 청대 소진함(邵晉涵: 1743-1796년)의『이아정의(爾雅正義)』에서는 '실(實)'이라고 적었는데, 즉 '지실(枳實)'로서 둘을 붙여서 썼거나, 혹은 뜻에 연계해서 고친 것이라고 한다.

18 밤栗一八

『신이경神異經』에 이르기를,[152] "동북쪽 먼 | 神異經曰, 東

152 금본의『신이경(神異經)』에는 '광삼척(廣三尺)'을 '광삼척이촌(廣三尺二寸)'이라

변두리에는 높이 마흔 길[丈], 잎의 길이 다섯 자[尺]이며 너비 세 치[寸]인 나무가 있는데, 이름은 '밤[栗]'이라 한다. 그 열매는 지름이 세 자[尺]이고 껍질은 붉으며 과육은 담황색이고 맛은 달다. 많이 먹으면 숨이 가빠지고 갈증이 난다."라고 한다.

北荒中, 有木高四十丈, 葉長五尺, 廣三寸, 名栗. 其實徑三尺, 其殼赤, 而肉黃白, 味甜. 食之多, 令人短氣而渴.

19 비파枇杷[153]—九

『광지廣志』에 이르기를, "비파는 겨울에 꽃이 핀다. 열매는 황색이며, 크기는 계란만 하고 작은 것은 살구와 같다. 맛이 새콤달콤하다. 4월이 되면 익는다. 남안南安, 건위犍爲, 의도宜都[154]에

廣志曰, 枇杷, 冬花. 實黃, 大如雞子, 小者如杏. 味甜酢. 四月熟.

고 쓰고 있는데, 『제민요술』의 '촌(寸)'은 마땅히 '척(尺)'의 잘못이다. '식지(食之)' 다음에 '다(多)'자가 없는데, 『태평어람』 권964의 '율(栗)'조에서 『신이경』을 인용한 것은 비교적 간략하며, 여기에도 '다(多)'자가 없다. '다(多)' 또한 뒷문장에 이어서 읽을 수 있으며, '많다'는 의미로 해석할 수 있다.

153 '비파(枇杷)': 학명은 *Eriobotrya japonica*이다.

154 이 세 곳 모두 군(郡)의 이름이다. 남안군(南安郡)은 후한대에 설치되었으며, 치소는 지금의 감숙성 농서(隴西)의 변경에 있다. 건위군(犍爲郡)은 한대(漢代)에 설치되었으며, 지금은 사천성 건위(犍爲), 의빈(宜賓) 등의 넓은 지역에 있었다.

서 생산된다."라고 한다.

『풍토기』에 이르기를 "비파는 잎이 밤나무 잎과 같고, 열매는 야생 빈랑[葯][155] 열매와 같으며, 열 개씩 열 개씩 떨기를 지어 자란다."라고 한다.

『형주토지기荊州土地記』에 이르기를, "의도에서 큰 비파가 난다."라고 한다.

出南安犍爲宜都.[71]

風土記曰, 枇杷, 葉似栗, 子似葯, 十十而叢生.[72]

荊州土地記[73]曰, 宜都出大枇杷.

● 그림 19
비파(枇杷)와 그 열매:
『구황본초』 참조.

교 기

[71] "出南安犍爲宜都": 『태평어람(太平御覽)』 권971 「과부팔(果部八)」 '비파' 조항에는 '남안', '의도'는 없고 '건위'만 있다.

[의도군(宜都郡)에 대해서는 「(15) 홍귤[甘]」 주석 참고.]

155 '납(葯)': '야생빈랑[葯子]'은 빈랑과 다른 종류의 식물이다.[「(43) 야생빈랑[葯子]」의 주석 참조.]

72 '십십이총생(十十而叢生)': 『태평어람』에서는 착오로 '십(十)'자를 하나 누락했으며, 아래에 '사월숙(四月熟)'이라는 구절이 더 있다.

73 '형주토지기(荊州土地記)': 『태평어람』에는 서명이 『형주기』로 되어 있으며 '토지' 두 글자가 없다. 묘치위 교석본에 의하면, 『예문유취』 권87은 『형주토지기』를 인용하였지만, 『태평어람』 권971에서는 『형주기(荊州記)』를 인용하여 적고 있다. 인용한 문장은 모두 『제민요술』과 동일한데, 『형주토지기』를 설명할 때 『형주기』라고 간략하게 일컫고 있다.

20 돌감 椑[156] 二十

『서경잡기西京雜記』에 이르기를,[157] "오비烏椑, 청비靑椑, 적당비赤棠椑가 있다."라고 한다.

西京雜記曰, 烏椑, 靑椑, 赤棠椑.

156 '돌감[椑]'은 감과 유사한데, 열매는 작고 검푸른 색을 띠며, 칠을 할 수 있어서 '칠시(漆柿)'라고도 부른다. 묘치위 교석본에 의하면, '비(椑)'는 곧 감나무과의 '유시(油椑)'로 그 색이 검푸르기 때문에 '오비(烏椑)', '청비(靑椑)'의 이름을 지니고 있으며, 이른바 '적당비(赤棠椑)'는 대개 그 색이 '적당(赤棠)'과 같이 특이하다.[권4 「감 재배[種柿]」의 주석 참조.]

157 금본 『서경잡기(西京雜記)』 권1에 "처음에 상림원을 세울 때, 여러 신하들이 먼 지방에서 각종 유명한 과일과 특이한 나무들을 헌납했고, 또 예쁜 이름을 지어서 신기함과 아름다움을 표방했다."라는 문장의 다음 부분에 각종 '명과(名果)'를 기록하여 나열하였으며, 돌감[椑]과 관련하여 "비(椑)는 세 가지가 있는데, 즉, 청비(靑椑), 적엽비(赤葉椑), 오비(烏椑)가 있다."라고 하였다. '적당(赤棠)'은 '적엽(赤葉)'으로 쓰여 있는데, 잘못된 것으로 보인다.

(『형주토지기荊州土地記』에 이르기를) “의도宜都에서 큰 돌감[椑]이 난다.”라고 한다.

宜都出大椑.74

● 그림 20
청비(青椑)와 돌감:
『낙엽과수(落葉果樹)』
참조.

교 기

74 “宜都出大椑”: 금본 『서경잡기』 ‘비(椑)’조에는 이 구절이 없다. 『태평어람』 권971 「과부팔(果部八)」 ‘비(椑)’ 항목에서는 이 구절이 인용되어 있으며, 별도의 조에서 『형주토지기(荊州土地記)』라는 출처를 밝혔다. 위의 『제민요술』에서는 『형주토지기』란 말이 빠져 있다. 이 조의 문장과 위의 조는 유사한데 『태평어람』에서 『형주토지기』라고 밝힌 것이 정확한지는 상당히 의심스럽다. 묘치위 교석본에 의하면, 이 구절은 원래 ‘赤棠椑’에 이어져 쓰여 있는데, 『서경잡기』의 문장에서 변화된 것이지만, 『서경잡기』에는 이 문장이 없고, 또한 있을 수도 없다. 『태평어람』 권971의 ‘비(椑)’는 이 구절을 인용하여“형주토지기왈(荊州土地記曰)”이라고 명시하고 있는데, 『제민요술』에는 책 이름이 빠져 있다고 한다.

21 사탕수수甘蔗二一

『설문』에 이르기를[158] "곧 저자藷蔗이다."라고 하였다. 생각건대 고서의 기록에는[159] 어떤 곳에는 '우자芋蔗'라고 하고, 어떤 곳에는 '간자干蔗'라고 한다. 어떤 곳은 '한자邯賭'라고 쓰여 있고, 어떤 곳에는 '감자甘蔗'로 쓰여 있다. 어떤 곳에는 '도자都蔗'로 쓰여 있는데, 지역에 따라 쓰는 법이 각각 같지 않다.

說文曰, 藷蔗也. 按書傳曰, 或爲芋蔗,[75] 或干[76]蔗. 或邯賭, 或甘蔗. 或都蔗, 所在不同.

"우도현雩都縣[160]은 토지가 비옥하여 특히 사

雩都縣土壤肥

158 『설문해자』에서는 "저(藷)는 곧 저자(藷蔗)이다. 자(蔗)는 저자(藷蔗)이다."라고 되어 있다. 모두 '저자(藷蔗)'라고 단어가 이어져 있는데, 여기서는 "저(藷)는 자(蔗)이다."라고 읽을 수는 없다. 묘치위 교석본에 의하면, 고대에는 마류[薯蕷類]를 간단히 불러 '저(藷)'라고 하였으나, 사탕수수를 간단히 불러 '저(藷)'라고 하지는 않았다고 한다.

159 '서전왈(書傳曰)': 이 구절 아래의 문장은 가사협이 당시 보았던 서적 중에서 수집한 것으로, 사탕수수에 관한 이명과 표기법의 변이에 관해 정리한 전적(典籍)이다. 스셩한의 금석본에서는 육조(六朝)와 이전 일부 서적에 보이며, 『제민요술』 중에 이미 있거나 아직 수록하지 않은 사탕수수[甘蔗]의 이명(異名)과 표기법을 정리하여 이러한 '이명(異名)'을 4개의 조로 분류하고 있다. 묘치위 교석본에서는 '감자(甘蔗)'라는 호칭이 가장 많으며, 위진남북조 이후 점차 통일되면서 대부분 '감자'로 일컬어졌다고 한다.

160 '우도현(雩都縣)': 오늘날 강서성 남부의 현으로 한대에 세워졌다. 가사협은 북조의 관리였으므로 남조 관할의 중심지역을 직접 겪어 봤을 리가 없기 때문에 타인의 저작에서 인용했다고 볼 수밖에 없다. 『태평어람』에는 이 조가 없으며, 『태평어람』의 인용 서목인 '경사도서강목(經史圖書綱目)'으로 봤을 때 가능한 출처로는 서충(徐衷)의 『남방기(南方記)』, 왕흠지(王歆之)의 『남강기(南康記)』, 등덕명

탕수수 재배에 적합하다. (운도 사탕수수의) 맛과 색은 모두 다른 군현에서 볼 수 없다. 한 마디의 길이는 몇 치[寸] 정도이다. 군에서 황제에게 진상하였다."라고 한다.

『이물지異物志』에 이르기를, "사탕수수는 멀고 가까운 지역에 모두 있다. 교지交趾에서 생산되는 사탕수수가 특별히 맛이 진하다. 뿌리에서 줄기 끝까지 당도의 정도를 구분할 수 없으며,[161] 맛이 극히 고르다. 둘레는 몇 치 정도이고, 길이는 한 길[丈] 정도가 되고, 마치 대나무 같다.[162] 잘라 베어서 먹으면 달고 맛있다. 짜서 즙을 내어

沃, 偏宜甘蔗. 味及采色, 餘縣所無. 一節數寸長.[77] 郡以獻御.[78]

異物志曰,[79] 甘蔗, 遠近皆有. 交趾所產甘蔗特醇好. 本末無薄厚, 其味至均. 圍數寸, 長丈餘, 頗似竹. 斬而食之,

---

(鄧德明)의 『남강기(南康記)』, 서담(徐湛)의 『파양기(鄱陽記)』, 순백자(荀伯子)의 『임천기(臨川記)』와 저자 이름을 밝히지 않은 『노강기(瀘江記)』와 『신도기(信都記)』 및 『남중팔군지(南中八郡志)』 등이 있는데 현재 남겨진 책들이 없어서 단정할 수 없다.

161 "본말무박후(本末無薄厚)"는 사탕수수의 끝부분과 윗부분의 단맛이 얼마나 진하고 연한지를 구분할 수 없음을 가리키는 것이다. 묘치위 교석본에 의하면, 실제로 동일한 사탕수수 줄기 안의 사탕수수 당분은 아래에서 위로 갈수록 점점 감소한다. 설령 교지(交趾)의 기후 조건이 좋을지라도 사탕수수가 성장하는 과정 속에 가지 끝에 포함되어 있는 설탕 함유량도 약간 옅어지는데, 이른바 "(교지의 사탕수수의) 맛이 균일하다."라는 것은 단지 특별히 진함을 형용하는 것이며, 다른 지방에서 생산되는 것보다 나을 따름이라고 한다. 스셩한의 금석본에서는 이 부분을 뿌리 부분과 가지 끝의 줄기 굵기가 동일한 것으로 해석하여 묘치위와 다른 의견을 보이고 있다.

162 '파사죽(頗似竹)': 사탕수수[甘蔗; *Saccharum* spp., 화본과(禾本科)]에는 '죽자(竹蔗; *Saccharum sinense*)', '인도자(印度蔗; *S. barben*)' 등의 서로 다른 종류가 있는데, '파사죽(頗似竹)'은 '죽자(竹蔗)'를 가리킨다. 오늘날 중국 남부에는 두 종류가 모두 재배되고 있다.

졸여 엿과 같이 만든 것을[163] '당糖'[164]이라고 하는데, 더욱 귀하다. 또 (짜낸 즙을) 졸여 햇볕에 약간 말려 굳히면 얼음처럼 되는데, 쪼개어 바둑알 크기로 만든다.[165] 먹을 때 입에 넣으면 바로 사르르 녹는다.

오늘날 사람들은 그것을 일컬어 '석밀石蜜'[166]

即甘. 迮取汁爲飴餳, 名之曰糖, 益復珍也. 又煎而曝之, 即凝, 如冰, 破如博棊. 食之, 入口消釋. 時

163 "迮取汁爲飴餹": '위(爲)'는 원래 '여(如)'로 쓰여 있고, 『태평어람(太平御覽)』에는 『이물지(異物志)』를 인용하여 '위(爲)'라고 썼다. 이 외에도 『오록(吳錄)』 「지리지(地理志)」의 한 조항을 인용했는데 『이물지』와 큰 차이가 없으며, 또한 "착이위당(笮以爲餳)"이라고 되어 있으니, 글자는 마땅히 '위(爲)'로 써야 한다. 묘치위 교석본에 따르면, 사탕수수즙은 아직 달이지 않을 때에는 단지 설탕물로서 엿[飴餳]은 아니다. 남송 왕작(王灼)의 『당상보(糖霜譜)』에서는 "예부터 사탕수수를 먹는 것은 처음에는 설탕물이었는데, 송옥(宋玉)의 『초혼(招魂)』에서 말한 '사탕수수물[柘漿]'이 이것이다. 그 후에는 사탕수수 엿으로 만들었는데, 손량(孫亮)이 황문(黃門)으로 하여 궁중의 장리에게 가서 교주에서 바친 사탕수수 엿을 얻은 것이 이것이다. 그 후 또한 '석밀'로 만들었는데, 『광지(廣志)』에서 이르길, '사탕수수엿[蔗餳]은 바로 석밀(石蜜)이다.'라고 하였고, 『남중팔군지(南中八郡志)』에서는 '사탕수수 즙을 짜서 햇볕에 말려(졸인다는 의미의 '전'이 빠져 있다.) 엿을 만드는 것을 이름하여 석밀(石蜜)이라고 한다.' … 이다."라고 하였다.

164 '당(糖)': 스셩한은 『제민요술』 중에서 이곳에 또 '당'자(권8의 교석 참조)가 보이는데 이것은 아주 드문 예라고 하였다.

165 '박기(博棊)'는 원문에 '전기(塼其)'로 되어 있지만 해석하기 어려우며, '박기(博棊)'가 맞는 듯하다. 『태평어람』 권857에 '밀(蜜)'은 『이물지』를 인용하여 "쪼개어 바둑알 크기로 만드는데, 이를 '석밀(石蜜)'이라 이른다."라고 하며, 또 권974에서 『오록』 「지리지」를 인용하여 "쪼개어 바둑알 크기로 만드는데, 먹을 때 입에 넣으면 바로 사르르 녹는다."라고 하였다. 모두 '박기[博棊; 기(碁)]'를 가리키며; 이는 쪼개어서 오락용의 바둑알 크기로 만드는 것이다.

166 '석밀(石蜜)'은 얼음 같은 설탕을 가리킨다. 묘치위 교석본에 의하면 옛 사람들은 또한 '백당(白糖)', '사당(砂糖)'을 일컬어 석밀이라고 하였다고 한다.

이라고 한다."라고 한다.

『가정법家政法』에 이르기를 "3월이 되면 사탕수수를 파종할 수 있다."라고 한다.

人謂之石蜜者也.

家政法曰, 三月可種甘蔗.

그림 21
사탕수수[甘蔗]와
그 내부

교 기

75 '우자(芋蔗)': 스셩한의 금석본에는 '간자(竿蔗)'로 되어 있다. 스셩한에 따르면 명초본과 금택초본에 '우자(竽蔗)'로 잘못되어 있는데, 자형이 유사해서 잘못 베낀 것이 분명하다고 한다. 묘치위의 교석본에 따르면 '우자(竽蔗)'는 각본이 동일하고, 문헌의 기록에는 보이지 않으며, 간혹 '간자[竿蔗: 『설문해자』에 저(藷)가 있는데, 단옥재(段玉裁)의 『설문해자주』에는 『통속문(通俗文)』을 인용하여 주석하고 있는 것으로 보인다.]'라고도 쓰여 있다. 그러나, '우(芋)'와 '저(藷)', '도(都)'는 음이 비슷한 것을 고려해 볼 때, 잠시 옛것에 따르되 검토가 필요하다고 한다.

76 '간(干)': 명초본에 '천(千)'으로, 금택초본에 '우(于)'로 되어 있다. 역시 자형이 유사해서 잘못 베낀 것이다. 『태평어람』 권974 「과부십일(果

部十一)」'감자' 항에 조비(曹丕)의 『전론(典論)』과 『오록(吳錄)』의 「지리지(地理志)」, 『원자정서(袁子正書)』를 인용하였는데 모두 '간자(干蔗)'의 명칭이 있다. 현응의 『일체경음의(一切經音義)』 권8과 『아도세왕여아술달보살경(阿闍世王女阿術達菩薩經)』 음의(音義) 역시 '간자(干蔗)'이다. 묘치위 교석본에 의하면, 진체본, 청각본에는 '간자'라고 쓰여 있고, 명초본과 호상본에는 '천자'라고 쓰여 있지만, 모두 글자 형태가 비슷해서 생긴 오류라고 한다.

77 '일절수촌장(一節數寸長)': 금택초본에 '일절수십(一節數十)'으로 되어 있고, 명청 각본에 '일절수습장(一節數拾長)'으로 되어 있다. 명초본의 표기법만 정확하다. 묘치위 교석본에 의하면, 어떤 본에는 '수습장(數拾長)'이라고 쓰여 있는데, 이는 분명 '촌(寸)'이 떨어져 나가서 '십(十)'이 '습(拾)'으로 잘못 전래된 것이라고 한다.

78 '군이헌어(郡以獻御)': 학진본과 점서본에는 '이(以)'자가 없다.

79 '이물지왈(異物志曰)': 『태평어람』 권974 '감자' 항 아래의 인용과 『제민요술』은 다소 차이가 있다. '기미지균(其味至均)'이 '기미감(其味甘)'으로 되어 있고 '책(迮)'이 '생(生)'으로, '여(如)'가 '위(爲)'로 되어 있다. "당이라 한다.[名之曰糖.]"가 없으며, '益復珍也'가 '益珍'으로 되어 있다. 아래에는 "煎而暴之凝如冰" 한 구절만 있다. 권857 「음식부십오(飮食部十五)」 '밀(蜜)' 항 아래에 『이물지』를 인용했는데 글자는 더욱 다르다. 즉 "교지(交趾)의 풀이 무성하여 큰 것은 몇 치나 된다. 익히면 얼음처럼 굳어 버리고, 깨트리면 박기(博棊)와 같다. 이것을 '석밀(石蜜)'이라 한다."이다. 이 두 조를 대조해 보면 『제민요술』의 "당이라 한다.[名之曰糖.]"는 있어서는 안 된다. '책(迮)'자는 마땅히 『제민요술』에 따라야 하는데, 『예문유취』 권87에서 인용한 『남중팔군지(南中八郡志)』에 '책(笮)'으로 되어 있기 때문이다.

22 마름菱[167] 80 二二

『설문說文』에 이르기를,[168] "마름[菱]이 곧 세발 마름[芰]이다."라고 한다.

『광지廣志』에 이르기를,[169] "거야鉅野의 큰 마름[大菱]은 일반적인 마름보다 크다. 회수[淮]와 한수[漢]의 남쪽에서는 흉년에 세발 마름[芰]을 식량으로 삼는데, 이는 마치 토란[預][170]과 같은 유로 (어려울 때) 물자로 삼는 것과 같다."라고 한다. 거야鉅野는 노魯 지역에 있는 큰 늪이다.[171]

說文曰, 菱, 芰也. 81

廣志曰, 鉅野大菱, 82 大於常菱. 淮漢之南, 凶年以芰爲蔬, 猶以預爲資也. 鉅野, 魯藪也.

---

167 '능(菱)': 이는 곧 '능(蔆)'이다. 오늘날에는 '능(菱)'으로 쓰고 있는데, 곧 마름[菱角]이며, 옛날에는 또한 세발 마름[芰]이라고 했다. 묘치위 교석본에 따르면, 본 항목의 '마름[菱]'과 '가시연[芡]'은 모두 일찍이 북쪽 지방에 있었으며, 권6 「물고기 기르기[養魚]」편에서는 '종기(種芰), 종검법(種芡法)'을 부가적으로 덧붙이고 있는데, 결코 '비중국물산(非中國物産)'은 아니라고 한다.

168 『광아(廣雅)』「석초(釋草)」에는 '능(菱)', '기(芰)'를 '마름[薢茩]'이라고 하고 있다.

169 『예문유취(藝文類聚)』 권82, 『태평어람(太平御覽)』 권975의 '능(菱)' 조항에서는 모두 『광지(廣志)』의 이 조항을 인용하였다. 『태평어람』에서는 "猶以預爲資"의 구절을 인용하지 않았는데, 『예문유취』에서는 이 구절을 "猶以橡爲資也."라고 쓰고 있다.

170 '예(預)': '예'에 대해 스셩한의 금석본에서는 두 가지 가능성을 제시하였다. 하나는 '토란[芋]'으로, 안사고가 '준치(蹲鴟)'의 주에 "토란은 식량으로 삼을 수 있어서 굶주린 해가 없었다."라고 설명을 붙였다. 나머지 하나는 '마[薯蕷]'이다. 묘치위 교석본에서는 마[薯蕷]의 종류를 가리키는 식물이라고 하였다. 스셩한의 견해가 합리적이라고 판단하여 '토란'으로 번역하였음을 밝혀 둔다.

171 "鉅野, 魯藪也": 지금 산동성 거야현에 큰 소택(沼澤)이 있는데, 예로부터 '거야택(鉅野澤)'이라고 불렀다. 수(藪)는 수풀이 우거진 소택이다.

그림 22
마름[蔆]과 그 열매

교 기

80 '능(蔆)': 금본 『설문해자』에는 '능(淩)'으로 되어 있다.

81 "蔆, 芰也": 『설문해자』 현존 각본에 모두 "蔆, 芰也"로 되어 있다. 금택초본에는 '기(芰)'로 되어 있는데 『설문해자』와 같으며, 명초본에는 '검(芡)'으로, 명청 각본에는 '자(茨)'로 되어 있는 것에서 잘못 계승된 흔적을 볼 수 있다. 능(淩)과 '능(蔆)', '능(菱)'은 자형이 유사한데, 곽박의 『이아』 주에 따르면 능(淩)이 기(芰) 즉 모서리각[菱角]이고, 능(蔆)은 마름[薢茩]이며, 이는 곧 결명(決明)이다.

82 '대릉(大蔆)': 스성한의 금석본에는 '대릉' 뒤에 '야(也)'자가 더 있다. 스성한에 따르면 『태평어람』 권975 「과부십이(果部十二)」 '능(菱)' 항의 인용에 '야(也)'자가 없다. 그리고 뒤의 '유이예위자(猶以預爲資)' 구절도 없다. '야(也)'자는 불필요하나, 뒤의 구절은 반드시 있어야 한다고 한다.

23 재염나무棪[172]二三

『이아』에 이르기를, "재염나무는 속기樕其이다."라고 하였다. 곽박의 주注에서는 "재염나무의 열매는 사과와 비슷하고 붉은색을 띠며 먹을 수 있다."라고 하였다.

爾雅曰, 棪,[83] 樕其也. 郭璞注曰, 棪, 實似柰, 赤可食.

그림 23
재염나무[棪]와 그 열매

교 기

[83] '염(棪)': 명청 각본에 본조의 정문과 다음 조의 표제가 누락되어 있다. 그러므로 '염'의 다음에 기록한 것이 전부 '유자[劉]'의 내용이다. 이에

172 '염(棪)': 묘치위 교석본에 의하면, '염(棪)'은 곽박의 간단한 주를 제외하면 다른 증빙할 만한 자료가 보이지 않으며 어떤 종류의 식물인지도 자세하지 않다고 한다.

명초본과 금택초본에 따라 보충한다. 묘치위 교석본에 의하면, 『이아(爾雅)』 「석목(釋木)」에 보이는데, '야(也)'자가 없다. 곽박의 주는 『제민요술』과 동일하다. 명청 각본에서는 오직 '염(棪)'의 목록이 있으며, 본문에는 완전히 빠져 있고, 또 아래 문장의 '유'의 목록도 빠져 있다. 다만, 금택초본과 명초본에서는 현재에도 이와 같으며, 빠지거나 잘못된 것이 없다. 호상본 끝 부분에서는 '경교(景校)'의 교기에 "『이아』에는 '염(棪)은 속기(樕其)라고 한다. 유(劉)는 유익(劉杙)이다.'라고 하였는데, 이는 '염(棪)'의 문장의 한 조항이 빠져 있는 것으로, 마땅히 『이아』에 따라 보충한다."라고 설명한 교기는 매우 정확하다.

24 유자劉二四

『이아』에 이르기를,[173] "유劉는 유익劉杙[174]이 | 爾雅曰, 劉, 劉

173 『이아』 「석목」에 보이는데, '야(也)'자가 없으며. 곽박의 주는 『제민요술』의 주와 비슷하다.['첨초(甜酢)'를 '초첨(酢甜)'으로 쓰고 있다.]

174 '유익(劉杙)': '유익'이 무슨 식물인지 확실하지 않다. 다만 스성한의 금석본에서는 '안석류(安石榴)'의 사례를 바탕으로 '유익'에 대해 추측하고 있는데, '안석류(安石榴)'는 서양 안석국에서 수입했기 때문에 '안석류'라고 한다. '유익'의 경우에도 중국의 황하 유역에 분명히 '유(榴)'라 불리는 식물이 있는데 과실의 모양과 맛이 이것과 매우 흡사하다. 좌사(左思)의 『오도부(吳都賦)』에 "楔榴禦霜"이 있는데, 유규(劉逵)의 주에 "유자는 산속에서 나는데 과실은 배와 같고 씨는 단단하며 맛은 새콤하고 좋다. 교지에서 이를 바쳤다."라고 되어 있다. 글의 내용과 『이아』의 곽박 주 "유는 유익이다.[劉, 劉杙.]"가 거의 완전히 같은 것으로 보아 '유(榴)'는 '유(劉)'일 가능성이 크다. 장읍(張揖)의 『광아(廣雅)』는 "약류(楉榴), 석류(石榴), 내(柰)다."라고 했고, 『초학기』에서는 장읍의 『비창(埤蒼)』을 인용하

다."라고 하였다. 곽박이 해설하기를, "유자劉子는 산속에서 자란다. 열매는 배[梨]와 같고 새콤달콤하며, 단단한 씨가 있다. 교지交趾에서 난다."라고 하였다.

杕也. 郭璞曰, 劉子, 生山中. 實如梨, 甜酢, 核堅. 出交趾.

『남방초물상南方草物狀』[175]에 이르기를, "유수劉樹는 열매의 크기가 자두만 하다. 3월에 꽃이 피며, 곧이어 열매를 맺는다.[176] (열매는) 7-8월에

南方草物狀曰,[84] 劉樹, 子大如李實. 三月花色, 仍連著

여 "석류는 내속(柰屬)이다."라고 했다. 『제민요술』 권4 「안석류(安石榴)」는 주경식(周景式) 『여산기(廬山記)』의 "향로봉에 산석류가 자라는데 2월 중에 꽃이 핀다."를 인용했는데 분명 안석류가 아니다.

175 『남방초물상(南方草物狀)』: 이 책은 사서[史] 중의 「지(志)」와 각 가의 저록에서 보이지 않고, 단지 유서(類書)와 본초서(本草書)에 인용기록이 많이 있다. 작자는 서충(徐衷)으로 동진(東晉)에서 유송(劉宋)에 이르는 인물이다. 묘치위 교석본에 의하면, 서충(徐衷)은 북송(北宋) 이전의 본초서에서 대개 '서표(徐表)'라고 적었는데, 『태평어람』에서는 '서충(徐衷)', '서애(徐哀)', '서표(徐表)', '서리(徐裏)' 등의 네 가지 이름이 많이 등장하고, 실제로는 뒤의 세 이름은 모두 '충(衷)'의 형태상 잘못된 글자이다. 이른바 '초물(草物)'은 식물 이외에도 여전히 동물, 광물을 포함하므로 단지 '초목(草木)'을 기록한 『남방초목상』은 근본적으로 관계없는 두 권의 책이다. 단지 '초물(草物)'과 '초목(草木)'의 한 글자 차이로 헷갈리기 쉬운데, 북송 이전 문헌에서는 『남방초목상』을 인용하여 적어 둔 것이 실제로는 곧 『남방초물상』이지, 결코 금본 『남방초목상』이 아니다.(앞의 책, 『漢魏六朝嶺南植物'志錄'輯釋』 참조.) 금본 『남방초목상』은 구본은 진대(晉代) 혜함(嵇含)이 지었고, 남송 초 우무(尤袤: 1127-1194년)의 『수초당서목(遂初堂書目)』에 가장 먼저 기록되어 있다. 『남방초물상』은 오늘날 일본인 와다 히사노리[和田久德]), 「徐衷の『南方草物狀』について」 『이와히로 박사 고희기념논문집[岩井博士古稀紀念論文集]』, 1963에 실려 있다. 싱가포르의 쉬윈챠오[許雲樵], 『서충남방초물상집주(徐衷南方草物狀輯注)』, 1970; 스셩한[石聲漢], 『집서충남방초물상(輯徐衷南方草物狀)』, 西北農學院 油印本, 1973 등이 있다.

176 "三月花色, 仍連著實": 스셩한의 금석본을 보면, 이것은 『남방초목상』에서 자주

익는데, 색은 누렇고, 맛은 시큼하다. 꿀에 넣어 끓여 저장하면 오랫동안 단맛을 유지할 수 있다."라고 한다.

實. 七八月熟, 其色黃, 其味酢. 煮蜜藏之, 仍甘好.

교 기

84 '남방초물상왈(南方草物狀曰)': 『태평어람』 권973 「과부십(果部十)」 '유(劉)' 조항에서 『제민요술』을 인용한 부분은 삭제된 절이 매우 많다. 즉 "유는 삼월에 꽃이 피고 7, 8월에 무르익는다. 그 색은 노랗고 맛은 시다. 교지, 무평, 홍고, 구진 등에서 난다."라고 한다.

25 산앵두鬱[177] 二五

『시경詩經』 「빈풍豳風」의 『시의소詩義疏』에

豳詩義疏曰,

사용되는 특수 '전문용어'이다. '화색(花色)'은 아마 꽃이 피어 그 색이 아주 선명하고 뚜렷함을 가리키며, '잉연(仍連)'은 '끝나지 않은 화기(花期)를 따라서'이고, '저실(著實)'은 열매를 맺는 것이다. 이어 보면 "모월 화려한 꽃을 피우기 시작하여 화기가 끝나지 않았는데 이미 열매를 맺기 시작했다."이다. 묘치위 교석본에 의하면, '색(色)'은 마땅히 뚜렷한 색이 나타나야 한다는 것으로, 이는 곧 꽃이 핀다는 의미이다. '잉(仍)'은 '내(乃)'로 쓰고 있는데, 이는 그 당시에 습관적으로 사용한 단어로서, 모든 구절은 몇 월 꽃이 피기 시작하여 이어서 머지않아 열매를 맺기 시작한다는 뜻이라고 한다.

177 '울(鬱)'은 '욱(郁)'과 통하는데, 즉 장미과의 산앵두[郁李; *Prunus japonica*]이다.

이르기를,[178] "그 나무의 높이는 5-6자가 된다. 열매는 자두 크기만 하고 진홍색이며, 먹으면 아주 달다."라고 한다.

『광아廣雅』에 이르기를, "(울鬱은) 일명 작리雀李라고 하며, 또 거하리車下李라고 한다. 또한 욱리郁李라고 하고, 체棣라고도 하며 또 욱리薁李라고 한다."라고 하였다.

『모시毛詩』「칠월七月」에 이르기를, "(6월에) 산앵두[鬱]와 욱薁을 먹는다."라고 하였다.

其樹高五六尺. 實大如李, 正赤色, 食之甜.

廣雅曰,[85] 一名雀李, 又名車下李. 又名郁李, 亦名棣, 亦名薁李.

毛詩七月, 食鬱及薁.

● 그림 24
산앵두[鬱]와 그 열매

낙엽속 관목으로 높이는 1-1.5m이다. 열매는 작으며, 둥근 형태이고 검붉은 색을 띤다.

178 '빈시의소(豳詩義疏)'는 『시경』「빈풍」 부분의 『시의소』를 가리키며, 『태평어람』 권973 '울(鬱)' 조항에서 『시의소』를 인용해서 적었는데 문장이 동일하다.(개별적으로 중요하지 않은 글자에는 차이가 난다.) 그러나 "食鬱及薁"은 "卽薁李也, 一名棣也."라고 쓰여 있는데, 중복되어 복잡하게 보인다.

85 '광아왈(廣雅曰)': 금본 『광아』에서 왕인지(王引之)의 『광아소증(廣雅疏證)』에 근거하여 부족한 부분을 보충한 글자들은 "山李, 雀梅, 雀李, 鬱"뿐이다. 『태평어람(太平御覽)』 권973 '울' 항에서 『광아』를 인용하여 "일명 작리(雀李)는 또한 거하리(車下李), 욱리(郁李)라고도 하며 또한 강(榶), 욱리자(薁李子)라고도 한다. 모시(毛詩, 7월)의 '울과 욱을 먹는다.[食鬱及薁.]'는 욱리(郁李)이며, 일명 강(榶)이라고 한다."라고 하였다. 글자는 『제민요술』의 인용과 유사하나, 『광아』의 체제와는 완전히 다르다. 『태평어람』에서 인용한 『광아』의 이 조 아래에 또 『오씨본초(吳氏本草)』['오(吳)'자는 『태평어람』에 본래 '여(呂)'로 잘못되어 있다.] 한 조가 있는데, 그 내용은 "욱핵(郁核)은 일명 작리(雀李)이자, 거하리(車下李)이며, 강(榶)이다."라고 하였다. 따라서 『광아』와 『오씨본초』를 잘못 붙인 듯하다. 묘치위 교석본에 의하면, 이 조항은 원래 『시의소』에서 인용한 것이며, 마지막에 『시경』의 시구를 늘어놓았는데 이는 바로 『시경』을 설명하는 방식 중 하나로서, 이하에는 각 항목에 많이 보인다. 이 조항은 『제민요술』에서 원래 다른 열을 줄로 바꾼 것과 관련 있는데, 잠시 그 원래 방식을 남기고 고치지 않았다고 한다.

26 가시연芡二六

『설문』에서는[179] "검芡은 계두雞頭이다."라고 | 說文曰, 芡, 雞

179 금본의 『설문해자』는 『제민요술』에서 인용한 것과 동일하다. 다만 가시연[芡;

한다.

『방언方言』에 이르기를,[180] "북연北燕[181] 지역에서는 이를 역葰이라고 한다. 청주[靑], 서주[徐], 회수[淮], 사수[泗] 등의 지역에서는 검芡이라고 부른다. 남초南楚의 장강[江]과 상수[浙; 湘水][182] 사이의 지역에서는 계두雞頭, 안두鴈頭라고 일컫는다."라고 한다.

『본초경本草經』에 이르기를,[183] "계두는 또한

頭也.

方言曰, 北燕謂之葰. 青徐淮泗謂之芡. 南楚江浙[86]之間謂之雞頭鴈頭.

本草經曰, 雞

Euryale ferox)은 권6 「물고기 기르기[養魚]」에 이미 "종검법(種芡法)"이 있으므로 북방에 원래 있었다고 볼 수 있으며, 오늘날 각지에서 모두 자라고 지금 이 항목을 나열한 것은 편의 제목인 「비중국물산」과는 맞지 않는다.

180 이는 『방언』의 권3의 구절을 인용한 것이다. 묘치위 교석본에 따르면 사부총간본 『방언』에는 '역(葰)'을 '수(葰)'으로 쓰고 있으며, 그 글자는 사전에 보이지 않는데, 각서는 『방언』을 인용하여 모두 『제민요술』과 같이 '역(葰)'으로 쓰고 있으니, 사부총간본이 잘못인 듯하다고 보았다.

181 북연(北燕)은 오늘날 하북성 북부의 장성 밖의 지역을 말한다. 청주(青州), 서주(徐州), 회수(淮水), 사수(泗水)는 대개 오늘날의 강소성(江蘇省) 북부, 안휘성(安徽省) 동북 및 산동성(山東省)의 중부, 북부 지역을 말한다.

182 '석(淅)'은 석수(淅水)이며, 하남(河南)의 서쪽 변방에 있다. 물길이 석천현(淅川縣)의 서쪽을 거쳐 단강(丹江)으로 흘러 들어가는데, 이것은 한수(漢水)의 두 번째로 작은 지류로, 장강(長江)과는 전혀 어울리지 않으니 『방언』에서 "南楚江·湘之間"이라고 쓴 것은 마땅히 '상(湘)'의 잘못이다. 명청 각본에서 '절(浙)'이라고 쓰는 것 역시 잘못이다. '절강[浙江: 전당강(錢塘江)]'을 강의 명칭이라 여기는 것과 '장강(長江)'과 합하여 '강절'이라 칭한 것은 『방언』에는 없으나, "남초강(南楚江)·상(湘)"이라고 칭하고 있는 것은 아주 많다. '상(湘)'은 곧 호남성(湖南省) 상강(湘江)이라고 한다.

183 『신농본초경(神農本草經)』에서는 "계두실(雞頭實)은 … 일명 안훼실(鴈喙實)이다."라고 하였다.

안홰鴈喙라고 부른다."라고 한다. | 頭, 一名鴈喙.

● 그림 25
가시연[芡]과 열매

교 기

86 "江淅": '석'은 금택초본, 명초본에는 글자가 같으나, 명청 각본에서는 '절(浙)'이라 쓰고 있다.

27 참마藷二七

『남방초물상』에 이르기를, "참마[甘藷][184] | 南方草物狀曰,87

184 '감저(甘藷)': 스성한의 금석본에서는 단자엽류(單子葉類) 서여과(薯蕷科) 마속(*Dioscorea*)의 여러 식물로 보았다. 마속(*Dioscorea*) 식물은 '산약(山藥)'·'산약

는 2월에 파종하여 10월이면 비로소 알처럼 자란다. 큰 것은 거위알만 하고 작은 것은 오리알만 하다. 파내서 먹거나, 쪄 먹으면 맛이 달다.

시간이 지나 바람이 들면 맛이 담백해진다. 교지(交趾), 무평(武平), 구진(九眞), 홍고(興古)[185]에서 난다." 라고 한다.

『이물지』에 이르기를, "참마[甘藷]는 토란과 흡사하며 또한 (중심에는) 굵고 큰 덩이줄기도 있다. 껍질을 벗기면 육질이 비계[脂肪]처럼 희다. 남방 사람들은 그것을 주식으로 먹으며 곡물과 같이 여긴다. 찌고 구워도 다 향기가 나고 맛이 좋다. 손님을 초대하여 주연을 베풀 때도 내는데, 마치 과일처럼 쓴다."라고 한다.

甘藷, 二月種, 至十月乃成卵. 大如鵝卵, 小者如鴨卵. 掘食, 蒸食, 其味甘甜. 經久得風, 乃淡泊. 出交趾武平九眞興古也.

異物志曰, [88] 甘藷, 似芋, 亦有巨魁. 剝去皮, 肌肉正白如脂肪. 南人專食, 以當米穀. 蒸炙皆香美. 賓客酒食亦施設, 有[89]如果實也.

서(山藥薯)'·'토우(土芋)'·'산저(山藷)'·'삼저(參藷)'·'대서(大薯)'·'설저(雪藷)'·'각판저(脚板藷)' 등 입말 중의 '속명(俗名)'이 있으며, '토우(土芋)'·'토란(土卵)'·'토두(土豆)'·'토저(土藷)'·'산저(山藷)'·'산약(山藥)' 등 오늘날 입말에 가까운 명칭도 있고 '서여(署蕷)'·'저여(儲餘)'·'저서(藷薁)'·'서예(署預)'·'제서(諸署)'도 있다. 묘치위 교석본에서는 '감저'는 '첨서(甜薯; *Dioscorea esculenta*)'가 아니며 어떤 종류인지 상세하지 않다고 하여 스셩한과 견해를 달리하였다.

185 '무평(武平)'은 군(郡)의 이름으로, 271년 삼국의 오대(吳代)에 설치했고, 지금의 베트남 북부이다. 홍고(興古)는 군의 이름으로 222년 삼국시기 촉나라 대에 설치되었는데, 오늘날 귀주성의 서남 변두리와 운남성의 변경 지역에 있으며, 청대 홍양길(洪亮吉: 1746-1809년) 등이 지은 『보삼국강역지보주(補三國疆域志補注)』[『이십오사보편(二十五史補編)』에 수록되어 있다.]에 보인다. 교지와 구진(九眞)은 앞의 주석을 참조.

그림 26
토란[芋]의 잎과 뿌리

그림 27
산약(山藥)의 잎과 뿌리

교 기

87 '남방초물상왈(南方草物狀曰)': 『태평어람』 권974 「과부십일(果部十一)」 '감저(甘藷)' 항에는 "감저는 민가에서 항상 2월에 심어 10월이 되면 알처럼 자란다. 큰 것은 거위와 같고 작은 것은 오리와 같다. 캐서 먹으면 그 맛이 달고, 바람을 오래 견디면 담백해진다. 교지, 무평, 구진, 홍고에서 난다."라고 하였다.

88 '이물지왈(異物志曰)': 『태평어람』에는 진기창(陳祈暢)의 『이물지(異物志)』로 되어 있다. 지방(脂肪)에서 '지(脂)'자가 없고, '전식(專食)' 아래에 '지(之)'자가 있다. 또한 '증자(蒸炙)' 이하는 본문으로 되어 있다. 『예문유취』 권86의 인용에 그 출처를 『광지』(잘못 인용한 듯하다.)라고 밝혔는데 글자가 비교적 간략하다. 묘치위 교석본에 의하면, 『신당서』 권58 「예문지이(藝文志二)」 기록에는 "진기창(陳祈暢)의 『이물지』 한 권"이라고 되어 있는데, 진기창의 생애는 서적을 통해서는 알 수 없다고 한다.

89 '유(有)': 금택초본에 이 글자는 빠져 있다. 묘치위는 교석본에 따르면, '유(有)'는 다른 본에는 있고, 『태평어람』에서 인용한 것에도 역시 있다고 한다.

28 까마귀머루薁二八

『설문』에 이르기를, "까마귀머루[薁]는[186] 앵櫻이다."라고 하였다.

『광아』에 이르기를, "연욱燕薁은 앵욱櫻薁이다."라고 한다.

『시의소』에 이르기를,[187] "앵욱은 열매의 크기가 용안龍眼만 하고 새까만데, 오늘날의 '거앙등車鞅藤'의 열매가 실은 이것이다. 『시경』「빈풍豳風」에는 '6월에 까마귀머루를 먹는다.'라는 구절이 있다."라고 하였다.

說文曰,[90] 薁, 櫻也.

廣雅曰, 燕薁, 櫻薁[91]也.

詩義疏曰, 櫻薁, 實大如龍眼, 黑色, 今車鞅藤實是. 豳詩曰, 六月[92]食薁.

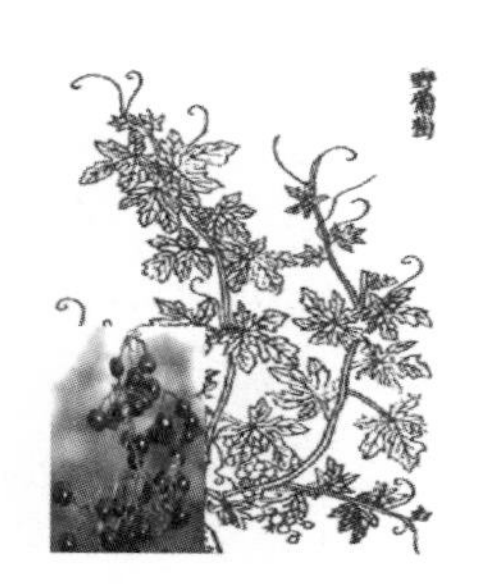

그림 28
까마귀머루[薁]와 그 열매: 『구황본초』 참조.

186 '욱(薁)': 오늘날의 영욱(蘡薁) 즉, *Vitis adstricta*이며, 속명 '까마귀머루[野葡萄]' 혹은 '머루[山葡萄]'라고 부른다.

187 『시의소(詩義疏)』의 이 조항은 『태평어람』 권974 '연욱'에서는 인용되지 않았지만 『위왕화목지(魏王花木志)』에서는 『시의소』를 다시 인용하여 말하기를 "『시소(詩疏)』에서는 일명 '거앙등(車鞅藤)'이라고 한다."라고 하였는데, 『시소』는 즉 『시의소』이다.

교 기

90 '설문왈(說文曰)': 『설문해자』의 각본에 "욱(薁)은 영욱(嬰薁)이다."라고 되어 있다. 묘치위는 교석본에서 이때의 '영(嬰)'은 서개(徐鍇)의 『설문해자계전(說文解字繫傳)』에서 '영(蘡)'으로 쓰고 있는데, 『제민요술』에서는 아래에 '욱(薁)' 한 글자가 빠진 듯하다고 하였다.

91 '앵욱(櫻薁)': 금본 『광아』에 '영설(蘡舌)'로 되어 있다. 잘못된 글자가 있는 듯하다.

92 '유월[六月]': 명초본과 금택초본, 비책휘함 계통의 각 판본에 모두 '시월[十月]'로 되어 있다. 점서본만 『시경』에 따라 '유월'로 고쳤다.

29 소귀 楊梅[188] 二九

『임해이물지臨海異物志』에 이르기를, "(소귀[楊梅]) 열매는 크기가 탄궁彈弓[189]에 사용되는 탄환만 하고, 색은 진홍색이다. 5월에 익는다. 매

臨海異物志曰, 93 其子大如彈子, 正赤. 五月熟.

188 '양매(楊梅)': 소귀나무과[楊梅科]의 '소귀'로, 학명은 *Myrica rubra*이고, 상록교목이며, 암수딴그루이다. 재배품종이 매우 많으며, 원산지는 중국 장강 이남의 각 성과 자치구인데, 북방에서는 나지 않는다.

189 탄궁(彈弓)에 대해서 새총을 가리킨다는 주석도 있지만, 새총에 들어가는 탄환의 크기로 미루어 볼 때 이 주석은 적절하지 않으며, 탄궁은 다른 투사무기의 일종이라고 생각된다. 활에 비해 유효 사거리가 짧다는 문제가 있어 전국시대에는 이미 전장에서 사라지고 그 후로는 수렵용으로 주로 사용되었다.

실과 흡사하며 맛이 새콤달콤하다."라고 한다.

『식경』의 소귀[楊梅]를 담그는 방법: "좋고 온전한 양매를 골라 한 섬[石]마다 한 되의 소금으로 절인다. 소금이 과육 속에 배어들면 꺼내서 햇볕에 말린다.[190] 마른 후에 원나무 껍질[杬皮] 두 근을 삶아 즙을 내어 담그는데, 꿀을 넣어 담글 필요는 없다. 소귀[楊梅]의 빛깔은 신선할 때와 마찬가지이며, 아주 좋아서 몇 해를 저장해 둘 수 있다."라고 한다.

似梅, 味甜酸.

食經藏楊梅法.[94] 擇佳完者一石, 以鹽一升[95]淹之. 鹽入肉[96]中, 仍出, 曝令乾熇. 取杬皮二斤, 煮取汁漬之, 不加蜜漬. 梅色如初, 美好, 可堪數歲.

그림 29
소귀[楊梅]와 그 열매

190 '고(熇)'는 말린다는 의미로, 즉 『태평어람』에서 인용한 것에 의하면 '햇볕에 쬐어 말린다[曝乾]'라는 의미이다.(권9 「채소절임과 생채 저장법[作菹藏生菜法]」의 주석 참조.)

93 '임해이물지왈(臨海異物志曰)': 『태평어람(太平御覽)』 권972 「과부구(果部九)」에는 '자(子)'자가 '환(丸)'으로 되어 있다. '사매(似梅)' 앞에는 '숙시(熟時)' 두 글자가 있고, '첨(甛)'자 앞에는 '감(甘)'자가 있다. 금본 『남방초목상(南方草木狀)』 '양매' 조항의 시작부분은 『제민요술』과 『태평어람』에서 인용한 『임해이물지』와 같다. 묘치위 교석본에 의하면, 『예문유취(藝文類聚)』 권87, 『태평어람』 권972의 '양매'조에는 모두 『임해이물지』의 이 조항을 인용하였는데, 글자는 기본적으로 같으나, '사매(似梅)'를 '숙시사매(熟時似梅)'로 적고 있다고 한다.

94 '식경장양매법(食經藏楊梅法)': 『태평어람』에는 "다 취한 것 한 섬[斛]을 소금에 담갔다가 말린다. 별도로 원피(杬皮) 두 근을 취하여 달여서 즙을 내고 소금에 담근다."이며, 마지막 구절은 "수개월을 보존할 수 있다."로 적혀 있다.

95 '일승(一升)': 금택초본에서는 '일승(一升)'이라고 적고 있는데, 다른 본에는 '일두(一斗)'라고 쓰고 있다.

96 '육(肉)': 명초본에 '내(內)'로 잘못되어 있다. 금택초본과 명청 각본에 따라 바로잡는다.

30 사당沙棠[191] 三十

『산해경』에 이르기를,[192] "곤륜산 속에 … | 山海經曰, 崑崙

---

191 '사당(沙棠)': 사당(沙棠)은 장미과 사과속[蘋果屬; *Malus*] 식물로서, 문헌에서 기록한 바로는 일찍이 『광지(廣志)』, 남조(南朝) 송(宋)과 제(齊) 사이의 사람인 심

나무가 있는데 형상은 콩배나무[棠]와 같고, 노란 꽃이 피며 열매는 붉은데, 맛은 자두와 같지만 씨가 없다. 이름을 '사당沙棠'이라고 한다. 먹으면 수해를 막을 수 있어서, 때로는 물에 빠지지 않게 된다."라고 한다.

之山, … 有木焉, 狀如棠, 黃華赤實, 味如李而無核. 名曰沙棠. 可以禦水, 時使[97]不溺.

『여씨춘추呂氏春秋』에 이르기를,[193] "과일 중에 맛있는 것은 사당의 열매이다."라고 한다.

呂氏春秋曰, 果之美者, 沙棠之實.

교 기

[97] '시사(時使)': 명본 『산해경』에 '식지사인(食之使人)'으로 되어 있다.

회원(沈懷遠)의 『남월지(南越志)』, 남조(南朝) 제(齊)와 양(梁) 사이의 사람인 축법진(竺法眞)의 『등라부산소(登羅浮山疏)』 등이 있다. 『본초강목(本草綱目)』에도 기록이 있으나, 많이 생산되는 지역이 영남이라는 것 이외에 더 많은 내용은 없고, 단지 『본초강목』에서 그 약효를 말하기를 "그것을 먹으면 수병(水病)을 낫게 한다."[권31 '사당과(沙棠果)'에 보인다.]라고 하였다. 묘치위 교석본에 의하면, 『본초강목』 권30 '해홍(海紅)' 조항에서 북송(北宋) 심립(沈立)의 『해당기(海棠記)』[원래 『해당보(海棠譜)』라고 적는데, 제목이 잘못되었다.]의 설을 인용한 것에 의거하여 이르기를, "당(棠)에는 '감당(甘棠)', '사당(沙棠)', '당리(棠梨)'가 있다."라고 하였다. 그 목재는 단단하고 조직이 촘촘하여 배[舟]를 만들 수 있으며, 이백의 시 '강상음(江上吟)'에서는 "목란(木蘭)의 상아대[枻], 사당(沙棠)의 배"라고 하였다. 느릅나무과의 팽나무(*Celtis julianae*)도 역시 '사당자(沙棠子)'라고 부르는데, 이것을 가리키는 것은 아니라고 한다.

192 『산해경(山海經)』「서산경(西山經)·서차삼경(西次三經)」.

193 『여씨춘추(呂氏春秋)』「본미(本味)」.

31 풀명자柤[194]三一

『산해경』에 이르기를, "개유산[蓋猶之山] 꼭대기에 달콤한 풀명자나무[柤]가 있는데, 나무의 가지와 줄기는 모두 적황색이며, 흰 꽃이 피고, 열매는 검다."라고 하였다.

山海經曰, 蓋猶之山, 上有甘柤, 枝幹皆赤黃, 98 白花黑實也.

『예기』「내칙內則」에 이르기를,[195] "풀명자[柤]·배[梨]·생강[薑]·계피[桂]가 있다."라고 한다. 정현은 주석에서, "풀명자[柤]는 (과육이 많지 않은) 야생 배와 같고,[196] … (이 네 가지는) 모두

禮內則曰, 柤梨薑桂. 鄭注曰, 柤, 梨之不臧者 … 皆人君羞.

---

194 '사(柤)': '사(樝)'와 통하며, 옛날에는 또한 '사(查)'로 썼다. 『이아(爾雅)』「석목(釋木)」에서는 "사(樝), 이(梨)는 서로 통하는 것이다."라고 하였고, 형병(邢昺)의 소에서는 "지금의 이른바 '사자(樝子)'라는 것이 이것이다."라고 하였다. 묘치위 교석본에 의하면, 이는 곧 장미과의 풀명자[樝子; *Chaenomeles japonica*]이다. 『풍토기』의 '사(柤)' 역시 이 과일이다. 풀명자의 열매는 이과(梨果)로, 배와 약간 흡사하여 정현은 좋지 않은["부장(不臧)"] 배로 여겼는데, 사실은 배가 아니다. '사자(樝子)'는 모과[木瓜]와 같은 속이며, 배와는 같은 과이나 같은 속은 아니다. 『명의별록(名醫別錄)』에 도홍경(陶弘景)이 주석하기를 "정현은 '사(樝)'를 몰라서 이에 '배 중에 좋지 않은 것'이라고 하였다."라고 썼다. 이미 그 잘못된 해석을 지적한 것이라고 한다.

195 『예기(禮記)』「내칙(內則)」에서는 '사(柤)'를 '사(樝)'로 적고 있으며, 그 글자는 같다. 정현의 주에서는, "헛개나무[椇]와 남가새[蔾]는 좋지 않은 것이다. 우수(牛脩)에서부터 삼십일물(三十一物)에 이르기까지 모두 군왕의 잔치 음식으로서 많이 올리는 품목이다."라고 하였다. 『제민요술』에서는 이 부분을 따서 인용한 것이다. '연(燕)'은 '연(宴)'과 통한다. '수(羞)'는 좋은 음식이라는 뜻이다. 묘치위 교석본에 의하면, '구리(椇蔾)'는 청대의 완원(阮元: 1764-1849년)의 교감에 근거해 볼 때, '사리(柤蔾)'의 잘못인 듯하다고 한다.

군왕에게 좋은 음식이다.[197]"라고 한다.

『신이경神異經』에 이르기를, "남방의 멀고 황량한 곳에 큰 나무가 있는데 '사柤'라고 부른다. 2천 년이 되면 꽃이 피고 9천 년이 되면 열매를 맺는다. 그 꽃의 색깔은 자색이다. 높이는 백 길[丈]이며 가지와 잎을 무성하게 펼쳐 줄기를 감싼다. 잎의 길이는 일곱 자[尺], 너비는 4-5자이고 녹청綠靑[198]의 (광물과 같은) 색을 띤다. 껍질은 계피[桂]와 같고 맛은 꿀과 같다. 나뭇결은 감초와 같고 맛은 엿처럼 달다. 열매의 길이는 아홉 아름[圍]이고, 과육과 씨도 없다. 쪼개 놓으면 (속이) 굳은 버터[酥]와 같다. 먹으면 1만 2천 년이나 장수한다."라고 한다.

神異經曰,[99] 南方大荒中有樹, 名曰柤. 二千歲作花, 九千歲作實. 其花色紫. 高百丈, 敷張自輔. 葉長七尺, 廣四五尺, 色如綠青. 皮如桂, 味如蜜. 理如甘草, 味飴. 實長九圍, 無瓤核. 剖之如凝酥. 食者, 壽以萬二千歲.

『풍토기』에 이르기를,[199] "풀명자나무[柤]는

風土記曰, 柤,

---

196 '부장(不臧)'은 좋지 않은 것이다. 『이아(爾雅)』 「석고(釋詁)」에 "장은 좋다.[臧, 善也.]"라고 되어 있다. 그런데 이 부분은 앞뒤 문장에 논리적 모순이 생긴다. 앞에서 '풀명자[柤]'를 좋지 않은 배라고 설명하면서 군왕이 연회를 베풀 때 언제나 올리는 식품으로 제시하는 것은 타당하지 않으므로 아마 '야생돌배'인 듯하다.

197 '수(羞)'는 맛있고 진귀한 음식이다. 정현의 주의 원문에 "사람들이 연회에서 식사할 때 여러 맛있는 음식을 더하였다."라고 되어 있다.

198 '녹청(綠靑)': 일명 '석록(石綠)'이며, 결정체 형태의 공작석(孔雀石)이다. 묘치위 교석본에 따르면, 구리를 함유한 원생(原生)광물이 산화된 후에 생성되는 표생(表生)광물로, 녹색을 띤다. 여기서는 그 잎의 녹색과 서로 비슷하다는 것을 말한다. 『본초연의(本草衍義)』에서는 "녹청은 곧 석록이다. 그 돌이 검푸른 색인 것이 좋다."라고 하였다.

199 『풍토기(風土記)』, 『태평어람(太平御覽)』 등에서는 이 조항을 인용하지 않았다. '내견(內堅)'은 관상여총서(觀象廬叢書)본 『제민요술』은 고쳐서 '육견(肉堅)'이라

배[梨]와 같은 종류[屬]이며, 속은 단단하고 향기롭다."라고 하였다.

梨屬, 內堅而香.

『서경잡기』에 이르기를, "만사蠻柤[200]가 있다."라고 한다.

西京雜記曰, 蠻柤.

그림 30
일본모과와 과실 내부

그림 31
풀명자[柤]와 열매

교 기

98 "枝幹皆赤黃": 묘치위 교석본에 의하면, 『산해경』「대황남경(大荒南經)」에 보이는데, "枝幹皆赤黃"을 "枝幹皆赤黃葉"이라고 적고 있다. 『제민요술』에서는 '엽(葉)'이 빠진 것 같다. 점서본은 오점교(吾點校)의 고

고 쓰고 있는데, 스성한은 이 '내(內)'자를 '육(肉)'자의 일부가 뭉개져서 없어진 것으로 추측하였으나, 묘치위는 '육(肉)'으로 고칠 필요가 없다고 보았다.

200 '만사(蠻柤)': 묘치위 교석본에서는 『본초습유』의 "명사(榠樝)는 일명 만사(蠻樝)이다."라는 문장에 근거하여 명사(榠樝; *Cydonia sinensis*)라고 보았다. 명사는 모과보다 크고 누런색이다. 명사와 풀명자의 맛은 시고 떫으나 특이한 맛이 있다.

본(稿本)(이후 오점교본으로 약칭함)을 따라 '엽(葉)'을 보충하였다고 한다.

99 '신이경왈(神異經曰)': 『태평어람(太平御覽)』 권969 「과부육(果部六)」 '사(樝)' 항에는 '유수(有樹)' 다음에는 '언(焉)'자가 있고, '이(二)'자가 '삼(三)'으로 '색자(色紫)'가 '자색(紫色)'으로 되어 있다. '엽장(葉長) … 미이(味飴)' 구절이 "葉長七尺, 五色"으로 되어 있다. '實長九圍' 구절에서는 '위(圍)'가 '척(尺)'으로, '소(酥)'가 '밀(蜜)'로 되어 있으며, "食者壽以萬二千歲"라는 구절이 없다. 묘치위 교석본에 의하면, 『태평어람』 권967의 '사(楂)'는 『신이경』을 간략하게 인용하였는데, 문장이 대부분 다르다. 그 끝에는 소주를 달아서 "장무선(張茂先)이 이르기를 '사리(柤梨)라고 한다.'"라고 하였다. '무선'은 장화(張華)의 자이며, 『신이경』의 옛 책은 장화가 주석하였다. 그리고 '실장구위(實長九圍)'는 '위(圍)'는 굵기를 재는 것이지 길이를 재는 것은 아니며, '장(長)'은 마땅히 '대(大)'로 써야 한다.

32 야자椰[201] 三二

『이물지』에 이르기를, "야자나무는 높이가 대여섯 길[丈]에 가지가 없다. 잎은 부들을 묶어 놓은 것 같으며[202] 나무 꼭대기에서 (떨기로) 자란

異物志曰,[100] 椰樹, 高五六丈, 無枝條. 葉如束蒲,

201 '야수(椰樹)'는 종려과(棕櫚科)의 야자(椰子; *Cocos nucifera*)이다. 원산지는 말레이시아이며, 열대지역에 분포한다. 중국의 해남도(海南島), 광동·광서[兩廣], 운남(雲南), 대만(臺灣) 등지에서 재배하고 있다. 상록교목으로 높이는 20-30m

다. 열매는 표주박과 같고 꼭대기[203]에 달려 있어 물건을 달아 놓은 것 같다.

在其上. 實如瓠, 繫在於巓, 若掛物焉.

열매의 밖에는 (한 층의 마른) 껍질이 있는데, 표주박[胡盧][204]과 같다. 단단한 껍질 속에는 (한 층의) 과육[205]이 붙어 있는데 눈처럼 희고, 두

實外有皮如胡盧. 核裏有膚, 白如雪, 厚半寸, 如

이고 곧게 자라며, 가지가 없다. 위아래의 굵기가 거의 일치한다. 잎은 깃꼴겹잎[羽狀復葉]이며, 줄기의 끝부분에서 떨기로 자란다. (나무 끝부분에서) 위로는 나누어지고 그 아랫부분은 묶여 있는 형태이다. 육수꽃차례[肉穗花序: 꽃대가 굵고 꽃대 주위에 꽃자루가 없는 수많은 작은 꽃들이 피는 꽃차례이다.]는 끝부분의 잎의 떨기 사이에서 붙어 자란다. 열매는 원형이거나 타원형이며, 일부는 3개의 모가 난 형태도 있다. 직경은 15㎝이상이며, 외과피(外果皮), 중과피(中果皮), 내과피(內果皮), 배유(胚乳), 배(胚)와 야자수(椰子水)로 구성되어 있다.

202 '속포(束蒲)': 야자 잎은 줄기의 꼭대기에서 떨기로 자라고, 부들 잎의 아랫부분은 합하여 묶어서 긴 막대기 형으로 자라고 윗부분은 흩어진 형상이며, '속포'는 대체적으로 야자 줄기가 위로 우뚝 솟고 끝부분의 야자 잎은 나누어져서 떨기로 자라는 형상을 묘사한 것이다. 묘치위 교석본에 의하면, '포(蒲)'는 중국종려나무[蒲葵; *Livistona chinensis*]라고 해석할 수 없는데, 그 잎이 야자 잎과 크게 다르기 때문이라고 하였다.

203 '전(巓)': 원문에서는 '산두(山頭)'라고 적고 있는데, 이것은 해석하기 어렵다. 『사기(史記)』 권117 「사마상여열전(司馬相如列傳) · 상림부(上林賦)」에는 '留落胥餘'라는 구절이 있는데 사마정(司馬貞)의 『사기색은(史記索隱)』에서는 『이물지(異物志)』를 인용하여 '繫在顚'이라고 적고 있으며, 『태평어람(太平御覽)』 권972에서는 '繫之顚'이라고 인용하고 있다. 묘치위 교석본에 의하면, 분명히 '산두(山頭)'는 '전(巓)'자의 글자가 갈라져서 잘못 쓰인 것이다. 점서본에서는 오점교본에 의거하여 고쳐서 '수두(樹豆)'라고 하고 있다고 한다.

204 '호로(胡盧)': 곧 호로(葫蘆)로서 야자과 열매에서 가죽성분으로 된 얇은 외과피를 가리키며, 성숙하기 전의 모양이 호로(葫蘆)의 외피와 닮았다.

205 '부(膚)': 여기의 '부'자는 껍질이 아니라, 껍질 아래의 결체조직(結締組織; Connective Tissue)이다. 묘치위에 따르면, 옛사람들은 과육(果肉) 혹은 외의 과육[瓜瓤]을 '부(膚)' 혹은 '기(肌)'로 칭하였다. 이것은 야자껍질 속의 배유를 가리키는데, 하

께는 반치[半寸]이며, 돼지비계와 같다. 먹으면 호두[胡桃] 맛보다 좋다. 과육 속에는 한 되[升] 정도의 과즙이 있는데, 물처럼 맑고 꿀보다 맛있다. 그 과육을 먹으면 배고프지 않으며, 즙을 마시면 곧 갈증이 멈추게 된다.[206] 또 열매 위쪽에 마치 두 개의 눈[207]과 같은 것이 있는데, 이 때문에 현지인들은 그것을 일러 '월왕두越王頭'[208]라고 한

豬膚. 食之美於胡桃味也. 膚裏有汁升餘, 其清如水, 其味美於蜜. 食其膚, 可以不饑, 食其汁, 則愈渴. 又有如兩眼處, 俗人

얀 육질층을 이루고 있으며, 지방을 많이 함유하고 있기 때문에 이를 "호두맛보다 좋다.[美於胡桃味.]"라고 하였다.

206 '유(愈)'는 병을 치료한다는 뜻이며, '더욱' 혹은 '덧붙인다'는 의미는 아니다. '유갈(愈渴)'은 해갈한다는 의미이다. 야자수의 맛은 시원하고 감미롭고 향기가 있으며, 열대지방에서 가장 좋은 청량음료로 마시면 갈증을 해소할 수 있다. 『태평어람』 권972에서 '증갈(增渴)'을 인용하여 적고 있는데, 여기에서는 '유(愈)'자를 '덧붙인다'로 잘못 해석하여 후대에 어떤 사람이 잘못 고친 것이다. 청대(清代) 증쇠(曾釗)의 『이물지』 집본에서는 '유갈(愈渴)'과 '어갈(御渴)'[『문선(文選)』 「오도부(吳都賦)」에서 유규(劉逵)의 주를 인용한 부분에 보인다.]을 서로 상반되게 인식하고 있으며, 또한 '유갈(愈渴)'을 오해하여 '월갈(越渴)'이라고 하였다.

207 '양안(兩眼)': 내과피의 야자 껍질 근처의 윗부분[基部]에 싹이 나는 부분을 가리킨다. 야자 껍질 윗부분에는 세 개의 둥글고 오목한 부분이 있는데, 어린싹이 여기서 트며, 대개 '과안(果眼)', 혹은 '아안(芽眼)'이라고 일컫는다. 그중에 대체로 한 개만이 발육이 온전하며 나머지 두 개는 비교적 작아지고 퇴화된다.

208 '월왕두(越王頭)': 『남방초목상』에서 인용한 이야기는 다음과 같다. "과거 임읍왕(林邑王)과 월왕(越王) 사이에 오랜 원한이 있어 임읍왕이 자객을 보내 그 머리를 잘라 나무에 걸어 놓게 하자 갑자기 야자로 변했다. 임읍왕이 분노하여 그것을 잘라 그릇[飮器]으로 만들게 했다. 남인들은 지금까지 이를 모방하고 있다. 머리를 자르는 순간 월왕이 만취한 상태였기 때문에 그 즙이 마치 술과 같다고 한다."라고 하였다. 임읍은 한대 이후 월남, 오늘날 후에[順化] 일대에 있었던 국가이며, 월은 당시 오늘날 광동, 광서에 있었던 나라이다. 『태평어람』 권972에 인용하여 근거한 것은 모든 야자열매를 가리키는데, 야자의 별명이 되었다.

다."라고 하였다.

『남방초물상』에 이르기를, "야자나무는 2월에 꽃이 피고 이어서 열매가 맺힌다. 과일이 달리는 가지에는 송이가 연달아 붙어 있으며, 한 가지마다 서른 개 또는 27-28개의 열매가 달려 있다.[209] 11월이나 12월에 익은 후에 나무의 열매가 누렇게 변하는데,[210] 현지에서는 그것을 이름하여 '단丹'이라 칭한다.

가로로 쪼개서 주발로 쓸 수 있다. 또 약간 길어서 하늘수박[栝蔞子; 瓜蔞][211] 같은 것은 길게 세로로[212] 잘라 술잔[爵]으로 만들 수 있다."라고[213]

謂之越王頭.

南方草物狀曰, 101 椰, 二月花色, 仍連著實. 房相連累, 房三十或二十七八子. 十一月十二月熟, 其樹黃實, 俗名之爲丹也. 橫破之, 可作椀. 或微長如栝蔞子, 從

209 '방(房)'은 과일이 달리는 가지를 가리킨다. 청대(淸代) 이조원(李調元)의 『남월필기』 권13의 '야(椰)'에서는 "가지마다 연달아 송이가 달려 있고, 한 송이에는 27-28개의 열매가 달려 있으며, 간혹 서른 개의 열매가 달리기도 한다."라고 하였다.

210 '기수황실(其樹黃實)': 야자가 익으면 외피는 황색 혹은 갈색이 되므로 마땅히 '기실황(其實黃)'이라고 적어야 한다. 스셩한의 금석본에서는 '기수황(其樹黃)'이라고 적고 있다.

211 '괄루자(栝蔞子)': 스셩한의 금석본에 따르면, 괄루(*Trichosanthes japonica*)의 과실로 '과루(瓜蔞)', '과라(果蠃)'라고 하였다. 반면 묘치위 교석본에 의하면 '괄루자(栝蔞子)'는 호로과(葫盧科)의 하늘수박[栝樓; *Trichosanthes kirilowii*, 스셩한의 금석본과는 학명에 차이가 있다.]의 열매로, 계란형에서 넓은 타원형에 이르기까지 야자열매의 형상은 약간 닮았다. 『남주이물지』의 '과루(瓜蔞)'는 이와 같다고 한다. 본 역주에서는 묘치위의 견해에 따라 해석하였음을 밝혀 둔다.

212 '종(從)': '종(縱)'이다. 비교적 이른 시기의 책에서는 모두 '종(從)'자를 종횡의 '종(縱)'으로 썼다.

213 야자 껍질을 쪼개서 그릇으로 삼는 것과 관련하여서는 당대(唐代) 유순(劉恂)의 『영표록이(嶺表錄異)』 권중(中)에서 야자의 "내피는 껍질이 단단하며 둥글고 또

하였다.

『남주이물지南州異物志』[214]에 이르기를, "야자나무는 크기가 서너 양뼘굵기[圍][215]가 되며, 높이는 열 길 정도로 줄기에는 가지가 없다. 백여 년 동안 산다. 잎은 고사리[蕨菜][216] 모양과 같고, 길이는 한 길[丈][217] 4-5자[尺]이며, 모두 똑바로 하늘

破之, 可爲爵.

南州異物志曰,[102] 椰樹, 大三四圍, 長十丈, 通身無枝. 至百餘年. 有葉, 狀如蕨

딱딱하며 두께는 두세 푼[分]이다. 둥근 것이 달걀과 같다. 머리 부분을 자르고 모래와 돌로 갈아 그 주름껍질을 없애고 나서 그 아롱진 비단 무늬를 내며, 백금으로 장식하여, 물그릇으로 삼을 수 있다."라고 하였다. 명대(明代) 고개(顧岕)의 『해차여록(海槎餘錄)』에서는 "오늘날 행상(行商)들은 야자 바가지를 달고 다니는데, 이것은 야자의 껍데기이다. 또 작은 종류의 것이 있는데 끝이 둥글어 술잔을 만들 수 있다."라고 한다.

214 『남주이물지』: 『수서(隋書)』, 『구당서(舊唐書)』, 『신당서(新唐書)』서목의 지(志)에 모두 기록되어 있으며, 『수서(隋書)』의 지(志)에는 '오단양태수만진찬(吳丹陽太守萬震撰)'이라고 제목을 달고 있다. 본권 「(48) 파초(芭蕉)」에서는 또한 『남방이물지』를 인용하였는데, 사실상 같은 책이다. 책은 이미 유실되었다. 만진(萬震)은 삼국 오(吳)나라 사람으로 일찍이 단양(丹陽)태수를 역임하였으며, 그 외 다른 것은 살필 수가 없다. 『남주이물지』에는 청대(淸代) 진운용(陳運溶)의 집본이 있는데, 『녹산정사총서(麓山精舍叢書)』 제2집에 수록되어 있으며, 오가와 히로시[小川博], 『안전학원연구기요(安田學園硏究紀要)』 第2·3號, 1958·1959년에 실려 있다.

215 '위(圍)': '합파(合把)'를 가리키며 일위(一圍)라고 하는데, 이는 곧 양손의 엄지와 검지 혹은 중지를 둥글게 맞대어 이루는 길이이다.

216 '궐채(蕨菜)'는 곧 고사리과[鳳尾蕨科]의 고사리[蕨; *Pteridium aquilinum* var. *latiusculum*]로, 그 어린잎을 먹을 수 있으며 민간에서 '궐채(蕨菜)'라 부른다. 잎은 크고 깃골겹잎으로 야자 잎은 깃골겹잎과 유사하다.

217 '장장(長丈)': 스성한의 금석본에 따르면, 이 '장(丈)'자는 만약 '대(大)'자를 잘못 쓴 것이 아니라면 '쓸데없는 글귀'이다. 『태평어람(太平御覽)』의 인용에는 이 글자가 없다. 반면 묘치위 교석본에 의하면, 야자 잎의 길이는 4-6m로 '장장사오척(長丈四五尺)'은 지금의 척(尺)으로는 4m가 되지 않으므로 완전한 과장은 아니

을 가리킨다."라고 한다.

"열매는 잎의 사이에서 자라고 크기가 한 되[升]들이만 하다. 바깥에는 껍데기가 있는데 마치 연밥의 모양과 같다.[218] 껍질 속의 내과피[核]는 단단하다.[219] 과육은 마치 달걀처럼 새하얗다. 과육은 껍질에 (안쪽으로) 붙어 있으며[220] 속은 비어 있고, 과즙이 들어 있다. 큰 것은 한 되[升] 정도의 과즙이 들어 있다. 열매의 모양은 둥글고, 어떤 것은 하늘수박[瓜蔞] 같이 타원형이다.

가로로 잘라서 술잔[爵]으로 사용할 수 있다. 그 모양은 그릇을 만들기에 적합하기 때문에[221] 옛 사람들은 그것을 귀하게 여겼다."라고 하였다.

菜, 長丈四五尺, 皆直竦指天. 其實生葉間, 大如升. 外皮苞之如蓮狀. 皮中核堅. 過於核, 裏肉正白如雞子. 著皮, 而腹內空, 含汁. 大者含升餘. 實形團團然, 或如瓜蔞. 橫破之, 可作爵形. 並應器用, 故人珍貴之.

며, '사오척장(四五尺長)'으로 해석한 것은 잘못 살핀 것이라고 하여 스셩한과 견해를 달리하였다.

218 "外皮苞之如蓮狀": 바깥면을 싸고 있는 중과피 즉, 야의(椰衣)를 가리킨다. 그 섬유층이 성기고 부드러운 것이 연방[蓮蓬: 연밥이 들어 있는 송이]과 같으며, 야의는 빈랑 열매의 말랑말랑한 섬유질인 중과피와 유사한데, 이는 곧 중의학[中藥]에서 '대복피(大腹皮)'라고 부르는 것이다. 『영표록이(嶺表錄異)』 권중(中)에서 "바깥쪽에 거친 껍질이 있는데, 큰 빈랑[大腹子]과 같다."라고 묘사하고 있다.

219 "皮中核堅過於核": 스셩한은 이 구절 속의 중복된 두 개의 '핵'자 중 한 개는 잘못된 것으로 보았다.

220 '저피(著皮)'는 내과피 즉, 야자껍질 위에 붙어 있는 야자 과육으로, 외피의 중과피를 가리키는 것은 아니다. 아래 문장의 복내공(腹內空)은 배젖을 싸고 있는 면의 빈 부분을 가리킨다.

221 '병응기용(並應器用)': '응'은 '대응(對應)'으로 즉 '~를 만들기에 적합하다'이다. 『태평어람(太平御覽)』의 인용에 '감(堪)'으로 되어 있는데 의미가 같다.

『광지』에 이르기를, "야자는 교지交趾에서 나는데 집집마다 그것을 심는다."라고 한다.

『교주기交州記』에 이르기를,[222] "야자에는 과즙이 있는데, 꽃대를 잘라서 대롱으로 즙을 받아 술을 담가 마시면 또한 사람을 취하게 한다."[223] 라고 한다.

『신이경神異經』에 이르기를, "동방의 황야에 '야자나무'가 있는데 높이는 두세 길[丈]이며 둘레가 한 길 정도이다. 가지에는 곁가지가 없다.[224] 이백 년이 되면 잎이 모두 떨어지고 꽃이 피는데, 꽃은 참외[甘瓜]꽃과 같다. 꽃이 다 떨어지면 꽃받침이 자라는데, 꽃받침 아래에 열매가 맺힌

廣志曰,[103] 椰出交趾, 家家種之.

交州記曰, 椰子有漿, 截花, 以竹筒承其汁, 作酒飲之, 亦醉也.

神異經曰,[104] 東方荒中, 有椰木, 高三二丈, 圍丈餘. 其枝不橋. 二百歲, 葉盡落而生華, 華如甘

---

222 『태평어람』 권972에서 『교주기』를 인용한 것은 기본적으로 『제민요술』과 동일하다.

223 꽃줄기를 잘라 그 액즙을 취해 발효시켜 술을 만들 수 있다. 스셩한의 금석본을 보면, 단자엽(單子葉) 식물의 큰 꽃줄기[花軸]를 자른 후 당분이 풍부한 '상류(傷流)'가 나오는데 술을 빚는 재료로 쓸 수 있다. 유명한 멕시코 술 풀케(Pulque)는 용설란 화서(花序)의 상류로 만든 것이다. 『교주기(交州記)』의 이 기록은 아마 세계에서 제일 이른 것인 듯하다. 묘치위 교석본에 의하면, 야자의 꽃줄기 역시 잘라서 당분을 취해 술을 만들 수 있는데, 그 열매 속에는 '과당(果糖)'이 함유되어 있어서 얼마간 놓아두면 자연발효가 되어 술이 된다. 야자수도 이와 같은데 야자열매를 며칠 놓아두면 그 당분이 풍부하게 함유된 야자수 또한 자연적으로 술이 되어 이걸 많이 마시면 사람이 취하게 된다. 그러나 신선한 야자열매의 야자수는 아직 술이 되지 못하여 사람을 취하게 할 수 없다고 한다.

224 '교(橋)'는 횡으로 난 들보[橫梁]이다. 묘치위 교석본에 의하면, '불교(不橋)'는 가지가 가로로 자라나지 않고 곧게 위로 치솟는 것이다. 또한 이는 '교(喬)'와도 통하는데, '불교(不橋)'는 솟은 것은 아니다.

다. 3년이면 익는다. 익은 다음에는 자라지도 줄어들지도 않는다. 모양은 한과寒瓜[225]와 같은데, 길이는 7-8치[寸], 직경은 4-5치이며, 꽃받침이 그 꼭지를 덮게 된다. 이 열매를 따지 않으면 영원히 그대로 달려 있다. 딸 때는 열매꼭지를 꺾어 따는데 그 남겨진 부분에서 또한 처음과 같이 열매가 자란다.[226] 그 열매의 모양은 참외와 같다. 과육은 꿀처럼 달고 그것을 먹으면 사람(의 피부가) 광택이 난다. (그러나) 석 되[升] 이상을 먹어서는 안 되는데, (그렇게 하면) 사람을 취하게 하고 한 나절이 지난 후에야 깨어난다. 나무는 높고 보통 사람들은 열매를 딸 수 없다. 다만 나무 아래에 보리수[多羅樹][227]가 자라면 사람이 기어 올

瓜. 華盡落而生萼, 萼下生子. 三歲而熟. 熟後不長不減. 形如寒瓜, 長七八寸, 徑四五寸, 萼覆其頂. 此實不取, 萬世如故. 取者掐取, 其留下生如初. 其子形如甘瓜. 瓤, 甘美如蜜, 食之令人有澤. 不可過三升, 令人

225 '한과(寒瓜)': 한과가 무엇인지는 확실하지 않다. 『본초경집주(本草經集注)』 '과체(瓜蔕)'에 대해서 도홍경(陶弘景)이 말하기를 "영가(永嘉)에 한과(寒瓜)가 있다."라고 하였으며, 이시진(李時珍)이 말하기를 "한과(寒瓜)는 곧 서과(西瓜)이다."라고 하였는데,[『본초강목(本草綱目)』 권33 '서과(西瓜)'조] 이에 따라 본 역주에서는 '수박'으로 해석하였음을 밝혀 둔다.

226 "其留下生如初": 『광군방보(廣羣芳譜)』에서 인용한 것에는 "만약 열매를 따고 나면 꽃받침이 남는데, 꽃받침에서 다시 열매가 달린다.[若取子而留萼, 萼復生子.]"라고 한다.

227 '다라수(多羅樹)'는 남송(南宋) 석법운(釋法雲)의 『번역명의집(飜譯名義集)』 권3 「임목편(林木篇)」에서 이르기를, "다라(多羅)는 패다(貝多)의 옛 이름이다."라고 한다. 패다는 산스크리트어 Pattro의 음역으로 또한 '패다라(貝多羅)'라고 음역할 수 있다. 이는 뽕나무과 무화과속(*Ficus*)의 인도보리수[菩提樹; *Ficus religiosa*]이며, 또 '사유수(思惟樹)'라고 칭한다.[본서 「(114) 보리수[槃多]」조 참고.] 대형 교목으로 어릴 때는 다른 나무에 기생하여 자라며 높이는 15-25m이고 나무줄기의

라가서 딸 수 있다. (이 야자나무는) 또한 '무엽無葉'이라고 하며, 또 '의교倚驕'라고도 부른다."라고 하였다. 장무선張茂先[228]의 주에서 이르길 "교驕란 위로 올라가 따지 못한다는 뜻이다."라고[229] 한다.

醉, 半日乃醒. 木高, 凡人不能得. 唯木下有多羅樹, 人能緣得之. 一名曰無葉, 一名倚驕. 張茂先注曰, 驕, 直上不可那也.

그림 32
야자[椰]와 야자열매

교 기

100 '이물지왈(異物志曰)': 『태평어람』 권972 「과부구(果部九)」 '야(椰)' 항

직경은 30-50㎝에 달한다. 나무껍질은 회색을 띠며 잎은 가죽처럼 질기고, 삼각형의 계란 형태이다. 3-4월에 꽃이 피고 5-6월에 열매가 달리는데, 익으면 붉다. 이것은 인도의 국수(國樹)이다.

228 '장무선(張茂先)': 장화[張華: 진나라 초기 사람으로 『박물지(博物志)』의 저자이다.]의 자이다.

229 '나(那)': 묘치위 교석본에 의하면, '나하(奈何)'가 합쳐진 음이다.[즉 두 글자는 서로 반절하여 '나(那)'가 되었다.] '불가나(不可那)'는 어찌해 볼 도리가 없다는 것으로 나무가 매우 높아서 열매를 딸 방법이 없는 것이라고 한다.

의 인용에 '실여호(實如瓠)' 앞에 '기(其)'자가 있고, '산두(山頭)' 두 글자는 '전(巔)'으로 되어 있으며, '약괘물언(若掛物焉)' 구절이 없다. "그 맑기가 물과 같고, 그 맛은 좋기가 꿀과 같다.[其淸如水, 其味美如蜜.]"에서 두 '기(其)'자가 빠져 있고, "배고프지 않다.[可以不饑.]"가 "곧 굶주리지 않는다.[則不饑.]"로 되어 있으며, "갈증이 멈추게 된다.[愈渴.]"가 "갈증이 늘어나다.[增渴.]"로 잘못되어 있다. 마지막 구절은 "속세에서 야자를 월왕두(越王頭)라고 한다."이다. '전(巔)'자가 적합하므로 고쳐야 한다.

101 '남방초물상왈(南方草物狀曰)': 『태평어람』의 인용에 『남방초목상(南方草木狀)』이라고 표기했다. "현지에서는 그것을 이름하여 '단丹'이라 칭한다.[實俗名之爲丹也]"에서 '실(實)'자는 공등(空等)이며, '지(之)', '야(也)' 두 글자가 없다. 그리고 "從破之可爲爵 …"이 빠져 있다. 다만 금본 『남방초목상』의 글은 매우 다르며, 이로써 『태평어람』의 '목(木)'자가 틀린 것을 알 수 있다.

102 '남주이물지왈(南州異物志曰)': 『태평어람』 권972에는 『남주이물지(南州異物志)』를 인용하여 '長十丈'을 '長六丈'으로 쓰고 있으며, "잎은 고사리 모양과 같고[狀如蕨菜], 길이는 한 길[丈]4-5[尺]이며"를 "잎이 있는데, 잎 모양이 '포(蒲)'와 같다.[葉狀如蒲.]"라고 하였다. 또한 '장장사오척(長丈四五尺)'에도 '장(丈)'자가 없으며, '기실(其實)'에는 '기'자가 없고, '대여승(大如升)'이 없으며, '외(外)'자가 없다. 그 외에도 "껍질 속의 내과피는 단단하다.[皮中核堅]"가 "피육이 보다 딱딱하다.[皮肉硬]"로 되어 있고, 마지막 구절에는 "남쪽 사람들이 이것을 아낀다.[南人珍之.]"로 되어 있다.

103 '광지왈(廣志曰)': 『태평어람』에는 "야자나무는 높이가 6-7길이[丈]이며 가지가 없고 잎이 속포(束蒲)와 같으며 나무 윗부분에 있다. 과실은 큰 호과(瓠瓜)와 같고 나무 끝에 있다. 과실의 밖에 껍질이 있고 가운데에는 핵이 있다. 껍질 안에는 한 되가 넘는 즙이 있으며 맑기가 물과 같고 달기가 꿀과 같으며 마실 수 있다. 핵 속의 껍질은 눈처럼 하얗고, 두께가 반치[半寸]이며 맛은 호도처럼 좋고 먹을 수 있다. 교지에서 나며 집집마다 심는다."라고 한다. 『예문유취(藝文類聚)』 권87 인용에 분

리되고 누락되며 틀린 부분이 많다. 묘치위 교석본에 의하면, 『태평어람』 권972에서 『광지』를 인용하여 먼저 야자의 형태를 묘사하였는데 『이물지(異物志)』 등과 비슷하며, 마지막에는 겨우 "교지에서 나며, 집집마다 그것을 심었다.[出交阯, 家家種之.]"라고 하고 있다. 대부분은 이미 『이물지』 등에 있는 기록이기 때문에 『제민요술』에서는 소략하게 처리하고, 인용하지 않았다고 하였다.

[104] '신이경왈(神異經曰)': 『태평어람』에는 생략된 부분이 많다. 청초(淸初)의 왕호(灝汪) 등이 『광군방보(廣羣芳譜)』에서 인용한 전문(全文)은 "동남의 황중(荒中)에 사목(邪木)이 있다. 높이가 30길[丈]이며, 둘레는 간혹 7-10자[尺]이나 된다. 그 가지는 높고 곧게 뻗었지만 무성하지는 않다. 잎은 참외[甘瓜]와 같다. 이백 년이 지나면 잎이 지고 꽃이 핀다."라고 한다. 묘치위 교석본에 의하면, 『태평어람』 권972에서 『신이경(神異經)』을 인용한 부분은 매우 간략하여, "徑四五寸"까지만 인용하였고, 그다음 문장은 없다. 그러나 나무의 높이는 대개 "간혹 10여 길이나 된다.[或十餘丈.]"라고 하는데, 금본 집본의 『신이경』에서는 "높이가 3천 길[高三千丈]"이라고 쓰고 있다.

33 빈랑檳榔[230] 三三

유익기俞益期가 한강백韓康伯에게 쓴 편지에는, "빈랑은 진실로[231] 남방 지역을 찾아가면 볼

俞益期與韓康伯牋[105]曰, 檳榔,

230 '빈랑(檳榔)': 학명은 *Areca catechu*이다. 말레이반도의 현지 이름은 Pinnang으로, 중국에서 소리표기 명칭을 쓰는 것은 아마 전해지는 과정에서 변화한 이후의

수 있는 기이한 나무로서, 열매는 실로 평상시에 볼 수 없으며, 나무도 특별하고 기이하다. 큰 것은 세 양뼘 굵기[圍]며 높이는 아홉 길[丈]이나 된다. 잎은 나무 꼭대기에 모여 있고, 꽃차례[房]는 잎 아래쪽에서 뻗어 나서 자라며,[232] 꽃은 꽃차례에서 피어나고, 열매는 꽃차례 밖에 맺힌다.[233] 이삭이 뻗어 나는 것은 기장과 같으며,[234] 열매가 연달아 달리는 것은 닥나무 열매와 같다.[235] 나무

信南遊之可觀，子既非常，木亦特奇．大者三圍，高者九丈．葉聚樹端，房構葉下，華秀房中，子結房外．其擢穗似黍，其綴實似穀．

결과인 듯하다. '빈랑'은 종려나무과의 빈랑나무이며, 상록교목인데, 높이는 10-18m이지만 혹은 더 높게 자라기도 한다. 곧게 자라고 가지가 없다. 원산지는 동남아시아로, 중국 광동, 운남, 대만 등지에서 재배된다.

231 '신(信)'은 '성(誠)', 즉 '진정한'으로 풀이될 수 있다. 『수경주(水經注)』 '온수(溫水)'조에서 인용한 '유익기전(兪益期牋)'에는 '신'자가 '최(最)'로 되어 있는데, '볼만한 것' 중의 '최고'라는 뜻이다.

232 금택초본과 『예문유취(藝文類聚)』에서는 '구(構)'로 인용하여 쓰고 있으며, 명초본에서는 훼손되어 잘못된 것이 있고, 다른 본에는 '생(生)'으로 적고 있다.

233 "華秀房中, 房構葉下": 꽃차례 바깥쪽에 불염포(佛焰苞) 모양의 대형 포엽[苞片]이 감싸고 있는데, 길이는 거꿀계란형이고 길이는 40㎝에 달하며, 꽃이 피면 큰 포엽 안에 펼쳐진다. 큰 포엽이 시들면 열매는 꽃차례 밖에 맺히며, 단단한 열매는 꽃받침에 싸여 있다. 오말진초(吳末晉初) 설영(薛瑩)의 『형양이남이물지(荊揚以南異物志)』에는 "그 열매가 꽃차례의 중심에서 만들어진다."[『문선(文選)』 「오도부(吳都賦)」의 유규(劉逵)의 주석 인용]라고 적혀 있다.

234 '탁수사서(擢穗似黍)': 빈랑의 육수꽃차례는 잎집 다발의 아랫부분에서 자라며 많은 가지를 치고 원추꽃차례 식의 배열을 이루는데, 오히려 기장 이삭의 원추꽃차례와 같이 잎집 사이에서 뻗어 난다. 이것은 뒷부분에 언급된 『이물지(異物志)』에서 말하는 "기장의 이삭과 같이 뻗어 난다.[出若黍穗.]"와 일치한다.

235 '사곡(似穀)': '곡(穀)'은 마땅히 목변[木]의 '곡(穀)'자와 유사하여 잘못 쓰인 것이다. 이는 즉 뽕나무과의 닥나무[構樹]로, 열매는 둥글고 귤홍색(橘紅色)이다. 묘치위 교석본을 보면 빈랑의 열매와 같이 둥근 계란 모양인데, 익었을 때 등홍색

껍질은 오동나무와 같지만, 약간 더 두껍다. 그 마디는 대나무와 같지만 다소 촘촘하다.[236] 나무 중심은 비어 있고, 바깥은 단단하며, 구부러진 것은 늘어진 무지개와 같고, 바른 것은 추를 달아 놓은 끈과 같이 곧다.

其皮似桐而厚. 其節似竹而穊. 其內空, 其外勁, 其屈如覆虹, 其申如縋繩.

뿌리 부분은 (특별히) 굵지 않고, 줄기는 또한 (특별히) 가늘지 않다. 윗면이 구부러지지 않았고, 아랫면도 비스듬하지 않다. 촘촘하게 위로 솟아 있는 것이 모든 나무가 하나같다. (이 같은 빈랑의) 숲속을 거닐면 사방이 탁 트였고, 나무 그늘 아래에 기대어 쉬면 아주 고요하고 상쾌하여, 실로 긴 노래를 읊조리게 되어서 현실을 초월할 상상을 하게 된다.

本不大, 末不小. 上不傾, 下不斜. 調直亭亭, 千百若一. 步其林則寥朗, 庇其蔭則蕭條, 信可以長吟, 可以遠想矣.

(나무의) 성질은 서리를 잘 견디지 못하기에 북쪽에 옮겨 심을 수는 없다. 반드시 먼 바다 남쪽에 심어야 한다. 중원과는 몇만 리나 떨어져 있어서 그대가 늙은이들에게 친히 한 번이라도 보지 못하게 한다면 자연히 사람들에게 깊은 한을 남기게 될 것이다."라고 했다.

性不耐霜, 不得北植. 必當遐樹海南. 遼然萬里, 弗遇長者之目, 自令人恨深.

『남방초물상』에 이르기를, "빈랑은 3월에

南方草物狀

(橙紅色)과 유사하기 때문에 '곡물[穀子]'의 알맹이와는 관계가 없다고 한다.

236 "節似竹而穊"는 곧게 솟은 나무줄기 위의 잎이 떨어진 후에 만들어진 매우 많은 선명한 고리무늬를 가리키는 것으로, 남겨진 잎의 흔적이 대나무 마디와 흡사하나 매우 촘촘하여 대나무와는 다르다.

꽃이 피고 이어서 열매가 맺힌다.

열매는 달걀만 하고 12월이 되면 익는데[237] (익으면) 노랗게 변한다. 익은 열매를 쪼개면 단단하여[238] 먹을 수 없고, 단지 종자로만 쓸 수 있다.

(덜 익은) 푸른 열매를 껍질째 따서[239] 햇볕에 말려 베틀후추[扶留藤],[240] 생석회[古賁灰]와 섞어 씹는다.[241] 함께 씹으면[242] 곧 미끌거리면서 맛이

曰, [106] 檳榔, 三月花色, 仍連著實. 實大如卵, 十二月熟, 其色黃. 剝其子, 肥強可不食, 唯種作子. 青其子, 並殼取實曝乾之, 以扶留

237 실제로 빈랑의 열매가 열리는 시기는 12월에서 다음해 6월에 이르는데, 겨울 꽃은 열매를 맺지 않으며, 완전히 익으면 등적색이 된다.

238 "肥強可不食, 唯種作子": 이 문장은 해석하기 어려우며, 누락된 부분이 있거나, 순서가 바뀐 듯하다. "잘 익은 씨앗이 딱딱해서 먹을 수 없다.[強肥, 不可食.]"라고 해석해야 할 듯하다.

239 과실이 아직 녹색일 때 따야 생식할 수 있고, 씹는 재료로도 만들 수 있다. 스성한의 금석본에서는 이 구절을 "其實青時, 並殼取"로 고쳐 써야 한다고 보았다.

240 '부류등(扶留藤)': 이것은 아마 후추과의 베틀후추[蔞葉; *Piper betle*]로서 또한 누자(蔞子), 구엽(蒟葉)으로 불리며, 목질은 등나무 줄기와 같다. 원산지는 인도네시아이며, 중국 남부에서 폭넓게 재배된다. 잎에는 방향유(芳香油)가 함유되어 있으며 맛은 맵고 빈랑육(檳榔肉; 胚乳)을 싸서 씹을 수 있다.

241 '고분회(古賁灰)'는 굴[牡蠣; *Ostrea*, 간략하게 '호(蚝)'라고 한다.], 바지락[蛤蜊; *Mactra*], 재첩[蜆; *Corbicula*] 등의 패각을 태워서 만든 재이다. 고문헌 중에는 빈랑과 베틀후추, 고분회를 함께 먹는 것에 관한 기록이 상당히 많다. 남송(南宋) 주거비(周去非)의 『영외대답(嶺外代答)』 권6 '식빈랑(食檳榔)'에서 이르기를, 복건과 광동 서로(西路) 등지에서는 모두 빈랑을 먹는데, "그 방법은 베어서['작(斫)'과 같다.] 열매를 쪼개고 물과 조개[蜆]를 태운 재 1수(銖)를 넣고 베틀후추와 섞어 빈랑을 싸서 씹고 먼저 빨간 물 한입을 뱉어 내고 그런 후에 그 남은 즙을 먹는다. … 조개를 태운 재가 없는 곳에서는 단지 석회를 사용한다. 베틀후추가 없는 곳에서는 단지 누등(蔞藤)을 쓴다."라고 하였다. 외출할 때 작은 함을 지니는데 "가운데 세 칸이 나누어져 있다. 한 칸에는 베틀후추를 담고, 한 칸에는 조

좋다.

또 날로 먹을 수도 있는데 먹으면 상쾌하고 맛이 좋다.

교지交趾, 무평武平, 흥고興古, 구진九眞에서 모두 생산된다."라고 한다.

『이물지』에 이르기를, "빈랑의 나무는 죽순이 자라난 장대와 같으며,[243] 그것을 파종하면[244]

藤古賁灰合食之. 食之卽滑美. 亦可生食, 最快好. 交阯武平興古九眞有之也.

異物志曰, [107] 檳榔, 若筍竹生

개를 태운 재를 담고, 한 칸에는 곧 빈랑을 담는다."라고 한다. 묘치위 교석본에 의하면, 현재까지도 중국 운남, 해남도 등지에서는 여전히 베틀후추류에 빈랑과 석회를 싸서 씹는 풍습이 있다. 주목할 만한 점은 남태평양의 투발루 섬사람은 남녀노소를 막론하고 똑같이 빈랑을 세 가지 물건과 함께 먹는 풍습이 있다는 것인데, 다만 패각을 태운 재로 석회를 대신하고,(『영외대답』과 같다.) 후춧잎을 대신하여 쓰고 있다는 점이 다른 뿐, 빈랑 자루 속에 이 세 가지를 넣고 몸에 지니고 다니면서 먹는 것도 이와 마찬가지라고 한다.

242 이 부분의 '식지(食之)'는 중복되어 있는데, 묘치위는 의미상 '자지(煮之)'로 고쳐야 할 듯하다고 한다. 아래 조에서 『이물지(異物志)』를 인용한 것에는 '자기부(煮其膚)' 구절이 있으며, 『본초강목』 권31에 또한 "그 과육을 삶아 말린다.[煮其肉而乾之.]"라고 하였다. 따라서 앞부분의 "取實, 曝乾之" 역시 "取實煮之, 曝乾"으로 써야 한다. 묘치위 교석본에 따르면, 이렇게 처리하는 것은 저장을 편리하게 하기 위해서인데, 『본초도경』에는 "그 열매는 봄에 나서 여름에 이르면 익는다. 그러나 그 과육이 너무 쉽게 물러지기 때문에 그것을 거두고자 하면 모두 먼저 잿물에 삶아서 이내 불에 쪼여 그을려 말려야 비로소 오랫동안 저장할 수 있다."라고 기록되어 있다. 이것은 삶아 익혀 불에 쬐어 말리는 것이고, 따라서 아래 문장에서 "또한 날로 먹을 수 있다."라고 말한 것과 두 가지 먹는 법을 대조하여 제시한 것이라고 한다.

243 '若筍竹生竿': 이것은 빈랑나무 줄기의 생장 과정이 죽순이 완전히 자란 대나무 장대와 유사함을 말한다. 묘치위 교석본에 따르면, 이는 두 가지 현상을 포함하고 있는데, 첫째는 잎이 떨어지고, 둘째는 고리 무늬 혹은 마디가 형성되는 것이다. 대나무의 주된 줄기에서 자라는 잎, 곧 대껍질은 죽순일 때 죽순 밖을 감싸

(나날이) 견고하고 단단해진다. 줄기는 줄곧 위로 자라며, 가지나 잎이 나지 않는다. 모양은 흡사 기둥과 같다.[245] 나무의 꼭대기로부터 5-6자 떨어진 곳에 굵은 옹이가 생겨나 마치 병든 나무의 옹두리같이 되는데,[246] 얼마 후에 사이가 갈라져 기장의 이삭과 같이 뻗어 나면서 꽃이 피지 않고 바로 열매가 달린다.[247]

열매의 크기는 복숭아나 자두만 하다. 또 가시[248]가 자라나 그 아랫부분을 촘촘히 감싸 그 열

竿, 種之精硬. 引莖直上, 不生枝葉. 其狀若柱. 其顚近上末[108]五六尺間, 洪洪腫起, 若瘣木焉, 因坼[109]裂, 出若黍穗, 無花而爲實. 大如桃李. 又生棘針,

---

고, 대나무 줄기가 성장함에 따라 계속해서 떨어지며, 대나무 마디 역시 바깥으로 드러난다. 빈랑 줄기는 곧게 자라 가지가 나오지 않으며, 길고 높게 자라는 과정 속에서 잎이 계속 떨어지고 해마다 많은 수의 뚜렷한 '마디'와 같은 고리 무늬(잎 자국[葉痕])가 선명히 드러난다. 따라서 죽순이 성장하여 높이 뻗어 가며 많은 마디가 생긴 대나무 줄기와 서로 닮았지만, 당연히 마디의 조밀함은 매우 차이가 있다고 한다.

244 '종지(種之)'는 이 부분의 내용과 어울리지 않기에 분명 글자가 잘못되었다. 아마도 '오래도록 쌓이다'는 의미의 '적구(積久)'의 형태상 오류로 의심된다.

245 빈랑 줄기는 곧게 높이 뻗어서 가지가 생기지 않으며, 깃꼴 겹잎이 줄기 꼭대기에 떨기로 자란다. 줄기의 아래 위의 굵기는 거의 일치하며, 곧게 서 있는 것이 기둥과 같고 그 형상은 야자나무와 같다.

246 '외목(瘣木)': 원래 병해로 줄기에 종기가 생긴 나무를 가리키는데, 묘치위 교석본에 의하면, 여기에서는 잎집다발의 아래 부분에 내포되어 있는 육수꽃차례가 점차 부풀어 오른 것을 가리키며, 부풀어 튀어나온 것이 '외목'과 같다고 한다.

247 '무화이위실(無花而爲實)': 수꽃이 매우 작고 암꽃이 약간 큰데, 모두 분명하게 드러나지 않고, 대부분 불염포에 덮여 있다. 이 때문에 옛 사람들은 꽃이 없는데 열매를 맺는다고 인식하였다.

248 '극침(棘針)': 빈랑의 줄기와 잎에는 가시가 나지 않는데, 묘치위는 이것이 뾰족하게 튀어나온 꽃받침을 가리키며, 돋아나면서 꽃봉오리를 보호하는 작용을 한

매를 보호한다. 빈랑 윗부분의 껍질을 벗겨 그 속의 과육을 삶아 익히고 끼워 말리면[249] 마치 말린 대추[棗]처럼 단단해진다.

베틀후추, 생석회를 함께 섞어서 먹으면 기운이 소통하며, 체한 음식을 내리고 또 온갖 기생충을 예방하며 소화를 돕기도 한다.[250] 술자리에도 올려 주전부리[口實][251]로 쓸 수 있다."라고 한다.

『임읍국기林邑國記』에 이르기를,[252] "빈랑나

重累其下, 所以衛其實也. 剖其上皮, 煮其膚, 熟而貫之, 硬如乾棗. 以扶留古賁灰并食, 下氣及宿食白蟲, 消穀. 飲啖設爲口實.

林邑國記曰, [110]

다고 추측한다.

249 '상피(上皮)'는 섬유질의 과일 껍질이 푸석푸석해진 것을 가리킨다. '빈랑의(檳榔衣)'라고도 부르고 중의학에서는 곧 '대복피(大復皮)'라고 부르는데, 약으로만 사용하고 먹을 수는 없다. '부(膚)'는 옛날에 과육을 일컬어 '부(膚)'라고 하였다. 과피 속에 씨앗 한 알이 있는데, 이것이 곧 '빈랑자(檳榔子)'로, 본초서에서는 통칭하여 '육(肉)'이라고 하였다. 즉 종자의 배유는 맛이 맵고, 씹을 수 있는 부분이다. 과육을 삶아 익혀 끼워 두고 볕에 말리면 펴 두기에 편리하다.

250 "下氣及宿食白蟲, 消穀": 기운이 소통하며, 체한 음식을 내리고 창자의 기생충을 없애며 소화를 돕는다. 빈랑에는 여러 종류의 염기성 유기 화합물이 포함되어 있어, 씨는 위를 튼튼하게 하는 약으로 사용할 수 있고, 또한 강력하게 창자의 기생충을 제거하는 약으로도 쓸 수 있다.

251 '구실(口實)': 입안을 채우는 물건 즉, 음식물이다.

252 『임읍국기(林邑國記)』: 『수서(隋書)』 권33 「경적지이(經籍志二)」에는 『임읍국기』 한 권이 기록되어 있으나, 찬자의 이름은 없다. 역도원(酈道元)의 『수경주(水經注)』 속에 거듭 인용되고 있지만 이미 실전되었다. 청대(淸代) 문정식(文廷式: 1856-1904년)의 『보진서예문지(補晉書藝文志)』[『이십오사보편(二十五史補編)』 중에 있다.]에 이 책이 수록되어 있어, 진대(晉代)에 이미 이 책이 있었던 것으로 인식하나 다만 근거를 설명하지 않았다. '임읍국(林邑國)'은 후한 말에 건국되었는데 지금의 베트남 중남부이다. 당대(唐代) 이후 '점성(占城)'이라 칭하였다

무는 높이가 한 길[253] 이상이나 되고, 겁질은 벽오동과 비슷하며 마디는 계죽桂竹과 닮아 있다.[254] 아래쪽은 곧고 매끈하며 가지가 없고 윗부분에만 잎이 있다. 잎 아래에는 과방[房; 果房]이 여러 개 달려 있고,[255] 가지마다 몇십 개의 열매가 달려 있다.[256] 집집마다 모두 몇백 그루가 있다."라고 한다.

檳榔樹, 高丈餘, 皮似青桐, 節如桂竹. 下森秀無柯, 頂端有葉. 葉下繫數房, 房綴數十子. 家有數百樹.

『남주팔군지南州八郡志』에 이르기를, "빈랑은 대추 크기만 하며, 색깔은 청록색의 연한 연밥[蓮子]과 같다. 그곳 사람들은 아주 귀중하고 진기한 물건으로 여겼다. 친척과 친구가 왔을 때 번번이 이것을 먼저 대접했다. 만약 우연히 친구가 왔는

南州八郡志曰,[111] 檳榔, 大如棗, 色青, 似蓮子. 彼人以爲貴異. 婚族好客, 輒先逞[112]此

고 한다.

253 '고장여(高丈餘)'는 사실과 부합하지 않는다. 『예문유취(藝文類聚)』, 『태평어람(太平御覽)』에서는 모두 인용하여 '고십여장(高十餘丈)'이라고 쓰고 있는데, 『제민요술』에는 오류가 있다.

254 '절여계죽(節如桂竹)': 빈랑 잎이 떨어진 후 뚜렷하게 형성된 고리 문양으로, 촘촘히 자라고 수가 많으며 '마디[節]'와 같다. 그러나 계죽(桂竹; *Phyllostachys bambusoides*) 마디 사이의 길이는 45㎝에 달하고 마디는 매우 돌출되어 있으며, 빈랑의 마디고리는 비록 뚜렷할지라도 계죽의 돌기와는 다르다. 게다가 아주 빽빽하기 때문에 "마디가 계죽과 같다.[節如桂竹.]"라고 할 수 없으니 문장이 잘못된 듯하다.

255 '엽하계수방(葉下繫數房)': 잎집 다발의 밑부분에 육수꽃차례가 생겨나며, 꽃차례에서 나온 가지가 매우 많다.

256 '방철수십자(房綴數十子)': 매 꽃차례(가지)에 달리는 열매가 200에서 300개에 이르는데, 『형양이남이물지(荊揚已南異物志)』에서 "한 꽃차례에서 수백 개의 열매가 달린다."라고 한 것은 실제와 부합한다.

데도 그것을 상에 올리지 않는다면 이 때문에 서로 미움과 증오가 싹트게 된다."라고 했다.[257]

『광주기廣州記』에 이르기를, "영남[嶺外]의 빈랑은 교지交趾에서 생산되는 것보다 작지만 야생 빈랑[蒳子]보다는 크다. 현지인들은 그것을 불러 '빈랑'이라고 부른다."라고 한다.

物. 若邂逅不設, 用相嫌恨.

廣州記曰, [113] 嶺外檳榔, 小於交阯[114]者, 而大於蒳子. 土人亦呼爲檳榔.

그림 33
빈랑(檳榔)

그림 34
말린 빈랑 · 빈랑 · 빈랑의 내부

257 남송 주거비(周去非)의 『영외대답』 권6 '식빈랑(食檳榔)'조에 따르면, 복건, 광동서로(廣東西路) 등지에서는 "손님이 와도 차를 준비하지 않고, 오직 빈랑을 대접하는 것을 예로 삼는다."라고 하였다. 명대(明代) 고개(顧岕)의 『해차여록(海槎餘錄)』에는 "빈랑은 해남에서 나고, … 모든 친척, 친구가 한데 모일 때 서로 선물하는 것을 예로 여긴다."라고 한다. '해후(邂逅)'는 '우연히', '간혹(間或)'의 의미이다.

교 기

105 '兪益期與韓康伯牋': 『태평어람』 권971 「과부팔(果部八)」 '빈랑' 항이 인용한 '木亦特奇' 아래에 '云溫交州時, 度之'['운온' 두 글자는 '전과(前過)' 두 글자의 착오인 듯하다.]가 있으나, '葉聚 … 房外' 네 구절이 없다. '서(黍)'는 '화(禾)'로 되어 있고, "뿌리 부분은 굵지 않고 줄기는 가늘지 않다. 윗면이 구부러지지 않았고, 아랫면도 비스듬하지 않다. 촘촘하게 위로 솟아 있는 것이 모든 나무가 하나 같다.[本不大, 末不小. 上不傾, 下不斜. 調直亭亭, 千百若一.]"는 구절이 없으며, '불(弗)'이 '불(不)'로 되어 있다. 『예문유취(藝文類聚)』 권87의 인용에 '서' 역시 '화'로 되어 있고, '조(稠)'도 '조(調)'로 되어 있다. 『예문유취』의 '조(調)'자는 '조(稠)'보다 낫다. 묘치위 교석본에 의하면, '조직(調直)'은 원래 '조직(稠直)'이라고 쓰여 있지만 말이 되지 않는다고 한다. 『예문유취』 및 『본초강목(本草綱目)』 권31의 '빈랑'조에는 모두 '조직(調直)'으로 쓰고 있는데, 『태평어람』 권971에서 『임읍기(林邑記)』를 인용한 것은 이와 같으며, 뜻은 모두 하나같이 곧다는 의미로, 이에 근거하여 고쳤다고 한다.

106 '남방초물상왈(南方草物狀曰)': 『태평어람』에는 "빈랑나무는 3월에 꽃이 피고 (화기가 끝나지 않았는데) 이어서 열매를 맺기 시작한다. 크기는 계란과 같고 십일월에 익는다."라고 하였다. 아래 문장은 삭제되어 있다.

107 '이물지왈(異物志曰)': 『태평어람』 권971에는 "不生枝葉. 其狀若柱."가 없으며, '其顚近' 세 글자도 없다. '극침(棘侵)' 위에 '생(生)'자가 있고, '소(所)'자가 없으며, '자(煮)'가 '공(空)'으로 되어 있고, '백충(白蟲)' 두 글자가 없으며, '음담(飮啖)'이 '음설(飮設)'로 되어 있다. 『예문유취』 권87의 인용에 '생간(生竿)' 아래 '근상말(近上末)' 구절로 바로 이어진다. '수(穗)'가 '수야(秀冶)'로 되어 있고, '우극침(又棘針)'이 '천생극(天生棘)'으로 되어 있다. '회(灰)'자와 '백충(白蟲)'이 없으며 마지막 구절 역시 빠져 있다.

108 '미(未)': 명초본, 금택초본과 『예문유취』에 모두 '미'로 되어 있다. 『태평어람』과 명청 각본에는 '말(末)'로 되어 있다. '미'는 '미치지 못하다'

이므로 풀이가 가능하다. '말'자는 '상(上)'자와 나란히 쓰여 중복을 피하기 위해 '미'로 하는 것이 맞을 듯하다. 묘치위 교석본에서는 이에 대해서 나무줄기의 맨 꼭대기에서 대여섯 자[尺] 떨어진 잎몸의 끝부분에서 육수꽃차례[肉穗花序]가 피어나는 것을 가리키며, 명초본 및 『태평어람』에서 '말(末)'자로 인용하는 것은 형태상의 잘못인 듯하다고 한다.

109 '탁(坼)': 명초본과 명청 각본에 '탁'으로 되어 있고, 『태평어람』과 『예문유취』에 '절(折)'로 되어 있다. 금택초본에 따라 '탁'으로 한다.

110 '임읍국기왈(林邑國記曰)': 『예문유취』 권87, 『태평어람』 권971에서 『임읍기(林邑記)』를 인용하고 있는데 이는 곧 『임읍국기(林邑國記)』로 비교적 상세하다.

111 '남주팔군지왈(南州八郡志曰)': 스셩한의 금석본에서는 '남중팔군지(南中八郡志)'라고 적고 있다. 스셩한에 따르면 『예문유취』는 요약 인용한 것으로 "빈랑은 현지인들이 귀하게 여겼으며 손님을 환대할 때 먼저 내놓았다."라고 되어 있다. 아래와 『제민요술』의 인용은 같다. 『태평어람』의 인용은 『제민요술』과 완전히 같다. 묘치위 교석본에 의하면, 『예문유취』 권87, 『태평어람』 권971에는 모두 『남중팔군지(南中八郡誌)』를 인용하여 쓰고 있는데, 『예문유취』에서 인용한 것에는 생략된 것이 있다고 한다. 『제민요술』은 『남주팔군지』를 인용하여 쓰고 있는데, '주(州)'는 '중(中)'자를 새기다가 잘못 전해진 것이다. '남중(南中)'은 서남변경의 큰 구역 명칭으로서 전적으로 '팔군(八郡)'을 가리킨다. [「(14) 귤」의 주석에서 지적한 바와 같이 남주(南州)는 일반적으로 남방을 가리키며, 남쪽에 있는 큰 주의 이름을 가리키는 것은 아니고, 아울러 특정한 군이 소속된 관계는 아니라고 한다.]

112 '영(逞)': 명초본, 금택초본과 명청 각본에 모두 '영'으로 되어 있다. 『용계정사간본(龍溪精舍刊本)』(이후 용계정사본으로 약칭함)은 『태평어람』에 따라 '진(進)'으로 고쳤다. '정(呈)'자일 수 있는데, 원래 일부 초본에서 누락되었으며 '을(乙)'을 더하여 첨주하였다. 훗날 '정(呈)'과 기호로 쓰인 '을(乙)'을 '영(逞)'으로 보았고, 이후 '영'자가 비합리적이라 생각되어 자형이 유사한 '진(進)'으로 고친 것이다.

113 '광주기왈(廣州記曰)': 『태평어람』 권971에서 『광주기(廣州記)』를 인용한 것은 기본적으로 『제민요술』과 동일하다. 『예문유취』 권87에서는 고휘[顧徽; 응당 '미(微)'가 옳다.]가 쓴 『광주기』를 인용한 것과는 같지 않은 부분이 있는데, 전문(全文)은 이와 같다. 곧 "산빈랑(山檳榔)은 모양이 작지만 야생빈랑[蒳子]보다는 크다. 야생빈랑은 토착민들이 또한 빈랑으로 일컫는다."라고 하였다. 야생빈랑[蒳子]이 가장 작은데, 『명의별록(名醫別錄)』에서 주석하기를 "토착민들은 '빈랑의 손자[檳榔孫]'이다."라고 한다. 스셩한의 금석본을 보면, 호립초(胡立初) 선생의 고증에 의거하여 '고미(顧微)'는 남조(南朝) 송말(宋末)의 사람이라고 하였다. 그의 『광주기』의 대부분 소재는 모두 동진(東晉) 배연(裴淵)의 『광주기』에서 초사한 것이라고 한다.

114 '지(阯)': 명초본, 금택초본과 『태평어람』 권971 모두 '지(阯)'로 되어 있다. 평소에 사용하는 '지(趾)'가 아니다. 묘치위 교석본에서는 금택초본과 명초본에서는 '교지(交阯)'라고 쓰고 있고, 명각본에서는 '교지(交瀆)'라고 쓴다. '지(阯)'와 '지(趾)'는 서로 통하며 이것은 '다리[脚]'를 가리키는데, 고대에는 그 지역 사람들이 누울 때 머리를 밖으로 향하고 다리를 안에서 서로 교차한다고 전해졌기에 '교지(交趾)'라고 일컫는다고 한다.

34 염강廉薑[258]三四

『광아』에 이르기를, "족준蔟葰[259]이 (곧) 염강 | 廣雅曰,115 蔟

258 '염강(廉薑)': 이조원(李調元)의 『남월필기(南越筆記)』 권15에서는 "삼뢰(三賴)는 일명 산내(山奈)이며, 또한 염강(廉薑)인데, 양념으로 쓸 수 있다."라고 하였다.

廉薑이다."라고 하였다.

『오록吳錄』에 이르기를, "시안始安[260]에는 염강이 많다."라고 하였다.

『식경』에 이르기를, "생강 담그는 법은, 검은 매실[烏梅]을 꿀에 넣어 달인 후에, 찌꺼기를 걸러 내고 그것에 염강을 담가 2-3일 동안 재워 두면 호박琥珀처럼 주황색을 띤다. 여러 해를 보관하더라도 상하지 않는다."라고 하였다.

葰, 廉薑也.

吳錄曰, 始安多廉薑.

食經曰,[116] 藏薑法, 蜜煮烏梅, 去滓, 以漬廉薑, 再三宿, 色黃赤如琥珀. 多年不壞.

● 그림 35
염강(廉薑; 山柰)과 그 뿌리

단옥재(段玉裁), 서호(徐灝) 등은 또한 이를 가리켜, "약(藥) 중에 삼내(三奈)가 있다."라고 하였다. 삼내(三奈)는 곧 산내(山柰)이고, 또한 사강(沙薑), 산날(山辣), 염강(廉薑)이라고도 불리는데 이는 곧 생강과의 산내(山柰; *Kaempferia galanga*)이다. 다년생의 숙근초본(宿根草本)이고, 뿌리줄기에 향기가 있다.

259 '족준(蔟葰)': 이시진은 『본초강목』 '산내(山柰)'조 아래에 주를 붙여 "예전에 소위 염강이라고 하는 것이 아마 이 종류인 듯하다."라고 했다. 즉 산내(양하과의 *Kaempferia galauga*)일 수도 있다고 생각한 것이다. 오기준(吳其濬)은 『식물명실도고(植物名實圖考)』에서 과실이 산내라고 했다. 스성한의 금석본에 따르면, 단정할 수는 없지만 아마 양하과 산내속(*Kaempferia*), 산강속(*Alpinia*) 혹은 강황속(*Curcuma*)의 식물일 것이라고 보았다.

260 '시안(始安)': 삼국의 오나라가 세운 현으로, 오늘날 광서 계림(桂林) 부근이다.

교 기

[115] '광아왈(廣雅曰)': 금본 『광아』에 "염강은 생강[葰]이다."로 되어 있다. 『태평어람』 권974 「과부십일(果部十一)」과 『제민요술』이 같다.

[116] '식경왈(食經曰)': 『태평어람』에 '장(藏)'자가 '염(廉)'으로 잘못되어 있다. '지(漬)'자는 '재(滓)'로 잘못되어 있고, "여러 해를 보관하더라도 상하지 않는다.[多年不壞.]"라는 구절이 없다. 묘치위 교석본에 의하면, 『태평어람』 권974에서 인용한 『식경』에는 빠지거나 잘못된 것이 있으며, 『오록』의 항목은 인용되지 않았다고 한다.

35 구연枸櫞[261] 三五

배연裵淵의 『광주기』에 이르기를, "구연은 | 裵淵廣州記

261 '구연(枸櫞)'은 운향과의 구연(*Citrus medica*)으로, 또는 향연(香櫞)이라고도 부른다. 중국 장강 이남에서 재배되고 있다. 이시진(李時珍)이 말하기를, "구연은 … 그 열매의 형상이 사람의 손과 같고 손가락이 있으며, 민간에서는 '불수감'이라고 칭한다."라고 하였다.[『본초강목(本草綱目)』 권30 '구연'.] 오기준(吳其濬) 역시 말하기를 "구연은 … 곧 불수(佛手)이다."라고 하였다. 아울러 이르기를, "외에 손톱이 있는 것을 '구연'이라고 하며, 손톱이 없는 것을 '향연'이라고 한다."라고 하였다.[『식물명실도고(植物名實圖考)』 권31에서 '구연'과 '밀라(密羅)'를 인용하였음.] 묘치위 교석본에 의하면, 현대 식물학 분류에서는 불수감은 구연의 변종(var. *sarcodactylis*)으로, 그 과일의 갈라진 문양이 주먹과 같아 '권불수(拳佛手)'라고 칭하고, 길게 펼쳐진 것이 손가락과 같은 것을 '개불수(開佛手)'라고 칭한다고 한다.

나무가 귤나무와 같으며, 열매는 크기가 유자만 하지만, 길이는 배가 되며, 맛은 특이하게 시다. 껍질은 꿀에 넣어 졸여 과포[糝][262]를 만든다."라고 하였다.

曰,[117] 枸櫞, 樹似橘, 實如柚大而倍長, 味奇酢. 皮以蜜煮爲糝.

『이물지』에 이르기를, "구연은 귤나무와 비슷하다. 크기는 밥을 담는 나무주발[飯筥][263]만 하다. 껍질은 향이 있지만[264] 맛은 좋지 않다.[265] 갈포와 모시를 담가 빠는 데 사용하며, 또한 신맛

異物志曰,[118] 枸櫞, 似橘. 大如飯筥. 皮有香, 味不美. 可以浣治

262 '삼(糝)': 이것은 꿀에 절인 과일이다. 묘치위 교석본에 의하면, 채소를 조리하거나 절이는 데 사용하는 쌀죽의 쌀알을 사용하지는 않았다. 중화영인본(中華影印本) 『태평어람(太平御覽)』에서는 '종(粽)'으로 쓰고 있으며, 이것은 정자(正字)이다.[포숭성(鮑崇城) 각본 『태평어람』에서는 '삼(糝)'이라고 쓰고 있다.] 후술하는 「(128) 목위(木威)」 주석을 참조하라. 「(36) 귀목(鬼目)」, 「(37) 감람(橄欖)」, 「(41) 익지(益智)」, 「(78) 염(廉)」 등의 '삼(糝)'은 모두 꿀에 절인 과일을 가리키고, 이러한 과실은 모두 시거나 떫거나 혹은 매운맛이 있기 때문에 꿀에 절이는 것이라고 하였다.

263 '반거(飯筥)': 이는 일종의 대나무로 만드는 타원형의 작은 용기이다. 『설문해자』에서 "'유(籍)'는 밥그릇[飯筥]이며, 다섯 되를 담을 수 있다."라고 한다. 한나라 때의 한 되[升]는 대략 지금의 200㎖이다. 구연의 과일은 계란형이거나 타원형으로, 길이는 10-25㎝인데, 배연이 이를 유자 크기만 하고 길이가 2배라고 한 것은 결코 과장이 아니다.

264 '피유향(皮有香)': 스성한의 금석본에서는 '피불향(皮不香)'으로 적고 있으나, '불'자가 잘못된 것으로 보았다. 구연의 속명은 '향연'이며, 맛은 없으나 향이 매우 강하다. 향은 모두 과일 껍질 중의 유선에 다량의 방향유가 저장되어 있기 때문이다. 만약 껍질이 향기롭지 않다면 '향연'이라 불릴 수 없다.

265 '미불미(味不美)': 구연 열매의 껍질은 두껍고 과육 자루는 아주 작으며 맛은 시고 써서 날로는 먹을 수 없기 때문에, 얇게 잘라 꿀에 담가 과포 등으로 만들어 사용할 수 있다. 과육은 구연산을 만들 수 있으며 과일 껍질은 방향유를 추출할 수 있다.

이 나는 장[酸漿][266]처럼 쓸 수 있다."라고 하였다.	葛苧, 若酸漿.

그림 36
구연(枸櫞)과 그 열매

교 기

117 '배연광주기왈(裴淵廣州記曰)': 묘치위 교석본에 의하면, 『태평어람(太平御覽)』 권972의 '구연(枸櫞)'조에 배연의 『광주기』를 인용한 것에는 '실(實)'자가 빠져 있고, 나머지는 『제민요술』과 동일하다고 한다.

118 '이물지왈(異物志曰)': 묘치위 교석본에 따르면 『태평어람』 권972에서 『이물지』를 인용한 것에는 '似橘'을 '實如橘'이라 쓰고 있으며, '저(苧)'를 '저(紵)'['저(苧)'와 통한다.]로 쓰고 있고, 나머지는 『제민요술』과 동일하다고 한다.

266 '산장(酸漿)': 감귤속(柑橘屬) 과실에는 다량의 유기산이 있다. 스셩한의 금석본에 따르면, 과거에는 미생물의 수면 이하 무산소발효를 이용해서 용해하는 것 외에 전분발효를 이용해 유산을 얻은 후 물분해하거나 과실 중의 유기산을 이용해 물분해를 유도하는 방법을 사용하였다.

36 귀목鬼目[267] 三六

『광지』에 이르기를,[268] "귀목은 매실과 비슷하며 남방 사람들은 그것을 술을 담가 마신다."[269] 라고 하였다.

『남방초물상』에 이르기를, "귀목나무의 열매는 큰 것은 자두만 하고 작은 것은 오리알만 하다.[270]

廣志曰, 鬼目似梅, 南人以飮酒.

南方草物狀曰,[119] 鬼目樹, 大者如李, 小者如鴨

267 '귀목(鬼目)': 이시진(李時珍)은 귀목(鬼目)에 세 가지 종류가 있다고 인식하였다. 한 종은 목본(木本)의 귀목(鬼目)으로 또 궤목(麂目)이라고 부른다. 다른 두 종은 초본의 귀목으로, 백영(白英)과 양제(羊蹄)이다.[『본초강목(本草綱目)』 권31 '궤목(麂目)'] 『광지(廣志)』, 『남방초물상(南方草物狀)』과 고미(顧微)의 『광주기』에서 기록한 것은 모두 목본의 귀목(鬼目)이며, 배연(裴淵)의 『광주기(廣州記)』와 『오지(吳志)』의 기록은 모두 초본의 귀목으로, 모두 어떠한 종류를 가리키는지 확실하지 않지만 동일한 종류는 아닐 것이다. 묘치위의 의하면, 명칭이 다양한 것은 대개 그 과실 혹은 종자의 형상이 눈알과 비슷하거나, 혹은 약간 눈의 형태와 유사한 것이 있고, 모두 둥글고 붉은색을 띠거나 혹은 둥글고 까맣고 빛이 나며 작은 형태를 띠거나, 모서리가 있거나 혹은 날개 등을 갖추고 있기 때문이라고 한다. 이런 이유로 본 항목에 기록한 각종의 귀목은 어떠한 종류의 식물을 가리키는지 확신하기가 아주 어렵다고 하였다.

268 『태평어람』 권974 「과부(果部)」의 '귀목(鬼目)'에서 『광지』를 인용한 것은 『제민요술』과 동일하다.

269 "남인이음주(南人以飮酒)": 묘치위의 역주본에서는 '음주(飮酒)'를 "술안주로 사용한다."라고 해석했다. 그러나 그다음 배연의 『광주기』에서 귀목(鬼目)을 과일 그 자체보다는 '위장(爲漿)'으로 섭취한다고 한 것으로 미루어 볼 때 이 해석의 음주(飮酒)에 뜻에 더욱 부합한다고 판단된다. 따라서 본 역주에서는 "술을 담가 마신다."로 해석하였음을 밝혀 둔다.

2월에 꽃이 피고 곧이어 열매가 열린다. 7-8월에 열매가 익는다.

열매는 노랗고 맛이 시다. 꿀에 넣어 졸이면 풍미가 더해져 연하고 맛이 좋다. 교지, 무평, 홍고, 구진 등에서 난다."

子. 二月花色, 仍連著實. 七八月熟. 其色黃, 味酸. 以蜜煮之, 滋味柔嘉. 交阯武平興古九眞有之也.

배연의 『광주기』에 이르기를, "귀목은 익지益知[271]와 같으며 (그 자체를) 바로 먹을 수 없기에 음료[漿][272]로 만들 수 있다."라고 하였다.

裴淵廣州記曰,[120] 鬼目益知, 直爾不可噉, 可爲漿也.

『오지吳志』[273]에 이르기를, "오나라 손호孫皓[274] 시대에는 귀목채鬼目菜[275]가 있었는데 공인工人

吳志曰,[121] 孫皓時有鬼目菜, 生工

---

270 "大者如李, 小者如鴨子": 과일의 크기를 가리킨다. 묘치위 교석본을 참고하면, '대(大)' 다음에는 분명 '실(實)'이 빠져 있으나 그 크기가 서로 모순되며, 다음 문장에서는 고미의 『광주기』를 인용한 것에 "大如木瓜"라고 하고 있고, 『본초강목(本草綱目)』 권31의 '궤목(麂目)'에서 유흔기(劉欣期)의 『교주기(交州記)』를 인용하여 "大者如木瓜, 小者如梅李."라고 설명하고 있다. 『제민요술』의 '여리(如李)'로 표기하였고 『태평어람』 권974에서는 '여목자(如木子)'라고 인용하여 쓰고 있는데, 이들은 모두 '여목과(如木瓜)'의 잘못일 것이다. 그렇지 않으면 크기가 맞지 않으니 이는 마땅히 "小者如李, 大者如鴨子."라고 써야 할 것이다.

271 '익지(益知)': 이는 곧 생강과의 익지(益知; *Alpinia oxyphylla*)로, 여러해살이 초본이다. 중국 해남성(海南省) 등지에서 생산된다. 그 종자는 휘발성 기름을 함유하고 있는데, 향기가 나고 맛이 매우며, 중의학 상에서 '익지인(益智人)'으로 일컫고 있다.

272 '장(漿)': 청량음료이다.[권4「대추 재배[種棗]」 주석 참조.]

273 『오지(吳志)』: 『삼국지』「오지(吳志)」를 가리킨다.

274 손호(孫皓: 242-283년): 삼국 오(吳) 말기의 황제로, 264-280년에 재위하였다.

275 '귀목채(鬼目菜)': 이 초본의 귀목은 만본(蔓本)이다. 『이아(爾雅)』「석초(釋草)」에 "부(苻)는 귀목이다."라고 되어 있으며, 곽박의 주에 "오늘날 강동의 귀목초는

황구黃耈의 집에서 난다. (이것은) 대추나무에 기대어 자라며 길이는 한 길여이고, 잎의 너비는 네 치이며 두께는 세 푼이다."라고 하였다.

人黃耈家. 依緣棗樹, 長丈餘, 葉廣四寸, 厚三分.

고미顧微의 『광주기廣州記』에 이르기를, "귀목은 나무가 콩배나무[棠梨]와 비슷하다. 잎은 닥나무 같고 나무껍질은 희며 나무줄기는 높다. (열매는) 크기가 모과[木瓜]와 같은데 약간 꼬여 있고, 온전하지 않으며 맛은 시다. 9월에 익는다."라고 하였다.

顧微廣州記曰,[122] 鬼目, 樹似棠梨. 葉如楮, 皮白, 樹高. 大如木瓜, 而小邪傾, 不周正, 味酢. 九月熟.

"또 '초매자草昧子'가 있는데 이 또한 (귀목과) 마찬가지로 꿀에 졸여 과포[糝]를 만들 수 있다.[276] 그 나무의 형상은 귀목과 비슷하다."라고 하였다.

又有草昧子, 亦如之, 亦可爲糝用. 其草似鬼目.

줄기가 덩굴[葛]과 같고 잎이 둥글며 털이 있다. 열매[子]는 귀걸이[耳璫]와 같고, 적색으로 무성하게 자라난다."라고 했다. 『본초강목』 권18 '만초(蔓草)' 중의 '백영(白英)'은 『석명』 아래에 '귀목'의 이명을 인용했는데, 이시진은 『오지(吳志)』의 이 단락을 인용하여 '백영'이 귀목채라고 설명했다. 스셩한의 금석본에 따르면, 백영은 가(茄)과 가(茄)속의 *Solanum dulcamara* L. var. *ovatum* Dunal으로, 그 형체와 이 단락의 기술이 유사한 부분이 있으나 '잎의 두께'가 '세푼[三分]'이 되지 않는다고 한다.

276 '초매자(草昧子)'는 어떤 식물인지 알 수 없다. '역여지(亦如之)'는 대개 '초(酢)맛'이 나는 것을 가리키는데, 귀목나무의 열매와 같기 때문에 모두 그것을 꿀에 절여 과포를 만들었다. '삼(糝)'은 앞의 「(35) 구연」의 주석에서 보듯이 천연적으로 신맛을 띠는 식물로, 음식의 성분 중 하나로 만든 것이다.

119 '남방초물상왈(南方草物狀曰)': 『태평어람』 권974 「과부십일(果部十一)」 '귀목'항의 인용에 표기된 책 이름은 『남방초목상(南方草木狀)』이다. 내용은 『제민요술』과 같으며, 단지 "맛이 시다.[味酸.]"앞에 '기(其)'자가 더 있다. 금본 『남방초목상』에는 귀목의 조문이 아예 없는 것으로 보아 『태평어람』의 '목(木)'자는 잘못 쓴 것이다.

120 '배연광주기왈(裴淵廣州記曰)': 『태평어람』의 인용과 같으나, 다만 "直爾不敢噉"으로 되어 있다. '감'자는 '담(噉)'자 때문에 잘못 쓴 듯하다. 『태평어람(太平御覽)』 권974에서 배연의 『광주기(廣州記)』를 인용한 것에는 '지(知)'를 '지(智)'로 쓰고 있고, '불가(不可)'를 '불감(不敢)'이라고 쓰고 있으며, 나머지는 모두 『제민요술』과 동일하다.

121 '오지왈(吳志曰)': 『삼국지』 권48 「오지(吳志) · 손호전(孫皓傳)」에는 "천기(天紀) … 3년(279) … 8월, … 귀목채(鬼目菜)가 있는데 공인(工人) 황구(黃耇)의 집에서 난다. …"라고 하였다. 이 이하는 『제민요술』과 동일하고, 다만 '엽(葉)'이 '경(莖)'으로 쓰여 있다. 『진서(晉書)』 권28 「오행지(五行志)」에 또한 이 사실이 기재되어 있는데, '엽(葉)'이 또한 '경(莖)'으로 쓰여 있다. 『태평어람』 권998 「백훼부오(百卉部五)」에서 『오지』를 인용하여 "건업(建鄴)에 귀목채가 있는데 공인(工人) 황구(黃狗)의 집에서 자랐다. 대추나무에 기대어 길이는 한 장이 넘고 줄기는 넓이가 4치[寸], 두께는 2푼[分]이다."라고 했다.

122 '고미광주기왈(顧微廣州記曰)': 『태평어람』 권974에서 표제를 인용하여 『교주기』라고 했는데, 글자가 전부 같으나 단지 '매(昧)'가 '미(眯)'로 되어 있다. 묘치위 교석본에 의하면, 고미(顧微)의 『광주기』는 배연(裴淵)의 『광주기』와 마찬가지로 각 가의 저서 목록에 모두 보이지 않는데, 각각의 책에서 매우 많이 인용하였으나 이미 유실되었다. 배연과 고미는 쓰인 지명에 근거하여 생각해 볼 때, 모두 남조(南朝) 송대(宋代)의 사람이며, 고미가 배연에 비해 다소 후대의 사람으로 보인다.

37 감람橄欖[277] 三七

『광지』에 이르기를,[278] "감람은 달걀 크기만 하며 교주交州[279]에서는 이것을 이용해서 술을 담근다."라고 하였다.

『남방초물상』에 이르기를, "감람의 열매는 대추 크기만 하며, 큰 것은 달걀만 하다.[280]

2월에 꽃이 피고 곧이어 열매가 맺힌다. 8

廣志曰, 橄欖, 大如雞子, 交州以飲酒.

南方草物狀曰,[123] 橄欖子, 大如棗, 大如雞子. 二月華

277 '감람[橄欖]'은 감람과로 학명은 *Canarium album*이며, '청과(青果)'라고도 부른다. 묘치위는 상록교목이다. 원산지는 베트남과 중국 광동 등지인데, 지금은 광동에서 더 많이 재배된다. 오늘날의 해남도(海南島)에 여전히 야생종이 있다고 한다. 『태평어람』 권972에 『남주초목상(南洲草木狀)』을 인용하여 "감함자(橄棔子) …'로 되어 있다. 『남주초목상』이 『남방초물상(南方草物狀)』인지는 확인할 수 없으나 『남방초목상』은 절대 아니다. 이 '함(棔)'자는 자서 중에는 없는 글자이다. 『옥편(玉篇)』 '목(木)부'에 '담(橝)'자가 있는데 '나무 이름'이라고 주가 붙어 있다.

278 『태평어람(太平御覽)』 권972 '감람(橄欖)'조에서 『광지(廣志)』를 인용한 것은 『제민요술』과 동일하다.

279 교주(交州)는 진(晉)나라 때는 지금의 베트남 중북부에 있었으며 동쪽에서 광서성 흠주(欽州) 지역 및 뇌주(雷州) 반도, 해남도 등지에 이르고, 주(州)의 치소는 지금의 하노이 동북 지역이다.

280 "子, 大如棗, 大如雞子": '大如棗'의 '대(大)'자는 문제가 있는데, 스성한의 금석본에서는 아마 '상(狀)'자가 뭉개진 것인 듯하다고 보았다. '大如雞子'는 『태평어람』에 인용된 것에는 이 구절이 없고, 『증류본초(證類本草)』 권23 '감람(橄欖)'조에서 인용한 진장기(陳藏器)가 『남방초목(물)상』을 돌려서 인용하고 있는 것에도 이 구절이 없다. 묘치위 교석본에 의하면, 윗 문장의 『광지』에 따른 것이 마땅하며, 그다음은 (『남방초물상』에서 등장하는) 군더더기인 듯하다고 하였다.

월, 9월에 익는다. 날것을 먹으면 맛이 시다.

꿀에 재워 두면 이내 단맛이 난다."라고 하였다.

『임해이물지』에 이르기를, "여감자餘甘子[281]는 (열매 모양이) 북[梭]과 같다. 입에 갓 넣을 때는 혀끝이 떫다. (먹은) 후에 물을 마시면 단맛이 살아난다. (열매는) 매실의 씨보다 크며 양 끝이 뾰족하다.

동악東岳에서는 이를 여감이라고 하며 가람柯欖이라고도 일컫지만 같은 종류의 과일이다."라고 하였다.

『남월지南越志』에 이르기를 "박라현博羅縣[282]에는 합성수合成樹[283]가 있는데, 둘레는 열 아름이나 된다. 땅에서 두 길[丈] 떨어진 곳에서 세 갈래로 나뉘는데,[284] 동쪽으로 향한 한 가지는 목위木

色, 仍連著實. 八月九月熟. 生食味酢. 蜜藏仍甜.

臨海異物志曰,[124] 餘甘子, 如梭[125]形. 初入口, 舌[126]澀. 後飲[127]水, 更甘. 大於梅實核, 兩頭銳. 東岳呼餘甘柯欖, 同一果耳.

南越志曰,[128] 博羅縣有合成樹, 十圍.[129] 去地二丈, 分爲三衢, 東

281 '여감자(餘甘子)'에는 이름이 같은 두 종류가 있다. 한 종은 감람으로, "양 끝이 뾰족하여" 베틀의 북의 형태와 같은 여감자인데, 감람의 맛은 처음엔 떫고 뒤에는 달기 때문에 '여감(餘甘)'이라는 이름을 얻었다. 다른 한 종은 대극과(大戟科)의 여감자로 학명은 *Phyllanthus emblica*이다. '암마륵(菴摩勒)', '유감자(油甘子)'라고도 불린다. 열매는 둥글며, 결코 양끝이 뾰족하지는 않고, 그 맛도 비록 처음에는 떫고 뒤에는 달지만 감람의 '여감'과 혼용할 수는 없다. 가사협은 이 '여감자(餘甘子)'를 「(46) 여감(餘甘)」 항목에 나열하지 않고, 정확하게 구별하였다.

282 '박라현(博羅縣)': 한대(漢代)에 세워진 현이다. 지금의 광동성 박라현이다.

283 '합성수(合成樹)'는 어떻게 합성한 것인지, 자연적인 가지가 서로 이어진 것[連理枝]인지, 아니면 인공적으로 접붙인 것인지 추측할 수 없다.

284 '구(衢)'는 나무의 가지가 서로 엇갈리는 형태이다. 『산해경(山海經)』 「중산경

威[285]로서 나뭇잎은 멀구슬나무[楝][286]와 같고 열매는 감람과 같으나 단단하다. 껍질을 벗긴 후에 남쪽의 사람들은 그것으로 과포[糝]를 만든다. 남쪽으로 향한 가지는 감람나무이다. 서쪽으로 향한 가지는 '삼장三丈'[287]이다. 삼장의 나무는 영북

向一衢, 木威, 葉似楝, 子如橄欖而硬. 削[130]去皮, 南人以爲糝. 南向一衢, 橄欖. 西

(中山經)」에서는 '소실지산(少實之山)'에 '제휴(帝休)' 나무가 있는데 "잎의 모양은 버들과 같고, 그 가지는 다섯 갈래다."라고 기재되어 있다. 곽박의 주에는 "이 나뭇가지는 서로 교차되어 다섯 개로 나오는데, 이것은 흡사 나뉜 거리와 모양이 같다."라고 하였다.

285 '목위(木威)'는 감람과(橄欖科)의 오람(烏欖; *Canarium pimela*)이며, 감람과 같은 속이고, 상록교목이다. 과실은 그 길이가 한 치만 하며, 방추형이고, 감람과 흡사하다. 멀구슬나무[楝樹]는 멀구슬나무과의 *Melia azedarach*이며, 오람의 깃꼴겹잎은 멀구슬나무의 깃꼴겹잎과 서로 닮았다. 묘치위 교석본에 의하면, '목위(木威)'는 원래 '목(木)'자 하나만 있고, '위(威)'가 빠져 있다. 스셩한의 금석본에서도 '위'자를 쓰지 않았다. 남조 양(梁)의 소역(蕭繹)의 『금루자(金樓子)』 권5 「지괴편(志怪篇)」에서는 "'독근(獨根)'이라는 나무 이름이 있는데, 두 갈래로 나뉘어져 있다. 동쪽으로 향한 가지는 목위수(木威樹)이고, 남쪽으로 향한 가지는 감람수이다."라고 하였다. 본서 권10 「(128) 목위(木威)」에서 『광주기』를 인용하여 "열매는 감람과 같으나 단단하고, 껍질을 벗기면 '종(粽)'이 된다."라고 하였다. 기록한 것은 모두 『남월지(南越志)』와 동일하다. 『북호록(北戶錄)』 권3에서 『남월지』를 인용한 것에는 "동쪽으로 향한 가지는 목위이다."라고 했으며, '목위'를 명확히 가리키므로, 이에 근거하여 '위(威)'를 보충한다고 하였다.[「(128) 목위(木威)」의 주석 참조.]

286 '연(楝)': 스셩한의 금석본에서는 '연(練)'자를 쓰고 있으나, '연(楝)'자가 맞는 것으로 보았다. 감람의 우상복엽(羽狀複葉)은 멀구슬나무[楝樹; *Melia azedarach*]와 다소 유사한 듯하다. 『본초습유(本草拾遺)』 '목위자(木威子)'에서는 "영남의 산골짜기에서 자란다. 나뭇잎은 멀구슬나무와 닮았다. 열매는 감람과 같으나 단단하고 또한 대추와 닮았다."라고 한다. 『태평어람(太平御覽)』 포숭성(鮑崇城) 각본을 인용하여 또한 '연(楝)'으로 쓰고 있는데, 묘치위 교석본에서는 이에 근거하여 수정하였다.

嶺北의 후□猴□[288]이다."라고 하였다.

向一䰀, 三丈. 三丈樹, 嶺北之猴□也.

그림 37
감람(橄欖; 올리브)과 열매

교 기

123 '남방초물상왈(南方草物狀曰)': 『태평어람』 권972 「과부구(果部九)」에는 『남방초목상』으로 되어 있다. 그러나 『남방초목상』에는 '여감(餘甘)'이 아예 없다. '남(欖)'이 '도(榣)'로 되어 있고, "크기가 계란과 같

287 '삼장(三丈)'은 『북호록』에서 『남월지』를 인용한 것에는 '옥문(玉文)'으로 쓰여 있다. 글자의 형태는 매우 닮았으나, 무엇이 옳은지는 알 수 없다.

288 스셩한의 금석본에서는 □칸을 비워 두지 않았다. '후(猴)□'는 금택초본, 명초본, 호상본에는 모두 한 칸을 비워 두었는데, 다른 본에서는 단지 '후'자 하나만 있어서 과일 이름이 되지 않는다. 앞에서 설명한 「(7) 과라(果蓏)」에는 후달(猴闥), 후총(猴總)이라는 과일 이름이 있기 때문에 금택초본에 따라 빈칸을 두는 것에 약간의 의심이 남는다.

다.”라는 구절이 없다. “2월에 꽃이 핀다.” 다음의 “꽃이 피고 곧이어 열매가 맺힌다.”가 빠져 있으며, “여전히 달다.”가 “여전히 달고 맛있다. 교지, 무평, 홍고, 구진에 그것이 난다.”로 되어 있다. 『태평어람』의 인용을 보면 문구가 『제민요술』의 인용보다 합리적이다.

124 ‘임해이물지왈(臨海異物志曰)’: 『태평어람』에는 ‘삽(澀)’자 다음의 ‘후음(後飮)’은 ‘산음’(酸飮)으로 표기되어 있으며, ‘대어(大於)’가 ‘우여(又如)’로 잘못되어 있다. ‘동악(東岳)’ 두 글자는 없으며, ‘호(呼)’자 다음에 ‘와(譌)’가 있다. ‘가(柯)’가 ‘감(橄)’으로 되어 있고, ‘과(果)’자가 ‘이물명(異物名)’으로 되어 있다. 살펴보건대 ‘산음’ 두 글자가 비교적 적합하며, ‘동악’은 들어가서는 안 된다. 묘치위 교석본에 의하면, 『태평어람』 권972에서 『임해이물지』를 인용한 것은 기본적으로 『제민요술』과 동일하다. 또 같은 책 권973의 ‘여감’조에도 인용하고 있는데 비교적 간략하지만, “진안, 후관의 경계 중에 난다.[出晉安候官界中.]”라는 구절이 더 있다. ‘가람(柯欖)’은 『태평어람』의 두 곳에서 인용하고 있는 곳에 모두 ‘감람(橄欖)’이라고 쓰여 있다. 『제민요술』에는 ‘여감(餘甘)’, ‘가람(柯欖)’ 사이에 ‘위(爲)’가 생략되어 있는데, 이는 곧 동악(東岳) 태산(泰山) 지역에서 “여감을 불러 가람(柯欖; 橄欖)이라고 한다.”라고 말하는 것이라고 한다.

125 ‘준(梭)’: 『집운』에서는 ‘북[梭]’을 해석하여 여감(餘甘)이라고 하였는데, 대개 『제민요술』의 이 조항에서 구멍을 뚫고 나왔다는 기록에 의거한 것이다. 여기서 말하는 여감은 바로 감람으로, 감람의 과일은 마치 베를 짤 때의 북과 같다. 『옥편(玉篇)』과 『설문해자』에서 지적하는 나무로 만든 ‘북[梭]’ 또한 역시 감람이나 여감에 한정하는 것은 아니라고 하였다.

126 ‘설(舌)’: 명초본과 금택초본에 동일하게 ‘설’로 되어 있으며, 『태평어람』의 인용과 같다. 명청 각본에 모두 ‘고(苦)’로 되어 있다. 만약 『태평어람』에 따라 ‘설삽산(舌澀酸)’으로 한다면 ‘고’로 해서는 안 된다. 따라서 스셩한은 그러므로 잠시 ‘설’자인 것을 보류한다고 한다.

127 ‘음(飮)’: 스셩한의 금석본에서는 ‘반(飯)’으로 쓰고 있다. 스셩한에 따르면 명초본과 금택초본에 ‘반’으로 되어 있고, 명청 각본에 ‘음(飮)’으

로 되어 있는데, 『태평어람』의 인용과 같다.

128 '남월지왈(南越志曰)': 『태평어람(太平御覽)』에는 '西向一𣔻' 다음에 '감람'이 적혀 있는데, 이는 잘못이다. 그 밖의 것은 『제민요술』의 인용과 같다. 묘치위 교석본에서는 『북호록(北戶錄)』 권3 '감람자(橄欖子)' 조에서 『남월지』를 인용하였는데, 매우 간략하게 처리하여 "박라현(博羅縣)에는 합성수(合成樹)가 있다. 나무는 땅에서 두 길 떨어져 있는데, 두 길 떨어진 곳에 세 갈래 가지가 있다. 동쪽으로 향한 가지는 목위(木威)이고, 남쪽으로 향한 한 가지는 감람(橄欖)이며, 서쪽으로 향한 가지는 옥문(玉文)이라고 한다."라고 하였다.

129 '위(闈)': 명초본에 '원(園)'으로 잘못되어 있다. 금택초본, 명청 각본과 『태평어람』의 인용에 따라 바로잡아야 한다.

130 '삭(削)': 명청 각본에 '자(子)'로 되어 있다. 명초본과 금택초본에 따라 '삭'으로 해야 한다.

38 용안龍眼三八

『광아』에 이르기를,[289] "익지益智는 용안이다.[290]"라고 하였다.

廣雅曰, 益智, 龍眼也.

---

289 『광아』「석목(釋木)」.

290 "益智, 龍眼也": '익지(益智)'는 무환자과(無患子科: 쌍떡잎식물 갈래꽃무리의 한 과)의 용안(龍眼; *Euphoria longan*)으로, 별도로 익지란 이름이 있으며, 생강과의 초본인 '익지'와 이름이 같다. 용안을 별도로 익지라고 칭하는 것이 이미 『신농본초경(神農本草經)』에 보인다. 또 '용목(龍目)'이라고도 부르는데, 좌사(左思)의 『촉도부(蜀都賦)』에 보인다. 묘치위 교석본에 의하면, 지금의 속명으로는 '계

『광지』에 이르기를, "용안의 나무는 잎이 여지와 같고 (가지는) 덩굴처럼 뻗어 가며, 다른 나무를 감으면서 위를 향해 자란다.[291] 열매는 멧대추[酸棗]와 흡사한데, 검은색[292]이며 순전히 달기만 하고 신맛은 없다. 7월에 익는다.[293]"라고 하였다.

廣志曰,[131] 龍眼樹, 葉似荔支, 蔓延, 緣木生. 子如酸棗, 色黑, 純甜無酸. 七月熟.

『오씨본초吳氏本草』에 이르기를 "용안은 일명 '익지'라고 하며, '비목比目'이라고도 칭한다." 라고 하였다.

吳氏本草曰,[132] 龍眼, 一名益智, 一名比目.

원(桂圓)'이라고 불린다. 『증류본초(證類本草)』 권13 '용안(龍眼)'의 주에는 "『본경(本經)』에 이르길, '일명익지(一名益智)'라는 것은 대개 맛이 달고 지라에 돌아오게 하며[歸脾: 장기의 기운을 소통시켜 지라로 돌아오게 만드는 것], 지혜를 더해 주는 것으로, 지금의 '익지자(益智子)'는 아니다."라고 한다. 익지자(益智子)는 본초의 익지인(益智仁)을 가리킨다고 한다. 스성한의 금석본에 따르면, 『광아(廣雅)』에는 "益智, 龍眼"으로 되어 있어서 '익지'가 곧 '용안'을 가리키는지 확실하지가 않다.

291 "蔓延緣木生": 이 문장에서는 용안나무[龍眼樹]가 다른 나무를 감으면서 자란다고 하였다. 그러나 용안나무는 상록교목으로 높이가 10m에 달하고 또한 수관(樹冠)이 무성하여 결코 다른 나무를 타고 위로 자라는 목질(木質) 등나무[藤本]가 아니므로, 이 부분은 실제와 다르다.

292 '색흑(色黑)': 용안의 과육[가종피(假種皮)]은 흰색이며 즙이 많고 맛이 달고, 건조시키면 비로소 흑갈색이 된다. 즉, 곽의공(郭義恭)이 본 것은 이미 말린 용안의 열매[桂圓]로 결코 신선한 열매는 아니다.

293 '칠월숙(七月熟)': 용안의 열매가 맺히는 시기는 7-9월이므로 틀린 바가 없다.

그림 38
용안(龍眼)과 열매

교 기

131 '광지왈(廣志曰)': 『태평어람』 권973 「과부십(果部十)」의 인용은 대체적으로 같다. 다만 '子如酸棗' 구절의 '자(子)' 다음에 '대(大)'자가 있다. '흑(黑)'자는 '이(異)'로 잘못되어 있고, '七月熟' 구절도 없다.

132 '오씨본초왈(吳氏本草曰)': 『태평어람』의 인용에 "일명 익지이다.[一名益智.]"라는 구절이 없다.

39 오디 椹三九

『한무내전漢武內傳』에는,[294] "서왕모가 이르 | 漢武內傳, 西

294 금본의 『한무제내전(漢武帝內傳)』에는 "왕모(王母)가 이르기를, '… 최고의 약은 … 동쪽 부상(扶桑)의 붉은 오디[丹椹]이다.'"라고 적혀 있다.

기를, '최고의 선약으로 부상扶桑[295]의 붉은 오디[丹椹]가 있다.'라고 하셨다."라고 한다.

王母曰, 上仙之藥, 有扶桑丹椹.

295 '부상(扶桑)'은 옛 나라 이름으로, 그 나라에 부상목(扶桑木)이 많기 때문에 이러한 이름을 얻었다. 『양서(梁書)』 권54 「부상국(扶桑國)」 기록에는 "제나라 영원(永元) 원년(499), 그 나라에 승려 혜심(慧深)이 와서 형주(荊州)에 이르러 설법하여 이르기를, '부상(扶桑)은 대한국(大漢國)의 동쪽 이만여 리에 있으며 그 땅이 중국 동쪽에 있다. 그 땅에는 부상목이 많기 때문에 그렇게 이름을 지었다. 부상은 잎이 오동나무와 같으며 처음 자랄 때는 죽순과 같은데, 그 나라 사람들은 그것을 먹는다. 열매는 배와 같으나 붉다. 그 껍질을 연결하여 베를 만들어 옷을 해서 입고 또 면(綿)을 만들었다.'라고 하였다."라고 한다. 묘치위 교석본에 의하면, 부상국은 도대체 어디에 있는 곳인지, 부상목이 어떤 나무인지에 대해서 근대 200년 동안 매우 많은 중국 내외의 학자들이 계속해서 조사하여 논증하였는데, 일본 또는 멕시코라고 하는 견해가 비교적 많았으며, 사할린 섬 또는 고려로 인식하기도 하였다. 승려 혜심이라는 사람은 중국인으로 보이는데 세계에서 가장 먼저 아메리카에 첫발을 디딘 사람으로, 콜럼버스가 신대륙을 발견한 것에 비해서 천 년이나 빠르다. 혹자는 멕시코인으로 인식했다. 어찌되었든 간에 현재 북아메리카 남부와 남아메리카 북부에서 적지 않은 한문 자료가 출토되고 있으며 깊이 생각할 가치가 있다. 미국학자 헨리에타 메르츠(Henrietta Mertz)가 저술한 『기근퇴색적기록(幾近退色的記錄; Pale Ink)』(부제 '중국인이 미주에 도달하여 탐험한 두 개의 고대 기록에 대하여[關於中國人到達美洲探險的兩份古代記錄]', 海洋出版社)은 곧 혜심의 부상국 여행이 기록된 『양서』를 조사, 고증한 것으로, "미국과 캐나다 및 멕시코의 실제 지리 위치가 맞아떨어진 것으로 확인되며, 충분히 증명된다."라고 했다. 부상목에 대해 말하는 사람도 다양한데, 뽕나무, 참죽나무, 오동나무, 또는 케이폭나무[木棉], 옥수수, 용설란(龍舌蘭), 선인장(仙人掌) 등의 설이 있으나 정확하지는 않다고 한다.

● 그림 39
뽕나무[桑]와 오디[椹]

40 여지荔支四十

『광지』에 이르기를, "여지나무는 높이가 대여섯 길[丈]이며, 육계나무[296]와 같고, 녹색의 잎이 우거져 겨울과 여름에도 아주 무성하고 울창하다.

꽃은 푸르고 열매는 붉으며, 열매는 달걀 크기만 하다.

씨는 진한 갈색[黃黑]이며 익은 연밥과 같다. 과육[297]은 비계처럼 새하얗고, 달고 즙이 많으며,

廣志曰,[133] 荔支樹, 高五六丈, 如桂樹, 綠葉蓬蓬, 冬夏鬱茂. 青華朱實, 實大如雞子. 核黃黑, 似熟蓮子. 實白如肪, 甘而多汁, 似

296 '계수(桂樹)': 녹나무과의 육계나무[肉桂; *Cinnamomum cassia*]이며, 물푸레나무과[木犀科]의 목서[木犀; *Osmanthus fragrans*, 곧 계화(桂花)이다.]는 아니다.

297 '실(實)': 여지의 열매는 하얀색이 아니며, 식용되는 부분은 껍질 아래 부분[膚]이

안석류처럼 새콤달콤하다.

하지가 지날 즈음에 열매가 한꺼번에[翕然][298] 모두 붉어져서 먹을 수 있다. 나무 한 그루에서 열매 백 섬[斛]을 딸 수 있다."라고 하였다.

安石榴, 有甜酢者. 夏至日將已時, 翕然俱赤, 則可食也. 一樹下子百斛.

"건위犍爲의 북도僰道, 남광南廣[299]에서는 여지가 익을 때 온갖 새가 살찐다. 그 과일 이름은 (가장 좋은 것을) '초핵焦核'[300]이라 하고,[301] 그다음의 것을 '춘화春花'라고 하며, 그다음의 것을 '호게胡偈'라고 한다. 이 세 종류가 가장 맛이 좋다. (그 외에) '별란鱉卵'이 있는데,[302] 크지만 맛이 시기 때

犍爲僰[134]道南廣荔支熟時, 百鳥肥. 其名之曰焦核, 小次曰春花, 次曰胡偈. 此三種爲美. 似鱉卵,

므로, 이 '실'자는 '부(膚)'의 잘못이다.

298 '흡연(翕然)'은 '흡홀(翕忽)'과 같으며, '재빨리[快速]', '한꺼번에[一下]'의 뜻이다.

299 '건위(犍爲), 북도(僰道), 남광(南廣)': 스셩한의 금석본을 보면, 건위는 한대에 세워진 군이다. 북도는 건위군의 주요 도시이며, 원래는 오늘날 의빈(宜賓)과 경부(慶符) 두 현 사이에 있었다. 남광은 오늘날 의빈의 동쪽, 남계(南溪)현 서쪽 사이에 있던 작은 강 위에 있었으며 진대에 세워진 현의 하나이다.

300 '초핵(焦核)': 여지 가운데 '씨[核]'의 형태가 작고 가종피가 특히 두꺼운 품종이다. '초'는 마르고 줄어든 것이며, '초핵'은 핵이 작다는 뜻이다. 즉 고미(顧微)가 말한 "핵이 계설향과 같다."이다.[정향(丁香)이다. 이 구절은 「(44) 여지」의 주해에서 인용한 고미의 『광주기』에 보인다. 『태평어람』에서 축법진(竺法眞)의 『등라산소(登羅山疏)』를 인용한 것에는 "그 가는 씨라는 것은 '초핵(蕉核)'이라고 일컬으며, 여지(荔枝) 중에 가장 진귀한 것이라고 한다."라고 하였으며, 『영표녹이(嶺表錄異)』, 『본초도경(本草圖經)』 등에도 모두 기재되어 있다.

301 '명지왈(名之曰)'의 '지(之)'는 각본 및 『태평어람』에서 인용한 것은 모두 같지만, 마땅히 상(上)의 잘못이다. 오기준(吳其濬)의 『식물명실도고장편(植物名實圖考長編)』 권17 '여지(荔枝)'조에서 『제민요술』을 인용하여 '상(上)'이라고 고쳐 썼다.

문에 육장[醢]에 넣어 섞을 수 있다. 대개 논에서 자란다."라고 하였다.

大而酸, 以爲醢和. 率生稻田間.

『이물지』에 이르기를,[303] "여지의 독특한 점은 과육에 즙이 많고 맛이 달아서 먹지 않을 수 없고, 또 약간 신맛을 띠고 있어 특이한 풍미를 지니고 있다는 것이다. 배부르게 먹어도 물리지[厭][304] 않는다. 열매가 신선할 때는 그 크기가 달걀만 하고 그 과육의 표면에 윤택이 있으며, 껍질 속의 과육을 먹는다.[305] 마르게 되면 약간 쭈그러지고 과육과 씨도 신선할 때만큼 맛이 특별하지는 않다.[306] 4월이 되면 비로소 익는다."라고 하였다.

異物志曰, 荔支爲異,[135] 多汁, 味甘絶口, 又小酸, 所以成其味. 可飽食, 不可使厭. 生時, 大如雞子, 其膚光澤, 皮中食. 乾則焦小, 則肌核不如生時奇. 四月始熟也.

---

302 '사(似)'는 잘못되었다. '별란(鱉卵)'은 '호게(胡偈)'에 비해 더욱 떨어지는 품종이다. 『태평어람』에서 인용한 것에는 '차(次)'라고 쓰며, 『북호록(北戶錄)』 권3 '무핵여지(無核荔枝)'조에서 『광지』를 인용한 것에는 "초핵(焦核), 호게(胡偈)는 가장 맛있다. 그다음으로는 별란(鼈卵)이 있다."라고 하였다. 마땅히 '차(次)' 혹은 '우차(又次)'의 잘못이다.

303 『태평어람』 권971에서 『이물지』를 인용한 것은 『제민요술』과 동일하다.['초(焦)'는 '초(醮)'로 쓰여 있다.]

304 '염(厭)': 이는 '염(饜)'과 통하며, 식탐을 부려 지나치게 배부른 것을 말한다.

305 '피중식(皮中食)': 각본과 『태평어람』에서 모두 동일하게 인용하였지만, 여지의 껍질은 맛이 없는데다 위에서 이미 식용의 '부'에 대해 얘기했고 다음 구절에서도 '부'에 대해 언급하고 있는데, 여기에 '피'가 들어가는 것은 매끄럽지 않다. 스셩한의 금석본에서는 '내(乃)'자를 잘못 쓴 것일 수도 있으나, '최(最)'자가 뭉개졌을 가능성이 더 크다고 보고 있다. 묘치위 교석본에 따르면, 『식물명실도고장편(植物名實圖考長編)』에서는 '피중식(皮中食)'을 '피중실(皮中實)'로 고쳐 쓰고 있는데, '피(皮)'는 겉껍질을 가리키고 '실(實)'은 과육을 가리키는 것이니 이것이 더 알맞은 해석이라고 하였다.

306 "肌核不如生時奇": 신선한 여지의 과육을 가리키므로, '기핵(肌核)'을 마땅히 '기

● 그림 40
여지(荔支)와 열매 내부

교 기

133 '광지왈(廣志曰)': 『태평어람』 권971 「과부팔(果部八)」에는 첫 구절 '여지' 아래에 '수(樹)'자가 없으며, '一樹下子百斛' 구절에는 '자(子)'자가 없다. '남광(南廣)'에 '광'자가 없으며, '似鱉卵'의 '사(似)'는 '차(次)'로 되어 있다. '남광'은 지명이므로 '광'자는 반드시 있어야 한다. '次鱉卵'의 '차'자는 『태평어람』을 따라야 한다. 『예문유취』 권87의 인용은 '一樹下子百斛'까지이며, 첫 구절에 '수(樹)'자가 있다.

134 '북(僰)': 금택초본, 청각본 및 『태평어람』에서 인용한 것에는 글자가 같으며, 명초본, 명각본에서는 '북(僰)'이라고 잘못 쓰여 있다.

135 '위이(爲異)': 각본 및 『태평어람』에서 인용한 것이 모두 같다. 『식물명실도고장편(植物名實圖考張編)』 권17에서 『제민요술』을 인용한 것에는 '위과(爲果)'라고 고쳐 쓰고 있다.

부(肌膚)'라고 적어야 한다.

41 익지益智[307] 四一

『광지』에 이르기를, "익지는 잎이 양하蘘荷[308]와 같으며, 길이는 한 자 정도이다.[309] 뿌리 위에 꽃줄기[小枝]가[310] 8-9치 정도로 자라며, 꽃과 꽃받침이 없다.[311]

廣志曰, 136 益智, 葉似蘘荷, 長丈餘. 其根上有小枝, 高八九寸,

307 '익지(益智)': 스성한의 금석본에서는, 양하(蘘荷)과 두구(豆蔻)속의 *Amomum amarum*이며, 본 절 각 조의 기록으로 보건대 양하과 식물일 수밖에 없다고 보았다. 반면 묘치위 교석본에 의하면, 이것은 생강과의 익지(益智; *Alpinia oxyphylla*)이며, 또는 익지초(益智草)라고 불리는데, 이는 용안의 별명인 '익지'와는 별개이다. 다년생 초본 식물이다. 해남도 및 광동 남부 등지에 분포되어 있다고 한다.

308 '양하(蘘荷)': 권3 「양하 · 미나리 · 상추 재배[種蘘荷芹藘]」의 주석에 보인다. 잎은 뿌리줄기에서 뻗어 나고 두 줄로 배열되어 있으며, 모양은 피침형으로 길이가 한 자 정도인데, 익지의 잎은 실제로 이와 비슷하다.

309 '장장여(長丈餘)': '익지초(益智草)'는 높이가 1-3m이고, 잎의 형태는 피침형이며, 길이는 20-35㎝이므로 '장여(丈餘)'는 '척여(尺餘)'의 오류이다. 묘치위 교석본에 의하면, 각본과 『예문유취(藝文類聚)』, 『태평어람(太平御覽)』, 『본초습유(本草拾遺)』에서 『광지(廣志)』를 인용하였으며, 아울러 진장기(陳藏器)가 고미(顧微)의 『광주기』(『본초강목』 권14에서 재인용하고 있다.)를 인용한 것과 『본초도경(本草圖經)』에도 기록이 있으나, 모두 동일하게 잘못되어 있다고 한다.

310 "其根上有小枝": 이것은 꽃줄기[小枝]를 가리킨다. 묘치위 교석본에 따르면, 곧게 자란 줄기의 끝 부분에 달린 잎의 중심에서 뻗어 나오는데, 이것은 뿌리 위에서 나오는 것처럼 보이며, 열매는 아래에서부터 위로 열을 지어 나오는 꽃줄기 위에 붙어 자라나고, 이를 일러 "其子叢生著之"라고 한다.

311 '무화악(無華萼)'은 실제와 부합하지 않는다. 익지초(益智草)는 줄기가 곧게 자라는데, 여러 잎이 줄기에서 무더기로 자라며, 원뿔형의 총상 꽃차례로서 가지 위에서 자란다. 꽃과 꽃받침은 원통형으로 『동파수택(東坡手澤)』[100권 『설부(說

열매는 작은 가지 끝에 붙어 뭉쳐 자라는데, 크기는 대추만 하다. 과육 속의 씨는 검은색이며, 겉껍질은 희다.[312] 씨는 작으며, '익지'라고 부른다.[313] 입에 물면 침이 많이 고인다.[314] 만수萬壽[315]에서 나고, 또 교지交趾에서도 난다."라고 하였다.

『남방초물상』에 이르기를, "익지는 열매가 붓촉[筆毫]과 같으며 길이가 7-8푼 정도이다. 2월

無華萼. 其子叢生著之, 大如棗. 肉瓣黑, 皮白. 核小者, 曰益智. 含之隔涎濊. 出萬壽, 亦生交阯.

南方草物狀曰,[137] 益智, 子如筆毫,

郛)』본]에서는 "해남에서 자란 익지는 꽃과 열매가 긴 이삭을 이룬다."라고 하였다. 『본초도경』에서 또 이르기를, "꽃받침이 이삭을 이루어 그 위에서 자란다." 라고 하였으며, 아울러 『남방초물상(南方草物狀)』에서도 모두 꽃과 꽃받침을 기록하고 있으니, 『광지』의 기록은 잘못이다.

312 "肉瓣黑, 皮白"에는 틀린 글자가 있다. 이른바 '육판흑(肉瓣黑)'은 마땅히 종자가 짙은 갈색임을 가리키고, 『예문유취』, 『태평어람』에서 『광지』를 인용한 것에는 모두 '중판흑(中瓣黑)'이라고 쓰여 있으므로, '육(肉)'은 마땅히 '내(內)'로 써야 한다. '피백(皮白)'이 만약 베이지색의 과일 껍질을 가리키는 것이라고 한다면 억지스러우며, 분명히 배젖[種仁]을 가리키는 것이어야 하므로 '육(肉)'은 마땅히 뒤쪽으로 옮겨서 전체 구절은 "內瓣黑, 肉白"이라고 써야 한다.

313 이 문장은 각본과 『예문유취』, 『태평어람』 등에서 인용한 것이 모두 같은데, 씨가 큰 것이 곧 익지라고 보았다. 『본초도경(本草圖經)』에서 지적하듯이 "씨가 가는 것이 좋다."라고 하였다. '핵(核)'은 그 속에 배아를 함유한 종자를 가리키며, 이 구절은 "核小, 名曰, 益智子."라고 써야 한다. 묘치위 교석본에 의하면, 『광지』의 이 문장은 실제와 맞지 않는 것이 적지 않은데, 전해져서 기록된 것인 듯하며, 결코 직접 눈으로 경험한 것은 아니다. 각 서에서 또한 그대로 베껴 쓰고 있다.

314 '연예(涎濊)': '연'은 타액이다. '예'는 '물이 많다'이다. '연예'는 타액이 많아서 끈끈한 것이다.

315 '만수(萬壽)': 스성한의 금석본을 보면, 진대에 세워진 현 이름으로, 지금의 귀주성 평월(平越)현이다. 반면 묘치위 교석본에서는 이곳을 지금의 귀주성 복천(福泉)현으로 보고 있다.

에 꽃이 피고 곧 열매가 달린다. 5-6월에 익는다. 맛은 맵지만 다섯 가지 맛이 섞여 있으며, 아주 향기롭다.

또한 소금에 절여 햇볕에 말려서 쓸 수도 있다."라고 한다.

『이물지』에 이르기를, "익지는 마치 율무[薏苡][316]와 같고, 열매의 길이는 한 치 정도이며, 헛개나무[枳椇]의 열매[317]만 하다. 맛이 맵고 술을 마실 때 안주로 먹으면 아주 좋다."라고 한다.

『광주기』에 이르기를, "익지는 잎이 양하와 같고 줄기는 화살대와 비슷하다. 열매는 가운데에서 자라나며,[318] 가지 하나에 열 개의 열매가 달린다. 열매의 안쪽은 희고 부드럽다.[319] 열매를 사방으로 쪼개 씨는 버리고, 과육[外皮]을[320] 꿀에

長七八分.[138] 二月花色, 仍連著實. 五六月熟. 味辛, 雜五味中, 芬芳. 亦可鹽曝.

異物志曰,[139] 益智, 類薏苡, 實長寸許, 如枳椇子. 味辛辣, 飮酒食之佳.

廣州記曰,[140] 益智, 葉如蘘荷, 莖如竹箭. 子從心中出, 一枚有十子. 子內白滑. 四

---

316 '의이(薏苡)': 화본과의 '율무[薏苡; *Coix lacryma-jobi*]'이며, 속명은 '미인'이라고 한다. 익지의 열매와 약간 비슷하다.

317 '지구자(枳椇子)': 갈매나무과[鼠李科]의 헛개나무(*Hovenia dulcis*)의 열매이며, 익지의 열매와 약간 비슷하다.

318 "子從心中出": 잎의 중심축이 꽃차례에서 자라는 것을 가리키며, 이는 곧 총상(總狀) 꽃차례의 끝부분에서 자라는 것이고, 열매는 꽃줄기 위에 줄지어 생겨난다.

319 '내(內)'는 각본에 동일하며, 『예문유취』, 『태평어람』, 『증류본초』에서 인용한 것은 모두 '육(肉)'이라고 쓰여 있다.

320 "四破去之, 取外皮"는 배젖을 취해 꿀에 절인 것이다. 금택초본에는 '취외(取外)' 두 글자의 한 칸이 비어 있는 것을 제외하고 다른 본 및 『예문유취』, 『태평어람』, 『증류본초』에서 인용한 것은 모두 이 문장과 같다.[『증류본초』에서는

졸여 과일포[糝][321]를 만들어도 맛은 맵다."라고 하였다.

破去之, 取外皮, 蜜煮爲糝, 味辛.

● 그림 41
익지(益智)와 말린 열매

교 기

136 '광지왈(廣志曰)': 『태평어람(太平御覽)』 권972 「과부구(果部九)」에는

'취(取)'를 '혹(或)'이라고 쓰고 있다.] 『본초강목』 권14에서 진장기(陳藏器)가 고미(顧微)의 『광주기』를 재인용한 것도 또한 동일한데,['거지(去之)'는 '거핵(去核)'으로 쓰고 있다.] 잘못으로 보인다. 묘치위 교석본에서는, 마땅히 "四破取之, 去外皮."로 써야 한다고 하여 스셩한과 같은 견해를 제시하였다.

321 '삼(糝)'자는 『제민요술』의 앞의 여러 권에서 두 가지 용법으로 사용된 것이 보인다. 첫째는 물기는 있으나 수분이 흐르지 않는 음식에 과립 형태의 양식을 첨가하는 것이다. 이런 '삼'은 「생선젓갈 만들기[作魚鮓]」, 「삶고 찌는 법[蒸缹法]」의 여러 단락에서 보인다. 또 다른 용법은 '갱학(羹臛)'에 알갱이 통째로 또는 부스러뜨린 양식을 첨가하는 것으로, 가령 권8 「고깃국 끓이는 방법[羹臛法]」에서 대부분의 '갱'이 모두 쌀알을 섞었으며 때로는 밀가루를 섞었다. 「고깃국 끓이는 방법」의 여러 단락에 '삼'자가 분명히 있으며, 권9 「소식(素食)」에도 '미삼립(米糝粒)'이라는 말이 있다.

첫 구절의 '사(似)'가 '이(以)'로, '양(囊)'이 '양(襄)'으로 잘못되어 있다. '무화(無華)'가 '무엽(無葉)'으로 되어 있고, '총생저지(叢生著之)'에 '저' 자가 없으며, '육판(肉瓣)'이 '중변(中辨)'으로 되어 있고, '만수(萬壽)'가 '수만(壽萬)'으로 순서가 바뀌어 있다. 『예문유취』 권87의 인용에 '육판'이 '중변'으로, '격(隔)'이 '섭(攝)'으로, '육(肉)'이 '중(中)'으로 되어 있는데 적합한 듯하다. 즉, 열매[子] "크기가 대추 속의 외씨만 하다."는 대추씨 크기에 해당한다는 것이다.

137 '남방초물상왈(南方草物狀曰)': 『태평어람』에는 첫 구절에 '자(子)'자가 없다. '이월화(二月華)' 아래에 '색잉연저실(色仍連著實)'이 없고, '오뉴월[五六月]'이 '오월유월'로 되어 있으며, '잡오미(雜五味)' 세 글자가 없고, '분(芬)'자 이하는 "향은 교지, 합포에서 난다.[香, 出交阯合浦.]"라고 쓰여 있다. 『예문유취』에는 '이월(二月)' 구절이 "이월의 꽃은 색이 연꽃과 같고 열매가 달려 있다."로 되어 있고, 끝부분에도 '출교지합포(出交阯合浦)' 구절이 있다. 금본 『남방초목상』 '익지자(益智子)'조의 전반부는 『예문유취(藝文類聚)』와 같고, '출교지합포(出交阯合浦)' 다음에 "건안(建安) 8년에 교주(交州)자사 장진(張津)이 일찍이 익지자로 만든 떡[粽]을 위무제(魏武帝)에게 양식으로 보냈다."라는 구절이 있다.

138 '분(分)': 명초본에 '구(九)'로 잘못되어 있다.

139 '이물지왈(異物志曰)': 『태평어람』 권972에는 진기창[陳祁暢: 또는 '기(祈)'자라고도 쓴다.]의 『이물지』를 인용해서 적고 있는데, 기본적으로 서로 동일하다.

140 '광주기왈(廣州記曰)': 『태평어람』과 『예문유취』에서는 모두 출처가 고휘(顧徽)['미(微)'가 맞다]의 『광주기』라고 밝히고 있다. '일매(一枚)'가 '일지(一枝)'로, '삼(糝)'이 '종(粽)'으로 되어 있다. '지(枝)'자가 '매(枚)'자보다 적합하다.['종'자와 '삼'자의 관계는 본서 권10 「(35) 구연(枸櫞)」 각주 참조.]

42 통桶[322] 四二

『광지』에 이르기를, "통의 열매는 모과와 비슷하고 나무 위에서 자란다."라고 하였다.	廣志曰, 桶子, 似木瓜, 生[141]樹木.
『남방초물상』에 이르기를, "통의 열매는 크기가 달걀만 하며, 3월에 꽃이 피고 이내 열매가 달린다. 8-9월에 익는다.	南方草物狀曰,[142] 桶子, 大如雞卵, 三月花色, 仍[143]連著實. 八九月熟.
딴 후에 소금에 절여 담가 두면 맛이 아주 시큼하다. 꿀에 담가 두면 맛이 달고 좋다.	採取, 鹽酸[144]漚之, 其味酸酢. 以蜜藏, 滋味甜美.
교지交趾에서 생산된다."라고 하였다.	出交阯.
유흔기劉欣期의 『교주기交州記』에 이르기를, "통의 열매는 복숭아와 같다."라고 하였다.	劉欣期交州記曰,[145] 桶子, 如桃.

322 '통(桶)': 분명 '각자(桷子)'의 잘못이며, 표제목 역시 '각(桷)'의 잘못이다. 『태평어람(太平御覽)』 권972의 '통자(桶子)'는 모두 책에서 네 개 조항을 인용했는데, 세 조항은 이미 교기에 보이며, 더욱 진기창(陳祁暢)의 『이물지(異物志)』 한 조항을 인용하였다. 『태평어람』에서 『남방초물상』을 인용하여, "통자(桶子)는 모두 대개 베끼는 과정에서 잘못된 것으로, 이 또한 저구(楮構)의 '구(構)'이며, 이름이 같으나 실제로는 다르다."라고 하였다. 묘치위의 교석본에는 '저(楮)', '구(構)'는 모두 '곡(穀)'의 다른 이름으로 뽕나무과의 꾸지나무[穀樹; *Broussonetia papyrifera*]이지만 같은 이름의 다른 나무인 '곡자수(穀子樹)'와 헷갈리기 쉽기 때문에, 다른 동음자인 '각자(桷子)'(남쪽의 발음은 서로 같다.)의 이름으로 그것을 대신하였다. 따라서 이 '통자(桶子)'는 마땅히 '각자(桷子)'의 잘못이라고 한다.

교 기

141 '생(生)': 『태평어람』 972 「과부구(果部九)」에는 '생(生)'자가 없으며, 금택초본의 '생'자 역시 비어 있다.

142 '남방초물상왈(南方草物狀曰)': 『태평어람』에는 '대(大)'가 '목(木)'으로 잘못되어 있고, "色仍連著實" 구절이 없다. '팔구월(八九月)'이 '팔월구월'로 되어 있고 "採取, 鹽酸漚之, 其" 등의 글자가 없다. '산(酸)'자를 '엄(醃)'으로 써야 할 듯하다.

143 '잉(仍)': 금택초본에 '잉'자가 없으나, 명초본과 명청 각본에는 있다.

144 '염산(鹽酸)': 금택초본에 이 두 글자가 비어 있다.

145 '왈(曰)': 금택초본, 명초본, 호상본 등에는 없다. 『태평어람』 권972에는 유흔기(劉欣期)의 『교주기』를 인용하여 '여도(如桃)' 두 글자만 적고 있다.

43 야생빈랑 䒷子四三

축법진竺法眞의 『등라부산소登羅浮山疏』에 이르기를,[323] "산빈랑山檳榔[324]은 '납자䒷子'라고도 부

竺法眞登羅浮山疏曰,[146] 山檳

323 『태평어람』 권971의 '빈랑(檳榔)'은 『등라산소(登羅山疏)』를 인용하였는데, 끝에는 오히려 "나무는 오히려 종려나무[栟櫚]와 닮았고, 일남(日南)에서 나는 것은 빈랑과 같은 모양이며, 오월에 열매가 익고, 길이는 한 치[寸] 정도이다."라는 문장이 더 있다. 『등라부산소(登羅浮山疏)』는 각가의 서목에 그 저록이 보이지 않는데, 유사한 책에는 대부분 인용한 흔적이 많이 있고, 간혹 제목을 『등라산소(登羅山疏)』, 『나산소(羅山疏)』라고 적고 있다. 당대(唐代) 이길보(李吉甫:

른다. 줄기는 사탕수수[蔗]와 비슷하며, 잎은 떡갈나무[柞]와 유사하다. 한 무더기에는 열 개 정도의 줄기가 나오는데 줄기마다 열 개의 씨방이 있고, 씨방 밑에는 몇백 개의 열매가 자란다. 4월에 딴다."라고 하였다.

榔, 一名蒳子. 幹似蔗, 葉類柞. 147 一叢十餘幹, 幹生十房, 房底數百子. 四月採.

758-814년)의 『원화군현지(元和郡縣志)』 권32에서 "박라현(博羅縣)의 나부산(羅浮山)은 현의 서북쪽 28리에 있다. 나산의 서쪽에는 부산(浮山)이 있는데, 대개 봉래(蓬萊)의 한 언덕은 바다에 떠서 나산(羅山)과 더불어 일체가 되어 있기 때문에 '나부(羅浮)'라고 한다."라고 하였다. 축법진(竺法眞)에 대해 묘치위 교석본에서는 일생과 고향, 행적이 분명하지 않지만 오직 '원가말(元嘉末)'이라고 언급되어 있는 점으로 볼 때 유송(劉宋) 말(末)에서 제(齊)·양(梁) 간의 사람임을 알 수 있다고 한다. 반면 스셩한의 금석본에서는 축법진은 천축국에서 중국으로 온 승려로 추측하였다.

324 '산빈랑(山檳榔)': 종려나무과의 학명은 *Pinanga baviensis*이다. 총생(叢生) 관목이고, 줄기는 원기둥 모양이고 마디가 있는데, 이는 곧 이른바 '간사자(幹似蔗)'이다. 묘치위 교석본에 의하면, 한 무더기에 십여 개의 줄기가 있기 때문에 '천(千)'은 틀린 글자이고, 마땅히 '십(十)'으로 써야 한다. 마디는 잎이 떨어진 후에 분명하게 드러나는 마디 고리이다. 산빈랑(山檳榔)의 줄기마디 고리는 확실히 사탕수수 줄기의 마디 고리와 유사하다. 잎은 깃 모양으로 온전히 갈라져 있고, 갈라진 조각은 긴 타원형이며, 떡갈나무(柞木; 너도밤나무과의 *Quercus acutissima*, 혹은 다른 종)의 잎과 약간 유사하다. 축법진(竺法眞)이 말하는 산빈랑(山檳榔)은 바로 야생빈랑[蒳子]이다. 『본초도경(本草圖經)』에서 기록하기를, "빈랑은 … 서너 종류가 있다. 작고 맛이 단 것을 '산빈랑(山檳榔)'이라 하고 크고 맛이 떫고 씨 역시 큰 것을 '저빈랑(猪檳榔)'이라 하며 가장 작은 것을 '납자(蒳子)'라고 한다."라고 하였다. '야생빈랑[蒳子]'은 열매가 달걀 모양의 구형으로 길이는 1.2-1.4㎝이며, 가장 작은 것은 토착민들이 빈랑손(檳榔孫)이라고 부른다. 산빈랑(山檳榔)은 열매가 방추형에 가깝고 길이는 2-2.5㎝이며, 빈랑(*Areca catechu*)은 열매가 긴 타원형이고 길이는 3.5-4㎝이다. 현대 식물학 분류상 이 세 종은 같은 과의 다른 속이며, 열매는 작은 것부터 큰 것까지 순서대로 가빈랑(假檳榔; 야생빈랑[蒳子]), 산빈랑(山檳榔), 빈랑(檳榔) 순이라고 한다.

● 그림 42
가빈랑(假檳榔)과 열매

교 기

146 '축법진등라부산소왈(竺法眞登羅浮山疏曰)': 『태평어람』 권971 '빈랑' 항(권974의 '야생빈랑' 항 안에 있지 않다.)에서는 축법진에 대해 밝히지 않았다. '一叢千餘幹'에 '천(千)'이 '십(十)'으로 되어 있고, 다음 구절인 '간생십방(幹生十房)' 앞에 '매(每)'자가 있다. 뒤에 "나무는 종려나무[栟櫚]와 유사하고, 일남(日南)에서 난 것은 형태가 빈랑과 같다. 5월에 열매[子]가 익으며 길이가 한 치[寸]가 넘는다."라는 단락이 더 있다. 『제민요술』에서 인용한 '천'자는 『태평어람』의 '십'자보다 적합하지 않다.

147 '작(柞)': 금택초본에 '작(作)'으로 잘못되어 있다.

44 두구豆蔻[325] 四四

『남방초물상』에 이르기를, "두구나무는 자두나무만 하다.[326]

2월에 꽃이 피고 연이어 열매가 맺히는데, 열매는 겹겹이 겹쳐 있으며,[327] 그 씨는 아주 향기롭고[328] 껍질이 있다.

南方草物狀曰,[148] 豆蔻樹, 大如李. 二月花色, 仍連著實, 子相連累, 其核根芬

325 '두구(豆蔻)': 스셩한의 금석본에서는 '두구(荳蔻)'를 양하과 *Amomum cardamomum* 라고 하였으나, 묘치위 교석본에서는 이는 목본(木本) 식물인 두구(豆蔻)이며, 육두구과(肉豆蔻科)의 육두구나무[肉豆蔻; *Myristica fragrans*]로 보았다. '두구'는 상록교목이고 높이는 10m 이상이다. 원산지는 인도네시아 몰루카(Moluccas) 제도인데, 열대 지역에서 모두 재배된다. 당대(唐代) 진장기(陳藏器)의 『본초습유(本草拾遺)』에서는 육두구가 "큰 배가 들어와야 있는 것이고, 나라 안에는 없다."라고 했고, 또 『남방초물상(南方草物狀)』에서는 "흥고(興古)에서 나온다."라고 했는데, 흥고(興古)는 오늘날 귀주 서남 변두리와 운남성 변경지역에 있었다. 이 두구나무는 응당 운남육두구(雲南肉豆蔻; *Myristica yunnanensis*)로 중국에서 생산되는 것이고, 배로 싣고 온 것은 아니라고 한다.

326 '대여리(大如李)'는 열매를 가리키는 것으로 '자(子)'자가 생략되어 있다. 『태평어람』에서 인용한 것에는 "子大如李實"로 쓰고 있으며, 『북호록』 권3의 '홍매(紅梅)'조에는 최구도(崔龜圖)의 주를 인용한 것이 동일하다.

327 '자상연루(子相連累)': 육두구(肉豆蔻)는 복산형(復傘形) 꽃차례로서 열매는 꽃줄기의 껍데기 끝에 모여 자란다.

328 "其核根芬芳": 두구의 종자와 뿌리는 모두 다량의 방향유를 함유하고 있기 때문에 이 말은 정확하다. 다만 아래의 '성각(成殼)'은 의미가 잘 통하지 않는다. 게다가 아래에 또 '核味辛香' 구절이 있어서 이 구절과 중복된다. 그러므로 틀린 부분과 순서가 바뀐 부분이 있는 듯하다. 스셩한의 금석본에 따르면, '근분방(根芬芳)' 세 글자는 다음 줄의 '오미(五味)' 두 글자 앞에 두어, "껍질이 있다. 7월, 8월에 익는다. … 씨의 맛은 맵다. 뿌리에 오미의 향기가 있다. 홍고에서 난다."라고

7월, 8월 사이에 익는다.

햇볕에 말려 겹질을 벗겨 나온 씨를 먹는데, 씨의 맛이 매우며, 다섯 가지 맛[五味]이 있다.[329] 홍고興古에서 난다."라고 하였다.

유흔기劉欣期의 『교주기交州記』에 이르기를,[330] "두구는 원나무[杬樹]와 비슷하다."라고 하였다.

환씨環氏의 『오기吳記』[331]에 이르기를, "황초黃初 2년에 위나라[魏]에서 와서 두구[332]를 구해 달라고 청했다."라고 한다.

芳, 成殼. 七月八月熟. 曝乾, 剝食, 核味辛香, 五味. 出興古.

劉欣期交州記曰, 豆蔻, 似杬[149]樹.

環氏吳記曰, 黃初二[150]年, 魏來[151]求豆蔻.

한다. 묘치위는 교석본에서, '근(根)'을 '극(極)'자의 잘못이라고 보고 있다.

329 '향오미(香五味)'는 오미(五味)가 섞여서 훈채와 안주에 향미(香味)가 날 수 있도록 하는 것이다. 묘치위 교석본에 의하면, '향(香)'을 마땅히 거듭 써서 "核味辛香, 香五味"로 해야 한다고 지적하였다.

330 『태평어람(太平御覽)』 권971에서 유흔기(劉欣期)의 『교주기(交州記)』를 인용였는데, 끝부분에 "맛이 매우며, 빈랑과 함께 씹을 수 있고, 부러진 이를 치료할 수 있다."라고 하였다.

331 '환씨오기(環氏吳記)': 『태평어람』의 '경사도서강목(經史圖書綱目)'의 인용에 환제(環濟)의 저작으로 되어 있으며, 『수서(隋書)』 권33 「경적지이(經籍志二)」 주에 저자가 '진태학박사환제(晉太學博士環濟)'라고 되어 있다.

332 '두구': 묘치위는 교석본에서, 육두구는 이 시기 중국에서는 생산되지 않았기 때문에 이 두구는 목본(木本)의 두구가 아니라 초본(草本)의 두구라고 보았다. 생강과의 초두구(*Alpinia katsumadai*), 백두구(*Amomum kravanh*) 등의 종류가 있으며, 중국의 광서, 광동 등지에서 생산된다고 한다.

● 그림 43
두구(豆蔻)와 그 열매

교 기

148 '남방초물상왈(南方草物狀曰)': 『태평어람(太平御覽)』 권971 「과부팔(果部八)」의 '두구(豆蔻)'를 인용한 것에는 단지 "누구수는 열매의 크기가 자두만 하고 2월에 꽃이 피고 7월에 익으며, 흥고에서 난다.[漏蔻樹, 子大如李, 二月華, 七月熟, 出興古.]"라고 한다.

149 '원(杬)': 명초본에는 '충(柷)'자로 쓰여 있다. 금택초본에서는 '원(杬)'자로 쓰여 있다. 비책휘함 계통본에서는 '기(机)'로 쓰고 있다. 점서본에서는 '범(帆)'으로 쓰여 있으며, 용계정사본에는 '기(机)'자로 쓰여 있다. 지금은 『태평어람』에 의거하여서 '원(杬)'자로 쓴다. 두구는 초본(草本)식물로, 원나무와 흡사하다는 것은 합리적이지 않으며 다소 착오가 있는 듯하다.

150 '이(二)': 스성한의 금석본에는 삼(三)으로 되어 있다. 스셩한에 따르면 명초본과 명청 각본에 '이(二)'로 되어 있지만 금택초본에 따라 고치며, 『태평어람』의 인용 역시 '삼'으로 되어 있다. 황초(黃初) 3년은 서기 222년이다. 묘치위 교석본에 의하면, 황초(黃初)는 위(魏) 문제(文帝)의 연호로 손권(孫權)이 황초 3년에 칭제하고 처음에 연호를 황무(黃武)라고 하였다. 따라서 환제(環濟)는 오나라가 아직 건국되기 전에 위(魏)의 연호를 썼기 때문에 마땅히 '황초이년(黃初二年; 221년)'이라고

해야 마땅하다고 하여 스셩한과 견해에 차이를 보인다.

151 '내(來)': 비책휘함 계통본에는 누락되었는데 명초본과 금택초본 및 『태평어람』에 따라 보충한다.

45 명사나무 榠四五

『광지廣志』에 이르기를, "명사榠查[333]는 열매가 아주 시다. 서방西方에서 난다."라고 하였다.

廣志曰, 榠[152]查, 子甚酢. 出西方.

교 기

152 '명(榠)': 비책휘함 계통본에 '의(椬)'로 되어 있다. 명초본과 금택초본 및 『태평어람』 권973 「과부십(果部十)」의 인용에 따라 고친다. 묘치위 교석본에 의하면, 『태평어람』 권973의 '명사(榠樝)'조에서 『광지』를 인용한 것은 『제민요술』과 동일하다.['자(子)' 앞에 '기(其)'가 더 있다.] 『제민요술』의 항목에서는 '명(榠)' 한 글자로 쓰고 있는데, '사(查)'가 빠졌을 가능성이 있다고 한다.

333 '명사(榠查)': 명사는 장미과의 '털모과[榠樝]'로 학명은 *Cydonia oblonga*이다.[권10 「(31) 풀명자[柤]」 주석 참조.] 묘치위 교석본에 따르면, 현대 식물 분류학상으로는 모과[木瓜], 명사(榠樝), 풀명자[樝子] 세 종류의 식물에 대해 중국 이름과 학명의 귀속에 있어서 여전히 의견이 분분하다고 한다.

46 여감餘甘[334]四六

『이물지』에 이르기를,[335] "여감은 크기가 탄환만 하며 꽃무늬가 보이는데, 마치 정도定陶의 외와 같다.[336] 입에 갓 넣으면 맛이 쓰고 떫지만,

異物志曰, 餘甘, 大小如彈丸, 視之理如定陶瓜.

334 '여감(餘甘)': 이것은 대극과(大戟科)의 *Phyllanthus emblica*이다. 『당본초』에서 여감자로 부르며, 진장기의 『본초습유』에서는 범명(梵名: 페르시아 이름)으로 '암마륵(菴摩勒)'이라고 하며, 또 '암마륵라가(菴摩勒羅迦)'라고도 한다. 열매는 구형으로 지름은 1.5㎝이고, 또 "탄환과 같다."라고 이른다. 감람(橄欖)은 '여감자(餘甘子)'라는 별칭이 있으며, 여감자도 '감람(橄欖)'이라는 별칭이 있다. 스셩한의 금석본을 보면, 오늘날 귀주(貴州)의 어떤 지방에서는 암마륵을 '감람'이라 부르는데, 그 열매가 모두 처음에는 떫고 뒷맛은 달기 때문에 두 가지 이름을 서로 부른 것이다. 옛날 서역에서 생산된 두 가지 물건 또한 이름이 같다. 당대(唐代) 현장(玄奘)법사(602-664년)의 『대당서역기(大唐西域記)』 권4 '마투라국[秣菟羅國]'아래에 "암몰라(菴沒羅)의 과일은 집에서 길러 숲을 이룬다. 비록 이름은 같으나 두 종류가 있다. 작은 것은 푸르게 나와 누렇게 익으며, 큰 것은 줄곧 청색을 띤다."라고 하였다. 두 종류 모두 '암몰라'라고 부른다.[이것이 곧 암마륵(菴摩勒)의 산스크리트어 음역이다.]

335 『태평어람(太平御覽)』 권973 '여감(餘甘)'조에서 진기창(陳祈暢)의 『이물지(異物志)』를 인용하여 쓰고 있으며, 기본적으로 서로 같다.['과(瓜)' 아래의 '편(片)'은 군더더기이다.] 묘치위 교석본에 의하면, 남송의 진영[陳詠: 경기(景沂)] 『전방비조(全芳備祖)』 후집(後集) 권4의 '여감자(餘甘子)'에서는 『이물지』의 이름이 빠져 있는 것을 인용하여 쓰고 있는데, 기본적으로 『태평어람』을 인용한 것과 동일하게 '과(瓜)' 다음에 또 역시 '편(片)'이라는 군더더기가 있다고 한다.

336 "이여정도과(理如定陶瓜)": 단호박 중에서 짧고 둥글며 껍질 위에 무늬가 있는 것이 있다. 스셩한의 금석본에 따르면, 이전에 제군(齊郡)의 정도[定陶: 오늘날 산동성 하택(菏澤) 부근의 현이다.]에서 생산되었다. 여감자가 반쯤 익었을 때 황록색을 띠면서 그 위에 세로로 흰 줄무늬가 생기는 것이 호박 껍질 위의 무늬와

즙을 삼키고 나면 입안은 이내 더욱 달고 향기로워지며 맛이 좋다. 소금을 쳐서 찌면 더욱 맛있다. 많이 먹을 수도 있다."라고 하였다.

初入口，苦澀，咽之，口中乃更甜美足味. 鹽蒸之，尤美. 可多食.

● 그림 44
여감자[餘甘; 菴摩勒]

47 베틀후추蒟子四七

『광지』에 이르기를,[337] "베틀후추[蒟子][338]는

廣志曰，蒟子，

닮았다고 한다.

337 『태평어람』 권973의 '구자(蒟子)'조에서는 『광지(廣志)』의 '곡(穀)'을 인용하여 '식(食)'으로 쓰고 있고, '생(生)'은 '출(出)'로 쓰고 있지만, 나머지는 모두 같다. 『예문유취(藝文類聚)』 권87의 '구자(蒟子)'조에서 『광지』를 인용한 것에는 단지

덩굴로서, 나무에 기대어 자란다. 열매는 뽕나무 오디와 같고, 길이는 수 치이며, 색깔은 검고 맛은 생강처럼 맵다. 소금에 절여 먹으면 속을 편하게 하고 소화에 도움이 된다. 남안南安[339]에서 생산된다."라고 한다.

蔓生, 依樹. 子似桑椹, 長數寸, 色黑, 辛如薑. 以鹽淹之, 下氣, 消穀. 生南安.

48 파초芭蕉四八

『광지』에 이르기를, "파초는 또 '파저芭菹'라

廣志曰,[153] 芭

"蔓生依樹也"의 다섯 글자가 있는데, '애(薆)'는 '만(蔓)'의 잘못이다.

338 '구자(蒟子)': 후추[胡椒]과의 베틀후추(*Piper betle*)이다. 묘치위 교석본에 의하면, 장과와 꽃차례의 줄기가 함께 자라 검붉은 색을 띤 육질의 과수가 된다. 원산지는 인도네시아이며, 중국 남부에서 널리 재배된다. 『사기(史記)』 권116 「서남이전(西南夷傳)」에서 이른바, "남월(南越)에서 당몽(唐蒙)이 촉구장(蜀枸醬)을 먹는다."라고 한 것이 즉 이것이다.[권10 「(51) 대나무[竹]」의 주석 참조.]

339 '남안(南安)': 스셩한의 금석본에서는 삼국의 오나라가 세운 현으로, 오늘날 강서성 남강(南康)현이며, 또 다른 남안현은 오늘날 사천성 협강(夾江)에 있다고 설명하였다. 반면 묘치위 교석본에 의하면, 군명으로서 지금의 감숙성(甘肅省) 농서(隴西) 등지이다. 그러나 구장(蒟醬)은 중국의 천촉(川蜀), 영남(嶺南) 등지에서 나는데, 감숙에서는 나지 않기 때문에 남안군(南安郡)이라 할 수 없다. 현명(縣名)으로 쓰면 두 곳이 있는데, 한 곳은 사천(四川) 역산(樂山)이고, 하나는 지금의 강서 남강이다. 역사적으로 옛날에는 건위군(犍爲郡)에 속했는데, 바로 이곳이 '촉구장(蜀枸醬)'의 생산지이므로 마땅히 건위군의 남안으로 보아야 한다고 하였다.

고도 부르며, 또 '감초甘蕉'라고도 부른다.[340] 줄기는 연이나 토란과 같으며,[341] 여러 층의 껍질이 감싸고 있고,[342] 크기는 되[盂升][343]만 하다. 잎은 너비가 두 자이고 길이는 한 길[丈]이다. 열매는 마치 각이 진 듯하고 열매의 길이는[344] 6-7치이며

蕉, 一曰芭蕉, 或曰甘蕉. 莖如荷芋, 重皮相裹, 大如盂升. 葉廣二尺, 長一丈. 子有

---

340 '파초(芭蕉)'는 파초과(芭蕉科) 파초속(芭蕉屬)의 향초(香蕉; *Musa spp.*)로 또한 '감초(甘蕉)'라고도 한다. 이것과 같은 속인 파초(芭蕉; *M. basjoo*)는 두 가지 종류의 식물이지만 옛 사람들은 항상 서로 같은 것으로 여겼으며, 감초, 파초 두 가지 이름으로 불렀다. 『본초도경(本草圖經)』에서 북방에 파종하는 꽃 피는 것이 적은 것이 '파초(芭蕉)'이며, 복건[閩]과 광동·광서 지역에서 파종하는 것은 그 열매가 '매우 맛있어서 먹을 수 있는 것'을 감초라고 하였다. 묘치위 교석본을 보면, 현대 식물 분류학상에서 과육 속에 많은 씨가 있고 먹을 수 없는 것을 파초라고 하고, 과육 속에 씨가 없고, 맛이 달고 먹을 수 있는 것을 감초라고 하는데, 향초(香蕉; *M. nana*), 분파초(粉芭蕉; *M. paradisiaca* var. *sapientum*)를 포함한다고 한다.

341 "경여하우(莖如荷芋)"라는 표현은 각본 및 『예문유취(藝文類聚)』, 『태평어람(太平御覽)』에서 인용한 것과 모두 같다. 묘치위 교석본에서는 감초의 헛줄기는 토란일 수 없고 연 줄기일 것으로 보았다.

342 '중피상과(重皮相裹)': 이는 굵고 두꺼우며 기왓장을 덮은 것처럼 줄지어 있는 잎집이 여러 층으로 감싸고 있는 형상인데, 겹겹이 감싸진 줄기는 식물학상에서 '헛줄기'라고 한다. 이렇게 감싸서 자라는 방식은 토란 줄기와 서로 같아서 "기경여우(其莖如芋)"라고 하는 것이다.

343 '우승(盂升)'은 한 되들이의 사발과 같은 크기를 말하는 것으로서 『예문유취』에서 인용하여 '우두(盂斗)'라고 적고 있는데, '우승(盂升)'으로 적는 것보다 더 적합한 표현이다.

344 "子有角, 子長": 스성한의 금석본에서는, "子有角子, 長"으로 끊어 읽고 있다. 스성한에 따르면 '유(有)'는 '여(如)'자인 듯하며, 각자(角子)는 긴 통 모양의 술 담는 그릇으로서 양의 뿔을 닮았다고 한다. 청대(淸代) 오진방(吳震方)의 『영남잡기(嶺南雜記)』 권하(下) '초자(蕉子)'에서는 "초(蕉)의 중심에는 하나의 줄기(꽃대축[花序軸])가 나오고 10-20개의 꼬투리가 떨기로 자라며, 통통한 꼬투리가 모가

3-4치 되는 꼭지가 달려 있다. 각진 열매는 꼭지 위에 붙어 자라며 줄 지어 있는데, 쌍쌍이 마주 보며, 서로 감싸고 있는 모양을 하고 있다. 열매의 껍질을 벗겨 내면 (속의 과육이) 황백색을 띠는데, 맛은 포도와 비슷하며 달콤하고 연해서 사람들이 배를 채울 수 있다.

파초 뿌리의 모양은 토란과 비슷하고,[345] 한 섬[石] 크기만 하며, 푸른색을 띠고 있다. 그 줄기를 풀어헤치면 마치 실처럼 된다. (이 실로) 성긴 베를 짤 수 있는데, 이를 일러 '초갈蕉葛'[346]이라고 한다. 비록 약하지만 매우 아름답고 황백색을 띠고 있으며, (홍색을 띠고 있는) 갈포와는 다

角, 子長六七寸, 有蔕三四寸. 角著蔕生, 爲行列, 兩兩相對, 若相抱形. 剝其上皮, 色黃白, 味似蒲萄, 甜而脆, 亦飽人. 其根大如芋魁, 大一石, 青色. 其莖解散如絲. 織以爲葛, 謂之蕉葛. 雖脆而好,

---

세 개 져 있는 것과 같다."라고 하였는데, 이때, '협(莢)'은 여기서의 '각(角)'이다.

345 "其根如芋魁": 감초의 땅속줄기는 종종 증식하여 부풀어 뿌리줄기가 된다. 그러나 실제는 뿌리는 아니고, 단지 그 뿌리줄기의 마디 위에 아래로 향해 길게 나온 막뿌리[不定根]이다. 토란 뿌리는 비록 일종의 둥근 형태의 줄기지만, 어린 토란이 함께 뭉쳐 한 덩이가 되기 때문에 도리어 감초 뿌리줄기가 뒤섞여 하나의 큰 덩어리로 된 것과 유사하며, 또한 모두 영양생장의 기능을 갖추고 있다. 그러나 후자는 특별히 크기만 할 뿐인데 바로 이것이 '한 섬 크기[大一石]'이며, 『남방이물지(南方異物志)』에서 일컫는 '크기가 수레바퀴만 한' 것이다. 묘치위 교석본에 의하면, 감초류의 땅속 뿌리줄기는 거대하며 단순한 '大如芋魁'가 아니다. 아래 구절에서 '大一石'이라고 명확하게 설명하고 있으므로, 앞의 '대(大)'자는 군더더기라고 한다.

346 '초갈(蕉葛)': 묘치위 교석본에 의하면, 감초(甘蕉) 혹은 파초(芭蕉) 줄기를 물에 담가 불렸다가 삶아 파초 줄기에 포함된 아교 성분을 제거한 후 줄기 껍질의 섬유를 풀어헤쳐 베를 짜고 새끼를 꼴 수 있다고 한다. 베를 짜는 것은 민간에서 '초갈(蕉葛)' 또는 '교지갈(交阯葛)'이라고 칭한다.

르다. 교지交阯와 건안군[建安][347]에서 난다."라고 하였다.

『남방이물지』에 이르기를, "감초는 초본식물[草類][348]로서 얼핏 보면 나무와 같다. 그루가 큰 것은 한 아름[349] 정도 된다. 잎은 길이가 한 길 또는 7-8자이고 너비는 한 자 정도이다. 꽃은 크기가 술잔만 하고, 모양이나 색깔은 부용芙蓉[350]과 흡사하다. 꽃대의 끝에는 백여 개의 열매가 달리며,[351] 각각 씨방을 형성하고 있다.[352] 뿌리는 토란과 같으며, 큰 것은 크기가

色黃白, 不如葛色. 出交阯建安.

南方異物志曰,[154] 甘蕉, 草類, 望之如樹. 株大者, 一圍餘. 葉長一丈, 或七八尺, 廣尺餘. 華大如酒盃, 形色如芙蓉. 莖末百餘子,

347 '건안(建安)': 본권 「(14) 귤(橘)」 주석 참조.

348 '초류(草類)': 묘치위 교석본에 따르면, 『남주이물지』의 저자인 삼국 오(吳)나라 만진(萬震)이 처음으로 감초(甘蕉)를 '초류(蕉類)'라고 정하였는데, 설령 그 줄기가 매우 굵고 커서 얼핏 보면 나무와 같다고 하더라도 실질적으로는 잎집이 겹겹이 감싸고 있는 것이어서 초본식물로 분류하는 것이 합리적이라고 하였다.

349 '일위(一圍)': 두 손의 엄지손가락과 집게손가락으로 만든 양뼘굵기이다.

350 '부용(芙蓉)': 이것은 연꽃을 가리킨다. 향초의 꽃은 큰 잎이 감싸 안겨진 속에서 떨기로 자라는데, 감싸진 잎은 붉은색을 띠며 아래 부분은 조금 옅고 그 형체와 색은 약간 붉은 연꽃과 닮았다.

351 '경말(莖末)'은 꽃차례를 가리키며, 잎집 속에서부터 뻗어 나와 꽃차례 끝에서 자란다. 묘치위 교석본에 의하면, 꽃이 핀 이후의 열매는 향초의 가장 큰 열매의 떨기는 300여 개가 달리며, 일반적으로 100-200개이다.

352 '대명위방(大名爲房)': 해석하기가 곤란하나 묘치위는 이 문장의 '방(房)'은 깍지[角]를 가리키며, 이는 꼬투리가 열매의 껍질을 감싸고 있으며, 각각 하나의 꼬투리로 이루어져 있다고 하며, 『본초강목(本草綱目)』 권15 '감초(甘蕉)'조에서는 만진(萬震)의 『남주이물지(南州異物志)』를 인용하여 "자각위방(子各爲房)"에 근거하고 있다. 반면 스성한의 금석본에서는 '대명'을 '육각(六各)'의 잘못된 글자로 보았으며, '六各爲房'은 열매가 여러 개의 '방'으로 나누어져 각 방마다 6개가 있

수레바퀴[車轂][353]만 하다. 열매는 꽃줄기에 매달려 자라는데, 한 층의 꽃이 떨어지면 각각 여섯 개의 열매가 있다.[354] 앞뒤 순서에 따라서 (꽃이 피고 열매가 맺힌다.) 열매는 동시에 열리지 않으며, 꽃도 역시 다 같이 지지는 않는다."[355]라고 한다.

大名爲房. 根似芋魁, 大者如車轂. 實隨華, 每華一闔, 各有六子. 先後相次, 子不俱生, 華不俱落.

"감초에는 세 종류가 있다. 한 종류는 열매가 엄지 굵기만 하고 길고 뾰족하며, 양의 뿔과 약간 비슷하여 '양각초羊角蕉'[356]라고 부르는데 맛

此蕉有三種. 一種, 子大如拇指, 長而銳, 有以羊角,

어 아래의 "每華一闔, 各有六子."를 설명하고 있다고 한다.

353 '곡(轂)': 수레 축의 중심을 관통하는 둥근 바퀴통[圓轂]이다. 바퀴통[轂]은 수레바퀴의 주축으로, 고대에는 또한 대거(代車) 혹은 거륜(車輪)을 지칭했으며, 이 수레바퀴통[車轂]은 대거륜(代車輪)을 가리킨다. 묘치위 교석본에 따르면, 대개 향초(香蕉)의 뿌리줄기는 덩어리져서 아주 크나, 단지 둥글고 구멍 난 바퀴테[轂]와 다르다고 한다.

354 '각유육자(各有六子)': 이 부분은 명확하게 설명하기 어렵다. 마땅히 향초(香蕉)의 열매 배열 상에서 각 부문에 열매가 맺히는 숫자를 가리키는 것이지만, 향초의 열매 배열은 일반적으로 8-10단(段)의 열매가 묶음을 형성하고 있으며, 매 단에는 10-20여 개의 열매가 있다. 묘치위 교석본을 보면, 오늘날의 운남(雲南)의 아희초(阿希蕉; *Musa rubra*)는 일반적으로 열매의 배열이 6-9단으로 묶여 있으며, 각 단마다 열매가 한 줄로 대략 5-6개가 있다. 그러나 열매 안에는 씨가 많이 들어 있어 여기서의 '감초(甘蕉)'는 아니라고 한다.

355 '화불구락(華不俱落)': 이조원(李調元)의 『남월필기』 권14에서는 파초에 대해서 "한번 꽃이 떨어지면 10개의 열매가 생기고, 열 번 꽃이 지면 100여 개의 열매가 달린다. 크고 작은 각각의 방이 있고, 꽃에 따라서 자라며, 길이는 5-6치에 이른다. 앞뒤 순서에 따라 쌍쌍이 서로 감싸고 있다. 그 열매는 다 같이 자라진 않으며, 꽃도 다 같이 지진 않는다."라고 하였다. 이 단락에서 설명하고 있는 것은 『남방이물지』의 보충설명이라고 할 수 있다.

이 아주 달다. 또 한 종류는 열매가 달걀 크기만 하고 우유 맛과 유사하다.[357] 맛은 양각초보다 약간 덜하다.

또 한 종류는 감초가 연뿌리만 하며 길이는 6-7치이고, 형태가 정방형이므로 '방초方蕉'[358]라고 부르는데, 그다지 달지 않고 맛이 약간 떨어진다.

그 줄기는 토란과 흡사하며, 가져다가 찬물에 담근 후에 문드러지게 삶으면[359] 마치 실처럼

名羊角蕉,[155] 味最甘好. 一種, 子大如雞卵, 有似牛乳. 味微減羊角蕉. 一種, 蕉大如藕, 長六七寸, 形正方, 名方蕉, 少甘, 味最弱. 其莖如芋, 取, 濩而煮之, 則

356 '양각초(羊角蕉)': 이는 감초(甘蕉)의 가장 좋은 품종이다. 묘치위 교석본에는 쉬윈챠오[許雲樵]의 『서충남방초물상집주(徐衷南方草物狀輯注)』를 인용하여 양각초(羊角蕉)는 길이는 팔만 하고 그 굵기는 겨우 손가락 정도로, 고약한 냄새가 나며 먹을 수 없는데, 이는 여기서의 양각초를 가리키는 것은 아니라고 한다.

357 『예문유취』에서는 이 구절을 인용하면서 "명우유초(名牛乳蕉)" 구절을 덧붙였다. '우유초(牛乳蕉)'는 대략 대초(大蕉; *Musa sapientum*)와 유사한데, 열매의 형태는 비교적 짧고 굵고 어떤 것은 신맛이 약간 난다. 향기가 없거나 혹은 향기가 적게 나며, 오늘날 여전히 우내초(牛奶蕉)라는 명칭이 있다.

358 '방초(方蕉)': 긴 열매의 몸통이 모서리가 넷으로 이루어진 네모에 가까운데, 다만 어떤 종류인지는 알 수 없다.

359 '확(濩)': 스성한의 금석본에 따르면, 큰 솥[大鍋, 예로부터 확(鑊)으로 불렀다.] 위에 뚜껑을 덮고 익히는 것이다. 그런데 묘치위 교석본에 의하면, 원래 의미는 낙숫물이고, 여기서는 물에 담가 불리는 것을 뜻한다고 한다. 오진방(吳震方)의 『영남잡기(嶺南雜記)』 권하(下)에서는 "초갈(蕉葛: 갈포를 만드는 풀)이 있는데, 꽃이 없고 열매도 없으며, 민가에서는 산과 계곡에 따라 파종한다. 쉰 것은 베어 낸 시내 속에 두고 불기를 기다려 그 섬유질이 부드러워지면 짜서 갈포를 만든다."라고 한다. 물에 담가 불리면 자연히 아교가 풀리는데, 이것이 곧 '확(濩)'하는 처리이다. 이것은 물에 담가 불리고 아울러 초목의 재를 넣어 삶아 정련하는 것인데 바로 『예문유취(藝文類聚)』, 『태평어람(太平御覽)』에서 『남주이물지(南州異物

되는데, 이로써 실을 자아낼 수 있다."라고 한다.

『이물지』에 이르기를, "파초는 잎의 크기가 대자리[360]만 하다. 줄기는 토란과 같다. 이를 가져다가 냉수에 담가 함께 문드러지게 삶으면 실과 같이 되어서 베를 짤 수 있다.

여공이 굵고 가늘며 성긴 베를 짜는데,[361] 이것이 곧 오늘날의 '교지갈交阯葛'이다. 그 잎집의 중심[內心]이 큰 고니[鵠]의 머리와 같이[362] 자라는데, 크기

如絲, 可紡績也.

異物志曰,[156] 芭蕉, 葉大如筵[157]席. 其莖如芋.[158] 取, 濩而煮之, 則如絲, 可紡績. 女工以爲絺綌, 則今交阯葛也. 其內心如蒜鵠

志)』의 "재를 넣어 정련한다."를 인용한 것이다. 『태평어람』 권975에서 인용한 것은 기본적으로 『제민요술』과 같으나, "取, 濩而煮之." 또한 "取鑊煮之."라고 쓰고 있는데, 이를 직접적으로 솥에서 끓이는 것은 불가능하기 때문에 '확(鑊)'은 '확(濩)'의 형태상의 오류일 것이라고 하였다.

360 '연석(筵席)': '연(筵)'은 대자리이며, 고대인들은 대자리를 펴서 앉을 깔개를 만들었기 때문에 '연석(筵石)'이라고도 한다. 『주례(周禮)』「춘관(春官)·서관(序官)」에서 '사궤연(司几筵)'의 정현의 주에 "펼치는 것을 연(筵)이라고 하고, 까는 것을 '석(席)'이라고 한다."라고 했다. '연'은 장방형이며, 『설문해자』에서는 '연일장(筵一丈)'이라고 적고 있는데, 『광지(廣志)』에서는 파초를 "잎의 폭은 두 자[尺]이고, 한 길[丈]이다."라고 설명했으며, 파초의 커다란 잎 부분이 마치 펴놓은 대자리와 같다고 한 것이다. 묘치위 교석본을 참고하면, 이것은 후대(後代)의 연회석(宴會席) 상에서 둥글고 모난 것이 하나같지 않은 '연석(筵席)'을 가리키는 것은 아니라고 한다.

361 '치격(絺綌)': '치'는 '고운 갈포'이며, '격'은 '굵게 짠 거친 갈포'이다. 『영남잡기(嶺南雜記)』 권하(下)에는 초갈(蕉葛)에는 "또 굵고 가는 것이 있다."라고 하였다. '격'은 『설문해자』에서는 '극(郤)'으로 썼으며, 다른 본 및 『예문유취』, 『태평어람』에서는 '격(綌)'으로 쓰고 있다. 스성한의 금석본에서는 금택초본, 명초본에 따라 '격(綌)'으로 쓰고 있는데, 잘못된 글자이다.

362 '산곡두(蒜鵠頭)': '곡'은 원래 백조이다. '곡두'는 백조의 머리처럼 한쪽은 뾰족하고 한쪽은 무딘 것이다. 달래[蒜]의 줄기는 이와 같은 모양이라 '산곡두'라고 불린다. 여기서는 큰 잎에 싸여 떨기로 자란 커다란 꽃 뭉치를 가리킨다.

는 주발[合柈][363]만 하고, 이 속에 열매를 맺는 자방[實房]을 이루며, 중심의 배꼽[齊] 위에 붙어 있다.[364] 하나의 방에는 몇십 개의 열매가 달린다.

그 열매의 껍질은 불처럼 붉으며, 쪼개면 중앙이 검다. 껍질을 벗기고 그 속의 과육을 먹는데, 엿과 꿀처럼 달고 아주 맛있다. 4-5개를 먹으면 배가 부른데 이 사이에 여전히 그 향미가 남아 있다. 또 '감초甘蕉'라고 부른다."라고 하였다.

고미顧微의 『광주기廣州記』에 이르기를, "감초는 오나라[365] 땅에서 자라는 꽃, 열매, 뿌리, 잎과 다르지 않다. 오직 남쪽[南土][366] 지방은 기후가 따뜻하기 때문에, 서리가 내리거나 얼음이 어는 시기가 없어서 사시사철 꽃과 잎이 모두 핀다. 열매가 익은 후에는 달며, 설익었을 때는 쓰고 떫다."라고 하였다.

頭生, 大如合柈, [159] 因爲實房, 著其心齊. 一房有數十枚. 其實皮赤如火, 剖之中黑. 剝其皮, 食其肉, 如飴蜜, 甚美. 食之四五枚, 可飽, 而餘滋味猶在齒牙間. 一名甘蕉.

顧微 [160] 廣州記曰, 甘蕉, 與吳花實根葉不異. 直是南土暖, 不經霜凍, 四時花葉展. 其熟, 甘, 未熟時, 亦苦澀.

---

363 '합반(合柈)'은 배 부분이 바깥으로 불룩하게 나온 동그란 그릇으로 이것은 잎집 중심에서부터 자라난 커다란 꽃 뭉치를 가리키며, 이것이 곧 열매를 맺는 씨방이 된다. 한 씨방에는 열매 묶음이 열매가 배열된 축 위에서 겹겹이 주렁주렁 붙어서 자란다. 한 묶음에 많게는 20개의 열매가 달려 있어 이른바 "하나의 방에는 몇십 개의 열매가 달린다."라고 말하는 것이다.

364 '심제(心齊)': 가운데 조그만 동그라미가 있어 연결되는 것이다. '제'자는 '제(臍)'자로 가차되어 쓰인다.

365 '여오(與吳)': '오(吳)'지역의 감초와 비교하고 있는데, '오'는 오나라이며, 현재의 소주(蘇州) 등의 지역이다. '오'자 다음에 '산자(産者)' 두 글자가 누락되었다.

366 '남토(南土)': 영남(嶺南)의 광주(廣州) 등지를 가리킨다.

● 그림 45
파초(芭蕉)(좌)와 바나나[香蕉]의 꽃

● 그림 46
바나나(좌)와 파초(우)의 차이

교 기

153 '광지왈(廣志曰)': 『태평어람(太平御覽)』 권975 「과부십이(果部十二)」 '감초(甘蕉)' 항의 인용에 "일명 파저이다.[一名芭菹.]"라는 구절에서 처음 세 글자가 누락되어 있어 풀이가 되지 않는다. '과(裹)'가 '이(裏)'로 잘못되어 있고, '유체(有蔕)'가 '혹(或)'으로 되어 있으며, '각저체(角著蔕)', '취역(脃亦)' 등의 글자가 누락되었다.

154 '남방이물지왈(南方異物志曰)': 『태평어람』과 『예문유취』에서 인용한 서명에 모두 '『남주이물지(南州異物志)』'로 되어 있다. 스셩한의 금석에 의하면, 『태평어람』의 "너비는 한 자 정도이다.[廣尺餘.]"의 구절 다음에 "두 자 정도이다.[二尺許.]"가 있으며, 『예문유취』에는 '광척(廣尺)' 두 글자가 빠지고 '餘二尺許'만 있다. 『태평어람』과 『예문유취』 모두 '莖末' 앞에 '저(著)'자가 있는데, 이 글자는 의미가 크기 때문에 마땅히 보충해야 한다. '實隨華' 구절 끝에 『예문유취』는 '장(長)'자가 있는데 이것 역시 보충해야 한다. 『예문유취』에는 "有似牛乳" 구절 다음에 '名牛乳蕉'가 있는데 역시 적합한 듯하다. '名方蕉' 구절은 『태평어람』과 『예문유취』 모두 없다. "濩而煮之" 이하에 『태평어람』은 "以灰練之, 可以紡績", 『예문유취』는 "以灰練之, 績以爲綵"로 되어 있는데, '채(綵)'는 대략 '사(絲)'가 되어야 한다고 한다.

155 '초(蕉)': 명초본에 '구(舊)'로 잘못되어 있다.

156 '이물지왈(異物志曰)': 『태평어람』에는 "곧 실과 같다.[則如絲.]"를 "실이다.[爲絲.]"라고 하였으며, "곧 오늘날 교지갈이다.[則今交阯葛也.]"에 '즉(則)'자가 없다. "저기심제(著其心齊)" 구절이 없으며, '이(飴)'자는 공등(空等)이다. 『예문유취』에는 "파초의 줄기가 토란[芋]과 같은데, 따서 삶으면 실과 같아 갈포를 짤 수 있다.[芭蕉莖如芋, 取鑊煮之, 如絲, 可紡績爲絺綌.]"라고 한다.

157 '연(筵)': 명청 각본에 '정(筳)'으로 잘못되어 있다. 명초본과 금택초본 및 『태평어람』에 따라 고친다.

158 '우(芋)': 명초본과 명청 각본에 '아(芽)'로 잘못되어 있다. 금택초본과 『태평어람』에 따라 고친다.

159 '합반(合柈)': 스성한의 금석본에서는 '합반(合拌)'으로 표기하였다. 스성한에 따르면, 명청 각본에 모두 '금반(今拌)'으로 되어 있다. 명초본과 금택초본 및 『태평어람』의 인용에 따라 표기했다고 한다.

160 '고미(顧微)': 명초본에 '고징(顧徵)'으로 잘못되어 있고, 『태평어람』과 『예문유취』의 인용에 모두 '고휘(顧徽)'로 되어 있다. 『제민요술』의 기타 여러 예에 따라 '미(微)'로 표기하고 있다. 묘치위 교석본에 의하면, 『태평어람』 권975에서는 고미의 『광주기』를 인용한 것이 『제민요술』과 같지만 잘못된 글자가 있다고 하며, 『예문유취』 권87에서도 또한 인용한 것 역시 『제민요술』과 같은데, 다만 잘못된 글자가 더욱 많다고 한다.

49 부류扶留[367] 四九

『오록吳錄』 「지리지地理志」에 이르기를,[368] | 吳錄地理志曰,

367 '부류(扶留)': 이것은 후추과의 베틀후추[蒟子; *Piper betle*]이다. 즉 '토필우(土蓽

"시흥始興[369]에는 부류등扶留藤이 있는데 나무에 감으면서 성장한다. 맛이 맵고 빈랑檳榔과 함께 먹을 수 있다."라고 하였다.

『촉기蜀記』에 이르기를,[370] "부류나무는 뿌리가 젓가락[箸] 굵기이며, 자세히 살펴보면 수양버들[柳] 뿌리와 같다.[371]

'고분古賁'이라는 대합[蛤]이 있는데 물속에서 자란다. 그것을 잡아 불에 태워 만든 재를 '모려분牡礪粉'[372]이라고 일컫는다.

始興有扶留藤, 緣木而生. 味辛, 可以食檳榔.

蜀記曰, 扶留木, 根大如箸, 視之如柳根. 又有蛤, 名古賁, 生水中. 下, 燒以爲灰,[161] 曰牡礪[162]

茇; 필우는 *P. longum*)'이다. 또한 '누(蔞)'라고도 한다. 스셩한의 금석본을 보면, 현재 운남성과 호남성 상담(湘潭)에서 여전히 '누'라고 하며, 상담 사람들은 지금까지 부유의 과실과 빈랑을 같이 먹는 습관이 있다. 부류의 과실을 '누지(蔞枝)'라고 한다.[즉 '유자(留子)'의 변천이다.]

368 『태평어람』 권975의 '부류(扶留)'조에서 『오록』 「지리지」를 인용한 것은 『제민요술』과 동일하다.

369 '시흥(始興)': 삼국의 오(吳)나라가 영남(嶺南)에 세운 시흥군은 오늘날 광동성 곡강현(曲江縣)이다. 이 밖에 시흥현이 있는데, 시흥군과는 다르다. 여기에서는 군을 가리킨다.

370 『태평어람』 권975에서 『촉기(蜀記)』를 인용한 것은 기본적으로 『제민요술』과 같다. 『촉기』는 『수서(隋書)』 「경적지(經籍志)」 등에는 기록되어 있지 않다. 묘치위 교석본에 따르면, 『태평환우기(太平寰宇記)』에서 인용한 것은 이응(李膺)의 『촉기(蜀記)』 및 단씨(段氏)의 『촉기』가 있는데, 『제민요술』에서 인용한 것이 이 두 가지인지 아닌지 상세하지 않다. 책은 이미 유실되었다고 한다.

371 '시지여류근(視之如柳根)': 스셩한의 금석본에서는 '여(如)'를 '사(似)'로 쓰고 있다.

372 '모려분(牡礪粉)': '여(礪)'는 지금은 '여(蠣)'라고 쓰는데, 즉 굴조개이고, 간략하게 하여 '호(蚝)'라고 쓴다. 『촉기』에 근거하면 '합(蛤)'은 '고분(古賁)'이며, 조개껍질을 불에 태워 재를 만든 것을 '모려분(牡礪粉)'이라고 한다. 묘치위 교석본에 의하면 다른 책에 기록된 것에서는, 굴[牡蠣; *Ostrea*]과 대합[蛤蜊; *Mactra*], 재첩

먼저 빈랑을 입에 넣고 한 치 길이의 부류등扶留藤을 취해 약간의 고분회古賁灰와 함께 씹으면[373] 가슴속의 사악한 기운을 없앨 수 있다."라고 하였다.

粉. 先以檳榔著口中, 又取扶留藤長一寸, 163 古賁灰少許, 同嚼之, 除胸中惡氣.

『이물지異物志』에 이르기를,[374] "고분회는 굴조개[牡蠣]의 껍질을 태운 재이다. 부류, 빈랑과 함께 세 가지를 합해 먹어야 비로소 좋다.

부류등扶留藤은 마치 목방이木防以와 같다. 부류와 빈랑이 자라는 지역은 서로 거리가 떨어져 있고 그 둘의 성질도 아주 다르지만 서로 돕는다.

풍속에 이르길 '빈랑과 부류는 근심을 잊게 한다.'"라고 한다.

異物志曰, 古賁灰, 牡礪灰也. 與扶留檳榔三物合食, 然後善也. 扶留藤, 似木防以. 164 扶留檳榔, 所生相去遠, 爲物甚異而相成. 俗曰, 檳榔扶留, 可以忘憂.

『교주기交州記』에 이르기를,[375] "부류에는 세 가지 종류가 있는데, 첫 번째는 '확부류穫扶留'로서 그 뿌리는 향기가 있고 맛이 좋다. 다른 것으로 '남부류南扶留'가 있는데, 잎은 푸르고 맛은 맵

交州記曰, 扶留有三種, 一名穫扶留, 其根香美. 一名南扶留,

[蜆; *Corbicula*]을 불에 태워 만든 재는 모두 '고분회(古賁灰)'라고 부른다고 한다.

373 '동작지(同嚼之)': 빈랑과 부류등, 고분회를 함께 씹는 것이다.[「(33) 빈랑(檳榔)」 주석 참조.]

374 『태평어람(太平御覽)』 권975에서 『이물지(異物志)』를 인용한 것은 기본적으로 『제민요술』과 동일하다.

375 『태평어람』 권975에서 『교주기(交州記)』를 인용한 것은 『제민요술』과 동일하다.

다. 또 다른 것으로 '부류등'이라 부르는 것이 있는데 역시 맛이 맵다."라고[376] 하였다.

고미의 『광주기』에 이르기를, "부류등은 나무를 감으면서 자란다. 그 꽃이 핀 이후에 열매를 맺는데, 이것을 '구蒟'라고 하며, (구)장醬을 담글 수도 있다."[377]라고 하였다.

葉青, 味辛. 一名扶留藤, 味亦辛.

顧微廣州記[165]曰, 扶留藤, 緣樹生. 其花實, 卽蒟也, 可以爲醬.

---

376 이조원(李調元)의 『남월필기(南越筆記)』 권15의 '누(蔞)'는 "동안[東安: 지금의 광동성 운부(雲浮)]의 장마가 긴 지역에서 생산되는 것이 좋다. 그 뿌리는 향기롭고 그 잎은 뾰족하고 부드러우며, 맛이 달고 즙이 많아 '확부류(穫扶留)'라고 부른다. 다른 곳에서 나는 것은 색이 푸르며 맛이 매워서 '남부류(南扶留)'라고 부른다고 한다. 묘치위 교석본에 의하면, 대개 번우 등지에서 나는 것은 특별히 다른 이름이 없으며, 마땅히 통상적인 '부류등(扶留藤)'이다. 기록된 바에는 부류등을 바로 누엽이라고 인식하고 있다. '확부류(穫扶留)', '남부류(南扶留)'가 서로 다른 까닭은 지리 조건이 다르기 때문인데, 결코 다른 종류는 아니라고 한다.

377 "卽蒟也, 可以爲醬": 이것은 바로 '구자(蒟子)'이며, 후추과의 누엽(蔞葉)으로 그 장과(漿果: 즙이 많은 과일)로 장을 만들 수 있어서 '구장(蒟醬)'이라고도 부른다. 묘치위 교석본을 보면, 여기의 부류등(扶留藤)은 바로 누엽(蒟醬)의 가장 빠른 기록이라고 한다. 본초서(本草書) 중에서 『당본초(唐本草)』가 가장 이른 기록으로, 그 주석에서 "교주(交州), 애주(愛州: 오늘날의 베트남 타인호아[淸化] 등지) 사람이 말하기를, '구장(蒟醬)은 … 싹을 부류등이라고 하며, 잎을 취해 빈랑에 싸서 먹으면 매우면서 향이 있다.' 이것은 마땅히 믿을 수 있다."라고 하였다. 교주 등지에서 구장의 싹을 부류등[扶留藤; 부류등(浮留藤)]이라 칭하니, 마땅히 믿을 수 있는 것이다. 스성한의 금석본에 따르면, 한 무제가 남월국(지금의 광동)에 당몽(唐蒙)을 사신으로 파견했을 때 남월에서 개최한 연회에 나온 구장(蒟醬)을 보고 오늘날 사천, 운남을 통하여 육상으로 광동과 상호 왕래할 수 있다는 실마리를 얻어 '야랑도(夜郞道)'라고 하는 교통노선을 개통했다고 한다.

교 기

161 "下, 燒以爲灰": 『제민요술』의 각본이 같다. 『태평어람』 권975 「과부십이(果部十二)」 '부류'항에는 "取燒爲灰"로 되어 있는데 이 구절이 더 완벽하다. '하'자는 '취'자가 뭉개진 것으로 추측된다.

162 '여(礪)': 『제민요술』의 각 본이 같다. 『태평어람』에는 여(厲)로 되어 있다.

163 "又取扶留藤長一寸": 『제민요술』의 각 본이 같다. 『태평어람』에는 '취(取)', '등(藤)', '일(一)' 세 글자가 없다.

164 '목방이(木防以)': 스성한의 금석본에서는 '이(以)'를 '기(己)'로 쓰고 있다. 스성한에 따르면 『제민요술』의 각본에 모두 '목방이(木防以)'로 되어 있지만, 『태평어람』의 '목방기(木防己)'가 정확하며, 목방기는 방기속(防己屬)의 식물이라고 하였다. 묘치위 교석본에 의하면, '목방이(木方以)'는 『증류본초(證類本草)』 본문 및 각서에서 인용한 것에는 '이(已)'로 쓰고 있는데, 원래 글자는 마땅히 '기(己)'로 써야 한다고 하여스성한과 견해를 같이하였다. '목방기(木方己)'는 새모래덩굴과의 *Cocculus trilobus*이며, 덩굴이 감아 오르는 성질의 낙엽덩굴이다.

165 '고미광주기(顧微廣州記)': 『태평어람』에서 인용한 것은 글자는 같으나, 출처가 '『광지』'로 되어 있다. 『광지』는 진대의 책이며[『태평어람』 권968 '이(李)' 항에서 『광지』를 인용한 것에 근거하여, 『광지』의 저자 곽의공(郭義恭)은 '오호지란(五胡之亂)' 이후의 사람이라 판단된다.] (본서 권4의 주석을 참조하면) 고미는 남조 송대 말기의 사람이다. 아마 가사협이 고서에 따라 집록하면서 고미가 『광지』를 재인용했음을 몰랐거나 『태평어람』의 잘못일 수 있다.

50 채소菜茹五十

『여씨춘추呂氏春秋』에 이르기를, "나물 중에 맛있는 것은 … 수목壽木의 꽃이다.

괄고括姑의 동쪽에는 중용中容의 국가가 있는데, 적목赤木과 현목玄木의 잎이 있다. 괄고(括姑)는 산 이름이다.

적목과 현목은 잎을 모두 먹을 수 있다.

여무餘瞀의 남쪽, 가장 남쪽의 벼랑에는 '가수嘉樹'라 불리는 채소가 있는데, 그 색은 벽옥과 같다.

여무는 남쪽 지방에 있는 산의 이름이다. 맛있는 채소가 있어 그 때문에 '가(嘉)'라고 했으며, 그것을 먹으면 영험하다. 벽옥과 같고 푸르다."라고 하였다.

『한무내전漢武內傳』에 이르기를,[379] "서왕모西王母가 말하기를 '가장 좋은 선약은 벽해에 있는 낭채琅菜이다.'라고 하였다."라고 한다.

呂氏春秋曰,[166] 菜之美者, … 壽木之華. 括姑之東, 中容之國, 有赤木玄木之葉焉. 括姑, 山名. 赤木玄木, 其葉皆可食. 餘瞀之南, 南極之崖, 有菜名曰嘉樹, 其色若碧. 餘瞀, 南方山名. 有嘉美之菜, 故曰嘉, 食之而靈. 若碧, 青色.

漢武內傳, 西王母曰, 上仙之藥, 有碧海琅菜.

---

379 '낭채(琅菜)'와 아래 문장의 '구(韭)', '총(葱)'의 이 두 조항은 모두 『한무내전(漢武內傳)』에서 나왔다. '적구(赤韭)', '기총(綺葱)'은 각본 및 『태평어람』 권976 '구(韭)', 권977 '총(葱)' 조항에서 『한무내전』을 인용한 것이 모두 동일하다. 묘치위 교석본에 따르면, 현재 총서집성본 『한무제내전(漢武帝內傳)』에서는 '적해(赤薤)', '기화(綺華)'라고 쓰고 있으며, '해(薤)', '화(華)'는 분명 잘못이라고 한다.

부추[韭]:[380] "서왕모가 말하기를, '그다음의 선약仙藥은 팔굉八紘에 있는 적구赤韭이다.'라고 하였다."라고 한다.

파[葱]: "서왕모가 이르기를, '좋은 선약[上藥]은 현도玄都의 기총綺葱이다.'라고 하였다."라고 한다.

염교[䪥]: 『열선전列仙傳』에 이르기를[381] "(선인仙人인) 무광務光[382]은 포해蒲䪥[383]의 뿌리를 복용[服食]하였다."라고 하였다.

마늘[蒜]: 『설문』에 이르기를, "채소 중에 좋은 것은 운몽雲夢에 있는 훈채葷菜[384]이다."라고

韭. 西王母曰, 仙次藥, 有[167]八紘[168]赤韭.

葱. 西王母曰, 上藥, 玄都綺葱.

䪥. 列仙傳曰, 務光服蒲[169]䪥根.

蒜. 說文曰,[170] 菜之美者, 雲夢

---

380 '부추[韭]' 조항부터 마지막의 '연[荷]' 조항에 이르기까지는 원래 제목만 큰 글자이고 나머지는 모두 두 줄의 작은 글자로 되어 있는데, 묘치위 교석본에서는 모두 고쳐서 큰 글자의 본문으로 하였다.

381 『태평어람』 권977 '해(薤)'조항에서 『열선전(列仙傳)』을 인용한 것은 『제민요술』과 동일하다. 청대(淸代) 손성연(孫星衍), 손풍익(孫馮翼)의 집본(輯本) 『신농본초경(神農本草經)』에서 『열선전』을 인용한 것에는 '포해(蒲薤)'를 '포구(蒲韭)'라고 적고 있는데, 이와 비슷한 것은 『제민요술』에 보이지 않는다. '복(服)'은 금택초본에서는 '안(眼)'자로 잘못 적고 있다.

382 '무광(務光)'은 고대 은사, 선인으로 전해진다. 상(商)나라 탕왕이 천하를 양위하려 할 때 받지 않고 은거하였다. 후에 400여 년이 지나고 상나라 고종[高宗: 무정(武丁)] 시기에 또 나타났으며, 고종이 그에게 재상을 제수했을 때 따르지 않고 은거하였다고 전해진다.

383 '포해(蒲䪥)': 천남성(天南星)과의 석창포(石菖蒲; *Acorus gramineus*) 종류의 식물로, 잎은 향포(香蒲)와 같은 실 모양이며, 또한 부추, 염교와 같아서 포해(蒲薤), 포구(蒲韭)로 불린다. 그 뿌리줄기는 약재로 쓰고, 뇌전증과 광증(狂症) 등의 질병을 치료하며, '신선복식(神仙服食)'을 위한 중요한 약이 된다. 스셩한의 금석본에서는 '해(薤)'자로 표기하였다.

하였다.

생강[薑]: 『여씨춘추』에 이르기를, "양념 중에서 좋은 것은 촉군蜀郡의 양박楊樸에 있는 생강이다."라고 하였다. 양박은 지명이다.

아욱[葵]: 『관자管子』에 이르기를,[385] "환공桓公이 … 북쪽으로 가서 산융山戎[386]을 정벌하고, 겨울 아욱[冬葵]을 가지고 와서, … 천하에 퍼뜨렸다."라고 하였다. 『열선전』에 이르기를[387] "정차경丁次卿은 요동遼東의 정씨 집안[丁家]의 고용인이었다. (주인) 정씨가 일찍이 그에게 아욱을 사 오라고 하자, 겨울인데도 신선한 아욱을 사 왔다.

之葷菜.

薑. 呂氏春秋曰,[171] 和之美者, 蜀郡楊樸之薑. 楊樸, 地名.

葵. 管子曰, 桓公, … 北伐山戎, 出冬葵,[172] … 布之天下. 列仙傳曰, 丁次卿爲遼東丁家作人. 丁氏嘗使買葵, 冬

384 '훈채(葷菜)': 특이한 냄새를 내는 마늘과 파 종류의 훈채로, 여기서는 마늘을 가리킨다.

385 『관자』「계(戒)」편에 보인다. 상무인서관(商務印書館) 만유문고본(萬有文庫本) 『관자』에서는 제 환공(齊桓公)이 "북쪽으로 가서 산융(山戎)을 정복하고 동총(冬葱)과 융숙(戎叔: 콩[大豆])을 가지고 와서 천하에 퍼뜨렸다."라고 하였다. 따라서 『제민요술』에서 '동규(冬葵)'라고 쓰고 있는 것과 다르다. 『태평어람』 권979 '규(葵)' 조항에서 『관자』를 인용한 것 역시 '동규(冬葵)'라고 쓰고 있다. 금본 『관자(管子)』에서는 '동총(冬葱)'으로 쓰고 있다.

386 '산융(山戎)': 옛 부족의 이름이다. 춘추시대 지금의 화북 북부에 분포하였으며, 강성하였을 때는 제(齊), 연(燕) 등의 국가를 침략하여 정벌하였다. 기원전 663년 제 환공이 북쪽으로 가서 산융을 정벌하였을 때, 그 지역에서 '동규(冬葵)' 즉, 아욱[葵菜]을 가지고 왔다.

387 『예문유취(藝文類聚)』 권82, 『태평어람(太平御覽)』 권979에서 『열선전(列仙傳)』을 인용한 것에서는 '정차경(丁次卿)'을 '정차도(丁次都)'라고 쓰고 있는데, 그 아래에는 "不知何許人也"라는 구절이 있다.

겨울인데 어디에서 이 아욱을 구해 왔는가 물으니, 그가 말하기를 일남日南[388]에서 사 가지고 왔다고 대답했다."라고 하였다.

『여씨춘추』[389]에 이르기를 "채소 중에 좋은 것은 구구具區[390]의 청清이다."라고 하였다.

녹각채[鹿角]:[391] 『남월지南越志』에 이르기를, "후규猴葵는 붉은색이고 돌 위에서 자란다. 남월南越에서는 '녹각鹿角'이라고 부른다."라고 하였다.

바질[羅勒]:[392] 『유명산지游名山志』에 이르기

得生葵. 問, 冬何得此葵, 云, 從日南買來.

呂氏春秋, 菜之美者, 具區[173]之清者也.

鹿角. 南越志曰, 猴葵,[174] 色赤, 生石上. 南越謂之鹿角.

羅勒. 游名山

388 '일남(日南)': 한나라 때 설치한 군이며, 지금의 베트남 중부 지역에 있었다.

389 '『여씨춘추(呂氏春秋)』': 이 절의 표제는 '아욱[葵]'인데, 『여씨춘추』의 이 구절 내용은 청(清: 부추꽃 또는 순무)으로, '아욱'과 상관이 없다. 묘치위 교석본에서는 줄을 바꾸고 열을 나누어 쓰고 있다. '청(清)'은 부추꽃 또는 순무를 가리키는데, 순무의 성질은 차갑고 서늘한 곳을 좋아하여 북방에서 많이 재배되며, 태호(太湖) 지역에서는 아주 적게 재배된다.

390 '구구(具區)'는 태호(太湖)의 옛 명칭이다.

391 '녹각(鹿角)': 이는 갈조식물 뜸부기과의 녹각채(鹿角菜; *Pelvetia siliquosa*)로서, 조류가 부딪히는 암석 위에 자란다. 해조류의 몸체는 가지처럼 갈라져 있고, 자갈색을 띠고 있는데, 큰 것은 복차상(復叉狀)으로 되어 있으며, 전체 모습은 사슴뿔과 비슷하기 때문에 이름을 붙인 것이다. 묘치위 교석본에 의하면, 명대(明代) 하교원(何喬遠)의 『민서(閩書)』 '적채(赤菜)'조에서 『해물이명기(海物異名記)』를 인용하여 이르기를, "바다에서 자란다. 자주색의 줄기가 있는데, 그 큰 것을 녹각채라고 하며 일명 '후규(猴葵)'라고 부른다."라고 하였다. 『본초강목(本草綱目)』 권28 '녹각채'조에서 이시진이 설명하기를 "녹각은 형태에 따른 이름이고, 후규는 그 성질이 미끄럽기 때문에 붙은 이름이다."라고 하였다.

392 '나륵(羅勒)': 난향(蘭香)이라고도 한다.(권3 「난향 재배[種蘭香]」 참조.) 산나륵

를,[393] "보랑산步廊山에 한 그루의 나무가 있는데, 산초나무[椒]와 비슷하지만 향기는 바질[羅勒]과 같으며, 현지인들은 그것을 일러 '산나륵山羅勒'이라고 한다."라고 하였다.

志曰, 步廊山有一樹, 如椒, 而氣是羅勒, 土人謂之山羅勒也.

개맨드라미[葙]:[394] 『광지廣志』에 이르기를, "뿌리는 (소금에 절여) 채소절임으로 만드는데, 향이

葙. 廣志曰, 葙, 根以爲菹, 香

(山羅勒)은 목본(木本)의 나륵으로, 상세한 것은 알 수 없다.

393 '유명산지왈(游名山志曰)': 스성한의 금석본에 의하면, 『태평어람』 '경사도서강목(經史圖書綱目)'에서 인용한 『유명산지』는 모두 두 종류이다. 하나는 저자의 이름이 없으며, 다른 하나는 사령운(謝靈運)의 『유명산지』이다. 『제민요술』에서 인용한 이 '보랑산(步廊山)'조는 호립초(胡立初)가 『태평환우기(太平寰宇記)』의 고증에 따라 사령운의 저작으로 보았다. 『유명산지』는 『수서(隋書)』 권33 「경적지이(經籍志二)」에는 "사령운이 찬술했다."라고 기재되어 있다. 책은 이미 실전되었다. 사령운(謝靈運: 385-433년)은 남조(南朝) 송(宋)나라 때의 사람으로 사현(謝玄)의 손자이다. 오늘날 하남성 태강 사람이다. 일찍이 영가[永嘉: 군(郡) 치소는 지금의 절강성 온주시(溫州市)에 있다.]의 태수를 역임했다. 묘치위 교석본에 따르면, 성품이 산수(山水), 명승고적을 유람하는 것을 좋아하여 마땅히 이 『유명산지』는 곧 회계, 영가 등지의 산수, 명승고적의 풍물을 쓴 책이라고 한다.

394 '상(葙)': 스성한의 금석본을 보면, 여기의 '상'은 비름[莧]과의 개맨드라미[青葙; *Celosia argentea*]일 수가 없다. 왜냐하면 청상의 맛이 매울 수가 없기 때문이다. 아마 양하(蘘荷; *Zingiber mioga*)인 것 같다. '양하'의 '양'은 ráŋ으로 읽어야 하며, 만약 말로 "초(艸)와 양(蘘)이다."라고 한다면 '양'자를 '상(相)'으로 잘못 들을 수 있기 때문에 '상(葙)'으로 쓴 것이다. 그런데 묘치위 교석본에서는, 이에 대한 『옥편(玉篇)』의 해석은 '청상자(青葙子)'인데, 이는 곧 비름과의 개맨드라미[青葙; *Celosia argentea*]이며, 종자는 약용으로 쓴다고 하여 스성한과 차이를 보인다. '초결명(草決明)'이라는 별명을 가지고는 있으나 닮지는 않았다. 『집운』에서 '상(葙)'은 "박하[蘘]와 같다."라고 했다. 본조에서 기록한 "뿌리줄기를 소금에 절여 채소절임을 만드는데 매운맛이다."라고 한 것은 생강과 식물인 듯하다고 하였다.

맵다."라고 하였다.

김[紫菜]:[395] "오군[吳都]의 바닷가 기슭의 모든 산에는 자채紫菜가 자란다."라고 하였다. 또 『오도부吳都賦』에서는 '윤綸, 조組, 자채紫菜'라고 하였다. 『이아爾雅』의 (곽박) 주注에 이르길 "윤綸은 당시 관직[秩]이 있는 장부薔夫가 차고 다니는 푸른색 실이 섞인 명주 띠[絲綸]이다.[396] 조組는 (달고 다니는) 명주 끈이다. 바다 가운데의 해초로서, 신선할 때는 윤과 조와 흡사한 색을 띠고 있기 때문에 또한 이 같은 풀을 (윤綸, 조組라고) 불렀다.[397]"라고 하였다.

미나리[芹]: 『여씨춘추』에 이르기를,[398] "채소 중에 맛있는 것은 운몽雲夢에 있는 미나리이다."

辛.

紫菜. 吳都海邊諸山, 悉生紫菜.[175] 又吳都賦云, 綸組紫菜[176]也. 爾雅注云,[177] 綸, 今有秩薔夫所帶糾[178]青絲綸. 組, 綬也. 海中草, 生彩[179]理有象之者, 因以名焉.

芹. 呂氏春秋曰, 菜之美者, 雲

---

395 '자채(紫菜)': 이것은 홍조(紅藻)류의 김(*Porphyra tenera* Kjellm)이다. 중국에서는 오랫동안 음식재료로 사용하였다.

396 '유질장부(有秩薔夫)'는 모두 고대 향리의 명칭이다. 지방조직의 향(鄕) 오천 호에는 유질(有秩)의 관계를 두었는데, 녹봉 백 섬으로 한 향의 백성들을 맡아 관리하였다. '장부'는 한 향의 송사와 세무를 담당했다. '규청사륜(糾青絲綸)'은 파란 실을 꼬아서 짠 명주 띠로, 『후한서(後漢書)』 권49 「중장통전(仲長統傳)」의 '청륜'조에서 이현(李賢)이 주석하여 말하기를 "정현(鄭玄)이 『예기(禮記)』에 주석하여 이르기를, '윤(綸)은 오늘날 유질색부가 차는 것이다.'라고 하였다."라고 한다. '패'는 인장을 패용하는 데 사용했다. '조'는 패인(佩印)의 명주 띠다. 옛날 사람들은 항상 색깔이 서로 다른 명주 띠를 관리의 신분과 등급을 알리는 데 널리 사용했다.

397 '윤(綸)', '조(組)'는 모두 해조류의 식물인데, 그것들의 색채가 패인의 윤(綸), 조(組)의 모양과 흡사하기 때문에 이러한 해조류를 '윤조'라고 일컬었다.

398 『여씨춘추(呂氏春秋)』 「본미(本味)」.

라고 하였다.

우전優殿:[399] 『남방초물상』에 이르기를, "합포合浦[400]에는 '우전優殿'이라고 부르는 채소가 있다.

된장[豆醬]으로 버무려 먹으면 아주 향긋하고 맛이 좋으며, 먹을 만하다."라고 하였다.

공심채[蕹]:[401] 『광주기廣州記』에 이르기를, "공심채는 물속에서 자라고, 소금에 절여 채소절임으로 만들 수 있다."라고 하였다.

동풍채[冬風]:[402] 『광주기』에 이르기를 "동풍

夢之芹.

優殿. 南方草物狀曰,[180] 合浦有菜名優殿. 以豆醬汁茹食之, 甚香美可食.

蕹. 廣州記云, 蕹菜, 生水中, 可以爲菹也.

冬風. 廣州記

---

399 '우전(優殿)': 『본초습유(本草拾遺)』에서 이르기를, "우전(優殿)은 맛이 맵고 따뜻하다. 나쁜 기운을 물리치며, 온도를 적당하게 하여 소화를 돕는다. 안남(安南)에서 생산되며, 사람들이 씨를 뿌려 채소로 삼는다."라고 하였는데, 묘치위 교석본에 의하면, 형태를 묘사한 것이 없어서 어떤 식물이었는지 아직 알 수 없다고 한다.

400 '합포(合浦)': 한대에 세워진 합포군이며, 오늘날 뇌주반도(雷州半島)이다.

401 '옹(蕹)': 즉 멧꽃과[旋花科]의 옹채(蕹菜; *Ipomoea aquatica*)로, 민간에서는 '공심채(空心菜)'라고 부른다. 마른 밭에서 재배할 수 있으며, 또한 물에서도 재배할 수 있다. 논 혹은 못 속에서 재배하는 것은 잎이 크고 줄기가 굵어서 '수옹(水蕹)'이라 부르며, 마른 땅에서 기르는 것은 잎이 작고 줄기가 가늘어 '한옹(旱蕹)'이라고 한다.

402 '동풍(冬風)': 국화과의 동풍채[東風菜; *Doellingeria scaber* (*Aster scaber*)]이다. 『본초강목(本草綱目)』 권27 '동풍채(東風菜)'에서는 동풍채(冬風菜)라고 부르는 이유에 대해 "일설에서는 '동풍(冬風)'이라 하며 겨울의 기운을 얻었기 때문이다."라고 하였다. 『개보본초(開寶本草)』에서는 '동풍채(東風菜)'에 대해서 "고깃국에 넣어서 끓여 먹는데, 맛이 아주 좋다. 영남(嶺南) 평택(平澤)에서 자란다. 줄기의 높이는 두세 자[尺]이다. 잎은 살구 잎과 비슷하며, 길고 아주 두터우면서 연하고, 위에는 가는 털이 있다. 이른 봄에 자라는 까닭에 '동풍(東風)'이라는 명

채는 마른 땅에서 자라며, 고기와 섞어 국을 끓일 수 있다."라고 하였다.

곡초[蔛]: 『자림字林』에 이르기를, "곡초[403]는 물속에서 자란다."라고 하였다.

개갓냉이[𦶎菜]:[404] "한罕으로 발음하며, 매운 맛이 난다."라고 하였다.

물고사리[䓫]:[405] "『여씨춘추』에 이르기를, 나물 중에 맛있는 것에는 운몽雲夢에 있는 물고사리가 있다."라고 하였다.

물마늘[葕]:[406] "마늘과 비슷하며 물속에서 자

云,[181] 冬風菜, 陸生, 宜配肉作羹[182]也.

蔛.[183] 字林曰, 蔛菜, 生水中.

𦶎[184]菜. 音罕,[185] 味辛.

䓫. 呂氏春秋曰,[186] 菜之美者, 有雲夢之䓫.

葕. 似蒜, 生水

칭이 있다고 하였다."라고 하였다.

403 '곡채(蔛菜)': 『옥편(玉篇)』「초부(草部)」에 '곡(蔛)'자가 중복해서 나온다. 하나는 "푸성귀가 물속에서 자란다."이며, 다른 하나는 '먹을 수 있는 수초'이다. 『본초강목』 권19「초지팔(草之八)·수초(水草)」 중에는 '곡채(斛菜)'가 있다. 『당본초(唐本草)』에는 '곡초(斛草)'가 있는데, "물가에서 자란다."라고 한다. 주석에서 이르기를 "잎은 둥글고 택사(澤瀉)와 비슷하며 작고 꽃은 연한 푸른색이며, 또한 먹을 수 있다. 곳곳에 있다."라고 했다. 다른 본의 주석에서 이르기를, "강남 사람들은 생선찜에 곁들여 먹는데 아주 맛있다."라고 한다. '곡초(斛草)'는 곧 난초과의 석곡(石斛; *Dendrobium nobile*)으로, 중국 장강이남 각지에 분포한다. 묘치위 교석본에 의하면, '곡(蔛)', '곡(斛)'은 음이 같지만 동일한 식물인지는 알 수 없다고 한다.

404 '한채(𦶎菜)': 이는 곧 물고사리과[水蕨科]의 물고사리[水蕨; *Ceratopteris thalictroides*]이며, 십자화과의 *Rorippa indica*이다. 식용으로 사용된다.

405 '기(䓫)': 『광운』에서는 "물고사리[䓫菜]는 고사리[蕨]와 닮았으며 물속에서 자란다."라고 한다. 논 혹은 도랑에서 자란다. 연한 잎은 먹을 수 있다. 물미나리는 미나리과[傘形科]의 미나리[芹菜; *Apium graveolens*]와는 같지 않다.

406 '음(葕)': 『북호록』 권2 '수구(水韭)'조에서는 "또 음(葕)은 『자림(字林)』에서 보인

란다."라고 하였다.

근채菦菜:[407] "근謹으로 발음한다. 쑥[蒿]과 비슷하다."라고 하였다.

조채蒩菜:[408] "자주색이며, 덩굴이 있다."라고 하였다.

이채藡菜:[409] "잎은 대나무 잎과 비슷하고 물가에서 자란다."라고 하였다.

열채䕭菜:[410] "잎은 대나무 잎과 비슷하고 물가에서 자란다."라고 하였다.

中.

菦菜. 音謹. 似蒿也.

蒩菜. 紫色, 有藤.

藡菜. 葉似竹, 生水旁.

䕭菜. [187] 葉似竹, 生水旁.

다. '마늘과 유사하며 물에서 자란다.'라고 하였다."라고 한다. '음(䓃)'은 각서에 기록된 것은 단지 『자림』과 중복되지만 자세하지 않다.

407 '근채(菦菜)': 『설문해자』에는 "채소는 쑥과 같은 유이다."라고 하였다. 『자림』과 같다. 『옥편』의 해석은 곧 '물쑥[蔞蒿]'이며, 「(89) 물쑥[蔞蒿]」에 보인다. 단옥재(段玉裁), 주준성(朱駿聲)은 『설문해자』의 '근(菦)'이 곧 '근(芹)'이라고 여겼다.

408 '조채(蒩菜)': 삼백초과의 즙채(蕺菜; *Houttuynia cordata*)이다. 묘치위 교석본에 의하면, 줄기 아랫부분은 땅 위를 기고, 마디 위는 수염뿌리가 자라며, "덩굴로 자란다."와 같은데, 『자림』에서는 대개 이 때문에 '유등(有藤)'이라고 일컬으나 억지스럽다. 『광아(廣雅)』 「석초(釋草)」에서 "조는 삼백초[蕺]이다."라고 하였다. 『당본초(唐本草)』의 주에서 "이것의 잎은 메밀과 닮았고 비옥한 땅에서 또한 덩굴로 자랄 수 있다. 줄기는 자주색이다. … 관중에서는 이것을 '저채(葅菜)'라고 이른다."라고 한다. 조(蒩), 조(葙), 저(葅)는 같은 글자를 다르게 쓴 것이라고 한다.

409 '이채(藡菜)': 『옥편(玉篇)』에서는 "풀이 물속에서 자란다."로 풀이한다. 식용으로 사용되는 이 수초는 다음 조의 '열(䕭)'과 함께 가래과[眼子菜科; *Potamogetonaceae*] 혹은 닭의장풀과[鴨跖草科]와 수죽엽속[水竹葉屬; *Aneilema*]의 종류인 듯하다.

410 열채(䕭菜)': 『옥편』에서는 '열(䕭)'자로 쓰고 있으며, 『제민요술』과 해석이 완전히 동일한데, 문헌상에 더 많은 기록을 찾아볼 수 없으며 어떤 종류의 식물인지 상세하지 않다.

고비[綦菜]:[411] "고사리[蕨]와 흡사하다."라고 하였다.

알채藒菜:[412] "고사리와 유사하며, 물속에서 자란다."라고 하였다.

고사리[蕨菜]:[413] "이것은 별虌이다. 『시소詩疏』에 이르길 '진秦나라에서는 이것을 일러 궐蕨이라 부르고 제와 노에서는 별이라 부른다.' 하였다."라고 한다.

예채菫菜:[414] "마늘과 유사하며 물가에서 자란다."라고 하였다.

쐐기풀[蕣菜]:[415] "'답전채菩荃菜'[416]와 비슷하며,

綦菜. 似蕨. [188]

藒菜. 似蕨, 生水中.

蕨菜. 虌也. 詩疏曰, 秦國謂之蕨, 齊魯謂之虌.

菫[189]菜. 似蒜, 生水邊.

蕣菜. 似菩荃

411 '기채(綦菜)': 고사리류의 식물인 고비과[紫萁科]의 고비[紫萁; *Osmunda japonica*)이다. 연한 잎은 먹을 수 있다.[본서「(91) 고비[綦]」참조.]

412 '알채(藒菜)': 『옥편』의 주에 '할(藒)'로 되어 있으며, 수궐속(水蕨屬; *Ceratopteris*)의 식물인 듯하다.

413 '궐채(蕨菜)': 이 조항은 권9「채소절임과 생채 저장법[作菹藏生菜法]」의 '궐(蕨)' 조항과 중복되어 나온다. 묘치위 교석본에 따르면, 금택초본에는 이 조항이 없고, 남송본에서 처음으로 나오며, 주석의 의미는 옳다고 한다.

414 '예채(菫菜)'에 대한 문헌기록은 오직 『자림』에 중복되어 등장하지만 자세하지는 않다.

415 '섬채(蕣菜)': 북송(北宋) 장방기(張邦基)의 『묵장만록(墨莊漫錄)』 권7에 '섬마(蕣麻)'라고 쓰고 있는데, 그 가지와 잎을 사람에게 문지르면 곧 부스럼과 물집이 생긴다. 섬은 '심(蕁)'의 본 글자이다. 즉 심마는 초본식물로서, 털에 닿으면 아프고 가렵다. 중국 북부에서 흔히 보이는 쐐기풀과[蕁麻科] 쐐기속[蛇麻屬]의 흔마(焮麻; *Urtica cannabina*), 천검(川黔: 사천과 귀주) 등지에서 흔히 보이는 사마[蛇麻; *Urtica fissa*]가 있다. 연한 줄기와 잎은 먹을 수 있다.

416 '답전채(菩荃菜)': 답전채가 무슨 식물인지는 확실하지 않다. '전(荃)'은 각본에서는 동일하며, 명초본에서는 '전(筌)'으로 쓰고 있다.

일설에서는 '염초染草'[417]라고도 한다."라고 하였다.

菜也, 一曰, 染草.

유채蓶菜: "유唯로 발음하며, 오구烏韭와 유사하나 황색을 띠고 있다."[418]라고 하였다.

蓶菜. 音唯, 似烏韭而黃.

답채蓞菜:[419] "물속에서 자라며 잎이 크다."라고 한다.

蓞菜. 生水中, 大葉.

참마[藷]:[420] "뿌리는 토란과 흡사하며 먹을

藷. 根似芋, 可

---

417 '염초(染草)'는 명청 각본에는 '심초(深草)'라고 쓰여 있는데, '심(深)', '해(海)'의 형태가 비슷해서 '해초(海草)'라고 쓰인 듯하다. 묘치위 교석본에 따르면, 돼지털, 생선 비늘을 깨끗이 제거하는 것을 옛날에는 '섬(燅)'이라고 하였고, 또한 '심(燖)', '심(燂)'으로 쓰고 있으며, 섬마(燅麻) 또한 '심마(燖麻)'라고 일컫는다. '열(蓺)' 또한 '강(蕁)', '담(藫)'이라고 쓴다. 『이아(爾雅)』「석초(釋草)」에서는 "'강(蕁)'은 해조류이다."라고 했다. '조(藻)'는 곧 '조(藻)'자이다. 『신농본초경』에 이르기를 "해조 … 일명 '담(藫)'이다."라고 하였다. 『옥편』에는 "담은 해조류이다."라고 했다. 이에 의거해 볼 때 '강(蕁)', '담(藫)'은 '섬(燅)'의 이체자로, '염초(染草)', '심초(深草)'는 마땅히 '해초(海草)'로 써야 한다고 하였다.

418 '似烏韭而黃'은 『옥편』, 『광운』에 모두 '사구이황(似韭而黃)'으로 되어 있고, 『설문해자』에는 다만 "나물이다.[菜也.]"라는 하나의 해석만 있다. 『옥편』에는 '육(蓶)'자가 수록되지 않았다. 『옥편』에서 아마 『이아』의 "육(蓶)은 산부추이다."의 '육'자를 '유(蓶)'로 본 듯하다. '유채(蓶菜)'는 이는 어떤 식물인지 상세하지 않다. '오구(烏韭)'는 고사리류의 식물로 고사리과의 바위고사리[烏蕨; *Stenoloma chusanum*]이다.

419 '답채(蓞菜)': 『구황본초(救荒本草)』[『농정전서(農政全書)』에서 인용]에서 "택사(澤瀉), 속명은 수답채(水蓞菜)이다."라고 했다. 이 조와 매우 부합된다. 택사(澤瀉)는 택사과의 *Alisma orientale*이다.

420 '저(藷)': 이 조항은 「(27) 참마[諸]」와 중복되어 나온 것이다. 묘치위 교석본에 의하면, 금택초본, 명초본에는 '저(藷)'자 한 글자만 있으며, 호상본에는 '저채(藷菜)'라고 쓰고 있고, 다른 본에서는 '저채(諸菜)'라고 쓰고 있다. '서예(署預)'는 금택초본, 명초본, 호상본은 동일하며 다른 본에서는 '서여(薯蕷)'로 쓰고 있는데, 이들은 모두 똑같은 글자의 다른 형태이다. 스셩한의 금석본에서는 '저(諸)'자로 표기하였다.

수 있다."라고 하였다. 또 이르기를, "'서예署預'라는 별명을 가지고 있다."라고 한다.

食. 又云, 署預別名.

연[荷]:[421] 『이아』에 이르기를,[422] "연[荷]은 부거芙蕖이다. … 그 열매는 연밥[蓮]이다. 그 뿌리는 연뿌리[藕][423]이다."라고 하였다.

荷. 爾雅云, 荷, 芙渠也. … 其實, 蓮. 其根, 藕.

그림 47
염교[薤]와 꽃

그림 48
개맨드라미[青葙]와 꽃

421 본 항목에서 열거한 각종 채소는 자못 중복되고 있다. '연(蓮)', '우(藕)'는 이미 권6 「물고기 기르기[養魚]」에서 보인다. 연잎[荷葉] 또한 권8 「생선젓갈 만들기[作魚鮓]」에서 썼으며, 아울러 '비중국물산(非中國物産)'은 아니고 또한 야생도 아니다. 마늘[蒜], 생강[薑], 아욱[冬葵], 김[紫菜], 미나리[芹]는 이미 관련된 각 편에 보인다. 또한 인용된 책에서 오(吳), 초(楚), 촉(蜀)에서 생산되고, '중원[中國]'에서 생산되지 않는다는 것도 말이 된다. 그러나 아욱[冬葵]이 생산되는 산융(山戎)은 오늘날 하북성(河北省) 북부이며, 북위[後魏]의 영토에 속한다. 개갓냉이[蔊菜]는 '한(熯)'이고, '조채(蒩菜)'는 곧 어성초[蕺菜]이며, 궐채(蕨菜)는 곧 고사리로, 모두 권9 채소절임과 생채 저장법[作菹藏生菜法]」에 이미 보인다. 동풍(東風)은 중복되어 나오는데, 기채(綦菜)와 고비[綦]도 중복되어 나오고 있으며, 저(藷)와 참마[諸]도 중복되어 나온다.

422 『이아』「석초」.

423 "其根, 藕": 연뿌리[藕]는 땅속에서 옆으로 자라는 연[荷]의 줄기의 앞 끝 부분이 부풀어 크게 자라는 것이고, 민간에서는 '근(根)'으로 쓰지만, 실제로는 연의 뿌리가 아니다.

교기

166 '여씨춘추왈(呂氏春秋曰)': 『여씨춘추』「본미」에 보인다. '괄고'는 금본에서는 '지고(指姑)'로 쓰고 있다. 작은 글자인 주는 고유의 주인데 생략한 것이 있으며, '가(嘉)'를 '가수(嘉樹)'로 쓰고 있고, '영(靈)'을 '허(虛)'로 쓰고 있다. '지고(指姑)'의 고유의 주에서는 『회남자(淮南子)』「남명훈(覽冥訓)」의 '고여산(姑餘山)'이라고 하며, 오(吳) 지역에 있다고 한다.

167 '유(有)': 명청 각본에 '현(玄)'으로 되어 있다. 명초본과 금택초본에 따라 '유'로 한다.

168 '굉(紘)': 이 글자에 대한 각 본의 이견이 많다. 명초본과 대다수 비책휘함계통의 판본에는 '굉(耾)'으로 되어 있는데 묘치위 교석본에 의하면, '굉(紘)'은 청각본에는 이 글자와 같지만, 다른 본에는 그 형태상의 잘못으로 다른 글자가 되었으며, 『태평어람』 권976에서 인용한 것은 '완(阮)'이라고 쓰고 있는데, 이 또한 잘못이라고 한다. '팔굉(八紘)'은 '팔극(八極)'과 같은데, 이것은 아주 먼 지역을 말하며 『회남자』「원도훈(原道訓)·추형훈(墜形訓)」과 『열자』「탕문(湯問)」에 보인다고 하였다.

169 '포(蒲)': 명초본에 '만(滿)'으로 잘못되어 있다. 금택초본과 명청 각본 및 『태평어람』 권977「채여부이(菜茹部二)」'해(薤)' 항의 인용에 따라 바로잡는다.

170 '설문왈(說文曰)': 금본 『설문해자』에는 "산(蒜)은 훈채(葷菜)이다. 음식 중 뛰어난 것은 운몽의 훈채이다."라고 되어 있다. 『태평어람』 권977 '산' 항의 인용 역시 같다. 송본 『설문해자』은 단지 "산은 훈채이다."라고만 되어 있으며, '채지미자(菜之美者)' 두 구절이 없다.

171 '여씨춘추왈(呂氏春秋曰)': 명본 『여씨춘추』에 '양박(楊樸)'이 '양박(陽樸)'으로 되어 있다. 『태평어람』 권977의 인용에 '양박(楊璞)'으로 되어 있다. 묘치위 교석본에 의하면, 『여씨춘추』「본미(本味)」에서는 '박(樸)'을 '박(樸)'으로 쓰고 있으며 글자는 동일하다. '화(和)'는 양념을 가리킨다. 고유의 주석에서는 "양박(陽樸)은 지명으로, 촉군(蜀郡)에 있다."라고 한다. 『제민요술』에 '촉군'은 마땅히 주석문 안에 있어야

하지만 본문에 섞여 들어간 것으로 이 때문에 「본미」는 "양박(陽樸)의 생강, 초요(招搖)의 계수나무, 월낙(越駱)의 버섯" 등과 함께 병렬하였다.

172 '출동규(出冬葵)': 명초본과 명청 각본에 '세동규(世冬葵)'로 잘못되어 있다. 금택초본에 따라 고친다. 금본 『관자(管子)』에 '동총(冬葱)'으로 되어 있다. 『태평어람』 권939 「채여부사(菜茹部四)」 '규' 항에 『관자』를 인용하여 '동규'라고 했다.

173 "菜之美者, 具區": 명초본에 '채(菜)'가 '엽(葉)'으로 잘못되어 있고, '구(具)'가 '패(貝)'로 잘못되어 있다. 금택초본과 명청 각본 및 『여씨춘추』에 따라 바로잡는다. 『여씨춘추』의 고유(高愈)의 주에 "구구는 택명이며 오월지간이다.[具區, 澤名, 吳越之間.]"라고 되어 있는데 오늘날의 '태호(太湖)'이다.

174 '후규(猴葵)': 금택초본에 '획규(獲葵)'로 잘못되어 있다. 또한 『태평어람(太平御覽)』 권980 '녹각(鹿角)'조는 『남월지(南越志)』의 이 조항만 인용하였는데, 『제민요술』과 동일하며, 단지 '규(葵)'를 '채(菜)'로 적고 있다.

175 "吳都海邊 …": 이 조항의 출처가 드러나지 않았으며, 『태평어람』 권980 「채여부오(菜茹部五)」 '자채(紫菜)'조에서는 『오군연해기』를 인용하여 이르기를, "군(郡)의 바닷가 기슭에는 모두 자채(紫菜)가 자란다. 『오부(吳賦)』에 이르기를, '윤(綸), 조(組), 자(紫), 강(絳)'이라고 했다."라고 하였다. 『제민요술』에는 책 이름이 빠진 듯하지만 『광지』의 문장에 죽 연결되었을 가능성이 있다. 『제민요술』에서는 '오도(吳都)'는 마땅히 '오군(吳郡)'으로 써야 할 듯하다. 『오부(吳賦)』는 곧 『오도부(吳都賦)』라고 한다.

176 『문선(文選)』 「오도부(吳都賦)」에서는 "綸組紫絳"이라 쓰고 있다. 묘치위는 유규(劉逵)가 『연림(淵林)』을 주석한 것에 근거하여, '자(紫)'는 자초(紫草)를 가리키며, '강(絳)'은 강초(絳草)를 가리키는데, 이는 곧 꼭두서니[茜草]이며, 『제민요술』의 '채(菜)'는 '강(絳)'자의 잘못이라고 하였다.

177 '이아주운(爾雅注云)': 명초본에 '이지(爾祇)'로 잘못되어 있다. 묘치위

교석본에 의하면, 『이아』 「석초(釋草)」의 본문에는 "해조[綸]는 비교적 굵은 선[綸]과 유사하며, 미역[組]은 넓은 띠[組]와 유사하다. 동해(東海)에서 난다."라고 쓰여 있는데, 곽박의 주이며 문장은 동일하다.

178 '규(糾)': 명청 각본에 '사(斜)'로 되어 있으며, 명초본에 '두(斗)' 즉 '규(糾)'의 이체자[或體]로 되어 있다. 현재 금택초본과 『이아』 「석초」 곽박의 주에 따라 바로잡는다. 묘치위 교석본에 의하면, 규(糾)는 꼬아서 만드는 것이다. 금택초본 등과 『이아』의 곽박의 주는 동일하며, 명초본, 호상본에서는 '두(斗)'라고 쓰고 있는데, 민간에서 글자를 잘못 쓴 것으로 진체본(津逮本)에서는 '사(斜)'로 쓰고 있으며, '사(絲)'는 명초본에서는 '채(綵)'로 잘못 쓰고 있다고 한다.

179 '채(彩)': 명초본과 대다수 명청 각본에는 자형이 유사한 '이(移)'로 잘못 되어 있다. 금택초본과 『이아』에 따라 바로잡는다.

180 '남방초물상왈(南方草物狀曰)': 명청 각본에는 『남방초목상(南方草木狀)』으로 잘못되어 있는 곳이 많다. 명초본과 금택초본에 따라 고친다. 『태평어람』 권980 「채여부오(菜茹部五)」에는 '두장(豆醬)' 다음에 "茹食, 芳好, 可食胡餅."으로 되어 있다.

181 '광주기운(廣州記云)': 『태평어람』 권980에는 "東風采, 陸生, 宜肥肉作羹, 二者微味, 人甚重之."라고 되어 있다. 명초본에서는 '채(菜)'가 '내(萊)'라고 잘못 쓰여 있다.

182 '갱(羹)': 금택초본, 명초본에서는 '미(美)'자로 쓰고 있으나, 다른 본 및 『태평어람』에서 인용한 것은 모두 '갱'자로 쓰고 있으며, 「(98) 동풍(東風)」에선 『광주기』를 인용한 것에도 또한 '宜肥肉作羹'이라고 쓰고 있다. 묘치위는 마땅히 '갱'자의 잘못으로 보고 있다. 또한 『제민요술』에는 '배(配)'자에 대해 『태평어람』에서 인용한 것이나 「(98) 동풍(東風)」의 항목은 모두 '비(肥)'로 쓰고 있는데, 비록 두 가지가 뜻이 통할지라도 '비(肥)'자로 써야 한다고 하였다.

183 '곡(藙)': 명청 각본에 '곡(穀)'으로 되어 있다. 명초본과 금택초본에 따라 바로잡는다.

184 '한(蔊)': 명초본에서는 '한(䓿)'자로 잘못 쓰고 있는데, 자서에는 없으며 다른 본의 잘못이다. '한(蔊)' 조항에서 '제(藸)' 조항에 이르기까지 『자

림(字林)』의 문장을 인용하고 있는데, '일왈(一曰)'이 있으며 자서의 체제이다. 본 조항의 『태평어람』 권980 '한(䔾)'은 『자림』의 내용을 인용하였는데, 거기서는 "한(䔾)은 매운 채소이다."라고 적고 있다. 『본초습유』에는 '탁채(䓽菜)'가 있는데 『자림』을 인용하여 설명하기를, "탁(䓽)은 매운 채소로 남방 사람이 먹으면 냉기를 없애 준다."라고 하였다. 탁(䓽)은 '한(䔾)'자의 잘못이다. 『북호록』 권2 '옹채(蕹菜)'조의 최구도 주석에서는 『자림』을 인용하여 '도(棹)'자라고 잘못 쓰고 있다.

185 '음한(音罕)': 스셩한의 금석본에서는 '한(罕)'을 '한(罕)'으로 적고 있다. 스셩한에 따르면 명초본의 두 번째 글자가 모호한데, 금택초본과 명청각본에 따라 보충한다. 이 조는 『태평어람』 권980의 인용에 근거한 것으로 출처가 『자림(字林)』이라고 하였다.

186 '여씨춘추왈(呂氏春秋曰)': 명본 『여씨춘추』에 "菜之美者, 雲夢之芹."이라고 되어 있다. 『태평어람』 권980 '근' 아래에 『자림(字林)』[『태평어람』에 '송림(宋林)'으로 잘못되어 있다.]을 인용하여 "기(𦲴)는 미채(美菜)이며 운몽에서 난다."라고 했다. 『옥편』의 '기(𦲴)'주에 "음은 괴(蕢)이다. 『설문해자』에 '菜之美者, 雲夢之𦲴'라고 했다."라고 되어 있다. 금본 『설문해자』에서는 '기(𦲴)'자에 대해 '菜之美者, 雲夢之𦲴'라고 해석하였으나, 출처가 『여씨춘추』임을 밝히지 않았다. 스셩한의 금석문에는 서개(徐鍇)의 『설문해자계전(說文解字系傳)』에서는 『태평어람』 중의 '운몽지근(雲夢之芹)'이라고 보았으며, 단옥재 역시 기(𦲴)가 근(芹)이라고 추측하였다고 한다. 묘치위 교석본에 의하면, '근(芹)'과 '기(𦲴)'는 현대 식물분류학 상에는 각각 별개의 것으로, 결코 같은 것은 아니라고 하였다.

187 '열채(䕆菜)': 스셩한의 금석본에서는 '열(䕆)'자를 쓰고 있다. 스셩한에 따르면, 이 조는 명청 각본에 모두 빠져 있고, 명초본과 금택초본에 있다. 명초본의 첫 번째 글자는 '죽머리[竹]' 부수이고, 금택초본은 '초머리[++]'가 부수이다. 『옥편』에는 초부에 '열(䕆)'자가 있으며 "여별절(餘鼈切), 잎은 대나무과 같고 물속에서 자란다."라는 주가 있는데, 『제민요술』의 인용과 같다.

188 '기채사궐(綦菜似蕨)': '기(綦)'자는 명초본과 금택초본 및 대다수 명청

각본에 '찬(纂)'으로 되어 있다. 학진본과 점서본에 '기(綦)'로 되어 있는 것이 적합하다.[본서 권9 「채소절임과 생채 저장법[作菹藏生菜法]」 '궐(蕨)'조 참조.] 『이아』 곽주에서는 『광아』와 뒷부분의 「(91) 고비[綦]」를 인용했다. '궐(蕨)'자는 금택초본에 '등(藤)'으로 잘못되어 있다.

[189] '예(菫)': 명청 각본에 모두 '황(堇)'으로 잘못되어 있으며, 명초본과 금택초본에 따라 바로잡는다. 『옥편』 '초부'에 '예(菫)'자가 있고 "잎은 달래와 같고 물가에서 자란다."라고 되어 있다. '예(菫)'자의 이체자[或體]이다.

51 대나무竹五一

『산해경山海經』에 이르기를, "파총산[嶓冢之山][424]에는 … 도지죽[桃枝][425]과 구단죽鉤端竹[426]이 매

山海經曰,[190] 嶓冢之山, … 多桃

424 '파총산[嶓冢之山]': 파총산의 위치에 관해서는 지금의 섬서성 영강(寧强) 북쪽, 지금의 감숙성 천수(天水) 서남쪽이라는 두 가지 설이 있다.

425 '도지(桃枝)': 대개지(戴凱之)의 『죽보』에서, "도지(桃枝)의 껍질은 붉으며, 그것을 엮으면 매끄럽고 단단하여 자리를 짤 수 있다. 『상서(尚書)』 「고명(顧名)」편에서는 이른바 '멸석(篾席)'이라고 한 것이다. … 마디가 짧은 것은 한 치가 넘지 않으며 긴 것은 간혹 한 자가 넘고, 예장(豫章)에 그것이 널리 퍼져 있다."라고 하였다.

426 '구단죽(鉤端竹)'은 금본 『산해경』에는 '죽(竹)'자가 없으며, 대개지(戴凱之)의 『죽보(竹譜)』에서 『산해경』을 인용한 것에도 '죽(竹)'자가 없다. 이 때문에 대개지는 '도지(桃枝)'를 풀의 종류로 여겼으며, '구단(鉤端)'을 나무 종류로 보았으나 곽박이 두 가지를 모두 대나무라고 여긴 것에는 동의하지 않았다. 그러나 고대 사람

우 많다."라고 하였다.

"운산雲山에 … 계죽桂竹[427]이 있는데 독성이 아주 강해 사람이 (그것에 찔려) 상처를 입으면 반드시 죽게 된다." "지금의 시흥군(始興郡)에도 계죽(筀竹)이 나는데 큰 것은 둘레가 두 자[尺]이고, 길이는 네 길[丈]이다. 교지에는 율죽(篥竹)[428]이 나는데, 장대의 속이 가득 차 있고, 곧고 단단하며, 독성이 있다. 가시처럼 뾰족하며 호랑이도 그것에 찔리게 되면 바로 죽는다. (계죽) 또한 이와 같은 유이

枝鉤端竹.

雲山, … 有桂竹, 甚毒, 傷人必死. 今始興郡出筀竹, 大者圍二尺, 長四丈. 交阯有篥竹, 實中, 勁強, 有毒. 銳似刺, 虎中之則死. 亦此類.

들은 대나무에 대해 혹자는 나무라고 불렀으며 혹자는 풀이라고 칭했는데, 이는 곧 『산해경』「중산경(中山經)·중차팔경(中次八經)·중차구경(中次九經)」에서 "그 나무 중에는 도지(桃枝), 구단(鉤端)이 많다."라고 하였으며, 혹은 "그 풀에는 도지와 구단이 많다."라고 하였던 것과 같다. 다른 편 역시 다른 대나무를 '목(木)'이라고 일컬었으며, "그 풀에는 대나무가 많다."라고 하였다. 묘치위 교석본에서는 이를 근거로 하여 도지와 구단이 여전히 대나무일 것이며, 『광아』「석초」에서 "구단(鉤端)은 도지이다."라고 한 것은 구단이 곧 도지죽(桃枝竹)임을 일컫는 것이라고 하였다.

427 '계죽(桂竹)': 왕대속[剛竹屬]의 *Phyllostachys bambusoides*으로, 그 변형으로 '반죽(斑竹)'이라고 한다. 줄기는 높이가 8-22m이며, 지름은 10㎝ 이상에 달한다. 유규(劉逵)의 『문선(文選)』「오도부(吳都賦)」에 『이물지』를 인용하여 주석하길, "계죽(桂竹)은 시흥(始興) 소계현(小桂縣)에서 난다. 큰 것은 둘레가 두 자[尺]이며, 길이가 4-5길[丈]이다."라고 하였다. 소계현은 지금의 광동성(廣東省) 연현(連縣)으로, 시흥군(始興郡)에 속한다. 계죽의 산지이며, 굵기와 길이는 곽박이 주석한 '계죽(筀竹)'과 서로 부합한다.[두 글자는 음이 같으며, '죽머리[竹]'를 붙여 '계(筀)'로 쓴다.] 계죽(桂竹)이라는 것은 계죽(筀竹)으로, 단지 독(毒)이 없다. 『산해경』에 "심독(甚毒)"이라고 기록되어 있는데, 이는 곧 다른 한 종류의 계죽으로서, 대개지의 『죽보』에서 말하길, "계죽은 두 가지 종류가 있다. 이름은 같으나 실제로는 다르며, 그 형태는 알 수 없다."라고 하였다.

428 '율죽(篥竹)': 노죽(簩竹)으로 의심된다.

다."라고 하였다.

"귀산龜山에는 … 부죽扶竹이 많이 있다." "부죽은 곧 공죽(筇竹)[429]이다."라고 하였다.

『한서漢書』에 이르기를, "대나무 중 큰 것은 한 마디에 한 섬[斛]을 담을 수 있으며 작은 것도 몇 말[斗]을 넣을 수 있다. (이러한 죽통으로) 뚜껑이 달린 궤[柙][430]나 통[榼]을 만들 수 있다."라고 하였다.

"공도邛都[431]의 고절죽高節竹은 지팡이를 만들

龜山, … 多扶竹. 扶竹, 筇竹也.

漢書, 191 竹大者, 一節受一斛, 小者數斗. 以爲柙榼.

邛都高節竹,

---

429 '공죽(筇竹)': 이는 곧 공죽(邛竹)으로, 공도(邛都)에서 나기 때문에 죽머리[竹]를 씌워 '공(筇)'이라고 하였다. 공죽은 노인을 부축하는 지팡이로 쓸 수 있기 때문에, '부죽(扶竹)', '부노죽(扶老竹)'이라고도 부르며, 후대 사람들이 또한 길에서 지팡이를 짚는 것을 일러 '공(筇)'이라고 하였다. 묘치위의 교석본을 보면, 대개지의 『죽보』에서 이르기를, "대나무로써 지팡이를 만들 수 있는 것은 '공'만큼 좋은 것이 없다."라고 하였는데, 그 특별한 점으로, "고절죽(高節竹)은 속이 꽉 차 있고, 모양이 사람이 새긴 것과 같아서 지팡이를 만들기에 아주 좋다."라고 하였다.

430 '갑(柙)'은 '갑(匣)'과 통하며, 『초학기(初學記)』를 인용한 것에 근거하면, 마땅히 '비(椑)'가 깨져 변한 것이다. '비갑(椑榼)'은 원형의 술그릇의 일종으로 『설문해자』 및 『급취편(急就篇)』의 안사고(顏師古) 주석에 보이는데, 여기서는 그 대통을 이용하여 술을 담는 것으로 결코 궤를 만드는 것은 아니니 글자는 마땅히 '비(椑)'라고 써야 한다.

431 '공도(邛都)': 서남민족의 한 국가로서 한대 현(縣)으로 편입되며, 치소는 지금 사천성 서창(西昌) 동남부였다. 한 무제 때, 장건을 서역에 파견하여 대하국(大夏國: 지금의 아프가니스탄 북부)에서 인도를 거쳐 서남지역의 공죽장(邛竹杖)과 촉포(蜀布)를 구입한 것을 보면 사천에서 운남으로 통하는 월수도(越巂道)를 개통했다는 것을 알 수 있다. 이것이 곧 공도에 월수군(越巂郡)을 설치한 것이다. [『사기(史記)』 권116 「서남이전(西南夷傳)」과 『한서(漢書)』 권61 「장건전(張騫傳)」에 보인다.] 「서남이전」에서는 또한 한나라 때 "유독 촉에서만 구장(枸醬)이

수 있다. 이것이 이른바 '공죽邛竹'이다."라고 하였다.[432]

可爲杖. 所謂邛竹.

『상서尙書』에 이르기를,[433] "양주楊州에는 … 그것을 공납품으로 … 소篠,[434] 탕簜[435]이 있으며,

尙書曰, 楊州, … 厥貢 … 篠簜,

생산된다."고 했으며, 야랑(夜郞)을 거쳐 남월에서 팔았다. 한 무제 때 사신 당몽(唐蒙)이 남월에서 구장(蒟醬)을 먹었는데, 그로 인해 촉에서 야랑을 거쳐 남월로 가는 길을 알게 되었다. '야랑(夜郞)'은 옛 종족의 이름이며, 옛 국가의 이름이다. 지금도 귀주성 서부 등지에 분포되어 있다.

432 이 조항은 『한서』의 주석문으로, 『한서』 권61 「장건전(張騫傳)」의 안사고(顔師古) 주석에서 신찬(臣瓚)을 인용하여 "공(邛)은 산 이름으로 이 대나무가 자라며, 고절(高節)은 지팡이로 만들 수 있다."라고 하였다. 이는 『제민요술』의 문구와는 차이가 있고 신찬의 주석에는 나오지 않지만, 말할 것도 없이 『한서』의 본문은 아니며, 윗 조항의 『한서』는 마땅히 아래의 이 조항으로 옮겨서 "주왈(注曰)"이라는 구절을 더해야 한다. 묘치위 교석본에 의하면, 그 마디 고리가 특별히 튀어나와 있는데, 이는 곧 『한서』의 주석에서 언급한 '고절죽'으로서, 또한 속이 꽉 찬 대나무이기 때문에 특별히 지팡이로 만드는 데 적합하다고 한다.

433 이 조항은 『상서(尙書)』 「우공(禹貢)」에서 발췌한 것으로, '양(楊)'은 '양(揚)'으로 써야 한다. 묘치위 교석본에 따르면, 이 글자는 고대에는 간혹 '나무목변[木]'을 붙였는데, 『이아』 「석지(釋地)」에서 '양주(楊州)'라고 쓰는 것과 같다. 주석은 「공안국전(孔安國傳)」을 표방한 것으로, 『제민요술』에서 이 부분을 없애고 "고(楛)는 화살대를 만들기에 적합하다."라고 하였는데, '고(楛)'는 대나무가 아니기 때문에 『제민요술』에서 삭제한 것이라고 한다.

434 '소(篠)': 이것은 대나무 대가 짧고 가늘기 때문에 화살로 만들 수 있다. 『이아』 「석초」에서 "소(篠)는 전(箭)이다."이라고 했는데, '전(箭)'은 바로 '전죽(箭竹; *Sinarundinaria nitida*)'으로, 중국의 특산품이다. 심괄(沈括)의 『몽계필담(夢溪筆談)』 권22에는 먼저 '전'이라는 대나무 종류가 있었고, 그 이후에 화살대[矢]를 가리켜 '전(箭)'이라고 하였다고 한다. 옛날에는 "오나라의 굽은 칼과 월나라의 화살"을 예리한 병기로 일컬었다.

435 '탕(簜)'은 큰 대나무로, 『상서』 「우공」의 공영달(孔穎達)의 소에서 손염(孫炎)의 주석을 인용하여 "대나무의 마디가 넓은 것을 '탕'이라 한다."라고 하였다.

… 형주荊州에는 그 공납품으로 … (화살대를 만드는) '균箘'이나 (화살을 만드는) '노簬'가 있다."라고 하였다. 주(注)에 이르기를, "소(篠)는 화살을 만드는 대이며, 탕(簜)은 큰 대이다." "균(箘)과 노(簬)[436]는 모두 좋은 대나무로서, 운몽(雲夢)의 대택에서 생산된다."라고 하였다.

… 荊州, 厥貢, … 箘簬. 注云, 篠, 竹箭, [192] 簜, 大竹. 箘簬, 皆美竹, 出雲夢之澤.

『예두위의禮斗威儀』에 이르기를,[437] "임금이 토지에 적합하게 왕 노릇을 하면 정치가 태평해지며, 만죽篔竹[438]과 자탈紫脫[439]이 항상 난다." 그

禮斗威儀曰, 君乘土而王, 其政太平, 篔竹紫

---

436 '균(箘)', '노(簬)': '노'는 또한 '노(簵)'라고도 쓴다. 묘치위 교석본을 참고하면, '균'과 '노'가 무엇인지에 대해 두 가지 설이 있는데, 하나의 설은 단단하고 굳센 대나무로, 이 말의 근거는 『전국책(戰國策)』「조책(趙策)」에서 "균과 노의 견고함도 이를 능가할 수 없을 정도였다."라고 했다는 것이다. 또 다른 하나는 화살대와 같은 것으로, 『광지(廣志)』「석초(釋草)」에서는 "균과 노는 … 화살대이다."라고 하였다. 『죽보(竹譜)』에 이르기를, "균과 노의 두 대나무는 화살대를 만들기에 적합하며, … 회계산에서 화살대류는 특별히 그 껍질은 검고 거칠기 때문에 특이하다고 하였다."라고 하는데, 균, 노는 모두 명확하게 전죽속(箭竹屬; *Sinarundinaria*)의 두 종류의 대나무이다.

437 『예문유취(藝文類聚)』 권89 '죽(竹)', 『태평어람(太平御覽)』 권963 '만죽(篔竹)' 조항은 모두 『예두위의(禮斗威儀)』의 이 조항을 인용하였는데, 다른 문장이 다소 있고 모두 주석문은 없다. 『예두위의』는 『예기(禮記)』 위서 중의 하나인데, 일찍이 산실되었다. 『수서(隋書)』 권32 「경적지일(經籍志一)」에는 "『예위(禮緯)』는 3권이며, 정현이 주를 달았는데, 지금은 산실되었다."라고 기록하고 있다. 『구당서(舊唐書)』 권46 「경적지상(經籍志上)」은 이 책을 "송균(宋均)이 주석을 달았다."라고 표기하고 있다. 송균은 삼국 위나라 사람이다. 『제민요술』의 주석문은 마땅히 송균의 주석에서 나온 것이라고 하였다.

438 '만죽(篔竹)': 『초학기(初學記)』 권28에서 『광지』를 인용하기를, "만죽은 껍질이 푸르고, 그 속이 눈처럼 하얗고, 연하고 질기기가 새끼와 같다."라고 하였다. 북송 승려 찬녕(贊寧)의 『순보(筍譜)』에서는 "만순(篔筍)은 껍질이 푸르고, 속살은 하얗다."라고 하였다.

주(注)에 이르기를, "자탈(紫脫)은 북방의 식물이다."라고 하였다.

『남방초물상南方草物狀』에 이르기를, "유오죽由梧竹[440]은 관리나 백성의 집에 모두 심는다.

길이는 3-4길이며, 둘레는 한 자 8-9치 정도이며 집의 기둥을 만들 수 있다. 교지에서 난다."라고 하였다.

『위지魏志』에 이르기를,[441] "왜국倭國에는 대나무로 조죽[條]과 간죽[幹]이 있다."[442]라고 하였다.

『신이경神異經』에 이르기를, "남산의 거친

脫常生. 其注曰, 紫脫, 北方物.

南方草物狀曰,[193] 由梧竹, 吏民家種之. 長三四丈, 圍一尺八九寸, 作屋柱. 出交阯.

魏志云, 倭國, 竹有條幹.

神異經曰,[194] 南

---

439 '자탈(紫脫)': 이간(李衎)의 『죽보상록(竹譜詳錄)』 권6에서는 "자탈은 죽순의 이름이다."라고 하였다.

440 '유오죽(由梧竹)': 좌사(左史)의 『오도부(吳都賦)』에는 '유오(柚梧)'라고 쓰여 있으며, 『죽보』에서는 '유아(由衙)'라고 쓰는데, 이것은 큰 대나무이다. 『죽보』에서는 "박(篙)은 유아(由衙)와 함께 그 몸체가 넓고, 둘레는 간혹 몇 치에 달하고, 박의 속은 가득 차 있으며, 아(衙)는 비어 있다고 한다. 남월 지역에서는 들보와 기둥으로 쓴다."라고 하였다. 『죽보상록(竹譜詳錄)』 권4에서는 유아죽은 매 마디마다 가지가 3개 나며, 가시가 있고, 심어서 울타리로 만들 수 있으며, 또 '파죽(笆竹)'이라고도 부른다고 기록하고 있는데, 이는 곧 유아죽이 파죽과 같은 종류임을 알 수 있다.

441 『삼국지』 권30 「위지(魏志) · 왜인전(倭人傳)」에서는 "그 대나무로 소죽[篠]과 간죽[簳], 도지죽[桃支]이 있다."라고 한다. 묘치위 교석본에 의하면, '도지(桃支)'는 곧 '도지(桃枝)'이며, 이미 『산해경(山海經)』에서 인용한 것으로 삭제되어 있다고 한다.

442 '왜국(倭國)'은 옛날의 일본을 가리킨다. '조간(條幹)'은 금본 『위지』에는 두 글자가 모두 죽머리를 달고 '소간(篠簳)'으로 쓰여 있다. 묘치위 교석본에 따르면, 현재의 일본어 명칭으로는 일본 원산지의 *Pleioblastus simoni* 및 *Pseudosasa japonica*를 '조죽(篠竹)'이라 부른다고 한다.

벌판에는 패죽沛竹이 있는데, 길이가 백 길이고 둘레는 3길 5-6자이며 두께가 8-9치로 큰 배를 만들 수 있다.

그 죽순은 맛이 좋으며, 먹으면 부스럼[瘡癘]을 낫게 한다." 장무선(張茂先)의 주에 이르기를, "자(子)는 죽순[笋]이다."라고 하였다.

山荒中有沛竹, 長百丈, 圍三丈五六尺, 厚八九寸, 可爲大船. 其子美, 食之可以已瘡癘. 張茂先注曰, 子, 笋也.

『외국도外國圖』에 이르기를,[443] "고양씨高陽氏[444]의 씨족 중에 같은 배에서 난 남매가 부부의 연을 맺었는데 제帝: 高陽帝가 크게 노해 (추방하니) 이에 두 사람은 함께 껴안고 죽었다. 신조神鳥가 불사죽不死竹을 가져와 이들을 덮어 주었다. 7년 후에 남녀가 모두 살아났다. 그들은 같은 목에 다른 머리를 지녔고, 한 몸에 네 개의 다리가

外國圖曰, 高陽氏有同產而爲夫婦者, 帝怒放之, 於是相抱而死. 有神鳥以不死竹覆之. 七年, 男女皆活. 同頸

---

443 『외국도(外國圖)』의 이 조항은 유서(類書)에서 인용한 것이 없다. 『박물지(博物志)』 권8에 이와 유사한 기록이 있는데, '불사죽(不死竹)'을 '불사초(不死草)'라고 적고 있다. 『외국도』는 『수서(隋書)』 「경적지(經籍志)」 등에는 저록되어 있지 않은데, 『수경주(水經注)』, 『예문유취(藝文類聚)』, 『태평어람(太平御覽)』 등에서는 모두 인용되었다. 『사기(史記)』 권5 「진본기(秦本紀)」에 대한 장수절(張守節)의 『정의(正義)』에서는 오나라 사람의 『외국도』가 있는데, 이 책은 마땅히 손오(孫吳) 시대의 사람이 쓴 것으로, 책은 이미 실전되었다.

444 '고양씨(高陽氏)': 전해지는 말에 의하면 상고(上古)시대 오제(五帝) 중의 전욱(顓頊)이라고 하며, 고양씨라 부른다. 제구(帝丘)에서 살았는데, 지금 하남성 복양(濮陽)의 동남쪽에 위치하며, 외국은 아니다. 묘치위 교석본에 의하면, 그 외에 별도로 『산해경(山海經)』 「대황남경(大荒南經)」에는 '전욱국(顓頊國)'이 있는데, 아마 이것을 가리켜서 '고양씨'라고 불렀던 것 같다고 한다.

달려 있었다. 이들이 곧 '몽쌍국[蒙雙]'의 백성이 되었다."라고 한다.

『광주기』에 이르기를, "석마죽[石麻之竹][445]은 곧고 예리해서 그것을 깎아 칼을 만들면 코끼리의 가죽을 자르는 것이 마치 (보통 칼로써) 토란을 자르는 것처럼 쉬웠다."라고 하였다.

『박물지博物志』에 이르기를,[446] "동정산[洞庭之山]에서 요임금[堯帝]의 두 딸이 항상 울며 그 눈물을 대 위에 뿌리니 대나무에 모두 반점이 생겨났다."[447] "하준현(下雋縣)[448]에 이 대나무가 있는데 대 껍질에

異頭，共身四足．是爲蒙雙民．

廣州記曰，[195] 石麻之竹，勁而利，削以爲刀，切象皮如切芋．

博物志云，洞庭之山，堯帝之二女常泣，以其涕揮竹，竹盡成

---

445 '석마지죽(石麻之竹)': 금본 혜함(嵇含)의 『남방초물상(南方草物狀)』에 "석림죽(石林竹)이 있는데, 계림에서 나며, 굳세고 날카롭다. 깎아서 칼을 만들 수 있으며, 코끼리의 가죽을 베는 것이 마치 토란을 자르는 것과 같이 쉽다. 구진, 교지에서 생산된다."라고 하였다. 스셩한의 금석본에서는 이를 근거로 하여 석마죽이 곧 석림죽이며, '임(林)'자는 마땅히 '마(麻)'자가 잘못 쓰인 듯하다고 하였다. 그러나 묘치위 교석본에 의하면, '석마죽(石麻竹)'은 『태평어람』 권963에서 『남월지』의 '사마죽(沙麻竹)'인 것으로 의심되지만 어떠한 종류의 대나무인지는 상세하지가 않다고 하였다.

446 금본 『박물지(博物志)』 권10에서 "요임금의 두 딸은 순임금의 두 비이다. 상부인이라 이른다. 순임금이 붕어하자 두 왕비가 울었는데, 눈물을 대나무에 뿌려 대나무가 얼룩이 졌다. 지금 하준현(下雋縣)에는 반피죽(班皮竹)이 있다."라고 한다. 『태평어람(太平御覽)』 권963의 '반피죽(班皮竹)'은 『박물지』를 인용하여, "虞帝之二女"라고 쓰고 있는데, 묘치위 교석본에서는 이에 따라 '이녀(二女)'는 마땅히 '이비(二妃)'로 써야 한다고 지적하였다. 『예문유취(藝文類聚)』 권89, 『초학기(初學記)』 권28에도 인용한 것이 있는데, 후자에서 인용한 뒷 문장에서는 "비가 죽자, 상수신이 되어서, 그 때문에 '상비죽(湘妃竹)'이라 부른다."라고 하였다. 주석은 마땅히 후대 사람들이 덧붙인 원래의 주석문이라고 한다.

447 '죽진성반(竹盡成斑)': 스셩한의 금석본을 보면, 오령(五嶺) 일대의 대나무 껍질

는 전혀 반점이 보이지 않으나 껍질을 벗기면 이내 보인다."라고 하였다.

斑. 下雋縣有竹, 皮不斑, 即刮去皮, 乃見.

『화양국지華陽國志』에 이르기를, "죽왕竹王이 있었는데, 돈수豚水[449]에서 일어났다. 한 여자가 물가에서 빨래하고 있었는데, 세 마디의 큰 대나무가 여자의 다리 사이로 흘러 들어와 밀쳐도 떨어지지 않았다. 아이 울음소리가 들려, 그 대통을 가지고 집으로 돌아가 쪼개 보니 남자아이가 들어 있었다.

華陽國志云,[196] 有竹王者, 興於豚水. 有一女浣於水濱, 有三節大竹, 流入女足間, 推之不去. 聞有兒聲, 持歸, 破

위에 이끼류가 기생하는데, 타원형의 갈색 반점을 띠고 있다. 그 같은 대나무를 일컬어 반죽이나 상비죽이라고 일컫는다. 묘치위 교석본에 의하면, 이 대나무는 계죽(桂竹)의 변형된 모양이다. 청대 왕호(汪灝) 등이 『광군방보(廣羣芳譜)』에서 『임한은거시화(臨漢隱居詩話)』를 인용하여 "대나무에 검은 점이 있는데, 이를 반죽이라 하지만 잘못된 것이다. 상중(湘中)의 반죽이 바야흐로 자랄 때, 매 점마다 둥근 모양의 이끼[苔錢]가 붙어 있는 것이 매우 단단하였다. 토착민이 잘라서 대나무를 잘라 물에 담가 풀과 짚을 사용하여 그 태전을 씻어 내면 곧 자줏빛 종류의 다채로운 무늬가 예쁘니, 이것이 참된 반죽이다."라고 하였다.

448 '하준현(下雋縣)': 『후한서』 권24 「마원전(馬援傳)」에 "軍次下雋"이라는 구절이 있는데, 이현(李賢)이 주석하기를 "하준(下雋)은 현의 이름으로 장사국(長沙國)에 속하기 때문에, 옛 성은 지금의 진주(辰州) 원릉(沅陵)이다."라고 하였는데, 하준은 현재의 호남성 영릉현(零陵縣)이다. '준(雋)'은 각본에서 동일하나, 명초본에서는 '휴(攜)'로 잘못 적고 있다. 스셩한의 금석본에서는 '추(檇)'자로 표기하였다.

449 '돈수(豚水)': 이는 '둔수(遯水)'라고도 쓴다. 옛날 장가강[牂牁江: 대체로 지금의 북반산(北盤山) 상류로 추측된다.]으로, 그 발원지는 몽담(濛潭)이라 칭해지며, 또한 '돈수(豚水)'라 부른다. 죽왕(竹王)이 건설한 나라가 있는 곳이 곧 '야랑국(夜郎國)'이라고 하며, 대략 지금의 귀주성 서부와 북부 지역에 위치하였다고 전해진다.

그가 자라 무예에 뛰어나니, 마침내 주변 민족[夷狄]의 우두머리가 되어서, 죽竹을 성으로 삼았다. 쪼갠 대나무는 (버렸지만) 들에 숲을 이루었는데, 지금의 죽왕 사당의 대숲이 이것이다."라고 하였다.

『풍토기風土記』에 이르기를, "양선현陽羨縣[450]에 원군袁君의 집 안의 제단 가에는 몇 그루의 큰 대나무가 있었는데, 높이가 모두 2-3길이나 되었다. 댓가지는 모두 두 방향으로 나뉘어 아래로 드리워져, 제단 위를 쓸어 내니 제단 위가 항상 깨끗했다."라고 하였다.

성홍지盛弘之의 『형주기荊州記』[451]에 이르기를,[452] "임하군[臨賀] 사휴현謝休縣[453]의 동산東山에

竹, 得男. 長養, 有武才, 遂雄夷狄, 氏竹爲姓. 所破竹, 於野成林, 今王祠竹林是也.

風土記曰,[197] 陽羨縣有袁君家壇邊, 有數林大竹, 並高二三丈. 枝皆兩披, 下掃壇上, 常潔淨也.

盛弘之荊州記曰,[198] 臨賀謝休

---

450 '양선현(陽羨縣)': 진나라 때의 양선현으로, 한대 양선후의 봉읍이었으며, 지금의 강소성 의흥현(宜興縣)이다. 묘치위는 교석본에서, 『풍토기』의 저자인 서진(西晉)의 주처(周處)가 곧 이 현의 사람일 것으로 추측하였다.

451 '성홍지(盛弘之)의 『형주기(荊州記)』': 『수서(隋書)』 권33 「경적지이(經籍志二)」에서는 "『형주기』 3권, 송대(宋代) 임천왕(臨川王) 시랑(侍郎) 성홍지 찬술"이라고 기록되어 있다. 호립초(胡立初)의 고증에 근거하면 송 문제(宋文帝) 원가(元嘉) 9년(432)에 임천왕 유의경(劉義慶)이 출사하여 평서장군(平西將軍), 형주자사(荊州刺史)가 되어 형주(荊州)에서 8년간 부임하였다. 성홍지는 유의경을 시랑에 임명하였기 때문에 마땅히 유의경이 형주에 출사하여서 부임하고 있을 때 성홍지가 수년간 듣고 보고서 그 주의 사람과 물산 및 신기하고 괴이한 일을 기술하여 이 책을 저술하였으나, 이 책은 이미 실전되었다.

452 『예문유취(藝文類聚)』 권89에서 성홍지(盛弘之)의 『형주기(刑州記)』의 앞의 문장을 인용한 것에서는 "임하군 동산(冬山) 중에 큰 대나무가 있는데, 수십 아름이며 높이 또한 수십 길이다."라고 하였는데, 뒤의 문장은 기본적으로 동일하지만

는 큰 대나무가 있는데, 둘레는 몇십 아름이 되고 길이는 몇 길이나 되었다.[454] 주변에는 작은 대나무가 자랐는데 모두 둘레가 4-5아름이었다. 아래쪽에는 둥글고 편평한 돌덩이[455]가 있는데, 직경은 4-5길이고 아주 높았으며[456] 정방형인데다가, 또 푸른색을 띠며 편평하고 매끄러워 마치 바둑돌을 쓰는 알까기 바둑판[彈棋局][457]과 유사했

縣東山有大竹,[199] 數十圍, 長數丈. 有小竹生旁, 皆四五尺圍. 下有盤石, 徑四五丈, 極高, 方正青滑, 如彈棋局. 兩竹

다소 빠지고 틀린 것이 있다. 『태평어람』 권972에서 『형주기』를 인용한 문장은 『제민요술』과 동일하며, 잘못되고 빠진 것이 많다.

453 '臨賀謝休縣': '임하'는 군의 이름으로, 삼국 오나라에서 설치했고, 옛 치소는 오늘날 광서장족자치구 하현이며, 호남에 가깝다. 현의 옛 치소는 오늘의 호남성 강영현(江永縣) 서남쪽이며, 임하군(臨賀郡)에 속한다. '사휴(謝休)'는 『태평어람』에서 인용한 것은 동일하며, '사목(謝沐)'의 형태상의 오류인 듯하다. 『한서(漢書)』 「지리지(地理志)」, 『후한서(後漢書)』 「군국지(郡國志)」, 『진서(晉書)』 「지리지」에는 '사휴현(謝休縣)'이 없으며, 대개 사목(謝沐)이라 쓰고 있다. 『수경주(水經注)』 권36 「온수(溫水)」에는 '사목'이 있고, 양수경(楊守敬)의 『수경주소(水經注疏)』에도 역시 본문을 답습하여 '사목'이라 썼는데, 아마도 형태상의 오류인 것으로 보인다.

454 '수장(數丈)': 『예문유취』에서 '수십장(數十丈)'으로 인용하여 쓰고 있으며, 점서본에서는 '십(十)'자를 덧붙이고 있다. 그러나 둘레가 몇십 아름이고, 길이가 몇십 길이라고 하는 것은 모두 의심스럽다.

455 '반(盤)'은 '반(磐)'과 통하며, '반석(磐石)'은 크고 단단한 돌이다.

456 '극고(極高)'는 각본과 『태평어람』에서 인용한 것이 모두 같지만, 『예문유취』에서 인용한 것에는 '고(高)'자가 없는데, 점서본은 이에 의거하여 삭제하였다.

457 '탄기국(彈棋局)': 탄기는 고대 일종의 오락으로, 기록에 의하면 오늘날의 '캐럼[康樂球]'과 흡사하며, 바둑돌을 튕겨 기량을 겨루었다. 전한의 유향(劉向)이 축국(蹴鞠)의 형태를 본떠 만들었다고 한다. 『후한서(後漢書)』 권34 「양기전(梁冀傳)」 이현(異賢)의 주는 『예경(藝經)』을 인용하여 "탄기(彈棋)는 두 사람이 대국을 하며, 두 명은 각각 흰색이나 까만색의 바둑알을 각각 여섯 개를 가지고 먼저 바둑돌을 대칭되게 늘어놓고 먼저 튕기는 것인데, 바둑판은 돌로 만들었다."라고

다. 두 대나무가 굽어 아래로 드리워져 돌 위를 쓸어 내니 아주 깨끗해져 먼지조차 없었다.[458] 몇 십 리 밖에 떨어져 있는데도 바람이 대숲을 지나는 소리가 들렸는데, 마치 퉁소나 피리 소리와 같았다."라고 하였다.

屈垂, 拂掃其上, 初無塵穢. 未至數十里, 聞風吹此竹, 如簫管之音.

『이물지』에 이르기를,[459] "박篃[460]이라는 대나무가 있는데 그 크기가 몇 아름이며[461] 마디 사이의 거리가 아주 짧고,[462] 속이 가득 차서 단단하고 강하여 기둥이나 서까래를 만들 수 있다." 라고 하였다.

異物志曰, 有竹曰篃, 其大數圍, 節間相去局促, 中實滿堅強, 以爲柱榱.

『남방이물지南方異物志』에 이르기를,[463] "극죽

南方異物志曰,

하였다.

458 '초(初)': 한 점도 없다는 말로, 아주 적다는 뜻이다.

459 『태평어람(太平御覽)』 권963 '당죽(簹竹)' 조항에서 『이물지(異物志)』를 인용한 말미에는 여전히 "그것을 손질하여 대들보를 만들면 더 이상 도끼와 자귀질을 하지 않았다."라고 한다. 묘치위 교석본에 의하면 '최(榱)'는 지붕의 서까래로 기둥이라 생각되지는 않는데, 대개지(戴凱之)의 『죽보(竹譜)』에 따르면 마땅히 '양(梁)'이어야 하며, 점서본은 오점교본에 따라서 '동(棟)'으로 고쳐 썼다고 한다.

460 '박(篃)': 큰 대나무이다. 대개지의 『죽보』에 이르기를 "박의 열매(장대)는 속이 매우 꽉 차고 두터워서 속의 구멍이 작고, 거의 가운데가 채워져 있으며, … 큰 대나무이다. 현지인들은 그것을 들보와 기둥으로 썼다."라고 하였다.

461 '기대수위(其大數圍)': '위(圍)'는 권4 「배 접붙이기」의 주석과 같이, 양손의 엄지와 검지(혹은 중지)를 한데 모은 둘레(양뼘굵기)로 약 한 자[尺]로서, 즉 『죽보』에 언급된 "둘레가 간혹 여러 자이다."이다.

462 '節間相去局促': '절간(節間)'은 현대 식물학에서 식물의 줄기 혹은 가지의 마디와 마디 사이의 거리를 가리키는 것으로, 『이물지』에 언급된 '절간'과 뜻이 동일하다. '상거국촉(相去局促)'은 마디 사이가 특히 짧다는 뜻이다.

463 『태평어람』 권963 '극죽(棘竹)' 조항에는 『남주이물지(南州異物志)』(와 동일한

棘竹[464]에는 가시가 있는데 길이는 7-8길이고 굵기는 항아리만 하다."라고 하였다.

棘竹, 有刺, 長七八丈, 大如甕.

조비曹毗의 『상중부湘中賦』에 이르기를,[465] "대나무에는 운당篔簹,[466] 백죽[白], 오죽[烏][467]이 있

曹毗湘中賦曰, 竹有篔簹白烏,

책)를 인용하여 쓰고 있으나, "棘竹, 節有棘刺" 여섯 글자를 쓰고 있다. 『초학기(初學記)』 권28은 심회원(沈懷遠)의 『남월지(南越志)』를 인용하여, "송창현(宋昌縣)에는 극죽(棘竹)이 있는데, 길이가 열 심(尋: 1심은 8자[尺]이다.)이고 굵기는 항아리만 하며, 그 간격이 짧은 것은 늘 예닐곱 길[丈]이다. 대나무 떨기는 드문드문하며, 잎 아래에 갈고리 모양의 가시가 있고, 혹은 가지 끝에 까끄라기 같은 가시가 있다."라고 하였다. 이 조항은 『태평어람』에서도 인용하였는데, 『초학기』와 같다. 송창현(宋昌縣)은 남조 송나라 때 설치되었으며 지금의 베트남에 있었다.

464 '극죽(棘竹)': 고대에는 '륵죽(竻竹)', '역죽(朸竹)', '늑죽(勒竹)'이라고 불렀는데, 이것은 가시가 있어 심어서 울타리를 만들 수 있기 때문에 파죽(笆竹)이라고도 칭하였다. 묘치위 교석본에 의하면, 각서에서 묘사한 것에 근거하면, 재질이 두껍고, 마디 위에 작은 가지가 줄어들고 단단해져 가시처럼 되며, 땅속줄기가 합축형(合軸型)의 여러 특징을 갖추었다고 한 것으로 보아 확실히 책죽속(簕竹屬; *Bambusa*)의 대나무이다. 그 종류가 어떤 것인지는 모르나 책죽(簕竹; *Bambusa stenostachya*), 차통죽(車筒竹; *B. sinospinosa*)과 아주 유사하다. 대개지의 『죽보』, 이간(李衎)의 『죽보상록(竹譜詳錄)』 권4, 광동(廣東)의 『조경부지(肇慶府志)』, 청대 굴대균(屈大筠)의 『광동신어(廣東新語)』 등을 참조하여 보면, 『죽보상록(竹譜詳錄)』이 가장 상세하게 기록하였다고 한다.

465 『초학기(初學記)』 권28은 조비(曹毗)의 『상표부(湘表賦)』를 인용하여 쓰고 있으며, 문장은 『제민요술』과 동일하고, '감(紺)'은 '유(維)'로 잘못 쓰고 있다. 『수서(隋書)』, 『구당서(舊唐書)』, 『신당서(新唐書)』 서목(書目)의 지(志)에는 모두 『조비집(曹毗集)』이 기록되어 있는데, 이 『상중부(湘中賦)』는 마땅히 『조비집』 안에 있어야 한다. 책은 이미 실전되었다. 조비는 동진(東晉) 성제(成帝) 때 관직에 있었으며, 『진서(晉書)』에 그의 전(傳)이 있다.

466 '운당(篔簹)': 큰 대나무이다. 『죽보(竹譜)』에 이르기를, "도지(桃枝), 운당은 대부분 물가에서 자란다.", "운당이 가장 크고, 큰 것은 시루만 하다."라고 하였다. 『문

으며, 또한 실중죽[實中], 감족죽[紺族][468]이 있다. 간혹 조용하고 그윽한 물가에서 대나무가 무성하게 자라며, 혹은 계곡이 흐르는 굽이진 곳에도 번성하고, 또 혹은 구릉에서 무성하게 자라고, 또한 깊은 계곡에서도 울창하게 자란다."[469]라고 하였다.

實中紺族. 濱榮幽渚, 繁宗隈曲, 萋蒨陵丘, 薆逮重谷.

왕표지王彪之의 『민중부閩中賦』에 이르기를,[470] "대나무는 달콤한 동순[苞; 冬筍]과 쓴 적순

王彪之閩中賦曰,[200] 竹則苞甜

선(文選)』「오도부(吳都賦)」에 유규(劉逵)가 『이물지(異物志)』를 인용하여 단 주석에도 이르기를, "운당은 물가에서 자란다."라고 하였다. 이는 곧 물가의 가운데가 비고 안쪽이 넓은 큰 대나무를 기르기에 적합하다는 것이다.

467 '백오(白烏)': 『죽보상록』 권6에는 '백죽(白竹)', '오죽(烏竹)'이 있다. 『죽보』에서는 "적죽(赤竹)과 백죽(白竹)이 있는데, 도리어 그 색을 취한다. 흰 것은 가늘고 굽었고, 붉은 것은 굵고 곧다."라고 하였다. 곧 백죽은 장대[稈]가 흰 재질로 가늘고 부드러우면서 강하고 구부러진 대나무이다. 오늘날 식물 분류학 상에서 왕대속[剛竹屬]의 *Phyllostachys nigra*를 오죽(烏竹)이라고 하며, '흑죽(黑竹)', '자죽(紫竹)'이라고도 부른다. 장대는 처음에는 녹색이지만 몇 년이 지난 이후에는 점차 검붉은 색으로 변하는데, 흑갈색의 작은 반점이 흩어져 있는 것을 특별히 '호마죽(胡麻竹)'이라고도 한다.

468 '실중(實中)'은 속이 찬 대나무로, 문헌 여러 곳에 기록되어 있다. '감족(紺族)'은 장대가 검붉은 색인 대나무 종류이다. 본 조항 뒷부분에서 『효경하도(孝經河圖)』를 인용한 것에는 '자고죽(紫苦竹)'이 있으며, 『죽보』에서는 또한 이르기를, "고죽(苦竹)은 흰색과 자색이 있다."라고 하였다. 『죽보상록(竹譜詳錄)』 권6에는 '자죽(紫竹)'이 있는데, 이는 곧 '오죽'으로, 그 줄기가 검붉은 색이기 때문에, '오(烏)', '자(紫)'의 명칭이 있다. 묘치위 교석본에 따르면, 자죽은 그 자태 및 자색 장대가 품위가 있으므로, 중국 각지 정원 내에 많이 심어 관상용으로 삼는다. '감족'은 이런 유를 가리킨다고 한다.

469 '처천(萋蒨)', '애체(薆逮)'는 모두 대나무 떨기의 우거지고 무성한 것을 형용한 것이다.

[赤]이 있는데,[471] 옥색의 대는 화살대를 만들고, 반점이 있는 반죽은 활대[弓]를 만든다.[472] 세상사에는 대나무의 절개를 숭상하고 무기에는 속이 찬 실중죽[實中]이 적합하다.[473] 운당죽[篔簹] 속에

赤若，縹箭斑弓．度世推節，征合實中．篔簹函人，桃枝育蟲．緗箬

470 『초학기(初學記)』 권28에서 왕표지(王彪之)의 『민중부(閩中賦)』를 인용한 것에는 간략하거나 빠지고 잘못된 것이 많으며 주석문이 없다. 묘치위 교석본을 참고하면, 본 조항의 주석문에서 "도지(桃枝)라고 말하기 때문에 몇 마디 덧붙인다."라고 언급한 것에 근거하여 볼 때 후세 사람들이 덧붙인 것 같다고 하였다.

471 '포첨적약(苞甜赤若)': 스셩한의 금석본을 참고하면, 『제민요술』에서 인용한 이 구절은 해석이 쉽지 않다. 『초학기(初學記)』의 분포적약(粉苞赤箬)은 처음 보면 분(粉)은 백색이고 적(赤)은 홍색으로, '표(縹)', '반(斑)' 아래의 구절과 두 개의 색깔은 대칭되며, 매우 적합한 것처럼 보인다. 그러나 아래 문장에 별도로 상약소순(緗箬素筍)이라는 문장이 있는데, '약(箬)'자는 중복되어 특별한 의미가 없으며, '상(緗)'과 '적(赤)' 또한 조화롭지 않다. 대개지(戴凱之)의 『죽보(竹譜)』에 의거해 보면, '파죽(笆竹)'의 죽순 맛은 아주 좋다. 이 때문에 '포(苞)'자는 '파(笆)'자라고 의심이 되며, '약(若)'자는 본디 '고(苦)'이다. 모두 글자 형태가 유사함으로 인해서 잘못 초사된 것이다. 묘치위 교석본에 의하면, '포(苞)'는 동순(冬筍)을 가리킨다. 유규는 『문선(文選)』 「오도부(吳都賦)」 '포순'을 주석하여, "동순이다. 합포(合浦)에서 나온다. 그 맛은 봄여름 때 죽순보다 좋다."라고 하였다. 적고[赤苦; '약(若)'은 잘못이다.]는 『효경하도(孝經河圖)』에 자고죽(紫苦竹)이 있는데, 그 죽순 또한 맛이 쓰며, 이는 적고순(赤苦筍)의 종류라고 하였다.

472 '표전반궁(縹箭斑弓)': '표전(縹箭)'은 청백색의 전죽(箭竹)이다. '반궁(斑弓)'은 궁을 만드는 반죽(斑竹)이다. 『태평어람(太平御覽)』 권962에서 『운남기(雲南記)』를 인용한 것에는, "운남에는 실심죽(實心竹)이 있는데, 색채가 뒤섞여 얼룩덜룩하고, … 그 지역에서는 이것을 창대로 사용한다."라고 하였다. 반죽을 취하여 궁을 만드는 것 또한 이러한 종류이다. 묘치위 교석본에 따르면, 「민중부(閩中賦)」에서는 대구(對句)로써 4종류의 대나무를 기록하고 있는데, 첨동순(甜冬筍; 毛竹)과 적고순(赤苦筍; 苦竹)이 서로 상대되고 모두 맛에 따라 분류하여 한 조로 삼았으며, 청백색의 화살대를 만드는 전죽과 반점무늬가 있는 활을 만드는 반죽은 서로 상대되어, 모두 용도에 따라 한 조로 삼았다고 하였다.

는 죽인이 들어 있고,[474] 도지죽[桃枝] 속에는 유충이 자란다.[475] (대나무에는) 황갈색의 죽순 껍질[緗

素芽, 彤竿綠筒. 篔簹竹, 節中有物, 長

473 "度世推節, 征合實中": 스셩한의 금석본에서 '도세(度世)'는 두 가지 종류의 대나무의 명칭인 듯한데, '도세'의 마디 사이가 길기 때문에 미루어 '추절(推節)'이라고 했으며, '정합'은 마치 '공죽'과 같이 속이 가득 찬 대나무라고 보았다. 반면 묘치위 교석본에 의하면, '도세추절(度世推節)'은 세상에서 '기개와 절개[氣節]'를 숭상하는 것이 마치 대나무에 마디가 있는 것과 같음을 뜻한다. '정합(征合)'은 전쟁에 적합한 용도를 뜻하며, 이것은 무기를 만들 때에는 속이 찬 대나무를 사용한 것을 가리킨다고 한다. 유규가 『문선』「오도부」를 주석한 것에서는 『이물지』를 인용하면서 "전죽은 가늘고 작으나 굳세고 실하다."라고 하였다. 표죽은 "속이 차고 강하고 단단하여 교지사람들이 예리하게 깎아서 창으로 사용했는데, 심히 날카로웠다."라고 하였다. 『죽보』에는 극죽(棘竹)을 "속이 찬 이인(夷人)들이 그것을 쪼개서 활로 만들었다.", "균, 노의 두 대나무는 모두 화살대를 만드는 데 적합하다."라고 하였다.

474 '함인(函人)': 청대 곽백창(郭柏蒼)의 『민산록이(閩産錄異)』 권3 '운당죽(篔簹竹)'에 동일한 기록이 있다. "곽백창에 의하면, 운당죽은 마디 속에 어떤 물체가 있는데, 길이가 몇 치이고 사람의 형태를 닮았다. … 순창(順昌: 지금의 복건성 순창 지역)의 운당포(篔簹舖)는 또한 이 대나무로써 이름을 얻었다."라고 하였다. 『태평어람』 권963에서 『이원(異苑)』을 인용하여, "건안[建安: 지금의 복건성 건구(建甌) 지역]에는 운당죽이 있는데, 마디 속에 사람이 있으며, 키가 한 자 정도이고, 머리와 다리가 모두 있다."라고 한다. 당대(唐代) 피일휴(皮一休: 834-883?년)는 조비가 『상중부』를 인용한 것과는 다소 차이가 있으며, 『전당시(全唐詩)』 권614에는 피일휴의 시를 기록해 두었는데, "죽인들이 강가에 이르러 부절을 받들고, 풍모(風母)가 구름을 뚫고 심기 사이로 숨나니"라고 한다. 스스로 주를 달아서 "조비(曹丕)의 『상중부(湘中賦)』에서 이르기를, '운당은 속이 차 있고, 내부에는 어떤 물체가 있는데 형상이 사람과 같다.'라고 하였다."라고 했다.

475 '육충(育蟲)': 『민산록이』 권5에서는 왕표지(王彪之)의 「민중부(閩中賦)」를 인용한 후에, "또, 충죽(䉵竹)이 있는데, 대나무 속에 벌레가 생기며, 자라면 마디를 베어 먹고 나온다. 이른바 육충은 곧 충죽(䉵竹), 도지죽을 가리킨다."라고 하였다. 위의 책 권3에 기록된 '도지죽'에서 말하기를, "장주(漳州, 복녕(福寧), 연평(延平)에서 모두 그것이 난다. 죽순 껍질에 모충이 모여 있지만, 먹기에는 적당하

籜], 흰색의 죽순[素筍]이 있고, 붉은색의 죽간[彤竿], 녹색의 죽통[綠筒]이 있다."[476] "운당죽(篔簹竹)의 마디 안에는 어떤 물체가 있는데 길이가 몇 치가 되고, 마치 사람의 형상을 하고 있어 민간에서는 이를 '죽인'이라고 일컬으며, 때맞추어 언제나 얻을 수 있다. 육충(育蟲)이 자라는데 이를 이른바 대나무쥐[竹鼺][477]라고 하며, 대나무 속엔 모두 있다. 도지(桃枝)라고 말하기 때문에 여기에 몇 마디 덧붙인다."라고 하였다.

數寸, 正似世人形, 俗說相傳云竹人, 時有得者. 育蟲, 謂竹鼺, 竹中皆有耳. 因說桃枝, 可得寄言.

『신선전神仙傳』에 이르기를[478] "호공壺公[479]은 비장방費長房[480]과 함께 가고자 했으나, 장방은 집

神仙傳曰, 壺公欲與費長房俱

지 않다."라고 하였다. '충'은 사전에는 나오지 않는데, 『설문해자』에는 '곤(蚰)'이 있으며, 이는 곧 곤충의 '곤(昆)'이라고 한다. 묘치위 교석본에서는 대나무 안에 벌레가 있는지의 여부는 알 수 없기 때문에 민간에서 이 죽머리의 '충(䖝)'을 만들었다고 한다.

476 '상(緗)': 옅은 황색, 황갈색을 가리킨다. '약(籜)'은 죽순 껍질을 가리키는 것이지, 대껍질을 가리키는 것은 아니다. '동(彤)'은 붉은색이다. "상약(緗籜), 소순(素筍), 동간(彤竿), 녹통(綠筒)"은 대나무 죽순과 장대의 여러 종류가 서로 다른 색을 띠고 있음을 서술하고 있다.

477 '죽류(竹鼺)': 설치류의 쥐아목 장님쥐과(Spalacidae) 대나무쥐속[竹鼠屬; *Rhizomys*]은 중국에 몇 종류가 있다. 대나무쥐는 땅속에 살며, 대나무류와 갈대류의 뿌리의 땅속줄기를 먹는다. 청대 계복(桂馥)의 『설문해자의증(說文解字義證)』에서 유흔기(劉欣期)의 『교주기(交州記)』를 인용한 것에는, "대나무쥐는 작은 강아지와 같고, 대나무 뿌리를 먹으며, 봉계현(封溪縣: 지금의 베트남 북부 국경지역)에 보인다. 복건 지역에서는 이를 '유(鼺)'라고 부른다."라고 하였다.

478 『태평어람(太平御覽)』 권962에서 『신선전(神仙傳)』을 인용한 것에는 문장이 약간 다르나 내용은 동일하다.

479 '호공(壺公)': 성이 시(施), 사(謝), 왕(王)인 여러 사람이 있는데, 『수경주(水經注)』 권21 「여수(汝水)」의 기록에는 이를 '왕호공(王壺公)'이라고 하였다.

480 '비장방(費長房)': 『후한서』 권82 「비장방」에 이르기를 "장방(長房)이 마침내 도

안사람이 알까 두려웠다. 그러자 호공이 이내 푸른 대[青竹]에 글을 써서 일러 말하기를, '그대가 집에 가서 병이 났다고 말하고, 이 대나무를 침실에 두고 조용히 돌아오시오.'라고 하니, 장방이 그 말대로 했다.

집안사람이 이 대나무를 보고 그것이 장방의 시신이라고 여겨 곡하고 울며 상을 치렀다."라고 하였다.

『남월지南越志』에 이르기를, "나부산羅浮山에는 대나무가 자라는데 모두 둘레가 7-8치가 되며, 마디의 길이가 1-2길이나 되니, 그것을 일러 '용종죽龍鍾竹'[481]이라고 부른다."라고 하였다.

『효경하도孝經河圖』에 이르기를,[482] "소실산

去, 長房畏家人覺. 公乃書一青竹, 戒曰, 卿可歸家稱病, 以此竹置卿卧處, 默然便來還, 房如言. 家人見此竹, 是房屍, 哭泣行喪.

南越志云,[201] 羅浮山生竹, 皆七八寸圍, 節長一二丈, 謂之龍鍾竹.

孝經河圖曰,

를 구하고자 하였으나, 생각하니 가인(家人)들을 돌아보니 걱정되었다. 늙은이가 이내 푸른 대나무 하나를 잘라서 신변을 가지런히 하도록 장방에게 주어서 그것을 집 뒤에 매달아 놓게 했다. 가인들이 그것을 보니 그것이 곧 장방의 형체였으며, 목을 매어 죽었다고 생각하여 모두 놀라 크게 부르짖었다. 마침내 시신을 장례 지냈다."라고 하였다.

481 북주(北周) 유신(庾信: 513-581년)의 『유자산집(庾子山集)』 권1 「공죽장부(邛竹杖賦)」에는 "매번 용종죽의 무리와 함께, 아주 은밀하고 깊은 곳에서 자란다."라고 하였다. 이 대나무는 지팡이를 만들 수 있고, 공죽과 같은 유로 인식하였다. 또한 '종용(鍾龍)'이라고도 쓰는데, 『고문원(古文苑)』 권4 양웅(揚雄)의 「촉도부(蜀都賦)」에서는 "그 대나무가 곧 종용(鍾龍)의 대나무[篨篷]이다."라고 한다.

482 『초학기(初學記)』 권28에서 『효경하도(孝經河圖)』를 인용하고 있는데, "소실산[少室]의 큰 대나무는 시루[甑器]를 만들 수 있다."라고 하였다. '고죽(苦竹)'의 조항은 없다. 『태평어람』 권962에서 『효경하도(孝經河圖)』를 인용하고 있고, 기본적으로 『제민요술』과 동일하지만 "이 대나무도 부뚜막에서 사용되는 그릇이다."

[少室之山]에 찬기죽欒器竹이라는 것이 있는데,[483] 이것으로 솥과 시루를 만들 수 있다."라고 하였다.

少室之山, 有欒器竹, 堪爲釜甑.

"안사현安思縣에는 고죽苦竹이 많다.[484] 고죽의 종류에는 네 가지[485]가 있는데, 청고죽[青苦], 백고죽[白苦], 자고죽[紫苦], 황고죽[黃苦]이 있다."라고 하였다.

安思縣多苦竹. 竹之醜有四, 有青苦者, 白苦者, 紫苦者, 黃苦者.

축법진竺法眞의 『등라부산소登羅浮山疏』에 이르기를,[486] "또 근죽筋竹[487]이 있는데 빛깔은 황금

竺法眞登羅浮山疏曰, 又有筋

라고 적고 있으며, '고죽'의 항목은 두 줄로 된 소주(小注)로 열거되어 있다. 『효경하도』는 각 가(家)의 서목(書目)에서는 보이지 않으며, 책은 이미 실전되었다.

483 '소실산[少室之山]': 화북 등봉(登封) 북쪽의 숭산(嵩山)에는 세 개의 높은 봉우리가 있는데, 그중에 서쪽 봉우리가 소실산이고, 산의 북쪽 기슭에는 소림사가 있다. '찬기죽(欒器竹)': 한나라의 대나무이고, 운당죽의 무리이다.

484 '안사(安思)': 안창(安昌)이 잘못 쓰인 듯하다. 한대의 안창현으로, 오늘날 하남성 심양현(沁陽縣)과 등봉현(登封縣) 사이에 있으며, 숭산과의 거리는 아주 가깝다. '고죽(苦竹)': 고죽속(苦竹屬; *Pleioblastus*)으로서 이른바 청고(青苦), 백고(白苦) 등은 다만 장대의 껍질 색깔이 같지 않기 때문에 몇 종류로 나눈 것이다.

485 '추(醜)': '무리'로 통하고 즉 '같은 종류'이다. 『광아(廣雅)』「석고(釋詁)」에 이르기를, "초(肖), 사(似), 추(醜)는 '같은 유'의 의미이다."라고 한다. 『초학기』 권28에서는 사영운(謝靈運)의 「산거부(山居賦)」를 인용하여, "그 대나무는 … 곧 네 개의 고죽이 모두 쓴맛이 있다."라고 하였다.

486 『태평어람』 권963 '근죽(筋竹)'조는 축법진의 『증나산소(證羅山疏)』를 인용하였으며 『예문유취』와 동일하나, '차산(此山)'을 '나산(羅山)'이라 적고 있다. 상해고적출판사(上海古籍出版社) 점교본(點校本) 『예문유취(藝文類聚)』 권89에서 축법진의 『나산소(羅山疏)』를 인용한 것에는 "영남 지역에는 근죽(筋竹)이 없고 오직 이 산에만 있다. 그 크기는 둘레가 한 자이며 가는 것은 색이 황금빛을 띠며 꿋꿋하고 바르고 마디가 듬성듬성하다."라고 하였다.

과 같다."라고 하였다.

『진기거주晉起居注』에 이르기를,[488] "혜제惠帝 2년에 파서군巴西郡[489]의 대나무에 자색의 꽃이

竹, 色如黃金.

晉起居注曰, 惠帝二年, 巴西

487 '근죽(筋竹)': '근죽'은 마땅히 금죽(金竹; *Phyllostachys sulphurea*)이다. 『죽보상록』 권6에서는 "금죽은 강소와 절강 사이에서 자라는데, 하나같이 담죽(淡竹)과 같고 높이는 1-2길[丈]에 지나지 않으며 그 가지와 장대는 노랗고 맑은 것이 순금과 같아 그 까닭에 이름 붙였다. 축법진의 『나부산소』에서 이르기를 '나부산에는 대나무가 있으며 색이 황금과 같다.'"라고 하였다. 묘치위 교석본을 참고하면, 영북(嶺北)의 강절 지역에서 자라며 영남도(嶺南道)에서는 자라지 않는다. 그러나 오직 영남의 나부산에 있는데, 이것은 나부산의 지리 환경이 특히 알맞기 때문이다. 축법진은 또한 베트남의 침향(沉香)을 북쪽의 나부산으로 옮겨 심으면 잘 자라지 않고, 영북의 금죽을 남쪽의 이 산으로 가져와서 심으면 곧 생장이 양호하다고 하였으며, 이미 식물 지리와 접지기후와 식물 분포에 대한 관계에 주목하여 자못 중시할 가치가 있다고 한다. '근(筋)'은 명청 각본에서는 '저(節)'로 쓰고 있는데, 명초본과 금택초본에 의거하여 '근(筋)'으로 쓰며, '근(筋)'과 '근(筋)'은 동일한 글자라고 하였다.

488 『진기거주(晉起居注)』의 이 조항은 유서(類書)에서는 인용하지 않고 있다. 오직 『초학기(初學記)』 권28에서 사령운(謝靈運)의 『진서(晉書)』 한 조항만을 인용하고 있는데 비교적 간략하여 "원강(元康) 2년 봄 2월 파서(巴西)의 경계지역의 대나무에 꽃이 피었는데 자색빛을 띠고 열매 맺은 것이 보리와 같다."라고 하였다. 『태평어람(太平御覽)』 권962에서도 같은 조항을 인용하고 있는데 『초학기』와 같으며 간략하고 빠진 것이 있다. 『진서(晉書)』 권28 「오행지(五行志)」에도 이 사실이 기록되어 있으며, 또한 "혜제(惠帝) 원강 2년 봄"이라고 쓰고 있고, 아래 문장은 기본적으로 『제민요술』과 동일하지만 '중미백(中米白)'을 '중적백(中赤白)'이라고 쓰고 있는데 '적(赤)'은 '미(米)'의 형태상의 오류인 듯하다. 원강(元康)은 서진(西晉) 혜제(惠帝)의 연호로 2년은 292년이고 『제민요술』에서 '혜제 2년'이라 칭한 것은 곧 291년으로, 원강 전에 오히려 영희(永熙) 원년(290)이 있다. 『진기거주』는 『수서(隋書)』 권33 「경적지이(經籍志二)」의 기록에 의하면, "송대(宋代) 북서주(北徐州) 주부(主簿) 유도회(劉道會) 찬술"이라고 제목을 칭하고 있는데 책은 이미 실전되었다.

489 '파서군(巴西郡)': 후한 말 익주(益州) 목(牧) 유장(劉璋)이 설치하였고, 진대에도

피고 보리알 같은 열매가 달렸는데, 그 껍질은 푸르며 속의 알맹이는 희고 맛이 달았다."라고 하였다.

『오록吳錄』에 이르기를, "일남日南에는 율죽篥竹[490]이 있는데, 그 대나무는 곧고 날카로워 깎아서 창을 만든다."라고 하였다.

『임해이물지臨海異物志』에 이르기를,[491] "구죽狗竹[492]에는 털이 마디 사이에서 자란다."라고 하

郡竹生紫色花, 結實如麥, 皮青, 中米白, 味甘.

吳錄曰, 日南有篥竹, 勁利, 削爲矛.

臨海異物志曰, 狗竹, 毛在節間.

그것을 따랐으며, 군의 치소는 오늘날 사천성의 한중(閬中)이다.

490 '율(篥)': 『오록(吳錄)』의 이 조항은 유서에는 인용된 것이 없다. '율(篥)'은 다른 본에는 '죽머리[竹]'를 붙여 사용하고 있는데, 명초본에서는 '초머리(艸)'를 써서 '율(篥)'로 잘못 쓰고 있다. 금택초본과 학진본, 점서본에 의거하여 마땅히 '표(篻)'라고 써야 한다. 『문선(文選)』「오도부(吳都賦)」에는 "표(篻), 로(簩)는 떨기로 자란다."에 대한 유규(劉逵)의 주에서 『이물지(異物志)』를 인용한 것에는 "표죽(篻竹)은 크기가 창 손잡이와 같고, 속이 가득 채워져 질기고 강하다. 교지인들은 날카롭게 깎아 창을 만드니, 아주 날카로웠다."라고 하였다. 대개지(戴凱之)의 『죽보(竹譜)』에서는 "근죽(筋竹)을 창으로 만들면 '이해표(利海表)'라고 일컫는다. 근(槿)은 곧 그 줄기이며, 날은 곧 그 끝이다. 일남(日南)에서 자라며, '표(篻)'라는 다른 명칭이 있다."라고 하였다. 묘치위 교석본에 따르면, "떨기가 있다."는 것을 보아 표죽, 노죽은 모두 땅속줄기가 합축형(合軸型)으로 이루어진 관목 형상의 떨기 형태로 자라는 대나무이다. 표죽은 또 근죽이라 부르는데, 이 근죽과 나부산의 근죽은 같은 이름의 다른 종류이다.

491 『임해이물지(臨海異物志)』의 이 조항은 유서에는 인용된 것이 없고, 『태평어람(太平御覽)』 권963에서 『죽보(竹譜)』의 한 조항을 인용한 것이 있는데, "이것은 구죽(狗竹)은 마디 사이에 털이 있다. 임해(臨海)에서 난다."라고 하였다. 『죽보』는 즉 대개지(戴凱之)의 『죽보(竹譜)』이며, 지금의 『죽보』는 대개지가 직접 주를 달아서 "구죽은 임해 산중에 나며, 마디 사이에 털이 있다. 심(沈)의 『지(志)』에 보인다."라고 하였다. 묘치위 교석본에 이르길, 심의 『지』는 심영(沈瑩)의 『임해이물지』이며, 『제민요술』에서 인용한 것과 서로 부합한다고 한다.

였다.

『자림字林』에 이르기를,[493] "용(筩: 무늬가 있는 대나무의 일종)[494]은 대나무다. 그 끝에 부父 모양의 무늬가 있다."라고 하였다.

"무(簆: 검은 대나무)는 대나무로, 껍질이 검고 표면에 튀어나온 무늬가 있다."라고[495] 하였다.

"감䉐은 대나무인데 털이 있다."라고 하였다.

"인䈯[496]은 대나무로서 그 속이 꽉 차 있다."

字林曰, 筩, 竹. 頭有父文.

簆, 竹, 黑皮, 竹浮有文.

䉐, 竹, 有毛.

䈯, 竹, 實中.

---

492 '구죽(狗竹)': 『죽보상록(竹譜詳錄)』 권5에는 "구죽은 임해군에서 나며, 둘레는 세 치이고, 마디 사이에 털이 있다. 삼월에 죽순을 먹을 수 있다."라고 하였다.

493 다음 문장에서 이어지고 있는 네 문장은 모두 『자림(字林)』의 문장이며 『태평어람』 등에는 인용되지 않았다.

494 '용(筩)'은 각본에서는 '이(茸)'로 쓰고 있으며, 점서본에서는 오점교본에 따라 '용(筩)'으로 고쳐 쓰고 있다. 『옥편(玉篇)』에는 '용(筩)'이라는 글자가 있는데, 이것은 "대나무이다. 꼭대기에 무늬가 있다."라고 하였다. 『죽보상록』 권6에서는 "용죽(筩竹)은 곧 가루가 묻어 있고, 끝 부분에는 부문(父文)이 있다. … 부문은 꽃무늬[花紋]와 같다."라고 하였다.

495 "簆 … 竹浮有文": 『죽보상록』 권5에 "무죽은 광서, 안남[베트남]에서 자라며, 옹주[邕州: 지금의 광서장족자치구 남녕(南寧)시], 곤륜관[崑崙關: 지금 광서장족자치구 빈양(賓陽) 서남쪽이다.]에 두드러지게 많다. 장득지(張得之)의 『보(譜)』에서 이르기를, '무죽은 껍질이 검고 무늬가 있다. 매 마디에서 3개의 가지가 자라며, 가지와 잎은 수려하고 고와서 나뭇잎과 가지가 어우러진 모양이 보기가 좋고 사랑스러우며, 고죽과 완전히 같다. 큰 것은 기둥을 만들 수 있으며, 산에 있는 것은 아무 데나 쓸 수 있다.'"라고 한다. 묘치위 교석본에 의하면, "죽부유문(竹浮有文)"의 '죽부(竹浮)', 두 글자는 『자림』의 '부(箁)'가 쪼개져 된 것으로 글자가 잘못되어 들어간 것으로 의심되며, 마땅히 "'부(箁)'에는 무늬가 있다."라는 별개의 조항이 된다. 『옥편』의 '무(簆)'의 다음에는 바로 '부(箁)'자이며, "대나무 이름이다."라고 해석하였다.

496 '인(䈯)': 『이아(爾雅)』「석초(釋草)」에서 곽박의 주를 인용하여 이르기를 "대나

라고 하였다.

● 그림 49
대나무[竹]:
『구황본초』
참조.

● 그림 50
대나무쥐[竹鼠]

교 기

190 '산해경왈(山海經曰)': '파총(嶓冢)' 구절은 「서산경(西山經)」 '서차삼(西次三)'에 보인다. 명본 『산해경』의 '구단(鉤端)' 아래에는 '죽(竹)'자가 없다. '운산(雲山)'과 '구산(龜山)' 모두 『중산경(中山經)』 「중차십이(中次十二)」에 있다. '운산' 구절의 주문 중 '시흥군(始興郡)' 다음에 '계양현(桂陽縣)' 세 글자가 있으며 '역차류(亦此類)' 다음에 '야(也)'자가 있다.

191 '한서(漢書)': 『태평어람(太平御覽)』 권962 「죽부일(竹部一)」에서는 『한서』를 인용했는데, 자구가 『제민요술』의 본 절과 똑같다. 다만 지금까지 전해지는 『한서』의 각본에 『제민요술』에서 인용한 이 몇 구절이 보이지 않는다. 『초학기(初學記)』 권28에서는 『광지(廣志)』를 인용하여 "漢竹, 大者, 一節受一斛, 小者數升, 爲椑榼."이라고 했다.

무 종류이고, 그 속이 가득 찼다."라고 하였는데, 이것이 곧 인죽(籸竹)이다.

192 조죽전(篠竹箭): 스셩한의 금석본에서는 '전(箭)'을 '균(箘)'으로 쓰고 있다. 스셩한에 따르면 이는 『상서(尙書)』 「우공(禹貢)」의 "篠簜旣敷" 이다. 공안국(孔安國)의 「전(傳)」을 표방한 것에는 "소는 죽전이다."라고 하였다. 명초본과 명청 각본이 이것을 기초한 것에 잘못이 있다. 금택초본에서는 '소, 죽전'이라고 했는데 이 또한 잘못이다. 묘치위 교석본에서, '죽전(竹箭)'은 명초본과 명각본에는 '죽균(竹箘)'으로 잘못 쓰고 있다고 하여 스셩한과 견해를 달리하였다. 묘치위에 따르면, 금택초본에서는 '죽전(竹前)'으로 잘못 쓰고 있으며, 점서본에서는 '전죽(箭竹)'으로 쓰고 있다.

193 '남방초물상왈(南方草物狀曰)': 『태평어람(太平御覽)』 권963에서는 '남방초목상(南方草木狀)'이라고 제목을 달고 있으며, 내용은 완전히 동일하다. '목(木)'은 잘못된 것이다. 금본의 『초목상』에는 '유오죽(由梧竹)'의 명칭이 없다.

194 '신이경왈(神異經曰)': 『태평어람』 권963에는 '삼장(三丈)'이 '이장(二丈)'으로 쓰여 있으며, "대선을 만들 수 있다.[可爲大般.]"는 "배[舡]를 만들 수 있다.[可以爲舡.]"로 적혀 있다. 묘치위 교석본에 의하면, 『초학기(初學記)』 권28에서 『신이경』을 인용한 것은 비교적 간략한데, 『태평어람』 권963의 '패죽' 조항에서 인용한 것은 기본적으로 『제민요술』과 동일하다. 주석은 장화[자는 '무선(茂先)'이다.]의 주석이라고 하였다.

195 '광주기왈(廣州記曰)': 『북호록(北戶錄)』 권2 및 『태평어람』 권963의 '석마죽(石麻竹)'에서는 모두 배연의 『광주기』를 인용하여 적고 있으며, 모두 기본적으로 『제민요술』과 동일한데, 오직 『북호록』에서는 '석림죽(石林竹)'으로 쓰고 있다. 문장은 "석마죽은 곧고 예리해서 그것을 깎아 칼을 만들면 코끼리의 가죽을 자르는 것도 마치 토란을 자르는 것처럼 쉬웠다."라고 하였다. 또 사죽의 끝 항목 아래에 소주가 달려 있으며, 『광주기』에 이르기를 "석마 …"라고 하는 것은 문장이 완전히 동일하지만, 단지 '재(裁)'자를 '절(切)'자로 쓰고 있으며, 『제민요술』이 조항과 일치한다. '석마(石麻)'는 금택초본에서 '석시(石庥)'로 잘못 적고 있다.

196 '화양국지운(華陽國志云)': 이기(李堅)본 『화양국지』 권4 「남중지(南中

志)」로서 이 문장은 『제민요술』에서 인용한 것보다 풍부하다. "죽왕은 둔수(遯水)에서 일어났다. 어떤 여자가 물가에서 빨래를 하고 있었다. 세 마디가 달린 큰 대나무가 여자의 다리 사이로 흘러 들어와 그것을 밀쳤으나 떨어지지 않았다. 홀연히 아이 소리가 들려서 이 대나무를 가지고 집으로 돌아와서 그것을 쪼개 보니 남자아이가 있었다. 자라나 무예가 출중하여 마침내 주변 민족의 수장이 되었다. 그의 씨족은 '죽'으로 성을 삼았다. 쪼갠 대나무를 들판에 버리자 대나무 숲을 이루었다. 지금의 죽왕사(竹王祠)의 죽림이 바로 이것이다."라고 하였다. 많이 등장하는 글자로서, 예컨대 '손(損)'자와 '죽'왕사의 '죽(竹)'자는 보충해 넣음으로써 문장이 비로소 완성되었다. 『태평어람』 권962 「죽부일(竹部一)」은 완전히 『제민요술』과 동일하다.

197 '풍토기왈(風土記曰)': 『태평어람(太平御覽)』 권962에서 『풍토기(風土記)』를 인용한 것은 기본적으로 『제민요술』과 동일하다. 다만 '袁君家'를 '袁君冢'으로 쓰고 있으며, 『제민요술』의 황정감(黃廷鑑) 교본에서는 '총(冢)'으로 쓰고 있는데 마땅히 '총(冢)'자의 잘못이다. '數林'은 『태평어람』에서 '數枚'라고 쓰고 있는데, 마땅히 '매(枚)'자의 잘못이다. 『태평어람』에서는 또한 "常潔淨也"의 '상(常)'을 '항(恆)'으로 적고 있다.

198 '성홍지형주기왈(盛弘之荊州記曰)': 『태평어람』 권962에서 인용한 것에는 성홍지(盛弘之)의 성명이 없다. "둘레는 몇십 아름[圍]이 되고, 길이는 몇 길[丈]이나 되었다."라는 구절이 누락되어 있으며, 그 아래의 작은 대나무가 '四五尺圍'라는 구절에서 '척(尺)'자를 '촌(寸)'으로 적고 있는데, '척'자는 '촌'자만 못하다.

199 '대죽(大竹)': 각본에서 동일하며, 점서본은 오점교본에서 다른 본 『예문유취』를 근거하여 '죽(竹), 대(大)'라고 고쳐 썼다.

200 '왕표지 『민중부』 인용': 『초학기』에서는 이 조항을 인용하여 "대의 잎이 가루처럼 희고, 붉은 대껍질에 옥색의 대는 화살을 만들고 반점이 있는 대나무는 활을 만들며, 운당에는 죽인이 들어 있고, 도지죽 속에는 유충이 살고 있다."라고 하였다.

201 '남월지운(南越志云)': 중화영인본(中華影印本) 『태평어람(太平御覽)』 권962에서 『남월지(南越志)』를 인용한 것에서 '일이장(一二丈)'을 '일

이척(一二尺)'이라고 적고 있는데, 마땅히 '척(尺)'으로 써야 할 듯하며, '龍鍾竹'은 '鍾龍'으로 적어도 상관없다. 포숭성본(鮑崇城本)『태평어람』에서『남월지』를『나월지(羅越志)』로 잘못 쓰고 있으며, 그 안에서 '龍鍾'을 '中龍'이라 잘못 쓰고 있다.

52 죽순筍五二

『여씨춘추』에 이르기를, "양념 중에서 맛있는 것이 월로越簵의 죽순[箘]이다."라고 한다. 고유高誘의 주注에 이르기를 "균箘은 죽순이다."라고 하였다.

呂氏春秋曰, [202] 和之美者, 越簵之箘. 高誘注曰, 箘, 竹筍也.

『오록吳錄』에 이르되, "파양鄱陽[497]에는 순죽이 있다. 겨울에 자란다."라고 하였다.

吳錄曰, 鄱陽有筍竹. 冬月生.

『순보筍譜』[498]에서는, "계경죽雞脛竹의 죽순은 통통하고 맛있다."라고 하였다.

筍譜曰, 雞脛[203]竹筍, 肥美.

『동관한기東觀漢記』에 이르기를,[499] "마

東觀漢記曰, 馬援

497 '파양(鄱陽)': 삼국의 오나라가 오늘날의 강서성에 세운 파양군이다.

498 『순보(筍譜)』: 묘치위 교석본에 의하면,『순보』는 북송 초 승려 찬녕(贊寧)이 저술한 것으로『제민요술』보다 시대가 매우 늦으므로『죽보』의 잘못인 듯하다고 보았다.

499 오늘날 유실된 것을 모아 편집한『동관한기(東觀漢記)』권12「마원전(馬援傳)」에 보인다. 기본적인 내용은『제민요술』과 동일하다.『동관한기』는 후한대에 관

원馬援은 여포荔浦[500]에 이르러, 동순冬筍을 보고 '포苞'[501]라고 이름 지었다. 아뢰기를, '『상서』「우공禹貢」의 그 포苞, 귤橘, 유자[柚]는[502] 그것을 말하는 것이 아닐까 합니다. 동순은 봄과 여름에 맛이 아주 좋습니다.'"라고 하였다.

至荔浦, 見冬筍名苞. 上言, 禹貢厥苞橘柚, 疑謂是[204]也. 其味美於春夏.

교 기

[202] '여씨춘추왈(呂氏春秋曰)': 금본 『여씨춘추』「본미」에는 "越簵之箘"을 "越駱之菌"으로 쓰고 있으며, 고유의 주석에도 또한 '균(菌)'이라고 쓰고 있다. 죽머리[竹]와 초머리[++]를 쓰는 두 글자는 예전에는 통용되었다. 고유의 주에서 "월락(越駱)은 나라 이름이다."라고 하였다. 대개지(戴凱之)의 『죽보(竹譜)』에서 『여씨춘추(呂氏春秋)』를 인용하여 '낙월(駱越)'이라고 썼다. 묘치위 교석본에 따르면, '낙월'은 옛 월인(越人)의 한 갈래로, 진한 시대에는 오늘날 광서, 광동 및 월남 북부 등지에 분포

에서 편찬한 기전체 사서로서, 이미 유실되어 전하지 않는다. 묘치위 교석본에 의하면, 금본(今本)의 24권은 청나라 사람이 유실된 것을 모은 본으로 여전히 빠진 부분이 아주 많다고 한다. '동관'은 낙양궁 안의 전각 이름으로, 당시에 사서를 편찬하는 곳이었다.

500 '여포(荔浦)': 후한 때 세운 현으로, 오늘날 광서 장족 자치구 여포현 서쪽이다.

501 '포(苞)': 즉 포순(苞筍)이며, 동순(冬筍)이라고도 한다.

502 『상서(尙書)』「우공(禹貢)」에는 "양주(揚州) … 궐(厥), 포(包), 귤(橘), 유자[柚]"라고 쓰여 있다. 『동관한기』 권12 「마원전」에 '궐포(厥箁)'라고 쓰여 있는데, 『태평어람(太平御覽)』 권963의 '순(筍)' 조항에서 『동관한기』를 인용하여 '궐포'라고 쓰고 있으며, '포(包)', '포(苞)', '포(箁)'는 옛날에 통하는 글자였다.

하였다고 한다.

203 '계경(雞脛)': 명청 각본에 모두 '계강(鷄腔)'으로 잘못되어 있다. 명초본과 금택초본에 따라 '계경'으로 고친다. 『태평어람(太平御覽)』 권963에 '계경죽(鷄脛竹)'이 있는데 『죽보(竹譜)』가 출처이다. 묘치위 교석본을 참고하면, 본서 권5의 「대나무 재배[種竹]」에서 『죽보』를 인용한 것에 "계경죽(雞頸竹)의 죽순은 살찌고 맛있다."라고 하였다. 대개지의 『죽보』에도 바로 "계경 … 죽순이 아주 맛있다."라는 말이 있다. 남송 오인걸(吳仁傑)의 『이소초목소(離騷草木疏)』 권4에서 『죽보』를 인용한 것에도 또한 '계경'을 쓰고 있다고 한다.

204 '위시(謂是)': 금택초본, 명초본에서는 이를 '시위(是謂)'라고 거꾸로 적고 있는데, 다른 본에서는 '위시'라고 적고 있으며, 『동관한기』 및 『태평어람』에서도 이와 동일하게 인용하고 있다.

53 씀바귀荼[503]五三

『이아』에 이르길, "도는 씀바귀[苦菜]이다. 먹을 수 있다."라고 한다.

『시의소詩義疏』에 이르길, "산전山田의 씀바귀는 달며, 이른바 '근菫'[504]과 '도荼'는 엿과 같이

爾雅曰,[205] 荼, 苦菜. 可食.

詩義疏曰,[206] 山田苦菜甜, 所

503 '도(荼)': 『제민요술』 권3 채소 재배 각 편에는 씀바귀가 없으나, 권6 「거위와 오리 기르기[養鵝鴨]」에서는 씀바귀를 사료로 사용한다. 따라서 이 시기 북방에도 씀바귀가 있었음을 알 수 있다.

504 '근(菫)'은 근채과의 근채(菫菜; *Viola verecunda*)이고, 또한 근근채라고도 부른

달다."라고 하였다. | 謂堇荼如飴.

교 기

205 '이아왈(爾雅曰)': 『이아』 「석초(釋草)」에 "도는 고도(苦荼)이다."라고 되어 있고, 곽박 주에 "苦菜可食."이라고 했다.

206 '시의소왈(詩義疏曰)': 『시경(詩經)』 「당풍(唐風) · 채령(采苓)」에 공영달(孔穎達) 『정의(正義)』에서 『시의소』를 인용하여 "고채는 산들과 연못에서 난다. 서리가 내리면 달고 맛이 좋다. 소위 근도여이(堇荼如飴)이다."라고 했다. "堇荼如飴"는 『시경』 「대아(大雅) · 면(緜)」의 구절이다.

다. 이것은 바로 『이아(爾雅)』 「석초(釋草)」에서 말한 "설(齧)은 고근(苦堇)이다."이다. 『시경(詩經)』에서 공영달(孔穎達)이 주소에서 『이아』 「석초」를 인용한 또 다른 한 조항인 "급(芨)은 근초(堇草)이다."라고 한 것은 곧 오두(烏頭)를 이 '근'이라고 해석한 것이며, 『이아』 형병(邢昺)의 소에서도 오두라는 설을 따라 『시경』의 "堇荼如飴"를 인용하여 『이아』의 오두를 해석하고 있다. 오두는 독초이므로 '엿과 같이 단' 채소로 만들어 먹을 수 없다. 묘치위 교석본에 의하면, 초머리[艹]를 쓴 근(堇)과 토(土)자가 붙은 근(堇)은 형태는 아주 유사하나 서로 다른 두 글자로, 신 · 구서를 간행하면서 매번 글자를 새기거나 배열함에 있어 잘못됨이 많아서 근(堇)이 쓰인 것이라고 하였다.

54 쑥蒿五四

『이아』에 이르길,[505] "호蒿는 긴鼓[506]이다." 라고 하였다. "번蘩은 흰쑥[皤蒿][507]이다."라고 하였다. 주석에 이르길, "지금 사람들이 개사철쑥[靑蒿]이라고 부르는 것은 향기가 있고 구워 먹기에 적당하여[508] '긴鼓'이라고 하였다."라고

爾雅曰, 蒿, 鼓也. 蘩, 皤蒿也. 注云, 今人呼靑蒿香中炙啖者爲鼓. 蘩, 白蒿.

505 『이아(爾雅)』「석초(釋草)」에서 "번(蘩)은 흰쑥이다. 호(蒿)는 개사철쑥[鼓]이다."라고 쓰고 있다. 두 조항은 연문으로, '야(也)'자가 없다. 주는 곽박의 주석으로, '파호(皤蒿)'를 주석한 바로 그 아래에 단지 '백호(白蒿)' 두 글자만 있는데 『제민요술』에서는 곽박의 주를 떼어 내어 인용하였기 때문에 '번(蘩)'자를 더하였다. '긴(鼓)'의 주석은 『제민요술』과 동일하다.

506 '긴(鼓)': 묘치위는 '긴(鼓)'이 국화과의 개사철쑥[靑蒿; *Artemisia apiacea*]이며, 또는 '향호(香蒿)'라고 불린다고 하였다. 『이아』 형병(邢昺)이 손염(孫炎)의 견해를 인용하여 주석하기를, "형초 지역에서는 호를 일컬어 긴이라고 한다.[荊楚之間, 謂蒿爲鼓.]"라고 하였다. 스셩한 역시 긴(鼓)은 개사철쑥[靑蒿]이거나 이에 가까운 종이라고 한다.

507 '파호(皤蒿)': '파호'에서 '파(皤)'는 흰색이며, 이는 곧 국화과의 흰쑥(*Artemisia stelleriana*)으로, 또한 '봉호(蓬蒿)'라고 한다. 잎 뒷면에 흰 털이 자란다. 『당본초(唐本草)』에서 주석하기를, "처음 생겨날 때부터 마를 때까지 여러 쑥에서 흰색을 띤다."라고 하였다. 스셩한도 파호(皤蒿)가 흰쑥이라는 점에는 동의한다.

508 '중자담(中炙啖)': 『본초도경(本草圖經)』에서는 개사철쑥[靑蒿]을 구워 먹는 방법을 기록하고 있는데, "말린 것을 구워서 음료로 만들면 향기가 더욱 좋다."라고 하였다. 묘치위 교석본에 따르면 옛날에는 개사철쑥[靑蒿]과 흰쑥[白蒿]을 음식물로 썼다는 기록이 매우 많다고 한다. 『시경(詩經)』「소아(小雅)·녹명(鹿鳴)」에서는, "야생의 쑥을 먹는다."라고 하였다. 공영달(孔穎達)은 육기(陸機)의 『소』를 인용하기를, 이것이 개사철쑥[靑蒿]을 가리킨다고 하였다. 『신농본초경(神農本草經)』「초호(草蒿)」에서 도홍경(陶弘景)이 주석하기를, "지금의 개사철쑥은 사

한다. "번蘩은 흰쑥[白蒿]이다."라고 하였다.

『예외편禮外篇』에 이르되,[509] "주나라 때에 덕과 은택이 널리 퍼져 화합하자 쑥이 무성하고 커서 관청의 기둥[宮柱][510]을 만들었는데 이

禮外篇曰, 周時德澤洽和, 蒿茂大, 以爲宮柱, 名曰蒿

람들이 따서 향채에 섞어 먹는다."라고 하였다. 송대(宋代)에 이르러 『본초도경』에도 구워 먹는 법이 있다. 『본초연의(本草衍義)』에도 이르기를, 개사철쑥은 "사람이 캐서 채소로 쓴다."라고 하였다. 흰쑥[白蒿]을 먹음에 있어서 아주 일찍부터 제사용품을 만들거나 절임채소로 만들어 먹었다. 『시경(詩經)』「소남(召南)·채번(采蘩)」에서 정현의 전(箋)에서는 "두천번(豆薦蘩)으로써 소금절임을 하였다."라고 하였다. 당대(唐代) 맹선(孟詵)의 『식료본초(食療本草)』에서는, 흰쑥은 "그 잎을 생으로 주물러서 소금에 절여서 채소절임을 만들면 사람에게 아주 좋다."라고 하였다. 『제민요술』 중에는 개사철쑥, 흰쑥의 식용 방법에 대해서 모두 13가지가 있다. 혹자는 삶아 나온 개사철쑥 즙을 절인 채소 속에 붓거나, 또는 쑥잎으로 돼지기름을 닦거나, 혹은 솥을 닦아 내고, 또는 도정한 붉은 쌀에 섞거나, 또 개사철쑥[青蒿]을 여국(女麴)에 덮거나, 혹은 개사철쑥으로 머릿기름[髮油], 화장품[面脂]을 만들고, 또는 흰쑥[白蒿]으로 잠박[蠶簇]을 만들고, 또는 쑥으로 소쿠리를 만들어서 밀[麥子]을 담거나 밀 구덩이를 막거나, 혹은 피부 윤택제나 연지(胭脂)를 만드는 데 쓰고, 또는 매염제(媒染劑)를 만드는 등등 다양한데, 모두 쑥의 독특한 향을 싫어하지 않는다. 오늘날의 사람들이 '견문이 좁아' 옛사람들이 '신기해 보이는 것'이다. 문장을 고치거나 베끼는 과정에서 『제민요술』 '호(蒿)'자가 모두 '고(槁)'자로 잘못 쓰이게 되었다고 한다.

509 '예외편왈(禮外篇曰)': 『대대예기(大戴禮記)』「명당(明堂)」 제67은 문장이 『제민요술』과 완전히 동일하다. 『박물지(博物志)』 권6 「지리고(地理考)」에서 "주나라 때에는 덕과 은택이 가득 차 쑥이 무성하게 자라 궁전의 기둥으로 삼았으며, 그로 인해 호궁이라고 불렸다."라고 하였다. 묘치위 교석본에 의하면, 대덕(戴德)이 『대대예기(大戴禮記)』를 정리, 재편할 때 대개 「내편(內篇)」과 「외편(外篇)」이 구분이 있었는데(혹은 후대 사람들이 구분한 것이다.) 「명당」은 「외편」에 나열되었기 때문에 『예외편』의 명칭이 있다고 한다.

510 '궁주(宮柱)': 남송 주거비(周去非)의 『영외대답(嶺外代答)』 권8 '대호(大蒿)'조에서는 "용오[容梧: 오늘날 광서 용현(容縣)과 오주시(梧州市)]의 길 중에 오랫동안

를 '호궁蒿宮'이라고 불렀다."라고 한다.

『신선복식경神仙服食經』에 이르기를,[511] "'칠금방七禽方'에서는 11월에 방발旁勃을 캔다. 방발은 흰쑥이다. 흰 토끼가 그것을 먹으면 8백 년간 살 수 있다."라고 하였다.

宮.

神仙服食經曰, 七禽方, 十一月采旁勃. 旁勃, 白蒿也. 白兔[207]食之, 壽八百年.

● 그림 51
흰쑥[白蒿]:
『구황본초』 참조.

서리와 눈이 내리지 않은 곳에는 쑥이 시들지 않는다. 해가 갈수록 무성하게 자라 큰 것으로는 집의 기둥을 만들 수 있고, 작은 것은 또한 가마의 가로대[中肩輿之杠]에 적합하다. … 옛날에 호주(蒿柱)가 있다는 말은 어찌 그러한 종류이겠는가?"라고 하였다. 청대 유월(俞樾)의 『유루잡찬(俞樓雜纂)』 권7 「예기이문전(禮記異文箋)」을 보면 쑥으로 궁궐의 기둥을 만든다고 인식하였는데 믿을 수 없으며 호는 '고(高)'의 잘못된 글자로 주대 사람들이 문왕의 묘를 숭상하여 그 까닭에 '고궁(高宮)'이라 칭하였다고 하였다.

511 '신선복식경왈(神仙服食經曰)': 각종 약물을 복식하는 특히 광물류의 약으로 장생을 구하는 책이다. 『수당서(隋唐書)』 서목 속의 「지(志)」에 모두 기록되어 있으며, 『구당서(舊唐書)』의 제목에서 "경리선생찬(京理先生撰)"이라고 칭하였는데 어떤 사람인지 알지 못한다. 책은 이미 실전되었다. 묘치위 교석본을 보면, 『태평어람(太平御覽)』 권997 '청호(青蒿: 개사철쑥)'조에서 『신선복식경(神仙服食經)』을 인용한 것에는 '칠금방(七禽方)'이 없으며 '방발(旁勃)'을 '팽발(彭勃)'로 쓰고 있다. 도홍경(陶弘景)이 『신농본초경(神農本草經)』의 '백호(白蒿)'를 주석한 것에는 '칠금산(七禽散)'이 있는데, 이를 근거로 '칠금방'이 '복식약(服食藥)'의 조제로서 그 속에 흰쑥이 있음을 알 수 있다.

교 기

[207] '백토(白兎)': 『제민요술』의 각본에 모두 '백(白)'자가 있으나, 『태평어람(太平御覽)』 권997 「백훼부사(百卉部四)」 '청호(青蒿)' 항의 인용에는 '백'자가 없다.

55 창포菖蒲[512] 五五

『춘추전春秋傳』에 이르기를, "희공僖公 … 30년, … 왕의 사신 주열周閱을 내빙케 하여 연회를 베풀었는데,[513] (잔칫상 위에) 창촉昌歜[514]이 있었다

春秋傳曰,[208] 僖公 … 三十年, … 使周閱來聘,

512 '창포(菖蒲)': 천남성과로, 학명은 *Acorus calamus*이며 '백창포(白菖蒲)'라고도 불린다. 뿌리줄기가 비교적 통통하고 크지만 맛은 좋지 않다. 이시진(李時珍)은 향포(香蒲)와는 서로 상대되는 것으로 '취포(臭蒲)'라고 보았다. 묘치위 교석본에 의하면, 『주례(周禮)』 「천관총재(天官冢宰) · 해인(醢人)」에는 일종의 '두[豆: 고각반(高脚盤)]' 속에 요리를 담는 것이 있었는데, 이것을 '창본(昌本)'이라 불렀고 이것은 바로 창포의 뿌리줄기로 만든 절임채소이다. 창포절임은 바로 노나라 희공이 주의 사신을 내빈케 하여 접대한 것이다. 옛사람들은 창포로 맛있는 요리를 만들었으며, 쑥을 먹는 것과 마찬가지로 일반적이었지만, 일부 사람들이 '창촉(昌歜)', '창본(昌本)'이 모두 잘못된 글자라고 말하여 괴이하게 여기게 되었다고 한다.

513 『좌전(左傳)』 「희공삼십년(僖公三十年)」의 첫머리에는 "왕의 사신 주공열(周公閱)이 내빙하였다."라고 하는데, 이것은 곧 주 혜왕이 주공열에게 노(魯)를 방문하도록 한 것이다.

고 한다."라고 한다. 두예杜預가 이르길, "창포는 절임채소이다."라고 하였다.

『신선전神仙傳』에 이르되,[515] "왕홍王興이란 자는 양성陽城의 월나라 사람[516]이다. 한 무제漢武

饗有昌歜. 杜預曰, 昌蒲菹也.

神仙傳云, 王興者, 陽城越人

---

514 '창촉(昌歜)'은 『좌전』의 복건(服虔)의 주에 근거하면 창본(昌本)의 소금절임이다. '창본'에 대해 주관[『주례』「천관총재」] '해인(醢人)'조에서는 "제사에 있어서 4개 제기의 음식물을 관장했다. 조사의 제기[豆]는 그 내용물로는 부추 소금절임과 육장이며, 향포 싹은 식용을 할 수 있으며, 줄풀[菰草]은 부드러운 싹으로서 더욱 진귀한 채소이다. 오늘날 호남·호북[兩湖] 지역과 귀주 특히, 운남성 남부에서는 모두 줄풀을 최고의 채소로 간주한다. '촉(歜)'은 『좌전』 공영달(孔穎達)의 소에 의하면, "두루 책을 찾아봤는데, 창포는 다른 특별한 이름이 없으며, 그 유래도 알 수 없다."라고 하였다. 명말 고염무(顧炎武: 1613-1682년)는 『좌전두해보정(左傳杜解補正)』에서 이 글자는 '축(歜)'으로 써야 하는데 "당나라 사람이 이미 촉(歜)으로 잘못 썼다."라고 하였다. 『제민요술』에선 『좌전』을 인용하여 '촉(歜)'으로 썼으며, 금본의 『좌전』도 마찬가지인데 이유는 알 수 없다.

515 『태평어람』 권999에서 인용한 것에는 단지 "왕홍(王興)은 함양[咸陽; 양성(陽城)을 혼동하여 잘못 쓴 듯하다.]사람으로 창포를 캐서 먹었으며, 그로써 장생할 수 있었다. 1치[寸] 길이에 9개의 마디가 있는 것이다."라고 하였다. 『예문유취』에서 인용한 바는 "이것으로 짐을 깨우치기 위함이다."에 그치는데, 『제민요술』에서 인용한 바와 대체로 같으나 '월(越)'자가 없고, '두(頭)'는 '함(頷)'자로 쓰고 있으며, '단(耑)'은 '중(中)'으로 쓰고 있고, '위(謂)'는 '문(問)'으로 쓰고 있다. 『증류본초(證類本草)』 권6의 '창포'가 『한무제내전(漢武帝內傳)』을 인용한 것 또한 이 내용을 기록하고 있다.(금본의 『내전』에는 이 기록이 없다.)

516 '양성월인(陽城越人)'은 해석할 수가 없다. 『예문유취』에서 인용한 것에는 '월(越)'자가 없는데, '월(越)'자는 군더더기인 듯하다. 『태평어람』에서 인용한 것에는 '함양인(咸陽人)'으로 쓰고 있는데, 이것 또한 틀린지 아닌지를 막론하고 '월'자가 없다. '양성(陽城)'은 현(縣)의 명칭으로 이는 곧 오늘날 하남성(河南省) 등봉(登封)이다. 산의 이름으로도 쓰며, 이 현의 양성산(陽城山)에 해당한다. '숭고(嵩高)'는 곧 숭산(嵩山)으로 '월(越)'과 더불어 전혀 상관이 없으며, 군더더기로 의심된다.

帝가 숭산[嵩]에 올라서 홀연히 신인을 보았는데, 키는 2길[丈]이고 귀는 머리 아래로 처져 어깨까지 드리워져 있었다. 황제가 예를 다하여 그에게 연유를 묻자, 선인이 이르기를, '나는 구의산[九疑][517]에서 살고 있소. 듣자하니 숭산에는 돌 위에 창포가 자라는데[518] 1치[寸] 사이에 9개의 마디가 있으며 그것을 먹으면 오래 산다고 하여 그것을 캐러 왔소.'라고 하더니 홀연히 사라졌다. 황제가 시중드는 신하에게 일러 말하길, '그는 그것을 먹으려고 한 것이 아니라 그렇게 말함으로써 짐을 깨우치게 하려 함이다.'고 하며 이내 창포를 캐서 복용하였다. 황제가 복용하자 가슴이 답답함이 이내 멈추었다. 왕홍은 이를 복용하는 것을 멈추지 아니하여 마침내 장생하였다."라고 한다.

也. 漢武帝上嵩高, 忽見仙人長二丈, 耳出頭下垂肩. 帝禮而問之, 仙人曰, 吾九疑人也. 聞嵩岳有石上菖蒲, 一寸九節, 可以長生, 故來採之, 忽然不見. 帝謂侍臣曰, 彼非欲服食者, 以此喻朕耳, 乃採菖蒲服之. 帝服之煩悶,[209] 乃止. 興服不止, 遂以長生.

---

517 '구의(九疑)': 이는 곧 구억산(九嶷山)으로, 창오산(蒼梧山)으로도 부르며 호남성 영원현(寧遠縣) 남쪽에 있다. 전하는 말에 의하면 순(舜)임금이 이 산에 묻혔다고 한다.

518 '석상창포(石上菖蒲)'는 곧 천남성과의 석창포(石菖蒲; *Acorus gramineus*)로, 계곡에 흐르는 물가의 돌 틈 속이나 흐르는 물에 자갈 사이에서 많이 자란다. 그 땅 아래의 뿌리줄기는 가로로 뻗으며 바퀴모양 마디가 촘촘하게 있다. 그 변종인 잎이 가는 창포[細葉菖蒲; var. *pusillus*]는 땅 아래 줄기 마디 사이가 단지 2-3㎜인데 본초서(本草書)에서 모두 "한 치[寸] 길이에 9마디가 있는 것이 좋다."라고 한 것은 결코 과장이 아니다.

● 그림 52
창포(菖蒲)와 꽃

교 기

208 '춘추전(春秋傳曰)': 이것은 『춘추좌씨전(春秋左氏傳)』이다. 금본 『좌전(左傳)』에 '주열(周閱)'이 '주공열(周公閱)'로 되어 있다. 『태평어람(太平御覽)』 권999 「백훼부육(百卉部六)」 '창포' 조항과 『예문유취(藝文類聚)』 권81의 인용은 금본 『좌전』과 같다. 명청 각본의 '창포' 표제 아래에 '탈(脫)'이라고 분명히 밝혔다. 묘치위 교석본에 의하면, 빠진 부분은 본 항목에서부터 「(62) 호제비꽃[堇]」까지 모두 여덟 항목이 빠져 있는데, 단지 금택초본, 명초본에는 완전하여 빠지지 않았다고 한다.

209 '민(悶)': 금택초본에 '문(問)'으로 잘못되어 있다.

56 미薇[519]五六

『시경』「소남召南」에 이르길,[520] "저 남산에 올라 미薇를 캐러 가자꾸나."라고 하였다. 『시의소』에 이르길,[521] "미는 산에서 나는 채소이다. 줄기와 잎은 모두 소두小豆와 같다. 그 잎인 곽藿[522]은 국을 끓여 먹을 수 있으며, 날로 먹을 수도 있다. 지금은 관청의 밭에서 재배하여 종묘宗廟의 제사에 올린다."라고 한다.

召南詩曰, 陟彼南山, 言采其薇. 詩義疏云, 薇, 山菜也. 莖葉皆如小豆. 藿, 可羹, 亦可生食之. 今官園種之, 以供宗廟祭祀也.

---

519 '미(薇)'는 콩과의 대소채(大巢菜; *Vicia sativa*)를 가리키며, 또한 '야완두(野豌豆)'라고 부른다. 어린싹은 채소[蔬菜]로 쓸 수 있다. 묘치위 교석본에 의하면, 종래의 식물서 혹은 사전에서는 고사리류의 식물인 고비과[紫萁科]의 고비[紫萁; *Osmunda japonica*]를 '미(薇)'라고 오인하였다고 한다.

520 『시경』「소남(召南)·초충(草蟲)」.

521 '『시의소(詩義疏)』': 공영달(孔穎達)의 『시정의(詩正義)』에서 인용한 『시의소』에서는, "산채(山菜)이다. 줄기와 잎은 모두 소두(小豆)와 유사하며, 덩굴로 자란다. 그 맛 역시 소두와 같다. 콩잎은 국을 끓여 먹을 수 있으며, 또한 날로도 먹을 수도 있다. 지금 관청의 밭에서도 재배하여서 종묘의 제사에 올린다."라고 하였다.

522 '곽(藿)'은 원래 콩잎을 가리키며, 미(薇)의 잎이 콩잎과 닮았기 때문에 미의 잎을 '곽(藿)'이라고 부른다.

● 그림 53
대소채(大巢菜; 野豌豆)와
꼬투리

57 부평초苹[523]五七

『이아』에 이르기를, "평蓱은 부평초[苹]이다. 그 큰 것은 네가래[蘋][524]라 부른다."라고 한다.

爾雅曰,[210] 蓱, 苹也. 其大者蘋.

523 '평(苹)'은 부평과[浮萍科: 과거에는 천남성과(天南星科)로 보았다.]의 부수식물(浮水植物; floating plant)이다. 『이아(爾雅)』의 곽주(郭注)에 "물속의 부평(浮萍)을 강동(江東)에서는 표(薸)라고 한다."라고 했다. 스셩한의 금석본을 보면 현재 호남과 호북에서는 여전히 '부표(浮薸)'라고 부르는데, 대개 소위 '대표(大薸)'라고 하는 '수부련(水浮蓮; *Pistia stratiotes*)'은 포함하지 않는다고 한다.

524 '빈(蘋)'은 네가래과[蘋科]의 네가래(*Marsilea quadrifolia*)이며, 다년생의 얕은 물에서 자라는 식물[淺水草本]이다. 잎자루가 길고 그 4개의 작은 잎이 잎자루의 끝에 모여 자라고, 십자(十字)와 전자(田字)형과 같아서 또한 '사엽채(四葉菜)', '전자채(田字菜)'라고도 부른다. 형태가 유사하면서 개구리밥이라 불리는 식물은 3개의 작은 잎이 잎자루를 형성하고 있다.

『여씨춘추』에 이르길,[525] "채소 중에 맛있는 것은 곤륜의 네가래[蘋]이다."라고 한다.

呂氏春秋曰, 菜之美者, 崑崙之蘋.

● 그림 54
부평초[萍]

● 그림 55
네가래[蘋]

교 기

[210] '이아왈(爾雅曰)': 금본 『이아』에 "평(苹)은 부평초[蓱]로서, 네가래[蘋]이다."라고 했다.

58 석태石菭五八

『이아』에 이르길,[526] "담藫[527]은 돌이끼[石衣]

爾雅曰,[211] 藫,

525 『여씨춘추』「본미(本味)」.

이다."라고 하였다. 곽박이 이르길, "이것은 바로 물이끼[水落][528]이며, 또 '석발石髮'이라고도 한다. 강동江東 지역에서는 그것을 먹는다. 혹자는 이르기를[529] '담薄'이라고 하는데, 그 잎은 염교[䪥]와 닮았지만 좀 더 크고 물밑에서 자라며 또한 먹을 수 있다."라고 하였다.

石衣. 郭璞曰, 水落也, 一名石髮. 江東食之. 或曰, 薄, 葉似䪥而大, 生水底, 亦可食.

---

526 『이아』「석초(釋草)」.

527 '석의(石衣)'는 일반적으로 녹평류 중의 '건호태(乾滸苔; *Enteromorpha linza*)' 즉 소위 '태조(苔條)' 혹은 '태채(苔菜)'를 가리킨다. 『옥편(玉篇)』 '담(薄)'자의 주에 "해조(海藻)이다. 다른 이름으로 해라(海蘿)라고 하며, 헝클어진 머리[亂髮]와 유사하고 바닷물 속에서 산다."라고 했다.

528 '수태(水落)': '태(落)'는 '태(苔)'와 뜻이 동일하다. '담(薄)'과 '태(落)'는 쌍성이며 두 글자의 함축된 의미는 동일하다. 『문선(文選)』에서 곽박(郭璞)의 「강부(江賦)」에는 '녹태(綠苔)'라는 것이 있는데, 이선(李善)이 『풍토기(風土記)』를 인용하여 주석하길, "석발(石髮)은 물이끼이며, 청록색으로 돌 위에서 자란다."라고 하였다. 묘치위 교석본에 의하면, 척리는 종이를 만들 수 있다. 장화(張華)가 『박물지(博物志)』를 지었고, 진 무제(晉武帝)가 그에게 '측리지(側理紙)' 만장(萬張)을 주었는데, 이것이 곧 '척리지(陟釐紙)'이며, '태지(苔紙)'라고도 부른다. '척리(陟釐)' 두 글자의 반절음이 '태(落)'이며 음은 '치(治)'로 읽는데, 천천히 부르면 '척리(陟釐)'이고, 급하게 부르면 '치[落]'가 된다. 돌 위에서 자라기 때문에 '석의(石衣)', '석발(石髮)', '석태(石落)' 혹은 '수태(水落)'라고 부르며, 모두 이끼류 식물을 가리킨다고 하였다.

529 혹왈(或曰)'은 원래는 없으며, 금본의 곽박의 주에는 있는데, '담(薄)'의 또 다른 해석으로 반드시 있어야 하기에 묘치위 교석본에서는 이를 근거로 보충하여 표기하였다. 『신농본초경(神農本草經)』에 이르기를 "해조류이며, … 모두 담(薄)으로 부른다."라고 하였다. 이것은 즉 '심(蕁)'자로서 『이아(爾雅)』「석초(釋草)」편에는 "심(蕁)은 해조류[海藻]이다."라고 하였다. 이는 바다의 해조류로서 담수의 물이끼는 아니다.

교 기

[211] '이아왈(爾雅曰)': 금본『이아』곽주(郭注)에 "강동(江東)에서 그것을 먹는다.[江東食之.]" 다음에 '혹왈(或曰)' 두 글자가 있으며, '태(菭)'를 '태(苔)'로 쓰고 있다.

59 고수胡荾五九

『이아』에 이르길,[530] "권이菤耳는 영이苓耳이다."라고 한다.『광아廣雅』에 이르기를, "(이것은) 곧 시이枲耳이며, 또한 호시胡枲라고도 한다."라고 하였다. 곽박이 이르길, "고수[胡荾][531]이다. 강동에서는 '상시常枲'라고 부른다."라고 하였다.

爾雅云, 菤耳, 苓耳. 廣雅云,[212] 枲耳也, 亦云胡枲. 郭璞曰, 胡荾也. 江東呼爲常枲.

530 『이아』「석초(釋草)」.

531 '호수(胡荾)': 스셩한의 금석본에 따르면 '수(荾)'는 '수(荽)'와 동일하며, 곧 미나리과의 호수(*Coriandrum sativum*)이다. 권8「초 만드는 법[作酢法]」에서『식경(食經)』을 인용한 것에는 '호수자(胡荾子)'가 있는데, 이는 곧 호수의 종자이다. 반면 묘치위 교석본에서는 본 항목의 '호수(胡荾)'는 국화과의 시이(葈耳; *Xanthium sibiricum*)를 가리키며, 곧 '창이(蒼耳)'라고 하였다. 다만 이 해석에는 의문이 있으며 '호사(胡葸)'의 잘못인지의 여부는 알 수 없다. '호시(胡枲)', '호사(胡葸)', '권이(卷耳)', '영이(苓耳)' 등은 모두 '시이'의 다른 명칭이다. 권3「양하·미나리·상추 재배[種蘘荷芹藘]」에는 호사(胡葸)를 파종하고 있는데, 이는 유독 남방에만 있는 것은 아니라고 하였다.

(『시경』) 「주남周南」에 이르기를,[532] "캐자꾸나! 권이卷耳[533]를 캐자꾸나!"라고 하였다. 『모전毛傳』에서 이르길, "(이것은) 영이苓耳이다."라고 하였다. 주에서는 "고수[胡荽]이다."라고 하였다. 『시의소』에 이르길,[534] "영苓은 호수胡荽와 같은데,[535] 흰 꽃이 피며, 줄기는 가늘고, 덩굴로 자란다.[536] 죽[537]으로 끓일 채소로 이용하면 부드러우

周南曰, 采采卷耳. 毛云, 苓耳也. 注云, 胡荽也. 詩義疏曰, 苓, 213 似胡荽, 白花, 細莖, 蔓而生. 可鬻爲茹, 滑

532 『시경(詩經)』 「주남(周南) · 권이(卷耳)」의 한 구절이다. '모운(毛云)'은 『모전(毛傳)』의 문장이다. 그러나 '주운(注云)'은 '정현전(鄭玄箋)'에는 보이지 않으며, 아마 '정현전'의 사라진 문장인 듯하다.

533 '권이(卷耳)': 스셩한의 금석본에 따르면, 샤웨이잉[夏緯瑛]은 '채채권이(采采卷耳)'의 '권이(卷耳)'를 염주조군체[念珠藻羣體: 공생하는 조류(藻類)의 군락체]로 보았다. 일반적으로 '지연(地耎)', '지이(地耳)' 혹은 '지목이(地木耳)'라고 불리는 것이다.

534 『태평어람』 권998 '호시(胡葈)'조에서 『시의소(詩義疏)』를 인용한 첫머리에 "영이는 잎이 청백색이며, 고수와 비슷하다."라고 한다. 그다음은 기본적으로 『제민요술』과 동일하다. 『시경(詩經)』 「권이(卷耳)」 공영달(孔穎達)의 소에서 육기(陸機)의 『소』를 인용한 것에는 대략 『시의소』와 동일하다. 『본초도경(本草圖經)』에서 육기의 『소』 '유주인(幽州人)'을 인용한 구절의 앞부분은 여전히 "정강성(鄭康成)은 이를 일러 백호수라 하였다."라는 구절이 있다.

535 '사호수(似胡荽)': 국화과의 '시이(葈耳)'와 미나리과의 '호수[胡菜]'는 결코 서로 유사하지 않다. 묘치위 교석본에 의하면, 『시의소』에서 해석한 '영이(苓耳)'는 산형과의 피막이[天胡荽; *Hydrocotyle sibthorpioides*]로 의심되는데, 다년생의 땅을 기는 식물로, 줄기는 가늘고 약하며, 흰 꽃이 피고, 열매가 달린 것이 다소 하트 모양을 띠고 있어서 마치 귀걸이와 같다고 한다.

536 '만이생(蔓而生)': 시이(葈耳) 줄기의 길이는 4-5자[尺]이며, 꼿꼿하게 자라며 굵고 건장하고 덩굴로 자라지 않기에 때문에 『본초도경』에서는 이에 대해 의문을 제기하였는데, 시이는 곳곳에 모두 있지만, 덩굴을 지어 자라지 않는다. 묘치위 교석본을 보면, 이것은 소송(蘇頌)이 육기의 『소』를 인용한 것에는 '만생(蔓生)'을 '시

나 맛은 그다지 좋지 않다. 4월 중에 열매가 달리는데 부인의 귀걸이[538]와 같다. 혹자는 '귀걸이 풀[耳璫草]'이라고 한다. 유주 사람들은 그것을 '작이爵耳'라고 일컫는다."라고 하였다.

『박물지』에 이르길, "낙양에서 양을 몰아 촉으로 들어갔는데, 호사胡葸의 씨앗이 양털에 붙어서 (딸려 들어가자) 촉나라 사람이 그것을 취해 심어 그 때문에 '양부래羊負來[539]'라고 불렀다."라고 하였다.

而少味. 四月中生子, 如婦人耳璫. 或云耳璫草. 幽州人謂之爵耳.

博物志,[214] 洛中有驅羊入蜀, 胡葸子著羊毛, 蜀人取種, 因名羊負來.

이'라고 적음으로 인하여 의문이 생긴 것이다. 그러나 이것은 마치 『시의소』의 '영이(苓耳)'와 같으며, '시이'가 아니라 덩굴이 땅 위에 뻗은 천호수(天胡荽)의 반증이라고 한다.

537 '죽(鬻)': 이 글자는 '자(煮)'의 고자인 '자(鬻)'를 잘못 보고 틀리게 쓴 것으로 보인다.

538 '당(璫)': 이추(耳墜)와 이환(耳環)은 다르다. 이환은 원 모양이며, 이당은 타원형의 작은 물건이다. 즉 '이추'는 가느다란 가지로 귓불을 뚫는 것이다.

539 '양부래(羊負來)': '시이(葈耳)'의 열매는 거꿀달걀형으로 가시가 있으며, 사람과 짐승의 몸에 쉽게 붙어 곳곳에 전파된다. 『박물지(博物志)』에는 그 갈고리가 양의 몸에 붙어 낙양에서 촉으로 전파되었기 때문에 '양부래(羊負來)'라 칭하였다고 한다. 그러나 또한 상반된 견해가 있는데, 『본초도경』에서는 "혹자는 이르기를, 이 물건은 본래 촉에서 나는데, 그 열매는 가시가 많아 양이 그것을 지나면 양털에 붙어서 마침내 화북지역에 이르기 때문에 '양부래(羊負來)'라 일컬었으며, 민간에서는 '도인두(道人頭)'라고 이른다."라고 하였다. 도홍경(陶弘景)이 『신농본초경(神農本草經)』의 '시이실(葈耳實)'을 주석한 것에는 "일명 '양부래'라 하는데, 옛날 화북에는 이것이 없었으며, 국외에서 양털에 따라 중원으로 왔다."라고 하였다. '도인두'는 즉 도사의 쓰개[冠]였으며, 형상 또한 자못 비슷하다.

● 그림 56
시이(葈耳)와 그 열매

● 그림 57
고수[胡荽]와 종자

교 기

212 '광아운(廣雅云)': 이것은 『이아(爾雅)』 곽박의 주이다. 금본 『광아』는 "영이(苓耳), 창이(蒼耳), 시(葹), 상시(常枲), 호시(胡枲), 시이(枲耳)이다."라고 하였다.['창이(蒼耳)'는 왕인지(王引之)가 육덕명(陸德明)의 『경전석문(經典釋文)』에 근거하여 인용, 보충한 것이다.] 금본 『이아』 곽박의 주에는 뒤에 "혹은 '영이(苓耳)'라고 하는데 형태는 서이(鼠耳)와 같고 총생하여 쟁반과 같다.[叢生如盤.]"가 있다. 묘치위의 교석본에서는, 스성한의 견해를 따르면서 아마도 『제민요술』에서는 『광아(廣雅)』의 문장을 『광아』의 (원래의) 의도대로 되돌리고자 하여서, 이와 같이 구분하고 열거하였으며, 또한 '곽박왈(郭璞曰)'을 그다음에 도치하였을 것이라고 하였다.

213 '영(苓)': 『태평어람』에서 인용한 것에는 '영이(苓耳)'라고 쓰고 있다.

214 '박물지(博物志)': 명본 『박물지』에는 이 단락이 없다. 『태평어람』 권998의 인용에 '내(來)'자가 '채(菜)'로 잘못되어 있는 것 외에는 전체가 『제민요술』의 인용과 서로 부합한다. 묘치위 교석본에 의하면, 『박물지』의 이 조항은 금본(今本)에서는 보이지 않는다. 『태평어람』 권998, 권902 및 『예문유취』 권94에서 모두 인용하고 있으며, 『예문유취』에

는 "호시는 촉에는 본래 없는 것이다.[胡枲, 蜀中本無也.]"라는 구절이 더 있다고 하였다.

60 승로承露[540] [215] 六十

『이아』에 이르기를, "종규蔠葵는 번로蘩露이다."라고 하였다. 주석에 이르길, "(이것이) 승로이다. 줄기가 크고 잎이 작으며 꽃은 자황색이다. 열매는 먹을 수 있다."라고 하였다.

爾雅曰,[216] 蔠葵, 蘩露. 注曰, 承露也. 大莖小葉, 花[217]紫黃色. 實可食.

540 '승로(承露)': 이시진(李時珍)의 『본초강목(本草綱目)』에서 낙규(落葵)과의 낙규로 보았다. '승로'는 낙규과의 낙규(*Basella rubra*)이고, 일년생 덩굴식물이다. 줄기는 길어서 수 미터에 달하며 털은 없고 육질이 있고 녹색이거나 약간 자홍색을 띤다. 잎편은 계란형이거나 원형에 가까우며 끝부분은 다소 뾰족하다. 과실은 구형이며 직경은 5-6㎝이고, 홍색에서 짙은 홍색 혹은 흑색을 띤다. 과즙이 많으며 5월 내지 9월에 꽃이 피고, 7월에서 10월 사이에 열매를 맺는다. 꽃은 홍색을 띤다. 꽃이 핀 후에 꽃받침은 더욱 커지고, 자색으로 변한다. 열매는 다육과(多肉果)로 어두운 자색이며, 연지를 만들 수 있어서 또한 '연지채(胭脂菜)'라고도 부른다. 연한 가지와 잎은 채소로 쓸 수 있다. 묘치위 교석본에 의하면, 『명의별록(名醫別錄)』의 도홍경(陶弘景) 주에서 이미 "낙규, … 또 승로라고 한다."라고 하였음을 밝히고 있지만, 가사협이 본 적이 없는지, 본 항목이 거듭 등장한다고 한다.

● 그림 58
승로(承露)와 그 열매

교 기

215 '승로(承露)': 금택초본 표제의 '승'자가 '양(羕)'으로 잘못되어 있다.

216 '이아왈(爾雅曰)': 『이아(爾雅)』「석초(釋草)」편에 보이며 문장은 동일하다. 금본의 곽박 주에는 '실가식(實可食)'이란 구절이 없다. 본초서에는 잎을 먹을 수 있고, 열매는 연지를 만들 수 있다는 설명만 있을 뿐, 열매를 먹을 수 있다는 말은 없다. 승로는 곧 낙규(落葵)이고, 본서 권5 「잇꽃·치자 재배[種紅藍花梔子]」에서 낙규의 열매의 즙을 짜 자분(紫粉)을 만들 수 있고, 북방에도 있다고 설명하고 있다.

217 '화(花)': 금택초본에 '규(葵)'로 잘못되어 있다.

61 부자䓢茈[541] 六一

번광樊光이 이르기를,[542] "수택 속에 자라는 초본식물로 먹을 수 있다."라고 한다.

樊光曰, 澤草, 可食也.

● 그림 59
부자(䓢茈)와 그 뿌리

541 '부자(䓢茈)': 부자는 발제(荸薺; *Eleocharis tuberosa*)이고, 말발굽 또는 물밤[水栗]이라고도 하며, 영문명은 water chestnut이다. 다년생 초본식물로 자홍색 또는 흑갈색을 띠고, 연못 속에서 자라며 지상의 진한 녹색 줄기가 떨기처럼 자라고, 땅속의 둥근 줄기는 먹을 수 있다. 효용은 모두 밤과 흡사하기 때문에 진흙 속에 달린 과실이라 하여 '지율(地栗)'이라고도 부른다.

542 이는 『이아(爾雅)』 「석초(釋草)」에 언급된 "芍, 䓢茈."는 후한 번광(樊光)의 주석문이다. 청대 장용[臧庸: 용당(鏞堂)]이 『이아한주(爾雅漢注)』를 모아 편집하면서 이 주를 가져와 『이아』 번주(樊注)를 만들었다. 묘치위 교석본에 의하면, 응당 다른 곳의 예와 같이 "爾雅曰, 芍, 䓢茈."를 앞에 덧붙여야 한다고 한다.

62 호제비꽃堇六二

『이아』에 이르길,[543] "설䔖은 고근苦堇[544]이다."라고 한다. 주석에 이르길, "지금의 근규堇葵이다. 잎은 수양버들과 흡사하며 열매는 좁쌀과 같다. 삶아 먹으면 연하고 부드럽다."라고 한다.

爾雅曰, 䔖, 苦堇也. 注曰, 今堇葵也. 葉似柳, 子如米. 汋食之, 滑.

『광지』에 이르길,[545] "삶아서 국을 만들 수 있다. 민간에서 이르길, '여름의 오랑캐

廣志曰, 瀹[218]爲羹. 語曰, 夏荁秋堇滑如

543 『이아(爾雅)』「석초(釋草)」에 보이는데, '야(也)'자가 없다. 주는 곽박의 주로, 문장이 동일하다.

544 '고근(苦堇)'은 근채과의 근채속(堇菜屬: *Viola*)의 식물이며, 권3 「양하 · 미나리 · 상추 재배[種蘘荷芹蘧]」의 호제비꽃을 파종한 것에 나오는 근채(堇菜; *V. verecunda*)가 아니다. 묘치위 교석본에 의하면, 곽박의 주에서 말하는 '근규(堇葵)'는 잎이 수양버들잎과 같아서, 근채속의 자화지정(紫花地丁; *V. philippica*)이라 할 수 있으며, 잎편은 긴 타원형의 갈라진 형상을 띠고 있는데, 수양버들잎과 닮았다고 한다. 스셩한의 금석본에 따르면, 『이아』 중의 '근(堇)'이 무슨 식물인지 예전부터 줄곧 논쟁이 있었다고 한다. 「석초(釋草)」에 두 가지 '근'이 있는데, 하나는 "급(芨)은 근초(堇草)이며," 곽박의 주에 "오두(烏頭)이다. 강동에서는 '근'을 '근(靳)'음으로 불렀다."라고 되어 있다. 다른 하나는 "설(䔖), 고근(苦堇)이다."이다. 즉 『제민요술』 본 절의 주제이다. 먹을 수 있는 식물이 분명하다고 한다.

545 『태평어람』 권980에서 '근(堇)'을 인용하여, "『광어(廣語)』에서 이르길, '여름의 오랑캐꽃[荁]과 가을의 호제비꽃[堇]은 부드럽고 매끄러워 쌀가루와 같다.'"라고 하였는데, 탈자와 오자가 많이 있다. 『제민요술』에서 '어왈(語曰)'을 인용한 사례를 보면 「(6) 동장」의 '하서어왈(河西語曰)'은 하서의 농언이고, 책 이름이라는 증거는 아니다.

꽃[萱][546]과 가을의 호제비꽃[堇]은 부드럽고 매끄러워 쌀가루와 같다.'"라고 하였다.

粉.

● 그림 60
호제비꽃[堇]과 종자

교 기

218 '약(瀹)': 묘치위는 교석본에서, '약(瀹)'은 '작(汋)'과 통용되는데 데치거나 삶는 것으로, 금택초본에서는 이 글자와 같으나 명초본에서는 '윤(淪)'으로 잘못 쓰고 있다고 한다.

546 '환(萱)'은 근채속의 오랑캐꽃(*Viola vaginata*)이다.

63 운향芸[547] 六三

『예기禮記』에 이르기를, "11월[仲冬之月]에 … 비로소 운향이 자란다."라고 하였다. 정현鄭玄이 주석하기를 "(이것은) 향초香草이다."라고 하였다.

禮記云,[219] 仲冬之月, … 芸始[220]生. 鄭玄注云, 香草.

『여씨춘추』에 이르길,[548] "채소 중에 맛있는 것은 양화陽華[549]의 운향이다."라고 하였다.

呂氏春秋曰, 菜之美者, 陽華之芸.

『창힐해고倉頡解詁』[550]에 이르길, "운호芸蒿[551]

倉頡解詁曰,[221]

547 '운(芸)': 스셩한의 금석본을 보면 '운'은 '운호(芸蒿)'라는 이름의 북시호(北柴胡; *Bupleurum chinense*)로서 운향과(*Ruta*)와는 관계가 없다고 하였다. 그러나 묘치위 교석본에 의하면, '운(芸)'은 운향과의 운향(*Ruta graveolens*)으로, 다년생 묵은 뿌리 식물이다. 꽃, 줄기, 잎 모두 방향유를 함유하고 있는데, 강렬한 향기가 있어 훈향료(熏香料)를 만들 수 있으며, 벌레를 없애고 좀 먹는 것을 방지할 수 있다. 옛 사람들은 항상 옷상자에 두어 의복에 향이 나도록 사용하였고, 또한 책 속의 좀을 방지하는 데 항시 사용하였기 때문에 책에 '운편(芸編)'이라는 명칭이 있다고 하였다. 묘치위의 견해에 따라 '운향'으로 해석하였음을 밝혀 둔다.

548 『여씨춘추』「본미(本味)」.

549 '양화(陽華)': 스셩한의 금석본에서는, 『여씨춘추(呂氏春秋)』 중 '구수(九藪)'[아홉 개의 대초탄(大草灘)]의 하나로, 일명 '양오(陽汙)'라고도 하며, 오늘날 섬서성 화음현(華陰縣) 동남, 태화산(太華山) 산양(山陽)으로 보았으나, 묘치위는 교석본에서 양화는 옛 늪[藪澤]의 이름으로, 오늘날 섬서성 관중(關中)에 있다고 한다.

550 『창힐해고(倉頡解詁)』는 『문선(文選)』에 대한 이선(李善)의 주석에 인용한 것이 있다. 북제(北齊) 안지추(顔之推)의 『안씨가훈(顔氏家訓)』「음사(音辭)」에서 『창힐해고』를 인용하였고, 『구당서(舊唐書)』, 『신당서(新唐書)』 서목의 「지(志)」에서 모두 『창힐훈화(倉頡訓話)』 두 권이 기록되어 있으며, 작자는 후한의 두림(杜林; ?-47년)이다. 이 책은 마땅히 『창힐해고』의 별칭이며, 고대의 사전으로서 오늘날엔 이미 실전되었다.

의 잎[552]은 사호斜蒿와 흡사하며 먹을 수 있다. 봄과 가을에 흰색의 어린싹[553]이 자라나며 (또한) 먹을 수 있다."라고 하였다.

芸蒿, 葉似斜蒿, 可食. 春秋有白蒻, 可食之.

● 그림 61
운향(芸香)과 사호(斜蒿)의 잎

● 그림 62
북시호(北柴胡)

551 묘치위 교석본에 따르면, 이 부분의 '운(芸)'은 운향(芸香)이 아니고 마땅히 운호(芸蒿)이다. '운호(芸蒿)'는 『명의별록』에 이르길, 시호(柴胡)로서 "운호라고 하며, 매운맛이 나고 먹을 수 있다."고 하였다. 시호는 운호(芸蒿)의 다른 이름이다. 그러나 『창힐해고(倉頡解詁)』의 운호는 시호가 아니다. 사호(斜蒿)는 곧 산형과의 사호(邪蒿; *Seseli libanostis*)로, 잎이 2-3개의 깃 모양[羽狀]으로 나뉘어져 있고, 같은 과의 시호(柴胡; *Bupleurum chinense*)의 피침형 잎과 완전히 다르다. 도리어 같은 과의 전호(前胡; *Peucedanum praeruptorum*)의 깃 모양으로 나뉜 잎과 모양이 비슷한데, 그렇다면 『창힐해고』의 이 "엽사사호(葉似斜蒿)"의 '운호(芸蒿)'는 마땅히 전호(前胡)이며, 시호(柴胡)가 아니다. 도홍경이 말하는 이름은 같으나 종류가 다를 따름이라고 한 것이 이것이라고 하였다.

552 금택초본에서는 '엽(葉)'이라고 쓰고 있고, 명초본에서는 '업(業)'이라고 잘못 쓰고 있으며, 타본에서는 '총(叢)'이라고 잘못 쓰고 있다.

553 '백약(白蒻)'은 흰색의 어린싹이다. 전호(前胡)는 다년생 묵은 뿌리 식물로, 백약은 바로 묵은 뿌리 위에 길게 자란 흰색의 어린싹이다. 『본초도경(本草圖經)』에서 전호에 대해 "처음 날 때 흰색의 싹이 있고, 길이는 3-4치[寸]로, 맛이 아주 향미롭다."라고 설명하였는데, 운호(芸蒿)는 전호(前胡)라고 쓰인 주석에 합당하다.

교 기

219 '예기운(禮記云)': 금본 『예기(禮記)』「월령(月令)」에 보인다.

220 '시(始)': 명초본에 '여(茹)'로 잘못되어 있다. 금택초본, 명청 각본과 『예기』에 따라 바로잡는다.

221 '창힐해고왈(倉頡解詁曰)': 『예문유취(藝文類聚)』 권81에는 '엽(葉)'자와 "봄과 가을에 흰색의 연한 싹이 자라며 먹을 수 있다."의 구절이 없다. 『본초강목(本草綱目)』에서 도홍경(陶弘景)의 『명의별록(名醫別錄)』을 인용하고 『박물지(博物志)』를 재인용한 부분에 유사한 문구가 있다. 다만 명본 『박물지』에는 보이지 않는다. 묘치위 교석본에 의하면, 『예문유취』 권81 '운향'조에서 『창힐해고』를 인용한 것은 단지 "운호(芸蒿)는 사호(邪蒿)와 흡사하며, 향이 나고 먹을 수 있다."라고 하였다.

64 재쑥莪蒿[554] 六四

『시경』에 이르길,[555] "무성한 것은 아莪로구 | 詩曰, 菁菁者莪.

554 '아호(莪蒿)'에 대해 이시진(李時珍)은 바로 '포낭호(抱娘蒿)'[『본초강목(本草綱目)』 권15의 '늠호(䕲蒿)']라고 보았는데, 오기준(吳其濬)은 이시진의 설명을 따르고 있다.[『식물명실도고(植物名實圖考)』 권14 및 『장편(長編)』 권8] 포낭호는 즉 십자화과의 파랑호(播娘蒿; *Descurainia sophia*)이고, 1년생 초본이며, 습지가 많은 지방에서 더욱 잘 자란다. 잎은 2-3개의 깃 모양으로 깊이 나뉘어져 있고, 사호(邪蒿)와 비슷하다. 또 다른 설에는, 『구황본초(救荒本草)』에서 칭하기를 "저아채(豬牙菜)는 『구황본초』에서는 각호(角蒿)라 하고, 또 다른 말로는 아호(莪蒿), 나호(蘿蒿)라고도 하며, … 밭과 들판에서 자라고, 싹은 1-2자이고 줄

나."라고 하였다. "아莪는 나호蘿蒿이다."라고 하였다. 『시의소』에 이르길, "재쑥[莪蒿]은 습기가 많은[556] 논과 저습지에서 자라는데, 잎은 사호와 같으며 그루가 가늘다.[557] 2월에 자란다. 줄기와 잎은 먹을 수 있으며 또한 쪄서 먹을 수 있다. 향기롭고 맛이 좋으며 맛은 물쑥[蔞蒿][558]과 흡사하다."라고 하였다.

莪, 蘿蒿也.[222] 義疏云,[223] 莪蒿, 生澤田漸洳處, 葉[224]似斜蒿, 細科. 二月中生. 莖葉可食, 又可蒸. 香美, 味頗似蔞蒿.

교 기

[222] "莪, 蘿蒿也": 이 구절은 『모전(毛傳)』의 내용이다. 명초본과 명청 각본에 모두 문장 첫머리 '아(莪)'자가 없다. 위의 구절에서 인용한 『시경』의 마지막 글자 '아'와 이어지는 것을 중복된 것으로 오인하고 누락한 것으로 보인다. 금택초본에 따라 보충한다.

[223] '의소운(義疏云)': 공영달(孔穎達)의 『시정의(詩正義)』에서 『시의소』의 "아는 호이다. 일명 나호(蘿蒿)이다. 택전(澤田)의 젖은 곳에 산다. 잎은 사호(邪蒿)와 같고 그루가 가늘다(細科)이다. 삼월 중에 난다. 줄

기와 잎은 개사철쑥과와 같으며 잎은 사호의 잎과 같이 가늘고, … 어린싹과 줄기와 잎을 따서 데쳐 물에 담가 쓴맛을 없애고, 깨끗하게 씻어서 기름과 소금을 쳐서 먹는다."라고 하였다.

555 『시경(詩經)』「소아(小雅)·청청자아(菁菁者莪)」.

556 '점여(漸洳)': '저여(沮洳)'와 같으며, 물기가 스며들어 축축한 것이다.

557 '세과(細科)': 그루가 가늘고 작으며, 그루 떨기도 크지 않다.

558 '누호(蔞蒿)'는 국화과의 물쑥(*Artemisia selengensis* Turcz. ex Besser)으로, 다년생 초본이며 대부분 물가에서 자란다.

기는 날로 먹을 수 있고 찔 수도 있다. 향이 좋고 맛은 물쑥[蔞蒿]과 비슷하다."를 인용했다. 『태평어람(太平御覽)』 권997 인용이 『제민요술』과 같다. 다만 '미(味)'자가 없다.

224 "洳處, 葉": 명청 각본에 "如蘑叢"으로 잘못되어 있고, 명초본에 '엽(葉)'이 '업(業)'으로 잘못되어 있다. 금택초본에 따라 바로잡는다.

65 메꽃葍[559] 六五

『이아』에 이르기를, "복은 경모藑茅이다."라고 하였다. 곽박의 주에 이르길, "복은 잎이 크고 꽃은 흰색이며, 뿌리는 손가락만 하고 순백색으로 먹을 수 있다."라고 하였다. "복은 또

爾雅云,[225] 葍, 藑[226]茅也. 郭璞曰, 葍, 大葉白華, 根如指, 正白, 可啖. 葍, 華

559 '복(葍)'은 메꽃과의 메꽃[旋花; *Calystegia sepium*]으로, 또 '타완화(打碗花)'라고 부르며, 1년생의 덩굴초본이다. 꽃은 연분홍색이다. 뿌리줄기는 다량의 전분을 함유하고 있으며, 식용할 수 있다. 『식물명실도고장편』 권10에서 정확하게 『이아(爾雅)』의 "복부(葍蒀)"는 메꽃이라고 가리키고 있으며, 아울러 "소공(蘇恭)은 메꽃이 곧 선복(旋葍)이라 하였는데, 아주 정확하다. 오늘날 북방지역 사람들은 여전히 '연복(燕葍)'이라 부르며, 하남에서는 '복복묘(葍葍苗)'라고 부른다. 비옥한 땅에서 자라는 흰 뿌리는 길이가 수 자[尺]나 되며, 맛은 아주 달다. … 그 붉은 꽃은 삶아서 돼지 사료로 쓴다."라고 한다. 묘치위 교석본에 의하면, '경모(藑茅)'와 『시의소(詩義疏)』에 있는 좋지 않은 냄새가 나는 다른 한 종은 별종이거나, 혹은 그것의 변종으로 이에 메꽃속[打碗花屬; *Calystegia*]의 식물에 속하지 않는다. 아래 문장의 『풍토기(風土記)』와 『하통별전(夏統別傳)』의 주석에서의 '복(葍)'은 차이가 있고, 모두 어떠한 종류의 식물인지는 명확하지 않다고 한다.

한 꽃이 붉은 것을 경蔓이라 한다. 경과 복은 한 종류이며, 또한 능초陵苕[560]와 같고, 노란 꽃이 피는 것과 흰 꽃이 피는 것은 명칭이 다르다.[561]"라고 하였다.

有赤者爲蔓. 蔓葍一種耳, 亦如陵苕, 華黃白異名.

『시경』에 이르기를[562] "저쪽의 복葍을 캐러 가자꾸나."라는 구절이 있다. 『모전毛傳』에서 이르길, "(이 채소는) 좋지 않다."라고 하였다. 『시의소』에서는[563] "하동河東지방과 관내關內[564]에서는 그것을 일러 '복'이라고 하며 유주[幽]나 연주[兗]에서는 그것을 '연복燕葍'이라고 하고, 일명 '작변爵弁', '경蔓'이라고도 한다. 뿌리는 순백색이며 뜨거운 재 속에 넣어 익혀서 따뜻할 때 먹는다. 배고플 때 쪄서 먹으면 굶

詩曰, 言采其葍. 毛云, 惡菜也. 義疏曰, 河東關內謂之葍, 幽兗謂之燕葍, 一名爵弁, 一名蔓.[227] 根正白, 著熱灰中, 溫噉[228]之. 饑荒可蒸以禦饑. 漢祭甘泉或用之.

560 '능초(陵苕)'는 노란 꽃과 흰 꽃의 명칭은 같지 않으며, 권「(68) 능소화[苕]」에서 『이아』를 인용한 것에 보인다.

561 '황백이명(黃白異名)': 본권「(68) 능소화[苕]」 단락 제1절의 『이아』 인용 참조.

562 『시경(詩經)』「소아(小雅)·아행기야(我行其野)」. '모운(毛云)'은 『모전(毛傳)』의 문장이다.

563 『의소(義疏)』는 곧 『시의소(詩義疏)』로, 『태평어람』 권998 '복(葍)'에서 『시의소』를 인용한 것은 『제민요술』과 같으며, 단지 개별적으로 중요하지 않은 글자만 차이가 있다. 『시경』 공영달의 소는 육기의 소를 인용하여 단지 "복(葍)은 일명 부(當)라고 하는데, 유주사람들은 그것을 연부(燕當)라고 이른다. 그 뿌리는 순백색이며, 뜨거운 재 속에 넣어 익혀 따뜻할 때 먹는다. 기근이 든 해에 쪄서 먹으면 굶주림을 해결할 수 있다."라고 하였다. 묘치위 교석본을 보면, 『시의소』는 육기(陸機)의 소가 아니라고 한다.

564 '관내(關內)'는 각본과 동일하며, 옛날에는 함곡관(函谷關)의 서쪽을 일러 '관내'라고 칭하였는데, 즉 '관중(關中)'이다.

주림을 해결할 수 있다. 한나라 때는 감천궁[甘泉][565]에 제사를 올릴 때 간혹 그것을 사용하였다. 그 꽃[566]에는 두 가지 종류가 있는데, 한 종은 줄기와 잎이 가늘고 향기가 있으며, 다른 한 종은 줄기가 붉고 좋지 않은 냄새가 난다."라고 하였다.

其華有兩種, 一種莖葉細而香, 一種莖赤有臭氣.

『풍토기風土記』에 이르길, "복은 덩굴로 자라는 식물로, 나무를 감으며 위로 자라고, 덩굴은 자황색이다. 열매는 쇠뿔[牛角]과 같고, 모양은 마치 굼벵이[蟦][567]와 같은데, 2-3개의 열매가 하나의 꼭지에서 달리고, 길이는 7-8치[寸]이며, 맛은 마치 꿀처럼 달다. 그중 큰 것은 '말抹[568]'

風土記曰,[229] 葍, 蔓生, 被樹而升, 紫黃色. 子大如牛角, 形如蟦, 二三同蔕,[230] 長七八寸, 味甜如蜜. 其大者

565 '감천(甘泉)': 궁의 이름이다. 한 무제가 진(秦)나라 궁전을 넓힌 것으로, 옛터는 지금의 섬서성 순화(淳化) 서북 감천산(甘泉山)에 있다.

566 '화(華)': 스셩한의 금석본에 따르면, 이 '화'자는 틀렸을 수도 있다. 왜냐하면 아래 문장에서 말하는 '두 종류'의 상황은 모두 꽃에 대해 언급하지 않았기 때문이다. 아마 아래 문장에 누락 또는 착오가 있거나[아마 아래 문장이 "한 종류는 꽃이 하얗고 줄기와 잎이 가늘며 향기롭다. 다른 하나는 꽃이 붉고 나쁜 냄새가 난다."일 것이다.], 혹은 이 '화'자는 '경(莖)'자를 잘못 쓴 글자일 수도 있다. 묘치위 교석본에 의하면, 명말 모진(毛晉: 1599-1659년)의 『모시초목조수충어소광요(毛詩草木鳥獸蟲魚疏廣要)』에서 육기의 소를 인용하여 '화(華)'를 '초(草)'라고 쓰고 있는데, 비교적 적절하다고 하였다.

567 '비(蟦)': 『이아(爾雅)』 「석충(釋蟲)」에 "비는 제조(蠐螬)이다."라고 하였는데, '제조'는 굼벵이(굳은 날개[翅鞘]류 곤충의 유충)이다.

568 '말(抹)': 어떤 식물인지 확실하지 않다. 명초본에서는 '말(林)'로 쓰고 있는데, 다른 본에서는 '매(抹)' 혹은 '말(抹)'로 쓰고 있다. 스셩한의 금석본에서는 '말(林)'자로 표기하고 '나무 이름'으로 풀이하였으나, 어떤 식물인지 제시하지 않았다.

이라고 부른다."라고 하였다.

『하통별전夏統別傳』[569]에서 주석하기를, "획獲[570]은 복葍이다. 또 '감획甘獲'이라고도 부른다. 둥글고 적색을 띠며, 대략[571] 귤과 같다."라고 하였다.

名抹.

夏統別傳注, 獲, 葍也. 一名甘獲. 正圓, 赤, 粗似橘. [231]

● 그림 63
메꽃[葍]

덩굴식물[蔓本]의 능소화과[紫葳科], 박주가리과[蘿藦科], 협죽도(夾竹桃) … 에서 콩과[豆科]에 이르기까지 이렇게 큰 과실이 열릴 수 있고 '이삼동체(二三同蔕)'도 가능하지만, "맛이 달아 꿀과 같다."는 가능성이 크지 않다. 다래과[獼猴桃科]의 식물은 이렇게 큰 과실이 열리지 않는다고 한다.

569 『하통별전(夏統別傳)』: 스셩한에 의하면 하통은 진대의 은사(隱士)이다. 도를 닦아 신선이 되었다고 전해진다. 묘치위 교석본에 의하면, 『하통별전』의 이 조항은 유서에서는 인용하지 않았다. 『하통별전』은 각 가의 서목에는 그 기록이 보이지 않으며, 『예문유취(藝文類聚)』에서 인용한 것에는 『하중어별전(夏仲御別傳)』이 있다. 하통은 자는 중어(仲御)이고, 진대 사람으로, 『진서(晉書)』에 그의 열전이 있다. 『별전』은 작자가 누군지 알 수가 없다. 주는 원문의 주석으로, 뒷사람이 주를 붙인 듯하며 또한 분명하지 않다. 책은 이미 실전되었다고 한다.

570 '획(獲)': 이 글자는 불명확하다. 만약 '복(葍)'자로 보면 목천료(木天蓼; *Actinidia polygama*)일 가능성이 있다.

571 '조(粗)'는 '대충', '대략'이라는 뜻이다.

교 기

225 '이아운(爾雅云)': 『이아(爾雅)』「석초(釋草)」에 "藷, 蔷"와 "藷, 藑茅" 두 조가 있다. 현재 『제민요술』에는 부(蔷)가 없다. 아래에서 인용한 곽박 주는 두 조를 합친 것이다. '가담(可啖)'까지가 '부(蔷)'의 주이며, 그 아래는 '경(藑)'의 주이다.

226 '경(藑)': 이 조의 '경'자 세 개는 명청 각본에 거의 '만(蔓)'으로 잘못되어 있다. 명초본과 금택초본에 따라 바로잡는다. 스셩한에 의하면, 『제민요술』 각본에 모두 '만'으로 되어 있으나, 형병(邢昺)의 『이아소(爾雅疏)』의 인용에 따라 '경(藑)'으로 해야 하며, 『태평어람(太平御覽)』 권998 「백훼부오(百卉部五)」의 인용에도 역시 '만'으로 잘못되어 있다고 한다.

227 '경(藑)': 스셩한의 금석본에서는 '만(蔓)'으로 쓰고 있다.

228 '담(噉)': 명청 각본에 '함(喊)'으로 되어 있다. 명초본과 금택초본에 따라 바로잡는다.

229 '풍토기왈(風土記曰)': 『태평어람』에는 "복(藷)은 덩굴식물[蔓生]로, 나무를 타고 자란다. 자황색이고 크기가 쇠뿔만 하다. 2, 3개의 열매가 한 꼭지이며 7, 8자[尺] 높이로 자란다. 맛은 꿀처럼 달다."이다. 묘치위 교석본에 따르면, 『태평어람』 권998에서 『풍토기』를 인용한 것에는 '형여분(形如蟦)' 및 끝 구절이 없으며, 또한 다소 빠지고 잘못된 부분이 있다고 한다.

230 '체(蔕)': 원래 '엽(葉)'으로 쓰고 있으나, 『태평어람』에서 인용한 것에는 '체(蔕)'라고 쓰고 있어 이에 근거하여 고쳤다고 하였다.

231 '귤(橘)': 명청 각본에는 대부분 검은 점을 찍어 두었거나 비워 두었다. 명초본에 '귤(橘)'로 되어 있고, 금택초본은 모호한데 '지(指)'자인 듯하다. 문장의 뜻에 따라 '지(指)'자로 하는 것이 가장 적합하다.

66 평萍六六

『이아』에 이르기를, "평萍은 뇌소藾蕭[572]이다."라고 한다. 주석에서 이르기를, "이것이 곧 '뇌호藾蒿'이다. 갓 나올 때 먹을 수 있다."라고 하였다.

爾雅云,[232] 萍, 藾蕭. 注曰, 藾蒿也. 初生亦可食.

『시경』에 이르길,[573] "들판의 평을 먹는다."라고 하였다. 『시의소』에 이르길, "뇌소는 청백색을 띠고 있으며, 줄기는 톱풀[蓍][574]과 흡사하고, 가볍고 연하다. 갓 나올 때 먹을 수 있으며, 쪄서도 먹을 수 있다."라고 하였다.

詩曰, 食野之萍. 詩疏云,[233] 藾蕭, 青白色, 莖似蓍[234]而輕脆. 始生可食, 又可蒸也.

---

572 '뇌소(藾蕭)': 청대(淸代) 학의행(郝懿行)의 『이아의소(爾雅義疏)』에서는 이것을 바로 '애호(艾蒿: 쑥)'라고 여겼으며, 오기준은 우미호(牛尾蒿)라고 보았다.[『식물명실도고(植物名實圖考)』 권12.] 반면 묘치위 교석본에서는 해석이 하나같지 않지만 국화과 쑥속[蒿屬; *Artemisia*]의 식물은 아니라고 보았다.

573 『시경(詩經)』 「소아(小雅) · 녹명(鹿鳴)」의 한 구절이다. '평(萍)'의 해석은 동일하지 않고, 『모전(毛傳)』에서는 "이것은 부평초[蓱]이다."라고 하였다. 이는 곧 부평으로, 정현(鄭玄)의 『전(箋)』에서는 '뇌소(藾蕭)'라고 하였다. 『시의소(詩義疏)』는 정현의 『전(箋)』을 이어서 해석한 것이다.

574 '시(蓍)'는 국화과의 톱풀[蓍; *Achillea alpina* (*A. sibirica*)]로, 다년생 직립초본이다. 줄기와 잎은 방향유를 함유하고 있으며, 향료를 만드는 원료로 쓸 수 있다. 옛 사람들은 그 줄기를 점치는 데 사용하였다고 한다.

교 기

232 『이아(爾雅)』「석초(釋草)」편에 보인다. 곽박의 주에는 '뇌호(藾蒿)' 앞에 '금(今)'자가 있고 '뇌호(藾蒿)'를 이어진 이름으로 보고 설명하고 있으며 "藾, 蒿也."는 아니라고 하였다.

233 '시소(詩疏)'는 곧 『시의소(詩義疏)』이다. 『태평어람(太平御覽)』 권998에 '평(苹)'의 조항에서 『시의소』를 인용한 것은 『제민요술』과 동일한데, 다만 개별적인 것은 무관하나 중요한 글자에서 차이가 있다. 『시경(詩經)』 공영달(孔穎達)의 소에서 육기(陸機)의 소를 인용한 것에는 "始生可食"을 "始生香, 可生食"이라고 쓰고 있다.

234 '시(蓍)': 명초본과 금택초본에 '시(蓍)'로 되어 있는데, 명청 각본에 따라 '저(箸)'로 해야 공영달의 『정의(正義)』에서 인용한 『의소(義疏)』와 부합하다. 공영달의 『시경정의(詩經正義)』의 인용에는 '시(蓍)'가 '저(箸)'로 되어 있다.

67 토과土瓜[575]六七

『이아』에 이르길,[576] "비菲[577]는 물芴이다."라 | 爾雅云, 菲,

---

575 '토과(土瓜)'는 즉 호로병박과의 쥐참외[王瓜; *Trichosanthes cucumeroides*]로, 다년생 덩굴초본이다. 잎에는 잔털이 많이 있다. 꽃은 흰색이다. 덩이뿌리는 매우 통통하며, 전분을 만들 수 있다. 묘치위 교석본에 의하면 쥐참외와 같은 속의 하늘수박[栝樓; *Trichosanthes kirilowii*]가 서로 비슷하여 옛사람들은 항상 하늘타리를 쥐참외로 오인하였는데, 예컨대 『광아』「석초」편에서는 "과루[瓠瓤: 이것이 곧 괄루(栝樓)이다.]가 왕과이다."라고 하였다. 고유(高誘)가 『회남자(淮南

고 하였다. 주석에서 이르길, "이것은 곧 토과土瓜이다."라고 하였다.

『본초本草』에 이르길,[578] "왕과王瓜는 … 토과라고 부른다."라고 하였다.

芴. 注曰, 即土瓜也.

本草云, 王瓜, … 一名土瓜.

子)』「시칙훈(時則訓)」의 '왕과'에 대해 주석하여 이르기를, "이것은 하늘수박[栝樓]이다."라고 하였다. 쥐참외가 하늘수박은 아니지만, 그 모습이 서로 비슷하여 '가괄루(假栝樓)'라는 별명을 얻었다.

576 『이아(爾雅)』「석초(釋草)」의 문장과 곽박의 주는 모두 『제민요술』과 동일하다.

577 '비(菲)': 스셩한의 금석본에 따르면, 이 '비'라는 이름이 가리키는 식물이 무엇인지 과거에도 많은 논쟁이 있었다. 지금 『제민요술』의 이 단락, 『태평어람(太平御覽)』 권998 「백훼부오(百卉部五)」 '토과(土瓜)' 항과 왕인지(王引之)가 『광아(廣雅)』「소증(疏證)」에 수집해 놓은 자료 및 학의행(郝懿行)이 『이아』「의소(義疏)」에 수집해 놓은 자료에 따라 분석하였다. ① 『시경(詩經)』「패풍(邶風)·곡풍(谷風)」의 '채봉채비(采葑采菲)'가 비(菲)에 대한 가장 빠른 기록이다. 『모전(毛傳)』의 '비물야(菲芴也)'는 『이아』「석초」와 같다. ② 『이아』「석초」에 '비(菲)'는 두 조가 있는데 '비물(菲芴)', '비식채(菲蒠菜)'이다. ③ 『광아』에서는 토과는 물(芴)이라고 하였다. ④ 곽박(郭璞)의 『이아』 주에 '비물(菲芴)'은 토과(土瓜)이며, "비식채는 습지에서 자라고 …"라고 되어 있다. ⑤ 왕인지와 학의행은 이 '비물'조에 있어서 "비물은 토과이다."라는 곽박의 주를 모두 믿지 않았다. 이유는 '육기의 소[陸疏]에서 비의 이름이 토과라고 말하지 않았기' 때문이라고 한다. 비의 또 다른 해석은 정현(鄭玄)이 말하는 '복지류(葍之類)'인데, 정현(鄭玄)의 제자 손염(孫炎) 역시 "부의 종류이다."라고 말하였으며, 육기(陸機)의 『소(疏)』, 『시의소(詩義疏)』 역시 그에 근거하여 "복(葍)과 흡사하다."라고 말하였다. 다만 정현, 손염 모두 '식채(蒠菜)'와 연결 짓지 않았지만, 육기의 『소』, 『시의소』에서는 "『이아』에서 이른바 식채(蒠菜)이다."라고 하였기에, 비(菲)에 대한 두 해석이 합쳐져 '물(芴)'과 '식채(蒠菜)'를 동일한 식물로 여기게 되었다. 이 때문에 후대인들이 바로 "비·물·식채·토과·숙채(宿菜)의 다섯 가지가 하나의 물건이다."라고 하였다.그러나 실제로 이것은 정확하지가 않다.

578 『신농본초경』「초부(草部)·중품(中品)」에서 "왕과(王瓜)는 … 일명 토과(土瓜)이다."라고 하였다.

『위시衛詩』에 이르길[579] "순무[葑]를 캐도 좋고 비菲를 캐도 좋지만 땅속 뿌리 부분을 캐지는 마오."[580]라고 하였다. 『모전毛傳』에서 이르길, "비菲는 물芴이다."라고 하였다. 『시의소』에 이르길, "비菲는 메꽃[葍]과 흡사한데, 줄기는 굵으며 잎은 두껍고 길며 털이 나있다. 3월 중에 쪄서 채소로 먹으면 부드럽고 맛이 좋으며, 또한 국을 끓일 수도 있다. 『이아』에서는 그것을 '식채葸菜'[581]라고 한다. 곽박의 주석에 이르길,[582] '비

衛詩曰, 采葑采菲, 無以下體. 毛云, 菲, 芴也. 義疏云, [235] 菲, 似葍, 莖麤, 葉厚而長, 有毛. 三月中, 蒸爲茹, [236] 滑美, 亦可作羹. 爾雅謂之葸菜. 郭

579 『시경(詩經)』「패풍(邶風)·곡풍(谷風)」의 시 구절과 『모전』의 문장은 모두 『제민요술』과 동일하다.

580 스성한 금석본에서는, '하체(下體)'를 땅속의 뿌리로 해석하고 있다. 『제민요술』에는 무의 잎을 말려 시래기를 만드는 것이 나오는데, 이는 오늘날과 매우 흡사하므로, 이로 미루어 봤을 때 당시에는 뿌리가 굵은 무라기보다는 뿌리가 매우 가는 순무였을 것으로 생각되며, 그 때문에 뿌리 부분은 잘라 냈을 것으로 보인다. 이에 반해 묘치위 교석본을 보면, '하체(下體)'는 식물의 지상부를 가리키는 것으로, 땅속 뿌리 부분을 가리키는 것이 아니라고 한다. 청대 왕부지(王夫之: 1619-1692년)가 『시경패소(詩經稗疏)』에서 해석하여 이르기를, "초목은 거꾸로 자라므로 즉 뿌리가 있는 아래쪽은 상체, 잎이 있는 위쪽은 하체이다."라고 하였다. 이것은 뿌리가 아래를 향하여 땅속으로 들어가는 것을 일러 '근본(根本)'이라 하고 '상체(上體)'가 되며, 결코 뿌리에는 긴 줄기와 잎이 없기 때문에 줄기와 잎을 '말(末)'이라고 하여 '하체(下體)'라고 한다. 『시경』「곡풍」'采葑采菲'의 '봉(葑)'에 대해 정현(鄭玄)은 이 두 종류의 식물은 갓 나올 때는 잎을 먹고 쇤 후에는 뿌리를 먹는데, 이것이 곧 순무의 통통한 육질 뿌리와 쥐참외의 통통한 덩이뿌리라고 하였다. 이 때문에 뿌리를 먹을 때 지상부의 줄기와 잎은 필요 없고, 필요한 것은 뿌리이기 때문에 줄기와 잎이 필요 없다고 하였는데, 이것이 이른바 '無以下體'이고, '이(以)'는 "사용한다.[用.]"라고 하였다. 묘치위의 관점은 무의 뿌리를 소비하는 오늘날의 관점에서 비롯되어 이러한 해석이 나온 듯하다.

초菲草는 습한 땅에서 자라고 순무[蕪菁]와 같으며 꽃은 붉은 자주색으로, 먹을 수 있다.' 오늘날 하내河內 지역[583]에서는 이를 '숙채宿菜'라고 한다." 라고 하였다.	璞注云, 菲草, 生下濕地, 似蕪菁, 華紫赤色, 可食. 今河內謂之宿菜.

---

581 '식채(葸菜)': 십자화과로, 학명은 *Orychophragmus violaceus*이며, 일년생 식물이다. 꽃은 엷은 자주색이다. 순무[蕪菁]는 또 '제갈채(諸葛菜)'라고 부르는데, 제갈량(諸葛亮)이 행군하며 파종하였기 때문에 이러한 이름을 얻었다. 묘치위 교석본에 의하면, 식채가 순무와 닮았기 때문에 『식물명실도고(植物名實圖考)』에서도 식채를 '제갈채'라고 불렀으나 덩굴식물의 '비(菲)'는 종류가 다른 식물이다. 『이아(爾雅)』「석초(釋草)」에는 두 종류의 '비(菲)'가 있는데, 한 종류는 '물(芴)'로 이것이 곧 왕과(王瓜)이며, 한 종류는 곧 '식채'이다. 『시의소(詩義疏)』 속에 『이아』의 식채를 끼워 넣은 것은 합당하지 않다. 또 곽박의 주를 삽입하였는데, '사복(似葍)'의 '비(菲)'와 서로 모순이 있으며, 그 작자도 이러한 모순에서 벗어나지 못했고, 이 곽박의 주는 후대 사람들이 이름 같아서 '비(菲)'라고 한 것 때문에 혼동이 생긴 것이라고 하였다.

582 『이아』「석초」 편에는 "菲, 芴"과 "菲, 葸菜"라는 두 조항이 있으므로, 그것은 두 종류의 식물이다. 『시의소』에서는 "『이아』에서는 그것을 식채(葸菜)라고 한다." 라고 하였으며, 이는 『이아』의 '식채(葸菜)'를 가지고 「곡풍」의 '비(菲)'를 해석한 것이다. 여기서의 '곽박주'는 곽박이 『이아』의 '식채(葸菜)'에 대하여 주석한 것인데 "사무청(似蕪菁)"과 『시의소』의 "사복(似葍)"은 서로 조화를 이루지 못하므로 두 개는 동일한 식물이 아니라고 하였다. 육기(陸機)의 『소(疏)』와 『태평어람(太平御覽)』에서 『시의소』를 인용한 것에는 모두 곽박의 주가 없다. 육기는 삼국시대 오나라 사람이기에 동진의 곽박의 주를 인용할 수 없다. 묘치위 교석본에 따르면, 『시의소』는 육기의 『소』보다는 늦지만, 이미 비(菲)를 "복과 같다."라고 하였는데, 어찌하여 또 곽박의 주의 "무청과 같다."라고 한 것을 취하여 자기모순에 빠진 것인가? 이 때문에 곽박의 주를 후대 사람들이 끼워 넣은 것이 아닌지 의심을 하는 것이다. 그리고 『시의소』는 『이아』의 식채(葸菜)를 비로 해석한 것 또한 합당하지 못한 것을 아래의 주석으로 알 수 있다고 하였다.

583 '하내(河內)'는 군의 이름으로, 진나라 때의 군 치소는 오늘날의 하남성 심양(尋陽)에 있다.(권4 「대추 재배[種棗]」 편 주석 참조.)

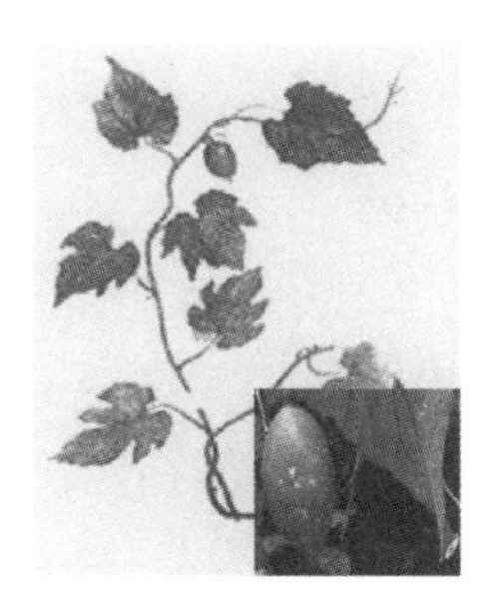

● 그림 64
쥐참외[土瓜]와 열매

● 그림 65
하늘수박[栝樓]과 열매

교 기

235 '의소(義疏)'는 곧 『시의소(詩義疏)』이다. 포숭성(鮑崇城) 각본의 『태평어람(太平御覽)』 권998 토과(土瓜)조에서 『시의소』의 "亦可作羹"을 인용한 것은 완전히 『제민요술』과 동일하며, 그 이하는 "유주 사람은 그것을 일러 물(芴)이라고 하고, 『이아』에서는 그것을 일러 '식채(葸菜)'라고 하며, 지금의 하내(河內) 사람들은 그것을 일러 '숙채(宿菜)'라고 하였다."라고 하였다. '곽박주'의 문장이 없다. 『시경』에서 공영달이 육기의 소를 인용한 것은 기본적으로 『태평어람』에서 『시의소』를 인용한 것과 동일하며, 이 역시 곽박 주의 문장은 없다. 묘치위는 곽박주가 있고 없음은 해석상에 있어서 큰 차이가 있다고 한다.

236 '증위여(蒸爲茹)': 명초본과 금택초본에 '여(茹)'자가 빠져 있다. 명청 각본과 『태평어람』 등에 따라 보충해야 한다.

68 능소화苕[584] 六八

『이아』에 이르기를, "소苕는 능소陵苕이다. 노란 꽃이 피는 것은 표蔈라고 하고, 흰 꽃이 피는 것은 발茇이라고 한다."라고 하였다. 손염孫炎이 이르길,[585] "소苕는 꽃의 색깔에 따라 이름을

爾雅云,[237] 苕, 陵苕. 黃華, 蔈, 白華, 茇. 孫炎云, 苕華色異名

584 '소(苕)': 스셩한에 의하면, 『이아』의 "소는 능소(陵苕)이다."와 뒤의 두 절[『광지(廣志)』, 『시의소(詩義疏)』]에서 기록한 것은 각기 다른 식물이다. 『광지』에서 말한 것은 소채속(巢菜屬)의 소소채(小巢菜; *Vicia hirsuta*)이며, 현재 사천성에서는 아직도 소채 혹은 유소채(油巢菜)라고 부른다고 한다. 『시의소』에서 가리키는 것은 자운영(紫雲英; *Astragalus sinicus*)이며, 현재 장강 상류 여러 지역의 논과 밭에서 심고 있다. 『이아』에서 말하는 흰 꽃과 노란 꽃이 핀다는 것은 소채속(*Vicia*) 식물일 수가 없으며, 심지어 아예 콩과[豆科]의 종류가 아닐 수도 있다. 도대체 무엇인지는 앞으로 고증할 필요가 있다. 묘치위 교석본에 의하면, '능소(陵苕)'는 두 종류의 해석이 있다. 하나는 능소화과[紫葳科]의 능소화[凌霄花: *Campsis grandiflora*]로, 낙엽목질의 덩굴성 식물이며, '능소(凌霄)'라고도 불렀다. 『명의별록(名醫別錄)』, 『당본초(唐本草)』의 주석에 보인다. 하나는 순형과의 둥근배암차즈기[鼠尾草; *Salvia japonica*]로, 다년생 초본이고, 검은 물을 들일 수 있으며, 또한 '오초(烏草)'라고 부른다고 한다. 소송(蘇頌)의 『본초도경(本草圖經)』에서는 잘못 구별하여 써서 '능시(陵時)'를 둥근뱀차즈기[鼠尾草]의 별명이라 인식하였는데, 능소화[紫葳]에는 능시(陵時)의 명칭이 없으며, 『명의별록』과 『당본초』의 주석에서 능시(陵時)를 능소(凌霄)로 잘못 보았고, 또 "능소(凌霄)는 결코 풀 종류가 아니라는 점에서 더욱이 잘못이 명확하다."라고 하였다. 소송은 능소(凌霄)를 둥근뱀차조기[鼠尾草]로 인식하고, 능소화[紫葳]가 아니라고 하였다.

585 삼국시대 위나라 손염(孫炎)은 곽박 이전에 『이아』를 주석한 사람 중 한 사람이다. 『태평어람』 권1000의 '소(苕)'조에서 손염의 주석을 인용하여서 "소는 꽃의 색이 달라서 이름 또한 같지 않다."라고 하였다. 이는 금본의 곽박 주와 완전히 같은데, 아마 『태평어람(太平御覽)』이 틀린 듯하다.

달리 붙인 것이다."라고 하였다.

『광지廣志』에 이르기를, "초초苕草[586]는 풀의 색이 연두색이고 꽃은 자색이다. 12월이 되면 벼를 심고 난 그루터기에 파종한다. 덩굴로 자라며 아주 무성하고 땅을 비옥하게 만든다.[587] 잎은 먹을 수도 있다."라고 하였다.

『시경』「진풍」에 이르길,[588] "언덕[邛] 위에 맛있는 소苕가 있구나.[589]"라고 하였다. 『시의소』에 이르길, "초苕는 곧 소요苕饒[590]이다. 유주에서

者.

廣志云,[238] 苕草, 色青黃, 紫華. 十二月稻下種之. 蔓延殷盛, 可以美田. 葉可食.

陳詩曰, 邛有旨苕. 詩義疏云,[239] 苕饒也. 幽州謂

586 '초초(苕草)'는 콩과의 소채(巢菜; *Vicia cracca*)로, 다년생 덩굴성 식물이다. 줄기에는 짧고 부드러운 털이 있고, 잎에는 황색을 띤 짧고 부드러운 털이 덮여 있으며, 꽃은 자색이다. 어린싹을 '소아(巢兒)'라고 하며, 채소로 쓸 수 있다. 묘치위 교석본에 따르면, 이것은 콩과 식물을 파종하여 녹비(綠肥)로 사용하는 가장 빠른 기록이라고 한다.

587 '가이미전(可以美田)': 스셩한의 금석본에 따르면, 이 조는 아마 의도적이고 규칙적으로 콩과 식물을 재배하여 그 뿌리혹[根瘤]을 이용하여 밭을 비옥하게 하는 것에 관한 최초의 기록일 것이다.[호립초의 고증에 따르면『광지』의 저자 곽의공은 진 무제 때의 사람으로서 오호지란(五胡之亂) 이후의 사람으로 생각된다.]

588 『시경』「진풍(陳風)·방유작소(防有鵲巢)」.

589 '邛有旨苕': 스셩한의 금석본에서는 '卬有旨苕'로 적고 있다. '공(邛)'은 '공(卬)'과 동일하며, '언덕'의 뜻이다. 『모전(毛傳)』에서는 "공(邛)은 언덕이다."라고 하였다. 『이아(爾雅)』「석고하(釋詁下)」에서는 "卬 … 我也."라고 하였는데, 곧 지금의 '엄(俺)' 자이다. 묘치위 교석본에 의하면, 호상본 등에서 잘못된 부분을 그대로 이어받아 '아(我)'자로 쓰고 있으나 『모전』과는 맞지 않게 의외의 것을 제시하고 있다. 오늘날 절동(浙東)의 방언에서 스스로를 '아(我)'라고 칭해서 '앙(卬)'으로 표기하거나 '공(邛)'으로 표기하고 있다. 이 때문에 고쳐서 '아(我)'라고 했는지의 여부를 알 수가 없다고 하였다.

590 '초요(苕饒)'는 '교요(翹饒)'라고 부른다. 이는 곧 『이아』「석초(釋草)」의 "柱夫,

는 그것을 '교요翹饒'라고 일컫는다. 덩굴로 자라는데, 줄기는 들콩[豋豆][591]과 같고 가늘며 잎은 남가새[蒺藜][592]와 같고 푸르다. 줄기와 잎이 녹색일 때 먹을 수 있으며 맛은 소두小豆의 잎과 같다." 라고 하였다.

之翹饒. 蔓生, 莖如豋豆而細, 葉似蒺藜而青. 其莖葉綠色, 可生啖, 味如小豆藿.

교 기

237 '이아운(爾雅云)': 『태평어람(太平御覽)』 권1000 「백훼부오(百卉部五)」에는 '표(蔈)' 다음에 '필요절(必遙切)'이라고 음을 달았고, '우(�)' 다음에는 '음은 패(沛)이다'라고 주를 달았다.(틀린 글자가 있다.) 손염(孫炎)의 주에 "소는 꽃 색깔이 다르며 이름 또한 다르다."라고 되어 있는데, 금본 곽박의 주와 완전히 같으나 『제민요술』과는 다르다. 묘치위 교석본에 의하면, 『이아(爾雅)』 「석초(釋草)」에 보이며, 문장은 동일하다. '능소(陵苕)' 아래에는 곽박의 주석이 있는데, "능시(陵時)라고 칭하며, 『본초(本草)』에서 말하였다."라고 하였다.

238 '광지운(廣志云)': 『태평어람』에는 표제 중 '아지(雅志)' 두 글자가 나란히 놓여 있는데 원서와 대조해 보지 않았음을 짐작할 수 있다. 『광아

搖車"[본서 「(93) 교요(翹搖)」에 보인다.]로서, 콩과의 자운영(紫雲英; *Astragalus sinicus*)인데, 오늘날에는 '홍화초(紅花草)'라고도 하고, 또한 '초자(草子)'라고 한다. 1-2년생의 기는 식물이다. 지금 남방의 논에서는 많이 파종하여 녹비와 사료로 많이 쓴다. 어린싹은 먹을 수 있다. '능초(陵苕)', '초초(苕草)', '초요(苕饒)'의 3가지 식물은 비록 같은 '초(苕)'의 이름이 있지만, 모두 한 종류는 아니다.

591 '들콩[豋豆]'은 일반적으로 야생 흑소두(黑小豆)나 야생 녹두(綠豆)를 가리킨다. (권2 「콩[大豆]」 편의 주석을 참조.)

592 '질려(蒺藜)'는 남가새과의 남가새[蒺藜; *Tribulus terrestris*]이다.

(廣雅)』에는 이러한 글자가 없으므로 『광지』일 수밖에 없다. 『제민요술』의 '蔓延殷盛'이 『태평어람』에 '蔓延盛茂'로 되어 있다. 묘치위는 교석본에서, 『태평어람』 권1000에서 『광지』를 인용한 것에는 '십이월(十二月)'을 '십일월(十一月)'이라고 쓰고 있다고 한다.

[239] '시의소운(詩義疏云)': 『태평어람』에 '노(䔩)'가 '노(蓩)'로 잘못되어 있으며, '기경엽(其莖葉)'이 '기화세(其華細)'로 되어 있고, '가생담(可生啖)'이 '가식(可食)'으로 되어 있으며, '곽(藿)'자 뒤에 '엽야(葉也)' 두 글자가 더 있다. 공영달(孔穎達)의 『시정의(詩正義)』 인용 중 '노(蓩)'자를 제외하고 『제민요술』과 모두 같다. 묘치위 교석본에 따르면, 『태평어람』 권1000에서 『시의소』를 인용한 것에는 기본적으로 『제민요술』과 동일하나 부분적으로 잘못된 글자가 있다. 『태평어람』 권996에서 별도로 '약(若)'이라는 명칭을 제시하고 있으며, 『모시소(毛詩疏)』를 인용한 것은 『태평어람』 권1000에서 인용한 것과 동일하다. 실제로 '약(若)'은 '소(苕)'자가 잘못된 것은 아니니, 마땅히 '소(苕)'라는 명칭으로 써야 한다. 『시경』 공영달의 소에서 육기의 소를 인용한 것의 첫머리에 "소는 소요이다.[苕, 苕饒也.]"라고 쓰여 있는데, 이는 '소요(苕饒)'라고 연명한 것이지, "소는 요이다.[苕, 饒也.]"라고 하지는 않았다고 한다.

69 냉이 薺六九

『이아』에 이르기를, "석명菥蓂은 큰 냉이[大薺][593]이다."라고 하였다. 건위사인犍爲舍人이 주석하여 이르길, "냉이[薺]는 작은 것이 있기 때문에 특별히 큰 냉이를 언급한 것이다."라고 하였다.

爾雅曰,[240] 菥蓂, 大薺也. 犍爲舍人注曰, 薺有小, 故言大薺. 郭

곽박이 주석하여 이르길, "냉이[薺]와 같으며 잎은 가늘다. 민간에서는 그것을 일러 '노제老薺'라고 한다."라고 하였다.

璞注云, 似薺, 葉細. 俗呼老薺.

● 그림 66
냉이[薺]와 꽃

593 '대제(大薺)'는 문헌 기록에 많은 차이가 있다. 묘치위 교석본에 의하면, 『명의별록(名醫別錄)』에서는 이것을 곧 석명(菥蓂)이라 인식하였는데, 이는 『이아(爾雅)』와도 동일하다. 『본초습유(本草拾遺)』에서는 '두루미냉이[葶藶; *Rorippa indica*, 십자화과]'라 인식하였다. 『본초도경』에서는 정력에 동의하지 않고, 『명의별록』의 석명(菥蓂)설을 주장하였다. 이시진(李時珍)은 '냉이[薺]'와 '석명(菥蓂)'을 동일한 식물로 인식하였으나 크고 작은 두 종류로 나누어 "작은 것을 '제(薺)'라 하며, 큰 것은 '석명(菥蓂)'이라 한다."라고 하였다.[『본초강목(本草綱目)』 권27.] 오기준(吳其濬)은 석명을 '화엽제(花葉薺)'라고 하였는데, 아마 십자화과의 냉이[薺菜; *Capsella bursa-pastoris*]와 서로 동일하나, 단지 잎은 깃꼴로 깊게 패여 있으며 이는 곧 이른바 '화엽(花葉)'으로 아마 냉이의 변종일 것이다.[『식물명실도고(植物名實圖考)』 권3, 권11.] 오늘날 식물분류학에서는 십자화과의 말냉이[遏藍菜; *Thlaspi arvense*]가 석명(菥蓂)에 해당하며, 이는 곧 또 다른 종류의 식물이라고 하였다.

교 기

[240] '이아왈(爾雅曰)': 곽박 주 중의 '사(似)'자는 금본 『이아』에 빠져 있는데 『제민요술』에 따라 보충해야 한다. 『예문유취(藝文類聚)』 권82와 『태평어람(太平御覽)』 권980 「채여부오(菜茹部五)」의 '제(薺)' 항의 인용에 역시 '사(似)'자가 있다. 묘치위 교석본에 의하면, 『이아(爾雅)』 「석초(釋草)」에 보이는데, '야(也)'자는 없다. 건위사인(犍爲舍人)은 한 무제 때 사람으로, 『이아』의 최초의 주석자인데 이 주석은 지금 단지 『제민요술』에서 인용한 것에만 보인다. 금본(今本)의 곽박의 주석에는 '사'자가 없으나 『예문유취』 권82, 『태평어람』 권980 '제(薺)' 및 『본초도경(本草圖經)』 '석명자(菥蓂子)'조에서 곽박을 인용한 것에는 모두 '사(似)'자가 있으며, 금본(今本)에는 곽박의 주석이 빠져 있다고 한다.

70 마름藻七十

『시경』에 이르길,[594] "(그쪽에서) 마름을 캘 수 있는가?"라고 하였다. (『모전』의) 주석에 이르길, "(마름[藻]이) 곧 취조聚藻이다."라고 하였다. 『시의소』에 이르기를, "마름은 수초이다. 물밑에서 자란다. 두 가지 종류가 있는데,[595] 그중 한 종류는

詩曰, 于以采藻. 注曰, 聚藻也. 詩義疏曰,[241] 藻, 水草也. 生水底. 有二種, 其一

594 『시경(詩經)』 「소남(召南) · 채빈(采蘋)」. 주석은 『모전(毛傳)』의 문장이다.

595 '유이종(有二種)': 마름의 종류와 흡사한 것이 매우 많은데, 단지 아래의 내용에 근거하여 두 종류의 마름에 대해 고찰하기는 어렵다. 그 두 종의 마름을 미루어

잎이 계소雞蘇[596]와 같으며, 줄기는 젓가락[箸] 굵기이고 길이는 4-5자[尺]이다. 또 한 종의 줄기는 굵기가 머리꽂이[釵股][597]만 하고, 잎은 쑥[蓬][598]과 같이 떨기로 자라 그것을 '취조聚藻'라고 부른다. 이 두 종류의 마름은[599] 모두 먹을 수 있다. 삶고 치대어 비린내를 제거하고, 쌀가루나 밀가루를 마름과 섞어 버무려 밥[糝]을 쪄서[600] 먹으면 맛이 좋다. 형주[荊]나 양주[揚][601] 사람들은 기근이 들면

種, 葉如雞蘇, 莖大似箸,[242] 可長四五尺. 一種莖大如釵股, 葉如蓬, 謂之聚藻. 此二藻皆可食. 煮熟, 挼去腥氣, 米[243]麵糝蒸爲茹, 佳美. 荊揚

알 수 있는 방법은 없다.

596 '계소(雞蘇)'는 곧 꿀풀과[脣形科]의 석잠풀[水蘇; *Stachys japonica*]이다. 『명의별록(名醫別錄)』에서는 "수소는 … 일명 계소라고 부른다."라고 하였다. 여러해살이 초본으로, 잎이 넓고 피침형이다.

597 부녀자의 머리장식인 머리꽂이[釵]는 두 갈래로 된 것이기에 '차고(釵股)'라고 일컫는다.

598 '봉(蓬)'은 다년생 초본식물로서, 꽃은 흰색이고 중심은 황색으로, 잎은 버드나무잎[柳葉]과 흡사하며, 열매가 있고 틀이 있다.

599 '차이조(此二藻)': 스성한의 금석본에 따르면, 위 문장의 서술로 추측해 보건대 두 종류 중에서 잎이 계소(雞蘇)와 같다고 한 것은 말즘[蝦藻; *Potamogeton crispus* 즉, 저초(菹草)이다.]이거나 혹은 비슷한 종류가 분명하다. 뒤의 '취조(聚藻)'는 검정말속[黑藻屬; *Hydrilla*]의 식물로 추측하였다.

600 '미면증삼(米麵糝蒸)': '야채(野菜)'나 '원소(園蔬)'를 밀가루 혹은 쌀에 넣고 익혀서 밥을 만들거나 반대로 야채에 소량의 쌀이나 밀가루를 넣고 쪄서 밥을 만드는 것이다.

601 '양(揚)'은 학진본에서 이 글자와 같은데, 다른 본에서는 '양(陽)'자로 쓰며, 형병(邢昺)의 소 및 『태평어람(太平御覽)』, 『본초도경(本草圖經)』에서는 육기(陸機)의 소를 인용하여 모두 '양(楊)'으로 쓰고 있다.[금본의 육기의 소에서는 '양(揚)'으로 쓰고 있다.] 양주의 지명으로 쓰는 '양(揚)'과 '양(楊)'은 옛날에는 통용되었는데, '양(陽)'은 잘못이라고 한다. '형'과 '양(揚)'은 두 개의 주(州)이며 서로 이웃하고 있는데다 모두 연못이 많은 지역이므로 이해하기가 쉽다. 『태평어람』의 인

그것을 캐서 양식 대용으로 삼았다."라고 한다. | 人饑荒以當穀食.

교 기

241 '시의소왈(詩義疏曰)': 공영달(孔穎達)이 『시의소』를 인용한 것과 『제민요술』의 인용은 대체로 같다. 다만 "줄기의 굵기가 시(蓍)와 유사하다."는 것은 "줄기의 굵기가 젓가락[箸]과 같다."로 되어 있고, "잎이 봉(蓬)과 같다." 다음에 '호(蒿)'자가 있으며, '미면삼증(米麪糝蒸)'에 '삼'자가 없다. 그리고 '형양인(荊陽人) …' 마지막 구절이 없다. 『태평어람(太平御覽)』 권999 「백훼부육(百卉部六)」의 인용에 생략이 매우 많으나 마지막 구절은 "형양 사람들은 곡식으로 삼아 먹으며 굶주림을 구제하는데 굶주릴 때 쪄서 먹는다."이다. 묘치위 교석본에 의하면, 『시의소(詩義疏)』는 유서(類書)에서 인용한 것은 없다. 『태평어람』 권999 '마조(馬藻)' 조에서 육기(陸機)의 『모시소의(毛詩疏義)』를 인용한 것은 아주 간략하며, 단지 "잎이 계소와 흡사하다.[葉似雞蘇.]"라는 한 종만 있고, 다른 한 종에 대한 기록은 없다고 한다. 『이아(爾雅)』 「석초(釋草)」의 "군은 우조이다.[莙, 牛藻.]"라는 것에 대해 형병(邢昺)의 소에는 육기의 소의 '취조(聚藻)' 아래에 항상 "부풍인(扶風人)들은 그것을 일러 '조취(藻聚)'라고 한다."라는 것을 인용하였다. 육기의 소는 『시의소』와 같지 않다고 하였다.

242 '저(箸)': 명초본과 금택초본에 '시(蓍)'로 잘못되어 있다. 명청 각본과 『시경(詩經)』의 공소에 따라 바로잡아야만 아래 문장의 "大如釵股"와 대응이 된다.

243 '미(米)': 명초본에 '내(來)'로 잘못되어 있다.

용에는 '형양(荊揚)'으로 되어 있다.

71 줄蔣[602] 七一

『광아廣雅』에 이르길,[603] "줄[蔣]은 고菰: 줄이다. 그 열매의 낟알을 일러 '조호雕胡[604]'라고 부른다."라고 하였다.

廣雅云, 蔣, 菰也.[244] 其米謂之雕[245]胡.

『광지廣志』에 이르기를, "고菰는 먹을 수 있다. 그 잎으로 자리를 짤 수 있으며, 부들로 짠 자리보다 부드럽고 따뜻하다. 남방에서 자란다."라고 하였다.

廣志[246]曰, 菰可食. 以作席, 溫於蒲. 生南方.

『식경食經』에 이르기를 "고菰 저장하는 법은 좋은 것을 택하여 깨끗이 씻고, 작은 기포가 생

食經云, 藏菰法, 好擇之, 以蟹

602 '장(蔣)'은 곧 화본과의 줄[菰; *Zizania latifolia*]이며, 민간에서는 교순(茭筍), 교백(茭白)이라고 한다. 그 열매와 낟알을 통칭하여 '조호미(雕胡米)', '고미(菰米)'라고 하는데, 옛날에는 '육곡(六穀)' 혹은 '구곡(九穀)' 중의 하나였다. 권8 「생선젓갈 만들기[作魚鮓]」에서는 고엽(菰葉)으로 대껍질을 대신하여 사용하면서 화북지역에도 있다고 설명하였다.

603 『광아(廣雅)』 「석초(釋草)」에서는, "고는 장이다. 그 열매의 낟알을 일러 호라고 부른다.[菰, 蔣也. 其米謂之胡.]"라고 하였다. 『예문유취(藝文類聚)』 권82 '고(菰)'조는 『광아』를 인용하여 "장(蔣)은 고(菰)이다."라고 하고 있으며, 『태평어람』 권999 '고(菰)'조에서 "고는 장이다.[菰, 蔣.]"라고 인용하여 쓰고 있는데, 두 이름은 같은 물체로, 호환하여 해석할 수 있다.

604 '조호(雕胡)': 전국시대에서 진한대까지 고미(菰米)로 밥을 짓는 것이 오랫동안 유행했었다. 『고문원(古文苑)』에 수록된 '송옥(宋玉)'의 『풍부(諷賦)』 중에 '조호지반(雕胡之飯)'이 있으며, 『예기(禮記)』 「내칙(內則)」에도 역시 '어의고(魚宜菰: 즉 '고미'이다.)'라는 말이 있다. 스셩한의 금석본에 따르면, 『풍부(諷賦)』는 거짓말이며 『예기』의 시대도 확정하기 어렵다고 한다.

길 때까지 삶아서 약간의 소금을 그 위에 뿌리고 마른 그릇에 담아 야무지게 다져 꽉 눌러 둔다. 진흙으로 주둥이를 밀봉하고는 (필요할 때) 조금씩 꺼내 쓴다.[605]"라고 하였다.	眼湯煮之, 鹽薄灑, 抑[247]著燥器中. 密[248]塗, 稍用.

● 그림 67
줄[蔣]과 조호(雕胡)

교 기

[244] "蔣, 菰也.": 스셩한의 금석본에서는 "菰, 蔣也."로 쓰고 있다. 스셩한에 따르면, 명초본과 다수 명청 각본은 '고(菰)'자를 뺐으며, 금택초본에서는 "蔣, 菰也."로 되어 있는데, 『태평어람(太平御覽)』 999 「백훼부육(百卉部六)」의 인용과 금본 『광아(廣雅)』에 따라 보충해서 바로잡는다고 한다. 묘치위 교석본에 의하면, '고(菰)'자는 단지 금택초본에만

---

605 '초용(稍用)'은 『설문해자』에서 "'초'는 물건을 낼 때 조금씩 꺼내는 것이다.[稍, 出物有漸也.]"라고 하였다. '초용(稍用)'은 차수를 나누어 조금씩 용도로 사용하는 것을 뜻한다. 묘치위 교석본에 이르길, 이것은 『식경(食經)』에서 사용하는 단어인데, '비용(備用)'의 잘못일 가능성이 있다고 보았다.

있으며, 각본에는 빠져 있다. '고(菰)'자가 빠짐으로 인해 점서본에서는 단지 『광아』의 이 조항이 '장(蔣)'의 제목 아래에 놓여 있고, 도리어 다음 문장의 『광지(廣志)』, 『식경(食經)』의 두 조항을 뽑아 '고(菰)'의 새로운 제목 아래에 첨가하였는데, 장(蔣)과 고(菰)는 같은 물체이므로 나눌 수 없다고 하였다.

245 '조(雕)': 『태평어람』에 '조(彫)'로 되어 있다. 구본 『광아』에는 원래 빠져 있고, 왕인지(王引之)가 『제민요술』에 근거하여 『광아』 「소증(疏證)」에 보충해서 넣었다.

246 '광지왈(廣志曰)': 『태평어람』에는 '작(作)'이 '위(爲)'로 되어 있다. 『예문유취(藝文類聚)』 권82에도 '작' 역시 '위'로 되어 있으며, '식(食)'자가 빠져 있다.

247 '억(抑)': 명초본과 금택초본에서 당송의 속사(俗寫)에 따라 '잡(插)'으로 썼으며, 명청 각본에는 잘못 전해져서 '불(拂)'로 썼다. 지금 통용되는 '억'자로 고친다.

248 '밀(密)': 금택초본과 명청 각본에 '밀(蜜)'로 되어 있다. 명초본에 따라 '밀(密)'로 한다.

72 양제羊蹄[606] 七二

『시경』에 이르기를,[607] "저곳의 축蓫을 캐러 | 詩云, 言采其

606 '양제(羊蹄)'는 여뀌과[蓼科]이고, 학명은 *Rumex japonica*이며, 다년생 초본이다. 뿌리는 굵다. 중국 장강이남 각지에서 생산된다. 묘치위 교석본에 의하면, 고적의 기록에 근거할 때, 양제는 별명이 '축(蓫)'이라는 것을 제외하고도, 또한 '수(蓨)'·'조(蓧)'·'묘(苗)'·'이(堇)'·'축(蓄)'이라는 이명이 있지만, 실제로는 같은

가자꾸나."라는 시구가 있다. 『모전毛傳』에서 이르길 "(축은) 좋지 않은 채소이다."라고 하였다. 『시의소』에 이르되, "지금은 양제羊蹄라고 부른다. 무[蘆菔]와 흡사하며[608] 줄기는 붉은색을 띤다. 삶아서 먹으면 부드럽고 매끄러우나 맛은 좋지 않다. 많이 먹으면 설사가 난다. 유주나 양주에서는 그것을 일러 '축蓫'이라고 하며[609] 일명 '수蓨[610]'라고도 하는데,

蓫.[249] 毛云, 惡菜也. 詩義疏曰,[250] 今羊蹄. 似蘆菔, 莖赤. 煮爲茹, 滑而不美. 多噉令人下痢. 幽揚謂之蓫, 一名蓨, 亦[251]

속의 서로 비슷한 산모(酸模; *Rumex acetosa*), 토대황(土大黃; *Rumex daiwoo*)이 있어 혼동된다고 한다.

607 『시경』「소아(小雅) · 아행기야(我行其野)」의 한 구절이다. '모운(毛云)'은 『모전(毛傳)』의 문장이다. 정현(鄭玄)의 '전(箋)'에서는 "축은 소루쟁이[牛藾]이다."라고 하였다.

608 '사노복(似蘆菔)': 『산해경(山海經)』「북산경(北山經) · 북차삼경(北次三經)」의 '저여(藷藇)' 조에 대해 곽박이 주석하길, "뿌리는 양제(羊蹄)와 같다."라고 하였다. 묘치위 교석본을 보면, 양제의 뿌리는 통통하여, 곽박은 이것을 마 종류의 뿌리들과 비교하였으며, 『시의소』에서는 무 뿌리와 양제 뿌리를 비교하였는데, 이 또한 불가하다 할 수 없다. 이처럼 '사(似)'자 위에는 마땅히 '근(根)'자가 있어야 하고, 오점교본에서는 '근(根)'자가 더해져 있으며, 점서본은 그것에 근거하여 더하였다고 하였다.

609 '양주(揚州)'는 옛날에는 간혹 양주(楊州)라고 썼으나 '양주(陽州)'라고 쓴 것은 없으며, 지금은 육기(陸機)의 소에 따라 '양(揚)'으로 쓴다. '양(揚)'은 각본에서는 '양(陽)'자로 쓰고 있으며, 점서본에서는 금본(今本) 육기의 소를 근거하여 '유양(幽揚)'을 고쳐서 '유주(幽州)'라고 하였다. 묘치위 교석본에 따르면, 유주, 양주는 남북으로 멀리 떨어져 있지만 방언에서는 동일하게 '축(蓫)'이라 부르며, 또한 동일하게 '수(蓨)'라고 부르는데, 의문이 없지 않다. 금본의 육기의 소에서는, "양주(揚州)인들이 그것을 일러 양제라고 하였다. … 유주(幽州)인들이 그것을 일러 축(蓫)이라 한다."라고 하였다. 두 주에서 부르는 것이 서로 다르다.

610 '수(蓨)': 『시의소』에서 양제는 곧 '수(蓨)'라고 하였으나 육기의 소에는 "一名蓨"라는 설명이 없다. 『본초도경』에서는 '양제'에 대해서 "또 한 종류는 극히 유사하

이 또한 먹을 수 있다."라고 하였다. | 食之.

교 기

249 '축(蓫)': 명청 각본에 대부분 '수(遂)'로 되어 있다. 명초본과 금택초본에 따라 고친다.

250 '시의소왈(詩義疏曰)': 『태평어람(太平御覽)』 권995에서 『시의소(詩義疏)』를 인용한 것에서는 단지 "양주에서는 양제를 축이라고 부른다.[楊州謂羊蹄爲蓫.]"라는 한 구절이 있다. 『시경(詩經)』 공영달(孔穎達)의 소에서 육기(陸機)의 소를 인용한 것에서도 "오늘날 사람들은 그것을 일러 양제라고 한다.[今人謂之羊蹄.]"라는 여섯 글자가 있는데, 아울러 '양제(羊蹄)'는 어떤 한 책에서는 소루쟁이[牛蘈]라고 쓰고 있다. 『본초도경(本草圖經)』에서 육기의 소를 인용한 것은 대략 『시의소』와 비슷한데, 단지 "滑而不美"는 "滑而美也"라고 쓰고 있으며, "一名蓨"라는 구절이 없다. 금본 육기의 『모시초목조수충어소(毛詩草木鳥獸蟲魚疏)』의 첫 구절에서 "수(遂)는 소루쟁이[牛蘈]로, 양주인들은 양제라고 불렀다."라고 하였으며, "무와 흡사하다.[似蘆菔.]" 이하의 문장은 『본초도경』에서 인용한 것과 동일하다.

251 '역(亦)': 명청 각본에 '일(一)'로 잘못되어 있다. 명초본과 금택초본에 따라 바로잡는다.

며 잎은 누렇고, 맛은 시며, 산모(酸模)라고 부르는 것이 있다."라고 했는데, 이것은 바로 곽박이 『이아』 「석초」에서 "수는 손무이다.[蓨, 蓧蕪.]"라고 한 것에 대해 주석하면서 말한 "一名蓚"이다.(금본 곽박의 주에는 "一名蓚"가 없다.) '수(蓚)'는 '수(蓨)'와 동일하며 이는 곧 '수'가 '산모'라고 인식한 것이다.

73 너도바람꽃菟葵[611] 七三

『이아』에 이르기를,[612] "희莃는 너도바람꽃[菟葵]이다."라고 한다. 곽박이 주석하여 이르길, "아욱과 다소 유사하나 잎이 작으며, 형상은 명아주[藜][613]와 같고 털이 있다. 삶아

爾雅曰, 莃, 菟葵也. 郭璞注云, [252] 頗似葵而葉小, [253] 狀如藜, 有毛. 汋啖之, 滑.

611 '토규(菟葵)': 스성한의 금석본에서는 『본초강목(本草綱目)』과 『식물명실도고(植物名實圖考)』에서 '천규(天葵)', '토규(兔葵)'라고도 한다는 것을 근거로 금규과(錦葵科) 금규속(錦葵屬) 식물인 것으로 추측하였다. 묘치위 교석본에 의하면, '토규(菟葵)'는 서로 다른 해석이 있다고 한다. 오기준(吳其濬)은 토규를 '집에서 키우는 아욱'보다 마르고 작은 '야생 아욱[野葵]'이라고 인식하였으며, 무창 지역에서는 '기반채(棋盤菜)'라고 불렀는데,(『식물명실도고』 권3) 이는 곧 당아욱과의 아욱(葵; *Malva verticillata*)의 야생종이다. 『본초도경』에서는 "토규는 … 또한 천규(天葵)라고 불렀다."라고 하였다. 남송 정초(鄭樵)의 『통지(通志)』와 이시진(李時珍)도 토규를 일명 '천규(天葵)'라고 말하였으며, 정초와 이시진이 묘사한 것에 근거하면 미나리아재비과의 자배천규(紫背天葵; *Semiaguilegia adoxoides*)이다. 오기준은 개구리발톱이 절벽에서 자라서 먹을 수 없다고 인식했는데, 정초와 이시진이 가리켜 말하는 것은 잘못된 것이다. 그런데 『당본초(唐本草)』의 주에서 기록한 '토규' 역시 개구리발톱이다. 『명의별록』에서는 "낙규(落葵)는 … 일명 천규(天葵)이다."라고 말하였다. 그것은 낙규과의 낙규로서, 토규와 관련이 없다고 하였다.

612 『이아(爾雅)』 「석초(釋草)」에 보이지만, '야(也)'자가 없다. '엽소(葉小)'는 금본 곽박의 주에서는 '소엽(小葉)'으로 쓰고 있는데, 이 구절은 "頗似葵而葉小, 葉狀如藜."라고 읽어야 할 듯하다. 『증류본초(證類本草)』 권9의 '토규(菟葵)' 조에서는 곽박의 주석을 인용하여 '소엽(小葉)'으로 쓰고 있지만 『태평어람(太平御覽)』 권994에서 인용한 것은 『제민요술』과 동일하다. 『본초도경(本草圖經)』에서는 "아욱과 유사하나 잎은 작고, 형상은 명아주와 같다.[似葵而葉小, 狀若藜.]"라고 한다.

먹으면 부드럽고 매끄럽다."라고 하였다.

교 기

252 '곽박주운(郭璞注云)': 금본 『이아(爾雅)』에 "아욱과 다소 유사하나 작으며, 잎 모양은 여(藜)와 같다.[頗似葵而小, 葉狀如藜.]"라고 되어 있다. 두 글자의 순서가 바뀌면 의미가 크게 달라진다. 『제민요술』에 따라야 한다.

253 '엽소(葉小)': 양송본에서는 동일하며, 다른 본에서는 금본의 곽박 주에 따라 고쳐서 "小, 葉"이라고 쓰고 있다.

74 여우콩 鹿豆[614] 七四

『이아』에 이르길,[615] "권菌[616]은 녹곽鹿藿이다. 그 열매는 돌콩[莥]이라고 한다.[617]"라

爾雅曰, 菌, 鹿藿. 其實, 莥. 郭璞云, 今

613 '여(藜)'는 명아주과로의 '명아주'로서, 학명은 *Chenopodium album*이다.

614 '녹두(鹿豆)': 콩과로, 학명은 *Rhynchosia volubilis*이며 '녹곽(鹿藿)'이라고 하며, '녹곽(鹿藿)'은 특별히 '여우콩[鹿豆]'이라고도 부른다. 초질 덩굴등본이다. '콩과의 갈(葛; *Pueraria lobata*)은 옛날에도 '녹곽(鹿藿)', '녹두(鹿豆)'라는 다른 이름이 있었으나, 이것을 가리키지는 않는다.

615 『이아』「석초」. 본문과 주석문은 모두 『제민요술』과 동일하다.

616 권(菌)'은 『옥편』에서는 "여우콩[鹿豆]의 줄기이다."라고 한다.

고 하였다. 곽박이 (주석하여) 이르길, "오늘날의 여우콩[鹿豆]은 잎이 콩[大豆]과 흡사하며 뿌리는 노랗고 향기가 있으며 덩굴로 뻗어 자란다."라고 하였다.

鹿豆也, 葉似大豆, 根黃而香,[254] 蔓延生.

● 그림 68
여우콩[鹿豆]

교 기

[254] '근황이향(根黃而香)': 명청 각본에 '황(黃)'자가 누락되어 있는데, 명초본과 금택초본 및 금본 『이아』에 따라 보충한다. 『태평어람』 권994의 인용에 역시 '황'자가 있다.

617 '돌콩[菽]'은 『옥편(玉篇)』에서는 "'녹곽(鹿藿)'의 열매이다."라고 하였다.

75 등나무藤七五

『이아』에 이르기를,[618] "제려諸慮는 야생덩굴[山櫐][619]이다."라고 하였다. 곽박이 주석하여 이르기를, "오늘날 강동江東에서는 누櫐를 등나무[藤]라고 부르는데, 칡[葛]과 흡사하지만 약간 굵고 크다."라고 하였다.

爾雅曰, 諸慮, 山櫐. 郭璞云, 今江東呼櫐爲藤, 似葛而麤大.

(또 『이아』에서는)[620] "섭欇은 호루虎櫐[621]이다."라고 한다. (이에 대해 곽박이 이르기를,) "이것

欇, 虎櫐. 今虎豆也. 纏蔓林樹

618 『이아(爾雅)』「석목(釋木)」에 보이며, 본문과 주석문 모두 『제민요술』과 동일하다.

619 '누(櫐)' 또한 유(藟), 유(虆), 유(欙), 유(蘽)로 쓸 수 있고, 모두 덩굴로 타서 감고 올라간다는 의미이며, 『광아(廣雅)』「석초(釋草)」에서는 "유(藟)는 등나무[藤]이다."라고 하였다. 이것은 바로 곽박이 말하는 "강동(江東)에서는 누(櫐)를 등나무라고 부른 것이다."라고 한 것이다.

620 이 조항 또한 『이아(爾雅)』「석목」에 나오는데, 곽박의 주에는 '야(也)'자가 없고, '강동(江東)' 앞 쪽에 '금(今)'자가 있다.

621 '호루(虎櫐)'는 콩과의 쥐눈이콩[黎豆; *Mucuna capitata*]로, 일년생의 덩굴식물이며 다른 이름으로 '호두(虎豆)', '이두(狸豆)'라고 불렀다. 콩꼬투리에는 털이 있다. 진장기(陳藏器)의 『본초습유(本草拾遺)』에서는 그 "머리로 삵[狸]머리 모양을 만들기" 때문에 이두(狸豆)라고 불렀다. 오기준(吳其濬)이 말하기를 "흰색, 붉은색, 검은색 꽃이 각각의 종류가 있는데 꽃에는 갈색의 검은 반점이 있으며, 진씨(陳氏)가 말하기를 '이수문(狸首文)'이라고 하였다."라고 한다.[『식물명실도고(植物名實圖考)』 권1.] 『이아의소(爾雅義疏)』에서 다르게 번역하여서 자등(紫藤)이라 하였는데, "그 꼬투리 중, 씨의 색에 삵 머리 같은 반점의 문양이 있기 때문이다."라고 하였다. 콩과의 자등(紫藤; *Wistaria sinensis*)이며, 키가 큰 목질의 등나무이다.

은 오늘날의 호두虎豆이다. 덩굴은 수목을 감아서 자라며, 깍지에는 털 가시가 달려 있다. 강동江東에서는 '납섭欟欇'[622]이라고 부른다."라고 하였다.

而生, 莢有毛刺. 江東呼爲欟欇音涉.

『시의소』에서 이르기를, "누藟는 거황苣荒[623]이다. 까마귀머루[燕薁][624]와 비슷하고, 덩굴이 뻗어 자라며, 잎은 흰색이고 열매는 붉고 먹을 수 있는데 맛은 시지만 좋지는 않다. 유주幽州에서는 이것을 '추루椎藟'라고 부른다."라고 하

詩義疏曰, 255 藟, 苣荒也. 似燕薁, 連蔓生, 葉白色, 子赤可食, 酢而不美. 幽州謂

622 '납섭(欟欇)'은 또한 '엽섭(獵涉)'으로도 쓰며, 『이아의소(爾雅義疏)』에서 사령운(謝靈運)의 『산거부(山居賦)』의 사씨자주(謝氏自注)를 인용한 것에는, "엽섭(獵涉)이란 글자는 『이아』에서 나온다."라고 하였다. 사씨(謝氏)가 본 『이아』에는 '납섭(欟欇)'을 '엽섭(獵涉)'으로 적고 있고, '납섭(欟欇)'은 강동(江東) 지역에서 부르는 호두(虎豆)의 별명으로 마땅히 붙여 써야 한다고 설명하였다. 스셩한은 사영운(謝靈運) 『선거부(山居賦)』에도 엽섭(獵涉)이라고 적고 있다고 한다.

623 '거황(苣荒)'은 서술하는 것에 근거하면 장미과 산딸기속의 장딸기[蓬虆; *Rubus thunbergii*] 혹은 멍석딸기[茅莓; *Rubus parvifolius*] 종류의 식물로, 잎은 모두 앞면은 청색이고 뒷면은 흰색이다. 묘치위 교석본에 따르면, 거황(苣荒)은 명초본, 명각본에서는 이와 동일하며 금택초본에서는 '신황(茝荒)'이라고 잘못 적고 있는데, 청각본에는 '거고(苣苽)' 혹은 '거과(苣瓜)'라고 적고 있다. 『시경(詩經)』「주남(周南)·규목(樛木)」의 공영달(孔穎達)의 소에서 육기(陸機)의 소를 인용한 것에는 '거과(巨瓜)'라고 적고 있는데, 『십삼경주소』에 실려 있는 『경전석문(經典釋文)』에서 『초목소(草木疏)』를 인용한 것에는 '거황(巨荒)'이라고 적고 있고, 사부총간의 단행본 『경전석문』에서는 '거고(巨苽)'라고 쓰고 있으며, 『본초습유』에서 『초목소』를 인용한 것 및 금본의 『모시초목조수충어소(毛詩草木鳥獸蟲魚疏)』 권상(上)에서도 '거고(巨苽)'라고 쓰고 있는 등 다양한 견해가 있다. 완원(阮元) 교감에 의거하면 '과(瓜)', '고(苽)'는 모두 잘못이며 이는 마땅히 '황(荒)'으로 써야 한다. 『초사(楚辭)』「구가(九歌)」의 왕일의 주에서도 또한 '황(荒)'이라고 적고 있다.

624 '연욱(燕薁)'은 국화과의 까마귀머루[蘡薁; *Vitis adstrictia*]이다.

였다.

『산해경山海經』에서 이르기를,[625] "필산畢山에는 … 야생 덩굴[櫐]이 매우 많다."라고 하였다. 곽박이 주석하여 이르기를, "(야생덩굴은) 곧 오늘날의 호두虎豆나 이두狸豆와 같은 부류이다."라고 하였다.

『남방초물상』에서 이르기를,[626] "심등沈藤은 달린 열매가 마치 육회를 담는 작은 잔[齊甌]과 같은 크기이다.

정월이 되면 꽃이 피고 이내 열매가 맺힌다. 10월과 12월이 되면 익어서 붉어진다. 날로도 먹을 수 있고, 새콤달콤하다. 교지交阯에서 난다."라고 하였다.

"이등毦藤은[627] 산속에서 자라며, 크기는 평

之椎櫐.[256]

山海經曰, 畢山, 其上 … 多櫐. 郭璞注曰, 今虎豆狸豆之屬.

南方草物狀曰, 沈藤,[257] 生子大如齊[258]甌. 正月華色, 仍連著實. 十月臘月熟, 色赤. 生食之, 甜酢. 生交阯.[259]

毦藤, 生山中,

---

625 『산해경(山海經)』 「중산경(中山經) · 중차십이경(中次十二經)」에 보이며 다만 '필산(畢山)'은 마땅히 '비산(卑山)'의 잘못이다. 「중차십이경」의 '필산(畢山)' 조항에는 어떠한 식물에 대한 기록도 없으며, 그 '비산(卑山)' 조항은 바로 "산중에는 … 야생덩굴이 많다."라고 하였다. 그 아래의 곽박의 주석에서는 "오늘날 호두(虎豆), 이두(狸豆)의 속(屬)이다."라고 하였다. 이는 『제민요술』과 완전히 동일하다. 『예문유취(藝文類聚)』 권82, 『태평어람(太平御覽)』 권995에서 『산해경』을 인용한 것에는 모두 '비산(卑山)'이라고 쓰고 있다.

626 『태평어람』 권995에서 인용한 바를 보면 '화색(華色)'이 '화포(華苞)'로 잘못 쓰여 있다. '이등(毦藤)'에서 '초등(椒藤)'에 이르기까지 4개의 조항은 『남방초물상(南方草物狀)』의 문장이다. '이등(毦藤)'은 『태평어람』에서 인용한 것에는 '사이지등(事毦至藤)'이라고 쓰고 있는데, 잘못된 부분이 있으며 해석하기 어렵다.

627 '이(毦)': 여기서는 열매를 벗겨서 그 긴 융털을 이용하여 장식품을 만드는 것이다. 『설문해자』에서는 "깃털로 장식되어 있다."라고 하였다. 묘치위 교석본에 의

호苹蒿[628]만 하고 덩굴이 땅을 기면서 자란다. 사람들이 그 열매를 따서 벗겨 내어 깃털장식으로 만드는데, 많지는 않다. 합포合浦나 흥고興古에서 생산된다."라고 하였다.

大小如苹蒿, 蔓衍生. 人採取, 剝之以作毦, 然不多. 出合浦興古.

"간자등蕑子藤[629]은 수목을 감고 자란다. 정월과 2월에 꽃이 피고 4월과 5월에는 (열매가) 익는다. 열매는 흡사 배[梨]와 같으며, 장닭의 볏처럼 붉고, 씨는 물고기 비늘과 같다. 따서 날로 먹으

蕑子藤,[260] 生緣樹木. 正月二月華色, 四月五月熟. 實如梨, 赤如雄雞

하면, '이등(毦藤)'은 산지와 크기에 따라서 추측해 보면 아마 협죽도과(夾竹桃科)의 양각요(羊角拗; *Strophanthus divaricatus*) 식물일 것이다. 양각요(羊角拗)는 광동, 광서, 운남 등지의 산비탈 혹은 덤불에서 자라고 등본이며[혹은 관목(灌木)] 높이는 대략 1m 남짓이다. 그 열매는 골돌과(蓇葖果)로 목질(木質)이며, 안쪽에는 씨앗이 많이 들어 있다. 씨는 선형으로 납작하고 한 끝에는 긴 털이 있으며 흰색 실모양의 긴 씨앗의 털이 빽빽하게 자라는데 어떤 것은 융털과 흡사하여 그것을 취해서 '깃털장식[毦飾]'을 만든다고 하였다.

628 '평호(苹蒿)': 스성한의 금석본에서는 국화과의 쑥속[蒿屬; *Artemisia*]의 일종으로 보았으나, 묘치위 교석본에서는 어떠한 종류를 가리키는지 명확하지가 않다고 하였다.

629 '간자등(蕑子藤)': 『예문유취(藝文類聚)』 권82에서 『남방초물상(南方草物狀)』을 인용한 것에는 '함난자등(含蘭子藤)'이라 쓰여 있으며, 『남월필기(南越筆記)』 권14에는 '난자등(蘭子藤)'에 대해 열매는 "배와 같고 색이 붉은 것이 닭볏과 같다."라고 하였는데, 기록된 것은 바로 동일한 식물이다. 『광아(廣雅)』 「석초(釋草)」에서는 "간(蕑)은 난(蘭)이다."라고 하였다. 글자는 '간(蔺)'과 동일하며 『이아의소(爾雅義疏)』에서 사전을 인용하며 "간(蕑)과 간(蔺)은 동일하고 간(蕑)은 곧 난(蘭)이다."라고 하였다. '간자등(蕑子藤)'은 바로 '난자등(蘭子藤)'임을 설명하는 것이다. 묘치위는 이에 근거하여 추측해 볼 때 '난자등(蘭子藤)'은 향기가 있는 등본식물이라고 한다. 그러나 난(蘭)은 난과(蘭科)의 난꽃을 가리키지는 않는다. 옛날에 '난'이라고 칭한 것은 국화과의 난초(蘭草), 택난(澤蘭)을 가리키며 난꽃은 옛날에는 '혜(蕙)', '연초(燕草)'라고 칭하였다.

면 담백하여 달지도 쓰지도 않다. 교지交阯와 합포合浦에서 생산된다."라고 하였다.

冠, 核如魚鱗. 取, 生食之, 淡泊無甘苦. 出交阯合浦.

"야취등野聚藤[630]은 수목을 감고 자란다. 2월에 꽃이 피고 이어서 열매가 달린다. 5-6월이 되면 열매가 익으며, 열매의 크기는 마치 탕 사발[羹甌][631]만 하다. 현지인[里民]들은 그것을 삶아 먹는데, 맛은 새콤달콤하다. 창오蒼梧[632]에서 난다."라고 하였다.

野聚藤, 緣樹木. 二月華色, 仍連著實. 五六月熟, 子大如羹甌. 里[261]民煮食, 其味甜酢. 出蒼梧.

"초등椒藤은 금봉산金封山에서 자란다. 오호烏滸 사람들[633]은 종종 그것을 가지고 나가 팔았

椒藤,[262] 生金封山. 烏滸人往

630 '야취등(野聚藤)'조항은 『예문유취』 및 『태평어람(太平御覽)』에서 인용한 것으로서 개별적으로 군데군데 이자(異字)와 오자(誤字)를 제외하고는 나머지는 모두 『제민요술』과 동일하다.

631 '구(甌)'는 사발류의 주둥이가 둥근 물건을 담는 그릇으로서 큰 것은 사발[碗]이고 작은 것은 종지와 같다. '갱구(羹甌)'는 국을 담는 사발이다.

632 '창오(蒼梧)'는 군(郡)의 이름으로 한대(漢代)에 설치했으며 군의 치소는 지금의 광서자치구 오주시(梧州市)이다.

633 '오호인(烏滸人)'은 『후한서(後漢書)』 권86 이현(李賢)의 주석에서 삼국시대 오(吳)의 만진(萬震) 『남주이물지(南州異物志)』를 인용하여 "오호(烏滸)는 지명이다. 광주의 남쪽, 교주의 북쪽에 위치한다."라고 하였다. 또한 고민족(古民族)의 이름으로, 고대 월인(越人)의 한 갈래인데 분포하는 지역은 이인(俚人) 지역을 제외한 지금의 귀주(貴州), 운남(雲南)의 접경지역에 두루 미친다. '오호인(烏滸人)'은 『예문유취』에서 '이인(俚人)'이라 인용하여 쓰고 있으며, 앞의 조항 '이민(里民)' 또한 '이민(俚民)'으로 인용하여 쓰고 있는데, 묘치위의 교석에 따르면 이 '이(里)'는 향리(鄕里)의 이(里)가 아니라고 한다. 이인(俚人)은 고대 부족의 명칭으로 또 '이인(里人)'으로 쓰며, 한당(漢唐)시기에는 주로 지금의 광서장족자치구 남령(南寧), 합포(合浦), 옥림(玉林), 오주(梧州) 등지에 분포되어 있었다.

다. 그 색은 붉고, 또한 어떤 사람들은 그 풀로 염색을 한다고 한다. 홍고興古에서 난다."라고 하였다.

『이물지異物志』에서 이르기를, "가포葭蒲[634]는 등나무류로, 덩굴이 다른 나무에 붙어서 스스로 영양분을 취하면서 자란다.[635]

열매는 연밥[蓮]과 같으며 총총히 가지 사이에 붙어 있다. 2-3개의 열매가 한 꼭지에 붙어 서로 자라는 것이다.[636] 열매는 껍질이 있으며 그 속에는 씨가 없다. 벗겨서 먹거나 삶아서 햇볕에 말려 먹으면 맛이 좋다. 먹으면 허기를 채울 수 있다."라고 하였다.

『교주기交州記』에서 이르기를, "함수등含水藤[637]은 쪼개서 물을 취할 수 있다. 길 가던 사람은

往賣之. 其色赤, 又云, 以草染之. 出興古.

異物志曰,[263] 葭蒲, 藤類, 蔓延他樹, 以自長養. 子如蓮, 菆[264]著枝格間. 一日作扶相連. 實外有殼, 裏又無核. 剝而食之, 煮而曝之, 甜美. 食之不饑.

交州記[265]曰, 含水藤, 破之得水.

---

634 '가포(葭蒲)'는 뽕나무과 무화과속(*Ficus*)의 덩굴 등본식물이다.

635 "蔓延他樹, 以自長養"은 명백히 다른 나무를 감는 일종의 기생식물을 설명하는 것으로서, 숙주가 제공하는 양분에 의지해서 나누어 스스로 자양분을 얻고 생장한다.

636 "一日作扶相連"은 이해하기 어렵지만, '작부상연(作扶相連)'에서 추론하면, '일일(一日)'은 '이삼(二三)'이 흐릿하게 된 이후에 글자가 잘못된 것으로 의심되며 열매는 2-3개가 가지 사이에서 떨기로 자라는 것을 가리킨다.

637 '함수등(含水藤)'은 아래 문장에서 고미(顧微)의 『광주기(廣州記)』를 인용한 것에는 '수등(水藤)'이 있고, 『본초습유(本草拾遺)』에는 '대호등(大瓠藤)'이 있다. "등나무[藤]는 조롱박과 같고 자르면 물이 나온다. 안남(安南)에서 자란다. 『태강지기(太康地記)』에서 이르기를 '주애(朱崖), 담이[儋耳: 모두 지금의 해남도(海南島)에 있다.]의 물이 없는 곳에는 이 등(藤)을 파종하여 즙을 취해서 사용한다.'"라고 한다. 이시진은 '수등(水藤)' 혹은 '대호등(大瓠藤)'이 바로 『교주기(交州記)』

그것을 통해 갈증을 해소할 수 있다."라고 하였다.

『임해이물지臨海異物志』에서 이르기를, "종등鍾藤[638]은 나무 위에 붙어 뿌리를 내리는데, 뿌리가 약하여 반드시 다른 나무 위에 붙어 감으면서 위아래로 향하여 뿌리를 뻗는다. 이 같은 등나무는 나무를 감기에 나무가 죽고, 독즙이 있어서

行者資以止渴.

臨海異物志曰,[266] 鍾藤, 附樹作根, 軟弱, 須緣樹而作上下條. 此藤纏裹樹, 樹

의 '함수등(含水藤)'이라고 인식하였다. 함수등은 "영남(嶺南) 및 여러 바다, 산과 계곡에서 자라고 모양은 칡과 같으며, 잎은 구기자와 흡사하다. 길가에 많아서 행인(行人)들이 물이 부족하면 쉽게 이 등(藤)을 먹었기에 그 같은 이름을 붙인 것이다."라고 하였다. 묘치위 교석본을 보면, '양구등(凉口藤)'은 바로 여기의 함수등(含水藤)이다. 또한 이것은 아래 문장의 고미(顧微) 『광주기』의 '속단(續斷)' 등[藤: 수등(水藤)]으로 일종의 초질(草質)의 덩굴등본이지만 어떠한 종류인지 상세하게 알 수 없다고 한다. 『남월필기』에 등장하는 또 다른 함수등(含水藤)은 "매마등(買痲藤)으로, 그 줄기에 물이 많다. 목마른 이가 잘라서 마시면 충분히 배부를만 하며 남은 물은 반나절 동안 항상 뚝뚝 떨어진다. 뱀의 독을 해독할 수 있는데 말린 것 역시 그러하다. 성질은 연하고 신발을 만들기 쉬우며, 단단하고 질긴 것이 삼과 같아 그 까닭에 이름을 붙였다. 등을 구입했는데 삼도 얻었다고 말했다."라고 하였다.

638 '종등(鍾藤)'은 처음에는 다른 나무 위에 의지하는 일종의 기생수(寄生樹)이다. 그러나 줄기가 부드럽고 약하여 곧게 자랄 수 없으며, 이후 공기뿌리가 나오는데 공기뿌리는 숙주의 줄기에 붙어서 자라고, 숙주 중심 줄기의 영양물질을 흡수하여 자기(自己)의 양분으로 삼는다. 그런 이후에는 독립된 나무로 전환된다. 공기뿌리가 매우 많아서 위로 혹은 아래로 '가지가 만들어지고[作條]' 서로 그물과 같이 짜여 의지하고 있는 숙주를 단단하게 감싸는데, 마지막에 숙주는 중심 줄기가 감겨 죽게 된다. 현대 식물학상에서는 이런 것을 '교살식물(絞殺植物)'이라고 부른다. 묘치위에 의하면, 이 종등(鍾藤)은 또한 숙주에게 해를 입히는 독즙을 분비하여서 숙주가 빠르게 교사(絞死)되어 부패를 촉진하며, 스스로는 도리어 큰 나무로 성장하게 된다. 교살식물은 대부분 무화과속의 식물에서 보이며, 이 종등은 무화과속의 덩굴 목질(木質) 등본(藤本) 식물이라고 한다.

죽은 나무는 아주 빨리 썩게 한다. 등나무는 오히려 무성해져 큰 나무로 자라는데, 마치 스스로 자란 나무와 같다. 큰 것은 둘레가 간혹 10아름 또는 5아름이나 된다."라고 하였다.

死, 且有惡汁, 尤令速朽也. 藤咸成樹, 若木自然. 大者或至十五圍.

『이물지』에 이르기를, "과등菓藤[639]은 둘레가 수 치[寸]나 되며, 대나무보다는 무거워서 지팡이를 만들 수 있다. 쪼개서 껍질[篾][640]을 벗겨 배를 동여맬 수 있고, 또한 그것으로 자리를 짜게 되면 대나무보다 좋다."라고 하였다.

異物志曰, 267 菓藤, 圍數寸, 重於竹, 可爲杖. 篾以縛船, 及以爲席, 勝竹也.

고미顧微의 『광주기廣州記』에 이르기를, "과菓는 종려[栟櫚][641]와 유사하다. 나무의 잎이 듬성듬성 난다. (잎자루의) 겉껍질은 청색이며 가시가 많다. 5-6길[丈] 자란 잎자루는 마치 5-6치[寸] 굵기의 대나무와 같으며 작은 것은 붓대[筆管] 굵기만 하다. 청색의 겉껍질을 쪼개면 속의 하얀 심을 얻을 수 있는데, 이것이 바로 과등菓藤[642]이다."라

顧微廣州記 268 曰, 菓, 如栟櫚. 葉疏. 外皮青, 多棘刺. 高五六丈者, 如五六寸竹, 小者如筆管竹. 破其外青皮, 得

---

639 '과등(菓藤)'은 아마 종려과의 성등(省藤; *Calamus platyacanthoides*)으로, 가시가 있고 굵은 등본일 가능성이 있다. 광동, 광서 등지에서 자라며 베트남에도 있다. 줄기와 줄기껍질로 각종 등나무 제품을 짤 수 있다.

640 '멸(篾)'은 등나무 껍질을 가리키는데, 여기서는 동사로 쓰여, 가공하여 등나무 껍질을 만드는 것을 뜻한다.

641 '병려(栟櫚)': 종려과의 종려(棕櫚; *Trachycarpus fortinei*)이다.

642 묘치위 교석본에 따르면, '과등과(菓藤科)' 아래 조항의 등류(藤類)는 원래 이어지는 문장으로서 문단이 나누어지지 않았다. 각본에서는 단지 '등(藤)'자 하나만 있으며, 『예문유취(藝文類聚)』에서 인용한 것도 동일하다. 단지 금택초본에서는 2개의 '등(藤)'자가 거듭 등장하는데 이 같은 중문(重文)이 합당하다고 하였다.

고 하였다.

"등나무의 종류에는 10여 종이 있다. 속단續斷은 초질[草]의 등나무[藤]로, '낙등諾藤'이라 일컬으며, 또한 '수등水藤'이라고도 한다.[643] 산행을 하다 목이 마를 때 그것을 잘라 즙을 취해 마신다. 몸에 근육이 손상되거나 뼈가 부러진 사람을 치료할 수도 있다. 그것으로 머리를 감으면 모발이 잘 자란다. 땅에서 1길[丈] 정도 떨어진 부분을 자르면 바로 다시 뿌리가 재생되어 땅속으로 뻗어 나가[644] 영원히 죽지 않는다."라고 하였다.

白心, 卽科藤.

藤類[269]有十許種. 續斷草藤也, 一曰諾藤, 一曰水藤. 山行渴, 則斷取汁飮之. 治人體有損絕. 沐則長髮. 去地一丈斷之, 輒更生根至地, 永不死.

---

643 등류(藤類)에는 목질(木質), 초질(草質)의 구별이 있는데, 고미(顧微)가 가장 먼저 이 초질(草質)의 등본(藤本)을 제시하였다. 묘치위 교석본에 의하면, '속단(續斷)'의 명칭은 마땅히 "인체를 다스려 치료한다."[본초서에서 말하는 '속근골(續筋骨)'이다.]라는 것에서 유래하였다. 그러나 이 식물이 어떤 종류의 식물인지는 자세하지가 않다. 『신농본초경(神農本草經)』에도 '속단(續斷)'이 있는데 이것은 솔체꽃과[續斷科]의 속단(續斷; *Dipsacus japonicus*) 또는 천속단(川續斷; *Dipsacus asperoides*)으로 다년생 초본(草本) 식물이지만 이것을 가리키는 것은 아니다. 도홍경(陶弘景)이 주석하기를, "광주(廣州)에는 또 '속단(續斷)'이라는 등나무 이름이 있으며, 일명 '낙등(諾藤)'이라 한다. 그 줄기를 잘라서 그릇에 즙을 받아서 마시면 부러지고 손상된 것을 치료할 수 있다. 머리를 감으면 또 모발이 잘 자란다. 가지를 잘라서 땅에 꽂으면 바로 자라난다. 아마 이것은 서로 같을 것이다."라고 하였다. '낙등(諾藤)'은 『신농본초경』의 '속단(續斷)'과는 분명 같지 않음을 가리키며, 고미 『광주기(廣州記)』의 '수등(水藤)'과 더불어 같다. 아래 문장의 '고등(膏藤)', '유과등(柔科藤)'은 모두 구체적으로 알 수 없다고 하였다.

644 "輒更生根至地": 공기뿌리가 자라서 공중에 걸려 아래로 뻗어 땅속으로 들어가는 것을 가리키는 것인지 분명하지가 않다. 『남월필설(南越筆設)』에 이르기를 "땅으로부터 1길[丈] 정도 떨어진 곳에서 그것을 자르면 다시 자라났다."라고 하였는데, 잘린 부분에서 거듭 싹이 자라는 것을 말한다. 도홍경이 『신농본초경』에 주

"도진령刀陳嶺에는 고등膏藤이 있는데,[645] 그 즙은 부드럽고 미끄러워서 어디에도 이에 비할 만한 것이 없다."라고 하였다.

刀陳嶺有膏藤, 津汁軟滑, 無物能比.

"유과등柔萪藤에는 열매가 있다. 열매는 아주 시며, 채소로 먹으면 아주 부드럽고 미끈하여 어느 것도 이에 비견할 수가 없다."라고 하였다.

柔萪藤, 有子. 子極酢, 爲菜滑, 無物能比.

● 그림 69
양각요(羊角拗)와 그 열매

● 그림 70
자등(紫藤)과 꽃

석하여 이르기를, "가지를 잘라 땅에 심으면 바로 자란다."라고 하였는데, 묘치위는 이것은 꺾꽂이를 하여 새로운 그루가 자랄 수 있게 하는 것이며, 모두 다시 뿌리가 자라 땅속으로 들어간다는 견해는 아니라고 한다.

645 '고등(膏藤)'의 조항은 『예문유취(藝文類聚)』, 『태평어람(太平御覽)』에서는 인용하지 않았다. 다만 모두 배연(裴淵)의 『광주기(廣州記)』의 조항을 인용하고 있는데, 문장과 구절은 잘못된 부분이 있지만 정리하면, "역진령(力陳嶺)은 백성[民人]들이 그곳에 거주하며 배[槽]를 만드는 것을 업으로 한다. 나무가 있는 곳에 따라 배를 만들었다. 모두 물과 떨어진 것이 멀고 힘들어서 수십 리를 움직여야 했다. 산속에 풀이 있었는데, 그 이름은 '고등(膏藤)'이라고 하며 진액이 연하고 매끄러운 것이 어떠한 물체에 비할 바 없었다. 이것을 발라서 땅에 끌었는데, 끄는 것이 흐르는 물과 같다. 다섯, 여섯 길[丈]의 배도 몇 사람만으로 쉽게 운반하였다."라고 한다. 여기에 언급된 '조(槽)'는 배를 가리키는데, 대개는 나무를 파내어 배를 만드는 카누[獨木舟]이다. 그러나 '고등(膏藤)'은 어떠한 종류의 식물인지 상세하지 않다. '도진령(刀陳嶺)' 혹은 '역진령(力陳嶺)'도 그 지역이 어딘지 자세히 알 수 없다.

255 '시의소왈(詩義疏曰)': 『태평어람(太平御覽)』 권995 「백훼부이(百卉部二)」 인용의 첫 구절은 '누만야(櫐蔓也)'이며, 엽백색(葉白色)의 '엽(葉)' 자가 '만(蔓)'으로 잘못되어 있다. 육덕명(陸德明)의 『경전석문(經典釋文)』에는 육기(陸機)의 『초목소(草木疏)』를 인용하여 '일명거고(一名巨苽)'라고 되어 있으며, '엽백색'이 "葉似艾, 白色"이라고 되어 있다.

256 '추루(椎櫐)': 금택초본, 호상본에서는 이와 동일하며, 명초본에서는 '치루(稚櫐)'로 잘못 적고 있다. 『주역(周易)』 「곤괘(困卦)」의 『경전석문』에서 『초목소』를 인용한 것에는 '퇴류(摧虆)'라고 적고 있고, 금본 『모시초목조수충어소(毛詩草木鳥獸蟲魚疏)』의 권상(上)에서는 "퇴류(摧藟)"라고 쓰고 있는데, 뒤의 한 글자는 같은 글자이나 뜻은 다르다.

257 '심등(沈藤)': 『예문유취(藝文類聚)』 권82의 인용에 '부심등(浮沈藤)'으로 되어 있다. 『태평어람』 권995의 인용에 여전히 '심등'으로 되어 있으며 『제민요술』과 같다. 묘치위 교석본에 의하면, '심등(沈藤)'은 『예문유취』에서 『남방초물상(南方草物狀)』을 인용한 것에는 '부침등(浮沉藤)'이라고 쓰여 있다. 이조원(李調元)의 『남월필기(南越筆記)』 권14의 기록에는 영남(嶺南)의 각종 등나무[藤] 중에 "부침등(浮沈藤), 난자등(蘭子藤)은 씨가 모두 배와 같고, 색이 붉은 것이 닭볏과 같다. 날로 먹으며, 새콤달콤하다."라고 하였다. 『제민요술』에는 '부(浮)'자가 빠져 있지만 '부(浮)'자는 실제로는 잘못된 것이다.

258 '제(齊)': 스셩한의 금석본에서는 '제(齏)'로 쓰고 있다. 스셩한에 따르면 명초본, 금택초본과 명청 각본에 '제(齊)'로 되어 있지만 『예문유취(藝文類聚)』에 따라 '제(齏)'로 고친다고 하였으며, 제구(齏甌)는 제를 담는 그릇이라고 하였다.

259 '교지(交阯)': 『태평어람』, 『예문유취』에 나란히 '교지구진(交趾九眞)'으로 되어 있다.

260 '간자등(蕑子藤)': 스셩한의 금석본에서는 '간(蕑)'을 '간(簡)'으로 쓰고 있다. 스셩한에 따르면 『예문유취』에서 이 조항을 인용한 것에는 '함난자등(含蘭子藤)'으로 되어 있으며, '핵여어린(核如魚鱗)'이 없고, '담

박(淡泊)' 위에 '미(味)'자가 있으며, '무감고(無甘苦)' 구절이 없다. 『태평어람』의 인용과 『제민요술』이 같다. 다만 '담박' 위에 '미'자가 있다고 하였다. 묘치위 교석본에 따르면, '간(蕳)'은 점서본에서는 이 글자와 같으며, 명초본에서는 '간(簡)'으로 잘못 쓰고 있다. 『태평어람』에서 인용한 것도 잘못이 동일하며, 금택초본 등에서는 민간에서 '간(蕳)'으로 쓰고 있다고 하였다.

261 '이(里)': 『예문유취』에는 '이(俚)'로 되어 있다.

262 '초등(椒藤)': 『예문유취(藝文類聚)』에 '숙등(菽藤)'으로 되어 있고, 『태평어람(太平御覽)』에 '과등(科藤)'으로 되어 있다. 다음 구절의 '오호(烏滸)'는 『예문유취』에 '이(俚)'로 되어 있다. '기색(其色)' 다음에 '정자(正字)'가 있으며, 『태평어람』과 같다. 또한 『예문유취』에 "又云以草染之" 구절이 없으나 『태평어람』에는 있다. 묘치위 교석본에 의하면, '초등(椒藤)'은 『태평어람』에서는 '과등(科藤)'으로 인용하여 쓰고 있는데, 분명 같은 물건의 다른 이름일 것이다. 만약 붉은색이면 인공적으로 염색한 것으로, 이것은 바로 과등(科藤)에 염색을 한 것이다. 만약 붉은색을 만들려고 한다면, 곧 다른 종의 등(藤)으로서 아마 종려과의 황등속(黃藤屬; *Daemonorops*)의 식물일 것이라고 하였다.

263 '이물지왈(異物志曰)': 『태평어람』의 인용에 '진기창(陳祈暢) 『이물지(異物志)』'로 되어 있다. '자(子)'는 "實大小長短"으로 되어 있고, "一日作扶相連" 구절이 없다.

264 '추(菆)': 명청 각본에는 검정 표시를 한 묵정(墨釘)으로 되어 있다. 명초본, 금택초본과 『태평어람』에 따라 보충한다. 묘치위 교석본에 따르면, '총(菆)'은 떼지어 모이고, 떨기로 자란다는 의미이다. '지격(枝格)'은 곧 가지이다. 이 구절은 열매 2-3개가 가지 사이에 떨기로 자라는 것을 말한다. '자여연(子如連)'은 열매의 크기가 연밥과 흡사하며, 무화과속 식물의 열매는 소형인 것도 있는데, 예컨대 용(榕; *Ficus microcarpa*)의 열매의 직경은 대략 8㎜에 불과하다고 하였다.

265 '교주기(交州記)': 『태평어람』에는 '유흔기(劉欣期) 『교주기(交州記)』'로 적고 있다.

266 '임해이물지왈(臨海異物志曰)': 『태평어람』에서 인용한 "此藤纏裹樹"

의 '전(纏)'자 위에 '기(旣)'자가 있고, "尤令速朽也"구가 없으며, "藤咸成樹"의 '함(咸)'이 '성(盛)'으로 되어 있고, '십오(十五)'가 '오십(五十)'으로 되어 있다. 『예문유취』에 '上下條' 세 글자가 없으며, '기(旣)'자가 있는 것은 『태평어람』과 같다. 또한 "尤令速朽也"라는 구절이 있으며 '함(咸)'이 '성(盛)'으로 되어 있고, '오(五)'자가 없다. 『예문유취』의 글자들이 가장 완벽하므로 이에 따라 고친다. 묘치위 교석본을 참고하면, "十, 五圍"는 각본에서는 이와 동일한데, 『예문유취』, 『전방비조(全芳備祖)』의 후집(後集) 권13에서는 '십위(十圍)'라고 인용하여 쓰고 있으며, 청대(淸代) 진원룡(陳元龍)의 『격치경원(格致鏡原)』 권69의 '등(藤)'조에서 『임해이물지』를 인용한 것에는 '수위(數圍)'로 적고 있고, 『태평어람』에서는 "오(五), 십위(十圍)"라고 인용하여 적고 있다. '십오(十五)', '오십(五十)'은 모두 정수로서 연속해서 읽어서는 안 된다. '오십'은 더욱 불가능한데, 모두 단지 '오(五)', '십(十)'의 숫자를 대략적으로 계산한 것이기 때문에, 분리하여서 "십(十), 오(五)", "오(五), 십(十)"으로 읽어야 한다고 하였다.

267 '이물지왈(異物志曰)': 『태평어람』에는 '可爲杖'이 '可以爲杖'으로 되어 있다. 『예문유취』의 인용에 '종등(鍾藤)'의 뒤에 붙어서, '숙등(菽藤)'으로 적고 있다. 『예문유취』가 틀린 것이 아니라면 이 조는 『임해이물지(臨海異物志)』가 분명하다. 묘치위 교석본에 의하면, 『태평어람』 권995에서 『이물지(異物志)』를 인용한 것에서는 '과등(科藤)'으로 쓰고 있다. 『예문유취』 권82에서 인용한 것에는 여전히 '초등(蕉藤)'으로 쓰여 있으며, 다만 위의 조항을 이어서 '우왈(又曰)'로 표기하여 일컬었다면 이것은 여전히 『임해이물지』의 문장인 것이라고 하였다.

268 '고미광주기(顧微廣州記)': 『예문유취』 권82, 『태평어람』 권995에서 고미(顧微)의 『광주기(廣州記)』를 인용한 것에도 여전히 '초등(蕉藤)', '과등(科藤)'이라고 쓰고 있으며, 『예문유취』에는 빠진 글자가 있고, 『태평어람』에서는 잘못된 글자가 있다. 아래의 세 조항은 여전히 고미의 『광주기』의 문장이다. '속단(續斷)'은 『예문유취(藝文類聚)』에서 인용한 것에서 '속유(續遊)'로 쓰고 있다. '고등(膏藤)', '유과등(柔科藤)'의 두 조항은 『예문유취』에서 인용하지 않았다.

[269] '등류(藤類)': 이 조는 문장의 뜻에서 볼 때 별개의 내용인 듯하다. 명초본과 『태평어람(太平御覽)』 모두 위의 조에 붙어 있고, 금택초본의 위 조항의 마지막 글자는 행의 말미에 있으며, 여기의 '등'자는 두 번째 항의 첫머리에 있어서 새로운 조를 만든 상황으로 볼 수 있다. 이른 시기의 각본에 원래 15글자가 한 행이었는데, 훗날 17개의 큰 글자를 한 행으로 만들면서 분리에 신경 쓰지 않아 붙어 버린 것이다. 『태평어람』의 이 "一曰諸藤" 구절 앞에는 續斷草'이다. 또한 '則斷取汁' 앞에는 '지(止)'자가 있다.

76 명아주藜[646] 七六

『시경』에 이르기를,[647] "북쪽 산에는 명아주[萊]가 있다."라고 하였다.

『시의소詩義疏』에서 이르기를,[648] "명아주[萊]

詩云, 北山有萊.

義疏云, 萊, 藜

646 '여(藜)': 명아주과의 명아주[藜; *Chenopodium album*]이다. 쇠서 딱딱해진 줄기는 지팡이를 만들 수 있으며, '여장(藜杖)'이라 불렀다. 스성한의 금석본에서는 '이(梨)'자로 쓰고 있다.

647 『시경』「소아(小雅)·남산유대(南山有臺)」.

648 『태평어람(太平御覽)』 권998의 '여(黎)' 조항에서 『시의소(詩義疏)』를 인용한 것은 『제민요술』과 동일하지만, 탈자와 오자가 많다. 『시경』「소아·남산유대(南山有臺)」의 공영달(孔穎達)의 소(疏)에서 육기(陸機)의 소를 인용한 것에는 다른 부분이 있는데, "내(萊)는 풀의 이름이며, 그 잎은 먹을 수 있다. 묘치위에 의하면 지금 연주(兗州) 사람들은 그것을 쪄서 채소로 먹는데, 그것을 내증(萊蒸)이라고 부른다."라고 한다.

가 여藜이다. 줄기와 잎은 모두 '조개풀[菉]'과 같으며 곧 '왕추王芻'이다.[649] 오늘날 연주兗州[650] 사람들은 이것을 쪄서 채소로 먹으며, 그것을 일러 '내증萊蒸'을 만든다고 한다. 초譙[651]나 패沛[652] 지역 사람들은 계소雞蘇[653]를 일러 명아주[萊]라고 하였다. 그 때문에 『삼창三倉』에서 '명아주[萊]와 수유茱萸'[654]라고 이어서 병렬하였다. 이 (계소雞蘇와

也. 莖葉皆似菉, 王芻. 今兗州人蒸以爲茹, 謂之萊蒸. 譙沛人謂雞蘇爲萊. 故三倉云, 萊茱萸. 此二草異而名同.

649 '녹왕추(菉王芻)'는 『이아(爾雅)』 「석초(釋草)」의 문장이다. 『당본초(唐本草)』의 주석에서는 "조개풀[藎草]은 … 민간에서 '녹욕초(菉蓐草)'라 부르고 『이아』에서 이르는 왕추(王芻)이다."라고 하였다. 『증류본초(證類本草)』, 『본초강목(本草綱目)』, 『식물명실도고(植物名實圖考)』에서 모두 그 설을 따른다. 그런데 묘치위 교석본에 따르면 '왕추'는 화본과의 조개풀[藎草; *Arthraxon hispidus*]이지만, 화본과 식물은 명아주와 서로 비슷하지 않으므로 『시의소』에서 가리키는 왕추는 분명 다른 종류의 식물인데, 어떠한 것인지 자세하지가 않다고 한다. 『설문해자』에서는 "신(藎)은 신(艸)이다.", "녹(菉)은 왕추(王芻)이다."라고 두 가지를 나누어 해석하였는데 신(藎)은 왕추(王芻)와 같지 않다고 하였다.

650 연주(兗州)는 오늘날 산동성의 서부이다.

651 '초(譙)': 초군(譙郡)으로 후한대에 설치하였고 군의 치소는 오늘날 안휘성 호주시(亳州市)이다.

652 '패(沛)': 군의 명칭으로 동진(東晉)시기의 군(郡) 치소는 오늘날 안휘성 숙주시(宿州市) 서북쪽에 있다.

653 '계소(雞蘇)': 꿀풀과[脣形科]의 석잠풀[水蘇]이다.[본서 「(70) 마름[藻]」 조항 주석 참조.]

654 『시의소(詩義疏)』의 기록에 따르면, '내(萊)'에는 두 가지 의미가 있는데, 하나는 명아주[藜]이고, 또 하나는 초(譙), 패(沛) 사람들이 이르는 석잠풀[水蘇]이라고 한다. 묘치위 교석본에 의하면, 석잠풀과 수유는 모두 운향과의 식물로, 매운맛과 향기를 가지고 있기 때문에 『삼창(三倉)』에서 명아주[萊]와 수유를 같은 종류로 연이어서 병렬하였다. 묘치위는 『삼창』은 단자(單字)로 배열한 고대의 글자를 인식하는 교재로서, 본래는 아래의 글자로 위의 글자를 해석하는 관계가 없다

여藜) 두 가지 풀은 다르나 이름은 같다."라고 하였다.

● 그림 71
명아주[藜]와 열매

고 한다. 그것은 『삼창훈고(三倉訓故)』라는 사전식의 책은 아니기 때문에, "내수유(茱茱萸)"라고 병렬하고 가운데에 모점을 찍었지만 그것이 본래는 "내는 수유이다.[茱, 茱萸也.]"라는 사전식은 아닌 것이다. 『시의소』에서는 단지 명아주[茱]에는 여(藜)와 계소(雞蘇)의 두 종류의 방언이 있다고 하여, "이 두 가지 풀은 다르나 이름이 같다."라고 하였다. 운향과의 산초[花椒]와 식수유(食茱萸)(권4의 「산초 재배[種椒]」, 「수유 재배[種茱萸]」의 주석에 보인다.) 등은 모두 '출(茦)'의 별칭이 있으며, 청대(淸代) 손성연(孫星衍)의 집일본(輯佚本) 『창힐편(倉頡篇)』에서는 '내(茱)'는 '출(茦)'의 형태상의 잘못이라고 인식하여, 바로 고쳐서 "출(茦)은 수유(茱萸)이다."라고 고쳤으며, 사전식으로 처리하여 『삼창』의 체제와 더불어 부합하지 않아 논의할 가치가 있다고 하였다.

77 귤蕎[655] 七七

『광지廣志』에 이르길, "귤의 열매[656]는 날로 먹을 수 있다."라고 한다.

廣志云,[270] 蕎子, 生可食.

교 기

[270] '광지운(廣志云)': 『집운(集韻)』「입성(入聲)·육술(六術)」의 인용이 『제민요술』과 같다. 또한 아래에 "一曰馬芹"이라는 구절이 더 있다.

78 염蘪 七八

『광지』에 이르길,[657] "삼렴三蘪[658]은 전우翦

廣志云, 三蘪,

655 『강희자전(康熙字典)』에서는 음은 귤(橘)이고, 『광지(廣志)』에서는 '마근(馬芹)'이라 부른다.

656 귤자(蕎子)는 상세하지 않으며, 어떤 식물인지는 권8「장 만드는 방법[作醬等法]」의 주석을 참조.

657 『광지(廣志)』의 조항과 아래의 『광주기(廣州記)』의 조항은 유서에서는 인용되지 않았다.

658 '삼렴(三蘪)': 이것은 괭이밥과[酢漿草科]의 *Averrhoa carambola*이며, 오늘날 일

羽[659]와 흡사하며, 길이는 3-4치[寸] 정도이다. 껍질이 얇고 연하며 황갈색[緗色][660]을 띤다. 꿀에 재워서 보관하며, 맛이 새콤달콤해서 술안주로 쓸 수 있다. 교주交州에서 난다. 정월에 열매가 익는다."라고 하였다.

『이물지』에 이르길, "염의 열매는 비록 이름은 '삼렴'이라고 하나, 실제로는 (날개 모양의 꽃잎이) 5-6개가 있고, 길이는 대개 4-5치[寸] 정도이며, 모서리가 모인 부분이 벼랑같이 솟아 있다.[661]

정월에 익으며 샛노랗고 즙액이 많다. 맛은

似翦羽, 長三四寸. 皮肥細, 緗色. 以蜜藏之, 味甜酸, 可以爲酒啖. 出交州. 正月中熟.

異物志曰, [271] 薕實雖名三薕, 或有五六, 長短四五寸, 薕頭之間正巖. 以正月中熟, 正黃, 多

반적으로 '양도(陽桃)'라고 불린다. 스셩한의 금석본에 따르면, '염'자의 본래 뜻은 '겸(蒹)'이다. 즉 노적(蘆荻)의 종류이다. 여기에서는 단지 음을 기록하는 글자로 쓰였다. 혜함(嵇含)의 『남방초물상(南方草物狀)』에 '오렴자(五斂子; 스타프루트)'로 되어 있으며, "남쪽 사람들은 '능(棱)'을 '염(斂)'으로 불렀기 때문에 이로써 이름을 삼은 것이다."라고 풀이했다. 반면 묘치위 교석본에 의하면, 염(廉)은 모서리이며, 이 같은 과일에 모서리가 있기 때문에 초머리[艸]를 더하여 '염(薕)'으로 표기하였다. '삼렴(三薕)'은 또한 양도(陽桃), 양도(羊桃)라고 불렀다. 장과(漿果)는 통상 5개의 모서리가 있으며, 간혹 3-6개의 모서리가 있다. 다래과[獼猴桃科]의 참다래(*Actinidia chinensis*) 역시 '양도(陽桃)', '양도(羊桃)'라고 불렀는데, 이것을 가리키는 바는 아니라고 하였다.

659 '전우(翦羽)': '전우(箭羽)'로 써야 할 듯하다. '전우'는 화살의 양쪽에 돌출된 깃가지[羽枝]로, 양도는 과실 모서리가 돌출되어 뾰족한 점이 전우와 닮았다.

660 "皮肥細, 緗色": '비(肥)'자는 '기(肌)'자 혹은 '취(脃)'인 듯하다. 상색(緗色)은 갈색이 도는 황색이다. 일반적으로 구어의 '향색(香色)'이 '상(緗)'이다.

661 '암(巖)': 스셩한의 금석본에서는 이 글자에 착오가 없다면, "모서리의 끝부분(원래의 암술대에 가까운 부분)이 바깥으로 돌출되어 있고 아래가 험준한 것이 마치 암벽과 같다."(암술대의 바닥부분에 작은 못으로 되어 있다.)고 한다.

약간 시며 (꿀에) 저장해 두면[662] 맛이 더욱 좋다."라고 하였다.

『광주기』에 이르길, "삼렴은 매우 시다.[663] 근래에 이르기를[664] 꿀에 졸여 밀전[糝][665]을 만들면 맛이 좋다."라고 하였다.

汁. 其味少酢, 藏之益美.

廣州記曰, 三薕快酢. 新說蜜爲糝, 乃美.

● 그림 72
삼렴(三薕)과 그 열매

662 '장(藏)'자 앞에 '밀(蜜)'자가 빠진 듯하다.

663 '쾌(快)'는 날쌔고, 예리하다는 의미인데, 의미가 파생되어 '매우[很]', '심히[甚]'라는 뜻이 되었다. '쾌초(快酢)'는 아주 시다는 의미로서, 스셩한의 금석본에서는 "酸得利害"라고 해석하고 있다.

664 '신설(新說)': 글자 그대로 '최근의 말'이라고 풀이할 수 있으나, 틀린 글자가 있는 듯하다.

665 '삼(糝)'은 정자로는 마땅히 '종(粽)'으로 써야 하며, 꿀에 졸인 밀전과식(蜜餞果食)을 가리킨다.[본권 「(35) 구연」 주석 참조.]

교 기

271 '이물지왈(異物志曰)': 『태평어람(太平御覽)』 권974 「과부십일(果部十一)」 '삼렴(三廉)' 조항에서는 진기창(陳祈暢)의 『이물지(異物志)』를 인용하여 "삼렴은 열매가 크고, 과실이 세 개인 것만이 아니다. 먹으면 즙이 많고 맛이 새콤하며 달다. 저장하기 좋다. 여러 과일과 서로 섞는다."라고 하여 『제민요술』과 차이가 있다. 『제민요술』이 인용한 것이 진기창의 책이 아님을 알 수 있다.

79 거소蘧蔬[666] 七九

『이아』에 이르길,[667] "출수出隧는 거소蘧蔬이 | 爾雅曰, 出隧,

666 '거소(蘧蔬)'는 화본과의 줄[菰; *Zizania latifolia*]로, 즉 교백(茭白)의 어린 대이며, 이른바 '고초(菰草)' 중에 자란다. 『본초도경(本草圖經)』에 묘사가 매우 자세한데, "지금의 강호의 저습지와 연못 중에는 모두 그것이 있으며, 강남 사람들은 고초자(菰草者)라고 부른다. 물속에서 자라며 잎은 부들, 갈대 무리와 같고 베어 말 먹이로 쓰면 매우 살이 찐다. 봄에 또한 죽순이 자라며 달고 맛있어 먹을 수 있는데, 이것이 곧 고채이고, 또한 그것을 일러 교백(茭白)이라고 한다. 해가 오래된 것은 중심에서 흰 대가 자라는데, 아이의 팔뚝과 같으며 그것을 일러 '고수(菰手)'라고 한다. 지금 사람들은 '고수(菰首)'라고 쓰는데 옳지 않다. 『이아』에서 말한 '거소(蘧蔬)'를 주석하여 이르길, '버섯과 비슷하며, 줄풀 속에서 자란다.'라고 한 것은 바로 이를 이르는 것이다. 그러므로 남방 사람들은 지금까지 '균(菌)'을 일러 '고(菰)'라고 하고 있는데, 이런 뜻에 연유한 것이다. 그 대(臺) 속에는 '검은 것'이 있는데, 그것을 일러 '교울(茭鬱)'이라고 한다. … 가을이 되어 열매를 맺는데 이것이 곧 조호미(雕胡米)이며, 옛날 사람들은 이것을 '미찬(美饌)'이라고 한다.

다."라고 하였다. 곽박이 주석하여 이르길, "거소는 (신선한) 버섯[土菌]과 흡사하며 줄풀[菰草] 속에서 자란다. 지금 강동 사람들은 그것을 먹는데, 맛이 달고 미끈거린다."라고 하였다.

蘧蔬. 郭璞注云, 蘧蔬, 似土菌,[272] 生菰草. 今江東噉之, 甜滑.

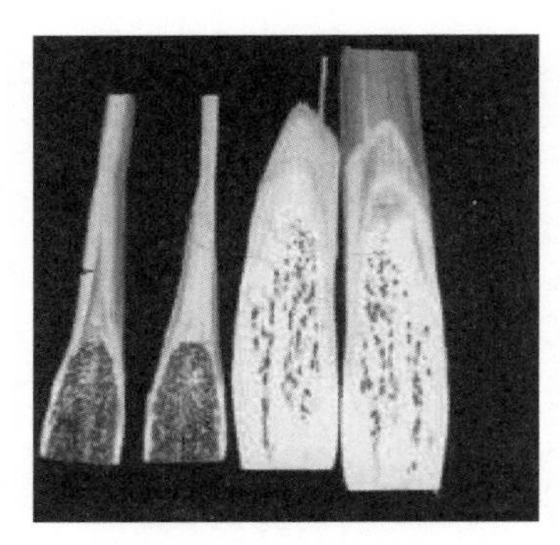

● 그림 73
고흑분균(菰黑粉菌)이
침투된 교백(茭白)

교 기

[272] '균(菌)': 명초본과 금택초본에 모두 '죽머리(⺮)'가 들어간 '균(箘)'으로 되어 있다. 명청 각본과 금본 『이아(爾雅)』에 따라 바로잡는다. 묘치위 교석본에 의하면, '균(菌)'은 각본과 『이아』 곽박의 주석에서 모두 동일한데, 양송본에서는 '균(箘)'으로 쓰고 있으며, 두 글자는 옛날에 통하

667 『이아(爾雅)』 「석초(釋草)」. 본문과 주석문은 모두 『제민요술』과 동일하다.[주석문장에서는 '담(噉)'을 '담(啖)'으로 쓰고 있다.]

였다고 하였다. '토균(土菌)'은 버섯류를 가리키며, 속살이 하얀 버섯자루와 줄의 기형적인 혹[菌癭]이 서로 비슷하다고 한다.

80 엉겅퀴芺[668]八十

『이아』에 이르길, "구鉤는 요芺이다."라고 하였다. 곽박이 (주석하여) 이르길, "엄지손가락만큼 굵은데, 중간은 비어 있고, 줄기 끝부분에는 (꽃이 필 무렵이 되면) 대가 뻗어 나와 [삿갓 모양의 솜털(두상꽃차례[頭狀花序])이 생기는데,] 엉겅퀴[薊]와 흡사하다.[669] 처음 나올 때는 먹을 수 있다."라고 하였다.

爾雅曰, 鉤, 芺. 郭璞云, 大如拇指, 中空, 莖頭有臺, 似薊. 初生可食.

---

668 '요(芺)'는 고요(苦芺)로서 국화과의 엉겅퀴(*Cirsium nipponicum*)이다. '요(芺)'는 금택초본, 점서본과 글자가 동일하고, 명초본, 진체본에는 '부(芙)'로 잘못 쓰고 있으며, 『이아(爾雅)』에서 인용한 '요(芺)'를 금택초본, 진체본에서도 '부(芙)'라고 잘못 쓰고 있는데, 점서본(漸西本)에서는 틀리지 않았다.

669 '계(薊)'는 국화과의 엉겅퀴[大薊; *Cirsium japonicum*]로, 또한 한 글자로 '계(薊)'라고도 부르며, 고요(苦芺)와 같은 속이고 서로 비슷하다. 『이아(爾雅)』「석초(釋草)」에 이르길, "요(芺), 계(薊)는 그 열매가 과(荂)이다."라고 하였다. 곽박이 주석하길, "요와 계는 줄기 끝부분에 모두 무성한 삿갓 모양의 솜털이 있는데, 이름은 '과(荂)'이며, 이것이 곧 그 열매이다."라고 하였다. 이것은 요와 계가 같은 종류로 서로 유사한 두 종을 말하는 것으로, '과'는 이 두 종류 과실의 공통된 이름이다. 그러나 『설문해자』에서는 "요는 계이다."라고 하였다. 이는 곧 두 가지가 같은 것임을 뜻한다. 묘치위 교석본에 따르면, 현대 식물 분류학상으로 두 가지는 같은 속의 두 종류의 식물이라고 한다. '대(臺)'는 '대(薹)'와 통하며, 풀, 채

81 쇠풀筑八一

『이아』「석초」에 이르길, "축筑[670]은 변축萹蓄이다."라고 하였다. 곽박이 (주석하여) 이르길, "좀명아주[小藜][671]과 유사하며, 줄기와 마디는 모두 붉은색이고, 길가에서 잘 자란다. 먹을 수 있다. 또 벌레를 죽일 수 있다.[672]"라고 한다.

爾雅曰,[273] 筑, 萹蓄. 郭璞云, 似小藜, 赤莖節, 好生道旁. 可食. 又殺蟲.

소가 꽃이 필 때 뻗어 나온 중심의 연한 줄기를 모두 대(薹)라고 부르는데, 또한 '옹대(蓊薹)'라고도 부른다. 『광아(廣雅)』「석초(釋草)」에 이르길, "옹은 대이다."라고 하였다. 『광아소증(廣雅疏證)』에서는 "지금 세상에서는 풀 속에서 줄기가 뻗어서 꽃이 되는 것을 대(臺)라고 통용하여 이르는데, 옹을 울옹(鬱蓊)이라고 하는 말이 여기서 기인하였다."라고 하였다. 여기서는 계(薊)와 고요(苦芙)의 꼭대기에 두상꽃차례가 자라는 것을 가리키며, 두 가지는 서로 비슷하다고 한다.

670 '축(筑)': 『설문해자(說文解字)』에 '축'은 "변축이다.[萹筑也.]"로 풀이되어 있다. 스셩한의 금석본에 따르면, 죽(竹)과 축(筑)은 동음이며, 원래 차용이 가능했다. 다만 죽은 별도로 큰 종류의 식물을 가리키므로, 축(筑)으로 *Polygonum aviculare*을 나타내는 것이 더욱 명확하다. 묘치위 교석본에 의하면, '변축(萹蓄)'은 여뀌과[蓼科]의 변축으로, 또한 '편죽(扁竹)'이라고도 칭한다. 일년생 평와(平臥) 초본으로서, 야생 잡초라고 한다.

671 '소려(小藜)': 쇠풀과의 좀명아주(*Chenopodium ficifolium*)이다.

672 『신농본초경(神農本草經)』에서는 "살삼충(殺三蟲)"이라고 일컫고 있다. 도홍경(陶弘景)이 주석하길, "즙을 끓여서 어린아이에게 주어 마시게 하면, 회충 치료에 효험이 있다."라고 한다. 지금도 회충구제약으로 사용되고 있으며, 또한 배뇨 통증을 치료하는 데 사용한다.

그림 74
쇠풀[菉]과 종자

교 기

273 '이아왈(爾雅曰)': 금본『이아』는 "竹, 萹蓄"으로 되어 있다. 곽박 주석의 첫 구절은 "似小藜"이며,『제민요술』의 인용과 같다.

82 손무蕵蕪[673] 八二

『이아』에 이르길,[674] "수須는 손무蕵蕪이다." | 爾雅曰, 須, 蕵

673 '손무(蕵蕪)': 여뀌과의 수영[酸模; *Rumex acetosa*]이고, 다년생 숙근 초본이다. 연한 줄기와 잎은 먹을 수 있다. 묘치위 교석본에 의하면, 이시진(李時振)은 "손무(蕵蕪)는 곧 산모(酸模)의 음이 전이된 것이다."라고 인식했는데, 음이 바뀌었

고 한다. 곽박이 주석하여 이르길, "손무는 소리쟁이[羊蹄][675]와 흡사한데, 잎은 가늘고 신맛이 나며 먹을 수 있다."라고 한다.	蕪. 郭璞注云, 蕵蕪, 似羊蹄, 葉細, 味酢, 可食.

83 은인隱荵[676] 八三

『이아』에 이르길,[677] "방蒡은 은인隱荵이다."	爾雅云, 蒡, 隱

을 뿐 아니라 손무는 또 '수(須)'의 절음이라고 한다. 형병(邢昺)의 『이아(爾雅)』에 대한 소에서는 봉(葑), 무청(蕪菁), 요(蕘), 개화수(芥和須), 손무(蕵蕪)를 같은 것으로 인식하고 있는데, 옳지 않다고 한다. 『본초강목(本草綱目)』에서는 도홍경(陶弘景)의 『명의별록(名醫別錄)』을 인용하여 "한 종류는 소리쟁이[羊蹄]와 매우 흡사하며 맛이 시다. '산모(酸模)'라고 부른다."라고 했다. 본 항목 내에 '손(蕵)'자가 3번 나오는데, 각본에서는 '손(蕵)'자로 쓰고 있다. 묘치위 교석본에서는 『이아』를 따라 '손(蕵)'자로 표기하였으며, 스셩한의 금석본에서는 '손(蕵)'으로 쓰고 있다.

674 『이아(爾雅)』「석초(釋草)」편에 보이며 본문과 주석문이 모두 『제민요술』과 동일하다. 『본초도경(本草圖經)』에서 보이는 『이아(爾雅)』 곽박의 주에는 "一名蓨"가 있으나, 금본의 곽박의 주에는 없다.

675 '양제(羊蹄)'는 수영[酸模]과 같은 속의 *R. japonica*이다.[본서 「(72) 양제」 주석 참조.]

676 '은인(隱荵)': 『본초강목』에서 도홍경의 『명의별록』을 인용하여 도라지[桔梗]의 잎 이름이 "은인이며, 삶아서 먹을 수 있다."라고 했다. 또한 갈홍(葛洪)의 『주후방(肘後方)』을 인용하여 "은인초는 도라지와 유사하며 사람들이 모두 이것을 먹는다."라고 했다. 이시진(李時振)은 이 두 가지 점에 근거하여 은인이 곧 제니묘(薺苨苗)라고 했다. 제니(薺苨; *Adenophora remotiflora*) 역시 도라지과에 속한다.

라고 한다. 곽박이 (주석하여) 이르길, "차조기[蘇]와 비슷하며 털이 있고, 지금 강동에서는 그것을 은인隱荵이라고 부른다. 소금에 절여서 저장할 수 있으며, 데쳐서 먹을 수도 있다."라고 한다.

荵. 郭璞云, 似蘇, 有毛, 今江東呼爲隱荵. 藏以爲菹, 亦可瀹食.

그림 75
은인(隱荵)과 꽃

84 수기守氣[678] 八四

『이아』에 이르길,[679] "황皇은 수전守田[680]이

爾雅曰, 皇, 守

677 『이아』「석초」. 본문과 주석문은 모두 『제민요술』과 동일하다.

678 '수기(守氣)' 이 항목은 금택초본, 명초본을 제외하고 다른 본에 모두 빠져 있다. [다만 제목만 있으며, 그 아래 '탈(脫)'이라고 주석하고 있다.] 오점교본(吾點校本)에서는 『이아(爾雅)』의 "황은 수전이다.[皇, 守田.]"에 근거하여 증보하였다.

다."라고 한다. 곽박이 주석하여 이르길, "연맥燕麥[681]과 흡사하다. 열매는 '조호미雕胡米'와 같으며 먹을 수 있다. 황폐된 밭에서 자라며 일명 '수기' 라고도 부른다."라고 하였다.

田. 郭璞注曰, 似燕麥. 子如雕胡米, 可食. 生廢田中, 一名守氣.

● 그림 76
수기(守氣)와 종자

679 『이아(爾雅)』「석초(釋草)」의 문장은 곽박의 주석과 더불어 『제민요술』과 완전히 동일하다.

680 '수전(守田)': 일명 '수기(守氣)'라고 하는데, 이는 화본과의 망초(莔草; *Beckmannia syzigachne*)로, 또한 '망미(莔米)', '수패자(水稗子)'라고 칭하며, 논이나 물가의 축축한 곳에서 많이 자란다. '망(莔)'은 또한 '망(茵)', '망(菵)'이라고 쓰는데, 『본초강목』 권23, 「곡지이(穀之二)」의 '망초(莔草)'조에서 진장기(陳藏器)의 『본초습유(本草拾遺)』를 인용하여 "망초는 수전에서 자라고 싹은 보리와 같으며 작다. 사월에 익으면 밥을 지을 수 있다."라고 했다. 이시진(李時珍)은 이것이 『이아(爾雅)』 '황수전(皇守田)'이라고 보았다.

681 '연맥(燕麥)'은 화본과의 *Avena sativa*로, 즉 '피연맥(皮燕麥)'이다.

85 지유地榆[682] 八五

『신선복식경神仙服食經』에 이르길, "지유는 일명 '옥찰玉札'이라고 한다. 북방에서는 구하기가 어렵기 때문에 윤공도尹公度[683]가 이르길, '차라리 1근의 지유를 얻을지언정 명월주明月珠는 필요 없다.'라고 하였다. 그 열매는 검은 것이 띄운 두시[豉]와 같으며, 북방에서는 '시豉'를 '찰札'이라고 하는데, '옥시玉豉'라고 불러야 마땅하다. 오가피[五茄][684]와 함께 삶아서 복용하면 신선이

神仙服食經云, 地榆, 一名玉札. 北方難得, 故尹公度曰, 寧得一斤地榆, 不用明月珠. 其實黑如豉, 北方呼豉爲札, 當言玉豉. 與五茄煮, 服

682 '지유(地榆)': 장미과이며, 학명은 *Sanguisorba officinalis*로, 다년생 초본이다. 뿌리의 굵은 부분은 화기를 내리는 효능이 있다. 늦여름에서 초가을 사이에 꽃이 피며, 꽃은 모양이 작고 여러 개가 달린다. 줄기 끝에 밀집되어 생기는 긴 원형의 짧은 수상 꽃차례는 어두운 자주색이며, 형색은 오디와 같다. 묘치위 교석본에 의하면, 『본초도경』에서는 "칠월에 꽃이 피며, 오디처럼 어두운 자주색이라고 말하고 있다."라고 하는데, '두시[豉]'와 약간 닮았다. 산지에 대해 『명의별록(名醫別錄)』에서는 "동백(桐柏)현과 원구산(冤句山) 골짜기에서 자란다."라고 설명하고 있다. 동백산은 지금의 하남성 동백현에 있으며, 원구현은 지금의 산동성 조현(曹縣) 서북에 위치하고 있는데, 이른바 "북방난득(北方難得)"은 '복식가(服食家)'가 고의로 미혹시킨 것이다. 현재 화북, 화남지역에 모두 분포하고 있다고 하였다.

683 '윤공도(尹公度)': 전설에 따르면, 노자와 함께 서쪽 함곡관(函谷關)으로 간 도가(道家) 윤희(尹喜)이다. 지금 전하는 『관윤자(關尹子)』라는 책은 바로 후대 사람들이 그가 쓴 것을 가탁하여 위조한 것이다.

684 '오가(五茄)': 즉 오가과의 오가(五加; *Acanthopanax gracilistylus*)이다. 뿌리와 껍질은 약에 쓰는데, 이것이 곧 오가피(五加皮)이다.

될 수 있다. 이것을 두고 서역의 진인眞人이 말하길, '어떻게 하면 오랫동안 건강해질 수 있는가? 석축石畜과 금염金鹽[685]을 먹으라고 하였다. 어떻게 하면 장수할 수 있는가? 그러려면 석용石用과 옥시玉豉를 먹어라.'라고 하였다. 이 풀은 안개 속에서도 젖지 않고, 태양의 열기를 가득 담고 있어 옥란석玉爛石[686]을 녹이는 효과가 있다. 그 뿌리를 구워 음료로 해서 마시면 차[茗]와 같은 맛이 난다. 그 즙으로 술을 담그면 중풍[風痹][687]을 치료하고 뇌를 보강한다."라고 하였다.

『광지』에 이르길,[688] "지유는 날로도 먹을

之可神仙. 是以西域眞人曰, 何以支長久. 食石畜金鹽. 何以得長壽. 食石用玉豉. 此草霧而不濡, 太陽氣盛也, 鑠玉爛石. 炙其根作飮, 如茗氣. 其汁釀酒, 治風痹, 補腦.

廣志曰, 地楡

685 '금염(金鹽)'은 오가(五加)의 다른 이름이다. 『증류본초(證類本草)』 권12 '오가피' 조항에서 『동화진인자석경(東華眞人煮石經)』을 인용하여 오가는 "異名曰金鹽"이라고 하며, '畜金鹽'은 '蓄金鹽'이라고 쓰고 있는데, 글자는 서로 통한다.

686 '옥란석(玉爛石)': '옥(玉)', '석(石)'은 복용하는 광물성 약을 가리키며, 이것이 곧 '석약(石藥)'이다. 묘치위 교석본에 의하면, 위진남북조 시기에 금석류의 약을 복용하여 장생을 구하는 것이 성행하였다. 이것은 종종 열독으로 인하여 발광하게 하는데 이를 가리켜 '석발(石發)'이라고 하였고, 심한 자는 죽음에 이르렀다. 지유(地楡)는 도홍경(陶弘景)의 『본초경집주(本草經集注)』에서 "도가의 처방에서는 태워서 재를 만들면 능히 돌을 삭힐 수 있다."라고 하였는데, 피의 화기를 내리는 작용이 있고, 오가피는 풍습(風濕)을 제거하고 근육과 뼈를 부드럽게 풀어주며, 또한 강장 작용이 있다. 이 두 종류의 약을 배합하여 석약의 열독을 해소하기 때문에 '삭옥란석(鑠玉爛石)'이라는 말이 있다.

687 '비(痹)'는 각본에서는 '비(痺)'라고 적고 있는데, 이것은 민간에서 글자를 잘못 쓴 것으로서, 비증(痹症)이라는 글자는 마땅히 비(畀)자의 부수를 따라야 한다. 『사해(辭海)』에서 "비(痺)는 비(痹)의 이체자이다."라고 하는데, 근거는 없어 보인다.

688 『태평어람(太平御覽)』 권1000의 '지유(地楡)' 조항에서 『광지(廣志)』를 인용한

수 있다."라고 하였다. | 可生食.

● 그림 77
지유(地榆)와 열매

86 인현人莧[689]八六

『이아』「석초」에 이르길, "괴蕢는 붉은 비름 | 爾雅曰, 蕢,[274]

것은 『제민요술』과 동일하며, 앞 조항의 『신선복식경(神仙服食經)』은 인용한 것이 없다.

689 '인현(人莧)'은 곧 비름과의 비름[莧菜; *Amaranthus tricolor*]이다. 줄기와 잎이 자홍색인 것을 칭하여 '적현(赤莧)'이라고 하며, 적현과 대비되어 줄기와 잎이 담록색인 것을 '백현(白莧)'이라고 한다. 묘치위 교석본에 의하면, 『본초강목(本草綱目)』 권27 '현(莧)'조에 대해 이시진(李時珍)이 말하길, "다 자라면 줄기가 뻗은 것이 사람의 키만 하다."라고 하는 것에서 '인현(人莧)'이라고 부르는 까닭이 유래되었음을 암시하고 있다고 하였다.

[赤莧]이다."라고 하였다. 곽박이 (주석하여) 이르길, "지금의 인현人莧은 줄기가 붉다."라고 하였다.

赤莧. 郭璞云,[275] 今人莧赤莖者.

교 기

[274] '괴(蕢)': 금택초본과 명초본에는 있지만, 다른 본에는 빠져 있다.

[275] '곽박운(郭璞云)': 「석초(釋草)」편의 '금인현(今人莧)'에 대한 곽주(郭注)에는 "今之莧赤莖者"라고 한다. 『제민요술』의 본 조의 표제에는 '인현(人莧)'이라 했는데, 곽주에는 '금지현(今之莧)'으로 쓰고 있다. 완원(阮元)의 교감에 따르면, '지(之)'자는 '인(人)'자의 잘못이라고 한다.

87 나무딸기 莓[276] 八七

『이아』「석초」에 이르길, "전葥은 수리딸기[山莓][690]이다." 곽박이 (주석하여) 이르길, "이것이 바로 지금의 나무딸기[木莓]이다. 잎[691]은 멍석딸기[藨莓][692]

爾雅曰, 葥,[277] 山莓. 郭璞云,[278] 今之木莓也. 葉似

690 '산매(山莓)': 이시진의 고증에 따르면 수리딸기[懸鉤子; *Rubus corchorifolius*]이며 낙엽관목(落葉灌木)이다.

691 '엽(葉)': 스셩한의 금석본에서는 '잎[葉]'이 아닌 '열매[實]'로 쓰고 있다. 묘치위 역주본에서는 '葉'을 고쳐 '實'로 쓰고 있다.

692 '표매(藨莓)': 장미과 현구자속(懸鉤子屬)의 멍석딸기[茅莓; *Rubus parvifolius*]이

와 비슷하나 크고 먹을 수 있다."라고 한다. | 藨[279]莓而大, 可食.

교 기

[276] '매(莓)': 이 항목은 「(101) 매」의 항목과 서로 동일한데, 묘치위 교석본에 따르면, 청각본에서는 이 항목을 고쳐서 '전(葥)'이라고 하며, 황록삼(黃麓森) 교기에서는 '산매(山莓)'라고 고쳤다. 『제민요술』에서는 자주 곽박의 주를 채용하여 제목으로 삼았는데, 이 또한 '목매(木莓)'에서 '목(木)'자가 빠진 것이라고 한다.

[277] '전(葥)': 양송본에서는 '전(箭)'이라고 쓰고 있고, 다른 본에서는 '전(葥)'이라고 적고 있는데, 『이아』와 동일하다.

[278] '곽박운(郭璞云)': 『관자(管子)』 「지원(地員)」에서도 역시 '전(箭)'으로 되어 있다. 곽주에는 '실(實)'자가 있으며, 그다음에는 '사(似)'가 있는데 명초본, 금택초본과 같다. 명청 각본에는 '사(似)'자가 없다. 곽박의 주석에서는 '亦可食'이라고 적고 있고, 나머지는 동일하다.

[279] '표(藨)': 명초본과 금택초본에 모두 '염(藨)'으로 잘못되어 있다. 『이아』와 명청 각본에 따라 바로잡는다.

88 원추리鹿葱[693] 八八

『풍토기風土記』에 이르길,[694] "의남宜男은 풀 | 風土記曰, 宜男,

고, 다른 이름으로 '호전표(薅田藨)'라고도 하는데, 작은 관목이고 가시가 있다. 열매는 공 모양이고, 붉은색이며 새콤달콤하여 먹을 수 있다.

693 '녹총(鹿葱)'은 『증류본초(證類本草)』 권11에서 "원추리[萱草]는 … 일명 녹총이

이며, 키는 6자[尺] 정도이고 꽃은 연꽃과 비슷하다. 임신한 여자가 지니고 다니면 반드시 사내아이를 낳는다."라고 하였다.

진사왕陳思王의 「의남화송宜男花頌」에 이르길,[695] "세상 사람들이 딸은 있는데 아들 얻기를 원한다면 이 풀을 취해서 먹으면 아주 좋다."라고 한다.

혜함嵇含[696]의 『의남화부서宜男花賦序』에 이르

草也, 高六尺, 花如蓮. 懷姙人帶佩, 必生男.

陳思王宜男花頌云, 世人有女求男, 取此草食之, 尤良.

嵇含宜男花賦序

라 한다. 꽃은 의남(宜男)이라 부른다."라고 하였다. 이 녹총은 곧 백합과의 원추리[萱草; *Hemerocallis fulva*]이며, 또 '의남(宜男)', '망우(忘憂)'라는 다른 이름이 있다. 꽃은 깔때기 모양으로 귤홍색 또는 귤황색이며, 꽃잎이 펼쳐지는 것 역시 연꽃처럼 활짝 펴지지는 않는다. 원산지는 중국 남부로 현재 남북 각지에서 모두 재배된다. 그 꽃봉오리를 쪄서 익히고 볕에 쬐어 말린 것이 '금침채(金針菜)'의 한 종류이다. 민간에서 금침채라 부르는 것은 여러 종류가 있는데, 모두 원추리속[萱草屬; *Hemerocallis*]의 다년생 숙근 초본 식물로, 그 깔때기 모양의 꽃봉오리는 황색이며, 모양이 금침과 같아서 이름을 얻었다. 꽃은 향기가 있는 것도 있고 없는 것도 있는데, 황화채와 홍훤의 꽃은 모두 향기가 있으나 원추리 꽃은 향기가 없다.

694 『예문유취(藝文類聚)』 권81, 『태평어람(太平御覽)』 권994 '녹총(鹿葱)'조에서 모두 『풍토기(風土記)』의 이 조항을 인용하고 있는데, 문장과 명칭은 대략 일치한다.

695 진사왕(陳思王)은 곧 조식(曹植)이며, 자는 자건(子建)이다. 묘치위 교석본에 의하면, 『조자건집(曹子建集)』 권7의 「의남화송(宜男花頌)」과 『예문유취(藝文類聚)』 권81의 '녹총(鹿葱)' 조에서 「의남화송」을 인용한 것은 모두 사언(四言)의 운문(韻文)이지만, 이 두 구절은 없다. 이 두 구절은 마땅히 『송(頌)』의 서문일 것이라고 한다.

696 '혜함(嵇含)'은 서진 사람으로, 일찍이 양성(襄城) 태수를 맡았고,(군 치소는 오늘날 하남성 양성) 후에 광주 태수로 천거를 받게 되었으나, 부임하지 않고 얼마 되지 않아 다른 사람에 의해 죽임을 당하였으므로 그는 광주에 간 적이 없다. 『구당

길,[697] "의남화라는 것은 형초荊楚의 풍속에서는 '녹총鹿葱'이라고 부른다. 종묘宗廟에 공물로 올릴 수 있다. ('의남'이라는) 이름이 지니는 의미는 마석馬舃[698]보다 낫다."라고 하였다.	云, 宜男花者, 荊楚之俗, 號曰鹿葱. 可以薦宗廟. 稱名則義過馬舃焉.

서(舊唐書)』·『신당서(新唐書)』 서목의 「지」에는 모두 『혜함집(嵇含集)』 10권이 기록되어 있고 『의남화부(宜男花賦)』도 마땅히 『혜함집(嵇含集)』 중에 있다. 책은 이미 유실되었다. 묘치위 교석본에 의하면, 금본의 『남방초목상(南方草木狀)』은 이전에는 혜함의 찬술이라고 표기되어 있었는데, 실제로는 위서이라고 한다. 이 책 권1 '수총(水葱)' 조에는 "수총은 꽃잎이 모두 원추리와 같다. … 부인이 임신하고 그 꽃을 몸에 지니면, 아들을 낳게 하는 것은 바로 이 꽃이지 녹총(鹿葱)은 아니다."라고 기재되어 있다. 큰 고랭이[水葱; *Scirpus tabernaemontani*]를 '의남화(宜男花)'라고 할 뿐만 아니라, 또한 녹총이 의남화를 가리키는 것이 아님이 명백하다. 『의남화부서』에서 의남화가 바로 녹총이라는 것과 서로 상반된다. 즉 위조자가 혜함의 『의남화부서(宜男花賦序)』를 보지 못하여서 이러한 허점을 남긴 것이다. 동시에 또한 금본의 『남방초목상』은 혜함의 책이 아니라는 것을 반증한다.(묘치위[繆啓愉], 「『南方草木狀』的諸僞迹」 『中國農史』 1984年 第3期 참조.)

697 『태평어람(太平御覽)』 권994에서 혜함(嵇含)의 『의남화부서(宜男花賦序)』를 인용한 것은 비교적 상세한데, "의남화라는 것은 오래전부터 있었다. 묘치위에 의하면 대부분 깊은 못과 강의 완곡한 저습지에 많이 심으며, 간혹 화림(華林), 현포(玄圃)에서는 심지만, 집에 심는 것은 적합하지 않다고 한다. 형초(荊楚)의 땅에서는 '녹총(鹿葱)'이라고 한다. 뿌리와 싹은 제사상에 공물로 올릴 수 있다. 사람들 중에서 딸이 많아 아들을 얻고자 하는 사람은 이 풀을 취해서 먹으면 아주 좋다."라고 하였다. '마석(馬舃)'의 구절은 없으며, 끝의 두 구절과 조식의 문장은 동일하다. 『예문유취(藝文類聚)』 권81에서 혜함의 『의남화부서』를 인용한 것은 "의남은 대부분 깊은 못과 강의 완곡한 저습지에 많이 심으며, 혹은 화림과 현포에 심는다. 형초의 사람들은 '녹총'이라고 부른다."라고 하였다.

698 '마석(馬舃)'은 질경이과의 질경이[車前; *Plantago asiatica*]이다. 『시경(詩經)』 「주남(周南)·부이(芣苢)」의 모전에서 "부이는 마석이며, 마석은 차전이다. 임신에 효과가 있다고 한다."라고 하였다. 『명의별록(名醫別錄)』에서는 "차전자는 … 사람에게 아들을 낳게 한다."라고 하였다. 그러나 명칭 상에서는 녹총과 같이 직접

89 물쑥蔞蒿[699] 八九

『이아』에 이르길,[700] "구䕭는 상루蘮蔞이다."라고 하였다. 곽박이 주석하여 이르길, "상루는 곧 물쑥이다. 저습한 논에서 자란다. 갓 싹이 나올 때는 먹을 수 있다. 강동 사람들은 그것을 생선국에 넣는다."라고 하였다.

爾雅曰, 䕭, 蘮蔞. 郭璞注曰, 蘮蔞, 蔞蒿也. 生下田. 初出可啖. 江東用羹魚.

● 그림 78
물쑥[蔞蒿]과 잎

'의남(宜男)'이라는 이름이 없기 때문에, '의남'이라는 명칭이 '마석'보다도 좋다고 한 것이다.

699 '물쑥[蔞蒿]'은 국화과로, 학명은 *Artemisia selengensis*이다.

700 『이아』「석초」. 본문과 주석문은 모두 『제민요술』과 동일하다.

90 표藨九十

『이아』에 이르길, "표는 포麃이다."[701]라고 하였다. 곽박이 주석하여 이르길,[702] "표는 곧 나무딸기이며, 강동지역에서는 '표매藨莓'라고 부른다. 열매는 복분자[覆葐][703]와 흡사하나 약간 크고 붉으며, 새콤달콤하여 먹을 수 있다."라고 하였다.

爾雅曰, 藨, 麃. 郭璞注曰,[280] 藨即莓也, 江東呼藨莓. 子似覆葐而大, 赤, 酢甜可啖.

그림 79
멍석딸기[茅莓]와 꽃

701 이것은 『이아(爾雅)』 「석초(釋草)」의 문장이지만 금택초본과 명초본에서는 모두 『이아』의 본문이 빠져 있고, 첫머리에 바로 '곽박주왈(郭璞注曰)'로 되어 있다. 묘치위 교석본에 의하면, 다른 본에서는 모두 『이아』의 본문이 있으니, 마땅히 있어야 한다. '포(麃)'은 점서본에서는 이 글자와 같은데, 명각본에서는 '표(藨)'로 잘못 쓰고 있다고 한다.

702 '곽박주왈(郭璞注曰)': 이것은 『이아』 "藨, 麃"의 곽주이다. 이시진(李時珍)은 이 식물을 '멍석딸기[薅田藨; *Rubus parvifolius*]'로 보았다.[『본초강목(本草綱目)』 권18 상(上) '봉류(蓬虆)'조.]

703 '복분(覆葐)': 장미과 현구자속의 복분자(覆盆子; *Rubus ideaeus*)로, 낙엽관목이고 가시가 있다. 열매는 공 모양에 가깝고 붉은색이다.

교 기

280 '곽박주왈(郭璞注曰)': 금본 『이아』 곽박의 주에는 '강동(江東)' 앞에 '금(今)'자가 있다.

91 고비 綦九一

『이아』에 이르길,[704] "기綦는 월이月爾이다."라고 하였다. 곽박의 주에 이르길, "이것은 곧 자기紫綦[705]이며, 고사리[蕨]와 흡사하고 먹을 수 있다."라고 하였다.

『시의소』에 이르길,[706] "기는 기채綦菜이

爾雅曰, 綦, 月爾. 郭璞注云, 即紫綦也, 似蕨, 可食.

詩曰, 綦菜也.

704 『이아(爾雅)』 「석초(釋草)」. 본문과 주석문이 모두 『제민요술』과 동일하다.

705 '자기(紫綦)'는 고비류의 식물로 고비과의 고비[紫萁; *Osmunda japonica*]이며, 연한 잎은 먹을 수 있다. 묘치위 교석본에 의하면, 곽박은 『이아』 「석초」의 "궐(蕨)은 별(虌)이다."는 자기(紫綦)가 아니라 고사리[蕨; *Pteridium aquilinum* var. *latiusculum*]라고 보았으며, 『광아(廣雅)』 「석초(釋草)」의 "자기(茈綦)는 궐이다."는 잘못이라고 지적하였다. 그러나 『광아』의 설명은 간혹 동일한 종류이면서 유사한 속의 식물을 함께 열거하여 포괄하는 이름으로 통칭하며 자기 역시 고비류이므로, "자기는 궐이다."라는 말이 성립이 되며, 또한 반드시 불가한 것은 아닌 듯하다고 하였다.

706 '시왈(詩曰)'은 잘못 쓴 것이다. 『시의소(詩義疏)』를 『제민요술』에서는 간혹 『시소(詩疏)』, 『의소(義疏)』, 『소(疏)』라고 간칭하고 있다. 그것은 『시경(詩經)』의 문장을 해석한 것인데, 간혹 먼저 『시경』의 문장을 인용하기도 하고, 혹은 『시경』

다.[707] 잎은 좁고 길이는 2자[尺]이며 먹으면 약간 떫은맛이 난다. 이것이 곧 오늘날의 영채英[708]菜이다. 『시경』에 이르길, '저 분수[汾] 가의 펄에서 어떤 이가 막채를 캐고 있구나.'"라고 하였다. 어떤 책에서는 [기영(其英)이 아니라] '막(莫)'이라고 쓰고 있다.	葉狹, 長二尺, 食之微苦. 即今英菜也. 詩曰, 彼汾沮洳, 言采其英. 一本作莫.

구절의 뒤에서 인용하기도 한다. 묘치위 교석본에 따르면, 여기서는 뒤에서 인용한 한 형식이며, 즉 뒤의 "詩曰"과 중복된다. 이것은 『시의소』가 『시경』의 구절에 대해서 해석한 것이므로, 앞의 "詩曰"은 마땅히 "詩疏曰"이나 혹은 "疏曰"로 적어야 하며, 빠지거나 잘못된 것이 있다고 한다.

707 '기채(蘻菜)'는 『시의소』는 곧 『시경』의 '막(莫)'에 대해 해석을 쓴 것이며, 막은 기채라고 하였다. 그러나 『시경(詩經)』 「위풍(衛風) · 분저여(汾沮洳)」에 대한 공영달의 소에서 육기의 『소』를 인용하여 해석한 것에는 다른 부분이 있다. 이는 곧 "막은 줄기의 굵기가 젓가락만 하고, 붉은 마디가 있다. 마디의 잎은 수양버드나무의 잎과 흡사하며, 두껍고 길며 잔털이 있다. 지금 사람들이 고치를 켤 때 고치 실마리를 취할 때 쓰는 것이다. 그 맛이 시며 미끈미끈하고, 갓 난 것은 국으로 만들 수 있고, 또한 날로 먹을 수 있다. 일반적으로 '산미(酸迷)'라고 부르나, 익주 사람들은 '건강(乾絳)'이라고 부르며, 황하(黃河)와 분수(汾水) 사이에서는 '막(莫)'이라고 한다."라고 하였다. 묘치위 교석본을 보면, 여기서 가리키는 것은 여뀌과의 수영[酸模; *Rumex acetosa*]이다. 지면에서 난 잎은 긴 잎자루를 갖고 있고, 모양은 좁고 길며, 연한 줄기와 잎은 먹을 수 있다. 산과 들에서 자라며, 습지에서 자란 것이 더욱 좋다고 하였다.

708 '영(英)'은 각본에서는 동일하며 금택초본에서는 모호하게 고쳐 분명하지 않다. 여기서는 문제가 있는 글자가 있다. 묘치위 교석본을 참고하면, 이것은 『시경(詩經)』 「위풍(衛風) · 분저여(汾沮洳)」의 시구로, 금본에서는 '영(英)'을 '막(莫)'으로 쓰고 있다. 이 구절의 원문은 다음과 같은데, "저 분수[汾] 가의 펄에서 어떤 이가 막채를 캐고 있구나. 저기 저분은 그지없이 아름답고 아름다워 우리 상전과는 너무 다르네."라고 하였다. 막(莫)은 여(洳), 도(度), 노(路)와 함께 각운으로서, 『모시(毛詩)』의 별본이나 삼가(三家)의 『시』에서 '영(英)'이라 쓸 수 없는 것과 같다.

92 복분覆葐[709] 九二

『이아』에 이르길,[710] "규堇는 결분葐葐이다."라고 한다. 곽박이 주석하여 이르길, "이것이 복분이다. 열매는 나무딸기[莓][711]와 흡사하나 약간 작고 또한 먹을 수 있다."라고 한다.[712]

爾雅曰, 堇, 葐葐. 郭璞云, 覆葐也. 實似莓而小, 亦可食.

● 그림 80
복분자(覆盆子)와 꽃

709 '복분(覆葐)': 장미과의 복분자로서, 학명은 *Rubus idaeus*이다. 본서 「(90) 표(藨)」에도 보인다.

710 『이아(爾雅)』「석초(釋草)」. 본문과 주석문은 모두 『제민요술』과 동일하다.

711 '매(莓)': 곽박(郭璞)이 『이아』「석초」의 "표(藨)는 포(麃)이다."를 주석한 것에 근거하면, "표는 곧 나무딸기[莓]이다."라고 하는 것은 장미과의 멍석딸기[茅莓]를 가리킨다.[앞의 「(90) 표(藨)」 참조.]

712 『제민요술』 권10에서 가사협은 산딸기를 3가지 종류로 제시하고 있는데, 곧 '매(莓)', '표(藨)', '복분(覆葐)'이 그것이다. 가사협은 이 세 가지를 분명히 구분해서 별도의 항목으로 설정하고 있으나, 주석을 단 곽박은 형태의 차이와 더불어 지역의 속명을 덧붙이면서 다소 혼란을 가져왔다. 또 스셩한의 금석본에서 '매'를 '현구자(懸鉤子)'와 일치시키면서 더욱 혼란을 초래했다. 이 3개의 딸기는 모두 나무딸기의 종에서 공통되는 부분이 있다.

93 교요翹搖九三

『이아』에 이르길, "주부柱夫는 요거搖車이다."라고 하였다. 곽박이 (주석하여) 이르길, "덩굴로 자라고, 잎이 가늘고, 자색의 꽃이 피며 먹을 수 있다. 민간에서 이를 '교요거翹搖車'[713]라고 부른다."라고 하였다.

爾雅曰,[281] 柱夫, 搖車. 郭璞注曰, 蔓生, 細葉, 紫華, 可食. 俗呼翹搖車.

그림 81
교요(翹搖)

713 '교요거(翹搖車)': '교요(翹饒)', 즉 소채속(巢菜屬; *Vicia*)의 소소채인 듯하다. 스성한에 따르면 교요는 소채속(Vicia) 식물로, 잎의 모양이 화살깃과 유사하며 줄기가 곧지 않고 굽어서 '왕시(枉矢)' 즉 굽은 화살로 불린 듯하다. *Vicia Sativa*은 일본에서 '대소채(大巢菜)'[즉 '전괄완두(箭筈豌豆)'이며, 사천과 강남에서 '소자(巢子)'로 불렀다.]로 불리는데, 역시 '화살'의 모습을 암시하고 있다. 본권 중에서 *Vicia*는 앞의 두 곳과 여기에서 언급된다. 묘치위 교석본에 따르면, '교요(翹搖)'는 콩과의 자운영(紫雲英; *Astragalus sinicus*)이며, 이것은 본서 「(68) 능소화[苕]」에서 언급한 '교요(翹饒)', '초요(苕饒)'라고 한다.

교 기

281 '이아왈(爾雅曰)': 금본 『이아』는 "柱夫搖車"라고 적고 있다. 『태평어람(太平御覽)』의 권998 「백훼부오(百卉部五)」 '교요'의 인용에는 "枉矢搖草"로 되어 있다. '초'자는 자형이 유사해서 틀리게 쓴 것이다. 다만 '왕시(枉矢)' 두 글자는 생각해 볼 만하다.

94 오구烏蓲九四

『이아』에 이르길,[714] "담菼은 완薍이다.[715]"라고 하였다. 곽박이 (주석하여) 이르길, "갈대[葦]와 흡사하나 짧고 작으며 속이 차 있다. 강동지역에서는

爾雅曰, 菼, 薍也. 郭璞云, 似葦而小, 實中. 江東

714 『이아』 「석초」 편에 보이며, '야(也)' 자가 없다. 곽박의 주석문은 『제민요술』과 동일하다.

715 "담(菼), 완(薍), 환(萑)"은 모두 화본과의 물억새[荻; *Miscanthus sacchariflorus*]의 별명이다. 묘치위 교석본에 의하면, 예전에는 이삭이 패기 전을 '담(菼)' 또는 '완(薍)'이라 불렀고, [곽박은 강동지역에서 '오구(烏蓲)'라고 부른다고 하였다.] '겸(蒹)' 또는 '염(蘼)'이라 불렀다. 크고 단단해진 후에는 '환(萑)'이라고 불렀다. 적과 같은 과이면서 흡사한 갈대[蘆; *Phragmites communis*]는 통상 '노위(蘆葦)'라고 부르는데, 이삭이 패기 전에는 '가(葭)' 혹은 '노(蘆)'라고 불렀고, 크고 단단해진 후에는 '위(葦)'라고 불렀다. 그러나 물억새 줄기에도 속이 빈 것이 있는데, 이시진(李時珍)은 가장 짧고 작으면서 속이 찬 것을 '겸(蒹)', '염(蘼)'이라 불렀다. 비록 곽박이 말한 '담(菼)', '완(薍)'이 속이 찼다는 것과 서로 부합하나 다만 일반적인 물억새는 아니라고 한다.

그것을 '오구烏蓲'라고 불렀다."라고 하였다.

『시경』에 이르길,[716] "가葭와 담菼은 아주 높게 자란다."라고 하였다. 『모전毛傳』에서 이르길, "가葭는 갈대[蘆]이고, 담菼은 물억새[薍]이다."라고 하였다. 『시의소』에 이르길,[717] "완은 간혹 적荻이라고도 부른다. 가을이 되어 크고 단단해지면 베는데 그것을 일러 '환萑'이라고 부른다. 3월에 싹이 난다. 갓 생겨날 때는 중심이 쭉 뻗어 나오는데 그 아랫부분은 젓가락 굵기만 하고, 윗부분은 뾰족하고 가늘며, (갈대 잎은) 황흑색의 무성한 털[勃][718]이 그 위에 붙어 있어 스치면 손에 묻는다. 갈퀴[把][719]로 (뿌리를) 취하는데 색은 순백색이며, 먹으면 달고 연하다. 또 '축탕蓫薚'이라고

呼爲烏蓲.

詩曰, 葭菼揭揭. 毛云, 葭, 蘆, 菼, 薍. 義疏云, 薍, 或謂之荻. 至秋堅成即刈, 謂之萑. 282 三月中生. 初生其心挺出, 其下本大如箸, 上銳而細, 有黃黑勃, 著之汚人手. 把取正白, 噉之甜脆. 一名

716 『시경(詩經)』「위풍(衛風)·석인(碩人)」.

717 『시경』「석인」의 공영달(孔穎達) 소에서 육기(陸機)의 소를 인용한 것에는 같지 않은 것이 있는데, "有黃黑勃" 이하는 단지 "揚州人謂之馬尾"의 한 구절만 있고, 그 나머지는 모두 없다. 『이아(爾雅)』의 형병(邢昺) 소에서 육기의 소를 인용한 것은 공영달의 소에서 인용한 것과 동일하다. 『예문유취(藝文類聚)』 권82의 '적(荻)' 조항은 『시의소(詩義疏)』 및 『태평어람(太平御覽)』 권1000 '노적(蘆荻)' 조항에 언급된 『모시의소(毛詩義疏)』를 인용하고 있는데, 모두 매우 간략하다. 각 서에서 인용한 것은 모두 '예(刈)'자를 사용하지 않았다.

718 '발(勃)': 물억새가 처음 나왔을 때 껍질과 잎 위에 길게 붙어 있는 황흑색의 잔털을 가리킨다.

719 '파(把)'는 '파(爬)'와 통하며, 파헤친다는 의미이다. 『후한서(後漢書)』 권81 「대취전(戴就傳)」에는 "큰 침을 손톱 가운데에 끼워 흙을 파게 하면 갈퀴가 모두 떨어지게 된다."라고 하였다. 『문선』 중에 혜강(嵇康)의 「여산거원절교서(與山巨源絶交書)」에는 "性復多蝨, 把搔無已."라는 구절이 있다.

도 한다. 양주揚州에서는 그것을 '마미馬尾'라고 부르기 때문에 『이아』에서 이르길, '축탕은 마미馬尾다.'[720]라고 하였다. 유주幽州에서는 그것을 일러 '지평旨苹'이라고 한다."라고 하였다.

蓫薚. 揚州謂之馬尾, 故爾雅云, 蓫薚, 馬尾也. 幽州謂之旨苹.

교 기

282 '환(萑)': 청각본에서는 '환(萑)'자로 쓰고 있고, 양송본에서는 '관(藿)'자로 쓰고 있는데, 이는 민간에서 와전된 글자이며 명각본에서는 '곽(藿)'으로 잘못 쓰고 있다.

95 차榤[721] 九五

『이아』에 이르길, "가檟[722]는 고도苦荼[723]이

爾雅曰, 檟, 苦

720 "蓫薚, 馬尾"는 『이아(爾雅)』「석초(釋草)」의 문장이다. 『시의소(詩義疏)』에서는 이 두 가지를 모두 물억새의 다른 이름으로 인식하고 있다. 그러나 곽박(郭璞)이 『이아』를 주석한 것에서는 다른 부분이 있는데, "『광아(廣雅)』에 이르길, '마미는 상륙(蔏陸)이다.'라고 하였다. 『본초(本草)』에 이르기를, '다른 이름은 탕(薚)이다.'라고 한다. 지금 관서에서는 또한 '탕(薚)'이라 부르고, 강동에서는 '당륙(當陸)'이라고 부른다."라고 하였다. 묘치위는 교석본에서 이는 자리공과[商陸科]의 자리공[商陸; *Phytolacca acinosa*]으로, 물억새와는 관련이 없다고 하였다.

721 금택초본, 명초본에서는 제목이 '차(榤)'로 쓰여 있는데, 이는 곧 지금의 '차(茶)'

다."라고 하였다. 곽박이 (주석하여) 이르길,[724] "나무는 작고 치자[725]와 흡사하다. 겨울에 자란 잎을 끓여서 탕으로 만들어 마실 수 있다. 지금

荼. 郭璞曰, 樹小似梔子. 冬生葉, 可煮作羹飮. 今

자로, 명청 각본에 바로 제목을 '차(茶)'라고 쓰고 있으나, 잘못된 것이다. 대개 '차(茶)'는 옛날에는 '도(荼)'로 썼으며, 당대에 처음으로 줄여서 '차(茶)'로 썼다. [고염무(顧炎武)의 『금석문자기(金石文字記)』 권6, 청대 주수창(周壽昌)의 『한서주교보(漢書注校補)』 권26 '차릉(茶陵)'조 참고.]

722 '가(檟)': 『설문해자』의 '가(檟)'에 대해 서현(徐鉉)과 서개(徐鍇) 형제는 모두 음이 '가'라고 주석했으며, '가(檟)'라는 나무는 허신(許愼)의 원래 해석에 근거하면 '가래나무[楸]'이다. 그가 열거한 것에 근거하면, "남새밭에 여섯 개의 가(檟)를 심었다."라고 하는 것과 『좌전(左傳)』 중에 그 밖의 예증(例證)은 모두 생장이 매우 빠른 목재일 뿐이다. 『이아』의 이 항목은 확실히 원래의 나무이름에서 차용한 것이면서 다른 종류의 식물을 대표하는데, 『이아』에 원래 있었던 것인지, 곽박이 첨가한 것인지 의심스럽다. 만약 실로 『이아』의 원문이고 곽박이 주를 붙였다면, 곽박의 주에서 말하는 것이 명확하게 오늘날의 차나무[茶樹; *Thea sinensis*]라는 것은 의심할 필요가 없다. '도(荼)'는 본래 고채(苦菜)이다. '도(荼)' 위에 다시 '고(苦)'자를 붙여서 곽박은 당시에 촉지방의 방언이라 하였다.

723 '고도(苦荼)'는 곧 후피향나무과[山茶科]의 차(茶; *Camellia sinensis*)이다. 당대 육우(陸羽)의 『차경(茶經)』에서 "그 이름은 처음은 차(茶)라 이르고, 두 번째는 가(檟)라 이르고, 세 번째는 설(蔎)이라 하고, 네 번째는 명(茗)이라 하며, 다섯 번째는 천(荈)이라 이른다."라고 하였다. 아울러 설명하기를, "초(艸) 부수로 마땅히 '차(茶)'라 써야 하며, 그 글자는 『개원문자음의(開元文字音義)』에서 나온다."라고 하였다.

724 '곽박왈(郭璞曰)'은 금택초본, 명초본에서 모두 『이아(爾雅)』의 본문 위쪽에 있으며, "『이아』 왈(『爾雅』 曰)"이란 제목이 빠져 있다. 이 때문에 『이아』 「석목(釋木)」의 본문인 "가는 고도이다.[檟, 苦荼.]" 구절도 곽박 주석의 형식에서 나온 것으로 분명히 잘못되었다. 다른 본 첫머리의 "『이아』 왈"은 본문에 기록하고 이어서 비로소 곽박의 주석을 운운하였는데, 이는 옳다. 금본의 곽박의 주석은 완전히 『제민요술』과 동일하다.

725 '치자(梔子)': 꼭두서니과의 치자(梔子; *Gardenia jasminoides*)이다.

은 일찍 딴 것을 '도荼'라 부르고, 약간 늦게 딴 것을 '명茗'이라 하며 또한 '천荈'이라고도 한다. 촉나라 사람들은 그것을 '고도苦荼'라고 부른다."라고 하였다.

呼早采者爲荼, 晚取者爲茗, 一名荈. 蜀人名之苦荼.

『형주지기』에 이르길,[726] "부릉浮陵[727]의 도荼가 가장 좋다."라고 하였다.

荊州地記曰, 浮陵荼最好.

『박물지』에 이르길,[728] "진정한 도荼를 마시면 사람들이 잠을 줄일 수 있다."라고 하였다.

博物志曰, 飮眞荼, 令人少眠.

---

726 『형주지기(荊州地記)』의 이 조항은 금택초본, 명초본에서는 모두 『박물지(博物志)』 조항의 앞에 있으며, 다른 본에서는 모두 이와 달리 『박물지』 조항의 뒤에 있다.

727 '부릉(浮陵)': 묘치위 교석본에 의하면, '부릉(浮陵)'이라는 지명은 없으며, 이는 마땅히 같은 음의 '부릉(涪陵)'으로 민간에서 쓰는 글자라고 한다. 『신농본초경(神農本草經)』에서는 "단사(丹砂)는 … 부릉(符陵)에서 자란다."라고 하였다. 도홍경(陶弘景)이 주석하길, "부릉(符陵)은 부주(涪州)이다."라고 하였다. 부릉(涪陵)은 달리 '부릉(符陵)'이라 쓰는데, 민간에서는 '부릉(浮陵)'으로 썼다는 것은 또한 가능성이 있을 듯하다. '부릉(涪陵)'은 군 이름으로, 삼국 촉나라 때 설치되었으며 군 치소는 지금의 사천성 팽수(彭水)이고, 진대(晉代)에 지금의 사천성 부릉 경계로 치소를 옮겼다. 옛날 형주는 원래 지금의 호북, 호남과 사천 및 광서의 변두리 지역을 포괄하였으며, 본서 「(51) 대나무[竹]」에서는 『형주기』를 인용하였는데, 곧 광서 하현(賀縣)에 이른다고 하였다. 그런데 스성한의 금석본에 따르면, '부릉(浮陵)'의 명칭은 사전에는 보이지 않으며, 호립초(胡立初)는 '원릉(沅陵)'의 잘못이라고 하였다. '부(浮)'자에 잘못이 있다는 것은 믿을 만한 것이나 마땅히 '원(沅)'자로 써야 한다는 것도 여전히 고려해 볼 만한 가치가 있다. 『진서(晉書)』「지리지(地理志)」에는 형주에 속하는 현명(縣名)으로 두 번째 글자가 '능(陵)'인 지명은 모두 16개가 있으며, 그중에서 첫째 글자의 형태가 '부(浮)'자와 서로 흡사한 것은 '강(江)'과 '잔(孱)'이 있다. 명차가 생산되는 곳이 반드시 '원릉(沅陵)'은 아니라고 하였다.

728 『박물지』 권2에는 『제민요술』에서 인용한 것과 동일한 기록이 있으며 다만 '도(荼)'는 '차(茶)'로 쓰는데, 후인들이 고친 것이다.

96 당아욱荊葵[729] 九六

『이아』에 이르길,[730] "교荍는 비배蚍衃[731]이다."라고 하였다. 곽박이 (주석하여) 이르길, "아욱[葵]과 비슷하며, 자색을 띤다."라고 하였다.

『시의소』에 이르길,[732] "일명 '비부芘芣'라고

爾雅曰, 荍, 蚍衃. 郭璞曰, 似葵, 紫色.

詩義疏曰, 一

729 '형규(荊葵)'는 당아욱과의 당아욱[錦葵; *Malva sylvestris* var. *mauritana*]으로, 옛날에는 '교(荍)'라고도 불렀다. 그러나 묘치위는 '교(荍)'는 메밀의 글자로, 당아욱과는 무관하다고 지적하였다.

730 『이아(爾雅)』「석초(釋草)」의 문장이다. 곽박주는 "지금의 형규(荊葵)이다. 아욱과 비슷하다. 자색이다. …."라고 한다. 묘치위 교석본에 의하면, 『제민요술』에서 첫머리에 인용한 것은 바로 "아욱과 비슷하고 자색이다."라고 하였으나, 제목에 어울리지 않고, 가사협은 항상 곽박의 주를 제목으로 하지만 이곳에는 "今荊葵也" 구절이 빠져 있어서, 마땅히 보충하여야 한다고 하였다.

731 '비배(蚍衃)': 나원(羅愿)의 『이아익(爾雅翼)』에 따르면 "형규의 꽃은 오주전(五銖錢)만큼 크며 색은 분홍이고 자색 무늬의 실이 있다. 일명 '금규(錦葵)'라고 한다."라고 하였는데, *Malva sylvestris* var. *mauritiana*인 듯하다.

732 『태평어람(太平御覽)』 권994 '형규(荊葵)' 조에서 『시의소(詩義疏)』를 인용한 것에는 단지 "荍, 一名楚葵" 5자만 있다. 『시경(詩經)』「동문지분(東門之枌)」 공영달(孔穎達)의 소에서 육기(陸機)의 소를 인용한 것은 "비부(芘芣)는 일명 형규(荊葵)이다. 순무와 흡사하다. 꽃은 자록색이고, 먹을 수 있으나 약간 쓰다."라고 하였다. 묘치위 교석본에 따르면, 서술 순서는 이곳의 『시의소』보다 좋고, 또한 "一名荊葵"라는 구절이 있어 제목과 더불어 부응한다. 『이아』 형병(邢昺)의 소에서 육기의 소를 인용한 것에는 모두 공영달의 소를 인용한 것과 동일하다. 『태평어람』 권979의 '규(葵)' 조항에서 육기의 『모시소의(毛詩疏義)』를 인용한 것 또한 비교적 좋다. 즉, "교(荍)는 일명 비부(芘芣)이고, 일명 초규(楚葵)이다. 순무의 꽃과 비슷하고 꽃은 자록색이며, 먹을 수 있으나 약간 쓰다."라고 하였다. '형(荊)', '초(楚)'는 서로 통용되는 이름으로, '형규' 또한 '초규'로 칭한다. '수근(水

도 부른다. 꽃은 자색 바탕에 녹색을 띠며 먹을 수 있고, (꽃은) 순무와 흡사하나 약간 쓰다."라고 하였다. 『시경』「진풍」에 이르길,[733] "너를 보니 교荍와 같구나."라고 하였다.

名芘芣. 華紫綠色, 可食, 似蕪菁,283 微苦. 陳詩曰, 視爾如荍.

그림 82
당아욱[荊葵]과 꽃

교 기

283 '사무청(似蕪菁)': 각본에서는 동일하다. 그러나 양송본(兩宋本)에서는 "華似蕪菁"으로 적고 있는데, '화(華)'자는 군더더기일 뿐만 아니라 잘못된 것이다. "似蕪菁"은 나무를 심은 것을 가리키며, "華紫綠色, 可食." 아래에 끼워져 있어 "華似蕪菁"으로 오해하기 쉽다. 육기(陸機) 소의 배열이 "일명형초(一名荊楚)[혹 초규(或楚葵)]"의 다음에 위치하는 것은 합리적이지 않다. 형규는 곧 당아욱[錦葵]으로, 초여름에 꽃이 피

芹)'에는 초규라는 별명이 있지만, 이름만 같고 다른 것이라고 하였다.

733 『시경(詩經)』「진풍(陳風)·동문지분(東門之枌)」의 한 구절로, 당아욱[錦葵]의 아름다움을 춤추는 처녀에 비유하여 적은 것이다.

는데, 잎겨드랑이에서 떨기로 자라며, 직경은 1치[寸] 가량이고, 꽃잎은 거꿀심장형이다. 연한 자홍색이고, 짙은 자주색 무늬가 있어 아주 아름다운데, 최표(崔豹)의 『고금주(古今注)』에서는 이를 일러 "꽃의 아름다운 색에 눈이 멀었다."라고 하였다. 그러나 순무는 봄에 꽃이 피고, 꽃이 작고 누런색이며 총상꽃차례로서 유채꽃과 닮았으나, 결코 당아욱꽃[荊葵花]과는 흡사하지 않다.

97 절의竊衣[734] 九七

『이아』에 이르길, "나나蘮蒘가 곧 절의竊衣이다."라고 하였다. 손염이 (주석하여) 이르길, "미나리[芹]와 흡사하며 장강과 황하 사이의 사람들은 그것을 먹는다. 열매는 밀알과 같고, 두 개씩 붙어 있으며 털이 있고 사람의 옷에 붙는다. 그 꽃 역시 사람의 옷에 붙기 때문에 '절의'라고 부른다."라고 하였다.

爾雅曰, 蘮蒘, 竊衣. 孫炎云, [284] 似芹, 江河間食之. 實如麥, 兩兩相合, 有毛, 著人衣. 其華著人衣, 故曰竊衣.

---

734 '절의(竊衣)': 미나리과[傘形科] 식물로서 2년생 초본으로 과실은 타원형으로 두 개씩 서로 마주 보고 달라붙는다고 하였다. 그러나 학명은 *Osmorhiza aristata*로도 쓰고 *Torilis japonica*로도 하는데, 네이버사전에 의하면 전자는 '긴 사상자(蛇床子)'이고, 후자는 '사상자'라고 한다.

● 그림 83
절의(竊衣)와 꽃

교 기

284 '손염운(孫炎云)': 『태평어람(太平御覽)』 권998 「백훼부오(百卉部五)」 '절의' 항에서는 "강(江)과 회(淮) 사이에서 이것을 먹는다. 그 꽃이 사람의 옷을 입은 듯하여 '절의'라고 부른다."라고 하였다. 금본 『이아』의 곽박의 주는 "근(芹)과 같고 먹을 수 있다. 자(子)는 대맥과 같고 두 개씩 합쳐지면 사람의 옷을 입은 듯하다."라고 했다. 『태평어람』에서 곽박의 주를 인용하여 '子如大麥'을 '實大如麥'으로 했다. 『제민요술』의 인용을 보면 손염(孫炎)과 곽박(郭璞) 두 사람의 주를 섞어 놓은 듯하다. '子如大麥'과 '實如麥'은 모두 『태평어람』에서 인용한 '實大如麥' 만큼 정확하거나 적합하지 않다.

98 동풍東風[735] 九八

『광주기』에 이르길,[736] "동풍은 꽃과 잎이 '낙신 | 廣州記云, 東風,

735 '동풍(東風)'[채(菜)]: 국화과의 *Aster scaber*이다.

부落娠婦'[737]와 같으며, 줄기는 자색을 띤다. 기름진 고기와 함께 탕을 끓이기 적합하고, 맛은 유즙[酪]과 같으며 향기는 마란馬蘭[738]과 흡사하다."라고 하였다.

華葉似落娠婦, 莖紫. 宜肥肉作羹, 味如酪, 香氣似馬蘭.

---

736 『광주기(廣州記)』의 이 조항은 『광운(廣韻)』 「평성(平聲) · 일동(一東)」의 '동(東)'자 아래, 『북호록(北戶錄)』 권2 '옹채(蕹菜)' 조항에 대한 최구도(崔龜圖)의 주석 및 『태평어람(太平御覽)』 권980 '동풍(冬風)'에서 모두 인용하고 있으며 내용은 서로 동일하나 문장은 서로 차이가 있다. 『본초강목(本草綱目)』 권27 '동풍채(東風菜)' 조에서는 "이 채소는 봄이 되기에 앞서 자라며, 그 까닭에 '동풍(東風)'이라는 호칭이 있다. 일설에서는 '동풍(冬風)'이라고 쓰며, 겨울에 기운을 얻었다는 것을 말한다."라고 하였다. 본 항목의 '동풍(東風)'은 바로 본권 「(50) 채소[菜茹]」에서 인용한 『광주기』의 '동풍채(冬風菜)'를 설명하는 것이다. 묘치위 교석본을 보면, 『제민요술』에서 동일한 채소를 두 곳에서 나누어 열거하였는데, 어쩌면 두 종의 『광주기』에서 나왔을 것이라고 하였다.

737 '낙신부(落娠婦)'는 같은 음의 낙신부(落新婦)가 있는데, 『명의별록(名醫別錄)』 '승마(升麻)'조의 도홍경의 주석에서는 "사람들이 말하는 '낙신부(落新婦)'의 뿌리이고, 반드시 같지는 않으며, 그 모양은 자연히 서로 유사하나 기색이 좋지 않다. 낙신부 또한 독을 해소할 수 있다."라고 하였다. 『본초습유(本草拾遺)』에서는 "오늘날의 사람들은 대부분 소승마(小升麻)를 낙신부(落新婦)라 부르는데, 효능은 승마와 같으나 크기는 차이가 있다."라고 하였다. 묘치위 교석본에 따르면, 미나리아재비[毛茛]과의 승마(升麻; *Cimicifuga foetida*)는 확실히 범의귀[虎耳草]과의 낙신부(落新婦; *Astilbe chinensis*)와 서로 닮았다. 그러나 낙신부(落新婦)는 국화과의 동풍채(東風菜)와는 서로 닮았다고 할 수 없으며, '낙신부(落娠婦)'는 비록 낙신부(落新婦)와 음이 같으나 당연히 다른 한 종의 식물이라고 한다.

738 '마란(馬蘭)'은 국화과의 쑥부쟁이로, 학명은 *Kalimeris indica*이고, 민간에서는 '마란두(馬蘭頭)'라고 부른다. 그러나 이 풀은 향기가 없으며 오직 어린잎을 나물로 만들면 약간 비린향이 난다. 『본초강목』 권14 '마란'에서는 "잎에는 톱니모양이 있으며, 모양은 쉽사리[澤蘭]와 비슷하지만 향기가 나지 않을 뿐이다."라고 하였다. 『식물명실도고(植物名實圖考)』 권25에서 "마란은 향기가 없는데, 이름이 향초에 나열되어 있다."라고 하였다. 옛 사람들은 대부분 '난(蘭)'이라는 이름이 있다는 것을 의심하였다. 향기가 있는 것은 붓꽃과의 마린(馬藺; *Iris ensata* (*Iris lactea* var. *chinensis; Iris pallasii* var. *chinensis*))이고, 또한 '여실(蠡實)'이

● 그림 84
동풍(東風)과 꽃

99 이堇[739]九九

『자림字林』에 이르길, "풀은 동람冬藍[740]과 유사하다. 쪄서 먹으며 맛이 시다."라고 하였다.

字林云, 草似冬藍. 蒸食之, 酢.

라고 부른다. 묘치위 교석본에 의하면, 『제민요술』이 양송본에서 '마란(馬蘭)'이라고 쓴 것을 제외하고는 다른 본에서는 모두 '마린(馬藺)'이라고 쓰고 있으며, 두 글자는 형태가 유사한데 대개 쑥부쟁이[馬蘭]는 향이 나지 않기 때문에 명대(明代) 이후에 고쳐 쓴 것이라고 하였다.

739 '이(堇)': 여뀌과의 수영[酸模; *Rumex acetosa*]이며, 잎과 줄기는 맛이 시다. 고적에서는 또한 같은 속(屬)의 양제(羊蹄; *Rumex japonica*)를 가리킨다.

740 '동람(冬藍)'은 쥐꼬리망초(爵牀)과의 마람(馬藍; *Strobilanthes cusia*)이다. 『이아(爾雅)』 「석초(釋草)」에서는 "침(葴)은 마람이다."라고 하였다. 곽박이 주석하여 이르길, "오늘날 잎이 큰 동람(冬藍)이다."라고 하였다.

100 연蕽一百

"이것은 목이木耳[741]이다."라고 하였다.

생각건대 목이는 삶고 잘게 썰어서 생강과 귤껍질을 넣고 소금에 절여 저장할 수 있으며, 연하고 부드러워 맛이 좋다.

木耳也.

按, 木耳, 煮而細切之, 和以薑橘, 可爲菹, 滑美.

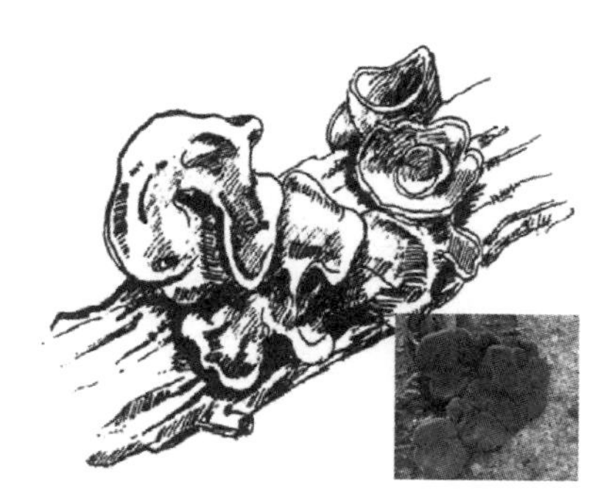

그림 85
연(蕽; 木耳)

741 '목이(木耳)': 『제민요술』에 기록되어 있는 목이로는 권8의 '참(槧)'과 권9의 '목이저(木耳菹)'가 있다. 권9 「채소절임과 생채 저장법[作菹藏生菜法]」에서 가사협 본문의 '목이저(木耳菹)'가 있는데, 만드는 방법이 서로 동일하고, 기술은 비교적 상세하며, 모두 초를 넣어 시큼한 소금 절임[菹]을 만든다.

101 매苺[742] —百—

742 '매(苺)'는 장미과의 초매속(草莓屬; *Fragaria*)의 식물로, 다년생 초본이다. 종류와 품종이 매우 많다. 『설문해자』에서 '매(苺)'자를 '마매(馬苺)'로 풀이했다. 본권에 이미 언급된 '거황(巨荒)', '전(莔)', '표(藨)', '복분(覆盆)' 등 네 개의 조는 모두 현구자속(懸鉤子屬)의 장과(漿果)를 언급하는 것이다. 게다가 앞에서도 역시 '매(苺)'를 표제로 삼고 있다. 이 조는 이 한 글자만을 인용하여 해석까지 한꺼번에 기록했으며 별 내용이 없다. 현재 이시진(李時珍)의 『본초강목(本草綱目)』에 기록된 글자에 따라 앞의 네 가지 '매(苺)'의 특징을 분석, 비교해서 도표로 만들어 본다.

〈표 1〉 매(苺)의 부분 명칭과 특징(스성한의 금석본 참조)

『제민요술』에서 인용한 명칭	거황(巨荒)	매(苺)	복분(覆盆)	표(藨)
『이아』 중의 명칭		전(莔), 산매(山苺)	규(蘳), 복분	표미(藨麋)
이시진의 인정	할전표(割田藨)	표(藨)	삽전표(插田藨)	호전표(薅田藨)
기타 명칭	한매(寒苺), 능류(陵藥), 음류(陰藥), 봉류(蓬藥)	현구자, 연구(沿鉤), 수매(樹苺)	결분(缺盆), 복분자(覆盆子), 대맥매(大麥苺), 오표(烏藨)	
덩굴[蔓]	번연(繁衍), 거꾸로 된 가시가 있다.	수생(樹生), 4-5자[尺] 높이	봉루(蓬槩)보다 작으며, 역시 갈고리 가시가 있다.	봉루보다 작다.
잎[葉]	마디마다 잎이 난다. 손바닥 크기로 상(狀)류의 작은 잎이다. 앞면은 푸르고 뒷면은 희다. 두껍고 털이 있으며 겨울에 싹이 시들지 않는다.	앵두와 닮았으나 좁고 길다.	한 가지에 잎이 5개이며, 앞과 뒤가 모두 푸르고 광택이 나고 얇으며 털이 없다. 겨울에 싹이 시든다.	두 가지에 잎이 세 개다. 앞면이 푸르고 뒷면은 흰색이 돌며 털이 좀 있다.
꽃[花]	6,7월에 꽃이 피며, 작고 흰색이다.	4월에 피며, 작고 흰색이다.	희다.	작고 희다.

"매는 초본의 열매로서, 또한 먹을 수 있다."라고 하였다.

莓, 草實, 亦可食.

102 환荁[743]—百二

"환은 햇볕에 말린 근菫이다."라고 하였다.

荁, 乾菫也.

열매[實]	가시에 맺힌다. 30-40개가 한 떨기를 이룬다. 덜 익었을 때는 노랗다가 익으면 자색이 된다. 검은 털이 약간 있으며 모양이 숙심(熟葚)과 유사하며 납작하다.	복분과 마찬가지로 붉다.	4, 5월에 맺힌다. 작고 듬성듬성 난다. 덜 익었을 때는 노란색이었다가 익으면 붉은색이 된다.	4월에 익는다. 색이 앵두처럼 붉다.
용도	약으로 쓸 수 있다.		약에 넣는다.	약에 넣을 수 없다.
학명(學名)	R.Thunbergiana	R.palmatus	R.tokkura	R.parvifolius

743 '환(荁)': 제비꽃과[菫菜科]의 오랑캐꽃(荁; *Viola vaginata*)이다. 『자림(字林)』에 근거하면 햇볕에 말린 근(菫)을 일러 '환'이라고 한다.

103 사薪[744] 一百三

사薪는 『자림字林』에 이르길, "풀로서, 수중에서 자라며 그 꽃은 먹을 수 있다."라고 하였다.

薪, 字林曰, 草, 生水中, 其花可食.

104 목木 一百四

『장자莊子』에 이르길,[745] "초楚나라의 남쪽에

莊子曰, 楚之

744 '사(薪)': 『사기(史記)』 권117 「사마상여열전(司馬相如列傳)」에 실린 「자허부(子虛賦)」에는 "葴薪苞荔"가 있는데, 배인(裴駰)의 『사기집해(史記集解)』는 서광(徐廣)이 해석한 '사(薪)'를 인용한 것이 『자림(字林)』과 동일하다. 그러나 『문선(文選)』 「자허부(子虛賦)」에서는 '사(薪)'를 같은 음을 가진 '석(菥)'으로 쓰고 있는데, 이선(李善)이 주석하길, "석은 연맥(燕麥)과 흡사하다."라고 하였다. 이 두 가지의 해석은 완전히 다르며, 다소 상세하지 않은 바가 있다.

745 『장자(莊子)』 「소요유(逍遙遊)」에서 보이는데, 문장이 같다.['령(泠)'을 '영(靈)'으로 쓰고 있다.] 『열자(列子)』 「탕문(湯問)」에서도 이 조항을 인용하고 있는데, 여기서 또한 '영(靈)'으로 쓰고 있으며, 또한 '초(楚)'를 '형(荊)'이라고 쓰고 있다. 묘치위 교석본에 의하면, '사마표왈(司馬彪曰)'은 원래 행(行), 열(列)을 달리하였는데, 이것은 그에 대한 주석문으로, 지금은 열을 여기에 옮겼다고 한다. 사마표(?-약 306년)는 서진시대의 사학가이며, 진나라의 황족이다. 일찍이 『장자』에 주를 달았지만 그 주와 본문이 이미 전해지지 않는데, 당나라 사람들은 자주 인용하였다. 그는 또 『속한서(續漢書)』를 저술했는데, 그중에 기(紀), 전(傳) 부분이

명령冥[746]泠 어떤 책에서는 영'靈'으로 적고 있다. 이란 것이 있는데, 오백 년이 되면 봄이 한 번 찾아들고, 오백 년이 되면 가을이 온다."라고 하였다.

사마표司馬彪가 이르길, "이 나무는 강남江南에서 자라며 천 년을 1년으로 한다."라고 하였다.

『황람皇覽』「총기冢記」에 이르길,[747] "공자의 분묘 중에 나무 수백 그루가 있는데, 모두 특이

南, 有冥泠一本作靈者, 以五百歲爲春, 五百歲爲秋. 司馬彪曰, 木, 生江南, 千歲爲一年.

皇覽冢記曰, 孔子冢塋中樹數

일찍이 산실되어 겨우 8지(志) 30권만이 남아 있다. 남조의 송나라 범엽(范曄: 398-445년)은 『후한서(後漢書)』를 저술했는데, 원래는 10지(志)를 쓰려고 했으나 완성하지 못하고 죽었다. 송대가 시작되자 사마표의 팔지(八志)를 범엽의 「서(書)」에 보충하여 넣은 후에 하나로 합쳐 간행하였다. 이것이 바로 현재 유통되고 있는 『후한서』이며, 따라서 그중의 「지」 부분은 실제로 사마표가 쓴 『속한서(續漢書)』이다.

746 '명(冥)': 명청 각본에서는 '의(宜)'로 잘못 쓰고 있으나, 명초본과 금택초본 및 학진본은 바로 쓰고 있다.

747 『사기(史記)』 권47 「공자세가(孔子世家)」에 대해 배인(裴駰)의 『사기집해(史記集解)』에서는 『황람(皇覽)』의 이 조항을 인용하고 있는데, 비교적 상세하다. 첫머리에는 "공자의 무덤은 성에서 1리 떨어져 있다."라고 하였고, 이어서 고분의 건축 규모에 대해 기술하였다. 아래에 고분의 나무를 기록한 것이 기본적으로 『제민요술』과 동일하며, 마지막에 "공자의 무덤에는 가시와 자인초(刺人草)가 자라지 않는다."라는 내용이 덧붙어 있다. 『태평어람(太平御覽)』 권560에 '총묘사(冢墓四)'에서 『황람』을 인용한 것은 비교적 간략하다. 『황람』은 삼국 위나라 조비 시기에 왕상(王象) 등이 편집한 중국의 가장 이른 유서(類書)이며, 전해지는 말에 따르면, '8백여만 자'라고 일컫고 있다. 「총기(冢記)」[「총묘기(冢墓記)」]는 그중 한 편의 항목이다. 남조 송의 하승천(何承天), 서원(徐爰)은 또 각각 병합한 『황람』이 있는데, 왕상의 서(書)를 삭제하고 합하여 만든 것이다. 각 서는 수당 이후에 모두 실전되었다.

한 품종으로 노나라 사람들은 대대로 그 이름을 알지 못하였다. 사람들이 전하는 말에 의하면 공자의 제자들은 노나라 밖의 사람으로서 그 나라의 수종을 가지고 와서 심었다. 그 때문에 작柞, 분枌, 낙리雒離, 여정女貞, 오미五味, 참단毚檀과 같은 나무가 있다.[748]"라고 하였다.

百, 皆異種, 魯人世世無能名者. 人傳言, 孔子弟子, 異國人, 持其國樹來種之. 故有柞枌雒離女貞五味毚檀之樹.

『제지기齊地記』에 이르길,[749] "동방에는 '불회

齊地記曰, 東

748 '작(柞)'은 참나무과의 떡갈나무(*Quercus acutissima*)이며, 마력(麻櫟)이라고도 부르고 대풍자과(大風子科)의 산유자나무[柞木; *Xylosma japonicum*]는 아니다. '분(枌)'은 느릅나무과의 비술나무[白楡; *Ulmus pumila*]이다. '낙리(雒離)'에 대해서는 상세하게 알 수 없다. 『문선』「자허부(子虛賦)」에는 "檗, 離, 朱楊"이 있는데, 곽박의 주에서 장읍을 인용한 것에는 "이(離)는 돌배[山梨]이다."라고 하였다. 묘치위 교석본에서는 '낙(雒)'은 낙수(洛水)를 가리키는 듯하며, '낙리'는 낙수로부터 종자를 가져온 돌배라고 추측하였다. 그리고 '여정(女貞)'은 물푸레나무과의 당광나무(*Ligustrum lucidum*)이며, 화남과 장강 유역 각지에서 자란다. 그러나 『사기(史記)』 권47 「공자세가(孔子世家)」에 대해, 사마정(司馬貞)의 『사기색은(史記索隱)』에는 "일설에는 여정을 '안귀(安貴)'라고 쓰며, 서역에서 나왔다."라고 하였다. 묘치위에 의하면, '여정'은 '안귀'라는 글자가 문드러진 후 잘못된 것으로 상세하지 않다고 한다. '오미(五味)'는 목련과 오미자속(*Schisandra*)의 식물로, 중국 북방에서 나는 북오미자(北五味子; *S. chinensis*)가 있고, 중부에서 자라는 화중오미자(華中五味子; *S. sphenanthera*)가 있다. 그리고 '참단(毚檀)'에 대해 사마정의 『사기색은』에서는 "참단은 단수(檀樹)의 별종이다."라고 하였다. 글자는 또 '참(欃)'이라 쓰며 『문선(文選)』 「상림부(上林賦)」에는 '참단(欃檀)'이 있는데, 곽박의 주석에서 맹강(孟康)을 인용한 것에는 "참단은 단의 또 다른 이름이다."라고 하였다. 이 단은 단향과의 단향(檀香; *Santalum album*)은 아니며, 콩과의 황단(黃檀; *Dalbergia hupeana*)이다.

749 『태평어람』 권960의 목부 '승화(勝火)'조에서 복침(伏琛)의 『제지기(齊地記)』를 인용한 것에는 "동쪽 무성(武城)현의 동남쪽에는 '승화목(勝火木)'이 있으며, 그

목不灰木'[750]이 있다."라고 하였다. | 方有不灰木.

105 뽕나무桑[751] 一百五

『산해경山海經』에 이르기를,[752] "선산宣山에는, … 뽕나무가 있는데, 크기는 50자[尺]나 되며

山海經曰, 宣山, … 有桑, 大

지방에서는 '정자(挺子)'라고 불렀다. 그 나무를 들에 가서 태우면 숯이 줄어들지 않아 그 때문에 동방삭이 이를 '불회지목(不灰之木)'이라고 일컬었다."라고 하였다. 권871의 '탄(炭)' 조항에서도 이를 인용하였는데, 마지막 구절에서 "동방에는 '불회지목(不灰之木)'이 있는데"라고 적고 있는 것은 『제민요술』과 동일하다. 복침의 본적과 생애는 알 수 없으며, 책은 이미 실전되었다.

750 '불회목(不灰木)'은 석면(石棉)이라는 다른 이름이 있는데,(규산염 광물의 섬유사이다.) '화완포(火浣布)'를 짤 수 있어, 이를 가리켜 석면이라 한 듯하다.

751 묘치위 교석본에 의하면, '뽕나무[桑]' 항목과 다음 항목의 「(106) 당체(棠棣)」의 전문(全文)은 명초본에서 모두 20행이며, 한 장[葉]이다. 「(107) 역(棫)」 항목에서 「(111) 양목(櫰木)」에 이르는 다섯 항목이 모두 21행으로, 한 장에 한 줄이 더 많다. 호상본은 이 두 장을 거꾸로 쓰고 있는데, 이 때문에 '역(棫)' 항목은 앞의 문장인 '목(木)' 항목 다음에 이어져 있고, '상(桑)'의 항목은 '양목(櫰木)' 항목의 아래에 위치하고 있다. 이 한 장['역(棫)'에서 '양목(櫰木)'까지]은 명초본에서 원래 한 행이 많았는데, 호상본에 이르러 겨우 한 장이 되었으며, 더 많지도 않고 원래 그곳에 '양목(櫰木)' 한 행의 표제가 빠져 있다.

752 '산해경왈(山海經曰)': 명본의 『산해경』 「중산경(中山經)·중차십이경(中次十二經)」에서 인용한 것은 『제민요술』과 차이가 있는데, '엽대척여(葉大尺餘)'라고 해서 '여(餘)'자가 한 자 더 많다. '청엽(青葉)'은 '청부(青柎)'이고, 소주(小注)에서는 '부인(婦人)'을 '부녀(婦女)'라고 쓰고 있다.

그 가지는 사방으로 뻗어 있다. (곽박의 주에 이르기를) '가지가 서로 얽혀 사방으로 뻗었다.'라고 한다. 그 잎은 1자[尺] 크기이다.[753] (잎에는) 붉은 무늬가 있다. 노란 꽃이 피며 잎은 푸르다. '제녀帝女의 뽕나무[桑]'라고 부른다. (곽박이 주석하기를) '부인이 양잠을 주도하기[754] 때문에 뽕나무를 그렇게 이름을 붙인 것이다.'라고 하였다."라고 한다.

五十尺, 其枝四衢. 言枝交互四出. 其葉大尺. 赤理. 黃花, 靑葉. 名曰帝女之桑. 婦人主蠶, 故以名桑.

『십주기十洲記』에 이르기를,[755] "부상扶桑은 푸른 바다 가운데에 있다. 위쪽에는 대제궁大帝宮이 있는데, 동왕東王이 다스리는 지역이다. 그곳에 심상수椹桑樹가 있는데 길이는 수천 길[丈]이며, 둘레는 3천여 아름[圍]이나 된다. 두 나무는 같은 뿌리에서 나왔으며, 서로 의지하고 있기 때문에 '부상扶桑'이라고 이름 붙였다.

十洲記曰, 扶桑, 在碧海中. 上有大帝宮, 東王所治. 有椹桑樹, 長數千丈, 三千餘圍. 兩樹同根, 更相依倚, 故曰

---

753 금택초본에서는 '대(大)'자를 '목(木)'자로 잘못 쓰고 있다.

754 '주(主)'는 명청 각본에서는 '생(生)'으로 잘못 적고 있으며, 명초본과 금택초본 및 『산해경』에서는 바르게 표기하였다.

755 『십주기(十州記)』는 『수서(隋書)』 권33 「경적지이(經籍志二)」에 기록된 것으로 주에서 '동방삭찬(東方朔撰)'이라 밝히고 있다. 금본에서는 『해내십주기(海內十州記)』라고 쓰고 있는데, 이것은 육조인(六朝人)이 가탁한 작품이다. 『예문유취(藝文類聚)』 권88, 『태평어람(太平御覽)』 권955에서 '상(桑)'은 『십주기(十州記)』를 인용하고 있는데 다소 다른 내용이 있다. '대제(大帝)'는 '천제(天帝)'로 쓰고 있고, '금색(金色)'은 『예문유취』에서는 '자색(紫色)'이라 쓰고 있으며, '체(體)'는 『태평어람』에서는 '심체(椹體)'라고 쓰고 있는데, 이는 오디를 가리키는 것이지 선인(仙人)을 가리키는 것은 아니다. '십주(十州)'는 고대 전설상의 선인이 거주하는 바다의 열 개의 섬이다.

선인이 그 오디[椹]를 먹으면 몸이 금색으로 변한다. 그 나무는 비록 크지만 오디는 중하상中夏桑의 오디만 한 크기이다.

그러나 (오디가) 드물게 열리고 붉은색이다. 9천 년에 한 번 열매가 맺히며 맛은 달콤하다."라고 하였다.

『괄지도括地圖』에 이르기를[756] "옛날에[757] 오선생烏先生이 망상산芒尚山에서 속세를 피해 은둔했는데, 그 자식도 함께 머물렀다. 산사람들에게 뽕잎을 먹기를 권하였으며, 37년이 되자 실을 뽑아서 스스로 몸을 감쌌다. 다시 9년이 지나자 날개가 나오고 또 9년 뒤에 죽었다. 그 뽕나무는 길이가 천 인仞[758]이나 되었다. 대개 (그것이 변한 것은) 누에 종류인 듯하다.[759] (망상산은) 낭야琅邪에서 2만 6천 리里 떨어져 있다."[760]라고 하였다.

扶桑. 仙人食其椹, 體作金色. 其樹雖大, 椹如中夏桑椹也. 但稀而赤色. 九千歲一生實, 味甘香.

括地圖曰, 昔烏先生避世於芒尚山, 其子居焉. 化民食桑, 三十七年, 以絲自裹. 九年生翼, 九年而死. 其桑長千仞. 蓋蠶類也. 去琅邪二萬六千里.

756 『예문유취(藝文類聚)』 권88, 『태평어람(太平御覽)』 권955에서 『괄지도(括地圖)』를 인용하였지만, 중간의 "化民食桑, 三十七年, 以絲自裹. 九年生翼, 九年而死."까지만 적고 있다. 『괄지도(括地圖)』는 수당서목(隋唐書目)의 「지(志)」에는 기록이 없다. 시대와 작자 모두 명확하지 않으며, 책은 이미 실전되었다.

757 '석(昔)'은 금택초본, 명초본에서는 동일하지만 다른 본에서는 '석(惜)'으로 잘못 쓰여 있다.

758 '인(仞)'은 고대의 길이 단위로서 7-8자[尺]를 1인(仞)이라고 한다. 치우꽝밍[丘光明]편저, 『중국역대도량형고(中國歷代度量衡考)』, 科學出版社, 1992에 의하면, 주척(周尺)으로 1자[尺]는 23.1㎝에 달한다고 한다.

759 "蓋蠶類也": 묘치위는 교석본에서 "其桑長千仞"의 앞에 나와야 한다고 지적하였다.

『현중기玄中記』에 이르기를,[761] "천하에 높은 것은 '부상扶桑'이나 가지가 없는 나무이다. 위로는 하늘에 이르고, 뿌리는 따발이 지고 아래로 꺾여 삼중황천[三泉][762]까지 통한다."라고 하였다.

玄中記云, 天下之高者, 扶桑無枝木焉. 上至天, 盤蜿而下屈, 通三泉也.

106 당체棠棣[763] 一百六

『시경』에 이르기를, "당체의 꽃은 꽃받침 위에서 정말 아름답고 찬란하지 않은가."[764]라고

詩曰, 棠棣之華, 萼不韡韡. 詩

760 '낭야(琅邪)'는 군의 이름으로, 낭야산이 있어서 이러한 이름을 얻게 되었다. 야(邪)는 또한 '야(琊)'로도 쓴다. 낭야산(琅邪山)은 지금의 산동성 교남(膠南)현 남쪽에 있으며, 황해와 인접해 있다. 이른바 "낭야에서 2만 6천 리 떨어져 있다.[去琅邪二萬六千里.]"라고 한 것은 『양서(梁書)』에서 혜심(慧深)이 설명한 '부상국(扶桑國)'에다 신격화[神化]를 더한 것이다.

761 『태평어람(太平御覽)』 권955에서 『현중기(玄中記)』를 인용한 것은 『제민요술』과 동일하다.

762 '삼천(三泉)'은 아래로는 삼중천(三重泉)에 미치며, 땅속 깊은 곳을 말한다. 『사기(史記)』 권6 「진시황본기(秦始皇本紀)」에서 "삼천 아래에 구멍을 파서 곽(槨)을 넣었다."라고 하였다.

763 '당체(棠棣)'는 금본의 『시경』에서는 '상체(常棣)'라고 쓰여 있으며, 일반적으로 장미과의 욱리(郁李; *Prunus japonica*)로 알고 있으나, 이것은 바로 본권의 「(25) 산앵두[薁]」이다.

764 '악(萼)': 『시경』에서는 '악(鄂)'이라 쓰고 있다.[『설문해자』에서는 '위(韡)'자를 『시

하였다. 『시의소』에서 이르기를,[765] (정현鄭玄의 전箋에 의하면,) "꽃을 받치는 것을 악萼이라고 부른다. 그 열매는 앵두[櫻桃]나 까마귀머루[薁][766]와 같으며 맥麥을 수확할 때 익는데, 먹으면 맛이 좋

義疏云, 承花者曰萼. 其實似櫻桃薁, 麥時熟, 食美. 北方呼之相285

경』에서 인용하여 '악(萼)'이라고 쓰고 있다.] '불(不)'은 정현(鄭玄)의 해석에 의하면, "불(不)은 마땅히 부(拊)로 써야 하며, 부(拊)는 꽃받침[鄂足]이다."라고 하였다. '부(拊)'는 '부(柎)'를 가차하여 쓴 것인데, 이는 곧 '악족(萼足)'으로서 바로 꽃받침이다. '위위(韡韡)'는 『예문유취(藝文類聚)』 권89 및 『군서치요(羣書治要)』에 기록된 『시경』에서는 '위위(煒煒)'라고 적고 있는데, 꽃이 빛나고 아름다운 것을 표현하고 있다.

765 『이아(爾雅)』 「석목(釋木)」에서는 "당체(唐棣)는 체(栘)이다. 상체(常棣)는 체(棣)이다."라고 한다. 묘치위 교석본에 따르면 『시의소(詩義疏)』와 육기(陸機)의 『소』의 해석은 같지 않다. '당체(唐棣)'에 대해 곽박(郭璞)은 "사시나무[白楊]와 같으며, 강동(江東)에서는 이것을 '부체(夫栘)'라고 부른다."라고 하였다. '상체(常棣)'에 대한 해석으로 곽박은 "지금 산중에는 산앵두나무[棣樹]가 있는데, 열매는 앵두와 같으며 먹을 수 있다."라고 하였는데, 이는 욱리(郁李)를 가리킨다. 『시의소』에서는 "그 열매는 앵두나 까마귀머루[薁]와 같다."라고 하였는데, 이것이 가리키는 것 역시 욱리(郁李)이다. 그러나 형병의 소에서 육기의 『소』를 인용한 것에는, "허신이 말하기를, '백체수(白棣樹)'이다."라고 하였다. 그 나무는 자두나무와 같으나 다소 작으며, 열매는 앵두와 같고, 순백색이다. 지금의 관원(官園)에서 심고 있다. 또한 적체수(赤棣樹)가 있는데, 이것 역시 백체(白棣)와 유사하며, 잎은 뾰족하고, 가시 있는 느릅나무 잎과 같은데 다소 둥글고, 열매는 매우 붉으며 욱리와 같지만 크기는 작고, 5월에 비로소 익는다. 관서(關西)의 천수(天水), 농서(隴西) 지역에 많이 있다."라고 하였다. 이것이 가리키는 것은 분명 욱리는 아니다. 그러나 육기(陸機)와 『시의소(詩義疏)』에서 당체(唐棣)와 상체(常棣)에 대한 해석은 같지가 않다고 한다.

766 '욱(薁)'은 두 가지 의미가 있는데, 하나는 산앵두[郁李]를 가리키고, 하나는 까마귀머루[蘡薁]를 가리킨다. 『시의소』에서는 대개 당체[棠棣; 상체(常棣)]를 욱리(郁李)라고 하고 있으며, 이는 곧 영욱(蘡薁)을 가리킨다.[본서 「(28) 까마귀머루[薁]」에 보인다.]

다. 북방지역에서는 그것을 '상사相思'라고 부른다."라고 하였다.

思也.

『설문說文』에 이르기를, "당체는 (나무는) 자두와 같으나 다소 작으며, 그 열매는 앵두와 같다."라고 하였다.

說文曰, 棠棣, 如李而小, 子如櫻桃.

교 기

285 '상(相)': 명청 각본에 '임(林)'으로 잘못되어 있다. 명초본과 금택초본에 따라 바로잡는다.

107 역棫[767]一百七

『이아』에 이르기를,[768] "역棫은 백유白桵[769]이

爾雅云, 棫, 白

767 '역(棫)': 『본초강목(本草綱目)』에서는 '유핵(蕤核)'으로 보았다. 『식물명실도고(植物名實圖考)』에서 '유핵'의 그림은 소벽속(小蘗屬; *Berberis*)과 매우 닮았다. 다만 중국산 소벽속은 꽃이 대부분 노란색이기 때문에, 『본초강목』에서 한보승(韓保昇)이 기록한 '화백색(花白色)'을 인용한 바와는 부합하지 않는다.

768 『이아』「석목」편에 보인다. 곽박의 주에서는 '식(食)'을 '담(啖)'으로 쓰고 있으며, 나머지는 동일하다.

769 '유(桵)'는 '유(蕤)'와 동일하다. 『문선(文選)』「서경부(西京賦)」에서는 "재(梓),

다."라고 하였다. 곽박의 주석에서 이르기를, "유桵는 작은 나무이다. 떨기로 자라며 가시가 있다. 열매는 귀걸이에 다는 구슬[耳璫]과 같고, 자홍색이며 먹을 수 있다."라고 하였다.	桵. 注曰, 桵, 小木.[286] 叢生, 有刺. 實如耳璫, 紫赤, 可食.

● 그림 86
역(棫): [좌] 유핵(蕤核) · [우] 소벽(小蘗)

교 기

[286] '목(木)': 명초본, 금택초본과 다수의 명청 각본에 모두 '대(大)'로 되어

역(棫)"에 대해서 설종(薛綜)이 주석하기를, "역(棫)은 백유(白蕤)이다."라고 하였다. 『식물명실도고』 권37 '유핵(蕤核)'에 대해서, "지금 산서성의 산비탈에 아주 많은데, 민간에서는 이를 칭하여 '유역(蕤棫)'이라고 부른다."라고 하였다. 『본초도경(本草圖經)』, 『구황본초(救荒本草)』 등에서 묘사한 것과 『식물명실도고』에서 묘사한 유핵도(蕤核圖)를 곽박(郭璞)이 주석한 것과 대조하면 완전히 일치하며, 이시진(李時珍)도 역시 『이아』의 '역(棫)'이 바로 유핵(蕤核)이라고 인식하였다. '유핵(蕤核)'은 장미과로 학명은 *Prinsepia uniflora*이다. 낙엽관목이고, 잎겨드랑이에는 짧은 가시가 있는데, 핵과구형(核果球形)으로 약간 타원형이며, 직경은 1-1.5㎝이다. 상품의 진주[璫珠]와 같으며 익었을 때는 자흑색으로, 곽박이 여기서 기록한 것과 부합된다.

있다. 학진본과 점서본에 '목'으로 되어 있다. 금본 『이아(爾雅)』에 따라 '목'으로 한다.

108 상수리나무櫟[770]—百八

『이아』에 이르기를,[771] "역櫟의 열매를 구梂라고 부른다."라고 하였다. 곽박이 주석하여 이르기를, "(겉에는 가시와 같은) 도토리받침이 모여서[772] 스스로를 감싼다."[773]라고 하였다. 손염孫炎이 이르기를, "상수리[櫟]의 열매는 도토리이다."라고 하였다.

爾雅曰, 櫟, 其實梂. 郭璞注云, 有梂彙自裹. 孫炎云, 櫟實, 橡也.

---

770 '역(櫟)': 너도밤나무과[殼斗科]의 *Quercus acutissima*이며, 작수(柞樹) 혹은 상수(橡樹)라고도 부른다. 열매는 '구(梂)'라고 부르는데, 학의행(郝懿行)의 『이아의소(爾雅義疏)』에서 "상수리나무의 열매 겉에는 감싸고 있는 것이 있다. 그 모양은 고슴도치 털이 모여 있는 것과 같으며, 공과 같이 둥글다."라고 하였다.

771 『이아(爾雅)』「석목(釋木)」에 보이며, 본문과 곽박(郭璞)의 주석은 모두 『제민요술』과 동일하다. 『이아』 형병(邢昺)의 소에서 손염(孫炎)의 주석을 인용한 것 역시 동일하다.

772 '휘(彙)': 『이아(爾雅)』「석수(釋獸)」에서 "휘(彙)는 잔가시이다."라고 하였다. 형병(邢昺)의 소(疏)에서 "휘(彙)는 즉 고슴도치[蝟]이며, 그 털은 바늘과 같다."라고 하였다. 가시를 가진 고슴도치[刺蝟]의 위(蝟)자는 옛날에 '휘(彙)'로 썼으며, 여기서는 상수리나무[櫟]의 구과(梂果) 즉, 깍정이 위의 잔가시가 고슴도치의 바늘과 같음을 묘사한 것이다.

773 '과(裹)'는 명초본에서는 '이(裏)'로 잘못 쓰고 있으며 다른 본에서는 잘못되지 않았다.

주처周處의 『풍토기風土記』에 이르기를, "『사기史記』에서는[774] '순舜이 역산歷山에서 밭을 경작하였다.'라고 한다. 오늘날 시령始寧과 비담邳郯 두 현의 경계 상에는[775] 순임금이 경작했던 밭이 산자락에 여전히 남아 있다. 그곳에는 떡갈나무가 매우 많이 있다. 오吳와 월越 지역에서는 떡갈나무를 '역櫟'[776]이라고 일컫는다. 이 때문에 그 산을 '역산歷山'[777]이라 부른다."라고 하였다.

周處風土記云,[287] 史記曰, 舜耕於歷山. 而始寧邳郯二縣界上, 舜所耕田, 在於山下. 多柞樹. 吳越之間, 名柞爲櫟. 故曰歷山.

---

774 『사기(史記)』 권1 「오제본기(五帝本紀)」에서는 "舜耕歷山"이라고 적고 있다.

775 '시령비담(始寧邳郯)': 묘치위에 의하면, 시령(始寧)은 원래 군(郡; 스셩한은 후한의 鄕이라 함)의 이름으로서, 처음에 남제(南齊) 때 설치되었으며, 서진(西晉)의 주처(周處)보다 200년이 늦으므로, 사천에 있다는 것은 옳지 않다. 여기는 단지 시령현(始寧縣)만을 가리키며, 후한 때 나누어져 상우현(上虞縣)이 설치되었는데, 지금의 절강성 상우현이다. 비(邳)는 옛날의 비국(邳國)으로, 진(秦)나라 때에는 하비현(下邳縣)이었으며, 지금의 강소성 비현이다. 담(郯)은 한나라 때 설치된 현으로, 지금의 산동성 담성(郯城)이다. 비(邳), 담(郯) 두 개의 현은 비록 서로 이웃하지만, 상우와는 다르다. 동진(東晉) 시기에 임시로 담현(郯縣)을 설치하였는데, 지금의 강소성 진강시(鎭江市)에 있으며, 비록 강남에 있지만 상우와 더불어서 '두 현의 경계상'에 있을 수 없고, 게다가 담현이 설치되었을 때 주처는 이미 세상을 떠났다. 『수경주(水經注)』 「하수(河水)」와 『태평어람(太平御覽)』 권958에서 『풍토기(風土記)』를 인용한 것은 모두 "시령(始寧), 섬(剡) 두 현의 경계 상에 있다."라고 하여, '비(邳)'가 없는 것이 정확하다. 섬현(剡縣)은 진(秦)나라 때 설치되었으며, 한과 진대(晉代)에 여전히 그 현이 있었는데, 곧 지금의 절강성 승현(嵊縣)이며, 상우현과 바로 이웃해 있다. 이에 근거하면 '비(邳)'는 군더더기이며, '담(郯)'은 '섬(剡)'의 형태상의 잘못이다. 이것은 상우와 승현(嵊縣) 두 현 사이에 '역산(歷山)'이 있음을 설명한 것이다.

776 "名作爲櫟": 『수경주』 「하수」 및 『태평어람』 권958에서 『풍토기』를 인용한 것에는 모두 "名作爲歷"으로 쓰고 있는데, '역(櫟)'자와 동일하며, 모두 '역(歷)'과 같은 음이기 때문에 현지인들은 이를 '역산(歷山)'이라고 하였다.

● 그림 87
상수리나무[櫟]와 열매

교 기

287 '주처풍토기운(周處風土記云)': 『수경주(水經注)』 권4 '하수(河水)' '우남과포판현서(又南過蒲坂縣西)' 주에서는 진대(晉代) 주처의 『풍토기』를 인용하여 "옛말에는 순(舜)이 상우(上虞)에서 장례 지냈다고 하며, 또 [안(按): '사(史)'의 잘못이라고 한다.] 기록에 의하면, '역산(歷山)에서

---

777 '역산(歷山)'은 매우 많은데 대개 순임금이 역산에서 밭을 갈아서 이름이 붙여진 것이다. 묘치위 교석본에 따르면, 비교적 확실한 장소가 여섯 곳이 있는데, 두 곳은 산동에 있으며 두 곳은 산서에 있다. 오(吳)·월(越) 사이에는 두 곳이 있는데, 한 곳은 강소성 무석(無錫)의 혜산(惠山)이며, 이를 역산(歷山)이라고도 칭하였다. 다른 하나는 절강성 상우(上虞)현이다. 양수경(楊守敬)의 『수경주소(水經注疏)』에서 『태평환우기(太平寰宇記)』를 인용하면서 『군국지(郡國志)』를 재인용하였는데, "상우현 동쪽에는 지금 요구(姚丘)현이 있는데 이는 곧 순임금이 매장된 곳이며, 동쪽 또한 곡림(谷林)현이 있는데 곧 순임금이 태어난 지역이다. 뒤에 역산이 있는데, 순임금이 이곳에서 경작하였다."라고 하였다. 이는 곧 주처(周處)가 가리키는 역산(歷山)으로서 상우(上虞)현과 승현(嵊縣) 사이의 사명산(四明山)지역에 있다. 스셩한은 이 지역이 주처 『풍토기(風土記)』의 오월(吳越) 지역과 서로 부합된다고 한다. 그러나 『수경주』의 작자 역도원(酈道元)은 주처의 이 설명이 도리에 맞지 않다고 하여 배척하였다고 한다.

밭을 갈았다.'라고 한다. 처음에 영(寧), 섬(剡), 두 현의 경계에서 시작했다가 순이 땅을 갈 때는 산 아래에서 행했는데, 그곳에는 자작나무가 많았다. 오월(吳越) 사이에서는 자작나무를 '역(櫪)'이라 하기 때문에 역산(歷山)이라고 불렀다."라고 하였다. 『태평어람(太平御覽)』 권958 「목부칠(木部七)」 '작(柞)' 항의 인용은 『수경주』와 거의 같다. '『사기(史記)』' 역시 '우기(又記)'로 잘못되어 있으며, '역(櫟)' 역시 '역(櫪)'으로 되어 있다. 다만 소경전(所耕田) 구절 아래는 "산 아래에 있고, 산에는 떡갈나무[柞樹]가 많다."이다. 『제민요술』의 '비(邳)'자는 들어가서는 안 되며, '담(郯)' 역시 '섬(剡)'자가 되어야 한다. 『태평어람』의 "산 아래에 있고, 산에는 떡갈나무[柞樹]가 많다."는 『수경주』와 『제민요술』의 인용보다 완벽하다.

109 계수나무桂[778]一百九

『광지』에 이르기를,[779] "계桂는 합포合浦에서 | 廣志曰, 桂, 出

778 '계(桂)'는 곧 녹나무과[樟科]의 육계(肉桂; *Cinnamomum cassia*)로, 상록교목이다. 중국의 광동, 광서, 운남, 복건 등지에서 자란다. 묘치위는 계수나무와 계피나무[육계나무]를 동일시하고 있는데, 이에 대해서는 다소 의문이 있다. 그리고 현재 제시하고 있는 사전마다 두 가지를 동일시하는 등 혼선을 빚고 있다. 계피나무는 열매와 껍질을 중시하나, 계수나무는 수목(樹木)을 중시한다. 아울러 계피나무는 녹나무과로서 학명이 *Cinnamomum cassia*이지만, 계수나무는 학명이 *Cercidiphyllum japonicum*이기에 두 가지 전혀 다른 수종(樹種)임을 알 수 있다.

779 『예문유취』 권89, 『태평어람』 권957 '계(桂)' 조항에서 『광지』 끝 부분을 인용한 것에는 모두 "교지(交阯)에 계원(桂園)을 두었다."라는 구절이 있다.

자란다. 반드시 높은 산꼭대기[780]에서 자라며, 겨울과 여름에도 항상 푸르다. 그와 같은 유가 모여서 스스로 숲을 이루며,[781] 숲속에는 잡목이 자라지 않는다."라고 하였다.

『오씨초본吳氏本草』에 이르기를, "계는 일명 '지타止唾'[782]라고 부른다."라고 하였다.

合浦. 其生必高山之嶺, 冬夏常青. 其類自爲林, 林間無雜樹.

吳氏本草曰, 桂, 一名止唾.

780 '영(嶺)'은 마땅히 『태평어람(太平御覽)』에서 인용한 것에 의거하면, '전(顚)'으로 써야 하는데, 본래는 '전(巓)'자일 가능성이 있다. 스셩한의 금석본에서는, 자형이 '영(嶺)'과 흡사하여 혼선이 빚어진 듯하다고 보았다.

781 '其類自爲林': 식물에는 '배타성(排他性)'이 있어 다른 종류를 배척하기 때문에, 마지막에는 한 종류의 나무로 숲이 형성된다. 식물 사이에는 서로 이롭게 하거나 서로 억제하는 작용이 있다. 이러한 식물은 근계(根系), 줄기, 잎을 통해 주위 환경에 특유한 유기물질을 분비한다. 이러한 물질은 (식물) 스스로의 생장과 번식을 유리하게 하며, 다른 식물의 생장을 촉진하거나 혹은 억제하며, 때로는 심지어 다른 식물이 죽는 원인이 되기도 한다. 예컨대 물푸레나무[木犀]과의 미국물푸레나무[大葉白蠟; *Fraxinus americana*]는 숲속에서 한데 뒤엉켜 생장하며, 다른 수종(樹種)의 억제를 받으면 생장이 불량해지거나 "애 늙은 나무[小老樹]"로 변성된다. 또 본권 「(75) 등나무[藤]」의 '종등(鐘藤)'과 같이 일종의 '악즙(惡汁)'을 분비하며, 곧 숙주식물[寄主植物]을 죽이게 된다. 계수나무는 그 나무껍질, 잔가지[小枝], 잎, 꽃자루[花梗], 열매 모두 계피기름[桂皮油]을 함유하고 있는데, 그 주요 성분은 신남알데히드[桂皮醛]로, 나무껍질에 많게는 70-90%가 함유되어 있으며, 처음 맺힌 열매와 꽃자루 중에도 함유량이 매우 높다. 이것은 일종의 휘발성 방향물질로 다른 수종(樹種)의 생장을 억제할 수 있는데, 시간이 오래될수록 다른 수종은 생존할 수 없게 되고, 이 때문에 식물군락의 조직변화를 야기하게 되며, 마지막에는 계수나무로만 숲이 이루어진다. 이것은 과학적 근거가 있으며 『광지(廣志)』에서 시작된 것은 아니다. 『여씨춘추(呂氏春秋)』에도 이미 "계수나무 가지의 아래에는 잡목이 없다.[桂枝之下無雜木.]"라는 기록이 있다.

782 『명의별록(名醫別錄)』에서 계(桂)는 "침 흘리는 것을 멈추는[止唾]" 효능이 있다고 한다.

『회남만필술淮南萬畢術』[783]에 이르기를, "계수나무의 (독이) 맺히면 파즙[葱]으로 해독한다."[784]라고 하였다.

淮南萬畢術曰, 結桂用葱.

110 목면木綿一一十

『오록吳錄』의 「지리지地理志」에 이르기를,[785] "교지交阯의 정안현定安縣[786]에는 목면나무[787]가 있

吳錄地理志曰, 交阯定安縣有木

783 『회남만필술(淮南萬畢術)』은 이미 실전된 책으로, 무당의 방술서이다.

784 『포박자(抱朴子)』 권11과 『명의별록(名醫別錄)』에도 이러한 기록이 있다.

785 『태평어람』 권960 '목면(木棉)'조항에서 『오록(吳錄)』 「지리지」를 인용한 것은 문장이 거의 동일하며, 단지 '백(白)' 한 글자만 빠져 있다.

786 '정안현(定安縣)'은 각본 및 『태평어람(太平御覽)』에서는 동일하게 인용하였는데, 묘치위 교석본에 의하면, '안정현(安定縣)'이 도치된 것이라고 한다. 스셩한의 금석본에서는 '안정현(安定縣)'으로 쓰고 있다. 한대(漢代)의 교지(交阯)에 설치된 안정현(安定縣: 지금의 베트남 북부 국경지대에 있다.)은 남조(南朝) 송대(宋代)에 비로소 '정안(定安)'으로 이름을 고쳤다. 이전에 『후한서(後漢書)』 「군국지(郡國志)」에 보이는 것은 '안정(安定)'이고, 『진서(晉書)』 「지리지(地理志)」에도 또한 '안정(安定)'이라고 쓰여 있다. 『오록(吳錄)』의 저자는 서진(西晉)의 장발(張勃)로, 마땅히 '안정현(安定縣)'이 나와서는 안 된다.

787 '목면수(木緜樹)': 당아욱과[錦葵科]의 면화(棉花; *Gossypium arboreum*)로 즉 아시아면[亞洲綿]이며, 또 '중면(中棉)'이라 부른다. 일년생 혹은 다년생 아관목(亞灌木) 혹은 관목이므로 '수면(樹棉)'이라고도 한다. 중국에서 재배되는 것은 일년생 초본이다. 목면과(木棉科)의 대형교목의 목면(木棉; *Bumbax malabaricum*)

는데 높이는 1길[丈]이나 된다.[788] 열매는 술잔크기만 하며, 그 속에[789] 면이 들어 있어 마치 누에가 토해 낸 솜과 같다. 또한 그것으로 베를 짤 수 있다. 짠 베를 '백설白緤'이라고 칭하며, 또한 '모포毛布'라고도 부른다."[790]라고 하였다.

緜樹, 高丈. 實如酒杯, 口有緜, 如蠶之緜也. 又可作布. 名曰白緤,[288] 一名毛布.

은 아니며, '반지화(攀枝花)', '영웅수(英雄樹)'라고도 부른다. 묘치위 교석본에 의하면, 중국의 면화는 남부와 서북 지역을 통해 외국으로부터 전래되었다고 한다. 남방에서 전래된 것은 아시아면[亞洲綿]이다. 대략 남송후기에 이르러 점점 남에서 북으로 전파되었는데, 원대(元代)에 이르러 강회(江淮) 지역까지 퍼져 상당한 범위의 진전이 있었고, 명청(明淸)시기에 이르러 더욱 번성하였다. 아시아면[亞洲綿]은 일찍이 중국에서 가장 많이 분포되었고, 가장 넓게 재배된 면화의 종류이므로 '중면(中棉)'이라 불렀다. 19세기 말부터 미국에서 섬유가 비교적 길고 생산량이 꽤 많은 육지면(陸地棉; *Gossypium hirsutum*)이 들어온 이후로, 현재는 이미 육지면(陸地棉)으로 대체되어 중면(中棉)종을 심는 비율이 매우 적다. 서북쪽의 면화는 중앙아시아로부터 신강(新疆)으로 전래되었다. 사서에 기록된 바와 고고학적 발굴에 의하면, 늦어도 5세기 이전에 신강에서 이미 파종되었다고 한다. 이후 점점 동쪽으로 향하여 감숙(甘肅), 하서회랑[河西走廊] 일대에 전파되었고 또한 섬서성 동부[陝右] 일대로 진입하였다. 이 서북로로 전래된 것은 초면(草綿; *G. herbaceum*)으로 또한 아프리카면[非洲棉]이라 부르는데, 식물그루는 왜소하고, 서북지역에서 재배하기 적합하여 육지면으로 대체된 이후에도 비율은 적으나 재배되고 있다고 한다.[왕리화[王利華] 主編, 『중국농업통사[中國農業通史(魏晉南北朝卷)]』, 中國農業出版社, 2009, 124쪽 참조.]

788 '고장(高丈)'은 각본에서는 동일한데, 오직 명초본에서는 '고대(高大)'로 적고 있으며, 『태평어람』에서도 이것을 동일하게 인용하고 있다. '고장(高丈)' 구절은 본권 「(147) 백연(白緣)」 조항에도 보이는데, 나무 높이가 1길[丈]이라는 뜻이다.

789 '구(口)': 『태평어람』에서 인용한 것에는 '중(中)'이라고 쓰고 있다.

790 '백설(白緤)', '모포(毛布)'는 면포(棉布)의 고대 명칭으로 백첩(白疊), 백첩(帛疊), 백첩(白氎)으로 쓰인다.

● 그림 88
목면수(木緜樹)와 면화

교 기

288 '백설(白緤)': 스셩한의 금석본에 따르면, 『설문해자』 '사부(糸部)'에서는 '설(緤)'자를 해석하여 "설(絏) 혹은 엽(枼)을 부수로 한다.[絏或從枼.]"고 한다. 『대광익회옥편(大廣益會玉篇)』 권27 '사부(糸部)'에서 '설(緤)'자를 "설과 같다.[同絏.]"라고 하였으며, '설(絏)'자에 대해서는 주석하여, '말고삐'라고 해석하고 있다. 무릇 소와 말을 매어서 묶는 것을 일러 모두 '설(絏)'이라고 한다. 현응(玄應)의 『일체경음의(一切經音義)』 권19 '본행경(本行經)' 제40권의 음의(音義)에는 '백첩(白氎)' 조항이 있는데, 주에서 "고문(古文)의 '담요[毾]'와 같으며 모포(毛布)이다. …"라고 주석하며, 아울러 권11의 '아함경(阿含經)' 제9권 음의(音義)에도 또한 '백첩(白疊)' 조항이 있는데, 주에서 "글자모양은 '첩(氎)'으로 적는데, 고문에서는 '첩(毾)'과 같이 적으며, 도와 협의 반절음으로[徒頰反] 모포이다. …"라고 주석하고 있다. 혜림(慧琳)의 『일체경음의』에서 권40 '의집경(儀執經)'의 음의(音義)에는 '백첩(白氎)' 조항이 있는데, 주석에서는 "경본(經本)에는 '설(緤)'이라고 적고 있다."라고 주석하고 있다.

'백첩(白疊)'[혹은 첩(氎), 탑(毾), 첩(㲲), 설(緤)]은 일종의 서방에서 중국으로 유입된 포(布)이며, 적어도 삼국 위(魏)나라 시기에 이와 같은 명칭이 이미 황화 유역 일대에서 유행하였다. '답포(荅布)'를 『사기(史記)』에서는 '탑포(榻布)'라고 쓴다. 그러나 배인(裴駰)이 이것이 곧 '백첩(白疊)'이라고 한 것에 대해 안사고(顔師古)는 일찍이 이견을 제시하였다. [사마정(司馬貞)의 『사기정의(史記正義)』에서 안사고가 제시한 의견에 따라 이르길, "백첩(白疊)은 목면으로 짰고, 중원[中國] 지역에 있는 것이 아니다."고 하였다.] 스셩한도 배인의 말에 동의하고 나아가 '답포(荅布)'와 '탑포(榻布)'를 '백첩(白疊)'이라 생각하였다. 스셩한은 이것이 바로 전한 무제 시대에 중국 황하 유역에 이미 서아시아로부터 수입된 면포가 정착했고, 상품이 되었으며 게다가 상당히 많은 수량이 있었다는 것이라고 인식하였다. 『태평어람』에는 당시 서아시아에 면포가 있었고, 중국 내지에서 수입되고 있다는 것을 증명한다. 한 자료는 오독(吳篤)의 『조서(趙書)』로, "석륵(石勒) 건평(建平) 2년에 대원(大宛)이 산호(珊瑚), 유리(琉璃), 담요[㲣㲪], 백첩(白疊)을 바쳤다."라고 하였고, 다른 한 자료는 『남사(南史)』(「열전」 권69 서역제국 중에 의거함)로서, "'고창국(高昌國)'에는 … 풀이 있고, 열매는 고치 같으며 고치 중에 실은 가는 실과 같아서 '백첩자(白疊子)'라고 불렀다. 그 나라 사람들이 이를 취하여 짜서 포로 만들었다.

이는 중국 내에서 면화가 재배된 것이 적어도 6-7세기이고, 이미 투르판 부근에서는 재배하였던 사실을 설명하고 있다. 『태평어람』에는 위의 사료 이외에 또한 '『진령(晉令)』'이라는 사료가 있는데, "사졸백공(士卒百工)은 월첩(越疊)을 입을 수 없다."라고 하였다. '월첩(越疊)'에 대해 스셩한은 가장 좋은 해석을 '남월로부터 가져온 백첩포(白疊布)'라고 보고 있다. 이 포는 남월의 토산품이 아니고, 남쪽의 여러 국가들에서 가져온 상품이라는 것이다. 그런데 스셩한은 서북과 동남 두 상업운수 노선을 경유하여 수입하는 면포(棉布) 이외에, 서남 지역에서 오늘날의 광서 서남부와 운남의 두 성을 경유하여 중국 내지로 수입되었을 가능성이 있다고 하였다.

111 양목穰木[791]

『오록吳錄』의 「지리지地理志」에 이르기를,[792] "교지交阯에는 양목穰木이 있다. 그 나무껍질 속에는 하얀 쌀가루와 같은 것이 있어서, 그것을 말려 찧고 물을 뿌려 씻으면[793] 밀가루처럼 되어

吳錄地理志[289]曰, 交阯有穰木. 其皮中有如白米屑者, 乾擣之, 以

791 '양목(穰木)': 묘치위에 의하면 종려(棕櫚)과의 참사고야자[西穀椰子; *Metroxylon sagu*]로, 큰 상록교목으로 줄기 속에 흰색의 연한 심이 있어 전분을 추출할 수 있으며 사고녹말[西穀米: 사고야자나무에서 뽑은 전분]을 만들 수 있고 또한 떡을 만들어 먹을 수 있다. 이시진(李時珍) 등은 이것이 바로 사목(莎木)이라고 여겼는데, 이시진이 함께 제시한 '명대 양신(楊愼)이 광랑(桄榔)이라고 인식한 것'은 잘못된 것이다.[『본초강목(本草綱目)』 권31 '사목면(莎木麵)'.] 『식물명실도고(植物名實圖考)』 권35 '사목(莎木)'에서는 "양목은 지금 경주(瓊州)에서 남랑(南榔)이라 이른다."라고 한다. 양목은 곧 사목(莎木)이며 이는 곧 남야이다. '양목(穰木)'의 제목은 명청 각본에서는 모두 빠져 있다. 금택초본에는 단지 '양(穰)' 한 글자만 있고, 명초본에서는 '양목(穰木)'으로 쓰고 있는데, 내용은 일치한다. 남송의 조여괄(趙汝适) 『제번지(諸蕃志)』 권상(上) '발니국(渤泥國)' 조항에는 "사호(沙糊)로써 양식을 삼는다."라고 기록하고 있다. 명대 장섭(張燮) 『동서양고(東西洋考)』 권3에 '대니(大泥)'국이 기록되어 있는데, 즉 옛날의 발리국[浡泥國: 오늘날의 브루나이]이다. 특산물로는 서국미(西國米)가 있는데, 이것이 바로 '사고녹말[西穀米]'로 그 형태는 둥글고 흰색이다. 또한 진주미(珍珠米)라고 하였으며, 스스로 섞어 환(丸)으로 만들었다는 것에서 둥근 쌀알 모양이었다는 것을 알 수 있다.

792 『오록吳錄』 「지리지地理志」: 『문선(文選)』 「오도부(吳都賦)」에 언급된 "文穰"에 대해 유규(劉逵)가 주석하면서 『이물지(異物志)』를 인용하였는데, 기본적으로 『제민요술』에서 『오록』 「지리지」를 인용한 것과 동일하며, 생산지 마지막 구절에 "교지의 노정(盧亭)에 그것이 있다."라고 쓰여 있다.

793 '이수림지(以水淋之)'는 걸러서 전분을 취하는 것을 가리킨다. 청대 사청고(謝淸高)의 구술에 의하면 양병남(楊炳南)이 기록한 『해록(海錄)』에서 서남해(西南

서 떡을 만들 수 있다."라고 하였다.

水淋之, 似麵, 可作餠.

● 그림 89
양목(穰木)의 내부와 그 가루

교 기

289 '오록지리지(吳錄地理志)': 『태평어람(太平御覽)』 권960 「목부구(木部九)」 '양(穰)' 항의 인용에 따르면 첫 구절은 "교지와 망현에 … 이 있다.[交趾望縣有 ….]"이다. '도(擣)'자가 빠져 있으며, 마지막에 "군내에

海)의 '방항(邦項)'[『동서양고(東西洋考)』의 '팽형(彭亨)']이 물을 뿌려서 '사곡미(沙穀米)'를 제작하는 방법에 대하여 기록하고 있는데, "그 나무 중 큰 것은 한 아름이나 되고, 벌목을 하여 그 나무의 연한 심을 꺼내 찧어서 가루를 내고(그 나무의 연한 심을 취한다.), 물에 씻어 그 찌꺼기를 걸러 낸다. 물이 맑기를 기다렸다가 그 밑에 응결된 것을 취하여(걸러서 전분을 취한다.) 햇볕에 말려 가루를 만든다. 다시 물을 뿌려 첩첩히 구슬과 같이 쌓아 둔다.(물을 뿌려 전분 가루를 한데 뭉쳐 둥근 구슬과 같이 만든다.) 끓여서 먹으면 배고픔을 치료할 수 있다."라고 하였다.

모두 이것이 있다.[郡內皆有之.]" 구절이 더 있다. 묘치위 교석본에 의하면, '망현(望縣)'은 마땅히 '망해현(望海縣)'이라 해야 할 듯하며, 후한 때 설치하였고 오늘날 베트남 북부 변경지역에 있다고 한다.

112 선수仙樹一一二

『서하구사西河舊事』에 이르기를[794] "기련산祁連山에는 선수仙樹가 있는데,[795] 산속을 오랫동안

西河舊事曰, 祁連山有仙樹, 人行山中, 以療

794 『서하구사(西河舊事)』: 『신당서(新唐書)』 권58 「예문지이(藝文志二)」에 『서하구사』 1권이 기록되어 있으며, 찬술한 사람의 이름은 없다. 호립초(胡立初)의 고증에 근거하면 마땅히 한진(漢晉) 시기 양주(涼州) 일대 지방의 사건을 기록한 책이다. 책은 이미 실전되었다. 『태평어람(太平御覽)』 권961 '선수(仙樹)' 조항에서 『서하구하(西河舊河)』를 인용한 것에는 "以療 … 飽" 구절을 "배고픔과 갈증을 해소하고자 하는 자는 번번이 그것을 얻어 배부를 수 있다."라고 쓰고 있다. 다만 기련산(祁連山)의 '기(祁)'자가 빠져 있어, 해석할 수가 없다. 묘치위 교석본에 의하면, 『제민요술』의 '선수(仙樹)' 아래에 마땅히 '실(實)'자가 있어야 할 듯하다고 한다.

795 '기련산(祁連山)'은 가장 높은 봉우리[主峰]가 오늘날 감숙성 주천(酒泉)의 남쪽에 있다. '선수(仙樹)'에 대해 당대(唐代) 단성식(段成式)의 『유양잡조(酉陽雜俎)』 권18에서는 "기련산(祁連山)의 산중에는 선수(仙樹)의 열매가 있으며, 나그네가 이것을 얻으면 배고픔과 목마름을 멈출 수 있었다. 일명 '사미목(四味木)'이라 한다. 그 열매는 대추와 같으며, 죽칼[竹刀]로 자르면 곧 달고, 쇠칼[鐵刀]로 자르면 곧 쓴맛이 나며, 목칼[木刀]로 자르면 곧 신맛이 나고, 갈대칼[蘆刀]로 쪼개면 곧 매운맛이 난다."라고 하는 더욱 기이한 설명이 있다.

걸어 배고픔과 갈증을 해소하고자 하는 사람만이 그것을 얻는다. 배가 부르면 가지고 갈 수 없다. 평시에 거주할 때는 역시 눈에 띄지 않는다."라고 하였다.

饑渴者，輒得之. 飽不得持去. 平居時, 亦不得見.

113 사목莎木一一三

『광지』에 이르기를,[796] "사수莎樹[797]는 가지와 잎이 많으며, 잎은 양쪽으로 펼쳐져 열 지어 있어, 마치 나는 새의 날개와 같다.[798] 그 나무 속의 가루는 희다.[799] 한 그루의 나무에서 하얀 가루

廣志曰, 莎樹多枝葉, 葉兩邊行列, 若飛鳥之翼. 其麵色白. 樹

796 『태평어람(太平御覽)』 권960 '사목(沙木)' 조항에서 『광지(廣志)』를 인용한 끝부분에는 여전히 "찧고 체로 치면 이내 밀가루와 같아지고 그렇지 않으면 간 가루와 같다. 밥을 하면 연하고 부드럽다."라고 하였다. 『증류본초(證類本草)』 권12 '팔종해약여(八種海藥餘)'의 '사목'에서 『광지』를 인용한 것에는 "밥을 만들어 그것을 먹으면, 상큼하고 매끄러워 맛이 좋고, 광랑(桄榔) 가루보다 확실히 낫다."라고 쓰고 있다.

797 '사수(莎樹)': 즉 양목(穰木)이다.[앞의 「(111) 양목」 주석 참조.]

798 '약비조지익(若飛鳥之翼)': 참사고야자[西穀椰子]는 날개 모양의 겹잎이고, 줄기 꼭대기에서 떨기로 자라는데, 이것이 곧 『태평어람(太平御覽)』에서 『촉지(蜀志)』를 인용하여 말한 "봉두생엽(峯頭生葉)"이다. 작은 잎이 많고, 잎 축의 양쪽으로 배열이 되어 날개 모양을 이루기 때문에 나는 새의 날개 모양이라 말하며 형상이 서로 엇비슷하다.

[麵]를 1섬[斛] 정도만 얻을 수 있다."라고 하였다.

『촉지기蜀志記』에 이르기를,[800] "사수에는 밀가루와 같은 가루가 나오는데, 한 나무에 1섬[石]이 나온다. 그 가루의 색은 순백색이며, 맛은 광랑나무[桄榔][801]의 가루와 같다. 홍고興古에서 생산된다."라고 하였다.

收麵不過一斛.

蜀志記曰 莎樹出麵, 一樹出一石. 正白而味似桄榔. 出興古.

---

799 '기면색백(其麵色白)'은 『태평어람』에서 『광지(廣志)』를 인용한 것과 문장이 같고, 점서본에서는 오점교본에 따라서 이와 같이 고쳤다. 금택초본에서는 '기산색백(其麵色白)'이라 잘못 쓰고 있고, 명초본에서는 '면(麵)'자가 빠져 있으며, 호상본 등에는 네 글자가 모두 빠져 있는데, 다만 한 공간을 비워 두거나 묵정(墨釘; ■)으로 표시해 두었다.

800 『태평어람(太平御覽)』 권960에서 『촉지(蜀志)』를 인용하여 "사수는 크기가 4-5아름이고, 길이는 5-6길[丈]이다. 꼭대기에서 잎이 자란다. 가루가 나오는데 나무 한 그루에 한 섬[石]이 나오며 순백색이고 맛은 광랑(桄榔)과 같다."라고 하였다. 『증류본초(證類本草)』 권12 '사목'에서 『촉기(蜀記)』를 인용한 것에는 "남중 8군에서 자란다. 나무가 큰 것은 10여 길[丈]이고, 둘레는 4-5아름이다. 잎은 나는 새의 날개와 흡사하다. 껍질 중에 또한 가루가 있는데, 그 지역 사람들은 떡을 만들어 먹는다."라고 하였다. 『촉지기(蜀志記)』는 『태평어람』에서 『촉지(蜀志)』를 인용하여 쓴 것이 이 기록과 서로 같은 것으로 미루어 분명 동일한 한 책임을 알 수 있다. 『수서(隋書)』 권33 「경적지이(經籍志二)」에서는 "『촉지』 한 권은 동경무평태수(東京武平太守) 상관(常寬)이 찬술하였다."라고 저록하고 있는데, 상관은 동진(東晉) 때 사람이다. 책은 이미 실전되었다.

801 '광랑(桄榔)': 종려(棕櫚)과이고, 학명은 *Arenga pinnata*이며 상록의 높고 큰 교목이다. 그 연한 심에서는 또한 전분을 추출해서 먹을 수 있으며 '광랑분(桄榔粉)'이라 칭한다. 쪼개서 육수꽃차례에서 흘러나온 액체는 증발하면 사탕이 되기 때문에 그 나무를 또 '사탕야자(砂糖椰子)'라고 부른다.

114 보리수槃多一一四

배연裴淵의 『광주기廣州記』에 이르기를,[802] "보리수[槃多樹][803]는 꽃이 피지 않고 (바로) 결실을 맺는다. 열매는 나무껍질 속에서 나온다.[804] 뿌리

裴淵廣州記曰, 槃多樹, 不花而結實. 實從皮中

---

802 『태평어람(太平御覽)』 권960 '패다(貝多)'[중화영인본(中華影印本), 포숭성(鮑崇城) 각본에는 '구다(具多)'로 잘못 적고 있다.]조에서는 배연(裴淵)의 『광주기(廣州記)』를 인용하지 않았으나, 별도로 고미(顧微)의 『광주기』 한 조항을 인용하고 있는데 내용은 전혀 달라서 "패다는 비파(枇杷)와 흡사하며, 광택이 있어 별이 나면 빛난다. 나뭇가지는 땅에서 4-5길[丈] 떨어져 있다. 현근(懸根)을 만들어 땅에서 자라고, 크기는 본 그루의 형태와 같은데 한 나무에는 본 그루와 같은 수십 개의 뿌리가 있다. 꽃은 희고, 열매는 먹을 수가 없다. 승방[精舍]과 부도(浮圖)의 앞에 심는다."라고 하였다. 묘치위에 의하면 패다는 뽕나무과의 보리수나무로, 잎은 삼각형을 띤 계란 형태이고, 단성식(段成式)의 『유양잡조(酉陽雜俎)』 권18 '목편(木篇)'에 이르기를 고미의 『광주기』에서 "패다는 잎이 비파와 같다."라고 말한 것은 잘못이라고 지적하였다. '화백(花白)'은 별도로 피나무[椴樹]과의 이름이 같은 '보제수(菩提樹)'가 있는데, 꽃은 옅은 황백색으로, 고미는 이 종류를 가리키는 것 같다.

803 '반다수(槃多樹)'는 가지 위에서 공기뿌리가 늘어져 자라며[즉 고미의 『광주기』에서 말한 "현근(懸根)을 만들어 땅에서 자란다."이다.], 뽕나무과 무화과속의 보리수(*Ficus religiosa*)로, 또한 '사유수(思惟樹)'라고 부르며 큰 상록교목이다. 아래 문단에서 『숭산기(嵩山記)』의 '패다수'를 인용한 것 또한 이러한 종류이다.

804 "實從皮中出": 무화과속의 식물로 은두꽃차례[隱頭花序: 살진 꽃대의 끝이 오목하게 들어가고 그 가운데 자디잔 꽃이 많이 달리는 화서이다.]이며, 그 꽃은 옹골진 육질화된 주머니 모양을 띤 꽃차례 받침 속에 모여 자란다. 꽃은 작고 많아 바깥에는 단지 달린 열매만 볼 수 있고, 꽃은 볼 수 없다. 달려 있는 방식 또한 매우 특별한데, 잎의 겨드랑이에 달리며 특별히 늙은 가지나 잎이 없는 가지에 달린다. 모두 열매에 꽃자루는 없고, 나뭇가지 껍질 위에 달라붙어서 마치 나무껍질

에서 자라나 열매가 달리는데, 나무 끝에 이르러 마치 귤橘과 같은 크기가 된다. 그것을 먹을 수 있다. 지나치게 익으면 속에서 벌레가 생기며, 나무 한 그루에 모두 수십 마리의 벌레가 있다.[805]"라고 하였다.

出. 自根著子至杪, 如橘大. 食之. 過熟, 內許生蜜, 一樹者, 皆有數十.

『숭산기嵩山記』에 이르기를[806] "숭사嵩寺에 홀연히 사유수思惟樹가 생겨났는데, 이것이 이른바 '패다貝多'[807]이다. 어떤 사람이 패다수貝多樹 아래

嵩山記曰, 嵩寺中忽有思惟樹, 即貝多也. 有人

속에서 갑자기 튀어나온 것 같으며, 이것이 곧 본서 「(132) 고도(古度)」에서 말한 "나뭇가지 껍질 속에서 열매가 달린다."라는 것이다. 보리수의 은화과(隱花果) 1-2개가 잎겨드랑이에 달리는데, 열매에 꽃자루가 없어 이 때문에 "열매가 나무껍질 속에서 나오는 것처럼" 보인다.

805 여기의 벌레는 꽃차례 받침에서 기생하는 혹벌[*Blastophaga*]이다. 묘치위 교석본에 의하면, 보리수와 같은 은화과(隱花果) 속에는 결코 벌레가 생기지 않기에 '생충(生蟲)'이라는 표현은 잘못된 듯하다. 또한 "뿌리에서 자라나 열매가 달리는데, 나무 끝에 이르기까지[自根著子至抄]" 열매가 많으므로 벌이 겨우 수십 마리에 그칠 수 없기 때문에, '수천(數千)'의 잘못으로 의심된다고 하였다.

806 '숭산기왈(嵩山記曰)': 『태평어람』 권960 「목부구(木部九)」 '패다' 조항에 『숭고산기(嵩高山記)』에는 "숭고사 경내에는 '사유수(思惟樹)'가 있는데, 이것이 곧 패다이다. 여래(如來)가 패다 아래에 앉아 생각하였기 때문에 이러한 이름을 붙인 것이다."라고 하였다. 이어서 별도로 『위왕화목지(魏王花木志)』에서 인용하기를, "사유수는 한나라 때 어떤 도인이 서역에서 패다 열매를 가지고 와 숭고산 서쪽 봉우리 아래에 심었는데, 이후 매우 높게 자랐으며 지금은 4그루가 있다. 나무는 1년에 꽃이 3번 핀다."라고 하였다. 그러나 『숭고산기』는 이미 존재하지 않기 때문에 도대체 『제민요술』이 인용한 것이 틀렸는지, 혹은 『태평어람(太平御覽)』에 잘못된 부분이 있는지 확인할 방법이 없다.

807 '패다(貝多)'는 같은 이름의 두 종이 있는데 한 종은 보리수[菩提樹]이다. 다른 한 종은 종려나무과의 탈리폿 야자나무[貝葉棕; *Corypha umbraculifera*]로, 모양이 종려나무와 비슷하고, 줄기는 곧추 솟아 있는데, 공기뿌리가 없어 공기뿌리가 있

에 앉아서 생각을 하였고, 그 때문에 이름이 붙여진 것이다. 후한의 어떤 도사道士[808]가 국외에서 올 때 종자를 가져와서 산의 서쪽 기슭에 파종하였는데 아주 높게 자랐다. 지금은 모두 4그루가 있고 한 해에 3차례 꽃이 핀다.[809]"라고 하였다.

坐貝多樹下思惟, 因以名焉. 漢道士從外國來, 將子於山西腳下種, 極高大. 今有四樹, 一年三花.

는 보리수와 다르다. 묘치위 교석본에 의하면, 『유양잡조(酉陽雜俎)』 권18 '목편(木篇)'조에는 "패다는 산스크리트어이며, 한어로 번역하면 '엽(葉)'인데 '패다파력차(貝多婆力叉)'라는 것은 한어로 '엽수(葉樹)'를 말한다."라고 하였다. '패다'는 한어로 '엽'이고, '파력차'는 한어로 '수'이기 때문에 '엽수'라고 하였다. 남송 승려 법운(法雲)의 『번역명의집(飜譯名義集)』 권3 '임목편(林木篇)'에서는 "다나(多羅)는 옛 이름이 패다인데, '안(岸)'으로 풀이된다. 형태는 이 지방(중원 지역을 가리킨다)의 종려나무와 비슷하고, 곧고 높으며, 아주 긴 것은 길이가 80-90자[尺]에 달한다. 꽃은 황미(黃米)와 같으며 열매는 … "이라고 하였다. 즉 패다에 '엽', '안' 두 가지의 중국어 뜻이 있는데, '안'은 높고 우뚝 솟았음을 이른다. 패엽종은 옛 인도사람들이 그 잎에 불경을 베껴 '패엽경(貝葉經)'이라 불렀고, 『유양잡조』의 같은 편에서 이르길, "만약 보호할 수 있다면, 500-600년은 살 수 있다."라고 하였다. 오직 『숭산기(嵩山記)』에서 기록한 바에서만 여전히 보리수이다.

808 '도사(道士)': 스셩한의 금석본에 따르면, 후한에서 진대까지 불교 신도를 '부도도인(浮屠道人)' 또는 '도사(道士)'라고 불렀으며, '사문(沙門)'이라고도 불렀다. '사문(沙門)'은 산스크리트어로 Shermona의 음을 기록한 것이다. [현응(玄應)의 『일체경음의(一切經音義)』 권6 「묘법연화경(妙法蓮華經)」 제1권에 대한 '사문'의 음과 뜻을 주석하여 이르길, "옛날에는 '상문(桑門)'이라 일렀으며, 또한 '상문(喪門)'이라 하였는데, 모두 잘못되고 빠진 것이다. '실마나나(室摩那拏)' 혹은 '사라마나(舍囉摩拏)'라 하는 것이 올바르며, 이것은 중국어로 공로(功勞)를 말하는 것이다."라고 하였다.] '석(釋)'과 '승(僧)'은 육조와 수, 당 이후의 생략된 명칭이라고 하였다.

809 '삼화(三花)': 무화과속의 식물로, 뚜렷이 보이는 '꽃'은 아니다. 이 '화(花)'자는 단지 '열매가 달린다[結實]'거나 '잎이 난다[吐葉]'의 의미로 볼 수 있다.

● 그림 90
보리수[槃多樹]와 열매

● 그림 91
혹벌[癭蜂]

115 상 緗一一五

고미顧微의 『광주기』에 이르길,[810] "상나무[811]

顧微廣州記曰,
緗, 葉子並似椒,

810 『태평어람(太平御覽)』 권961 '사라(娑羅)'조에서 책의 두 조항을 인용하고 있는데, 첫 번째 조항은 『위왕화목지(魏王花木志)』에서 인용한 것으로, "사라수는 상(緗)이다. 잎과 열매가 산초나무와 흡사하며, 맛은 나륵(羅勒)과 같다. 영북[嶺北: 광서(廣西) 남령(南嶺)산맥 오령(五嶺)의 북쪽] 사람들은 '대사라(大娑羅)'라고 부른다."라고 하였다. 두 번째 조항은 바로 『제민요술』로서, 바로 다음 항목에서 성홍지(盛弘之)의 『형주기(荊州記)』의 한 조항을 인용한 것이다. 묘치위 교석본에 의하면, 『위왕화목지』가 원래 잘못된 것인지 아니면 『태평어람』에서 두 조항이 '사라' 항목에서 잘못 합해지고 '상'의 항목이 빠졌으며 '목나륵(木羅勒)'이 또 '대사라'로 잘못된 것인지 알 수가 없다. 혹자는 '상엽(緗葉)'을 붙여서 읽었는데 즉 잎은 옅은 황색이고 또한 사라의 열매는 산초[花椒]와 달라, 열매가 잘못된 문장과 오독에 의해서 변이된 것이라고 하였다.

811 '상(緗)': 운향과 산초속[花椒屬; *Zanthoxylum*]의 식물인 듯하다. '초(椒)'는 산초를 가리킨다.

는 잎과 열매가 모두 산초나무[椒]와 흡사하며, 맛은 나륵羅勒[812]과 같다. (이 때문에) 영북嶺北의 사람들은 그것을 '목나륵木羅勒'이라고 불렀다." 라고 한다.

味如羅勒. 嶺北呼爲木羅勒.

116 사라娑羅[813]——六

성홍지盛弘之의 『형주기荊州記』에 이르길,[814]

盛弘之荊州記

812 '나륵(羅勒)': 꿀풀과[脣形科]이다. 향기가 짙은 초본으로, 학명은 *Ocimum basilicum* 이다.

813 '사라(娑羅)'는 용뇌향(龍腦香)과의 살나무(*Shorea robusta*)로, 낙엽대교목이다. 남아시아 열대지역에 분포하며, 오늘날에도 여전히 남아시아 지역의 중요한 경제수종(經濟樹種)이다. 사라수의 잎은 긴 계란형이고 잎 면은 윤이 나고 부드러우며 떡갈나무류이지만, 같은 종류는 아니다. 사라수의 높이는 30여m에 달하고 숲에서 섞여 자라는데, 다른 유보다는 특출하여 다른 나무보다 높이 솟아 있다. 도광(道光) 연간의 『해창총재(海昌叢載)』에는 "안국사(安國寺)에 … 사라수가 2그루 있는데, 민간에서는 사파수(娑婆樹)라 부른다. … 둘레는 한 아름이 넘고 높이는 예닐곱 길[丈]이며, … 기둥의 껍질과 줄기는 거무스레하고 단단하며 촘촘하다. 가지의 잎은 무성하고, 잎이 많을 때는 7개, 간혹 4-5조각인 것도 있다. 열매를 맺을 때는 주렁주렁 달린다. 이러한 종류는 수백 년을 간다."라고 기록하고 있다. 묘치위 교석본에 의하면 사라는 또한 수면(樹棉)과 반지화(攀枝花) 등의 별명이다. 『영락대전(永樂大全)』 권14536 '수(樹)' 아래에 '사라수(娑羅樹)' 조항에서 『운남지략(雲南志略)』을 인용한 것에는 사라수에 대해서 "그 껍질을 쪼개면 유면(柳綿)과 같은 것이 있어 방적하여 실을 만든다. 백첩(白氎), 두라면(兜羅

"파릉현[815]의 남쪽에는 절이 하나 있는데, 스님 방의 침상 아래에서 홀연히 나무 한 그루가 자라났다. 자라나 10일이 되자 그 형세가 거의 집의 대들보를 뚫고 나갈 기세였다. 스님이 방을 옮겨 그것을 피하니 나무는 곧 더디게 자랐으나, 늦은 가을이 되어서도 (잎은 여전히 푸르러) 낙엽이 늦게 졌다.[816] 나라 밖에서 온 스님이 그것을 보고 '사라娑羅'라고 불렀다. 그 지역 스님들은 그 나무 그늘에서 쉬었다. 이 나무에는 항상 꽃이 피

曰, 巴陵縣南有寺, 僧房牀下, 忽生一木. 隨生旬日, 勢凌軒棟. 道人移房避之, 木長便遲, 但極晩秀. 有外國沙門見之, 名爲娑羅也. 彼僧所憩之

綿)이 모두 이것으로 만든 것으로, 즉 한(漢)나라의 목면(木綿)이다."라고 하였다. 『본초강목(本草綱目)』 권36 '목면(木綿)'조에서 『남월지(南越志)』에 이르기를, 남조(南詔)의 사람들[蠻]은 누에를 기르지 않고 오직 사라목 열매의 흰 솜을 거두어 방적해서 질기게 하여 실을 잣고, 베를 만들었다."라고 하였다. 여기서 기록한 것은 모두 수면(樹棉)을 가리킨다고 한다.

814 『태평어람(太平御覽)』 권961 '사라(娑羅)' 조항에서 성홍지(盛弘之)의 『형주기(荊州記)』를 인용한 것에는 '외국(外國)' 구절에 "서역의 승려가 보고 말하기를"이라는 구절이 있고 나머지는 대략 동일하며 개별적으로 틀린 글자가 있다. 『영락대전(永樂大全)』 권14536 '수(樹)' 아래 '사라수(娑羅樹)' 조항에서 『제민요술』에서 성홍지의 『형주기』를 전제하여 인용한 것은 전부 동일하다. 『유양잡조(酉陽雜俎)』 권18 「목편(木篇)」에 '사라'에 대한 기록은 대략적으로 『제민요술』과 동일하고 끝부분에는 "천보(天寶) 초에 안서(安西)에서 사라지(娑羅枝)를 가져왔다."라는 문장이 있다.

815 '파릉현(巴陵縣)': 진대(晉代)에 설치되었으며, 남조 송(宋)나라 때 군으로 고쳤다. 오늘날의 호남성(湖南省) 악양현(岳陽縣)이다.

816 '만수(晩秀)': '사라'는 결코 상록교목(常綠喬木)이 아니다. 소위 '만수'는 가을에 들어선 이후에도 오랫동안 잎이 여전히 녹색인데 이것은 잎이 매우 늦게 진다는 의미이다. 묘치위는 '수(秀)'를 잎이 떨어지는 것으로 해석하였는데, 그럴 경우 나무의 성장이 늦었다는 것과 이 말 사이에 있는 '단(但)'과의 관계가 명확하지 않다.

는데, 꽃이 작고 흰 것이 마치 눈과 같았다.'라 고 한다. 원가元嘉 11년[817]에는 홀연히 한 송이 꽃이 피어났는데, 마치 부용芙蓉[818]과 같았다."라 고 한다.

蔭. 常著花, 細白如雪. 元嘉十一年, 忽生一花, 狀如芙蓉.

그림 92
사라(娑羅)와 열매

117 용榕[819]——七

『남주이물지南州異物志』에 이르길,[820] "용수[榕

南州異物志曰,

817 '원가(元嘉)'는 남조(南朝) 송 문제(宋文帝)의 연호로, 11년은 서기 434년이다.

818 '부용(芙蓉)'은 당아욱[錦葵]과 목부용(木芙蓉; *Hibiscus mutabilis*)이고, 민간에서는 '부용화(芙蓉花)'라 부른다. 꽃은 흰색 혹은 옅은 홍색이다.

819 '용(榕)': 뽕나무과 무화과속[용속(榕屬); *Ficus*]의 몇몇 종으로, 감아 오르는 식물

木]가 갓 자라나와 어릴 때는 다른 나무에 붙어서 감는데[榑],[821] 마치 다른 곳의 부방등扶芳藤의 형 | 榕木, 初生少時, 緣榑他樹, 如外

이다. 초기에 다른 나무에 붙어 자라는데, 형상은 덩굴성 식물과 같으며 모두 공기뿌리가 나와 숙주의 나무줄기 위를 감는다. 그 후에 이러한 공기뿌리가 길고 굵게 연결되어 그물 모양을 이루는데, 숙주를 감아서 죽이고 자신은 커다란 교목이 된다. 본 조항에서 묘사한 '용목'은 바로 이러한 종류이지만 일반적으로 말하는 용수가 아니며, 명확히 어떤 종류를 가리키는지는 확실하지 않다. 묘치위 교석본에 의하면 일반적으로 말하는 용수는 같은 속의 *Ficus microcarpa*로, 공기뿌리가 있는데, 많아지면 아래로 드리워지면서 길게 흙 속에 파고들어 가 굵고 큰 것이 버팀목과 같아지며, 넓은 토지에 폭넓게 그늘을 드리운다. 열매는 맛이 달아 새가 먹기를 좋아하기 때문에 씨앗은 새가 전파하며, 탑 꼭대기나 가파른 절벽과 나무 위에는 이러한 종류의 식물이 번식하거나 기생한다. 『영외대답(嶺外代答)』에 이르기를 "용은 쉽게 자라는 나무이며, 또한 높게 자라고 잎은 홰나무[槐]와 같다. 둘레에 그늘을 만들고, 많은 넓이의 면적을 덮을 수 있는 것이 아주 많다. 공기뿌리는 반쯤 나오고, 줄기에 붙어 아래로 내려오면서 툭 튀어나온 부분을 감싸며 땅속으로 들어가기 때문에 '용목도생근(榕木倒生根)'이라는 말이 있다. … 새가 그 씨앗을 입에 물어서 다른 나무 위에 기생시켜 더욱 울창하고 무성해진다. 뿌리수염은 나무 몸체를 따라 드리워져 땅속에 이르는데 땅 기운이 생장, 번식을 왕성하게 하고, 오래 지나게 되면 기생하는 것을 벗어나 마침내 그것을 감싼다."라고 하였다.

820 『태평어람(太平御覽)』 권960에서 '용(榕)' 조항은 『위왕화목지(魏王花木志)』의 한 조항을 인용하고 있는데, 『남주이물지(南州異物志)』에서 기록된 것과 완전히 동일하다. 묘치위 교석본에 따르면, 『위왕화목지』는 매우 많은 내용을 다른 책에서 채록하였는데, 『남주이물지』에서 채록했다고 보기는 어렵다고 한다. 혹자는 "緣繞他木" 이하에서부터는 일반적으로 말하는 용수와 부합되지 않고, 또한 아래 항목의 '두방(杜芳)'에 기록된 것과 서로 동일하다고 한다. '두방'의 내용이나 '용'의 항목에 잘못 들어간 것이 아닌지 의심스럽다.

821 '부(榑)'는 '부(扶)'로 읽는다. 금택초본에서는 글자가 이와 같으나, 다른 본에서는 '박(搏)'으로 쓰고 있고, 『태평어람(太平御覽)』에서는 '박(縛)'으로 인용하여 쓰고 있다. 『회남자(淮南子)』 「남명훈(覽冥訓)」에서는 "아침에 해가 부상(榑桑)에서 뜬다."라고 하였는데, 이는 즉 '부상(扶桑)'을 의미한다. 여기서는 '부(扶)'자의 의

상과 같이 스스로 뿌리를 세울 수 없어 다른 나무를 감으면서 옆으로 가지가 뻗어 가지가 연결되어[822] 그물같이 서로 얽힌다. 나무껍질과 목질부가 합해져 단단해지면서[823] 무성해지고, 또한 무성하게 성장하여[扶疏] 사방으로 뻗어 나가 6-7길[丈] 높이로 자라난다."고 하였다.

方扶芳藤形, 不能自立根本, 緣繞他木, 傍作連結, 如羅網相絡. 然彼理連合, 鬱茂扶疏, 高六七丈.

118 두방杜芳一一八

『남주이물지』에 이르길,[824] "두방杜芳[825]은 등

南州異物志曰,

미로 쓰고 있다.

822 '방(傍)'은 의지한다거나 붙어서 기어오른다는 의미이며, '연결(連結)'은 감아서 기생한다는 의미이다.

823 "然彼理連合"은 문장의 의미가 매끄럽지 않다. 『태평어람』에서 『위왕화목지』를 인용한 것에서는 "然後木理連合"이라 적고 있는데, 다음 항목인 '(118) 두방(杜芳)에서도 역시 "然後皮理連合"이라 적고 있으므로 마땅히 '두방' 조항의 문장과 같다. 묘치위 교석본을 보면, '피(彼)'는 '후(後)'자가 문드러지면서 오른쪽 반 개가 없어지고 단지 '두인변[彳]'만 남은 후에 '피(皮)'자와 더불어 한 글자로 잘못 합해져 '피(彼)'자가 되었다고 하였다.

824 『예문유취(藝文類聚)』, 『태평어람(太平御覽)』 등에서는 이 조항을 인용하지 않았다.

825 '두방(杜芳)'에 대한 내용은 「(117) 용(榕)」의 '부방등형(扶芳藤形)' 이하에 기록된 것과 동일하다. 또한 두 개의 조항은 모두 같은 책에서 나왔고, '두방(杜芳)'은 마땅히 '부방(扶芳)'이라 해야 하지만, 간혹 음이 같고 형태가 유사한 탓에 '두방

나무 모양을 하고 있고, 스스로의 뿌리로써 혼자 설 수가 없어 다른 나무에 붙어 감으면서 의지하게 된다.[826] 등나무가 연결되어 그물모양을 이루어 서로 당긴 이후에 나무껍질과 목질부분이 결합되어 단단해지면서 무성한 나무가 된다. 의탁한 나무가 죽게 된 연후에야 사방으로 뻗어 6-7길 높이로 자란다."라고 하였다.

杜芳, 藤形, 不能自立根本, 緣繞他木作房. 藤連結如羅網相冒, 然後皮理連合, 鬱茂成樹. 所托樹即死, 然後扶疏六七丈也.

119 마주摩廚一一九

『남주이물지』에 이르기를,[827] "나무 중에는

南州異物志曰,

(杜芳)'이라 잘못 쓰고 있다. 묘치위 교석본에 의하면, '부방등(扶芳藤)'은 본초서(本草書) 상에서 당대(唐代) 진장기(陳藏器)의 『본초습유(本草拾遺)』에 처음으로 보이며, 잡기서류(雜記書類)에는 이미 수대(隋代)에 보인다. 각 서에서 기록한 바에 근거하면, 부방등(扶芳藤)은 마땅히 뽕나무과의 무화과속(*Ficus*)의 식물이며, 또 일종의 대형 상록 '교살식물(絞殺植物)'로서 휘감은 나무를 죽이고, 그 후에 스스로 자라 하나의 커다란 교목(喬木)을 이룬다. 오늘날 식물 분류학상에서 명칭을 정한 부방등(扶芳藤)이라는 것은 노박덩굴과[衛矛科]의 *Euonymus fortunei* 이며, 『남주이물지(南州異物志)』에서 기록한 것과는 다른 것이라고 한다.

826 '작방(作房)'은 각 본에서 동일하지만 여기서는 마땅히 '방(傍)'자에 의거해 설명해야 하고, '작방(作傍)'의 잘못인 듯하다.

827 『태평어람(太平御覽)』 권960 '마주(摩廚)' 조항에서 『이물지(異物志)』의 한 조를

마주摩廚[828]가 있는데, 사조국斯調國에서 자란다. 그 즙은 기름기가 있고 윤기가 흐르며, 그 윤기는 마치 지방[脂膏]과 같다. 매우 향기로워서 음식을 지지고 볶을 수 있는 것이 마치 중원 지역에서 사용하는 식용 기름과 같다."라고 하였다.

木有摩廚,[290] 生於斯調國.[291] 其汁肥潤, 其澤如脂膏. 馨香馥郁, 可以煎熬食物, 香美

인용하여, "나무 중에 마주가 있는데, 사조(斯調)에서 난다.[원주(原注): '마주는 나무 이름이다. 사조주(斯調州)에서 난다.'] 그 즙은 기름기가 있고 윤기가 흐르며, 그 윤기는 마치 지방[膏]과 같다. 매우 향기로워서 지지고 볶을 수 있다.[원주: '지방[脂膏]과 같으며, 음식을 지지고 볶을 수 있다.'] 그 주(州)의 사람들은 그런 방식으로서 맛좋은 안주를 만든다.[원주: '『화목지(花木志)』에서 이르길, 음식을 지지고 볶으면 향기롭고 맛있는 것이 중원 지역에서 사용하는 식용 기름과 같다.']"라고 하였다. 『본초습유(本草拾遺)』 '마주자' 조항에서 『이물지』를 인용한 것도 『태평어람』과 동일하지만, 오자가 많으며 주석문이 없다.

828 '마주(摩廚)': 어떤 종류의 식물인지 명확하지 않다. 『본초강목(本草綱目)』 권31 '마주자(摩廚子)'는 『유양잡조(酉陽雜俎)』에서 기록한 '제돈과(齊暾果)'가 마주자와 더불어 동일한 종류이라고 인식하고 있다. 『유양잡조』 권18에서는 "제돈과는 페르시아에서 나며, 또한 비잔티움 제국에서 난다. … 길이는 2-3길[丈]이고, 껍질은 청백색이다. 꽃은 유자와 비슷하며, 매우 향기롭다. 열매는 양도(楊桃)와 흡사하며, 5월에 익는다. 서역인은 눌러서 기름을 짜고 그것을 기름에 익혀 병과(餠果)를 만들었는데, 이것은 중원에서 참깨[즉, 지마(芝麻)]를 사용한 것과 같다."라고 하였다. 현재는 유감람(油橄欖)이라 부르며 그 열매를 짜서 기름을 얻을 수 있는데, 이것이 곧 '감람유(橄欖油)'이다. 오늘날 사람들은 이시진(李時珍)이 말한 바에 근거하여 '마주'가 곧 '유감람'이라 여기는데, 그 열매는 이시진이 단지 동일한 유라고 설명한 것일 뿐 '마주'가 결코 유감람과 같은 것은 아니다. 『증류본초(證類本草)』 권23에 기록된 '진장기여(陳藏器餘)'에서 "마주자는 맛이 달고, 향기롭다. … 서역과 남해에서 자란다. 열매는 외와 같고, 채소로 쓸 수 있다."라고 하였다. 『해약(海藥)』에서 인용한 것 역시, "『이물지』에 이르길, '서역에서 난다. 2월에 꽃이 피고, 4-5월에 열매를 맺는데, 외와 같다.'"라고 하였다. 유감람의 열매는 씨가 있는 과일이고, 타원형 혹은 계란형이며, 익을 때 검은색으로 밝게 빛나므로 결코 '외[瓜]'와 같지 않다고 한다.

如中國用油.

그림 93
마주(摩廚)와 그 열매

교 기

290 '마주(摩廚)': 풍승균(馮承鈞)의 『서역남해사지고증석총속편(西域南海史地考證譯叢續編)』[1934년 상무인서관(商務印書館)에서 출판]을 번역한 가브리엘 페랑(費瑯; Gabriel Ferrand)[프랑스의 한문학자, 1864-1935년]이 모아서 저술한 "엽조사조흥조왜(葉調斯調興爪哇)"라는 글 속에서, '마주(摩廚)'는 인도네시아 자바어 중의 mojo라고 읽는 'maja'와 서로 같다고 인식하였다. 과일의 맛은 매우 강렬하며, ⋯."라고 하였다. '마주(摩廚)'라는 명칭은 가브리엘 페랑이 인용한 자료 중에서, 베르톨트 라우퍼(Berthold Laufer; 1874-1934)가 인용한 『증류본초(證類本草)』에서 따온 것으로서, 전체 문장의 끝부분에서 가브리엘 페랑은 라우퍼(Laufer)도 역시 『제민요술(齊民要術)』 권10에 나온 『남주이물지(南州異物志)』를 인용하고 있으며, 『증류본초(證類本草)』에서 인용한 문장과 더불어 약간의 차이가 있다고 말했다. 그런데 스셩한은 가브리엘 페랑의 견해에 동의하지 않는다. 마주(摩廚)의 "즙은 기름기가 있고 윤기가 흐르며, 그 윤기는 마치 지방과 같고, 매우 향기로워서 음식을 지지고 볶을 수 있어서 향기롭고 맛있는 것이 마치 중원 지역에서 사용하는 식용 기름과 같다."라고 하였다.

291 '사조국(斯調國)': 가브리엘 페랑은 베르톨트 라우퍼(Berthold Laufer)

의 견해를 찬성하여 '사조(斯調)'는 '엽조(葉調)'의 잘못이라고 인식하였다. 스셩한은 '엽조(葉調)'에 대해 라우퍼(Laufer)는 폴 펠리오[伯希和; Paul Pelliot, 1878-1945년]의 견해에 근거하여 자바[爪哇]의 옛 명칭인 Yawadwipa의 대응되는 음[對音]이라고 설명하였다. 스셩한은 엽조(葉調)가 Yawadwipa의 음역이라는 견해에 동의하였다. 그러나 사조(斯調)가 엽조(葉調)의 잘못이라는 것은 라우퍼(Laufer)와 가브리엘 페랑이 모두 충분한 예시와 증거를 들지 못하였기에 스셩한은 동의하지 않았다. 가브리엘 페랑은 마주(摩廚)를 근거로 하여 폴 펠리오[Paul Pelliot]의 견해와는 반대로 '사조(斯調)'를 자바라고 인식하였다. 스셩한은 여러 자료를 근거해 볼 때, ① 사조(斯調)는 바다 중에 있지 않으며, "가영(歌營) 동남쪽 3천 리에 있다."라고 쓰여 있다. ② 사조국(斯調國)에는 석면광(石綿礦)이 있는데, 석면으로 화완포(火浣布)를 짤 수 있다. ③ 사조국(斯調國)은 여전히 천연염[自然鹽], 백주(白珠)가 나온다. 또한 유리(琉璃), 수정(水晶)[이것이 곧 이른바 '베니스유리[威尼斯琉璃]'], 오색주(五色珠)와 마가(馬珂) 등의 보석(寶石)을 박았다. 뒤의 3가지는 마치 "사조(斯調)는 즉 엽조(葉調)이며, 즉 자바이다."와 유사하다고 가정하는 것은 모순된다고 한다.

120 도구都句一二十

유흔기劉欣期의 『교주기交州記』에 이르길,[829] | 劉欣期交州記

829 『태평어람(太平御覽)』 권961 '도구(都句)'조에서 유흔기(劉欣期)의 『교주기(交州記)』를 인용하고 있는 것에는 '사여려(似餘櫚)'가 없는데, 나머지는 동일하다. 『위왕화목지(魏王花木志)』를 인용하면서 『교주기』를 재인용하여 적기를, "도구

"도구나무[都句樹][830]는 종려나무[栟櫚]와 유사하다. 나무 안에서 밀가루와 같은 가루가 나오는데, 먹을 수 있다."라고 하였다.

曰, 都句樹, 似栟櫚. 木中出屑如麵, 可啖.

121 목두木豆[831]-二-

『교주기』에 이르길,[832] "목두木豆는 서문徐門[833]

交州記曰, 木豆,

는 종려나무[栟櫚]와 유사하다. 목재 사이에서 밀가루와 같은 가루가 나오는데, 음식을 만들 수 있으며, 광랑(桄榔)과 같다."라고 하였다.

830 '도구수(都句樹)': 『본초강목』 권31 '사목면(莎木麪)'에서는 도구수를 양목(穰木)으로 인식하고 있는데, 어떤 식물인지 확실하지 않다.[본권 「(111) 양목(穰木)」 참조.]

831 '목두(木豆)': 콩과의 목두(木豆; *Cajanus cajan*)이다. 직립 소관목이고, 광동, 광서, 운남 등지에서 난다. 잎은 버들잎과 유사하며, 사료로 쓸 수 있다. 콩깍지와 열매는 식용으로 쓸 수 있으며, 종자는 기름을 짤 수 있고 두부로 갈거나 콩 앙금[豆蓉]으로 만들 수 있다.

832 『태평어람』 권841 '두(豆)'조에서는 『위왕화목지』를 인용하면서 『교주기』를 재인용하여 "목두는 서동(徐僮) 사이에서 나며, 열매는 맛이 좋고 오두(烏頭)의 크기와 같다. 잎은 버들과 같다. 한 해에 심으면 수년간 딸 수 있다."라고 하였다. 묘치위 교석본에서는 『태평어람』의 '두(頭)'가 '두(豆)'의 오자일 것으로 생각하고 있다.

833 '서문(徐門)': 『태평어람』 권946 '즉저(蝍蛆)' 조항에서 유흔기의 『교주기』를 인용한 것에는 "대오공(大吳公)은 서문현의 경계지역에서 난다. 그 껍질을 취해서 북[鼓]을 씌울 수 있다."라고 하였다. '서문(徐門)'은 각본에서는 동일하지만 '서문(徐聞)'의 잘못이다. '서문(徐聞)'은 현의 명칭으로, 한대에 설치되었으며 지금의

에서 자란다. 열매는 달고 맛있으며 오두烏豆와 흡사하다. 가지와 잎은 수양버들과 흡사하다. 1년을 파종하면 수년간 열매를 딸 수 있다."라고 하였다.

出徐門. 子美, 似烏豆. 枝葉類柳. 一年種, 數年採.

그림 95
목두(木豆)와 그 열매

122 목근木堇[834]-二二

『장자』에 이르길,[835] "옛날에 춘椿이란 나무

莊子曰, 上古

광동성 해강현(海康縣)이고, 예전에는 교주(交州)에 속했다.

834 '목근(木堇)': 즉 당아욱과[錦葵科]의 목근(木堇; *Hibiscus syriacus*)으로 낙엽관목이다. 꽃은 한 송이씩 잎겨드랑이에서 생겨난다. 화관(花冠)은 붉은색, 자주색, 흰색 등이며, 크고 아름답고(겹꽃잎이 있는 것도 있다.), 아침에 피어서 저녁에 지기 때문에 '조화(朝華)', '조균(朝菌)', '순화(舜華)', '일급(日及)' 등의 별명이 있다. 스셩한의 금석본에서는 제목의 '근'자를 '근(堇)'으로 적었으나, 본문에서는 '근(堇)'으로 표기하였다. 이하 동일하여 별도로 기재하지 않는다.

가 있었는데, 8천 년을 봄으로 하고 8천 년을 가을로 하였다."라고 한다.

有椿者, 以八千歲爲春, 八千歲爲秋.

사마표司馬彪가 이르길, "이것은 목근으로서, 1만 6천 년을 1년으로 하며 '순춘蕣椿'이라 부른다."라고 하였다.

司馬彪曰, 木堇也, 以萬六千歲爲一年, 一名蕣椿.

부현傅玄의 『조화부서朝華賦序』에 이르길,[836] "조화朝華는 여목麗木이다. 혹자는 이것을 일러 '흡용洽容'이라고 하고, 또 혹자는 '애로愛老'라고 하였다."라고 한다.

傅玄朝華賦序曰, 朝華, 麗木也. 或謂之洽容, 或曰愛老.

『동방삭전東方朔傳』에 이르길,[837] "동방삭이

東方朔傳曰,

---

835 『장자(莊子)』「소요유(逍遙遊)」에 보이는데 '춘(椿)'을 '대춘(大椿)'이라 쓰고 있다. 사마표(司馬彪)의 주석은 이미 산실(散失)되었다. 육덕명(陸德明)의 『음의(音義)』에서는 '사마운(司馬云)' 즉 사마표(司馬彪)의 주석을 인용하여 "목(木)은 일명 순(橓)이다. 순은 목근(木堇)이다."라고 하였다. 또 이순(李順)의 말을 인용하여 "강남(江南)에서 자라며, 어떤 이는 말하길 북호남(北戶南)에서 자란다고 한다. 이 나무는 삼만이천 세(三萬二千歲)가 1년이 된다."라고 하였다. 묘치위 교석본에 의하면, 점서본이 오점교본에 의거해서 "萬六千歲"를 고쳐서 "三萬二千歲"로 하였는데, 대개 옛날에는 '춘추(春秋)'는 1년으로 여겨, 사계(四季)를 더하였기에 '三萬二千歲'로 할 필요가 없다.

836 『예문유취(藝文類聚)』 권89 '목근(木堇)' 조항에서 부현(傅玄)의 『조화부서(朝華賦序)』를 인용한 것에는 단지 "조화(朝華)는 여목(麗木)이다."라는 한 구절이 있다. 『태평어람(太平御覽)』 권999 '순(蕣)' 조항에서는 "부현이 이르기를"이라 하여 인용하고 있는데, 마지막 구절에는 "潘尼以爲朝菌"이라는 구절이 더 있다.

837 『사기(史記)』 권126 「활계열전(滑稽列傳)」 전한[西漢] 저소손(褚少孫)이 「동방삭전(東方朔傳)」을 보안하여 찬술한 것에는 이 조항이 실려 있지 않다. 『한서(漢書)』 권65 「동방삭전(東方朔傳)」에는 수레를 빌려 달라는 서신이 제시되어 있지만 그 내용이 기록되어 있지는 않다. 『예문유취』 권89에서 이 문장을 인용한 것

공손홍公孫弘[838]에게 거마를 빌리려고 글을 써서 이르기를, '목근木堇은 저녁에 졌다가 아침이면 피어나니 선비 또한 가난이 오래가지는 않을 겁니다.'"라고 하였다.

朔書與公孫弘借車馬曰, 木堇夕死朝榮, 士亦不長貧.

『외국도外國圖』에 이르길,[839] "군자의 나라에는 목근의 꽃이 많아서 백성들은 그것을 먹는다."라고 하였다.

外國圖曰, 君子之國, 多木堇之花, 人民食之.

반니潘尼의 『조균부朝菌賦』에 이르길,[840] "조균朝菌은 세상 사람들이 그것을 일러 '목근'이라 부르고, 혹자는 그것을 '일급日及'이라고 일컬으

潘尼朝菌賦云, 朝菌者, 世謂之木堇, 或謂之日

에서는 문장이 동일하다. 공손홍(公孫弘)은 한 무제(漢武帝) 때 승상(丞相)에 임명되었으며, 당시 동방삭(東方朔)과는 지위가 달랐기에 동방삭은 거만하고 스스로 중히 여긴다는 어투가 내포되어 있다.

838 '공손홍(公孫弘)': 한 무제 때의 재상이다. 이 거마를 빌리는 글은 『한서』 권65 「동방삭전」에 보인다.

839 『예문유취』에서 인용한 것에는 '근(堇)'을 '근(槿)'으로 쓰고 있으며, '화(花)'는 '화(華)'로 쓰고 있다. 『예문유취』 권89 『외국도(外國圖)』를 인용한 끝부분에는 "거낭야삼만리(去琅耶三萬里)"라는 구절이 더 있고, 그 설명은 혜심(慧深)의 '부상(扶桑)'에 대한 설명과 서로 비슷하다.

840 묘치위의 교석에 의하면, 여기에 인용된 것은 『조균부(朝菌賦)』의 서문(序文)이다. 『예문유취』 권89에서 "진(晉)나라 반니(潘尼)의 『조균부서(朝菌賦序)』"를 인용하여 쓰고 있는 것에는 "조균(朝菌)은 대개 아침에 피었다가 저녁에 진다. 세상에서는 그것을 일러 '목근(木堇)'이라 하며, 혹은 '일급(日及)'이라 한다. 『시경(詩經)』에서 사람들은 '순화(舜華)'라고 하고, 선니(宣尼)는 '조균(朝菌)'이라 인식하였다. 그것은 해 뜨는 쪽을 향해서 맺히고 밝아지면 펴지고, 빛을 보면 만개하며 날이 저물면 떨어진다."라고 하였다. 이것이 이상하게 여겨지는 것은 이름이 많기 때문이다. '선니(宣尼)'는 공자를 가리키며, 한 평제(漢平帝)가 공자의 시호를 추존하여서 선니공이라 한 것이 『한서(漢書)』 권12 「평제기(平帝紀)」에 보인다.

며, 『시경』에서는 사람들이 그것을 '순화舜華'[841] 라고 하였다."라고 한다. 또 다른 한 책[842]에서 이르기를, "『장자』에서는 그것을 '조균朝菌'이라고 하였다.[843]"라고 한다.

及, 詩人以爲蕣華. 又一本云, 莊子以爲朝菌.

고미의 『광주기』에 이르길,[844] "평흥현平興縣[845]에는 꽃나무가 있는데 마치 목근[堇]과 같으며, 또한 뽕나무[桑]와도 흡사하다. 사시사철 항시 꽃이 피고, (꽃을) 먹을 수 있으며 달콤하고 부드러우며 씨가 없다. 이것이 곧 순목蕣木이다."라고 하였다.

顧微廣州記曰, 平興縣有花樹, 似堇, 又似桑. 四時常有花, 可食, 甜滑, 無子. 此蕣木也.

『시경』에 이르길, "얼굴이 (갓 피어나는) 목

詩曰, 顔如蕣

---

841 '이위순화(以爲蕣華)': '이위'를 각본에서는 '이위(以爲)'라고 적고 있는데 금택초본에서는 '위지(謂之)'라고 적고 있다. 『시경』「정풍(鄭風) · 유녀동거(有女同車)」의 '순화(蕣華)'에서는 '순(蕣)'자를 '순(舜)'으로 적고 있다.

842 '又一本云': 이 구절과 다음 구절은 바로 앞의 "詩人以爲蕣華" 구절을 풀이한 것이다.

843 『장자(莊子)』「소요유(逍遙遊)」에서는 "조균(朝菌)은 그믐과 초하루를 알지 못한다."라고 하였는데, 육덕명(陸德明)의 『음의(音義)』에서는, "… 반니(潘尼)가 이르기를, '목근(木槿)'이다."라고 하였다. 이 때문에 반니의 『부서(賦序)』에서는, "『장자』에는 조균의 설명이다."라는 말이 있으며, 『제민요술』의 '우일본(又一本)'이 『시부(詩賦)』에 해당된다는 점과 동일하다. 서진(西晉)의 반니가 지은 『반니집(潘尼集)』은 이미 소실되었고, 이 '우일본'은 마땅히 『집(集)』을 가리키며, 『부(賦)』가 실려 있다.

844 고미(顧微)의 『광주기(廣州記)』의 이 조항은 유서(類書)에는 인용되지 않았다.

845 '평흥현(平興縣)'은 남조(南朝) 송대(宋代)에 설치되었으며, 옛 성(城)은 지금 광동성(廣東省) 조경시(肇慶市) 동남쪽에 있다. 「(132) 고도(古度)」에 언급된 '희안현(熙安縣)' 역시 남조 송대에 설치되었는데, 고미(顧微)가 남조 송나라 사람이었다는 것을 미루어 알 수 있다.

근의 꽃[蕣華]과 같다."라고 하였다. 『시의소』에 이르길,[846] "일명 '목근木菫'이라고 하며 또한 '왕증王蒸'이라고도 한다."라고 하였다.

華. 義疏曰, 一名木菫, 一名王蒸.

그림 95
목근(木菫):
『구황본초』 참조.

123 목밀木蜜[847] 一二三

『광지廣志』에 이르길,[848] "목밀木蜜은 (전설에

廣志曰, 木蜜,

846 『시경』「유여동거(有女同車)」의 공영달(孔穎達) 소(疏)에서는 육기(陸機)의 『소』를 인용하여서 "순(舜)은 일명 '목근(木槿)'으로, 일명 '친(櫬)'이라고 하며, 또 '단(椴)'이라고 부른다. 제나라와 노나라 사이에서는 그것을 일러 '왕증(王蒸)'이라고 하는데, 아침에 생겼다가 저녁에 지는 것이 이것이다. 오월에 비로소 꽃이 피기 때문에 『월령(月令)』에서는 '중하(仲夏)에는 목근이 핀다.'"라고 하였다.

847 '목밀(木蜜)': 이 '목밀(木蜜)'은 국화과[菊科]의 운목향(雲木香; *Aucklandia lappa*)으로, 다년생의 커다란 초본이다. 원산지는 인도이며, 중국 운남(雲南), 광서(廣

의하면) 그 나무가 천 년을 살고, 뿌리는 아주 크다. 그것을 베고 난 후에 4-5년이 지나서야 비로소 (스스로 썩어) 떨어지게 되는데,[849] 뿌리 중에 썩지 않은 것을 취해서 향香을 만든다. 남방에서 자란다."라고 하였다.	樹號千歲, 根甚大. 伐之四五歲, 乃斷取不腐者爲香. 生南方.
"지枳는 곧 목밀이며, 그 가지는 먹을 수 있다.[850]"라고 하였다.	枳, 木蜜, 枝可食.

西), 사천(四川) 등지에서 일찍이 재배되었다. 묘치위 교석본에 의하면, 그 원뿌리[主根]는 굵고 단단한 목질이며, 특이한 향기가 있어서, 원래 '밀향(蜜香)'이라 불렸으며, 또한 '목향(木香)'이라는 이름이 있다. 침향나무[沉香]와 더불어 별명이 같기 때문에, 또한 이것을 고쳐 불러 '광목향(廣木香)', '남목향(南木香)'이라고 하여 구별한다. 『본초강목(本草綱目)』 권14에서 "목향(木香)은 풀 종류이다. … 옛 사람들은 그것을 일러 청목향(青木香)이라 하였다. 후대 사람들이 쥐방울덩굴[馬兜鈴] 뿌리를 청목향으로 여겼기 때문에, 이에 이를 일컬어 남목향, 광목향이라 하여 구별하였다."라고 하였다. 쥐방울덩굴[馬兜鈴]은 마두령과로, 학명은 *Aristolochia debilis*이며, 초목을 감는[纏繞] 식물이다. 뿌리를 '청목향(青木香)'이라고 칭하는데, 광옥란감(廣玉蘭鹼)을 함유하고 있어서 혈압을 낮춘다고 한다.

848 『태평어람(太平御覽)』 권982 '목밀(木蜜)' 조에서는 『위왕화목지(魏王花木志)』를 인용하면서 『광지(廣志)』를 재인용하여 이르길, "목밀은 그 나무를 천세(千歲)라고 부른다. 나무뿌리는 아주 큰데, 그것을 베고 난 후에 4-5년이 지나면, 썩지 않는 것을 취해서 향으로 만든다. 그 가지는 먹을 수 있다."라고 하였다. 묘치위 교석본에 의하면, '其枝可食'은 다음 조항 '지(枳)'의 '枝可食'에 잘못 끼어들어간 것이라고 하였다.

849 '내단(乃斷)': 『제민요술』 구본(舊本)과 신(新) 정리본의 끊은 구절을 보면 모두 앞 구절과 이어서 "伐之四五歲乃斷."으로 읽고 있다. 『영락대전(永樂大全)』 권14536 '수(樹)'자 아래에서 『제민요술』을 인용한 것에도 이러한 형태로 문장을 끊어 읽고 있다. 나무를 베고서 4-5년이 되어야 비로소 자를 수 있다고 하는 것은 매우 크게 잘못된 해석이다. 『위왕화목지(魏王花木志)』에서 『광지』를 인용한 것에는 '사오세(四五歲)' 뒤에 '내(乃)'자가 있는데, 매우 명백하다.

『본초本草』에 이르길,[851] "목밀은 또한 '목향木香'이라고도 부른다."라고 하였다.

本草曰, 木蜜, 一名木香.

124 헛개나무枳柜[852]一二四

『광지』에서 이르기를, "헛개나무[枳柜]는

廣志曰,[292] 枳柜,

850 "枳, 木蜜, 枝可食": 원래는 『광지(廣志)』 문장의 아래에 붙어 쓰면서 『광지』의 문장을 이루고 있다. 『위왕화목지』에서 같은 이름의 다른 물건을 잘못 보고, '지는 목밀'이라고 하면서, '지가식'이란 구절을 끼워 넣었다. 여기서 말하는 것은 '지거(枳柜)'로서 별도의 식물이기 때문에 묘치위 교석본에서는 별도의 다른 열에 배열하였다. 오직 다음의 「(124) 헛개나무[枳柜]」 항목에서 『광지』를 인용한 것은 바로 '지거'이며, 이 조항은 『광지』의 문장 또는 다른 책을 인용하고서 그 책이름을 빠뜨려 분명하지 않고 여전히 의심이 남는다. 지거의 홑 이름[單名]인 '구(枸)'는 '거(柜)'와 통하며 다음 항목에 언급된 『시경(詩經)』의 "南山有枸" 구절에 대해 『모전』에서는 곧 "거(柜)이다."라고 쓰고 있다. 『제민요술』의 '지(枳)'는 응당 '거(柜)'로 써야 할 듯하다고 한다.

851 『태평어람』 권982에서 『본초경』을 인용하여 쓴 것에서는 "목밀(木蜜)은 일명 밀향(蜜香)이다. 맛이 맵고 따뜻하다."라고 하였다. 『명의별록』에서는 "목향(木香)은 … 일명 밀향(蜜香)이다."라고 하였다.

852 '지거(枳柜)': 갈매나무과[鼠李科]의 헛개나무[枳椇; *Hovenia dulcis*]로, 낙엽교목이다. 열매는 가지 끝이 나누어지면서 생겨난 비틀린 꽃줄기 위에 나며, 먹을 수는 없다. 비틀어진 열매꼭지는 익을 때의 과육으로 적갈색이며, 맛은 달고, 먹을 수 있다. 묘치위 교석본에 의하면, 그 맛이 달기 때문에 다른 이름으로는 '목밀(木蜜)', '목당(木餳)'이라 하며, 또 '괴조(拐棗)', '계조자(雞爪子)', '금구자(金鉤子)', '목산호(木珊瑚)'라고도 부르는데, 그것은 나무의 형태 때문이다. 설에 의하

잎이 갯버들[蒲柳]853과 흡사하며, 열매의 형상은 산호珊瑚와 유사하고 맛은 꿀과 같이 달다. 10월에 익으며, 나무 위에서 저절로 푹 익은 것854이 더욱 맛있다. 남방에서 난다. 비현[邳]과 담현[郯]855의 지거枳柜는 크기가 손가락만 하다."856라고 하였다.

葉似蒲柳, 子似珊瑚, 其味如蜜. 十月熟, 樹乾者美. 出南方. 邳郯枳柜大如指.

『시경』에서 이르기를, "남쪽 산에 구枸가 있다."라고 하였다. 『모전毛傳』에서 이르길,

詩曰, 南山有枸. 毛云, 柜也. 293 義疏

면, '목산호'가 바로 『광지(廣志)』의 "산호(珊瑚)와 같다."라는 것에서 나온 것이다. 이른바 '자(子)'자는 열매를 가리키는 것은 아니며, '실(實)'은 그 열매의 자루를 가리키는 것은 아니라고 하였다.

853 '포류(蒲柳)': 잎이 길쭉한 타원형이며, 넓은 계란형의 헛개나무[枳椇]잎과 기본적으로 서로 유사하다. 『이아(爾雅)』「석목(釋木)」에 "정(檉)은 하류(河柳)이며, 모(旄)는 택류(澤柳), 양(楊)은 포류(蒲柳)이다."라고 되어 있다. 곽박은 "양(楊)은 포류(蒲柳)이다."에 대해 "화살을 만들 수 있다. 『좌전(左傳)』에서 말하는 동택지포(董澤之蒲)이다."라는 주를 달았다. 과거에는 버드나무과의 갯버들[水楊; *Salix aracilistyilistyla*(즉 *Salix thunbergiana*)]로 보았다.

854 '건(乾)': 『방언(方言)』 권10에서는 "건(乾)은 … 노(老)이다."라고 한다. 이것은 나무 위에서 푹 익은 것으로서, 마른 것을 가리키지는 않는다.

855 '비(邳)'는 지금의 강소성(江蘇省) 비현(邳縣)이다. '담(郯)'의 고성은 오늘날의 산동 담성(郯城)의 북쪽에 있으며, 비현과 서로 이웃한다. 그러나 묘치위 교석본에 의하면, 모두 "남방에서 난다."라는 말은 성립될 수 없고, 모순된다. 헛개나무[枳椇]는 황하 유역과 장강 유역 등지에서 분포하고 있으며, 『태평어람(太平御覽)』에서 『시의소(詩義疏)』를 인용한 것에서는 "모든 곳에 있다.[所在皆有.]"라고 말하여, 남방으로만 한정 짓고 있지는 않다고 하였다.

856 "枳柜大如指": 스성한의 금석본을 보면, 이 구절은 문장의 뜻과 『광지(廣志)』의 체제로 보건대, 위의 문장과 이어져서는 안 되며, 『광지』의 원문이 아니라 가사협 본인 혹은 후대의 사람들이 붙인 주인 듯하다고 한다.

"(구枸가 바로) 거柜이다."라고 하였다. 『시의소』에서 이르기를, "헛개나무는 높게 자라 마치 사시나무[白楊]와 같으며 산속에서 자란다. 가지 끝에 열매가 달리는데, 가지는 손가락 굵기만 하고[857] 길이는 수 치[寸]가 된다. 먹으면 엿당처럼 달다. 8-9월에 익는다. 강남의 것이 특히 맛이 좋다. 오늘날에는 관청의 뜰에 파종하는데, 그것을 일러 '목밀木蜜'이라 부른다. 본래 강남에서 가져온 것이다. 그 나무는 술을 묽게 만드는데,[858] 만약 그 나무로 지붕의 기둥을 만들게 되면 지붕 아래의 모든

曰,[294] 樹高大似白楊, 在山中. 有子著枝端, 大如指, 長數寸. 噉之甘美如飴. 八九月熟. 江南者特美. 今官園種之, 謂之木蜜. 本從江南來. 其木令酒薄, 若以爲屋柱, 則一屋酒皆薄.

---

857 헛개나무[枳椇]의 꽃차례는 겹우산꽃차례[複傘形花序]로 꽃차례의 갈라진 가지가 비틀어져 있으며 가지 끝에는 열매가 달려 있는데, 열매는 구형에 가까우면서 작아 먹을 수 없다. 먹을 수 있는 것은 그것의 비틀어진 꽃차례의 줄기이다. 『태평어람』에서 인용한 것은 아주 명백하여, 『태평어람』에서는 "열매는 가지 끝에 달리며, 가지는 곧지 않아서, 그것을 먹으면 달콤하고 맛이 있어 엿과 같다."라고 적고 있다. 묘치위에 의하면, '열매[子]'와 '가지[支; 枝]'를 구분하여 서술한다면 『제민요술』에서 인용한 문장의 '대여지(大如指)' 위에는 마땅히 '지(枝)'자가 있어야 하는데, 이것은 비틀어지고 구부러진 꽃줄기를 가리키는 것이어야 비로소 합리적이다.

858 '其木令酒薄': 본초서 상에는 모두 이러한 설명이 있으며, 당대(唐代) 맹선(孟詵)의 『식료본초(食療本草)』에서는, "옛날에는 남방 사람들이 집을 지을 때 이것을 사용하였는데, 잘못해서 나무의 한 조각이 술독 안에 떨어져 들어가면, 그 술은 맛이 물맛으로 변하였다."라고 하였다. 『본초강목(本草綱目)』 권31 '지구(枳椇)'에서는 '해주독(解酒毒)'의 약효를 덧붙이고, 병을 고치는 예를 열거하였는데, 예컨대 원대(元代)의 명의 주단계(朱丹溪)가 항상 술병을 치료하고자 하는 사람에게 사용하였다. 그 열매는 현재도 이뇨와 술독을 해독하는 약으로 사용된다.

술은 싱거워진다."라고 하였다.

● 그림 96
헛개나무[枳椇]와 열매:
『낙엽과수(落葉果樹)』 참고.

교 기

292 '광지왈(廣志曰)': 『태평어람(太平御覽)』 권974 「과부십일(果部十一)」의 인용에 '포(蒲)'자가 없다. '樹乾者' 다음에는 '익(益)'자가 추가되어 있다. 또한 '邳郯枳柜' 네 글자가 없으며, 마지막에 '두(頭)'자가 있다.

293 '거야(柜也)': 송본 『모시(毛詩)』에서 이 구절은 "枸, 枳枸"이다.

294 '의소왈(義疏曰)': 『태평어람』의 인용에 '사(似)'가 '여(如)'로, '재산중(在山中)'이 '소재개(所在皆)'로 되어 있으며, 뒷문장의 '유(有)'자와 이어져 '소재개유(所在皆有)'로 적혀 있다. "大如指, 長數寸."이 없고 "支柯不直"으로 되어 있으며, "本從江南來. 其木" 등의 글자가 없다. 공영달(孔穎達) 『시경정의(詩經正義)』의 인용에서 인용한 것은 '謂之木蜜'까지이며, 글자는 『제민요술』과 완전히 같다. 묘치위 교석본에 의하면, 금본의 『모시초목조수충어소(毛詩草木鳥獸蟲魚疏)』 권상(上)에서 기록된 것에서는 내용이 특별히 많으며, 공영달이 인용한 것에 비해 두 배나 많다고 하였다.

125 구杦[295] 一二五

『이아』에 이르기를,[859] "구杦는 계매檕梅이다."[860]라고 한다. 곽박이 이르기를, "구수杦樹는 형상이 매화나무와 같은데, 열매는 손가락 굵기만 하고 붉은색을 띠며, 작은 능금과 같아서 먹을 수 있다."라고 하였다.

爾雅曰, 杦, 檕梅. 郭璞云, 杦樹, 狀似梅, 子如指頭, 赤色, 似小柰, 可食.

『산해경』에서 이르기를, "단호산[單狐之山]에서 자라는 나무 중에는 구수[杦]가 많다."[861]라고 하였다. 곽박이 (주석하여) 이르기를, "느릅나무[楡]와 비슷하며, 불에 태워 재를 만들어 토지의 거름으로 쓴다. 촉蜀 지역에서 난다."라고 하였다.

山海經曰,[296] 單狐之山, 其木多杦. 郭璞曰, 似楡, 可燒糞田. 出蜀地.

---

859 『이아(爾雅)』「석목(釋木)」. 곽박(郭璞)의 주에는 '내(柰)'를 '내(棅)'로 표기하였으며 나머지는 동일하다.

860 '구(杦)'에 대해 이시진(李時珍)은 『이아』의 "구(杦)는 계매(檕梅)이다."라고 인식하였다. 이것은 바로 산사(山楂)로, 두 가지 종류가 있는데, 한 종은 작아서 "산사람들[山人]이 당구자(棠丸子)라고 부르는 것"이며, 한 종은 커서 "산사람들이 그러한 것을 불러 양구자(羊杦子)라 하는 것"이다.[『본초강목(本草綱目)』 권30 '산사(山樝)'.] 여기서 가리키는 두 종은 장미과의 야산사(野山楂; *Crataegus cuneata*)와 산사(山楂; *C. pinnatifida*), 혹은 산사의 변종인 산리홍(山裏紅; var. *major*)이다. 『북호록(北戶錄)』 권3의 설명에서는 양매(楊梅)가 '일명 구(杦)'이며 여기서 가리키는 것은 아니라고 하였다.

861 '기목다구(其木多杦)': 『산해경(山海經)』「북산경(北山經)」에서는 "단고산(單孤山)에는 궤목(机木)이 많다."라고 하였다. 곽박의 주에는 "궤목은 느릅나무[楡]와 비슷하고 태워서 벼논에 거름으로 줄 수 있다. 촉(蜀)에서 난다. 음은 궤(饋)이다."라고 하였다.

『광지』에 이르기를,[862] "궤목机木[863]은 매우 잘 자란다. (오랫동안) 거주하며 그것을 심어서 땔나무로 사용하고 또 토지를 기름지게 한다."라고 하였다.

廣志曰, 机木, 生易長. 居, 種之爲薪, 又以肥田.

교 기

295 스셩한의 금석에 의하면, 여기에서부터 「(130) 소(韶)」 항목까지 명청 각본에는 모두 5개 단락 8개 조가 누락되어 있다고 한다. 이 8개의 조는 명초본의 한 쪽 20행에 해당한다. 표제 '구(杭)'자는 명청 각본에 모두 '항(杭)'으로 되어 있으며, 지금 명초본과 금택초본 및 첫 번째 조에

862 『태평어람』 권961 '궤(机)'와 권974의 '구(杭)' 조항에서는 모두 『광지(廣志)』의 이 조항이 인용되지 않았다.

863 '궤목(机木)': '궤(机)'는 '기(榿)'가 다르게 쓰인 것이며, 단옥재(段玉裁)의 『설문해자주(說文解字注)』에 보인다. '궤목(机木)'은 자작나무과[樺木科]의 기목(榿木; *Alnus cremastogyne*)으로, 낙엽교목이며 매우 잘 자란다. 북송(北宋)의 송기(宋祁: 998-1061년)의 『익부방물략기(益部方物略記)』에서는 기(榿)는 "민가에서 심으며, 3년이 되지 않아 목재가 보통의 배가 된다. … 빨리 심고 빨리 취하여, 마을 사람들이 이익을 얻었다."라고 하였다. 두보(杜甫)의 『두공부초당시전(杜工部草堂詩箋)』 권25 「기목수백재(榿木數百栽)」의 시(詩)에서는, "기목(榿木)은 3년이면 자란다고 들었는데, 시냇가에는 10무(畝)의 그늘을 드리운다."라고 하였다. 묘치위 교석본을 참고하면, 사천, 귀주 등지에 분포하며, 성도(成都)에는 밭두둑과 냇가에 많이 있다. 『제민요술』에서 『산해경(山海經)』을 인용한 것에는 '구(杭)'로 쓰여 있으며, 스셩한의 금석본에서도 '구(杭)'자를 쓰고 있지만 글자가 잘못되었다. 왜냐하면 산사의 잎과 꽃은 결코 느릅나무와는 같지 않기 때문이라고 한다. 기목(榿木)의 잎은 긴 타원형으로 비술나무[白楡]의 타원형 계란모양 잎과 서로 유사한 점이 있다고 하였다.

서 인용한 『이아(爾雅)』에 따라 '구(朹)'자로 한다. 『태평어람(太平御覽)』 권974 「과부십일(果部十一)」의 인용에 표제 '구'자 아래에 '음구(音求)'의 작은 글자 주음(注音)이 있다고 한다.

[296] '산해경왈(山海經曰)': 『태평어람』 권961 「목부십(木部十)」의 인용은 명본 『산해경』과 같다. 곽박의 주 중에 '음기(音饑)' 두 글자는 매우 중요하다. 이 나무의 이름을 설명하는 것은 '구(九)'가 들어간 '구(朹)'가 아니라 '궤(几)'가 들어간 '궤(机)'이다. 나무 이름의 자형이 유사하여 한곳에 섞어 놓은 것이라고 한다.

126 부체夫移一二六

『이아』에서 이르기를,[864] "산앵두나무[唐棣][865]가 곧 체移이다."라고 하였다. (곽박의) 주석에 이르기를, "(이것은 곧) 백체白移이다. 사시나무[白楊]와 흡사하다. 강동江東에서는 그것을 일러 '부체'라고 한다."라고 하였다.

爾雅曰, 唐棣, 移. 注云,[297] 白移. 似白楊. 江東呼夫移.

---

864 『이아(爾雅)』 「석목(釋木)」에 보인다. 금본 곽박의 주에는 '백체(白移)'가 없다. 그러나 『시경(詩經)』 「소남(召南)·하피농의(何彼襛矣)」에서는 육덕명(陸德明)의 『경전석문(經典釋文)』에 언급된 "곽박운(郭璞云)"을 인용하여 "지금의 백체(白移)이다."라고 하였는데, 금본 곽박의 주는 빠져 있다.

865 '당체(唐棣)': 부체(夫移)이다. 부체(扶移)라고도 한다. 장미과의 *Amelanchier asiatica* var. *sinica*이다. 작은 배(梨果)로서 구형에 가깝거나 납작한 원형이며 자흑색이다. 『시의소(詩義疏)』에서 묘사한 것이 곧 이 종류이다.

『시경』에 이르기를,[866] "그것은 어찌하여 그다지도 고운가? 당체의 꽃이여!"라고 하였다. 『모전毛傳』에서 이르기를, "당체는 곧 체이다."라고 하였다. 『시의소』에 이르기를,[867] "열매의 크기는 작은 자두만 하고, 열매는 진홍색이며, 새콤달콤하다. 일반적인 맛은 쓴 것이 많고 달콤한 것이 적다."라고 하였다.

詩云, 何彼穠矣. 唐棣之華. 毛云, 唐棣, 栘也. 疏云, 實大如小李, 子正赤, 有甜有酢. 率多澀, 少有美者.

그림 97
부체(夫栘)와 열매

866 『시경(詩經)』「소남(召南)·하피농의(何彼禯矣)」의 구절에서는 '농(穠)'을 '농(禯)'으로 쓰고 있는데 글자는 통한다. 『모전(毛傳)』의 구절과 『제민요술』은 동일하다.

867 『소(疏)』는 응당 『시의소(詩義疏)』를 뜻하는 것이다. 『이아(爾雅)』에 "산앵두나무[唐棣]는 체(栘)이다."라고 하였고, 형병(邢昺)의 소에서는 육기(陸機)의 『소(疏)』를 인용하여 "(이것은) 욱리(奧李)이다. 일명 작매(鵲梅)라고 한다. …"라고 하였다. 산앵두나무[唐棣]를 '욱리'로 해석하였는데, 『시의소(詩義疏)』가 『모전(毛傳)』의 해석을 이어서 '부체(夫栘)'라고 한 것과 서로 아주 다르다. 묘치위 교석본에 의하면, 옛 사람들의 당체(唐棣), 상체(常栘)와 울(鬱), 욱(薁)에 대한 해석과, 장미과의 산앵도[郁李]와 부체(夫栘) 및 포도과의 까마귀머루[蘡薁]에 대한 견해는 아주 일치하지 않는다. 명청대(明淸代) 이후 점차 통일되어 당체(棠棣), 상체(常棣), 울(鬱)은 모두 욱리(郁李)이며, 당체(唐棣)는 부체(夫栘)이고, 욱(薁)은 영욱(蘡薁)이 되었다고 한다.

교 기

297 '주운(注云)': 금본 『이아』 "唐棣, 栘"의 곽박의 주는 "사시나무[白楊]와 같고 강동에서는 부체(夫栘)라고 한다."라고 되어 있다. 『제민요술』의 '백체(白栘)' 두 글자는 잘못 써서 들어간 것이다.

127 저櫧[868]一二七

『산해경』에 이르기를,[869] "전산前山에는 나무[870] 중에 저櫧가 많다."라고 하였다. 곽박이 이르기를, "떡갈나무[柞]와 흡사하며, 열매는 먹을 수 있다. 겨울이나 여름에는 푸른색을 띤다. (목

山海經曰, 前山, 有木多櫧. 郭璞曰, 似柞, 子可食. 冬夏青. 作屋

868 '저(櫧)': 너도밤나무과[山毛櫸科]의 '저(櫧; *Quercus glauca*)'와 가까운 종이면서 상록교목이다. 청대(清代) 곽백창(郭栢蒼)의 『민산녹이(閩山錄異)』 권2에서는, "추(錐)는 곧 저(櫧)이다. 또 '가자(柯子)'라고 칭한다. 민(閩) 지역 사람들은 열매를 추(錐)라고 부르며, 나무는 저(櫧)라고 부른다. … 그 열매는 끝부분이 뾰족하여 송곳과 같다."라고 하였다.

869 『산해경(山海經)』 「중산경(中山經) · 중차십일경(中次十一經)」의 "前山其木多櫧"에서 곽박의 주석은 "'제(諸)의 음은' 작(柞)과 같고 자(子)는 먹을 수 있다. 가을과 여름에 난다. 집 기둥으로 만들면 썩지 않는다. '저(儲)'라고도 한다."라고 되어 있다. 스셩한의 금석본을 참고하면, 『제민요술』의 표제 아래의 음이 바로 곽박의 주이며, 『제민요술』의 '청(青)'자는 금본 『산해경』의 '생(生)'자보다 알맞다고 한다.

870 금택초본에서는 '목(木)'자가 있는데, 명초본에는 빠져 있다.

재는) 집의 기둥으로 쓰이며 잘 썩지 않는다."라고 하였다.

柱難腐.

128 목위木威[871] 一二八

『광주기廣州記』에 이르기를, "목위木威는 나무가 아주 높고 크다.[872] 열매는 감람橄欖과 같으나 딱딱한데, 껍질을 벗겨서 꿀에 절인 과일포[粽][873]를 만들 수 있다."라고 하였다.

廣州記曰, 298 木威, 樹高大. 子如橄欖而堅, 削去皮, 以爲粽.

---

871 '목위(木威)'는 감람과의 오람(烏欖; *Canarium pimela*)이며, 상록교목으로 높이는 10m 이상에 달한다. 묘치위 교석본에 의하면, 일찍부터 그 열매로 기름을 짰는데, 중국 화남 특유의 목본의 유료수종(油料樹種)이다. 오진방(吳震方)의 『영남잡기(嶺南雜記)』 권하(下)에서는 "오람은 일명 목위자(木威子)이다. … 토착인들은 그 과육을 취해서 절임[菹]으로 만드는데, 남시(欖豉)라고 부른다. 색은 장미와 같고 맛은 매우 좋다. 기름을 짤 수도 있으며, 음식을 조리하기도 하고, 점등하여 불을 밝힐 수도 있다. 그 배유는 맛좋은 과일과는 매우 거리가 멀며, 저장하기도 적합하지 않고, 기름을 짜더라도 먹을 수 없다."라고 하였다. 지금 민간에서는 남시(欖豉)를 '남각(欖角)'이라고 부르는데, 이것은 반찬으로 사용할 수 있다. 사탕을 넣고 절여 당남각(糖欖角)을 만든다.

872 '대(大)': 금택초본에서는 '대(大)'자로 적고 있는데, 명초본에서는 '장(丈)'자로 적고 있고, 『태평어람(太平御覽)』에서도 동일하게 인용하고 있다. 묘치위 교석본에 이르길, 목위나무는 높이가 10m 이상에 달하기에 글자는 마땅히 '대(大)'자로 적어야 하며, 『북호록(北戶錄)』 권3 최구도의 주에서 인용한 것 역시 '고대(高大)'라고 적고 있다고 한다.

● 그림 98
목위(木威)

교 기

298 '광주기왈(廣州記曰)': 『태평어람(太平御覽)』 권974 「과부십일(果部十一)」 '목위(木威)' 항의 두 조 모두 표제가 '고미 『광주기』'로 되어 있는

---

873 '종(粽)'은 '삼(糁)'을 잘못 쓴 글자로 본권 「(37) 감람(橄欖)」 조항에서 『남월지(南越志)』를 인용한 것에서는 '삼(糝)'자로 적고 있으며, 밀전으로 만드는 것으로 해석하고 있다. 묘치위 교석본을 보면, '종(粽)'자는 잘못 쓴 지 이미 오래되었는데, 본권 「(132) 고도(古度)」에서 고미(顧微)의 『광주기(廣州記)』를 인용한 것에도 다시 보이며 다른 문헌에서 여전히 많이 보인다. 현응(玄應)의 『일체경음의(一切經音義)』 권4 「금광명경(金光明經)」에는 '삼(糁)'자가 있는데, 이것이 곧 '삼(糝)'자로 민간에서는 잘못된 것을 따라 '종(粽)'자로 적고 있다. 『설문해자』의 '삼(糝)'자는 고문에서는 '삼(糂)'자로 적고 있다. 단옥재(段玉裁)는 '삼(糂)'자에 대해 "『광운(廣韻)』과 『집운(集韻)』에 의거하면, … 모두 '삼(糁)'자가 있는데 이르기를, '외를 꿀에 절인 음식이다.' … 『통감(通監)』에는 '노순(盧循)이 유유(劉裕)에게 익지 꿀 절임[益智糁]을 보냈다. 송 폐제(廢帝)가 강하왕(江夏王) 의공(義恭)을 죽여 그 눈알을 꿀에 절였는데, 이를 일러 귀목삼(鬼目糁)이라고 이른다.'라고 하였으며, … 민간에서는 대부분 '종(粽)'자로 고쳐 쓰고 있다. 호삼성(胡三省)이 『통감』을 주석하여 이르길, '각서(角黍)이다.'라고 하였다. 대개 송운(送韵)의 '종(粽)'자로 잘못 인식한 것이다."라고 주석하였다.

데 분명히 착오가 있다. 두 번째 조는 『제민요술』에서 인용한 이 조이며, 첫구절이 "木威高丈餘"이다. 나머지는 명초본 『제민요술』과 같다.

129 원목榞木一二九

『오록吳錄』 「지리지地理志」에 이르기를, "여릉廬陵[874] 남현南縣에는 원수榞[875]樹가 있는데 그 열매는 바나나[甘焦][876]와 같다. 그리고 씨가 없으며, 맛 또한 바나나와 같다."[877]라고 하였다.

吳錄地理志曰,[299] 廬陵南縣有榞樹, 其實如甘焦. 而核味亦如之.

874 '여릉(廬陵)': 한대에 여릉현을 세웠다. 삼국의 오나라 때 여릉군으로 승격했으며 현의 이름을 '고창(高昌)'으로 바꾸었다. 오늘날의 강서성 길안현(吉安縣)이다. 묘치위 교석본에 의하면, "廬陵南縣"은 『태평어람』에서는 "廬陵南部雩都縣"이라고 인용하여 쓰고 있으며, 『제민요술』에는 '부우도(部雩都)'의 세 글자가 빠져 있다. '우도현'은 오늘날 강서성 우도현으로, 여릉군에 속한다. 여릉군은 삼국 오나라 때 한대의 여릉현을 고쳐서 설치했기 때문에, 『오록』 「지리지」의 기록은 그것에 따르고 있다고 한다.

875 '원(榞)': 『옥편(玉篇)』의 주해에는 "나무껍질은 먹을 수 있고 열매는 감초(甘蕉)와 같다."라고 하였는데, 어떤 식물인지는 확실하지 않다.

876 '초(焦)': 스셩한의 금석본에서는 '초(蕉)'로 쓰고 있다. 이하 동일하여 별도로 주석하지 않는다.

877 "而核味亦如之": '감초(甘蕉)'는 『태평어람(太平御覽)』에서는 '감초(甘蕉)'라고 인용하여 쓰고 있는데, 이것은 곧 바나나[香蕉; *Musa* spp.]이다. 하지만 바나나의 과육에는 씨가 없는데(씨가 있는 것은 다른 파초류이며, 일반적으로 먹을 수 없다.), 이 때문에 "而核味亦如之"라는 것은 상상하기 어렵다. 묘치위 교석본에 따

교 기

[299] '오록지리지왈(吳錄地理志曰)': 『태평어람(太平御覽)』 권974 「과부십일(果部十一)」에 '吳錄地理志曰'을 인용하여 『제민요술』의 '녹(錄)'자 아래의 '왈(曰)'자는 잘못 들어간 것이라고 했다. 본문의 시작구절은 『오록』에서 인용하기를 "여릉(廬陵) 남부(南部) 우도현(雩都縣)"이라 하였고, 『제민요술』에서는 '부우도(部雩都)' 세 글자가 빠져 있다. '초(焦)'자는 '초(蕉)'로 되어 있는 것 역시 적합하므로 마땅히 고쳐야 한다.

130 소韶[878]一三十

『광주기廣州記』에 이르기를, "소韶의 잎은 밤 | 廣州記曰, [300]

르면 옛날에 단단한 껍질을 '핵(核)'이라고 하고, 과육을 '핵'이라고 일컬은 적은 없다. '감초(甘焦)'가 '초감(焦甘)'을 거꾸로 쓴 것인지의 여부는 알 수 없다. 초감(焦甘)은 곧 초감(蕉甘)이며, 운향과의 감(柑; *Citrus reticulata*)의 우량 변종(var. *tankan*)이다. 스셩한의 금석본에서는 '이(而)'자 다음에 '무(無)' 혹은 '유(有)'자가 누락되었을 것으로 추측하였다.

878 '소(韶)': 무환자과의 해남람부탄[海南韶子; *Nephelium lappaceum* var. *topengii*]이다. 잎은 타원형 또는 각진 원형이고, 밤나무 잎과 서로 유사하다. 열매는 타원형이고, 홍색 또는 등황색을 띠며, 연한 가시로 빽빽하게 덮여 있고, 가시는 끝이 갈고리 모양이다. 가종피와 씨는 밀착되어 떨어지지 않는다. 열매의 맛은 새콤달콤하며, 먹을 수 있다. 운남, 광동, 해남 등지에서 생산된다. 묘치위 교석본에 의하면, 그것의 본래 종인 람부탄[韶子; *N. lappaceum*]은 인도, 말레이시아에서 생산되고, 중국에서는 생산되지 않는다. 『본초습유(本草拾遺)』에 이르길, "소자는, … 영남에서 생산된다. 열매는 밤과 같고, 피육과 씨는 여지와 같다.

나무[栗] 잎과 흡사하다.[879] 붉은색이며, 과실은 밤과 같은 크기이고,[880] 껍질에는 가시가 흩어지듯[881] 나 있다. 껍질을 벗기면 속이 마치 지방과 같이 하얀데 씨를 감싸고 떨어지지 않는다. 맛은 새콤달콤하며, 씨는 여지荔支와 같다."라고 하였다.

韶,[301] 似栗. 赤色, 子大如栗, 散有棘刺. 破其外皮, 內白如脂肪, 著核不離. 味甜酢. 核似荔支.

『광지(廣志)』에서는 '소는 잎이 밤나무와 흡사하다. 가시가 있다. 껍질을 자르면, 안의 흰 지방이 돼지비계와 같으며, 맛이 새콤달콤하다. 또한 씨는 여지와 흡사하다.'"라고 한다. 기록한 것은 즉 해남소자이다. 또 한 종의 '소자'가 있는데, 목면과의 두리안[榴蓮; *Durio zibethinus*]이다. 열매는 모두 목질에 단단한 가시가 있고, 크기는 사람 얼굴만 하며, 하나의 무게가 2-3㎏에 달한다. 과육의 맛은 매우 좋고, 열대지역에서 나오는 과일 중 제일로, 태국에서는 '과일 중의 왕자[水果之王]'이라고 부른다. 다른 물건이나 같은 이름으로, 여기서 가리키는 바는 아니라고 하였다.

879 '사율(似栗)'은 『태평어람(太平御覽)』의 인용문과 『본초습유』에서 『광지』를 인용한 것은 모두 '엽사율(葉似栗)'이라 쓰고 있는데, 『제민요술』에서도 분명 '엽(葉)'자가 빠져 있는 것 같다. 점서본에서는 이미 오점교본에 따라 '엽(葉)'자를 보충하였다.

880 "赤色, 子大如栗"에서 적색은 열매를 가리키므로 마땅히 "子赤色, 大如栗"이라 써야 한다.

881 '산(散)': 스성한의 금석본에 따르면, 이 글자가 만약 불필요한 글자가 아니라면, '각(㱿)' 혹은 '피(被)' 등과 자형이 유사한 글자를 잘못 쓴 것으로 보았다. 그런데 묘치위 교석본에 의하면, '산(散)'은 흩어져서 박혀 있는 것을 가리키며, 반드시 '각(㱿)'자의 잘못이 아니라고 하여 스성한과 견해를 달리하였다. 이조원(李調元) 『남월필기(南越筆記)』 권13에서 "산소자(山韶子)는 여지와 같은 유로서 산뜻하고 고운 것이 그것을 넘으며 약간 작은 가시가 있다. 일명 '모여지(毛荔支)'라고 부르며, 또한 '모요자(毛珧子)'라고 부른다. 과육은 엷고, 시고 떫으며, 씨에 붙어 떨어지지 않는다."라고 하였다. 가리키는 바는 곧 '람부탄[韶子]'이며 '호(毫)'는 열매 위의 연한 가시를 가리키기 때문에 '모(毛)'라고 칭한다고 하였다.

● 그림 99
람부탄[韶]

교 기

300 '광주기왈(廣州記曰)': 『태평어람(太平御覽)』 권960의 인용에 표제는 배연(裴淵)의 『광주기』로 되어 있으며, 글자가 다르나 내용은 거의 같다.

301 '소(韶)': 스성한의 금석본에서는 '흠(歆)'으로 쓰고 있다. 스성한에 따르면 표제와 본문 중의 '흠(歆)'은 모두 『태평어람』 권960 「목부구(木部九)」에 따라 '소(韶)'로 바꾸어야 한다. 묘치위 교석본에 의하면, 제목과 인용한 문장의 '소(韶)'를 모두 '흠(歆)'으로 쓰고 있는데 형태상의 오류이며, 『태평어람』에서 『본초습유(本草拾遺)』 등의 기록을 인용한 것에 근거하여 고쳐 바로잡는다. 명청 각본에 제목은 '항(杭)'으로 잘못 쓰고 있는데, 한 줄이 빠져 즉, '소(韶)'의 내용을 '항(杭)'에 적고 있기 때문에[본권 「(125) 구(杋)」 교기 참조.] 인용한 문장 또한 '흠(歆)'이라고 잘못 쓰고 있다. 점서본에서는 이미 오점교본에서 인용한 문장을 고쳐 '소(韶)'로 쓰고 있는데 이것은 옳다고 하였다.

131 고욤君遷[882]-三-

『위왕화목지魏王花木志』에 이르기를[883] "고욤나무[君遷樹]는 가늘기가 바나나[甘焦]와 유사하며, 열매의 형상이 마유馬乳[884]와 같다."라고 하였다.

魏王花木志曰, 君遷樹, 細似甘焦,[302] 子如馬乳.

교 기

[302] '초(焦)': 『태평어람(太平御覽)』 권960 '군천(君遷)'조에서 『위왕화목지(魏王花木志)』를 인용한 것에는 '수(樹)'자가 없으며, '초(焦)'는 '초(蕉)'

882 '군천(君遷)'은 감나무과[柿樹科]의 고욤[君遷子; *Diospyros lotus*]이다. 낙엽교목으로 잎은 타원형이다. 열매 속에는 즙이 많으며 긴 타원형이고 길이는 대략 2cm이다. 묘치위 교석본에 의하면, 나무의 형태, 잎과 열매를 막론하고, 모두 "가늘기가 바나나[甘焦]와 유사하다."라고 할 수 없다. 아마 이것도 스스로 알고 기록한 것이 아니라, 『위왕화목지』라는 다른 사람의 자료를 채록한 것으로, 다른 책의 오류를 여기서도 따르면서 잘못된 것이다. 권4 「대추 재배[種棗]」편에서 이미 '종이조법(種樉棗法)'에 기록되어 있으며, 고욤[君遷子]은 북방에도 있기 때문에 결코 '비중국물산(非中國物產)'은 아니라고 하였다.

883 『위왕화목지』는 『수서(隋書)』 「경적지(經籍志)」 등에는 기록이 없으며, 오직 『태평어람』 등에서 매번 인용하여 기록하고 있다. 그 책은 대부분 다른 사람의 자료를 인용한 것으로 '위왕화목(魏王花木)'이라 기록되어 있다. 찬술한 사람은 상세하지 않으며, '위왕(魏王)' 또한 어떠한 사람인지 알 수가 없다. 책은 이미 실전되었다.

884 '마유(馬乳)'는 말 젖꼭지같이 생긴 포도의 한 품종으로 일반적으로 자줏빛을 띠며, 투명한 색을 띤 포도는 '수정(水晶)'이라고 일컫는다.

라고 쓰고, 나머지는 동일하다. 묘치위 교석본에 의하면, '감초(甘焦)'는 '초감(焦甘)'이 도치된 것으로 마땅히 "군천수는 잎이 초감(焦甘)과 유사하고, 열매는 형상이 마유(馬乳)와 같다.[桾欆樹, 葉似焦甘, 子細如馬乳.]"라고 써야 할 듯하다고 하였다.

132 고도古度一三二

『교주기交州記』에 이르기를,[885] "고도수古度樹[886]는 꽃이 피지 않고 열매를 맺는다. 열매는 나

交州記曰, 古度樹, 不花而實. 實

885 『교주기(交州記)』 조항은 각 서에서 인용하지 않았다. 『영락대전(永樂大全)』 권14536 '고도수(古度樹)'에서 『제민요술』을 인용한 것에 『교주기』를 재인용하면서 본문에 '著屋正黑'이라고 적었다. 또한 『문선(文選)』 「오도부(吳都賦)」의 '고도(古度)' 조항에는 유규(劉逵) 주에서 "유성(劉成)이 말하길, '고도는 나무이다. 꽃이 피지 않고 열매가 맺는다. 열매는 모두 껍질 속에서 나오며, 크기는 안석류와 같고, 매우 붉으며 처음에 그것을 쪄서 먹을 수 있다.'"라고 한다. 내용은 서로 동일한데, 단지 '포리(蒲梨)'의 한 단락에서는 "初時可煮食"이라는 한 구절이 빠져 있다. 『식물명실도고장편(植物名實圖考長篇)』 권16 '고도'에서 『교주기』를 인용한 것은 『제민요술』과 완전히 동일한데, 단지 "著屋正黑"을 본문에 적고 있으며 '취지(取之)' 다음에 '위종(爲粽)' 두 글자가 더 많다.

886 '고도수(古度樹)': 이 절과 다음 절의 『광주기』 기록으로 보건대, '고도'는 무화과속[*Ficus*]의 식물이다. 스셩한의 금석본에 따르면, 이시진(李時珍)의 『본초강목(本草綱目)』에서 문광과(文光果), 천선과(天仙果), 고도자(古度者)를 '무화과' 조에 넣은 것은 매우 정확하다. '고도'와 '고도자'는 모두 고유명사가 아니라 단지 음을 기록하는 글자에 불과한 듯하다. 꽃은 보이지 않고 나무에서 갑자기 '곡두(鵠頭)', '골타자(骨朶子)' 혹은 '골돌(榾柮)'이 생겨나와 '골타수(骨朶樹)'라고 불

무껍질 중에서 나온다. 크기는 안석류安石榴[887]만 하고, 붉은색[888]이며 먹을 수 있다. 열매 속에는 '나나니벌[蒲梨]'과 같은 것이 있다.[889] 그것을 따서 며칠을 두고 삶지 않으면 모두 성충으로 변하는데, (그 모양이) 개미와 같으며, 날개가 있어 껍질을 뚫고 나와서 날아간다. 집 가득 달라붙으며 검은색을 띠고 있다.[890]"라고 하였다.

고미顧微의 『광주기廣州記』에 이르기를, "고도수古度樹는 잎이 밤나무와 같은데, 비파枇杷 잎보다 크다. 꽃이 없는데, 가지가 갈라진 껍질

從皮中出. 大如安石榴, 正赤, 可食. 其實中如有蒲梨者. 取之數日, 不煮, 皆化成蟲, 如蟻, 有翼, 穿皮飛出. 著屋正黑.

顧微廣州記曰,[303] 古度樹, 葉如栗而大於枇

린다. 독음이 조금 변하여 '고도수'가 되었다고 한다.

887 '안석류(安石榴)'는 일반적으로 석류(石榴; *Punica granatum*)를 가리킨다. 낙엽교목 혹은 관목으로서 단잎으로 되고, 통상 줄기 양쪽으로 마주 나거나[對生]이나 떨기로 자라며 턱잎[葉托: 잎자루 밑에 붙은 한 쌍의 작은 잎]은 없다. 중국에서 석류재배의 역사는 한대까지 소급할 수 있으며, 육공(陸鞏)의 기록에 의하면 장건이 서역에서 가져왔다고 한다.([출처]: Baidu 백과)

888 금택초본에서는 '정적(正赤)'이라고 쓰고 있는데, 다른 본에서는 '색적(色赤)'이라고 적고 있다.

889 '여유포리(如有蒲梨)': '포리(蒲梨)'는 곧 나나니벌[蒲廬]이다. 『이아』「석충」에 "과라(果蠃), 포려(蒲盧)이다."라고 하였다. 곽박의 주에서는 "허리가 가는 벌이다."라고 하였다. 또한 '과라(蜾蠃)'라고 적고 있다. 묘치위 교석본에 의하면, 무화과의 식물의 꽃차례 받침 중에는 암꽃, 수꽃, 충령[癭花]이 있다. 충령은 꽃 조직에서 영봉의 침해를 받은 후에 세포가 빨리 분열되어 일종의 특이한 구조를 이룬다. 그 꽃은 영봉의 둥지를 트는 곳이 되어 영봉이 그 속에서 알을 낳는데, 그 유충이 털이 달려 성충으로 변할 때를 기다리는 모습이 날갯짓하는 개미와 같이 과일 껍질을 뚫고 날아간다고 하였다.

890 '저옥정흑(著屋正黑)': 청각본에서는 고쳐서 본문으로 적고 있으며, 다른 책에서는 『교주기』를 인용하여 또한 본문으로 적고 있다.

속에서 열매가 달리고, 열매는 마치 살구와 같고 맛이 시다. 따서 삶아 꿀에 절인 과일[891]을 만들 수 있다. 따서 며칠을 두고 삶지 않으면 (속이 단단해지면서,) 나나니벌이 생긴다."라고 하였다.

杷. 無花, 枝柯皮中生子, 子似杏而味酢. 取煮以爲粽. 取之數日, 不煮, 化爲飛蠛.

"희안현熙安縣[892]에는 한 그루의 고도수古度樹가 자라는데 (사람들이 그곳에 사당을 건립하여) '고도古度'라고 불렀다.[893] 마을사람들이 아들이 없을 때 사당에서[894] 그 나무의 수액을 태우면[895] 아들을 얻게 된다. (그러면) 금백金帛으로 보답하였다."라고 하였다.

熙安縣有孤古度樹生, 其號曰古度. 俗人無子, 於祠炙其乳, 則生男. 以金帛報之.

● 그림 100
고도(古度: 무화과)
와 열매

891 '종(粽)'은 잘못된 글자를 따른 것으로, 마땅히 '삼(糁)'으로 적어야 올바르며, '삼(糝)'과 동일하다.[본권「(128) 목위(木威)」주석 참고.]

892 '희안(熙安)': 남조의 송나라가 세운 현이며, 오늘날 광주시 동쪽이다.

893 "其號曰, 古度": 뒷문장의 "나무의 수액을 태우면[炙其乳]"이라는 구절을 통해 '고도'가 '고도사(古度祠)'임을 알 수 있다. 또한 사당 안에 고도신상을 만들 것이므로, '사상(祠像)' 두 자가 빠졌음을 추측할 수 있다.

894 '사(祠)'는 제시를 지내는 사당의 의미로 사용되고 있다.

895 '자(炙)': 각본에서는 '자(炙)'라고 쓰고 있는데, 금택초본에서는 '구(灸)'라고 쓰고 있다.

교기

[303] '고미광주기왈(顧微廣州記曰)': 『태평어람(太平御覽)』 권960 「목부구(木部九)」 '고도(古度)' 항에서는 배연(裵淵)의 『광주기』를 인용하였는데, 『제민요술』에서 인용한 고미(顧微)의 『광주기』와 비교하면 "而大於枇杷" 구가 생략되었으며, '행(杏)'이 '노(櫨)'로 되어 있고, '미(味)'자가 없다. '자(煮)'자 앞의 '취(取)'자 역시 빠져 있다. 묘치위 교석본에 의하면, 『영락대전(永樂大全)』 권14536 '고도수' 조항에서 『제민요술』을 인용한 곳에 고미의 『광주기』를 재인용한 것에는 이 두 단락이 있는데, 완전히 동일하다고 한다. 다만 『광주기』를 인용한 한 조항은 내용이 서로 동일하나 비교적 간략하며 『제민요술』의 각본에는 없으므로 잘못 인용된 듯하다. 『태평어람』 권960 '고도' 조항에는 배연의 『광주기』를 인용하고 있는데, 고미의 『광주기』와 더불어 대동소이하며, 단지 '희안현(熙安縣)'이라는 한 단락이 없다. 『영락대전』에서 『태평어람』을 인용하면서 『제민요술』이라고 잘못 제목을 단 듯하다고 하였다.

133 계미繫彌[896]—三三

『광지廣志』에 이르기를, "계미수繫彌樹는 열 | 廣志曰,[304] 繫

896 '계미(繫彌)': 「(125) 구(杋)」에 "杋, 繫梅" 구절이 있는데, '계미'는 '계매'의 동음사이며, 산사(山楂)를 가리키는 듯하다. 스성한의 금석본을 참고하면, 이시진(李時珍)의 『본초강목(本草綱目)』 권33의 '부록제과(附錄諸果)'에서 '계미자(繫彌子)' 다음에 곽의공(郭義恭)의 『광지(廣志)』를 인용하여 "형상은 둥글고 가늘며, 붉고, 연조(軟棗)와 같다. 첫맛은 쓰나 뒷맛은 달며, 먹을 수 있다."라고 하였는

매가 붉은색을 띠고, 이조楰棗[897]와 흡사하며 먹을 수 있다."라고 하였다.	彌樹, 子赤, 如楰棗, 可食.

교 기

304 '광지왈(廣志曰)': 『태평어람(太平御覽)』 권961 「목부십(木部十)」의 인용에 '미(彌)'가 '미(迷)'로 되어 있고, '이조(楰棗)'가 '나속(穤粟)'으로 잘못되어 있다. 묘치위는 교석본에서, 『영락대전(永樂大全)』 권14536 '계미수(繫彌樹)' 조항에서 『광지(廣志)』를 인용한 것은 『제민요술』과 동일하다고 하였다.

134 도함都咸[898] 一三四

『남방초물상南方草物狀』에 이르기를,[899] "도함	南方草物狀曰,

데, 이는 『제민요술』 및 『태평어람(太平御覽)』의 인용과 다르며 그 근거가 무엇인지 알 길이 없으므로 주의할 필요가 있다.[『본초강목』의 서례(序例)에서 나열한 '인거고금경사백가서목(引據古今經史百家書目)' 중에 곽의공의 『광지』가 있는 것으로 보아 그가 원서를 본 적이 있는 듯하다. 다만 유사한 책에 근거하여 재인용했을 가능성도 있다.] 앞 주석의 '미자'는 『광지』의 이 조를 쓸 때 '계'자가 누락된 듯하다고 하였다.

897 '이조(楰棗)': 이시진의 『본초강목』에서는 이조가 바로 고욤[君遷子]이라고 추정한다.

898 '도함(都咸)': 『본초강목』 권31에 '도함자(都咸者)'가 있는데, 진장기(陳藏器)의

수都咸樹는 야생野生에서 자란다. (열매는) 손가락 굵기만 하고 길이는 3치[寸] 정도이며, 그 색은 아주 검다. 3월에 꽃이 피며, 이어서 열매를 맺는다. 7-8월이 되면 열매가 익는다. 현지인들은 그 열매를 먹으며,[900] 나뭇가지의 껍질은 말렸다가	都咸樹, 野生. 如手指大, 長三寸, 其色正黑. 三月生花色, 仍連著實. 七八月熟. 里

『본초습유(本草拾遺)』를 인용하여 "도함자는 광남(廣南) 산골짜기에서 자란다고 한다. 서표(徐表)의 『남주기(南州記)』에 '그 나무가 자두나무[李]와 같고 자(子)가 손가락만큼 크다.'라고 하였다. 자와 껍질, 잎을 따서 말려 마시면 아주 향이 좋다."라고 했다. 또한 혜함(嵇含)의 『남방초목상(南方草木狀)』을 인용하여 "도함나무는 일남(日南)에서 난다. 3월에 꽃이 나며, 꽃이 시들기도 전에 열매를 맺는다. 크기는 손가락만 하며 길이가 3치[寸]이다. 7, 8월에 익으며 그 색이 검다."라고 했다. 그러나 금본 『남방초목상』에는 이 단락이 없다. 스셩한의 금석본에 따르면, "3월에 꽃이 나며, 꽃이 시들기도 전에 열매를 맺는다."라는 구절로 보면 이것은 서충(徐衷)이 『남방초물상』에서 관용적으로 사용하는 문구로, 금본 혜함의 『남방초목상』에서 발견된 적이 없다. 그러므로 이시진이 잘못 인용했거나 잘못 기억했다고 의심하지 않을 수 없다. 이러한 자료들을 통합해서 볼 때, '도함'이 도대체 무슨 식물인지 추정하기 어렵다. 그렇지만 기술한 화기와 과기 및 과실의 형상과 색, 명칭 등 여러 가지로 보건대, 도금양(桃金孃)이라고 추측할 수 있다. 즉 '도념자(倒捻子)', '도념자(都念子)' 혹은 '다남자(多南子)'인데, 다만 서충이 두 군데에 기록한 용법을 보면 도금양이 아니라고 한다.

899 『태평어람(太平御覽)』 권960 '도함(都咸)'에서는 이 조항을 인용하지 않았다. 다만 서충(徐衷)의 『남방기(南方記)』의 한 조항을 인용하였는데 내용은 서로 동일하지만 극히 간략하며, "도함(都咸)나무는 열매 크기가 손가락 굵기와 같다. 열매와 나무껍질을 채취하여 햇볕에 말려 음료를 만들 수 있으며 매우 향기롭다."라고 하였다. 『본초습유(本草拾遺)』는 서표(徐表)의 『남주기(南州記)』를 인용한 것이 『태평어람』과 기본적으로 동일하다.

900 '담자(啖子)' 아래에 이어진 문장은 "及柯皮乾作飮"인데, 순서가 합당하지 않다. 『본초습유(本草拾遺)』의 본문에는 "도함(都咸)은 열매와 껍질과 나뭇잎은 말려서 음료를 만들어 음용한다."로 기록되어 있고, 『남주기(南州記)』를 인용한 것에도 "열매와 껍질을 취하여 음료를 만든다."라고 하였으며, 『태평어람』에서 『남

달여서 음료로 만드는데 아주 향기롭다. 일남日南에서 생산된다."라고 하였다.

民啖子, 及柯皮乾作飮, 芳香. 出日南.

135 도각都桷[901] 一三五

『남방초물상南方草物狀』에서 이르기를, "도각수都桷樹는 야생野生에서 자란다. 2월에 꽃이 피고 이어서 곧 열매가 달린다. 8-9월에 익으며, (열매는) 계란과 같다.[902] 현지인들은 그것을 따서 먹

南方草物狀曰,[305] 都桷樹, 野生. 二月花色, 仍連著實. 八九月熟, 一如雞

방기(南方記)』를 인용한 것에도 "열매와 나무껍질을 취하여 햇볕에 말려서 음료를 만든다."라고 하였는데, 청대 단췌(檀萃)의 『전해우형지(滇海虞衡志)』 권10 '도함자(都咸子)'조에서도 마찬가지로 "열매와 나무껍질과 잎을 취해서 말려 이로써 음료를 만든다."라고 하였다. 묘치위 교석본에 따르면, '담자(啖子)'는 '취자(取子)'의 잘못으로 의심된다고 한다.

901 '도각(都桷)': 스성한의 금석본에서는 '도곤(都昆)'과 '도각(都桷)'은 원래 같은 것을 가리키는 이름이었으나, 지역 방언의 미세한 차이와 음을 기록하는 사람들의 식별 차이로 기록상 이견이 생겼을 것으로 추측하였다. '구(構)'는 자형이 '각(桷)'과 유사하며, 발음 역시 '곤(昆)' 및 '각(桷)'과 연관이 있다. '통(桶)'과 '각(桷)'의 음은 비록 차이가 크지만 자형은 매우 유사하다. 반면, 묘치위 교석본에 의하면, '도각수(都桷樹)'는 『본초강목(本草綱目)』 권31 '도각자'에서 이르길, "각(桷)은 『태평어람(太平御覽)』에서는 '통자(桶子)'라 쓰고 있는데, … 모두 베끼면서 잘못된 것이다. 또한 '저구(楮構)'의 '구(構)'와 더불어 이름은 같으나 실제로는 다르다."라고 하였다. '각'은 '곡'과 더불어 이름은 같지만 실제로 다르다.[본서 「(42)

는다."라고 하였다. | 卵. 里民取食.

교 기

305 '남방초물상왈(南方草物狀曰)': 『태평어람(太平御覽)』 권960 「목부구(木部九)」 '도각(都桷)' 항의 제2조에 『위왕화목지(魏王花木志)』를 인용하여 "『남방초물상』에 도통(都桶)나무는 들에서 자란다. 2월에 화색(花色)이며, 화기가 끝나기 전에 열매를 맺는다. 8, 9월에 익는다. 열매는 오리알[鴨卵]과 같고, 백성들이 그것을 먹는다. 서충(徐衷)의 『남방기(南方記)』에서 이르길, '도각수는 2월에 꽃이 피며, 꽃이 피고 연달아 열매가 달린다.'"라고 하였다. 『태평어람』 속 '도통(都桶)'의 설명은 '도각(都桷)'의 잘못으로, 바로 이 책의 권972 '각자(桷子)'를 잘못 써서 '통자(桶子)'로 적은 것과 같으며, 두 글자의 자형이 매우 비슷하여 『제민요술』 「(42) 통(桶)」 역시 '각(桷)'의 잘못이다.

136 부편夫編一三六

● 夫編一三六: 一本作徧. 어떤 본에서는 '편(徧)'[903]이라고 쓰고 있다.

『남방초물상南方草物狀』에 이르기를, "부편수 | 南方草物狀

통(桶)」 주석 참조.]

902 '일여(一如)': 『본초습유(本草拾遺)』와 『태평어람(太平御覽)』에서 인용한 것에는 '자여(子如)'로 쓰고 있는데, '일(一)'은 '대(大)' 혹은 '자(子)'자의 글자가 깨지면서 잘못된 듯하다.

903 '편(編)'을 '편(徧)'이라고 쓰기도 한다. 금택초본, 호상본에서는 제목은 같으나

夫編樹[904]는 야생野生에서 자란다. 3월에 꽃이 피고 이어서 열매가 맺힌다. 5-6월이 되면 열매가 익으며 한줌 크기이다.[905] (껍질과 씨를) 삶아서

云,[306] 夫編樹, 野生. 三月花色, 仍連著實. 五六月

'편(編)'이라고 잘못 쓰고 있고, 명초본에서는 '편(徧)'이라고 썼는데, 역시 틀렸다. 『태평어람(太平御覽)』 권960에 '부루(夫漏)'라는 한 항목이 있는데, 서충(徐衷)의 『남방기(南方記)』 내용을 인용한 것은 이 부분의 『남방초물상(南方草物狀)』과 서로 동일하고, 두 책이 모두 서충이 쓴 것이기에 '편(徧)'은 응당 '누(漏)'자의 오자일 것이다. 묘치위 교석본을 보면, 금택초본의 오자 습관상으로도 증명할 수 있는데, 권6 「소·말·나귀·노새 기르기[養牛馬驢騾]」의 '치려루제방(治驢漏蹄方)' 조항의 두 개의 '누(漏)'자와 권9 「소식(素食)」 '해백증(薤白蒸)' 조항의 두 개의 '누(漏)'자 모두 '편(編)' 혹은 '편(徧)'으로 잘못 쓰고 있으며, 두 '편(徧)'자 중 한 개를 교정을 하여 '누(漏)'라고 하였다. 여기서 금택초본의 '편(編)'이 실제로는 '누(漏)'자를 틀리게 쓴 것이며, "한 본에서는 '누(漏)'라고 쓴다."라고 하는 것이 정확하다고 한다.

904 '부편수(夫編樹)': 바로 '부루수(夫漏樹)'이며, 잘못 초사한 것이 전해진 듯하다. 『본초습유(本草拾遺)』에서는 "무루자(無漏子)는 … 파사국(波斯國: 이란)에서 나며, 대추와 같고, 일설에서는 페르시아 대추[波斯棗]라고 부른다."라고 하였다. 『본초강목(本草綱目)』 권31 및 『식물명실도고(植物名實圖考)』 권32에서는 모두 무루자(無漏子)의 별칭인 '대추야자[海棗]'를 기록하고 있다. 당대(唐代) 유순(劉恂)의 『영표록이(嶺表錄異)』 권중(中)에서는 그가 일찍이 광주에서 외국으로부터 들어온 페르시아 대추[波斯棗]를 먹었다고 기록하고 있으며, 아울러 그 씨를 취해 파종하였으나, "오래도록 싹이 나지 않으니 완전히 썩어 문드러진 듯하다."라고 하였다. 무루자(無漏子)는 곧 종려과(棕櫚科)의 대추야자[海棗]이며, 학명은 *Phoenix dactylifera*로, 페르시아 대추[波斯棗]란 별칭이 있다. 커다란 상록교목으로 깃꼴 겹잎이며 줄기 끝에 떨기로 자란다. 즙이 많은 열매는 긴 타원형으로 대추와 유사하고, 달고 맛있다. 원산지는 아프리카 북부와 아시아 서남부이며, 이라크 특산물 중의 하나이므로 '이라크 꿀대추[伊拉克蜜棗]'라고도 부른다. 현재 열대지방에서 아주 많이 재배되고 있다.

905 '급악(及握)'은 열매의 크기가 '한줌정도[盈握]'라고 해석할 수 있다. 그러나 이것은 억지 해석이며, 『태평어람(太平御覽)』에서는 '여출유(如朮有)'라고 쓰고 있다. 묘치위 교석본에 의하면, 부루(夫漏)의 열매는 '여조(如棗)'이며, '출유(朮有)'

생선국, 닭국, 오리국 속에 넣으면 맛이 좋다. 또한 소금에 절여 저장할 수 있다. 교지交阯와 무평武平에서 난다."라고 하였다.

成子, 及握. 煮投下魚雞鴨羹中, 好. 亦中鹽藏. 出交阯武平.

교 기

306 '남방초물상운(南方草物狀云)': 묘치위 교석본에 의하면, 『태평어람(太平御覽)』 권960 '부루(夫漏)' 조항에서 서충(徐衷)의 『남방기(南方記)』의 한 조항을 인용한 것이 있는데, "부루수는 야생수이다. 그것은 3월에 꽃이 피고, 5-6월에 열매가 익으며, 대추와 같다. 삶아서 생선국, 닭국, 오리국 속에 넣으면 맛이 좋고, 먹을 수 있다. 또한 소금에 절여 저장할 수도 있다."라고 하였다. 『남방초물상』의 내용과 더불어 서로 동일하고, 실제로는 같은 한 조항으로 '부루(夫漏)'는 '부편(夫編)'이라 쓰고 있는데, 아마 이것의 다른 이름은 아니고 옮겨 적는 과정에서 이미 틀리게 쓴 듯하다고 하였다.

137 을수乙樹[906]—三七

『남방기南方記』[907]에서 이르기를, "을수乙樹는

南方記曰,[307]

는 '조(棗)'자가 잘못된 것으로 의심되는데, 『본초습유(本草拾遺)』에는 '여조(如棗)'라고 쓰여 있으며, '급악(及握)'은 마땅히 '여조(如棗)'의 잘못인 듯하다.

906 '을수(乙樹)': 무슨 식물인지 알 수 없다.

산속에서 자란다. 잎을 따서 절구에 찧고, 잎과 즙을 같이 끓이는데[908] 두 번 끓어오른 후에 그친다. 맛은 쓰다. 볕에 말려서 생선국과 고깃국 속에 넣는다. 무평武平과 홍고興古에서 난다."라고 하였다.	乙樹,[308] 生山中. 取葉, 擣之訖, 和繻葉汁煮之, 再沸, 止. 味辛. 曝乾, 投魚肉羹中. 出武平興古.

---

907 『영락대전(永樂大全)』 권14537 '을수(乙樹)' 조항은 『제민요술』을 인용하고 있으며 완전히 동일하다. 『남방기(南方記)』는 각 가의 서목의 기록에는 보이지 않고, 오직 『태평어람(太平御覽)』에서만 매번 그 기록을 인용하고 있다. 그 기록은 『남방초물상(南方草物狀)』과 더불어 동진(東晉)에서 유송(劉宋)에 이르는 시기까지 서충(徐衷)이 찬술한 것과 동일하다. 책은 이미 실전되었다. 묘치위의 교석에서는 저자의 이름과 관련하여 각서에서 인용한 것에 근거하면, 『남방초물상』과 같고 서충(徐衷), 서애(徐哀), 서표(徐表), 서리(徐裏)처럼 다른 것도 있지만, 본초서에서 인용한 것에서는 대개 '서표(徐表)'로 쓰고 있는데, 뒤의 세 이름은 모두 '서충(徐衷)'의 잘못된 형태로 의심된다고 한다. 서명(書名)은 본초서에서 인용한 것과 또 다르게 『남주기(南州記)』로 쓰고, 저자는 '서표(徐表)'라고 했다. 일반적으로는 『남주기(南州記)』를 『남방기(南方記)』의 다른 이름으로 인식하고 있는데, 『남주기』에 있는 많은 조항의 내용이 『남방기』와 서로 동일하며 서표(徐表)는 서충(徐衷)의 잘못이다. 또한 어떤 사람은 서표(徐表)의 『남주기』와 서충(徐衷)의 『남방초물상』이 동시대가 아닌 두 종류의 책으로 인식하기도 한다. 서충(徐衷)이 『남방기』를 먼저 쓰고 이후에 수정하여 제목을 고친 것이 『남방초물상』이라고 한 것인지 『남방초물상』을 초사하여 전해지는 과정에서 제목이 바뀌어 『남방기』가 되었는지는 알 수 없다. 묘치위에 의하면, 남쪽에서 쓰고 북쪽으로 전해져서 가사협이 동시에 이 두 책을 보았고, 그 때문에 두 가지를 나란히 인용한 것으로 보고 있다.

908 '수(繻)': 스셩한의 금석본에 따르면, 또 다른 식물의 이름이거나 '유(濡)'자를 잘못 보고 틀리게 썼을 가능성이 있다. 즉 '잎을 빻아서 나온 즙에 적시다'의 의미이다.

교 기

307 '남방기왈(南方記曰)': 『태평어람(太平御覽)』 권961 「목부십(木部十)」 '을목(乙木)' 항에서는 서충(徐衷)의 『남방기』를 인용하여 "을수의 잎은 그것을 빻아서 그 즙과 같이 다시 끓인다. 쓴 맛이다. 말려서 생선국[魚羹]에 넣을 수 있다."로 적고 있다.

308 '을수(乙樹)': 명청 각본의 표제와 본문 중에 모두 '일수(一樹)'로 되어 있다. 명초본과 금택초본에 따라 '을'로 고친다.

138 주수州樹[909] 一三八

『남방기南方記』[910]에서 이르기를, "주수州樹는 야생野生에서 자란다. 3월에 꽃이 피고 이어서 열매가 맺힌다. 5-6개가 한줌 정도 되며, 달린[911] 열매는 자두와 같다. 5월이 되면 익는다. 딱딱한

南方記曰, 州樹, 野生. 三月花色, 仍連著實. 五六及握, 煮如李

909 '주수(州樹)': 무슨 식물인지 알 수 없다.

910 『남방기(南方記)』: 스셩한의 금석본을 보면, 문자 체제와 나열방식으로 보건대 『남방초물상(南方草物狀)』과 유사하다. 묘치위 교석본에 의하면, 이 조항은 각서에서 인용한 기록이 보이지 않는다. 오직 『영락대전(永樂大全)』 권14537 '주수' 조항에서 『제민요술』 문장을 인용하여 '오륙(五六)'을 '오뉴월[五六月]'로 쓰고 있으며 나머지 문장은 동일하다.

911 '급악(及握)': 「(136) 부편(夫編)」에도 "及握. 煮"라는 구절이 있으나 의미가 다르다. 여기의 '자(煮)'는 해석하기 어려운데 묘치위 교석본에서는 저(著)'의 형태상 오류인 듯하고, 나무 위에 붙어서 자라는 것을 가리킨다고 하였다.

껍질을 벗겨 내면 그 맛이 달콤하다. 무평武平에서 난다."라고 하였다.

子. 五月熟. 剝核, 滋味甜. 出武平.

139 전수前樹[912] 一三九

『남방기南方記』에서 이르기를, "전수前樹는 야생野生에서 자란다. 2월에 꽃이 피며 이어서 열매가 달린다. 과실은 손가락 굵기만큼 가늘고 길이는 3치[寸] 정도이다. 5-6월에 익는다. 뜨거운 물에 데쳐[913] 껍질을 벗기고 씨를 제거한 뒤에 먹는다. 술지게미와 소금에 절여서 보관하면 맛이 쓰지만 먹을 만하다. 교지에서 난다."라고 하였다.

南方記曰, 前樹, 野生. 二月花色, 連著[309]實. 如手指, 長三寸. 五六月熟. 以湯滴之, 削去核食. 以糟鹽藏之, 味辛可食. 出交阯.

912 '전수(前樹)'는 무슨 식물인지 알 수 없다. 이 조항은 각서에서 인용한 기록이 보이지 않는다. 오직 『영락대전(永樂大全)』 권14537 '전수' 조항에서 『제민요술』의 문장을 인용하고 있는데, '저(著)'자는 '청(靑)'자로 잘못 쓰고 있으며, '오(五)'자는 없고 나머지는 동일하다.

913 '적(滴)': 스셩한의 금석본에서는 '약(瀹)'의 잘못으로, 묘치위 교석본에서는 '설(渫)'의 잘못된 표기로 보았는데, 모두 '데치다'의 의미로, 단단한 껍질을 부드럽게 하여 쉽게 벗길 수 있게 된다.

교 기

[309] '저(著)': 명초본과 명청 각본에 모두 '청(青)'으로 잘못되어 있다. 금택초본에 따라 바로잡는다. 묘치위 교석본에 의하면, 『영락대전(永樂大全)』에서도 또한 '청(青)'으로 잘못 쓰고 있는데, 『영락대전』에서 『제민요술』을 인용하면서 여러 조항에 오자가 있는 것은 명초본과 동일하다. 여기서 사용한 『제민요술』은 남송 계통본으로, 북송본은 보이지 않는다고 하였다.

140 석남石南一四十

『남방기南方記』에 이르기를, "석남수石南樹[914]는 야생野生에서 자란다. 2월에 꽃이 피고 이어서 열매가 맺힌다. 열매는 마치 제비알과 같으며, 7-8월에 익는다. 사람이 따서 씨를 꺼내고 그 껍

南方記曰,[310] 石南樹, 野生. 二月花色, 仍連著實. 實如鷰卵, 七

914 '석남수(石南樹)': 스성한의 금석본에 따르면, 장미과의 홍가시나무[石楠; *Photinia serrulata*]로, 상록관목 혹은 소교목으로, 회하이남 각지에 분포되어 있다. 돌배로서 열매는 구형이며, 크기가 극히 작고(직경 5-6㎜), 익을 때 홍색 또는 자줏빛 갈색을 띠며, '귀목(鬼目)'이라는 명칭이 있다. 그러나 묘치위 교석본에 따르면 본 항목에서 이르는 열매는 '제비알[鷰卵]' 모양이고, 또 조미료로 만들어 쓸 수 있어 명백히 석남과 부합되지 않는데, 도대체 어떤 식물인지는 상세하지 않다고 한다. 『본초도경(本草圖經)』에서 이르길, "강호 사이에서 나는 것은 잎이 비파나무의 잎과 같고, 작은 가시가 있으며, 추운 겨울에도 시들지 않는다. 봄에 흰 꽃이 나 떨기를 이룬다. 가을에 작고 붉은 열매를 맺는다."라고 하였다.

질을 말리면 생선국을 만들기에 적합하며, 조미료[915]로 섞어 사용하면 더욱 맛이 있다. 구진九眞에서 난다."라고 하였다.

八月熟. 人採之, 取核, 乾其皮, 中作肥魚羹, 和之尤美. 出九眞.

교 기

310 '남방기왈(南方記曰)': 『태평어람(太平御覽)』 권961 「목부십(木部十)」 '석남' 항에서는 "『위왕화목지(魏王花木志)』에서 이르기를, 『남방기』 …" 구절과 『제민요술』의 이 조항을 인용했는데 거의 전부 같으며 '색(色)'자만 빠져 있다. '난(卵)'이 '자(子)'로 되어 있고, '칠(七)'자가 빠져 있으며, '乾其皮 …' 두 구절이 "乾取皮, 皮作魚羹"으로 되어 있다.

141 국수國樹[916] —四—

『남방기南方記』에서 이르기를, "국수國樹는

南方記曰, 國樹,

915 '화(和)'는 조미료를 뜻하며, 『여씨춘추(呂氏春秋)』 「본미(本味)」 편에서는 "和之美者"라고 하였다.

916 '국수(國樹)' 조항은 각서에서 인용된 기록이 보이지 않는다. 『영락대전(永樂大全)』 권14537 '국수' 조항에서는 『제민요술』을 인용하였는데, 완전히 동일하다. 스성한은 금석본에서, 무슨 식물인지 단정할 수 없지만 아마 오동과(梧桐科)의 봉안과(鳳眼果; *Sterculia nobilis*)인 듯하다고 한다.

열매가 기러기 알과 같고, 야생野生에서 자란다. 3월에 꽃이 피고 이어서 열매가 맺힌다. (열매는) 9월에 익는다. 볕에 말린 후에 껍질을 벗겨 내고 먹으면 맛이 밤과 같다. 교지에서 난다."라고 하였다.

子如鴈卵, 野生. 三月花色, 連著實. 九月熟. 曝乾訖, 剝殼取食之, 味似栗. 出交阯.

142 저楮[917]—四二

『남방기南方記』에서 이르기를,[918] "저수楮樹는

南方記曰, 楮

917 '저수(楮樹)': 스성한 금석본에서는 '저수'가 뽕나무과의 닥나무[構樹; *Broussonetia papyrifera*]로, 또는 '저수(楮樹)', '곡수(穀樹)'라고 불린다고 하였다. 그러나 묘치위 교석본에서는 『남방기』의 '저수(楮樹)'는 닥나무가 아니며, 이것은 같은 이름의 다른 식물로 보았다. 실제로는 「(42) 통(桶)」['각(桷)'의 잘못], 「(135) 도각(都桷)」, 「(149) 도곤(都昆)」과 더불어 꽃피는 시기, 열매 맺는 시기, 과일의 형태 및 소금에 저장하는 데 이르기까지 완전히 동일하므로, 이것은 분명 같은 식물일 것이다. 『태평어람(太平御覽)』 권972에서 진기창(陳祈暢)의 『이물지(異物志)』를 인용한 것에는 '곡자(穀子)'가 있는데, 종이를 만들 수 있는 '곡(穀)'자와 더불어 이름이 같다고 설명하나 실제로 크게 다르다. 여기서 저수는 마땅히 진기창이 기록하고 있는 곡자수이며, 이는 곧 '각(桷)', '도각(都桷)'이다. 그러나 확실히 어떠한 종류의 식물을 가리키는지는 알 수 없다고 한다.[「(42) 통(桶)」의 주석 참조.]

918 『태평어람(太平御覽)』 권960 '곡(穀)' 조항에서 『위왕화목지(魏王花木志)』를 인용한 것 중 『남방기(南方記)』를 재인용한 첫머리 구절에서는 "저(楮)는 열매가 매실과 같다."라고 적고 있는데, "연저실(連著實)"을 "잉연실(仍連實)"로 적고 있으며, '염장(鹽藏)' 앞에는 '토인(土人)' 두 글자가 있고 나머지는 동일하다.

열매가 마치 복숭아와 흡사하다. 2월에 꽃이 피고 이어서 열매가 맺힌다. 7-8월에 익는다. 따서 소금에 절여 저장하면 맛이 쓰다. 교지에서 난다."라고 하였다.

樹, 子似桃實. 二月花色, 連著實. 七八月熟. 鹽藏之, 味辛. 出交阯.

143 산橏[919]—四三

『남방기南方記』에서 이르기를,[920] "산수橏樹는 열매가 복숭아와 같으며, 길이는 1치[寸] 정도이다. 2월에 꽃이 피고 이어서 열매가 맺힌다.[921] 5월에 익으며 색은 황색이다. 소금에 절여서 저

南方記曰, 橏樹, 子如桃實, 長寸餘. 二月花色, 連著實. 五月熟,

919 '산(橏)':『옥편(玉篇)』주에는 "나무이름[木名]이다."라고 풀이하였으나, 무슨 나무인지는 추정하기 어렵다.

920 『본초강목(本草綱目)』권33 '부록제과(附錄諸果)'조에는 '산자(橏子)'가 있으며, 이 조항에서는 서표(徐表)의 『남주기(南州記)』를 인용하여, "구진(九眞), 교지(交阯)에서 난다. 나무에서 열매가 자라는 것이 복숭아 열매와 같으며, 길이는 한 치[寸] 남짓이다. 2월에 꽃이 피고, 열매가 연이어 달린다. 5월에 익으며, 황색이다. 소금에 절여 저장하여 먹을 수 있고, 맛이 신 것이 매실과 유사하다."라고 하였다. 묘치위 교석본에 의하면, 본초서에서 서충(徐衷)은 대개 서표(徐表)로 쓰고 있는데, '서충(徐衷)'의 잘못을 따른 듯하다. 『남방기(南方記)』의 책이름은 여러 곳에서 『남주기』라 다르게 쓰고 있다.[「(137) 을수(乙樹)」 주석 참조.]

921 '저(著)'자는 원래 없다. 묘치위 교석본에서는 청각본에서 『본초강목』을 인용한 것에 근거하여 보충하여 넣었으며, 마땅히 있어야 한다고 지적하였다.

장하는데, 맛은 시며 백매白梅[922]와 같다. 구진九眞에서 난다."라고 하였다.

色黃. 鹽藏, 味酸似白梅. 出九眞.

144 재염梓棪[923]—四四

『이물지』에서 이르기를,[924] "재염梓棪의 나무줄기는 열 아름 굵기 정도인데, 목재가 단단하여 예리한 강철[925]로 절단하지 않으면 자를 수가 없다. 배를 만들 수 있다. 그 열매는 대추와 같은

異物志曰, 梓棪, 大十圍, 材貞勁, 非利剛截, 不能剋. 堪作船. 其

922 묘치위 교석본에 따르면, '백매(白梅)'는 매실의 열매가 아직 익기 전에 따서 가공한 것으로 권4 「매실·살구 재배[種梅杏]」에는 '작백매법(作白梅法)'이 있다. 따는 시기에 따라 열매의 색이 다른데, 청백색인 것을 일러 '백매'라 하며, 녹색인 것을 일러 '청매(靑梅)'라 한다. 스셩한의 금석본에서는, '백매(白梅)'를 말린 매실이라고 보고 있다.

923 '재염(梓棪)': 청대(淸代) 이조원(李調元)의 『남월필기(南越筆記)』 권13 '해조(海棗)'에서 이르기를, "해조(海棗)는 민간에서는 '자경(紫京)'이라 칭하며, 단단하고 무겁기가 철력목(鐵力木)보다 더하다. 철력목은 물에 아주 적합하지 않은데, 물에 넣거나 비바람에 맞아도 썩지 않는다."라고 하였다. 이 '재염(梓棪)'은 목질이 매우 단단하여 배를 만드는 데 적당하며, 열매는 또한 '대추와 같은 유[類棗]'이다. 묘치위 교석본에 의하면, '자경(紫京)'과 같은 종류로 추측되며, 서로 흡사하지만 어떠한 종류의 식물인지는 알 수가 없다고 하였다.

924 『이물지(異物志)』의 이 조항은 각 서에서 인용하여 기록된 것이 보이지 않는다.

925 '강(剛)': 오늘날에는 '강(鋼)'으로 쓴다. '이강(利剛)'은 끝이 예리한 강철로 된 칼이다.

종류이고, 가지와 잎이 겹겹이 달리므로[926] 아래로 처진다.[927] 그 (과육의) 껍질을 벗겨서[928] 보관하는데[929] 맛은 다른 나무(열매) 보다 좋다."라고 하였다.	實類棗, 著枝葉重曝撓[311]垂. 刻鏤其皮, 藏, 味美於諸樹.

교 기

[311] '요(撓)': 명초본과 금택초본에 '요(撓)'로 되어 있고, 명청 각본에 대부분 '만(挽)'으로 되어 있으며, 점서본에는 '극(挠)'으로 되어 있는데, 그 근거가 무엇인지는 알 수 없다.

---

926 '중폭(重曝)'은 '중루(重累)'의 잘못인 듯하다.

927 "著枝葉重曝撓垂": 스성한은 이 구절에 착오와 순서의 전도가 있는 것이 분명하므로, 추측 해석이 불가하다고 한다.

928 '각루기피(刻鏤其皮)'는 '저장[藏]'할 때의 가공순서 중 하나이며, 만약 꿀에 저장하는 것이라면, 과육을 잘게 썰어서 당분이 안으로 쉽게 스며들게 한다. 남송(南宋) 주거비(周去非)의 『영외대답(嶺外代答)』 권8 '인면자(人面子)'에서 말하기를, "육질은 새콤달콤하며, 마땅히 꿀 전병에 적합하다. 벗겨서 잘게 조각을 내어, 씨를 제거하고, 납작하게 눌러서 지진다. 약간 유자 향이 나는데 남쪽 과일의 특징이다."라고 하였다. 청대(淸代) 오진방(吳震方)의 『영남잡기(嶺南雜記)』 권하(下)에서도 '인면자(人面子)'에 대해서, "소금에 절여 절임[菹]을 만들거나, 깎아서 화구(花毬)를 만들 수 있으며, 꿀에 담가서 절임을 만들 수 있다."라고 하였다. 이것은 오늘날 잘게 썰어서 대추를 꿀에 절이는 방법과 흡사하며, 꿀에 절인 대추도 씨를 제거한다. '인면자(人面子)'는 옻나무과[漆樹科]이며, 학명은 *Dracontomelon duperreanum*이고, 열매는 납작한 구형(球形)으로, 씨에는 여러 개의 구멍이 있는데, 입과 코와 유사하기 때문에 이러한 이름이 생겼다.

929 '장(藏)'자 앞에 '꿀[蜜]', '소금[鹽]'과 같은 한 글자가 빠진 듯하다.

145 가모蔛母[930]—四五

『이물지』에서 이르기를,[931] "가모나무[蔛母樹]는 껍질이 감싸고 있으며,[932] 형상은 종려나무[栟櫚]와 흡사하다. 그러나 물러서 이용하기에 적당하지 않다. 남방 사람들은 그 열매를 일러 '가蔛'라고 한다. 사용할 때는 3-4 조각으로 쪼개야 한다."라고 하였다.

『광주기』에 이르기를, "가蔛는 잎의 폭이 6-7자[尺]나 되며, 그것을 이용해 지붕을 덮을 수 있다."라고 하였다.

異物志云, 蔛母樹, 皮有蓋, 狀似栟櫚. 但脆不中用. 南人名其實爲蔛. 用之, 當裂作三四片.

廣州記曰, 蔛, 葉廣六七尺, 接之以[312]覆屋.

930 '모(母)'는 금택초본, 명초본에는 '무(毋)'(본문은 동일하다.)라고 쓰여 있으며, 다른 본에서는 모두 '모(母)'라고 쓰여 있고, 『영락대전(永樂大全)』 권14536 '가모수(蔛母樹)' 조항에서 『제민요술』을 인용한 것에도 또한 '모(母)'로 쓰고 있다.

931 『이물지(異物志)』, 『광주기(廣州記)』에서는 두 조항을 인용하였지만 『태평어람(太平御覽)』 등에서는 인용하지 않았다. 오직 『영락대전』 권14536 '가모수(蔛母樹)' 조항에서 『제민요술』의 두 조항을 인용한 것이 모두 있고, 문장은 동일하다.

932 '유개(有蓋)': 스셩한의 금석본에서는, '개(蓋)'자에 착오가 있다고 보았다. 반면 묘치위 교석본을 참고하면, '피유개(皮有蓋)'는 줄기 겉의 섬유질의 긴 잎자루가 덮여 있는 것을 가리키며, 종려나무의 줄기에 긴 잎자루로 형성된 종려나무 껍질이 감싸고 있는 형상이라고 한다.

● 그림 101
유종(油棕)과 열매

교 기

312 '이(以)': 명초본과 명청 각본에 모두 '당(當)'으로 되어 있다. 금택초본에 따라 '이(以)'로 로 고친다.

146 오자五子[933] 一四六

배연裵淵의 『광주기』에서 이르기를,[934] "오자 | 裵淵廣州記曰,

933 '오자(五子)': 이시진의 『본초강목』에서는 『조주지(潮州志)』를 근거로 하여 "지금의 조주(潮州: 중국 광동성 동부)에 있다."라고 적고 있으나, 어떤 식물인지는 자세히 알기 어렵다.

934 이 조항은 『태평어람(太平御覽)』 등에서는 인용된 것이 없다. 『본초강목(本草綱目)』 권31 '오자실(五子實)' 조항에서 배연(裵淵)의 『광주기(廣州記)』를 인용한

五子의 나무는 열매가 배[梨]와 같으며, 그 속에 씨가 5개 있기 때문에 '오자'라고 이른다. 곽란霍亂[935]과 자상[金瘡][936]을 치료한다."라고 하였다.

五子樹, 實如梨, 裏有五核, 因名五子. 治霍亂金瘡.

147 백연白緣[937]—四七

『교주기』에 이르기를,[938] "백연白緣의 나무는 높이가 1길[丈]이다. 열매의 맛은 달아서 호두[胡桃]보다 맛있다."라고 하였다.

交州記曰, 白緣樹, 高丈. 實味甘, 美於胡桃.

것에는 "오자의 열매는 크기가 배[梨]와 같고 그 안에는 다섯 개의 씨가 있어서 이름 붙여진 것이다."라고 하였다.

935 '곽란(霍亂)': 옛날에는 일반적으로 극렬한 토사(吐瀉), 복통, 근육수축[抽筋], 손발마비[拘攣] 등의 증상을 가리켰으며 오늘날의 급성 전염병인 곽란[霍亂: Cholera, 번역하면 '호열랍(虎列拉)']과는 다르다.

936 '금창(金瘡)': 칼이나 검으로 난 상처가 덧난 것[瘍]이다.

937 '백연(白緣)': 어떤 식물인지 짐작할 수 없다.

938 이 조항은 『태평어람(太平御覽)』 등에는 인용된 것이 없다. 『본초강목(本草綱目)』 권33 '부록제과(附錄諸果)' 중에 '백연자(白緣子)'가 있는데, 단지 유흔기(劉欣期)의 『교주기(交州記)』를 인용한 것에서 이 조항을 설명하길, "교지에서 난다. 나무의 높이는 1길[丈] 정도이다. 열매의 맛이 단 것이 호두[胡桃]와 같다."라고 하였다.

148 오구烏臼[939]—四八

『현중기玄中記』에 이르기를,[940] "형주[荊]와 양주[揚][941]에는 오구가 있는데, 그 열매는 가시연의 열매[雞頭][942]와 같다. 그것을 짜면 마치 참기름[胡麻子]과 같은데, 그 즙의 맛은 돼지기름과 흡사하다."라고 하였다.

玄中記云, 荊揚有烏臼, 其實如雞頭. 迮之如胡麻子, 其汁, 味如豬脂.

939 '오구(烏臼)'는 대극과(大戟科)의 오구(烏臼; *Sapium sebiferum*)로 낙엽교목이다. 중국 산동이남 각지에서 나며, 강남에 많이 보인다. 삭과(蒴果)로 구형이며, 일반적으로 3개로 쪼개지고, 씨는 3개가 있으며, 껍질이 떨어지면서 겉으로 드러난다. 씨의 외층은 흰색의 납질(蠟質)로 덮여 있으며, 정제한 흰색의 지방을 오구목 기름[桕脂]라고 한다. 씨앗에는 기름이 40-50% 함유되어 있고, 짜서 얻은 기름을 일러 재유(梓油)라 하며, 청유(青油) 혹은 구자유(桕子油)라고도 한다. 건성유(乾性油)이며, 중국의 특산물로 옻칠[油漆]과 잉크[油墨]를 제작하는 등의 공업에 사용한다.([출처]: Baidu 백과)

940 이 조항은 각 서에서 인용한 기록에는 보이지 않는다.『영락대전(永樂大全)』권14536 '오구수(烏臼樹)'조에서『제민요술』을 인용한 문장은 완전히 동일하다.

941 '양(揚)': 스셩한의 금석본에서는 '양(陽)'자로 쓰고 있으나 '양(揚)'자의 잘못으로 보았다.

942 '계두(雞頭)': 즉 가시연[芡]의 열매이다.

149 도곤都昆[943] — 四九

『남방초물상』에 이르기를,[944] "도곤수都昆樹는 야생野生에서 자란다. 2월에 꽃이 피고 이내 열매가 맺히는데 8-9월에 익는다. (그것은) 계란과 흡사하다. 현지인들은 그것을 따서 먹는데, 껍질과 씨의 맛은 시다. 구진九眞과 교지交阯에서 난다."라고 하였다.

南方草物狀曰, 都昆樹, 野生. 二月花色, 仍連著實, 八九月熟. 如雞卵. 里民取食之, 皮核滋味醋. 出九眞交阯.

---

943 '도곤(都昆)': 『태평어람』 권960 '도통(都桶)'조항에서 『위왕화목지(魏王花木志)』를 인용하면서 『남방초물상』을 재인용한 것과 동일하다. '통(桶)'은 '각(桷)'의 잘못된 글자이며, '곤(昆)' 및 '각(桷)'은 소리가 변한 것으로, 마땅히 동일한 식물이다. 그러나 어떤 종류의 식물인지 상세하지 않다. 묘치위 교석본을 보면, 『남방초물상』 한 책에 '각자(桷子)', '도각(都桷)', '도곤(都昆)'이라는 세 가지 종류의 이름은 다르나 같은 식물의 기록이 등장하는데, 원래 이와 같은지 아니면 후대 사람들이 초사한 것을 전하는 중에 뒤섞이고 열이 겹쳐진 것인지 알 수 없다고 하였다.

944 이 조항은 각 서에서 인용되지 않았다. 『영락대전』 권14536 '도곤수(都昆樹)' 조항에서 『제민요술』을 인용한 것과 문장은 완전히 동일하다. 『영락대전』 같은 권의 '소방수(蘇枋樹)' 조항에서 또한 『제민요술』의 한 조항을 인용하고 있는데, "『남방초목상(南方草木狀)』에서 '소방수는 느티나무 꽃[槐花] 종류로 검은 씨가 있다. 구진에서 난다. 남쪽 사람들은 이것으로 진홍색을 염색하는데, 대유(大庾)의 물에 담그면 곧 색이 더 깊어진다.'"라고 한다. 묘치위 교석본에 따르면, 이 조항은 『제민요술』에는 보이지 않는데, 이것은 위서인 『남방초목상』의 문장이다. 『영락대전』에서 『제민요술』을 재인용하면서 잘못된 것으로, 『제민요술』에서 인용한 것은 모두 『남방초물상』이고, 아울러 『남방초목상』은 없으며 또한 있을 수도 없다고 하였다.

부 록[1]

『제민요술』 속의 과학기술

1 **[역자주]** 이 내용은 묘치위[繆啓愉], 『제민요술교석(齊民要術校釋)』, 中國農業出版社, 1998에서 요약 정리한 것이다.

가사협賈思勰은 '농본農本'사상을 근본으로 하여서, 진보와 소박한 변증법적 관점을 혁신한다. 자연의 법칙을 존중하고, 주관적이고 능동적인 작용을 발휘한다. 실천을 강조하고, 절약과 흉작을 대비하는 등의 사상체계를 강조하는 것을 지도로 삼는다. 생산기술의 역사적인 연속성과 당면한 사람들의 기술경험을 존중하였다. 실제적인 것을 추구하는 정신과 과학적인 태도로 묵은 것을 버리고 참된 것을 추구하여, 사고한 것에 대한 검증을 통하여 결과를 드높인다. 이를 농업 과학 기술의 정화로 승화시켜 앞 시대를 초월한 종합적인 농학의 거작인 『제민요술』을 집필하여, 지속적인 과학수준과 성취를 갖춘 후세에 존경할 만한 농학의 본보기를 이루었다.

I. 습기를 보존하여 가뭄을 방지하는 정경세작기술

『제민요술』의 농업지역은 황하 중하류로, 이 지역 기후의 특징은 강우량이 부족하고 강우량의 분포가 고르지 않으며, 봄철에는 건조하면서 바람이 많이 불고 여름과 가을은 기온이 높고 비가 많은데, 이 지역의 농업생산에 있어 최대의 위협이 되는 것은 봄철의 가뭄이다. 이 때문에 화북 한전농업[旱作農業]은 장기간에 걸쳐 생산하는 과정에서 토양의 습기를 보호하고 가뭄을 방지하는 정밀기술 대책을 마련하였다. 게다가 가을, 겨울에 최대한 많은 비와 눈을 모아서 봄 가뭄을 대비하였다.

1. 관건은 토양의 습기를 보존[保墒]하고 가뭄을 방지하는 것이다

『제민요술』에서 말하는 "춘다풍한春多風旱", "춘우난기春雨難期"는 바로 봄비가 드문 화북지역의 기후적 특징을 반영하고 있다. 많은 밭작물과 채소 등은 봄철이 파종하기에 아주 좋은 시기여서 이때를 놓쳐서는 안 되는데, 중국의 농민들은 바로 토양의 조건에서 착안한, '자택藉澤'과 '보택保澤'이라는 두 개의 기술을 창조하여 가뭄을 이겨 냈다.

'자택藉澤'은 바로 토양이 머금고 있는 원래의 수분에 의지하는 방법인데, 가을에서 겨울로 접어드는 시기의 눈과 비에 의존하여 토양의 습기를 보존한 후에, 봄이 되어 땅이 녹고 융화되기를 기다렸다가 서둘러 때에 맞춰 땅을 갈고 파종하면 매우 좋은 조건을 만들 수 있다. 봄철에는 기온이 점차 상승하고 건조한 바람이 많이 불기 때문에 토양 수분의 증발이 매우 빨라서, 해동 후 수분이 머무는 시간이 아주 짧다. 따라서 이때가 지나면 토양의 습기를 보존할 수 없는 단계가 되기에 이 시기를 놓치면 봄에 파종하기 힘들다. 『제민요술』에서는 '급택及澤'의 긴박성을 강조하는데, 이는 곧 시기를 놓쳐서는 안 됨을 의미하는 것으로 원래 땅속에 있는 소중한 습기가 손실되지 않게 해야 한다. "잘못하여 기회를 놓치게" 되면 돌이킬 수가 없기 때문이다.

'보택保澤'은 곧 토양의 습기를 보존한다는 의미이다. 단지 해동 후 시기에 맞춰 땅을 가는 것만으로는 결코 봄에 파종한 작물의 생장

요구를 해결할 수가 없기에, 반드시 진일보된 방법을 강구하여 토양 속에 원래 지닌 수분을 보존해야만, 비로소 싹이 돋고 생장하는 요구를 충족시킬 수 있다. 그래서 보택은 한전농업에서 가장 우선적인 일로, 보택해야만 비로소 가뭄을 막을 수 있으니 이것이 관건이 된다. 토양 속의 수분은 모세관의 구멍을 통하여 아래에서 위를 향해 운행하며, 지표에 도달하면 바로 기화하여 증발하기 때문에 이로 인해 수분을 잃게 되는 것이다. 따라서 모세관의 수분이 위아래로 연결되어 서로 통하는 구멍을 막고 (수분이) 상승하여 지표면에 이를 수 없도록 해야만 토양 속에 일정한 수분을 유지시킬 수 있다. 방법은 바로 땅을 갈이한 후 곧바로 땅을 써레질하는 것인데, 흙덩이를 써레질로 깨고 또 곱게 만들어 모세관의 통하는 길을 차단하면 위로 향하는 수분을 토층의 아래에 머무르게 할 수 있기 때문에, 토양 속의 습기를 보존할 수 있다. 『제민요술齊民要術』「밭갈이[耕田]」편에서 지적하기를, 땅을 개간하여 갈아엎은 후 바로 "쇠 이빨이 달린 써레로써 두 번 써레질한다."라고 하였고, 『제민요술』「밭벼[旱稻]」편에서도 말하기를, "물이 없어지는 기미가 보이고, 땅의 표면이 하얗게 될 때 재빨리 갈이하고, 써레질과 끌개질을 여러 차례 하여 부드럽게 한다."라고 하였다. 이는 모두 토양을 부드럽게 하고 습기를 보존하기 위함이다.

그러나 단지 토양을 부드럽게 써레질[耙]하는 것에 의존하는 것만으로는 여전히 습기가 달아나지 않는다고 보장할 수는 없다. 비록 토양을 부드럽게 써레질하여 토양의 입자 사이를 채우고 있는 모세관의 물[毛管水]이 상승하여 증발하는 것을 막을 수 있을지라도 부드러운 토양층에는 대량의 모세관이 아닌 공극이 존재하고, 또한 작은 흙덩이가 떠 있기 때문에, 수분이 기체 상태로 부드러운 토양층의 모세관이 아닌 공극을 통하여 확산되면서 사라진다. 기온이 계속 상승함에 따라서 토양층 아래에 있는 습기[底墒]와 깊은 곳에 있는 습기[深墒]가 부드러운 토양층 아래로 올라와서 수증기 형태로 흩어지는 현상이 심해진다. 이 때문에 반드시 다른 조치를 취해서 보완해야 한다. 이 보완 조치가 바로 '끌개[耮]'이다. 끌개는 누르는 효과가 있기 때문에, 끌개질을 통해 위층의 부드러운 토양[鬆土]을 단단히 누르면 모세관이 아닌 공극을 막게 되므로 바람이 새어 기화로 인해 토양의 수분이 유실됨을 방지한다. 써레와 끌개[耮]는 상호보완적이기 때문에, 써레는 있고 끌개가 없으면 이를 할 수 없다.

『제민요술』에서는 갈이한 뒤에 곧바로 끌개질하는 것을 강조하는데, 이것은 정지整地하는 과정에서 중요하면서도 긴박한 조치이기 때문이다. 본서 권1「밭갈이[耕田]」편에서는, "봄에 밭을 갈고 이어서 재빨리 끌개질을 해야 한다."라고 하였다. 왜냐하면, "봄에 이미 바람이 많이 불어 만약 재빨리 끌개질을 하지 않으면 땅은 반드시 허약해지고 마르기" 때문이다. 또 이르길, "재차 끌개질하여 땅을 부드럽게 하면, 가물어도 또한 습기를 유지할 수 있다."라고 하였다. 이는 끌개질을 함으로써 건조한 바람이 불어도 기화로 인해 수분이 유실되는 상황을 피할 수 있음을 말해 주며, 재차 끌개질해야 비로소 습기를 효과적으로 보존할 수 있어서 봄에 파종하는 데 문제가 없게 된다는 것이다. 만약 그렇지 않으면, "밭을 갈고 끌개질하지 않으면, 갈지 않은 것만 못하다."라고 하였는데, 스스로 땅을 못쓰게 만드는 것과 같으므로, 이는 끌개질하여 덮는 것이 써레질보다 더욱 중요하고 긴박함을 말해 준다.

이처럼 『제민요술』의 모든 조치는 토양의 습기를 보존하고 가뭄을 방지하기 위한 것으로, 방비를 해야 비로소 대항할 수 있는데, 방비가 저항보다 더욱 중요하다. 유럽 중세기의 농업은 장기간 갈아엎을 수 없는 무벽리無壁犁를 사용하였고, 조파기條播器가 없었으며, 농구가 조악하여 경작이 조방적으로 이루어져 장기적으로 생산력도 낮고 수확도 적었는데, 『제민요술』의 정치하게 땅을 고르고 집약 경영하는 것과 비교하면 차이가 크다.

2. 파종과 중경보상(中耕保墒)

『제민요술』에서 토양의 습기를 보존하고 가뭄을 막는 조치는 정지整地뿐만 아니라 파종播種과 중경中耕이 있는데, 마찬가지로 이러한 문제를 둘러싸고 유리한 조치를 취하였다.

(1) 파종 중의 습기보존[保墒]

작물재배에서 가장 큰 일은 모종을 가지런히 하고 튼튼하게 하는 것인데, 좋은 종자를 선별하는 일 외에도 토양 중에 적합한 수분을 유지하여 종자의 발아생장에 유리하게 하는 것이 관건이다. 북방은 봄 가뭄이 만연하기 때문에 수분이 항상 부족하다. 그래서 파종 후에도 여전히 습기를 보존하고 가뭄에 대비해야 한다. 『제민요술』의 처리 방법은 종자를 파종한 후에 눌러 주거나 끌개질하는 것이다. 본서 권1 「종자 거두기[種穀]」 편에는 "무릇 봄에는 약간 깊게 파종하고, 무거운 끄으레[重撻]를 사용하여 끌어서 다져 준다."라고 하였다. 왜냐하면 "봄 날씨는 차서 싹이 더디게 나오는데, 만약 끄으레를 이용하여 다져 주지 않으면 뿌리가 들뜨고, 비록 싹이 나더라도 번번이 죽는다."라고 하였기 때문이다. 끄으레[撻]가 종자와 토양이 접촉하는 면적을 넓히면 수분을 유지하는 작용을 하여 생장이 왕성해진다. 그러나 끄으레[撻]를 끄는 것이 반드시 해야 할 일은 아니며, 우선 땅의 습기를 적절하게 살펴야 한다. 봄에 비가 많이 내리면 토양은 비교적 습하므로 바로 무거운 끄으레[撻]를 사용할 필요가 없는데, "물기가 많은 땅에 끄으레를 끌면 땅이 굳고 딱딱해지기 때문이다."라고 하였다. 같은 이치로 여름철에는 비가 많이 오고 기온이 높아 싹이 빨리 나오기 때문에 "여름에는 약간 얕게 파종하며 흩어 뿌려도 또한 싹이 나온다."라고 하여 무거운 끌개를 끌 필요가 없다고 하였는데, 그 이유로 "끄으레를 끈 뒤에 비가 내리면 반드시 흙덩이가 굳고 딱딱해진다."라고 언급하였다. 습할 때는 진창[泥濘]이 되고 건조할 때는 견고하고 딱딱해지는 것은 점성토의 현상으로, 토양의 판결板結 구조가 변변치 못하여 망치게 된다. 여름에 삼[大麻]을 파종함에 있어서 습기가 부족할 때는 파종을 깊게 해야 하며, 씨뿌리는 기계를 사용해서 파종하면[耬播法] 무거운 끌개를 끌 필요도 없다.

또 다른 상황은 종자를 파종한 후에 끌개[耢]로 덮는 것인데, 주요한 목적은 토양의 습기를 보전하기 위함이다. 땅속의 충분한 습기와 높은 기온이 발아를 촉진하기 때문에 싹이 빨리 나오게 되며, 단지 빈 끌개로써 가볍게 덮으면 뿌리와 싹이 손상되지 않는다. 참깨[芝麻]의 종자는 작아서 복토를 얇게 해 줘야 한다. 또한 파종기로 골고루 씨를 뿌린 후[撒播]에 "빈 끌개로 끈다." 왜냐하면 "끌개[劳] 위에 사람이 타면 흙이 단단해져서 싹이 나지 않기 때문이다." 여름에 순무를 심을 때는 "산파하여서 끌개질한다." 봄에 고수[胡荽]를 심을 때는 "손으로 종자를 흩어 뿌리고 끌개로 평평하게 골라 준다."라고 하는 등 여러 가지 방식으로써 지면을 끌개질하여 평평하게 하고, 부드러운 흙[鬆土]을 덮어서 습기를 보존하는 노력을 지속하였다. 그 외에 산뽕나무[柘], 느릅나무[楡], 닥나무[楮], 개오동나무[梓], 자초紫草 등을 파종할 때는 이랑에 파종하여서 묘苗를 옮겨 심는 것은 아니라, 직접 땅에 파종하며 모두 종자를 파종한 후에 즉시 끌개로 흙을 덮어 습기를 보존하는 방식을 채용하였다.

(2) 중경보상(中耕保墒)

중경中耕의 작용은 여러 가지가 있는데, 제초, 토양의 온도 조절, 양분의 분해 및 뿌리계통[根系]의 발육 등을 촉진하는 작용을 한다. 북방 한전농업 지역에서 토양을 부드럽게 사이갈이[中耕]한 것은 작물의 생장기에서 중요한 습기 보존의 조치이다. 『제민요술齊民要術』「조의 파종[種穀]」에서 말하기를, "봄에 호미로 밭을 일구고, 여름에 제초한다.[春鋤起地, 夏爲除草.]"라고 하였다. '기지起地'는 바로 땅을 파서 흙을 성기게 하는 것으로, 모세관의 물이 상승하여 증발하는 것을 차단하고 토지의 수분을 유지해 준다. 봄철에는 곡물의 싹이 작아서, 지면이 햇볕에 그대로 드러나기 때문에 습기를 보존하지 못하는 것이 가장 염려된다. 그래서 땅을 파서 흙을 성기게 하여 토지의 수분을 유지하였다. 여름철 싹이 무성하고 가지와 잎이 지면에 그늘을 드리우면 습기가 쉽게 달아나지 않으나 잡초는 빠르게 자라기에, 여름에는 거듭 호미질하여 김을 매는 (이 같은) 경험은 과학적 사실과 부합된다. 본서 권1「조의 파종」에서 지적하기를, 싹이 이랑에서 나오면 마땅히 김매기를 깊이 해야 하며, 호미질의 수는 많을수록 좋고, 풀이 없다고 바로 호미질을 멈추어서는 안 된다고 하였다. 왜냐하면 "김매기하는 것은 단순히 잡초를 제거하기 위함만이 아니다. 김맨 후에 땅을 부드럽고 고르게 하여서 결실이 많아지고, 곡물의 껍질이 얇아져 쌀이 나오는 비율이 높아지기" 때문이다. 마늘을 파종하는 경우에도, "풀이 없다고 해서 호미질을 하지 않으면 안 되는데, 호미질을 하지 않으면 마늘쪽[科; 蒜頭]이 작아진다."라고 하였다. 염교[薤]를 파종할 때는 팔월

초에 김을 매며, "김을 매지 않으면 곧 비늘줄기[白; 鱗莖]가 짧아진다." 라고 하였다. 사이갈이는 잡초를 제거하고, 토지의 수분을 유지시켜 준다. 뿐만 아니라 토양을 부드러워지게 해 주는데, 이는 생산량 증가와 품질 제고의 효과가 있기 때문에, 확실히 정경세작의 과학적 총결이라는 것을 알 수 있다.

반드시 지적해야 할 것은 기온이 계속적으로 상승함에 따라 봄에 파종하여 싹이 나온 후 단순히 "봄에 호미질하여 땅을 일군다."는 것은 아주 완벽하게 토양의 습기를 보존하는 것[保墒]이라 볼 수 없으며, 반드시 덮고 누르는 조치를 취해서 수분이 기화되어 흩어지는 것을 방지해야 한다는 점이다. 따라서 본서 권1 「조의 파종」편에서 제시하기를, "싹이 자라 이미 이랑 위로 나오고, 비가 한바탕 내리고 나서 지면의 흙이 하얗게 변할 때 재빨리 쇠발 써레[鐵齒鎬楱]를 이용해서 종횡으로 써레질하고 끌개질로 평평하게 고른다."라고 하였다. 밭벼[旱稻]는 수분을 비교적 많이 필요로 하여 "비가 내리면 신속히 써레질하고 끌개질해야 한다."라고 하였는데, 토양을 부드럽게 할 뿐만 아니라 또한 얻기 힘든 빗물을 모아서 덮고 눌러 습기를 보존할 수 있다. 다른 곡물과 채소에 대해서도 마찬가지인데, 예컨대 찰기장[黍]이나 메기장[穄]을 파종할 때 "싹이 자라나서 이랑과 같은 높이가 되면 써레와 끌개질을 해 주어야 한다."라고 하였다. 이처럼 모두 끌개질하고 덮어서 습기를 보존하는 것을 매우 중요시하였다.

두 가지의 독특한 김매는 법[鋤法]에서 주의할 점이 있다. 첫째는 외를 파종하는 것이다. 외의 뿌리 부분에 김을 매어서 사방 둘레는 높게 하고 가운데는 낮게 하는 '토분土盆'은 빗물을 받기에 편리한데, 이른바 "작은 비가 내릴 때도 물이 그 속에 고이도록 한다."는 것이다. 둘째는 김매서는 안 되는 것이다. 겨울에 파종하는 아욱은 다음

해 3월 초가 되면 잎이 '동전과 같은' 크기가 되어 단지 "잡초가 있으면 뽑되 호미를 사용해서는 안 된다."라고 한다. 싹이 작고 뿌리는 얕아서 김을 매면 뿌리가 올라와 죽기 쉽고, (또한 다른 곳에도 영향을 줄 수 있다.) 동시에 땅을 일굼으로 인해 겨울날 토양 속에 저장된 눈과 빗물이 들춰지는 것이 마땅하지 않다.

요컨대, 중경中耕의 다양한 기능을 전부 발휘하는 것과 토양의 수분을 지키는 조치가 융통성이 있고 다양한 것은 한대(漢代)에 비해 아주 크게 발전하였음을 보여 준다.

3. 비와 눈을 모아 저장하기

토양의 습기를 보존하는 것[保墒]은 일련의 조치로서 반드시 장기적으로 계획해야 하며, 항상 비교적 양호한 습기 상태를 유지하는 것은 한순간에 완성되지 않는다. 보상保墒은 반드시 모으고[收], 저장하고[蓄], 보호하는[保] 세 방면이 결합되어야 하는데, 반드시 모아야 비로소 저장할 수 있고, 저장해야 비로소 보존을 이야기할 수 있기 때문이다.

(1) 우기(雨氣)에 빗물 저장하기

봄에 파종한 싹이 나올 때는 필요로 하는 물의 양이 많지 않지만, 기온이 상승하고 작물 성장이 왕성해짐에 따라 물 소모량이 날로 증가한다. 안전하게 봄 가뭄을 보내고 여름에 비가 내리는 시기를 맞으려면, 반드시 땅 아래 있는 습기[底墒]가 충분해야 한다. 그 방법 중 하나는 여름과 가을 사이에 내리는 빗물을 모아서 저장하는 것으로, 즉 보상保墒은 한 해 중에 비가 가장 많이 내리는 계절에서부터 시작해야 함을 뜻한다. 가을갈이는 여름에 빗물을 모은 이후 이를 저장하고 보존하는 것이 관건이다. 가을갈이 이전에는 흙이 딱딱하여 설령 여름에 빗물을 받는다 하더라도 수분 증발이 여전히 심한데, 가을이 되어 심경을 통해 경작토를 깊게 뒤엎어서 저층의 모세관을 파괴하고 동시에 표토 또한 곱게 써레질하고 끌개질하여 잘 덮어 주면 바람에 의해 기화되는 것을 방지할 수 있다. 이미 땅 표면의 습기[表墒]를 유지하고, 또한 땅속 수분이 기화하여 쉽게 날아가지 않도록 한다. 『제민요술』「밭갈이」편에 이르길, "가을갈이는 쟁기질을 깊게 해야 하고", "갈이에서 깊게 갈아엎지 않으면 토양이 물러지지 않는다."라고 하였다. 토층을 깊게 가는 것과 토양을 부드럽게 하는 것만큼이나 중요한 것은 "비가 오기 전에 미리 대비하는 것"인데, 이것은 자연적인 빗물을 모아서 저장하는 방법이다.

화북 지역의 여름철에는 비가 많이 와서 『제민요술』에서는 대소맥大小麥, 밭벼[旱稻]는 반드시 "5월, 6월에 땅을 햇볕에 쬐어 말린다."고 강조하고 있으며, "땅을 햇볕에 쬐지 않고 파종하면 수확은 반으로 줄어든다."라고 하였다. '땅 말리기[暵地]'는 바로 여름철에 갈이하고 나서 갈아엎은 땅에 햇볕을 쬐는 것이다. 갈아엎은 땅에 햇볕을 쬐인 후에 비를 만나면 토양이 푸석푸석하여 빗물을 받아들이기에 유리해지고, 다시 갈이하고 써레질과 끌개질하여 덮어서 습기를 보호하면 가을에 밀을 파종할 수 있다(밭벼는 다음 해 봄에 파종한다). 갈아엎은 땅을 말리면, 토양의 조직을 바꾸어 땅 온도를 높일 수 있고, 양분의 분해를 촉진할 수 있으며, 아울러 토양 내의 유해 물질을 없앨 수 있다. 또한 토양 내의 양호한 습기를 모아 저장하면 작물 뿌리 계통의 생장과 확산에 유리하며 양분과 수분 흡수의 범위가 증대되어 생장이 매우 좋아져서 "수확이 반으로 줄지" 않고 생산량이 많아진다. 갈아엎은 땅에 햇볕을 쬐는 것은 현재에도 여전히 생산량 증대에 효과적인 방법 중 하나이다.

(2) 채소 재배를 위한 눈 다지기[壓雪]와 겨울 물대기[冬灌]

『제민요술』의 지역은 연 강우량이 겨우 500~800㎜인 조건 아래서 한전 농업 생산이 진행되며, 아울러 강우량의 계절적 분배는 균일하지 않고 대부분 여름과 가을 사이에 집중되어 있다. 여름과 가을 사이에 비가 많기 때문에 기회를 놓치지 않고 습기를 모아 이용하는 방법은 앞에서 설명한 바와 같다. 마찬가지로 귀한 겨울눈에 대해서도 역시 최선의 방법을 강구하여 눈을 다지고 쌓아서 습기를 보존하는 기술이 생겨나게 되었다.

눈 다지는 기술은『범승지서』에서 가장 일찍 보이는데, 겨울눈이 그친 후에 즉시 무거운 물체를 이용해서 눈 위를 끌어다가 눌러서 단단하게 덮어 바람에 휘날리지 않게 하고 낮아지면 다시 눌러 준다. 이렇게 하면, 입춘이 된 이후에도 여전히 습기를 보호하여 "이듬해 농사가 좋아진다."라고 하였다. 밀 경작지에도 겨울 눈 다지기를 하면 "즉 밀이 가뭄을 이겨 내어 결실이 많아진다."고 하였다.

『제민요술』에서의 눈 다지기는 큰 면적의 노지露地에 사용하여 겨울 아욱을 파종하고, 음력 10월에 토양이 얼어붙기 전에 파종하며, 파종 후 두 번 끌개질한다. 이후 눈을 끌개로 한 차례 덮어 주고, 바람에 휘날리게 해선 안 되는데, 이것은 "눈을 끌개질하여 토양의 습기를 보존하는 것이다."라고 지적하였다. (이것은) 토양의 습기를 보존할 뿐만 아니라 동시에 토양이 어는 것을 방지하는 작용도 한다. 눈을 다져 가뭄을 방지하는 효과는 아주 오래 지속되는데, 이듬해 4월까지 가능하고, 4월 이전에 비록 건조하더라도 물을 뿌릴 필요가 없다. 이는 "땅을 잘 다져 습기가 보존되는 것은 눈의 기운이 아직 다하지 않았기 때문이다."라고 하였다. 눈을 다져서 남겨진 습기로써 완전하게 봄 가뭄을 지날 수 있다는 점을 명확하게 지적하였는데, 관찰하고 검증한 것이 『범승지서』에 비해 깊이가 있다.

눈을 쌓는 방법은 외[瓜]와 가지[茄]를 구종區種한 것에 사용한다. 참외[甜瓜]는 겨울철 큰 눈이 올 때 신속하게 힘을 합해 구덩이 속에 눈을 밀어 넣어 큰 무더기로 쌓아서 토양의 습기를 보존하고 어는 것을 방지하여 외가 조속히 싹이 트게 하는데, "봄이 되면 풀이 자라나올 때 외[瓜]도 싹이 튼다."라고 하였다. 또 "토양이 항상 촉촉하여 마를 걱정이 없다."라고 하였으며, 마찬가지로 봄 가뭄이 지나고 여름에 비 내리는 시기를 맞이하면 "5월에 외가 익는다."라고 하였는데, 재배하여 빠르게 익은 참외를 먹을 수 있다. 동아[冬瓜], 채과菜瓜, 조롱박[瓠子], 가지도 마찬가지로 10월에 구종區種할 수 있고, 구덩이 위에 눈을 쌓아 토양의 습기를 보존하면 빨리 익고, 또한 "촉촉하고 기름지게 해 주면 봄에 파종하는 것보다 좋다."라고 하였다.

겨울에 아욱을 파종할 때 만약 겨울 내내 눈이 오지 않으면, 곧 12월 중에 우물물을 길어서 두루 한 번 부어 주되, 땅속 깊이 스며들게 해야 효과 또한 매우 좋다. 이와 같이 토양에 습기를 저장하는 것 이외에 또한 언 후에 습기를 모으고, 얼고 녹는 것을 반복하여 성기고 부드러운 토양을 촉진하는 작용은 이듬해 봄의 가물고 건조한 것을 방지하는 유용한 수단 중의 하나이다. 이것은 겨울 물대기의 가장 빠른 기록이다.

II. 종자 처리와 선종 및 육종

1. 종자 처리

『제민요술』의 종자 처리에는 씨앗을 햇볕에 말리기[曬種], 종자를 물에 담그기[浸種], 싹 틔우기[催芽]와 같은 다소 특수한 처리법이 있는데 나누어 기술하면 아래와 같다.

(1) 종자를 햇볕에 말리기[曬種]

쇄종曬種에는 저장 전 쇄종과 파종 전 쇄종이 있는데, 『제민요술』에서는 모두 중요시하고 있다. 저장 전 쇄종은 과도한 수분을 제거하기 위함으로, 저장 기간 중에 열이 나서 변질되는 것을 방지하고 종자 품질과 발아율에 영향을 미친다. 열이 나 변질되는 것은 『제민요술』의 '술어'로 '읍울浥鬱'이라고 하는데, "무릇 오곡의 종자는 습기에 젖어 눅눅하게 되면 발아하지 않으며, 설사 싹이 나더라도 곧 죽고 만다."라고 경고하였다. 곡물뿐만 아니라 가지 씨[茄子], 잇꽃 씨[紅花子], 홰나무 씨[槐子], 닥나무 씨[楮子], 개오동나무 씨[梓樹子] 등도 이러한 방식으로 말려서 저장하지 않으면 안 된다. 파 씨, 부추 씨는 가늘고 작으며, 배아도 작아 활력이 소실되기 쉬워서 뜨거운 햇볕 아래에 말려서는 안 되고, 단지 그늘에서 말려야 하기에 이른바 "얇게 펴 그늘에 말려서 눅눅하여 뜨지 않도록 해야 한다."라고 하였다.

파종하기 전에 종자를 햇볕에 말리는 것은 종자의 수분을 감소시켜 배아의 성장을 중단시키는[後熟][2] 작용을 하고, 종자 내 효소의 활동을 촉진하여 종자의 발아율을 높이고 동시에 종자에 대해서도 일정한 살균 작용을 하는데, 나오는 싹이 고르고 건강하게 된다. 조[穀子], 차조[粱秫], 기장[黍穄], 아욱[葵], 고수[胡荽], 뽕나무[桑], 산뽕나무[柘] 등의 종자는 모두 반드시 파종하기 전에 햇볕에 말려 파종해야 한다고 기록하고 있으며, 어떤 것은 먼저 물에 일어서 선종한 후에 볕에 쬐면 효과가 더욱 좋다. 이렇게 세밀한 처리 방식은 과학적이고, 합리적이다.

(2) 종자와 과실에 대한 특수 처리법

복숭아는 익을 때 열매 전체를 거름기[糞肥]가 많은 땅속에 묻어서, 후숙後熟과 춘화春花 처리[3] 과정을 통해 발아를 앞당길 수 있다. 이후 "이듬해 봄에 싹이 트면 '재배할 땅[實地]'에 옮겨 심는다."라고 하였다. '실지'는 일반적인 땅을 가리키는 것으로 다시 거름기 있는 땅속에 심을 필요가 없는데, 그렇지 않고 만일 거름기 있는 땅에 심게 되면 "과일이 작아지고 맛도 떫어져서" 도리어 비료에 의한 피해를 입게 된다. 현재 관중의 어떤 지방에서는 여전히 이처럼 복숭아를 통째로 묻어 파종하는데, 과수 재배자의 말에 의하면 "발아가 이르고, 생장이 빨라 열매가 크고 많이 맺힌다."고 한다. 『제민요술』의 배 파종하는 것 역시 마찬가지로 배를 통째로 묻어 파종하는 방법을 채용하고 있다. 다른 종류의 처리 방법은 복숭아를 통째로 묻는 것이 아니

---

2 **[역자주]** 후숙은 식물 종자 성숙기의 배아의 성장이 중단되는 현상으로, 이 과정을 거쳐야만 배의 발아력이 높아진다.

3 **[역자주]** 개화 촉진 또는 씨의 생산 확대를 위해 식물이나 씨를 인위적으로 낮은 온도에 잠시 두는 것이다.

라 복숭아를 쪼개서 씨의 머리가 위로 향하도록 하여 담장 남쪽 양지바른 곳에 미리 파서 쇠똥을 넣은 구덩이 속에 묻는데, 윗면은 다시 쇠똥과 흙을 이용해 한 자[尺] 정도의 두께로 덮어 준다. 이듬해 봄이 되어 복숭아 잎이 싹틀 무렵 복숭아씨 역시 발아하는데, 씨가 달린 채로 파종하더라도 모두 살지 않는 것이 없다. 종자가 저온 처리 과정을 거치면 식물 그루가 추위에 견디는 힘이 강해지고 아울러 빨리 익게 된다. 또 다른 종자 처리 방법은 겨울에 외씨를 따끈한 쇠똥 속에 넣어 두고 얼어붙은 후에 쇠똥과 함께 모아 그늘에 두면 외가 "싹이 건강하고 무성하게 자라서 일찍 익는다."라고 하였다. 이것은 겨울철 자연의 저온 현상을 이용하여 종자에 영향을 끼치는 것을 나타내는데, 추위를 견디는 힘을 증가시키며 일찍 싹이 트고 일찍 익는 효과를 얻을 수 있다. 복숭아나 배와 같은 과일을 통째로 묻는 것은 배아의 후숙을 촉진시키는데 또한 겨울철 저온을 이용한 촉진 작용이 있으며 복숭아는 또한 딱딱한 껍질을 부드럽게 한다. 동시에 과육째로 종자를 묻으면 분리, 소독, 건조, 저장, 보관 등 일련의 번잡하고 자질구레한 절차가 없으며 자연스럽고 안전하게 싹이 날 수 있어, 이 방법은 간편하면서 좋다.

밤[板栗]은 건조함, 열, 추위를 견디지 못한다. 건조하게 되면 발아력을 잃기 쉽고, 온도가 지나치게 높으면 곰팡이가 피어 썩기 쉬우며, 얼게 되면 변질되기 쉬워져 모두 번식의 재료(종자)로 쓸 수가 없다. 이 때문에 저장할 때 반드시 알맞은 온도와 알맞은 습도를 유지해야 하며, 어느 것도 방지해야 한다. 『제민요술』은 이를 대단히 중시하고 있는데, 그것의 처리 방법으로 밤이 익어 밤송이[總苞]를 제거한 후 즉시 집안의 축축한 토양 속에 묻어서 저장하는 법이 있다. 반드시 깊게 묻어야 하며 온도와 습도를 유지해야 하는데, 얼게 해서는 안 되고 인위적으로 후숙後熟하도록 촉진하여 봄에 이르러 싹이 나면 바로 꺼내어 파종할 수 있다. 『제민요술』에서는 『식경』을 인용하여 생밤을 저장할 때 모래에 묻는 방법[沙藏法]을 채용하였는데, 봄이 되면 싹이 나고 해충이 없게 된다고 한다. 현재 각지에서 밤의 양이 많을 때는 층층이 모래를 쌓는 법을 사용하는데 이는 가장 안정되고 그 이치는 서로 같다.

특별히 주목할 만한 가치가 있는 것은 껍질이 단단한 열매에 대한 처리 방법이다. 연밥은 비록 아주 강인한 생명력을 가지고 있을지라도 껍질이 매우 단단하기 때문에, 발아하기가 쉽지 않다. 『제민요술』의 파종 전 처리 방법은 상당히 창의적이며, 매우 교묘하고 합리적이다. 방법을 보면, 기와 위에 연밥 상단부의 단단한 껍질을 갈면 물을 빨아들이는 데 용이하고, 아울러 속에 있는 녹색의 어린 싹[蓮心]이 껍질에서 나오기 쉽게 한다. 이것은 '단단한 열매 처리법'의 가장 이른 기록으로, 1400여 년 전에 출현했다는 것은 간단한 일이 아니다. 더욱이 교묘한 것은 연밥 겉면에 바닥이 편평하고 뾰족한 원뿔형의 진흙 덩어리를 빚어 붙인다는 점이다. 상단은 뾰족하면서 가볍고, 하단은 편평하면서 무겁다. 이와 같은 것을 물에 던져 넣으면, 중력의 작용에 의지해서 물에 들어가 진흙 속에 잠겨 아주 바르고 치우치지 않을 뿐만 아니라 시간이 지나 물결이나 물의 흐름의 영향을 받아도 쉽게 기울어지지 않는다. 점토 역시 물에 들어가도 쉽게 풀어지지 않는 장점이 있다. 따라서 "껍질이 얇아서 쉽게 발아하여 오래지 않아 싹이 나오게 된다."라고 하였는데, 껍질을 갈지 않아 싹이 더디게 나오는 것과 비교할 수가 없다.

(3) 종자를 물에 담그고 싹 틔우기

종자를 물에 담그는 방법은 『제민요술』에서 삼[大麻] 씨를 파종할 때 비와 습기가 적을 경우에 사용하는데, "잠시 물에 담갔다가 바로 꺼내어 싹이 나지 않게 하여"라고 하였으나 습기가 적기 때문에 파종은 깊게 해야 한다. 비와 습기가 많을 때는 곧 발아가 촉진되기에 파종은 씨 뿌리는 기구를 이용하여 파종하는 방법을 사용하며, 약간 얕게 뿌리고 또한 빈 끌개를 끌어서 가볍게 덮어 두어 이미 자라난 뿌리와 싹이 손상되는 것을 막는다. 그러나 발아를 촉진하기 위해서는 (이를) 융통성 없이 기계적으로 적용해서는 안 되며 구체적인 상황을 살펴서 정해야 한다. 예를 들면, 논벼의 틔운 싹은 '길이 2푼[分]'이고, 밭벼는 단지 싹 틔우는 것이 '배아가 나오게 하여[開口]' 껍질이 갈라져 흰 것이 드러나면 족하다. 만약 봄추위가 비교적 길어져 봄 파종 시기가 급박해지면, 물에 담가 발아를 촉진할 필요가 없고 오히려 싹이 얼어서 상하는 것을 방지해야 한다. 구체적인 상황에 적응하고, 많은 변화에 민첩하게 대응하면 작업은 자연히 자세해진다. 이 밖에 쪽[蓼藍], 홰나무 씨[槐子] 등도 싹을 틔워서 파종한다. 『제민요술』에 기록된 바는 중국에서 물에 담가 발아를 촉진하는 가장 빠른 기록이다.

싹을 틔우는 것의 필요조건은 수분 · 온도 · 공기이고, 사람의 관리 아래 종자의 영양물질 변화를 가속시켜 종자의 발아를 촉진한다. 발아를 촉진한 것은 싹이 빨리 나고 가지런하며, 온전해진다. 중시할 만한 가치가 있는 것은 『제민요술』에서 이미 수질水質의 문제를 주목했다는 점인데, 가사협은 비교적 순수하고 깨끗한 빗물을 사용하도록 권유하며, 염분의 함유가 비교적 높은 우물물은 사용해서는 안 된다고 하였다. 짠 우물물이 종자의 흡수와 발아과정을 느리게 할 수 있기 때문이다. 동시에 역시 물에 오래 담가서는 안 된다는 점을 확실히 인식하고 있었고, 반드시 적절한 때에 꺼내 깔개 위에 펴야 하며, 그렇지 않고 물에 담근 채로 “10일이 지나도 싹이 트지 않는다.”라고 하였다. 그 원인은 물에 오래 담가 두면 온도가 비교적 낮고, 중요한 조건인 공기가 결여되어 종자는 산소결핍으로 호흡이 억제되어 발아에 영향을 끼치기 때문이다. 가사협은 당연히 염분이 함유된 용액과 산소가 종자의 발아와 어떤 관계인지 알지 못했으나, 그의 체험을 통한 직관적이고 경험적인 바탕은 과학적인 원리에 완전히 부합한다.

2. 선종육종(選種育種)

선종은 두 방면의 의미를 포함하는데, 하나는 우량한 작물, 과일나무, 가축, 가금의 개체를 선택하여 번식을 진행하는 것이며, 다른 하나는 선택하여 새로운 품종을 기르는 것이다. 『제민요술』에는 이러한 두 가지 방면을 모두 매우 중시하고 있는데, 종자 선택은 종자와 곁뿌리 번식[根蘗], 접붙이기[椄穗], 꺾꽂이[揷條], 종축種畜, 종금種禽 등에 널리 미치며, 아울러 주목할 만한 가치가 있는 과학적 기술도 적지 않다.

(1) 이삭 고르기

『제민요술』에서는 조[穀子], 기장[黍穄], 차조[粱秫]는 밭 사이에서 이삭 형태, 알맹이의 양호한 정도, 색이 선명한 우량의 이삭을 선택하여 종자로 쓴다. (“이삭이 충실하고 빛깔이 고운 종자를 고른다.”) 이삭을 선택하게 되면 묘가 가지런하게 나고 튼튼하며, 증산의 효과가 있다. 오늘날 ‘하나의 이삭을 선택하는 것’은 『제민요술』의 방법을 계승하여 발전시킨 것이다.

(2) 맑은 물을 걸러 종자 고르기

비중의 원리를 이용하여 '물에서 종자 고르기[水選]'를 진행하는데, 물에 일어서 수면에 떠 있는 쭉정이, 깨진 낟알, 병충해를 입은 낟알 및 불순물 등을 가려내고 옹골져서 가라앉은 종자는 남긴다. 『제민요술』에서 가리키고 있는 조, 기장, 차조의 종자는 파종하기 전에 반드시 물에 담가 종자를 골라야 하는데 "물에 뜬 쭉정이를 제거하면 강아지풀 같은 잡초가 생기지 않는다."라고 하였다. 논벼[水稻] 또한 마찬가지인데, "물에 뜬 것을 제거하지 않으면 가을에 수확할 때 피씨[稗]가 섞이게 된다."라고 하였다. 이 밖에 예컨대 외씨, 가지 씨, 오디 씨, 산뽕나무 씨, 닥나무 씨도 모두 물에 일어 깨끗하게 하여 종자를 선택한다. 소금물이나 황토물로 종자를 가리는 것은 후대에 발전한 것으로, 『제민요술』 중에는 없다.

(3) 바람으로 종자 고르기

풍력을 이용해 종자 속에 익지 않고 지나치게 작은 알갱이나 불순물 등을 제거하여 입자가 크고 알찬 종자만 남긴다. 『제민요술』에서는 외씨를 선별하는 방법에 대해서 기록하고 있는데, 외를 먹을 때 맛이 좋은 외씨를 받아서 즉시 가는 겨와 뒤섞어 볕에 쬐어 빨리 말랐을 때, 손으로 비빈 후에 키질하면 가는 겨와 쭉정이 등이 모두 제거되어 알찬 종자만 남게 된다.

(4) 기타 번식재료의 선택

우량품종, 곁뿌리 번식[根蘖], 접붙이기, 꺾꽂이 등의 선택하는 것을 포함한다. 당시 뽕나무의 품종 중 하나로 노상魯桑이라 불리는 것은 이미 흑노상黑魯桑, 황노상黃魯桑의 분화가 있었고 실생번식實生繁殖

은 흑노상의 오디를 선별하여 파종해야 한다고 지적하였는데, 그 원인은 "누런 노상의 수령은 오래 가지 않기" 때문이다. 묘치위는 이르기를, 흑노상, 황노상은 모두 좋은 뽕나무 품종이기는 하지만 황노상은 나무의 수명이 흑노상보다 짧다는 것이 단점인데, 이것은 실제와 부합한다고 하였다.

대추나무는 곁뿌리가 잘 자라지만 우량품종의 씨가 적기에, 실생 번식으로는 순종을 보전하기 쉽지 않다. 따라서 『제민요술』에선 곁뿌리의 포기를 나누어 번식하는 방법을 채용하였는데, 이것이 곧 이른바 "항상 맛좋은 대추의 종자를 선별하여 파종해 두었다가 싹이 튼 뿌리그루를 분재해 둔다."라는 것이다. 이것은 맛이 좋은 대추나무를 선택하여 거기서 생겨난 곁뿌리를 잘라 옮겨 심는 방식이다. 이와 반대로 어떤 나무는 자연적으로 곁뿌리가 잘 자라지 않는데, 예컨대 사과[柰], 능금[林檎] 혹은 꽃이 피고 열매가 맺히지 않는 가래나무[楸], 백오동[白桐; 오동나무[泡桐]] 등은 곧 '설근법洩根法'을 채용하여 억지로 곁뿌리가 나오도록 하였다. 현재 과수 농사에서는 항상 구덩이를 파서 곁뿌리를 자르는 방법으로 대량의 곁뿌리 묘목을 배양하여 묘목이 부족한 어려움을 해결하는데, 그 방법은 대략 다른 점이 있지만 원리는 동일하다. 곁뿌리 묘목은 어미그루[母株]의 우량한 성질과 형상을 지니고 있어, 우량한 품종을 번식하고 기르는 방법 중의 하나이다.

수양버들[柳]은 꺾꽂이 번식하는데, 그해 "봄에 새로 나온 연한 가지"를 선택하여 꺾꽂이 재료로 쓰며 (이렇게 하면) 성장이 매우 빠른데, "새로 나온 연한 가지와 잎은 녹색을 띠어 세력이 건장하므로 빨리 자라기" 때문이다. '기장氣壯'은 바로 생명력이 강하다는 것을 가리킨다. 이것은 실천과 이론에 있어 모두 과학적 사실에 부합한다.

접붙이기의 중요한 조건은 대목[接本]과 접붙이는 가지[椄穗]의 선택이다. 대목의 선택은 과일 나무가 살아남고, 건장하고, 풍성하게 열매 맺고, 장수할 수 있는지의 여부와 밀접하게 관련된다. 이 때문에 대목의 특성과 그 접붙이는 가지와의 친화력을 이해하는 것이 중요하다. 가사협은 이에 대하여 상당히 광범위하고 깊이 있는 인식과 경험을 가지고 있었다.

접붙이는 가지는 과일나무 품질의 좋고 나쁨을 결정하는데, 좋은 과일 종자를 선택하는 것 이외에 또한 열매가 충실하고, 햇볕이 잘 들고, 병충해가 없는 가지를 선택해야 한다. 『제민요술』에서 "좋은 배나무에서 양지바른 쪽의 가지를 자르면" 비로소 묘목이 잘 자라고 건장해진다고 하였다. 수관樹冠 윗부분의 햇볕이 잘 드는 좋은 나뭇가지를 선택하는 것은 여전히 현재에도 접붙이는 가지를 선택하는 조건 중 하나이다. 『제민요술』이 가지고 있는 재배 생산 목표는 곡물, 채소, 과일나무와 나무가 모두 빨리 익고, 빨리 이용하는 경향에 중점을 두었다.

(5) 종자의 감별과 검사

삼은 암수딴그루의 식물로 수삼[雄麻]을 파종하는 것은 마섬유를 거두는 걸 목적으로 하고, 암삼[雌麻]을 파종하는 것은 예부터 주로 종자를 거두어 식용으로 삼기 위해서이다. 수삼의 생장기는 암삼에 비해 아주 짧아 꽃이 활짝 필 시기가 되어야 거두는데, 거두지 않으면 마섬유가 새고 변질될 수 있다.

삼씨의 새것과 묵은 것, 좋은 것과 나쁜 것은 싹이 트는 것과 생장에 관계되는데, 『제민요술』에는 두 가지의 간편하고 빠른 감정법이 있다. 첫 번째는 교파법咬破法으로, 삼씨의 외관이 비록 좋을지라도 그것을 깨물어서 속에 기름기가 없는 것은 '쭉정이[秕子]'로서 실제로 여물지 않고 파종할 수도 없다. 두 번째는 구함법口含法으로, 시장에서 구매할 때 삼씨를 입안에 머금어서 만약 얼마 지나지 않아 검게 변하면 이는 저장 중에 변질된 것으로 역시 파종하는 데 쓸 수 없으므로 색이 변하지 않는 것이 좋다.

부추 종자의 수명은 매우 짧아 싹을 틔우는 힘이 단지 1년으로, 이 때문에 반드시 새로운 종자로 파종을 해야 한다. 그러나 종자의 새것과 묵은 것을 구별하는 것은 매우 어렵다. 『제민요술』에서는 불을 사용해서 '약간 데우는[微煮]' 방법을 사용하여 새것과 묵은 것을 측정할 수 있다고 하였다. 약간 데운 후 잠시 후에 싹이 트는 것은 좋은 종자이고, 싹이 트지 않는 것은 생명력을 잃은 나쁜 종자이다. 하지만 관건은 '약간 데우는[微煮]' 것과 '얼마 후[須臾]'에 있는데, 만일 데우는 시간이 약간 늘어나면, 좋지 않은 종자도 모두 '가발아假發芽' 할 수 있어, 파종하여도 싹이 나지 않게 되며, 기다려도 소용이 없게 되니 측정을 하더라도 아무런 소용이 없다. 이는 부추 종자의 생명력을 측정하는 빠르고 유효한 방법으로, 교묘하면서도 과학적이다.

(6) 우량종 번식하기

『제민요술』에서 가장 뛰어난 점은 기장[黍], 조[粟]류와 참외[甜瓜]의 좋은 종자를 선택하여 기르는 것이다. 기장과 조류는 이삭 선별을 통해서 좋은 종자를 선택하여 각각 별도로 수확하고, 탈곡하며, 파종하는데, 수확 후에는 그것을 이듬해 종자로 남겨 둔다. 이듬해에 파종할 땅을 남겨서 별도로 파종하고, 정성을 다해서 관리하며 따로 수확하여 가장 먼저 탈곡한다. 또한 그것만 단독으로 구덩이 속에 묻어 두어 본종本種의 짚만으로 구덩이를 덮어서 엄중히 기계적인 혼합과 생물학적인 혼잡을 막으며(상이한 품종은 자연적으로 종자 간의 잡교가 이루어짐) 선종하고, 격리하여서 엄밀하게 배합을 진행한다. 해마다 이와 같이 선택하여 기르면, 우량종자는 순종을 보존하고, 과학적인 재배방법을 촉진하여 새로운 좋은 품종을 배양할 수 있다.

참외[甜瓜]와 참외의 변종인 월과越瓜, 채과菜瓜 등은 중심 덩굴에서 외가 열리지 않고 곁 덩굴(자손 덩굴)에서 외가 열린다. 참외는 뿌리 가까이에서 가장 일찍 가지가 생긴 자子 덩굴에서 항상 첫 번째와 두 번째 잎겨드랑이[葉腋]에 암꽃이 피고 외가 맺히는 시기가 매우 빠르다. 『제민요술』에서 이 같은 과를 일컬어 '본모자과本母子瓜'라고 하는데, 즉 주된 덩굴의 가지인 자 덩굴 위에서 가장 빨리 달린 외이다. 그 종자는 조숙성이 있어서 마땅히 선택하여 종자로 삼아 파종해야 한다. 그러나 본모자과의 외씨는 결코 모든 알알이 이상적인 씨는 아니어서 '중앙의 씨'를 선별하여 종자로 써야 한다. 왜냐하면 외 중앙부의 씨는 빨리 형성되어 열매가 충실하고 가득 차기 때문에 비교적 강한 생명력과 생리작용이 활발하여 파종하면 생산성이 좋고, 조숙하게 된다. 현대의 유전육종학에 비추어 말하면, 이것은 바로 인공적인 통제를 통해서 작물을 인류 수요의 방향에 맞추어 발생 및 변이시키는 것이며, 효과적인 조건을 통하여 이 종의 변이를 공고히 하고 지속하여 최후에는 새로운 품종을 배양하는 것이다. 『제민요술』의 이러한 조치는 재배원리와 암암리에 부합되는 것으로 1,400여 년 전에 출현했다는 점은 놀랄만 하다. 유럽에서는 18세기에 이르러서야 비로소 겨우 주목하기 시작했는데 이는 중국보다 1,000여 년이 늦다.

이 밖에 가축家畜과 가금家禽에서도 좋은 종자 번식을 매우 중시하였다. 말은 생김새[相馬]를 기초로 하여 좋은 종자를 골라서 길렀고, 자격을 상실한 열등한 말은 반드시 도태시켜 후대에 영향을 끼치지 않도록 하였다.

선택하여 종양種羊을 남기는 것은 섣달과 정월의 새끼 양이 가장 좋다. 왜냐하면 초가을에 교미한 어미 양은 하루 종일 영양이 풍부한 가을 풀을 먹기 때문에 새끼 양이 태중에서 생장, 발육이 매우 좋아 태어난 후에 날씨가 춥고 풀이 마를지라도 풍부한 어미젖이 있으며, 어미젖이 다하면 때맞춰 알맞게 이어서 연한 풀이 돋아난다. 따라서 새끼 양의 체질이 건강하고 튼실하게 되며 그 품종의 특징을 잘 유지하여 육종의 가치를 지니게 된다.

어미 돼지를 선별하여 기를 때, 마땅히 "주둥이가 짧아야 하며[短喙] 부드러운 솜털[柔毛]이 없는 것이 좋다."라고 한다. 주둥이가 짧은 것이 먹이를 먹기에 좋다. 이는 곧 소화계통이 발달하여 빨리 자라고 살찌기 쉽다는 것을 의미한다. '부드러운 털'은 융모를 가리킨다. 백성들이 경험하기를 털이 듬성듬성하고 깨끗한 돼지는 빨리 자라고 잘 자란다. 융모가 있는 돼지는 종자로 쓰기에 적합하지 않다.

종자 간의 잡교를 통한 교배를 선택하는데, 수탕나귀와 암말을 교배시켜 태어난 새끼를 노새[騾]라고 부른다. 『제민요술』에서 버새의 번식은 반드시 "골반이 크고, 바른" 암탕나귀를 골라서 교배시키는데 이른바 "나귀가 충분히 자라면 망아지를 수태할 수 있고, 종마인 수말이 아주 건장하면 새끼도 건장하다."는 것을 가리키며, 부모대와 잡교한 새끼의 인과관계를 인식하고 있었다.

거위와 오리는 마땅히 "1년에 두 번째 품는 것을 종자로 삼는다."라고 하였다. 한 해에 두 번째 부화한다는 것은 1년 중에 두 번째로 부화한 새끼를 가리키며, 1년에 알을 두 번 품은 어미 가금을 가리키는 것은 아니다. 두 번째 부화는 보통 봄과 여름 사이에 있는데, 날씨가 따뜻해지고 봄풀이 이미 자라났으며 또한 대낮에 풀어놓는 시간도 길어서 새끼 거위와 새끼 오리가 자라기에도 좋고 발육이 빨라 남겨서 종자로 사용하기에 가장 적합하다. 첫 번째 부화는 한겨울에 낳은 알로서 날이 추우면 추울수록 수정률도 낮아지며 따라서 부화율도 낮아져 부화된 새끼도 건강하지 않다. 세 번째 부화는 추운 겨울이기에 살아날 확률도 낮으며 이른바 "겨울이 추우면 새끼 또한 대부분 얼어 죽는다."라는 것으로 죽지 않는 것 역시 체질이 허약하여 종자로 쓰기에도 적합하지 않다.

Ⅲ. 파종기술 · 윤작과 간작 · 혼작 및 사이짓기[套種]

1. 파종기술

파종의 시기, 파종량, 파종의 깊이와 균일도 방면에 있어 『제민요술』 중에도 중시할 만한 가치가 있는 과학적 기술이 있으며, 여기서는 몇 가지 방면에 대해 이야기하겠다.

(1) 파종시기

『제민요술』에서는 파종을 때에 맞추어야 한다는 걸 강조하면서 적절한 시기인가의 여부를 상, 중, 하 3개의 시간으로 나누어 하시下時가 가장 늦은 하한이며, 사람들이 더 늦어져 할 수 없게 되는 것을 경고하였다. 동시에 물후物候를 파악하여 파종시기를 정하였는데 기계적으로 모월 모순이라고 하는 것보다 더욱 합리적이다. 일반적인 정황 하에서 지적한다면 차라리 일찍 할지언정 늦어서는 안 되며,

일찍 파종한 것이 일반적으로 생산량이 비교적 많고 품질도 비교적 좋다.

(2) 파종량

파종량은 파종시기, 토양의 비척도와 파종방법 등을 파악하여 분량을 조절한다. 일찍 파종하면 약간 적게 하고, 늦게 파종하면 약간 많게 한다. 조[穀子], 삼, 대파[大葱] 등은 비옥한 토지에서는 약간 많이 하고, 척박한 땅에서는 약간 적게 한다. 논벼[水稻], 대소두는 척박한 땅에서는 약간 많이 하고, 비옥한 땅에서는 약간 적게 한다.(『사민월령四民月令』 인용.) 삼은 지나치게 드문드문하거나 지나치게 조밀하면 모두 생산량과 품질에 영향을 미친다고 지적하고 있다. 파종방법에 따라 파종량은 다른데, 점파點播하면 약간 적게 하고, 조파條播하면 약간 많이 하며, 산파(撒播: 흩어뿌리기)하면 더욱 많이 해야 한다.

(3) 파종의 깊이

토양의 습도 상태, 계절, 작물의 종류를 보고 (파종의 깊이를) 정한다. 비와 습기가 많을 때는 약간 얕게 하고, 일반적으로 흩어뿌리기를 한다. 비와 습기가 적을 때는 약간 깊게 하고, 누리를 써서 조파[耬播]를 한다. 조는 봄에 파종하면 약간 깊게 하고, 여름에 파종하면 약간 얕게 한다. 대소두와 파, 마늘 종류의 채소는 약간 깊게 하고, 간혹 '누리로 두 번 갈이하여 땅을 판다'고 하는 것처럼 더욱 깊게 한다. 참깨[胡麻]는 약간 얕게 하고, 볏모를 옮겨 심을 때도 약간 얕게 한다.

(4) 파종의 균일도

파종의 균일함은 싹이 가지런하고 균일하며 건강한지의 여부와 더불어 중요한 부분 중의 하나로, 『제민요술』에서도 매우 중시하였다. 참깨[胡麻]의 종자는 납작하면서 작고 매끄럽게 떨어지지 않아 누리를 써서 조파할 때는 볶은 모래[炒沙]를 파종할 종자와 섞는다. 파씨는 삼각형으로 매끄럽게 떨어지지 않으므로 점파하는 데 쓰는 호로[點葫蘆]로 파종할 때에는 볶은 조와 섞어서 종자를 떨어뜨린다. 달래[蒜], 염교[薤], 생강[薑]의 파종, 몇몇 작물과 과실나무의 묘목의 간격 잡기, 옮겨심기, 꺾꽂이는 모두 그루 간의 거리나 그루의 행렬의 거리를 규정했다.

파종시기, 파종밀도, 심도, 균일도는 파종 질량에 관계되는 중요한 조치로 파종방법과 기후, 토양, 수분 등의 구체적인 조건이 결합되고 정치한 서로 다른 조치를 취함으로써 작물의 순리적인 생장에 적응하고 수확량과 품질을 높였는데, 이러한 과학적 성취는 전대前代를 뛰어 넘는 것이었다.

2. 윤 작

역사적으로 경작제도의 발전은 포황제拋荒制, 휴한제休閑制를 거쳐서 윤작제로 발전하였다. 윤작은 일정한 기한 내에 동일한 토지에서 교대로 몇 종류의 상이한 작물을 재배하는 것이다. 합리적인 윤작은 토양 속의 양분과 수분을 조절할 수 있고, 토지의 비옥도를 회복하고 향상시킬 수 있으며, 잡초와 병충해를 예방하여 없앨 수 있어 농작물 생산량과 품질을 높인다. 『제민요술』에서 조, 논벼는 연작에 적당하지 않아서 연작하면 잡초와 피가 창궐한다고 지적하였으며, 삼도 연작에 적당하지 않아서 연작하면 줄기와 잎이 요절하는 병해를 입는다고 하였다.

윤작복종은 토지 이용률을 높이고, 생장 계절을 충분히 이용할 수 있을 뿐만 아니라 용지用地와 양지養地를 서로 결합하여 지력을 오랫동안 쇠퇴하지 않도록 유지하는 적극적인 조치인데, 더욱이 『제민요술』에서는 콩과 작물을 윤작에 넣음으로써 그 효과가 더욱 뚜렷하였다. 『제민요술』 시대에 작물 종류는 매우 많은데, 작물 간에 서로 이익이 되거나 서로 억제하는 관계가 복잡하여 장기적으로 생산하면서 이익을 좇고 해로운 것을 피해 풍부하고 다채로우며 합리적인 윤작 방식을 형성하여, 책 속에는 각종 작물의 전작에 대해서 명확하게 기록하고 있다.

그리고 윤작하여 그루터기를 바꾸는 방식은 두 가지 특징이 나타난다. 첫 번째로, 전작을 후작과 비교 분석하여 어떤 종자가 가장 좋은지, 어떤 종자가 그다음인지, 어떤 종자가 비교적 나쁜지를 제시하여서 사람들이 좋은 것을 선택하고 나쁜 것을 피하도록 이끌어 윤작에 만족스러운 효과와 이익을 얻도록 한다. 두 번째는 콩과 작물을 윤작 속에 포함시키는 것이다. 윤작에 포함시킬 뿐만 아니라 또한 의도적으로 파종하여 녹비綠肥로 만들어서 '미전지법美田之法'으로 삼았다. 아욱, 파, 외 등을 심고, 모두 녹두나 소두를 심어서 녹비로 삼았으며, 봄에 파종한 녹비는 여름 중에 갈아엎어 땅속에 묻고 여름에 심었던 녹비는 가을에 갈아엎어 땅속에 묻는데 그 효과가 "땅이 비옥해져 거름을 준 것과 차이가 없고."라고 하였다. 이미 분명하게 콩과 작물은 토양의 비력을 높이는 작용이 있다는 것을 인식하여, 그에 따라 지력이 쇠퇴해지지 않게 장기간 보존하였다. 이는 중국에서 정경세작을 하여 용지와 양지를 결합시킨 탁월한 성취 중 하나로, 유럽 중세기의 '이포제二圃制', '삼포제三圃制' 시대에는 없었던 것이다.

『제민요술』의 윤작방식에서 반영된 종식제도는 1년 1숙과 2년

3숙이다. 소두를 심는 법에서는 일반적으로 맥을 전작으로 사용하지만, 시간이 다소 늦어질까를 걱정한다면 땅을 많이 소유한 집안에서는 항상 지난해 조를 심은 땅을 남겨서 소두를 심는다고 설명하였다. 조를 심은 땅은 수확 후에 놀려 두었다가 이듬해 소두를 심기 위해 준비하는데, 이것은 단지 1숙의 조를 파종하는 것으로 1년 1숙을 반영한다. 다시 약간 윤작관계를 연결해 볼 때 2년 3숙의 경작방식을 살필 수 있다. 예컨대, 맥 → 대소두 → 휴한 → 조, 기장을 파종하는 방식이다. 이것은 바로 첫 해 가을에 맥을 심고, 이듬해 여름에 맥을 수확한 후에 대소두를 파종하고, 콩을 수확한 후에 휴한하고 3년째 되는 해의 봄과 여름에 조와 기장을 파종하여 가을이 되어 수확하면 2년 3숙이 된다. 당연히 또한 다른 1년 1숙과 2년 3숙의 파종 안배도 있다. 그러나 2년 3숙의 발전이 어느 정도에 달했는지는 추측할 수 없다. 집약 경영이 토지 이용률을 높이는 방향으로 발전한 것은 긍정할 만하다.

3. 간작, 혼작, 사이짓기 및 기타

윤작복종은 토지 이용률을 제고할 수 있지만, 결코 정점에 이를 수는 없는데, 최대한 토지와 빛에너지 이용률을 높이는 데 착안하고, 충분히 생장 계절을 이용한다면 또한 잠재력을 크게 끌어낼 수 있다. 이것은 곧 그루 간의 공간과 계절의 교차를 이용하여 방법을 강구한 것으로, 점차 간작, 혼작, 사이짓기의 증산 조치로 발전하며 나아가 토지 잠재력을 한 단계 높이 발전시키고 복종지수를 높여 단위면적당 생산량을 증가시킨다.

『제민요술』의 간작, 혼작, 사이짓기에 대한 예로 십여 종이 있다. 주목할 만한 점은 그것을 아무렇게나 안배하지 않았다는 것인데, 이미 작물의 합리적인 조합에 주의했고 작물 간의 상호 이익이 되는 작용과 서로 억제되는 관계까지 분명히 알고 있었다. 예를 들면, 뽕나무[桑] 아래에 녹두綠豆, 소두小豆를 간작하는데 "두 종류의 콩이 자라서 습기를 유지해 주어 뽕나무에 도움을 준다."라고 하였다. 참외[甜瓜]를 심는 구멍 속에 콩[大豆]을 혼작하면 콩이 흙을 뚫고 올라오는 것을 이용하여 외의 싹이 땅을 뚫고 나오기 쉽지만 외의 떡잎이 몇 잎 자라날 때 반드시 콩의 싹을 따 주어야 하며, 그러지 않으면 콩의 싹이 햇빛을 가려 반대로 외의 싹이 생장하는 데 좋지 않다. 닥나무[楮] 씨 속에 삼[大麻]씨를 넣고 섞어 함께 파종하는데 삼그루가 닥나무 묘목을 따뜻하게 보호하는 점을 이용하는 것으로, 이렇게 하지 않으면 닥나무 묘목이 대부분 얼어 죽게 된다. 홰나무[槐] 씨 속에 삼씨를 넣고 섞어 파종하는데 이것은 삼을 이용해 홰나무 줄기가 위를 향해 곧게 생장하게 하는 것으로, 그렇지 않으면 홰나무 그루가 느리게 자랄 뿐만 아니라 또한 나무의 모양도 "굽고 못생기게" 된다. 이것은 가사협이 옛말의 "쑥이 삼나무 속에서 자라면 붙들어 주지 않아도 곧게 자란다."라는 원리를 이용한 것으로, 그것을 실제 재배를 통해서 보여 준다는 것은 매우 탁월한 식견이 있는 것이다. 이 외에도 파[葱] 속에 고수[胡荽]를 간작할 수 있고, 삼을 심은 땅에 순무[蔓菁]를 투종할 수 있으며, 아욱[葵]을 심은 땅에 여러 채소를 간작할 수 있는 등이 있다. 이와 반대로, 콩을 심은 땅에는 절대로 삼을 간작해서는 안 되는데, 그러면 "햇볕을 가려 서로 손상을 입힌다.[扇地兩損.]"고 하여 피차 햇볕을 가려 둘 모두 수확이 감소하게 된다. 간작 · 사이짓기함에 있어서 빛을 좋아하는 작물과 그늘에도 잘 자라는 작물을 합리적으로 배치하여 설명하고 있다.

뽕나무와 곡물을 간작하거나 혹은 뽕나무와 채소를 간작할 때, 뽕나무가 주체가 되고, 곡물과 채소는 단기적인 배합 작물이 된다. 『제민요술』에서는 뽕나무의 크기와 그루 사이의 너비 및 작물의 조합 문제에 특별히 주의를 기울였다. 뽕나무 묘목을 처음으로 옮겨 심을 때 묘목이 작고 그루 사이의 간격이 조밀하기에 마땅히 호미로 김을 매어 녹두, 소두를 간작하면 아주 큰 보탬이 된다. 두 번째로 옮겨 심으면서 간격을 조정[定植]할 때는 나무 행렬 간의 거리를 넓게 하여 나무 사이의 땅을 이용하기 위해서는 쟁기갈이를 하고 거름을 주어 조[禾]와 콩 혹은 순무를 간작한다. 반드시 주의해야 할 것이 있는데 수관이 교차되어 덮여 있는 공간에는 조와 콩이 생장하기에 좋지 않으므로 ("그늘이 서로 접한 곳은 조와 콩의 생장을 방해한다."라고 하였다.) 먼저 나무 사이의 그늘과 빛을 좋아하는 작물을 간작하는 것과의 관계를 언급한 것이다. 이 때문에 뽕나무 사이의 행行은 매우 넓게 하여, 10보步에 한 그루를 심어서 그늘이 가리는 것을 최소화한다. 조와 콩을 심을 때 나무와 너무 가까워 방해되어서는 안 된다. 조와 콩은 사이갈이하고 거름과 물을 주어 관리해야 하는데, 콩류는 또한 질소를 고정하는 작용이 있어서 뽕나무에 많은 이익을 주며, 또한 토지를 부드럽게 할 수 있어 이것이 곧 이른바 "땅의 손실이 없으면서 밭 또한 조화롭고 부드러워진다."라고 하는 것이다. 아울러 쟁기로 땅을 갈아엎게 되면 뽕나무의 일부분인 흡수뿌리를 잘라서 뿌리의 압력을 줄일 수 있으며, 뽕나무를 가지 친 이후에 수액이 지나치게 많이 유실되는 것을 방지한다. 이것은 간작 배합이 합리적이어서 두 가지 이익을 얻을 수 있는 과학적 결과이다.

하지만 순무를 간종間種할 때는 나무에서 약간 떨어지게 해야 하며, 너무 가까이 붙여서는 안 된다. 수확한 후에 돼지를 풀어서 땅속에 잔여 뿌리와 남아 있는 줄기를 먹게 한다. 순무는 뿌리가 곧고 통통하며 땅속 깊게 들어가는 채소로서 돼지가 아주 먹기 좋아하는데, 돼지는 잡식성 가축이며 특별히 주둥이로 땅을 파헤치는 것을 좋아한다. 돼지를 땅에 풀어놓게 되면 반복적으로 땅을 밟아 "야단법석을 떨며" 땅을 파헤쳐 먹이를 찾고, 땅을 밟고 파헤친 것이 부드럽고, 뭉글뭉글하게 되고("쟁기질한 것보다 낫다."고 하였다.) 동시에 잡초도 밟아 죽이며, 또한 땅에 똥을 싸서 거름을 주는 것보다 낫다. 이와 같이 독특하고, 창의적인 조합은 교묘하면서 특별하고도 종합적이며, 경제적인 효과를 발휘한다.

이 밖에 주목할 만한 두 가지 조치가 있다. 첫째는 토지이용면적을 넓혀서 구릉지와 물가로 넓혀 나아가는 것이다. 구릉과 척박한 땅은 오곡을 심기에 적당치 않아서 대추나무[棗], 느릅나무[楡], 떡갈나무[柞] 등의 과실나무를 심는다. 옛 성의 담이나 제방 위, 무덤 등 땅이 높고 메마른 곳에는 수유茱萸를 심을 수 있다. 산골짜기의 물가와 하전下田의 물이 잠기는 지역에는 오곡을 심기 좋지 않으므로 버드나무[楊柳]와 키버들[箕柳]을 꺾꽂이할 수도 있다. 못[池塘]에는 수생식물을 심는데, 예컨대 순채蓴菜, 연뿌리[蓮藕], 가시연[芡], 마름[菱]이 있으며, 그중에 마름은 더욱이 기근이나 흉년에 대비할 수 있다. 양식을 생산할 수 없는 토지에서는 가능한 한 다양한 경영방식을 개척한 것이다.

둘째는 나무줄기가 휘어지기 쉬운 일부 나무에 대해 나무를 곧고 높게 자랄 수 있도록 배양하는 기술을 개발한 것이다. 느릅나무는 휘기 쉬운데 『제민요술』에서는 그것을 곧게 자랄 수 있게 하는 방법을 채용하였다. 느릅나무 묘목을 지나치게 빨리 옮겨 심지 않고 그 나무를 채마밭의 '울창한 나무숲' 속에서 3년을 자라게 한 후에 옮겨 심는데 이것이 이른바 "처음 자란 묘목을 옮겨 심게 되면 쉽게 구부러지기 때문에 3년간 빽빽하게 한다."라고 하는 것이다. 이러한 기술은 바로 우거진 숲속에는 나무의 개체가 높고, 곧게 자라는 특성이 있다는 점을 이용한 것이며, 또한 삼의 그루가 홰나무 줄기를 압박해서 곧게 자라도록 하는 원리와 서로 동일하다.

Ⅳ. 동식물의 보호와 사육

1. 식물보호

재배식물을 보호하는 방면에 있어서『제민요술』에서는 병충, 잡초, 조수鳥獸 등에 대해서 예방·치료 방법을 다양하게 취하고 있는데, 예방을 치료보다 중히 여기고 있기에 예방하는 것을 주요 의의로 삼고 있다.

(1) 잡초 예방과 치료법

합리적인 윤작을 통해 잡초의 위해를 감소시키거나 제거할 수 있는데,『제민요술』에서는 (이를) 이미 명확하게 인식하고 있었다. 예를 들어, 조[穀子]는 연작에 적당하지 않은데, 연작을 하면 잡초가 많아지며 수확이 빈약하다고 강조하고 있으며, 농언에서 이른바 "조[穀]를 심은 후에 또 조를 심으면 앉아서 운다."라고 한 것은 바로 이를 의미하는 것이다. 같은 이치로 논벼를 연작하면 피와 잡초가 창궐한다고 하였다. 그러나 이따금 어쩔 수 없이 거듭 심을 수밖에 없는데 그러면 반드시 상응하는 조치를 취해야 한다. 볏모가 '일곱에서 여덟 치[寸]' 자랐을 때 볏모를 뽑아서 다시 심는데, 인력으로 논의 잡초를 다 뽑고 난 후에 되돌아가서 다시 심어야 비로소 비교적 철저히 잡초를 없앨 수 있다. 『제민요술』에서는 논벼의 직파는 있으나 이앙은 아직 제시하지 않았다. 논벼의 잡초는 끈질겨서 제거하기 어려우며 잡초를 뽑고 다시 심는 데 노동력이 많이 소모되는데, 이것이 진일보 발전한 것이 후대에 모종을 길러서 옮겨 심는 것이며, 직파에서 모종을 길러 옮겨 심는 과도기적 유형을 제공한다.

(2) **병충해의 예방과 치료법**

『제민요술』에서는 다양한 종류의 방법을 채용하고 있다.

① 윤작이 병충해를 예방하고 치료할 수 있음을 인식하고 있었는데, 예컨대 삼을 파종함에 있어서 거듭하여 파종하면 줄기와 잎이 요절하는 폐해가 있어 베를 짜기에 좋지 않다고 지적하였다. 이는 아마 일종의 토양 병균에 의해 전염되는 장승병[立枯病]을 이르는 것으로, 윤작하면 피할 수 있다.

② 곤충의 생활 규칙과 환경적인 요소에 근거하여 병충해를 예방할 수 있다. 예컨대, 순무[蕪菁]를 파종할 때 반드시 7월 초에 파종해야 하며 6월에 파종하면 벌레가 많이 생긴다고 하였다. 대추나무[棗]의 행간에는 반드시 모든 잡초를 제거해야 하는데, 잡초는 해충의 은신처로 이른바 "잡초가 길게 자라게 되면 벌레가 생기기 쉬우니, 항상 깨끗하게 해 줘야 한다."라는 것은 미연에 우환을 방지하는 것으로 매우 합리적이다.

③ 화력과 강렬한 햇볕을 이용하여 병충해를 예방하고 치료한다. 예를 들어 여러해살이뿌리 식물인 거여목[苜蓿]은 매년 정월에 지

면을 불태워서 줄기와 잎을 말려 죽이는데 이는 해충과 병균을 없애는 작용이 있으며, 또 칼륨 비료의 증가와 토온土溫을 높이는 효과도 있다. 느릅나무[楡]와 닥나무[楮]의 실생묘實生苗는 정월에 땅에 딱 붙여서 도끼로 찍어서 제거하고, "불을 질러 태운다."라고 하였다. 이것은 그루터기를 평평하게 하고[平茬] 그 끝을 태우는 처리로서 묘와 그루를 왕성하게 자라도록 촉진하는 작용이 있고 동시에 태워서 해충과 병균을 박멸하는 효과도 있다. 밀[小麥]을 저장할 때는 복날의 강렬한 햇볕에 말리고 열이 있을 때를 이용하여 저장하고 밀폐 상태에서 고온이 지속되도록 하며, 한 걸음 더 나아가 죽지 않은 해충과 병균을 볕을 쬐어 소멸시킨다. 이것은 밀[小麥]의 열을 창고 속에 넣어서 처리하는 방법으로서 가장 빠른 기록이다.

④ 약물로 예방하고 치료하는 등의 방법이다. 예를 들어 소금과 외씨[瓜子]로써 '농籠'병을 예방하고, 외[瓜]의 뿌리 밑에 '재[灰]'를 뿌려서 병충해를 다스린다. '농籠'이란 것은 아마 벌레가 뿌리와 줄기를 먹는 것과 해충으로 인해 줄기와 잎이 위축된 현상을 가리키는데, 본서 「외재배[種瓜]」의 주석을 참조할 수 있다. 또 골수가 있는 소와 양의 뼈를 사용하여 외[瓜]의 뿌리 밑에 두고 개미를 유인하여 죽이는 방법은 간편한데, 일종의 간접적으로 생물을 예방하고 치료하는 것이라 말할 수 있다.

(3) 날짐승・들짐승에 의한 피해 방지

길가의 땅에 오곡五穀을 파종할 때 종종 육축六畜에게 밟혀서 못 쓰게 되기에 마땅히 길가를 둘러싸는 주변에 깨[胡麻], 삼씨[麻子]를 파종해서 보호하도록 한다. 왜냐하면 깨는 육축이 먹지 않고, 삼씨는 가지 끝을 먹으면 오히려 가지가 많이 생기기 때문에 두 종은 손상되지 않고 방어하고 지키는 작용을 하기 때문이다. 대나무를 옮겨 심고 과일나무를 접붙일 때는 모두 반드시 가축이 들이받는 것을 막거나 보호해야 잘 자라게 된다. 들깨[白蘇]는 반드시 집 근처의 지역에서 파종해야 하는데, 왜냐하면 참새가 깨[蘇子]를 쪼아 먹는 것을 아주 좋아하기 때문이다. 대추열매[棗子]가 완전히 붉게 익으면 반드시 서둘러 수확해서 날짐승이 쪼아 먹는 것을 피해야 한다. 느릅나무[楡樹]는 농작물의 주위에 파종해서는 안 되는데, 만약 그렇지 않으면 참새를 불러 양식을 손상시키게 되므로, 마땅히 그 밖의 다른 땅에 나누어 파종해야 한다. 새와 가축에게 훼손되는 것을 미리 방지하고, 보호하여 지키는 작업도 상당히 정밀하고 세세하다.

(4) 작물 품종의 내성에 주목한 병충해 방지

예컨대, 당시 조[穀子]의 품종이 86여 종에 이르렀는데 형태, 성질과 상태[性狀]에 따라 4개로 크게 분류하고 또 구분하여서 가뭄을 잘 견디고, 수해를 잘 견디고, 바람에도 강하고, 병충해도 잘 견디고, '참새떼의 피해도 잘 견디는' (참새들이 쪼아 먹는 것을 피한다.) 등의 내성을 제시하였다. 가사협이 경계하여 지적하길 그중 14종은 "빨리 익고, 해충의 피해를 벗어남"으로 인해 충해를 받지 않거나 적게 받았으며, 24종은 "이삭에 모두 털이 있어서, 바람에 강하고 참새나 조류의 피해가 없는데", 이미 조의 작은 이삭 기부에 굳센 털이 자란 것은 이삭의 완충작용이 있어서 바람에 부딪히더라도 낟알이 떨어지는 것을 막는 작용이 있었으며, 또한 참새가 피해서 감히 쪼아 먹지도 못하였다는 것을 알고 있었다. 10종의 만숙종은 심하게 해충의 피해를 입기 쉬우나 수해에는 잘 견딘다. 모두 기후 조건과 병충해 상황을 분별해서 종자를 선택하는 것에 매우 주의하였다. 또한 품종의 특성과 토지에 따라서 재배해야 한다고 지적하였다. 줄기가 건장하고 강하여 바람과 추위에 잘 견디고, 비교적 강한 것은 산전山田에 파종하는 것이 적합하다. 줄기가 비교적 연약한 것은 낮은 평지에 파종하기에 적합하며, 그럼으로써 비교적 많은 생산량을 얻을 수 있다. 비옥한 땅에는 빨리 파종하거나 늦게 파종하는 것을 모두 할 수 있고 척박한 땅에서는 반드시 빨리 파종해야 하는데, 늦게 파종하면 반드시 좋은 수확을 얻을 수 없다.

(5) 상동(霜凍) 예방

『제민요술』은 가장 먼저 과일나무를 '상동(서리 피해를 일으키는 기후 현상)'에서 예방하는 방법을 기록하였는데, 바로 효과적인 훈연법熏烟法을 시행한 것으로 바로 오늘날에도 여전히 사람들이 채용하고 있다. 과일나무의 싹과 꽃이 필 때는 저온에 대해 매우 민감한데 가장 두려운 것은 봄날의 늦은 서리로 인한 피해이다. '상동'은 실제로 물기가 얼게 되어서 나타난 동해凍害이며 꽃이 심한 동해凍害를 입게 한다. 문제의 관건은 어떻게 하룻밤에 서리가 내리는지 예측하느냐에 있다. 『제민요술』은 사람들에게 소리에 의한 징후를 예측하는 경험을 알려 주고 있는데, 그것은 바로 "비가 내린 후에 다시 맑아지고 북풍이 불어 한기가 몰려오면 밤에 반드시 서리가 내리게 된다."라는 과학적인 법칙으로서, 『범승지서』의 한밤중에 밭 사이에서 징후를 지키는 것보다 한 단계 발전한 것이다.

2. 동물사육

『제민요술』에서 가축, 가금家禽의 사육관리는 총체적인 사육원

칙은 물론이고 또한 구체적인 사육방법은 대부분 정확하고 합리적인 경험의 결과물이다. 여기서는 단지 특별히 중시할 만한 가치가 있고, 자못 정교한 4가지를 이야기하겠다.

(1) 가축의 안전한 겨울나기

사료를 충분히 준비하는 것은 가축의 안전한 월동을 보장하고 봄에 여위어서 죽는 것을 방지하는 아주 중요한 의의를 지닌다. 가사협은 지적하기를, 반드시 "배불리 먹여서 적당하게 조절한다.[充飽調適.]"라고 하였다. 그렇지 않고 겨울에 먹이가 부족하면 몸이 쇠약해져서 "봄에 반드시 죽게 된다."라고 하였다. 이른바 "소가 여위고 말의 상태가 좋지 않으면 한식을 넘기지 못한다.[羸牛劣馬寒食下.]"라는 것은 소가 여위고 말이 약해서 한식寒食을 넘기지 못하고 반드시 죽게 된다는 의미이다. 이는 (단순히) 겁을 주는 것이 아니라 겨울에 사료가 충분히 준비되지 않으면 가축은 배불리 먹지 못하여 대사량이 보충량보다 커지기에 날이 갈수록 가축이 마르게 되고 겨울에 쇠약해져서 봄철에 죽게 되는 냉혹한 규칙을 벗어날 수는 없다는 것이다.

농가에는 일반적으로 조[穀]와 콩 사료가 많이 없으므로, 푸른 풀과 수생식물을 최대한 이용해야 한다. 『제민요술』에서 지적하기를, 4월에 푸른 풀은 건초와 콩[茭豆]과 마찬가지로 맛이 좋다. 그런데 제齊나라 땅의 풍속에서는 (이를) 거두어들이지 않아서 손실이 매우 컸다. 수초와 수생 마름[水藻] 등은 돼지가 매우 먹기 좋아하는 것이어서 마땅히 못 가운데에서 갈퀴로 언덕 위에 끌어 모아 돼지에게 먹이고, 지게미와 겨를 월동 사료로 삼을 수 있어 두 가지 모두 도움이 된다.

특히 양의 무리는 마릿수가 많아서 필요한 사료 양도 많기에 마땅히 건초와 콩을 전문적으로 파종해서 안전한 월동준비를 해야 한다. 가사협이 지적하기를, 가을이 되어 풀을 베면 사료로 준비할 수 있을 뿐만 아니라, 또한 "모두 갑절이나 좋은" 사료가 된다. 가을에 꽃이 피고 이삭이 밸 때 풀은 품질이 좋고 생산량이 많으며, 더욱이 콩과의 잡초는 단백질, 섬유소와 칼슘의 함량이 매우 풍부하고 영양 가치가 매우 높다. 가사협은 이미 분명하게 "갑절이나 좋은" 영양 사료에 대해 인식하고 있었으며, 오늘날 농언에서 이르기를, "가을의 풀은 겨울의 보배이다."라는 것이 바로 이러한 의미이다.

만약 겨울 풀을 충분히 갖추지 않으면, 양들이 초겨울에는 가을에 살찐 여세가 남아 있어서 여전히 약간 살찐 것처럼 보인다. 그러나 겨울 내내 사료를 공급하지 못하면 날이 갈수록 수척해지고, 젖먹이 어미 양들은 새끼 양들에게 의해 젖이 고갈되어 봄이 되면 반드시 여위어 죽게 되며, 새끼 양들은 아직 풀을 먹을 수 없어서 머지않아 뒤따라 죽는다. 가사협은 겨울 사료를 충분히 준비하여 짐승을 기르는 것이 성패의 관건이라는 사실을 몸소 깨달았으며 말과 소, 양, 돼지 모두 이와 다르지 않다고 하였다.

(2) 사육하면서 풀을 주는 방법

양은 건조하고 깨끗한 지역을 좋아하는 특성에 견주어 볼 때, 양떼들이 풀을 다투면서 건초[茭草]를 밟고 더럽히는 것을 방지하기 위하여 교묘하게 일종의 난간을 설치해서 풀을 뽑아 먹는 방식을 강구하였다. 높고 건조한 지역에 뽕나무와 혹은 멧대추나무[酸棗木]로써 그 둘레가 대여섯 보步 되는 두 개의 둥근 형태의 난간이 있는 울타리를 만들어 건초를 그 난간 안쪽에 쌓아 두고, 높이를 한 길[丈] 정도로 하는 것이 좋으며, 양이 바깥에 울타리를 둘러싸고 건초를 뽑아 먹게 하고 종일 밤낮으로 계속해서 뽑아 먹으면 겨울에서 봄에 이르기까지 살찌지 않은 것이 없게 되어 풀 또한 사료 가치를 최고로 발휘하게 된다. 그렇게 하지 않고 단지 풀을 양떼들에게 던져 주게 되면 설령 풀이 매우 많다 하더라도 양떼들이 단지 풀더미 위에서 밀치고 밟아 풀을 다투어 먹으면서 엉망으로 만들어, 양은 풀을 얼마 먹지 못하게 되고 풀은 대량으로 밟혀서 못쓰게 되니 엄청난 낭비를 초래하게 된다.

(3) 새끼 돼지 살찌우는 법

새끼 돼지가 일정한 나이가 되면 어미젖을 먹는 것 외에도 사료를 보충해 주어야 한다. 사료를 보충하는 것은 비교적 자양분이 많은 식물성 사료를 주는 것으로, 새끼 돼지의 소화기관이 이른 시기에 단련되어 소화기능의 강화에 유리하게 함으로써 생장발육의 수요를 만족시킨다. 그러나 보충한 사료를 어미 돼지가 나누어 먹는 모순이 발생한다. 『제민요술』에서는 또한 간편하고 교묘하지만 양쪽 모두 만족시키는 방법을 하나 제시하였다. 땅 위에 커다란 수레바퀴를 세로로 묻고 사이를 두어 막아서 작은 돼지를 빠져나가게 하는 '식장食場'을 만들고, 조[粟]와 콩을 그 안에 두어 새끼 돼지가 바큇살을 통과하여 들어가 조와 콩을 먹고 나와서 어미의 젖을 먹게 할 수 있다. 그러나 어미 돼지는 바퀴를 통과할 수 없어 조와 콩을 먹을 수 없다. 이 방법은 교묘하게 어미와 새끼를 갈라놓으면서도 갈라놓지 않은 것인데, 젖 먹는 시기의 새끼 돼지가 어미 돼지의 젖을 먹을 수 있게 하고 또한 보충 사료를 만족할 정도로 먹게 한다. 즉, 제한된 조와 콩으로 만든 자양분이 많은 사료를 오로지 새끼 돼지에게만 배불리 먹여 빨리 자라고 살찌게 한다. 이것은 명확히 쌍방이 모두 만족할 만한 결과를 얻도록 하는 좋은 방법이다. 현재에도 이러한 방법을 사용하는데, 물론 수레바퀴를 묻지 않고 난간을 사용해 분리시킨다.

(4) 양계를 빨리 살찌우는 방법

담장을 둘러 기르는 방법은 일정한 장소를 마련하여 주위를 낮은 담장으로 둘러싸 안쪽 담장에 기대어서 작은 지붕을 덮는 것인데, 닭을 낮은 담장으로 둘러싸 사육하면서 모두 날개와 깃털을 잘라 날지 못하게 한다. 작은 지붕은 바람과 비와 햇볕을 차단하는 양계장이 되어 그 우리의 벽면 위에 구멍을 뚫어서 어미 닭이 달걀을 낳고 병아리를 품는 장소로 사용한다. 피, 쭉정이, 호두류를 많이 거두어 먹이로 공급하면 빨리 살찌게 된다. 이와 같이 둘러싸서 사육하면 큰 닭이 지붕을 기어 올라가 채소밭을 망치지 않고, 병아리가 까마귀나 솔개 및 여우의 해를 입지 않을 수 있다. 병아리가 메추라기 크기로 자랐을 때 식용으로 준비하려면 별도로 작은 우리를 만들어 쪄서 익힌 밀 사료를 주어서 빨리 크고 살찌게 할 수 있다. 이것은 자양분이 많은 사료를 이용하여 식용 닭이 빨리 살찌도록 하는 것이다.

Ⅴ. 생물에 대한 감별과 유전 변이 인식

1. 생물에 대한 감별

(1) 상마법(相馬法)

『제민요술』 중에 말의 외형 감별에 관한 자료는 매우 풍부하며,

소를 감별하는 것이 그다음이다. 이것들은 아주 오랜 시기부터 발전하여 내려온 감별기술로, 총체적인 요구는 물론이고, 또한 몸체, 털의 색 그리고 가축의 나이[口齒] 감별 등의 방면에서 현대의 외형학外形學과 견주어 보아도 대체적으로 과학적 요구에 부합한다. 내용은 너무 많아 일일이 덧붙일 필요는 없고, 여기서는 단지 총체적으로 강한 것은 계승하고 약한 것은 도태시키는 두 가지의 측면에서 살피고자 한다.

『제민요술』에서 말을 감별하는 것에 대해 이야기하기를, "말 머리는 왕王에 해당되니 생김새는 반듯해야 한다. 말의 눈은 승상丞相에 해당하니 광채가 있어야 하며, 말의 척추[脊]는 장군에 해당되니 아주 강인해야 한다. 말의 배와 가슴[服脅]은 성곽에 해당되니 불거져 나와야 한다. 말의 네 넓적다리[四下]는 지방의 수령에 해당하니 길어야 한다."라고 하였다. 말의 몸체에서부터 머리에서 다리에 이르는 모든 방면에서 중요한 부위는 반드시 우수한 형태를 갖춰야 한다는 것을 분명히 지적하였다. '왕王'과 '승상丞相'은 머리와 눈이 말 몸체의 중추적인 지위에 위치한다는 것을 표명하여 '방方'은 바르고 우뚝 솟아 기운이 세고 위세가 있어야 함을 이르며, '광光'은 눈빛의 기색이 맑고 깨끗한 것을 말한다. '척脊'은 등뼈[背椎], 요추腰椎 부위를 가리키고, '강强'은 곧 무거운 것을 질 수 있는 것으로, 버티는 힘이 강하며, 타는 것은 물론이고 끄는 것에 사용할 때도 모두 필요한 조건이다. '복협服脅'은 흉복부胸腹部를 가리키는데, 흉胸이 쫙 벌어지며 복腹이 빵빵하고 팽팽하면, 곧 잘 뛰고 지구력이 있다. '사하四下'는 곧 사지이며, 그에 상응할 정도로 길고 힘이 있어야 타고 멀리까지 갈 수 있다. 머리, 몸통과 사지는 말 체구의 3대 주요 부분을 구성하고, 3가지를 합한 훌륭한 형태가 말에게 요구되며, 이를 만족해야 준마의 조건에 부합하게 된다.

『제민요술』에서 또 지적하기를, "무릇 상마법相馬法은 먼저 세 가지 부족한 것[三羸], 다섯 가지 발달되지 않은 것[五駑]은 제거하고, 이내 나머지를 살핀다."라고 하였다. 말의 총체적인 방면에서 말의 좋은 형태에 대한 원칙은 명확한데, 여기서는 다시 모든 방면에서부터 실격과 도태의 방법을 사용하여 열등한 말을 제거하고 있다. 세 가지 부족한 것[三羸], 다섯 가지 발달되지 않은 것[五駑]은 여덟 종류의 체형이 불량하고 기준에 크게 못 미치는 말을 반드시 도태시킨다고 제시하고 있다.(본서 「소 · 말 · 나귀 · 노새 기르기[養牛馬驢騾]」의 주석을 참조하라.) 이러한 열등한 말은 타고 끄는 데 영향을 줄 뿐만 아니라, 더욱 심한 것은 후대에 훌륭한 종자의 번식에도 영향을 주어 이른바 "무리에 해를 끼치는 말[害羣之馬]"이라고 하였으며, 그래서 반드시 "나쁜 것은 번번이 제거하여서 그것이 무리를 방해하게 해서는 안 된다."라고 하였다. 이것은 종자를 선별하여 유용한 종을 기르는 것에서 극히 중요한 의의를 가지고 있다.

(2) 식물의 성별과 종류 감별

① 식물의 성별에 대한 감별. 예를 들면, 『제민요술』에서는 삼씨 과피의 색깔이 옅고 진한 것으로 암수를 분별하였는데, '흰 삼씨[白麻子]'를 수마[雄麻]라고 하였고, '검은 반점 삼씨[斑黑麻子]'를 암삼[雌麻]라고 하였다. 이 말은 중국의 2세기 『사민월령四民月令』에서 시작되었다. 비록 이러한 감별법은 완전히 정확하지는 않지만, 『제민요술』에서는 또한 "검은 반점이 있는 것이 열매가 풍성하다."라고 하였으며, 검은 반점 삼씨는 비록 전부 암마[雌麻]가 아닐지라도 파종을 하면 대부분은 암마로 열매가 달리는 것이 많아 여전히 합리적인 감별 작용을 한다. 또한 참외[甜瓜]에 대해서도 꽃의 암수에 주의하였으며, 참외

는 '가지덩굴[歧]'에서 열매가 달리고, 그 가지덩굴에서 피지 않는 꽃은 모두 '양화良花'로 끝내 참외가 달리지 않는다. 이른바 '양화'는 참외가 달리지 않는 수꽃[雄花]을 뜻한다.

② 식물의 종류에 대한 감별. 옛 사람들은 몇몇의 서로 비슷한 식물에 대해서 종종 혼동하여 구분하지 못하여 두 종을 가지고 같은 한 종이라고 여겼는데, 한 사람이 말하면 백 사람이 따르듯 수천 수백 년 이래로 분명히 밝히는 사람이 없었다. 가사협은 세심하게 관찰하고 비교하여서 상이한 특징을 파악하여 (이를) 처음으로 바로잡아 주었다. 두 가지의 형태, 특징[性狀]이 같지 않다는 걸 지적하였고, 결코 하나의 식물로 볼 수 없다고 하여 식물 분류상 독특한 견해를 제시하였다.

옛 사람들은 순무[蕪菁]와 배추[菘], 무[蘿蔔]에 대해 혼용하고 있는데, 예컨대 『이아』의 주석자는 순무를 배추로 간주했다. 『제민요술』에서는 배추는 순무와 흡사하지만 순무는 아니며, 혼동해서도 안 된다고 하였다. 옛사람들은 또 무를 가지고 순무라고 여겼고, 전한[西漢] 양웅揚雄의 『방언』에 이르길, "자색의 꽃을 피우는 것을 노복蘆菔이라 한다."라고 하였다. 동진東晉 곽의공郭義恭의 『광지』에 또 이르길, "순무에는 자색꽃이 피는 것도 있고 흰색꽃이 피는 것도 있다."라고 하였다. 실제로도 무를 순무라고 생각하였는데, 왜냐하면 무는 오직 자주색 꽃, 백색 꽃만 있기 때문이다. 가사협은 (이를) 바로잡아 무 뿌리(육질 뿌리)는 굵고 커서 생으로 먹을 수 있으나 순무 뿌리는 생으로 먹을 수 없으며, 속설에서도 "순무를 날로 먹으면 인정이 없어진다."라고 하였기 때문에 무는 무이지, "순무가 아니다."라고 하였다.

매실과 살구를 구별하기가 쉽지 않아서 옛 사람들은 종종 한 종류로 혼동하였다. 가사협은 형태, 특징 등의 방면에서 감별하여서 두 가지가 다르다고 지적하고 있다. 그의 설명에 의하면, 매화는 꽃이 일찍 피고 꽃은 흰색이다. 살구꽃은 늦게 피며 꽃은 붉은색이다. 매화의 열매는 작고, 맛은 시며, 씨 표면에 가는 무늬가 있다. 살구의 열매는 크고, 맛이 달며, 씨 표면에 '무늬[文采]'가 없다.(묘치위가 생각하기를, 씨 표면은 매끄럽고 반점과 구멍이 없다.) 『제민요술』에서 말하길, "백매는 음식과 양념의 맛을 내는 데 쓸 수 있지만, 살구는 이렇게 쓸 수 없다."라고 하였다. 이 때문에 두 가지는 형태와 특징 및 용도가 완전히 다르다. 그러나 "오늘날[북위] 사람들은 구별하지 못해서, 매실과 살구가 같은 것이라고 여기기도 하는데, 이는 아주 큰 잘못이다."라고 하였다. 특히 살구씨는 표면이 매끈하며 반점과 구멍이 없기에, 살구씨는 매실과 복숭아씨의 특징과는 다르다. 이를 가사협이 포착해 확실하고 꼼꼼하게 관찰한 것이다.

옛 사람들은 대부분 팥배나무[棠]가 곧 북지콩배나무[杜]라고 인식하였는데, 예컨대 『이아』 본문, 곽박의 주, 『시경』「모씨전」, 작자를 알 수 없는 『시의소』 등에서 모두 이와 같이 설명하고 있다. 가사협은 이 두 가지 잎으로 염색을 할 수 있는지 없는지로 식별하였는데, 팥배나무 잎은 붉은색 혹은 자주색으로 염색할 수 있고, 북지콩배나무 잎은 완전히 염색할 수 없어 그것으로 두 가지를 구별한다고 하였다.

가래나무[楸]와 개오동나무[梓]는 옛 사람들도 동일한 식물이라고 여겼는데, 묘치위가 생각하기를, 가래나무[楸]와 개오동나무[梓]는 능소화과의 같은 속 다른 종의 나무로써, 모두 긴 꼬투리가 달린 열매가 맺히며, 열매가 맺히는 것과 맺히지 않는 구별이 없다. 가사협은 두 개를 서로 같은 종류로 구별하였지만 결코 한 종류가 아니라는 것은 완전히 정확하다.

군 태수를 역임한 가사협이 부지런히 "사물의 원리를 통해서 지식을 탐구하고" 세밀한 관찰로 분석, 감별하여 수천 수백 년 이래 두 개를 혼용해 하나의 유사한 식물이라고 한 것에 대해서 처음으로 감별하여 바로 잡은 것은 분명히 간단한 것은 아니며, 후대 사람들로 하여금 탄복하게 한다.

2. 유전변이에 대한 인식

(1) 유전성

『제민요술』 중에는 식물 종자와 번식 재료를 고르는 것, 가축과 가금의 종자 선택 내지 인공적인 잡교雜交, 그리고 작물 성숙의 빠름과 늦음, 내성[抗逆性], 적응성, 수명의 길고 짧음 등의 방면에 관하여 모두 생물체의 유전성과 변이성의 문제를 언급하고 있다. 가사협은 반드시 부모로부터 유전하는 관계에 대해서 명확하게 인식하며 확신을 가지고 의심하지 않았기에, 다방면에서 좋은 종자를 선택하여 키우는 데 마음을 다해 노력했고, 곡류, 외[瓜]류에 대해서는 특별히 '해마다' 재배를 통해 우량의 신품종을 선택하여 기르는 것을 게을리하지 않았다.

가사협은 부모로부터 유전하는 관계에 대해서 '기질[性]' 또는 '본성[天性]'이라고 표현했으며, 이것은 바로 '기질' 속에는 일종의 보이지 않는 물질이 있어 후대에 전해질 수 있다고 하였다. 생물의 '기질'은 가지각색이라 유리한 점도 있고 불리한 점도 있다고 지적하였는데, 예를 들어, 조[穀]의 열매는 "강한 것도 있으나 가늘고 연약한 것도 있다."라고 하였다. "부추[韭]를 (재배한 땅은) 잡초가 잘 자란다."라고 하고,(잎이 가늘고 길면 잡초가 쉽게 자란다.) "부추 뿌리의 속성은 지면을 향해 쉽게 올라온다."라고 하며,(뿌리는 위를 향해 점차 높게 자란다.)

"파葱의 종자는 (각이 지고) 껄끄럽다."라고 하였다.(손에 붙으면 쉽게 떨어지지 않는다.) "자두나무[李]는 수명이 오래가고,"(수령이 길다.) "누런 노상[黃魯桑]은 오래가지 않는다."(수령이 짧다.)고 하였으며, "느릅나무[榆]는 기질이 연해서 본래 잘 휘고," "복숭아나무[桃]는 빨리 열매를 맺는다."고 하였다. 소와 말을 사육할 때 "본성에 적합해야 하며," "양은 겁이 많고 연약하고," "돼지는 물속에서 자라는 풀을 먹는 것을 좋아한다."라고 한 것 등등 유전성과 관계되지 않는 것이 없다. 가사협은 이미 유전성 혹은 좋고 나쁨이 모두 후대에 전해진다는 사실을 인식했기에 우량종을 골라 기를 것을 강조했다.

(2) 변이성

가사협은 '기질[性]'이 대대로 전해 내려온다고 인식하였을 뿐만 아니라 또한 진일보하여 '기질'은 변할 수 있다고 인식하였는데, 이는 변이성의 문제와 관련된다. 당시에 많은 조[粟]의 품종 중에 익는 시기가 빠르고 늦은 것, 줄기가 높고 낮고, 강하고 약한 것, 생산량이 많고 적은 것, 품질이 좋고 나쁜 것이 있어 같은 종류의 작물 품종에도 분화가 존재한다고 지적하였다. 배의 종자를 심으면 단지 2/10 정도만 자라서 배나무가 되고, 그 나머지는 모두 북지콩배나무[杜]로 변한다. 이는 다른 꽃의 화분花粉을 받아 종자의 잡종성이 형성되어 변이성이 커진 것이다.

인공 교잡은 유전성을 바꾸며, 새로운 품종을 기르는 데 효과적인 방법이다. 『제민요술』 중에는 당나귀와 말의 유성 교잡과 배와 감의 무성 교잡 즉, 접붙이기를 보여 주고 있다. 수마와 암탕나귀에서 태어난 '여라驢騾'는 "체구가 장대한데," 이는 교잡한 1세대의 잡종은 우수하고, 부모 양쪽의 장점을 가지고 있다고 지적하였으며, 암수 개체의 관점에서 말하면 양쪽 유전체의 특징[性狀]을 융합하여 새로운 개체를 만들어 낸 것이고, 새로운 개체의 관점에서 말하면 이점이 있는 변이가 나타난 것이다. 배나무의 접붙이기는 당리나무[棠梨]에 접붙인 배도 좋지만 대추나무와 석류나무에 접붙인 배가 가장 좋은데, 마찬가지로 잡종 우세와 사람들의 요구에 이로움을 주는 변이를 지니고 있다.

특별히 가치가 있는 지적은 가사협이 외지에서 고찰, 연구하던 중에 발견한 것인데, 하남 치현淇縣의 통마늘[大蒜]을 태원太原 등지에 옮겨 심으면 퇴화하여 가는 쪽의 백자산百子蒜으로 변한다. 그러나 다른 지역의 순무[蕪菁]를 태원 등지로 가져와 심으면 오히려 굵게 변하며, 태원 등지의 완두豌豆가 태행산太行山의 동쪽을 넘어가거나 태행산 동쪽의 조[穀子]가 산서의 호관壺關, 장치長治 일대로 들어가면 모두 단지 줄기와 잎은 자라나 꽃이 피지 않아 열매를 맺지 않는다. 이러한 이상 현상은 가사협이 자신의 눈으로 직접 본 것으로 그는 하나의 '법칙'을 제시하였는데 이것은 곧 "토지의 상이함"에 따른 차이라고 결론지었다. 이른바 "토지의 차이"는 바로 토양과 기후 등의 조건이 같지 않아 야기된 변이이다.

촉초蜀椒는 "추위를 견딜 수 없는 성질"이 있어, 햇볕이 충분한 지역에서 자라난 산초나무는 겨울에 반드시 풀로 감싸는데, 감싸지 않으면 얼어 죽게 된다. 그러나 어릴 때부터 비교적 음산하고 한랭한 지역에서 자라게 되면, 어린 시기부터 한랭한 환경에서 단련되기 때문에 반드시 풀로 감싸지 않아도 안전하게 겨울을 날 수 있다. 이러한 현상을 가사협은 "습관이 본성을 규제한다."는 관계로 설명하고 있다. '습관'은 환경 조건을 가리키며 '본성을 규제한다.[性成]'는 것은 음산하고 한랭한 지역에서 단련하여 내한성의 특성을 갖춘 것이 형성된 것으로, 이것은 바로 원래의 것과는 상이한 변이가 나타난 것이다. '본성[性]'은 보수적인 일면을 가지고 있는데, 이는 곧 유전성이 쉽게 변하지 않는다는 일면으로, 사람들은 바로 생물이 가진 성상의 상대적 안정성을 이용해서 종자를 선별하고 기르는 것이다. 동시에 '본성[性]'은 변할 수 있는 일면도 가지고 있는데, 사람들은 생물의 변이성을 이용하여 생활 조건을 바꿈으로써 생물체에 변이가 발생하도록 하여 인류가 필요한 신품종을 창조한 것이다. 가사협은 변하는 것과 변하지 않는 것의 두 가지 방면에 대해서 모두 일정한 인식과 활용을 지니고 있었는데, 탁월하며 과학적이고 창의적이라고 하지 않을 수 없다.

VI. 미생물의 이용

『제민요술』은 전부 10권의 책으로 농산품 가공방면이 3권을 차지하며, 종류가 많고 내용이 풍부한 것이 본서의 큰 특색이라 할 수 있는데, 그것에는 양조醸造, 과일류 가공[果品加功], 채소 저장[蔬菜保藏], 요리[烹飪], 구운 떡[餅餌], 밀가루 식품[麵食], 찐 떡[糕點], 음료[飮漿], 아교[煮膠] 등을 포괄하여 상세히 갖추고 있다. 요리[烹飪]는 일반적인 훈채葷菜와 독특한 고급 요리[菜肴]를 포괄하며, 익혀서 만드는 방법에는 국[羹], 고깃국[臛], 찜[蒸], 뜸들이기[燜], 지짐[煎], 볶음[炒], 절임[醃], 술지게미에 절임[糟], 절여 말리기[臘味] 등이 많기로는 150여 종에 이르므로, 현존하는 가장 빠른 '중국요리책[中國菜譜]'이다. 본문에서는 일일이 전부

자세히 설명할 수 없으나, 단지 미생물학, 생물화학에 관련된 사항 즉, 양조 등의 방면을 간단하게 분석, 논술하여 인류의 공적에 대한 보이지 않는 생명활동의 작용을 탐구하였다.

생물의 3대 유형은 동물, 식물과 미생물로 『제민요술』 중에는 세 가지 유형이 모두 풍부하게 기록되어 있다. 상이한 앞의 두 종류는 형태와 물체가 있는 것으로 재배와 사육이 필요한데, 나머지 한 종류는 형체와 종적을 알 수 없어 암암리에 작용한다. 이 때문에 입으로 먹고 코로 냄새를 맡아 신선하고 좋은 냄새가 나는 식품은 동식물에서 생산되는 것뿐만 아니라 또한 미생물의 효소[酶] 작용을 통해서 제공되는데, 인류에게 행복을 가져다주는 것은 같으나 단지 숨어 있어서 보이지 않을 뿐이다. 『제민요술』의 연구에서 만약 미생물의 이용을 소홀히 한다면, 『제민요술』에 이러한 방면의 과학성취가 사라지는 것을 피하기 어려웠을 것이므로, 여기서는 중점적인 부분을 제시하여 논의할 필요가 있다.

효소[酶]는 생물체에서 생산된 촉매능력을 갖춘 단백질이다. 미생물에서 제공된 효소는 매우 일찍이 사람들에게서 이용되었다. 효소의 촉매작용은 고도의 일정한 성질을 갖추고, 일정한 효소는 단지 일정한 변화를 일으킬 수 있는데, 예를 들어 전분澱粉 발효 효소가 전분으로 당화糖化하고, 단백질 발효 효소는 단백질로 가수 분해되고, 알코올 발효 효소 작용으로 당분[糖]에서 주정酒精 등이 생산된다. 발효현상은 옛 사람들이 매우 일찍부터 생활 속에서 접하였으며 효소를 이용하여 술을 빚는[釀酒] 등의 생산 활동은 중국에서도 아주 일찍이 있었던 것이나, 미생물의 작용을 알게 된 것은 근현대에 이르러 생긴 일이다. 가사협은 당연히 양조 기술과 미생물의 밀접한 관계를 알지 못하였으나, 양조 과정 중에서 양조 재료의 선택, 발효 환경의 좋고 나쁨, 발효 온도, 습도, 수질 및 조작하고 관리하는 것 등이 양조의 완성품에 어떠한 영향을 주는지에 대하여 장기적인 생산 경험 속에서 인식할 수 있었다.

1. 알코올 발효 효소[酒化酶]의 이용

『제민요술』 중의 양조 공정에는 술, 초醋, 장醬, 시豉, 절임채소[菹菜] 등의 항목이 있는데, 모두 상세하고 다양하게 기술하고 있으며, 더욱이 술은 더욱 복잡하고 상세히 갖추고 있다. 양주釀酒의 최종 목적은 효모균을 이용해 만든 알코올 발효 효소[酒化酶]로 주정酒精 발효 작용을 일으켜서 일정한 주정 함량을 지닌 술을 만드는 것이다. 이때 필수적으로 먼저 미생물을 배양하여 누룩을 만들고, 발효제로 쓴다. 중국의 누룩은 전분질의 원료를 이용해 만드는 것으로, 이때 고체 상태로 배양하여 누룩 만드는 방법을 취하는데, 독특하게 미생물을 보존하는 효능을 가져 그것을 서늘하고 건조한 곳에 두면 2~3년이 지나도 그 당화력糖化力과 주화력酒化力이 그다지 줄어들고 약해지지 않는다. 이 때문에 아직도 여전히 종자누룩[種麴]을 만들어 이용함으로써 확대 배양을 하며 그로 인해 균종菌種을 충분히 오랫동안 보존할 수 있다. 『제민요술』의 '신국神麴'에 이르길, "3년 동안 보관할 수 있다. 묵은 누룩이 새로운 것보다 좋다."라고 하였는데, 바로 이 같은 성능을 지니고 있다는 것이다.

양주 과정에는 일종의 복잡한 효소 화학적 변화가 있다. 과실 중에 함유된 당분은 단당單糖으로서 효모균의 작용을 거쳐 직접 발효되어 주정이 생성된다. 그러나 양주 원료로 쓴 곡물은 다량의 전분이 함유되어 전분에 함유된 당분은 다당多糖이 되고, 직접 주정을 생산할 수 없어서 반드시 술누룩 중에 함유된 전분에 의해서 효모가 먼저 전분을 당화해야 비로소 효모균을 이용하여 주정 발효를 야기함으로써 주정을 생산할 수 있다. 그러므로 황주는 복잡하게 배양한 곰팡이와 효모균 등의 공동 작용에 말미암아 빚어진 것이다. '기질基質'을 촉진시키는 효소가 술누룩으로부터 미생물을 제공함에 말미암으며, 그 발효방식은 복식複式 발효가 되는데, 이것은 한편으로는 거미줄곰팡이[Rhizopus], 솜털곰팡이[Mucor] 등이 당화시키며, 나아가 다당은 단당으로 바뀌게 된다. 다른 한편으로는 효모균에 의해서 주화가 진행되는데, 두 방면이 동시에 번갈아 가며 일어난다.

하지만, 당화와 주화가 동시에 진행되면 모순이 생기는데, 주요한 것은 온도와 대사 물질 작용의 모순으로서, 이것은 곧 전분 발효효소의 매우 적절한 온도는 효모균에 있어서는 도리어 적합하지 않으며, 아울러 고온의 환경에서는 당분의 집적이 매우 빠르고, 높아서 효모균이 활동하는 데 있어 매우 불리하다. 동시에 일반적으로 유해한 잡균이 잘 자라는 온도가 효모균보다 높다. 그래서 높은 온도는 잡균이 침입할 수 있는 기회를 제공하고 번식이 왕성하게 되어 술이 시고 변질된다. 많은 명주名酒들은 모두 여름에는 술을 빚지 않았는데, 손으로 조작하는 조건에서 기온이 지나치게 높으면 주료품酒醪品의 온도가 높아지는 데 영향을 주어서 온도 조절이 쉽지 않고 술의 질도 나빠지게 된다. 효소 화학상에서 온도가 높아지면 곧 전분 발효효소와 잡균의 활성화가 크게 높아지고, 당분이 지나치게 많이 축적되어 효모균이 주화되지 못하거나 혹은 효모균 자체는 온도 때문에 둔화되어서 도리어 잡균이 침입번식하게 되고 나쁜 대사 물질이 술에 해를 끼쳐 술이 산패된다. 『제민요술』의 양주 시기는 대체로 봄·가을·겨울 세 계절인데, 더욱이 이미 가을 더위가 지났지만 그다지

춥지 않은 "뽕나무 잎이 떨어질 때"가 가장 좋다는 것이 바로 이러한 이치이다.

전분 발효 효소와 알코올 발효 효소를 동일한 온도에서 순리대로 촉진시키기 위해서 『제민요술』에서는 온도 조절을 더욱 세밀하게 하여 "차거나 따뜻하게 유지하는 방법은 아주 세심하게 유지해야 한다."라고 강조하였다. 추운 계절에 양조하였기 때문에 중요한 문제는 온도를 높이는 것이지 낮추는 것이 아니며, 구체적인 조치는 상황을 보고 온도를 높이는 정도를 정하는 것이다. 예컨대, 항아리의 아가리에 베를 1층 또는 2층을 덮거나, 혹은 베 위에 다시 모직물[氈]을 덮거나, 혹은 거적[草苫]을 덮거나, 혹은 진흙으로 항아리 아가리를 봉하거나, 혹은 항아리 바깥을 볏짚[稿草]으로 둘러 주거나 때로는 두껍게 하고, 때로는 얇게 하며, 혹은 빚은 술을 넣기 전에 항아리를 데워 뜨겁게 하거나, 혹은 따뜻한 밥을 넣어 술을 빚거나, 또한 병에 뜨거운 물을 가득 부어서 주료酒醪[4] 속에 잠기게 하여 발효를 촉진시키는 등의 모든 방법은 온도 높이기와 온도를 높이는 정도에 대해서 치밀하게 살피고 있다. 비교적 따뜻한 계절에 온도를 억제하는 방법으로, 만약 사후에 주료를 뒤섞는 횟수를 늘려 온도를 낮추는 방법을 채용하는 것은 좋지 않기에 『제민요술』에서는 찬물에 누룩을 담그는 방법을 채용하고 있으며, 찬밥으로 술을 빚는 데 사용하여 미리 주료의 온도가 높아지는 것을 방지하였는데, 이른바 "겨울에는 따뜻하게 해 주어야 하고 봄에는 시원하게 해 주어야 한다."라고 하는 것은 매우 정확하다.

4 **[역자주]** 술 위에 맑은 청주를 따라 내고 남은 술이다.

앞의 온도를 높이거나 온도를 낮추는 일시적인 해결책으로 "솥 아래에 땔나무를 빼는" 방법은 밥을 넣는 과정 중에서는 주의해야 한다. 이것은 한 번에 전부 다 집어넣는 것이 아니라 번갈아 가면서 조금씩 넣는 방법을 채용하여 몇 차례 전후로 나누어서 항아리에 넣는 것이다. 이와 같이 한 번에 밥을 넣는 양을 제한하는데, 이것은 가능한 당의 농도가 너무 높아지는 것을 방지하여 주정 발효의 정상적인 진행에 영향을 준다. 『제민요술』의 양주는 거의 모두 몇 차례로 나누어 밥을 넣는 법을 채용하는데, 먼저 넣었던 밥이 삭으면 다시 한 차례 넣으며, 밥을 넣을 때 처음 넣을 때는 많이 넣고 이후에는 적게 넣으며 횟수는 많을 때는 열 번에 이르기도 한다. 이와 같이 당화, 주화 작용은 상대적으로 항상 일정한 온도에서 진행되는데, 그 온도를 높이거나 낮추는 번거로움을 줄이는 것은 곧 주동적인 권한을 획득하여 주정의 발효를 장악하는 데 용이하고, 알코올 발효 효소 또한 이용되어서 정상적인 작용을 발휘하게 된다.

2. 초산세균의 이용

초醋는 초산세균 없이는 양조가 이루어질 수 없다.

초를 양조하는 원료는 주로 아래와 같은 발효과정을 거치면서 초산이 생산된다. 전분은 전분 효소의 작용으로 분해되어 포도당을 되고, 포도당은 재차 주화 효소의 작용으로 분해되어 주정과 이산화탄소를 이루며, 주정은 또 산화 효소의 작용으로 첫 단계는 을철乙醛[5]

5 **[역자주]** 유기화합물에서 탄소 원자의 수가 2개 들어 있는 것에는 을(乙)자가 들어간다. 예컨대, 을산(乙酸)은 초산(CH_3COOH)이고, 을철(乙醛)은 아세트알데히

을 만들고, 두 번째 단계로 을산乙酸을 만들어 내는데 이것이 바로 초산이다. 초산은 식초의 주요 성분으로, 이것에 의해 초가 곧 양조되는 것이다. 일반적인 초는 3~5%의 초산을 함유하고, 가장 진한 것도 6~8%에 불과하며, 더 많아지면 초산균 자체도 활성화되지 못한다.

초가 비록 복잡한 생화학적 변화 과정을 거쳐 양조될지라도, 초는 초산균의 촉진 작용으로 이루어진다. 즉 전분이 주정으로 전화轉化된 이후에 반드시 초산균이 참여하고, 이어서 초산 발효의 공정이 진행되어야 비로소 주정을 초로 전화할 수 있다. 원래 호기성好氣性의 초산균은 일종의 특수한 효소를 분비하는데, 이것이 곧 산화 효소로 주정과 공기 속 산소가 산화작용을 일으키도록 촉진하여 초산을 생성한다. 따라서 초의 '제조 공정'은 초산균이 제공한 산화 효소를 통해 최종적으로 완성된다. 술이 시게 되는 것을 방지해서 주정이 초가 되게 해서는 안 된다. 초는 도리어 주정이 더욱더 산패(시게 되는 것)하게 하고, 초로 변하게 하며, 그 과정에서 한 번 멈추고 한 번 진행하고, 한 번 교차하고 한 번 붙이는 오묘한 관계가 형성되어 분화하여 두 종류의 양조 공정을 이룬다. 두 종의 상이한 생산품을 양조하며, 중국에서 아주 오래전부터 생산하고 발전시킨 것이다.

『제민요술』에는 초가 23여 종이 있는데, 원료로 사용된 것은 좁쌀[粟米], 차좁쌀[秫米], 기장쌀[黍米], 보리[大麥], 밀[小麥], 밀가루[麵粉], 콩[大豆], 소두小豆, 쌀[稻米], 술[酒], 주배(酒醅; 거르지 않은 술), 벌꿀[蜂蜜], 밀기울[麩皮], 술지게미[酒糟], 조 껍질[粟糠], 검은매실[烏梅] 등이 있고, 당시에 없었던 고량高粱, 옥수수[玉米], 고구마[番薯], 감자[馬鈴薯] 등을 제외하면

드(CH_3CHO)이다.

사용되지 않는 것이 없었다. 발효제로 사용된 것으로는 밀누룩[麥麴], 황증黃蒸, 분국笨麴이 있으며, 이 외에도 산장酸漿과 초를 만드는 접종제도 사용하였다.

원료에서 초를 만드는 과정을 설명하자면, 곡물은 전분의 원료로 당화, 주화, 초화의세 단계를 거친다. 주의해야 할 필요성이 있는 것은 신 술로 초를 만드는 법인데, 이것은 바로 양조 중의 주료酒醪 혹은 이미 짜낸 청주이거나, 양조 과정이나 오래 저장하여 상태가 좋지 않은 것들은 맛이 시게 되어 먹을 수 없어서[『제민요술』에서는 그것을 '동주(動酒; 변질되어 시어 버린 술)'라고 일컫는다.] 아예 화학적 작용을 통해서 그것을 초로 만들었다. 알코올 도수가 낮은 약한 술[淡酒]에 뚜껑을 열어 두면 오래지 않아 자연히 산화되어 초가 된다. 이것은 초산균이 자연 속 도처에 존재하기 때문에 도수가 낮은 약한 술은 공기 중에서 들어간 초산균을 억제할 수 없어서 그로 인해 왕성하게 번식하여 초산이 된다. 이러한 종류의 현상은 인류가 처음 술을 만들 때 발견한 것이다. 『제민요술』에서는 바로 이 원리를 이용하여 '동주動酒'를 아예 가공하여 초를 만들었는데, 즉 양식을 허비하지 않고도 새로운 생산품을 만들 수 있었으니 기술적으로 널리 이익을 베푼 것이다.

3. 단백질 분해 효소[Protease]의 이용

(1) 장(醬)

장을 만드는 특징은 미생물을 이용해 단백질을 가수분해하는 작용을 통하여 아미노산[氨基酸]을 만드는데, 그 때문에 신선한 맛이 난다. '장醬' 자는 육肉변으로, 대개 가장 이른 장은 어육류의 동물 단백질을 이용하여 만든 것이고, 후에 이르러서야 비로소 식물 단백질을 이용한 콩장[豆醬]이 발전하였다.

장의 양조과정도 마찬가지로 생물화학의 복잡한 변화를 거친다. 장을 만드는 원료인 콩[豆], 밀[麥] 중의 전분은 전분 효소의 분해로 인해 당이 되고, 다시 알코올 발효 효소가 당을 분해하여 주정이 된다. 주정의 일부는 공기 중으로 흩어지고, 일부는 산酸류와 화합하면서 에스테르화 반응을 일으켜 향기가 나는데, 일부는 장료醬醪[6] 속에 남게 된다. 중요한 것은 단백질 분해 효소가 콩, 밀 중의 단백질을 서서히 분해하여 아미노산으로 바꾸어 신선한 맛을 만들어 낸다는 것이다. 당화, 주화, 단백질 분해 및 산화, 에스테르화 등의 변화에서 가장 느린 것은 단백질이 분해되어 아미노산으로 바뀌는 것인데, 그래서 장을 만드는 데 시간이 매우 오래 걸린다. 『제민요술』의 콩장[豆醬]은 추운 날에 양조하여 120~130일 되어야 비로소 익는데, 이것은 곧 가장 마지막의 '제조 공정'인즉, 단백질의 분해 작업이 지체되기 때문이다.

각종 생화학 반응을 일으켜 장을 만드는 미생물은 『제민요술』에서 황증黃蒸과 밀누룩[麥麴]에서 생겨나며, 또한 공기 중과 콩을 띄울 때 덮어 주는 야생 식물 중에서 나온다. 『제민요술』에서는 콩장[豆醬]을 양조할 때 모두 콩을 사용하고, 밀을 섞어 양조하지 않았는데, 황증과 밀누룩이 밀로 만들었기 때문이다. 이 양조 방법에는 세 가지 특징이 있는데 과학적으로 부합된다.

① 두豆, 누룩의 비율이 3:2보다 약간 적은데, 즉 두豆이 많고 맥麥이 적다. 장점은 전분이 비교적 적어서 당분의 축적이 과하지 않아 단백질 분해 속도에 영향을 준다. 장을 만드는 옛 방법에서는 콩과

---

6 **[역자주]** 발효되어 남아 있는 장과 그 원료.

밀을 항상 반반씩 배합해 (최소한으로도 10:8이 되어야 한다.) 당분이 과다해져 단백질 분해를 지연시키는 문제점이 있었다.

② 황증黃蒸, 맥국麥麴을 햇볕에 쬐어 "빠짝 말려" 다시 찧고 체질하여 고운 가루로 만든다. 콩은 쪄서 익힌 후에 습기가 있을 때 양조하는데, 유해 곰팡이가 장에 침투해서 장에 영향을 주기 쉬워, 현재에는 맥국 등을 햇볕에 바짝 말려 곱게 체질하여 가는 가루를 만듦으로써, 흡수 면과 누룩곰팡이의 번식 면을 증대시킨다. 한 가지 일로 여러 가지 이익을 얻으니 과학 원리에 부합된다.

③ 장배(醬醅: 거르지 않은 장)에 물을 더해 양조한 이후에 시작할 때 발효가 왕성해진다. 『제민요술』에서는 독 밑바닥에 있는 장 찌꺼기[醬醪]를 매일 수차례 휘젓고, 10일 후, 후 발효 단계에 진입하면 매일 한 차례 휘저어 뒤섞으며, 30일 후 발효가 끝나면 휘젓는 것을 멈춘다. 휘저어 섞는 작용은 장 찌꺼기에 있는 효모균과 세균이 끊임없이 호흡작용을 하는데, 저어서 충분히 공기를 공급하고 이산화탄소를 배출시켜야 효모균과 세균의 번식이 유리해지고 당화, 주정 발효와 단백질 분해 작용이 순조롭게 진행되게 된다. 그 위에 식염食鹽 등의 배합재료를 첨가하여 혼합하여 섞고 상호 보완하면, 최후에는 신선하고 향기를 지닌 달콤한 콩장이 만들어지게 된다. 휘젓기를 초기에는 자주 하되, 뒤에는 드물게 하는 것도 과학적이다.

이 밖에도 『제민요술』 중에는 여전히 많은 종류의 육장肉醬, 어장魚醬이 있는데, 이 또한 단백질의 가수분해를 이용해서 신선한 맛을 내지만 사용된 것은 동물성 단백질로 콩장과는 다르나, 만드는 법은 서로 비슷하고, 비교적 간편하여 여기서는 생략한다.

(2) 시(豉)

두시豆豉 제작 방법은 술[酒], 초醋, 장醬과 같지는 않은데, 그것은 어떠한 누룩류[麴類]도 더하여 접종하지 않고, 오로지 콩大豆을 사용해 띄우는 번잡한 과정을 거친 후에 만들어진다. 방법상 말린 것 속에는 일정한 습도가 띄운 콩에 함유되어 있어서, 누룩을 만드는 방법과 서로 유사하다. 목적은 단백질 분해 효소를 이용하여 단백질을 분해해 신선한 맛을 나게 하는 데 있으며, 이는 장醬을 만드는 방법과 서로 유사하다.

두시를 만드는 콩[大豆]은 알갱이를 아직 가루로 내거나 으깨지 않은 것으로, 삶아서 80~90% 익히고 바로 밀폐된 발효실[罨室] 속에 들여놓아 콩을 띄우는데, 밀누룩을 띄우는 방법보다 곤란한 점이 많다. 왜냐하면 밀누룩의 밀 알갱이는 가루로 내기 때문에 누룩곰팡이와의 접촉 면적이 크지만, 콩[大豆]의 알갱이는 크고 또 가루로 내거나 으깨지지 않으면 곰팡이와의 접촉 면적이 단지 콩의 표면에 머무르게 된다. 잘못 처리하면 온도가 지나치게 낮아져 발효가 일어나지 않고, 온도가 지나치게 높으면 도리어 썩은 냄새가 나게 되는데, 이것이 바로 『제민요술』에서 말하는 "잘 조절하지 못해 너무 열이 나서 상하게 되면 질척해져 악취가 나고 문드러져서 개, 돼지도 또한 먹지 않는다."의 상황으로 완전히 폐기시켰다고 한다. 따라서 적정한 온도로 조정하는 것이 가장 중요한 관건이며, 반드시 때때로 정황을 살펴서 때에 맞춰 콩 덩이를 뒤섞어서 곰팡이류의 접촉면이 단지 콩의 표면에 있는 결함을 보완해서 열을 고르게 받게 하여 효소의 분해를 정상화시켜, 황의黃衣를 가득 생기게 하여 밖에서부터 안쪽으로 스며들게 하고, 발효가 철저하여 모두 숙성되게 한다. 이때가 비로소 초보적인 성공에 다다른 셈이다. 그런 후에 콩을 띄운 반제품 두시豆豉를 발효실에서 꺼내어 키질하여 황의黃衣나 불순물을 제거하고, 항아리 속에 담아 물을 넣고 고무래로 세차게 흔들어 깨끗하게 해 준다. 다시 꺼내어 맑은 물을 사용해 씻어 걸러 아주 깨끗이 하는데, 목적은 미생물 분해 작용을 멈추게 하는 데 있다. 그런 후에 구덩이 속에 가득 채워 넣어 후숙後熟 작용을 꾀하여 산화를 통해 흑색이 나오게 되면, 비로소 부드럽고 향이 좋은 두시豆豉를 만들 수 있다. 『제민요술』에서 지적하기를, 시豉를 만들 때는 차라리 차가움에 상할지언정 절대 열에 상하게 해서는 안 된다고 하였다. 다만 변화가 복잡하여 어떻게 단백질 분해 작용을 파악해 최적의 온도 아래에서 순리대로 진행할 수 있는가가 가장 중요한 관건이다. 『제민요술』에서 경고하며 말하기를, "시豉를 잘 만들기 어렵고 상하기도 쉬우니 (온도를) 적당하게 유지하는 것은 술을 만들 때 보다 조절하기 어렵다."라고 하였다. 반드시 경험이 있는 사람들이 세심하게 조절하고, 동요해서는 안 된다.

4. 유산균[乳酸細菌]의 이용

(1) 절임[菹]

절임은 채소 소금 절임[醃菜], 채소 식초 절임의 총칭이다. 싱거운 절임[淡菹], 짠 절임[鹽菹]이 있으며, 채소 절임[菜菹]과 고기 절임[肉菹]이 있는데, 모두 주로 유산균의 유산 발효 작용을 이용해 유산 식품을 만드는 것이다. 유산균은 탄수화물이 있어야 비로소 생장이 좋아진다. 탄수화물은 당 발효 효소의 분해를 거치고, 유산균의 작용을 거쳐서 최후에 유산이 형성된다. 유산은 좋은 향기와 신맛을 내고, 동시에 부패미생물의 관여를 방지하는 방부 작용이 있다. 채소는 채소 자체에 탄수화물을 함유하고 있어서(전분, 당 등) 중국 사람들은 매우 일찍부터 생활 속에서 채소에 유산균 작용을 이용하였는데, 『주례』「천관天官 · 해인醢人」에서는 이미 '아욱 절임[葵菹]'이 있어서 절임 중 당효소 분해 후의 최종 산물인 유산을 생산하게 하여 시고 향긋한 맛을 내게 하며, 아울러 오랫동안 보관하더라도 상하지 않게 했다.

『제민요술』 중에는 여러 종류의 절임 채소가 있다. 그중 싱거운 절임은 단지 채소 자체의 당과 전분에만 의지하면 늘 부족함을 느끼기 때문에 종종 묽은 죽과 같은 전분 재료를 가미하여서 당화제를 보충하였으며, 또한 보리누룩을 가미하여 발효제로 만들었다. 짠 절임은 이미 소금이 들어가 썩는 것을 방지했으며, 때때로 묽은 죽과 보리누룩을 가미하여 이것이 빠르게 숙성되도록 촉진하였다. 육류 중에 절인 채소를 가미하여 함께 양조해서 고기 절임[肉菹]을 만들기도 했다.

(2) 젓[鮓]

자鮓는 밥을 이용해 절여 만든 일종의 어육魚肉이다. 그 원리 역시 전분을 이용해 당화시킨 후, 최후에는 유산균 작용을 거쳐 유산을 만드는 것으로, 일종의 시큼한 맛이 있으며, 아울러 방부작용을 한다. 양조 중에는 단순히 밥과 소금을 사용하며, 누룩 종류의 발효제를 첨가하지 않는데, 어떤 때에는 술을 넣어 빨리 숙성시키며 아울러 생선의 비린 맛을 해소하였다.

어육자魚肉鮓와 어육장魚肉醬은 서로 비슷하지만 같지 않은데, 어육장魚肉醬은 장국醬麴을 넣어 발효시키며, 단백질을 가수분해해 신선한 맛을 낸다는 점이 다르다. 그러나 어육자魚肉鮓는 전분을 넣어 양조하는데, 전분을 이용해 발효를 거쳐 유산을 생산하며 도리어 신맛이 필요하다. 자鮓와 고기 절임[肉菹] 역시 서로 비슷하지만 같지 않은데, 다른 점은 고기 절임의 유산은 원래 있는 절인 채소로부터 나오지만, 자의 유산은 양조 후에 전분에서부터 생산된다는 차이점이 있다. 자와 절인 채소는 마찬가지로 유산균을 이용하여 신맛을 내고 부패를 방지하지만, 같지 않은 점이 있는데 절인 채소는 소채素菜이며, 자는 훈채葷菜인 점이 다르다. 이러한 것들은 마찬가지로 미생물의 가수분해 작용을 이용하여 인체에 무해한 식용할 수 있는 화합물을 만들어 내는데, 변화가 다양하고 가지각색의 맛을 내는 음식을 발명하였으며, 음식의 종류도 풍부하다. 『제민요술』에서는 집중적으로 그것들을 기록하였는데, 옛 사람들의 지혜의 정수를 드러내었고, 이 또한 『제민요술』의 과학적 성취를 반영한다.

5. 전분 효소의 이용

엿당[飴糖]은 전분 효소를 이용해 전분을 당화하여 만든 것이다. 그러나 전분 효소는 질금[麥芽: 엿기름이라고도 한다.]에 의해 제공되며, 양조하여 술을 초로 만드는 종류가 밀누룩에 의해 제공되는 것과는 다르다. 곡물의 종자 속에는 본래부터 전분 효소가 존재하는데 아직 발아하기 전에는 활발하지 않은 원래의 효소 상태로 종자의 세포 속에 있으며, 만약 물과 산소의 작용에 의해 발아되면 원래의 효소가 활성화되고 아울러 새로운 효소도 생성되어 원래의 곡물은 새싹의 생장과 발육의 영양분을 공급한다. 옛날 중국 사람들은 매우 일찍이 이와 같은 현상을 발견하였으며, 이내 그것을 이용하여 질금을 만드는 방법을 창조하여 이러한 인공적인 질금을 '얼蘖'이라고 불렀다. 또한 이와 같은 효소의 화학적 변화를 파악하여 질금을 이용해 단술과 엿당을 양조하였다. 『상서』 「열명하說命下」에서 "만약 단술을 만든다면, 오직 질금뿐이다."라고 하였는데, 여기서 예醴는 곧 단술[甜米酒]이다. 그 이후에 오로지 술누룩은 술을 양조하기 위해, 질금은 엿을 만들기 위해 사용하였다.

엿당은 곡물 전분으로 만든 것으로, 그 원리는 바로 질금의 전분 효소를 이용하여 전분을 당화시키고, 물을 부어 당화 액즙을 만든다. 재차 밥알 찌꺼기를 거르고, 그런 연후에 졸여 농축하여 만든다. 비교적 진득진득한 것을 옛날에는 '당餳'이라 불렀고, 비교적 묽은 것은 '이飴'라고 불렀으며, 그보다 더 묽은 것을 『제민요술』에서는 '예醴'이라 칭했고, 단단하여 덩어리진 것을 '취당脆餳'이라고 불렀다.

맺음말

각종 효소의 촉진 작용은 서로 다르고, 각각의 반응 단계가 존재하며, 각종의 상이한 산품을 만들었다. 예컨대 위에서 서술한 대로 당화, 주화, 단백질 분해, 산화, 에스테르화 등의 변화가 있으며, 『제민요술』에서는 이 모두를 각종 식품 생산에서 이용하고 있다. 질금[麥芽]은 전분을 당화시키나 당화해서 멈춘다. (술을 양조할 수는 없다.) 전분 재료 속에 술누룩을 넣고, 당화 후에 다시 주화시켜서, 주화에 멈추어 술을 만들며, 신맛은 필요하지 않다. 주화 액체 속에 초산균醋酸菌을 이용해 한 단계 더 산화시켜서 초醋가 만들어지는데, 도리어 오직 신맛이 필요하다. 그 밖에 유산균乳酸菌 작용으로 인해 가장 마지막에는 당糖에 의해 유산으로 변성하여 특유의 시큼한 맛이 나오게 되어 절임[菹] 혹은 자鮓를 만든다. 별도로 단백질 효소가 단백질 함량이 높은 콩의 단백질을 분해하여서 장醬 또는 시豉를 만든다. 산류酸類와 주정酒精이 합해져서 에스테르화 반응을 일으키면, 향기가 발생하는데, 술에는 술의 향이 나게 되며, 초醋에는 초의 향이 나게 되고, 장醬에는 장의 향이 나게 되며, 시豉에는 시의 향이 나게 된다. 생화학 변화의 미묘함은 말할 필요도 없으니, 높이 살 만한 가치가 있는 것은 중국 사람들이 발명, 창조한 것에는 실로 "교묘하게 하늘이 가지고 있는 공을 빼앗은" 위대한 업적이 있으며, 『제민요술』은 이러한 위대한 업적을 최초로 모아서 드러내었다.

中文介绍

『齐民要术齐民要术』是中国现存最早的农业百科全书，于公元530-540年由后魏的贾思勰所著。本书也是中国最早具有完整形态的农书。这本书系统地地整理了六世纪之前黄河中下流地区农作物的栽培和畜牧经验，各种食品的加工和储存以及野生植物的利用方式等，而且按照季节和气候详细介绍了农作物和土壤的关系， 所以意义深远。本书的题目『齐民要术』正意味着所有百姓(齐民)必须要阅读和了解的内容(要术)。从这个角度来看，本书并非只是单纯的农书，而是可以被称为生活指导方针。因此，本书长期以来作为百姓们的必读之书，在后世成为了『农桑辑要』，『农政全书』等农书的典范，此外对包括韩国在内的东亚所有地区的农书编撰和农业发展形成了较深的影响。

贾思勰于北魏孝文帝时期出生于山东益都(现在的寿光一带)附近，曾任青州高阳太守， 离任后开始经营农牧业活动。贾思勰活动的时代正是全面推展北魏孝文帝汉化政策的时期，实行均田制，把无主荒地分给无地或少地农民耕种，规定种植五谷和瓜果蔬菜，植树造林。『齐民要术』的出现为提高农业生产提供了有利的条件。尤其是贾思勰在山东，河北，河南等地历任官职期间直接或间接获取的农牧和生活经验直接反映到了这本书上。如序文所述，他追求了‘有利于国家和百姓’耿寿昌和桑弘羊等的经济政策，并为此重视观察和体验，也就是说主要关注了实用性的知识。

『齐民要术』分成10卷92篇。开头部分主要记录了水稻以及各种旱田作物的耕作方式和收种子方式。加上瓜果，蔬菜类，养蚕和牧畜等一共达到61篇。后半部主要介绍了以这些为材料的各种加工食品。

加工食品的比重虽然仅为25篇，但详细介绍了生活中需要的造曲，酿酒，做酱，造醋，做豆豉，做鱼，做脯腊，做乳酪的方法，列举食品，菜点品种越达到三百种。有趣的是，第10卷介绍了150多种引入到中国的五谷，蔬菜，果蓏及野生植物等，其分量几乎达到整个书籍的四分之一。这说明本书的有关外来农作物植生的信息非常全面。

本书不仅介绍了农作物的播种，施肥，浇灌和中耕细作技术等的农耕方法，还详细介绍了多种园艺技术，树木的选种方法，家禽的饲养方法，兽医处方，利用微生物的农副产品发酵方式，储存方法等。尤其是经济林和木材用树木的介绍较多，这意味着当时土木，建筑材料的需求和木材手工艺品大幅增长。此外，通过本书的目录也可以得知，此书详细介绍了养蚕，养鱼和各种发酵食品，酒和饮料以及染色，书籍编辑，树木繁殖技术和各地区树木种类等。这些内容证明了六世纪前后以中原为中心四面八方的少数民族饮食习惯和烹饪技术相互融合创出了新的中国饮食文化。特别的是这些技术介绍了地方志，南方的异物志，本草书和『食经』等50多卷书。这也证实了南北之间进行了全面的经济和文化交流。实际上『齐民要术』中出现了很多南方地名或饮食习惯，因此可以证明六世纪中原饮食生活与邻近地区文化进行了积极的交流。如此，成为旱田农业技术典范的『齐民要术』经唐宋时代为水田农业发展做出了贡献，栽培和生产经验又再次转到了市场和流通。

从这一点来看，『齐民要术』正是作为唐宋这个中国秩序和价值的完成过程中出现的产物，提供"中国饮食文化的形成"，"东亚农业经济"之基础。于是，通过这一本书可以详细了解前近代中国百姓的生后中需要的是什么，用什么方式生产何物，用什么方式加工，他们所需要的是什么。从这个角度来看，本书虽然分类为农家类，但并非是单纯的农业技术书籍。通过『齐民要术』所记载的内容，除了农业以外还能了解中国古代和中世纪的日常生活文化。不仅如此，还能确认中原地区和南北方民族以及西域，东南亚等地区进行了多种文化及技术交流，因此可以看作是非常有价值的古典。

尤其，『齐民要术』详细记录了多种谷物和食材的栽培方法和烹饪方法，这说明当时已经将饮食视为是文化，而且作者具有记录下来传授给后代的意志。这可以看作是要共享文化的统一志向型表现。实际上，隋唐时期之前东西和南北之间存在长期的政治纠纷，但通过多方面的交流促使文化融合，继承『齐民要术』的农耕方式和饮食文化，从而形成了基本的农耕文化体系。

『齐民要术』还以多种方式说明了当时农业的科学成就。首先，为了解决华北旱田农业的最大难题-保存土壤水分的问题，发明了犁耙，耧車和锄头等的农具与耕，耙，耱，锄，压等技术巧妙相结合的保墒方法，抗旱田干旱，防止害虫，促使农作物健康成长。还介绍了储存雨水和雪来提高生产力的方法。此外，为了选择种子和培养种子的方法开发了特殊处理法，并介绍了轮耕，间作和混作法等的播种方法。不仅如此，为了进行有效的农业经营，说明了除草，病虫害预防和治疗方法以及动物安全越冬方法和动物饲养方法。还有通过观察确定的土壤环境关系和生物鉴别方法，遗传变异，利用微生物的酒精酶方法和发酵方法，利用蛋白质分解酶做酱，利用乳酸菌或淀粉酶制作麦芽糖的方法等是经科学得到证明的内容。这种『齐民要术』的科学化实事求是的态度为黄河流域旱田农业技术的发展做出了重大的贡献，成为后世农学的榜样，使用这项技术提高生产力，不仅应对了灾难，还创造了丰富的文化。从以上可以看出，『齐民要术』融合了古代中国多种领域的产业和生活文化，是一本名副其实的百科全书。

随着社会需求的增长，『齐民要术』的编撰次数逐渐增加，结果出现了不少版本。最古老的版本是北宋天圣年前(1023-1031)的崇文院刻本，但现在只剩下第5卷和第8卷。此外，北宋本有日本的金泽文库抄本。南宋本有将校本。此外，明清时代也出现了很多版本。

翻译本书的目的，在于了解随着农业技术的变迁和发展而形成的文明，并体系化地整理『齐民要术』所示的知识，为未来社会做出一点贡献。于是首先试图总结了中国和日本的多种围绕着『齐民要术』的农业史研究成果。并且强调逐渐被疏忽的农业问题并非是单纯生产粮食的第一产业形式，而是作为担保生命的生活中重要组成部分，当今也持续存在的事实。生命和环境问题是第四次产业革命时代重要的关键词，农业史融合了与此有关的多种学问。这也是超越时空译注确保农业核心价值的『齐民要术』并向全世界发表的背景。

本书的翻译坚持了直译原则。只对于意义不通等的部分添加脚注或意译。尤其是，本译注简介参考了近期出版的石声汉的『齐民要术今释』(1957-58)和缪启愉的『齐民要术校释』(1998)及日本西山武一的『校订译注齐民要术』。在本文的末端通过【校记】说明了所出版的每个版本之差。甚至在必要时还努力反映了韩中日的最近与『齐民要术』有关的主要研究成果。译注时积极参考了中国古典文学者的研究成果“齐民要术词汇研究”等。

为了帮助读者的理解，每一篇的末端插入了图版。之前的版本几乎没有出现照片，这也许是因为当时对农作物和生产工具的理解度比较高，所以不需要照片资料。但如今的韩国，随着农业比重和人口的剧减，年轻人对农业的关心和理解度比较低。不仅不理解生产工具或栽培方式，连农作物的名称也不是太了解。其实，他们在大量的信息中为未来做好准备而忙都忙不过来。并且，随着农业的机械化，已经不容易接触传统生产手段的运作方法，于是为了提高书的理解度而插入了照片。

如本书一样述有多种内容的古典， 不容易用将过去的语言换成现在的语言。因为书里面融合了多种学问， 于是需要很多相关研究者的帮助。连简单的植物名也不容易翻译。例如，『齐民要术』里面指称为‘艾蒿’的汉字词有蓬，艾，蒿，莪，萝，萩等。如今其种类已增加为好几倍，但缺少有关过去分叉的研究，因此难以用我们的现代语言表达。为此， 基本上需要研究韩国和中国的植物名称标记。虽然各种词典有从今日的观点研究的许多植物名和学名， 但与历史中的植物相连接方面发现了不少问题。这种现象也是适用于出现在本书的其他谷物，果树，树木和动物等的现象。希望本书出版后，能以此为根据，在过去的物质资料和生活方式结合人文学因素后，全面进行融合学问的研究。还有，通过本书了解传统时代的农业和农村如何与自然合作进行耕作以及维持生活，也期待帮助解决今日的环境问题和生命产业所存在的问题。

本书内容丰富，主题也很多样化，于是翻译方面花费了不少时间，校对也用了相当于翻译的时间。最重要的是， 本书对笔者的研究形成了最大的影响， 也是笔者最想要翻译的书， 于是更是感受颇深。在与“东亚农业史研究会”的成员每个星期整日阅读原书和进行讨论的过程中，笔者学会了不少知识，也得到了不少帮助。但因为没能充分涉猎，可能会有一些没有完美反映或应用不完善的部分。希望读者能对此进行指责和教导。

2018. 11. 27.

釜山大學校 歷史系 教授 崔德卿

찾아보기

ㅁ